2026 [2025~2018] 전기공사 산업기사

필기

공학박사 김상훈 편저
한빛전기수험연구회 감수

편저 **김상훈**

건국대학교 전기공학과 졸업(공학박사)
現 엔지니어랩 전기분야 대표강사
現 ㈜일렉킴에듀 대표
現 대한전기학회 이사(정회원)
前 인하공업전문대학 교수
前 NCS 전기분야 집필진
前 J, E사 전기기사 대표강사
前 김상훈전기기술학원 원장
前 EBS 전기(산업)기사/전기공사(산업)기사 교수
前 한국조명설비학회 이사(정회원)

저서 : 『2026 회로이론』 외 기본서 시리즈 7종
　　　『2026 전기기사 필기』 외 3종
　　　『2026 전기기사 실기』 외 3종
　　　『파이널 특강 - 전기기사 필기』 외 5종
　　　『2026 전기기사 필기 7개년 기출문제집』 외 1종
　　　『2026 9급 공무원 전기직 전기이론』 외 5종
　　　『2026 고등학교 교과서 전기설비』
　　　공기업 전기직 파이널 특강

감수 **한빛전기수험연구회**

동영상 강좌 수강
엔지니어랩 https://www.engineerlab.co.kr

2026 전기공사산업기사 필기(최신 8개년 기출문제)

초판 발행　　　2024년 1월 1일
25년 개정판 발행 2025년 10월 15일

편저자 김상훈
펴낸이 배용석
펴낸곳 도서출판 윤조
전화 050-5369-8829 / **팩스** 02-6716-1989
등록 2019년 4월 17일
ISBN 979-11-94702-15-3 13560
정가 29,000원

이 책에 대한 의견이나 오탈자 및 잘못된 내용에 대한 수정 정보는 아래 홈페이지와 이메일로 알려주시기 바랍니다.
홈페이지 www.yoonjo.co.kr / 이메일 customer@yoonjo.co.kr

이 책의 저작권은 김상훈과 도서출판 윤조에게 있습니다.
저작권법에 의해 보호를 받는 저작물이므로 무단 복제 및 무단 전재를 금합니다.

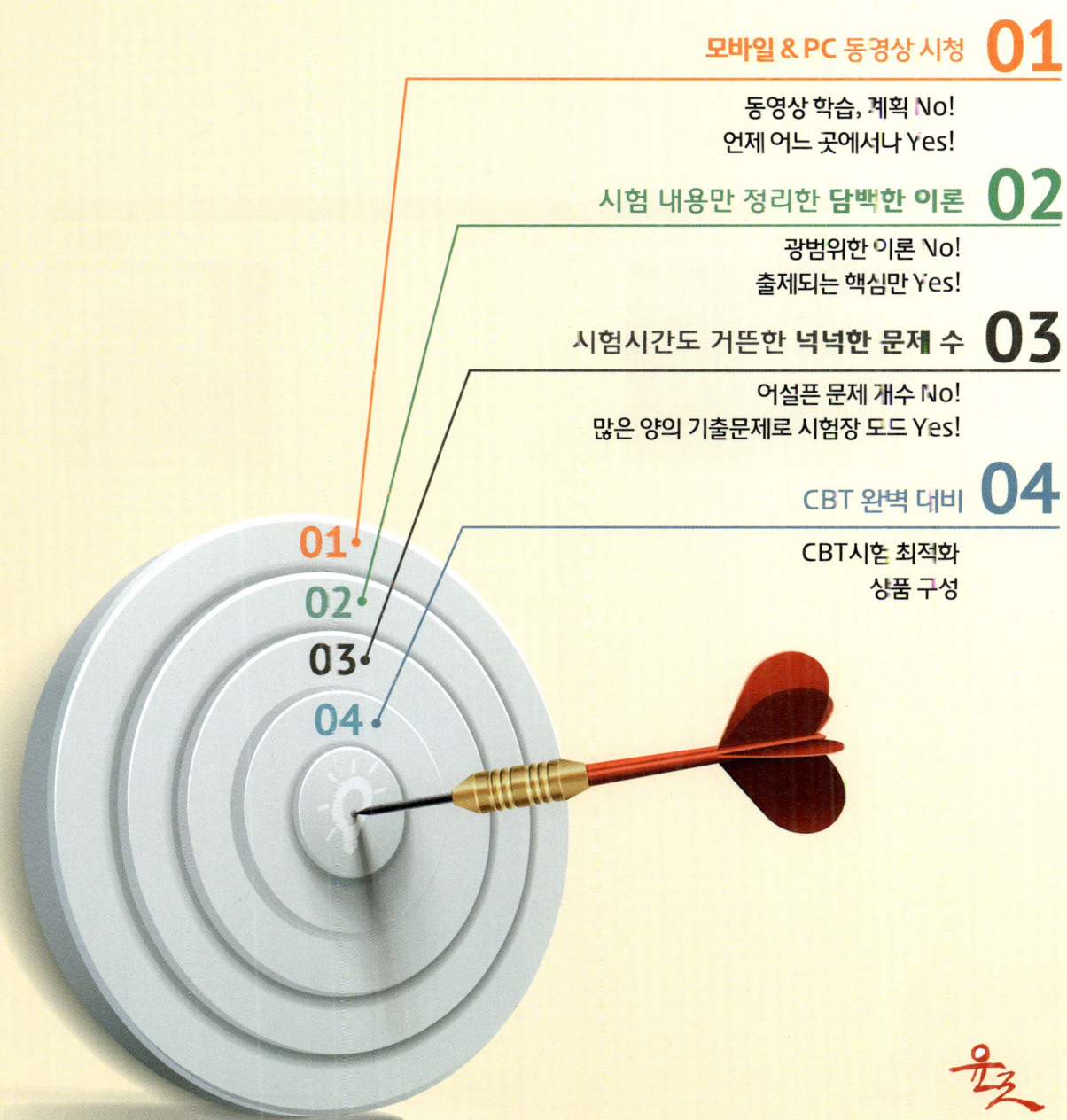

# CBT 모의고사 안내

| CBT 모의고사 혜택 받는 방법 |

❶ 교재 구매 인증하러 가기

엔지니어랩(https://www.engineerlab.co.kr)에 로그인 후 화면 상단에 있는 「교재」를 클릭하여 구매인증 게시판으로 이동합니다.

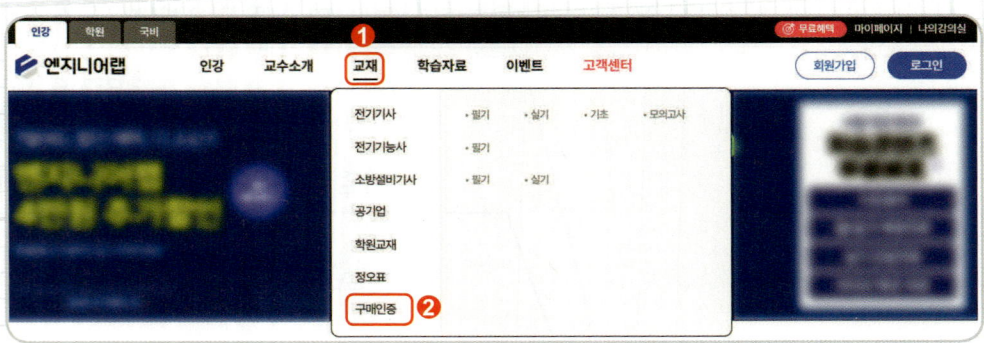

❷ 구매 인증 후 CBT 모의고사 받기

화면에 있는 「구매인증」을 클릭 후 증빙자료를 업로드합니다. 교재 구매 이력 인증 후 CBT 모의고사 2회분을 받으실 수 있습니다.

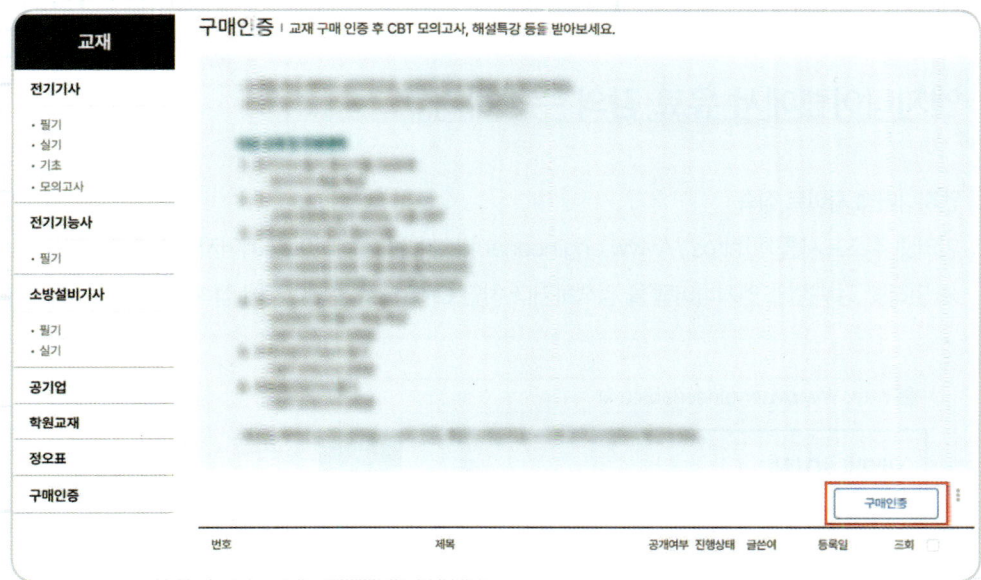

❸ 나의 강의실에서 CBT 모의고사 응시하기

CBT 모의고사는 「나의 모의고사」에서 확인 가능합니다. 화면 우측 상단에 있는 「나의 강의실」을 클릭하시면 화면 좌측에 「나의 모의고사」가 있습니다.

유료 강의 수강 안내

| 엔지니어랩에서 유료 강의 수강하기 |

❶ 엔지니어랩 사이트 접속

인터넷 주소표시줄에 [https://www.engineerlab.co.kr]을 입력하여 홈페이지에 접속합니다.

※ 인터넷 검색창에 '엔지니어랩'을 검색하거나 하단 QR코드로 홈페이지에 접속할 수 있습니다.

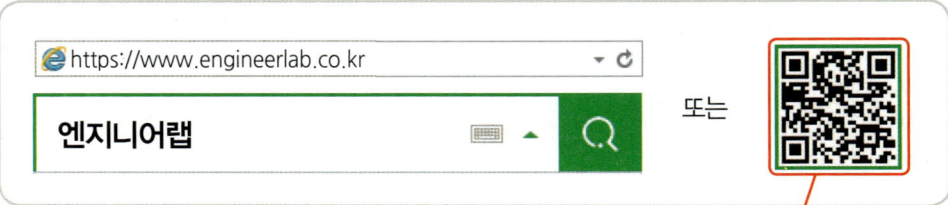

❷ 회원가입 (로그인)

화면 우측 상단에 있는 「회원가입」을 클릭하여 가입 후 「로그인」합니다.

❸ 인강 수강하기

화면 좌측 상단에 있는 「인강」을 클릭 후 원하는 과정을 선택하고 나에게 맞는 상품을 선택하여 수강 신청합니다.

❹ 쿠폰 적용 및 결제

구매하시려는 상품과 금액을 확인하시고 최종 결제 전 잊으신 할인 혜택은 없는지 다시 한번 꼭 확인해주세요.

※ 엔지니어랩에서는 환승 할인, 대학생 할인, 내일배움카드 소지 할인 등 다양한 할인혜택을 제공하고 있으며, 자세한 내용은 「맞춤할인 혜택 확인하기」 참고 부탁드립니다.

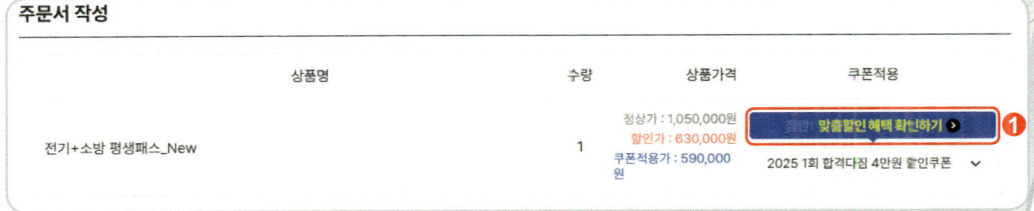

이 책의 학습 방법

1. 이해를 돕는 자세하고 친절한 해설

풀이 과정을 이해할 수 있도록 가능한 한 풀어서 해설하고, 문제를 푸는 핵심 부분은 따로 별색 처리해서 가독성을 높였습니다.

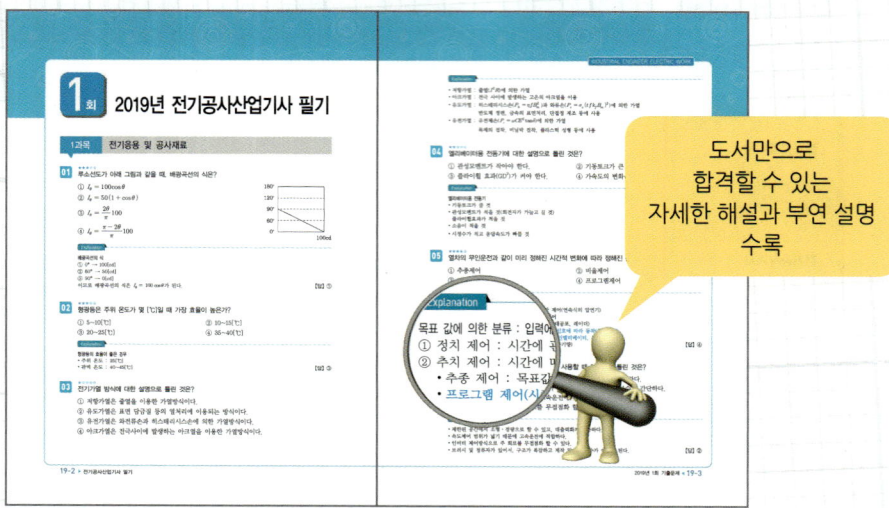

도서만으로
합격할 수 있는
자세한 해설과 부연 설명
수록

2. 새로운 CBT 시험 준비에 최적화된 최신 8개년 기출문제

- 최신 8개년 기출문제를 풀고 동영상 강좌로 복습하세요.
- 틀린 문제는 동영상 강좌를 통해 다시 한 번 정확히 이해하세요.
- 출제빈도가 높은 문제들은 다시 한 번 풀거나 출제빈도에 따라 정리하면, [파이널특강-단기합격솔루션] 시리즈 도서를 참고합니다.
- 매번 새로 출제되는 CBT 문제를 꼭 풀어보세요.

3. 너무 어려운 문제 별도 표기

풀이에 시간이 지나치게 많이 걸리거나 난이도 극상의 문제는 학습계획을 고려해서 시간이 남을 때 학습하고 자주 나오는 문제에 집중할 수 있도록 해설을 QR코드로 표시해 두었습니다. 우선 답만 암기해 놓으세요.

12 구형 단면을 가진 토로이드 코일(toroid coil)에 전류 I[A]를 흘렸을 때 이 코일에 축적된 자기에너지[J]는? 단, 토로이드의 내경은 a[m], 외경은 b[m], 두께는 h[m], 권수는 N으로서 내부는 투자율 μ[H/m]인 자성체로 채워져 있다.

① $\dfrac{\mu N^2 I^2 h}{\pi} \ln \dfrac{b}{a}$　　　　③ $\dfrac{\mu N^2 I^2 h}{2\pi} \ln \dfrac{b}{a}$

③ $\dfrac{\mu N^2 I^2 h}{8\pi} \ln \dfrac{b}{a}$　　　　④ $\dfrac{\mu N^2 I^2 h}{4\pi} \ln \dfrac{b}{a}$

Explanation

【답】④

4. 언제, 어디서나 동영상 수강

PC는 물론! 모바일에서도 안정적이고 끊김 없는 최고의 환경으로 동영상 강의를 언제 어디서나 수강하실 수 있습니다.

N-screen(단말기 간 이어보기)

▶ 단말기 구분 없이 시청자에게 동영상 이어보기 서비스 제공
▶ PC/모바일 플레이어 데이터 통합 관리

이 책의 목차

회차별 학습 체크 리스트

문제 풀이와 동영상 학습 횟수를 체크하여 스케줄 관리도 하고, 학습 속도도 조절할 수 있습니다.

이제는 합격이다

- CBT 모의고사 안내 ·················· 4
- 유료 강의 수강 안내 ················· 6
- 이 책의 학습 방법 ··················· 8
- 회차별 학습 체크 리스트 ············ 10
- 편저자/감수자의 말 ················· 12

과년도 기출문제 2025~2018

	학습	동영상
2025년 전기공사산업기사 1회(CBT)······ 25-02	☐☐☐	☐☐☐
2025년 전기공사산업기사 2회(CBT)······ 25-29	☐☐☐	☐☐☐
2025년 전기공사산업기사 3회(CBT)······ 25-55	☐☐☐	☐☐☐
2024년 전기공사산업기사 1회(CBT)······ 24-02	☐☐☐	☐☐☐
2024년 전기공사산업기사 2회(CBT)······ 24-28	☐☐☐	☐☐☐
2024년 전기공사산업기사 3회(CBT)······ 24-55	☐☐☐	☐☐☐
2023년 전기공사산업기사 1회(CBT)······ 23-02	☐☐☐	☐☐☐
2023년 전기공사산업기사 2회(CBT)······ 23-28	☐☐☐	☐☐☐
2023년 전기공사산업기사 4회(CBT)······ 23-55	☐☐☐	☐☐☐

	학습	동영상
2022년 전기공사산업기사 1회 ············ 22-02	☐☐☐	☐☐☐
2022년 전기공사산업기사 2회 ············ 22-28	☐☐☐	☐☐☐
2022년 전기공사산업기사 4회(CBT) ····· 22-53	☐☐☐	☐☐☐
2021년 전기공사산업기사 1회 ············ 21-02	☐☐☐	☐☐☐
2021년 전기공사산업기사 2회 ············ 21-29	☐☐☐	☐☐☐
2021년 전기공사산업기사 4회 ············ 21-57	☐☐☐	☐☐☐
2020년 전기공사산업기사 통합 1, 2회 ····· 20-02	☐☐☐	☐☐☐
2020년 전기공사산업기사 3회 ············ 20-28	☐☐☐	☐☐☐
2020년 전기공사산업기사 4회(CBT) ····· 20-54	☐☐☐	☐☐☐
2019년 전기공사산업기사 1회 ············ 19-02	☐☐☐	☐☐☐
2019년 전기공사산업기사 2회 ············ 19-28	☐☐☐	☐☐☐
2019년 전기공사산업기사 4회 ············ 19-55	☐☐☐	☐☐☐
2018년 전기공사산업기사 1회 ············ 18-02	☐☐☐	☐☐☐
2018년 전기공사산업기사 2회 ············ 18-28	☐☐☐	☐☐☐
2018년 전기공사산업기사 4회 ············ 18-53	☐☐☐	☐☐☐

편저자의 말

1970년대 중반부터 시행된 전기 분야 국가기술자격시험은 일부 개정을 거쳐 현재에 이르고 있으며, 시험 합격을 위해서는 그에 맞는 전략과 노력이 필요합니다.

최근 5년 동안의 시험 경향을 보면 확실히 예전보다는 조금 어려워졌습니다. 예전처럼 그냥 외우는 방법으로는 어렵고, 이론을 이해해야 풀 수 있는 문제들이 많아지고 있기 때문입니다. 특히 필기시험은 출제 경향이 크게 다르지 않은데, 실기시험은 회차별로 난이도 차이가 크게 나고 예전보다 문제수도 늘어나 좀 더 세분화되었다고 볼 수 있습니다.

그러므로 합격의 전략은 새로운 경향을 찾는 것보다는 많이 출제되었던 기출문제를 공부하되 이론을 같이 공부하는 것이 빠른 합격에 유리할 수 있습니다.

또 전기기사 출제 경향을 합격자 수로 이야기하는 경우가 많지만, 작년에 합격자 수가 많았다고 해서 올해 꼭 적게 나오는 것은 아닙니다. 약간씩 출제 경향의 변화가 있지만 난이도는 거의 대동소이하며, 수급 조절은 3~5년으로 보기 때문에 수험생 스스로 섣부른 판단은 하지 않도록 해야 합니다.

필자는 10여 년 전부터 현재까지 오프라인 학원, 수많은 온라인 교육 및 EBS 강의를 진행하면서 많은 수험생을 접하며 그들이 가지고 있는 고충과 애로사항을 청취한 결과, 국가기술자격시험 합격을 위한 보다 쉽고 확실한 해법을 주기 위하여 이 교재를 집필하게 되었습니다.

본 수험서의 특징은 그간 어렵게 생각했던 문제를 쉽게 해설하여 수험생들이 혼자 공부할 수 있게 하고, 매년 출제 빈도를 반영하여 문제마다 별 표시를 해 중요 부분을 확인할 수 있게 함으로써 시험 대비 시 공부의 효율을 높이도록 한 점입니다.

아무쪼록 본 수험서로 공부하는 모든 분이 합격하시기를 기원하며, 마지막으로 본 수험서가 출간되기까지 큰 노력을 기울여주신 한빛전기수험연구회 여러분들과 도서출판 윤조 배용석 대표님께 감사의 말씀을 전합니다.

편저자 김상훈

감수자의 말

현대 사회에서 전기의 중요성은 날로 커지고 있으며, 일정한 자격을 갖춘 전문가들에 의해 여러 가지 기술의 개발과 발전이 이루어지고 있습니다. 이러한 전기 분야의 전문가를 국가기술자격시험을 통해 선발하기 때문에 이 시험의 비중이 날로 증가하고 있는 추세입니다.

우리 연구회 일동은 전기 분야 교육의 전문가이신 김상훈 박사가 책 출간 후 5년간의 노하우와 새로운 경향을 반영하는 개정 작업의 감수에 참여하게 되어 기쁜 마음으로 더욱더 좋은 책, 수험생들이 쉽게 이해할 수 있는 책이 되도록 노력하였습니다.

아무쪼록 본 수험서로 공부하는 수험생 모두가 합격하여 우리나라 전기 분야에 이바지하는 전문가들로 성장하기를 기원합니다.

한빛전기수험연구회 일동

과년도 CBT 복원문제

전기공사산업기사 필기
2025

- 2025년 제 01회
- 2025년 제 02회
- 2025년 제 03회

2025년 전기공사산업기사 필기

1과목 전기응용

01 시퀀스 제어에서 플로차트(Flow chart)를 작성할 때, 몇 개의 경로에서 판단 또는 YES, NO 중의 선택을 나타내는 기호는?

① ▭   ② ―
③ ◇   ④ △

> **Explanation**
>
> 순서도에서의 판단기호 : ◇
>
> 【답】③

02 다음 중 3상 유도전동기의 기동법으로 맞지 않는 것은?
① $Y-\triangle$ 기동   ② 리액터기동
③ 직입기동   ④ 콘덴서 기동

> **Explanation**
>
> 3상 유도전동기 기동법
>
> | 농형 유도전동기 | • 전전압 기동(직입기동) : 5[HP] 이하(3.7[kW])
• $Y-\triangle$ 기동(5~15[kW]) 급: 전류 1/3배, 전압 $1/\sqrt{3}$ 배
• 기동 보상기법 : 단권 변압기 사용 감전압기동
• 리액터 기동 |
> |---|---|
> | 권선형 유도전동기 | • 2차 저항 기동법 ⇨ 비례 추이 이용 |
>
> 여기서, 콘덴서 기동은 단상 유도전동기 기동법이다.
>
> 【답】④

03 서로 다른 두 개의 금속이나 반도체를 접속하여 전류를 흘리면 접합부에서 열이 발생하거나 흡수되는 현상은?
① 제벡 효과   ② 펠티에 효과
③ 톰슨 효과   ④ 핀치 효과

> **Explanation**
>
> 열전현상
> • 제벡 효과 : 두 종류의 금속의 접합하여 폐회로를 만들고 두 접합점 사이에 온도차를 주면 열기전력이 생겨서 전류가 흐르는 현상
> • 펠티에 효과 : 두 종류의 금속의 접합하여 폐회로를 만들고 두 접합점 사이에 전류를 흘리면 접합점에서 열의 흡수 또는 발생되는 현상 → 전자냉동의 원리
> • 톰슨 효과 : 동일 금속의 접합하여 폐회로를 만들고 두 접합점 사이에 전류를 흘리면 접합점에서 열의 흡수 또는 발생되는 현상
>
> 【답】②

04 황산 용액에 양극으로 구리 막대, 음극으로 은막대를 두고 전기를 통하면 은막대는 구리색이 나도록 하는 것을 무엇이라 하는가?
① 전기 도금
② 이온화 현상
③ 전기 분해
④ 분극 작용

Explanation

전기 도금 : 황산 용액에 양극으로 구리 막대, 음극으로 은막대를 두고 전기를 통하면 은막대가 구리색을 띠는 것 【답】 ①

05 열차가 반지름 1,000[m]의 곡선 궤도를 시속 50[km/h]를 주행할 때 고도[mm]는 얼마인가? 단, 궤간은 1,000[mm]이다.
① 17.5
② 19.7
③ 21.5
④ 32

Explanation

고도(Cant) : 운전의 안정성을 확보를 위하여 곡선 시 안쪽레일보다 바깥쪽 레일을 조금 높게 하는 것

$$h = \frac{GV^2}{127R}[\text{mm}] = \frac{1,000 \times 50^2}{127 \times 1,000} = 19.68[\text{mm}]$$

여기서, G : 궤간[mm] R : 곡선 반지름[m] V : 열차 속도[km/h] 【답】 ②

06 절대 온도가 3,000[°K]인 흑체의 복사에너지는 1,000[°K]일 때 복사에너지의 몇 배가 되는가?
① 3
② 9
③ 81
④ 27

Explanation

스테판 볼츠만의 법칙 : 복사에너지는 절대 온도 4승에 비례

$W = \sigma T^4 [\text{W/cm}^2]$에서

$$W \propto T^4 = \left(\frac{3,000}{1,000}\right)^4 = 81\text{배}$$

【답】 ③

07 가로 15[m], 세로 20[m]인 사무실에 천장을 완전 확산성 유리로 덮고 뒷면에 전광속이 2,850[lm]인 40[W] 백색 LED등을 설치하여 평균조도 200[lx]의 간접조명을 만들었다. 필요한 등수(개)는? (단, 조명률은 30[%], 감광보상률은 2이다)
① 21
② 41
③ 71
④ 141

Explanation

$FUN = ESD$에서

$$N = \frac{ESD}{FU} = \frac{15 \times 20 \times 200 \times 2}{2,850 \times 0.3} = 140.35[\text{등}]$$

【답】 ④

08 평균 구면 광도가 120[cd]인 전구로부터 발산되는 총 광속[lm]은 약 얼마인가?
① 1,200[lm]
② 1,520[lm]
③ 1,507[lm]
④ 1,885[lm]

Explanation

구광원 $F = 4\pi I = 4 \times \pi \times 120 = 1,507.96[\text{lm}]$ 【답】 ③

09 반도체 소자의 종류 중에서 게이트에 의한 턴온(Turn on)을 이용하지 않는 소자는?
① SSS
② SCR
③ GTO
④ SCS

> **Explanation**

SSS(Silicon Symmetrical Switch)

A ─▶│├◀─ K

SSS(Silicon Symmetrical Switch)는 쌍방향 2단자 소자로서 주로 트리거 소자로 이용되며 게이트는 사용하지 않는 소자이다.

【답】①

10 다음 중 전기저항 용접이 아닌 것은?
① 점용접
② 프로젝션 용접
③ 심용접
④ 원자 수소 용접

> **Explanation**

저항 용접
- 점 용접(spot welding) : 필라멘트, 열전대용접 이용
- 돌기용접 (projection welding)
- 이음매 용접 (심 용접) (seam welding)
- 맞대기 용접
- 충격 용접 : 고유저항이 적도 열전도율이 큰 것에 사용 (경금속 용접)

【답】④

11 전기철도에서 선단궤조를 좌우로 이동시켜 기본레일에 밀착 또는 분리시키는 전환장치는 무엇인가?
① 전철기
② 철차
③ 호륜궤조
④ 도입궤조

> **Explanation**

- 전철기(첨단궤조) : 차륜을 궤도에서 다른 궤도로 유도하는 장치
- 도입궤조(lead rail) : 첨단궤조와 철차(crossing)를 연결하는 원곡선의 궤조
- 호륜궤조(guard rail, 가드레일) : 차륜의 탈선을 막기 위하여 분기반대편에 설치한 레일

【답】①

12 아크전류 100[A], 전극 간의 전압이 20[V]일 때 매 시간당 발열량은 몇 [kcal]인가?
① 0.133
② 133.33
③ 1,728
④ 17,280

> **Explanation**

$Q = 0.24\,VIt = 0.24I^2Rt = 0.24 \times 20 \times 100 \times 3,600 \times 10^{-3} = 1,728$[kcal]

【답】③

13 적외선 전구를 사용하는 건조과정에서 건조에 유효한 파장인 1~4[μm]의 방사파를 얻기 위하여 적외선 전구의 필라멘트 온도[°K]범위는?
① 1,800~2,200
② 2,200~2,500
③ 2,800~3,000
④ 2,800~3,200

> **Explanation**

적외선 가열(건조) : 적외선 전구의 복사열에 의하여 피조물 가열하여 건조. 적외선 전구의 필라멘트 온도 : 2,500[°K]
특징
- 공산품 표면건조에 적당하고 효율이 좋다.

- 구조와 조작이 간단하다.
- 건조 재료의 감시가 용이하고 청결, 안전
- 유지비가 싸고 설치장소 절약
- 주로 섬유, 도장에 많이 사용

【답】②

14 200[V]의 단상 교류 전압을 반파 정류하였을 경우 직류 출력전압의 평균값[V]은?
① 90
② 110
③ 180
④ 200

Explanation

단상 반파 정류 $E_d = \dfrac{\sqrt{2}\,V}{\pi} = 0.45\,V = 0.45 \times 200 = 90[V]$

【답】①

15 전자 빔 가열의 특징으로 옳지 않은 것은?
① 진공 중에서의 가열이 가능하다.
② 신속하고 효율이 좋으며 표면 가열이 가능하다.
③ 고융점 재료 및 금속박 재료의 용접이 쉽다.
④ 에너지의 밀도나 분포를 자유로이 조절할 수 있다.

Explanation

전자빔 가열 : 진공 중에서 고속으로 가열한 전자를 접속하여 그 전자의 충돌에 의한 에너지로 가열하는 방식
- 에너지의 밀도나 분포를 자유로이 조절할 수 있다.
- 고융점 재료 및 금속박 재료의 용접이 쉽다.
- 진공 중에서 가열이 가능하다.
- 가열범위가 극히 국한된 부분에 집중시킬 수 있어서 열에 의한 변질이 될 부분을 적게 할 수 있다.

【답】②

16 다음 중 프로세서 제어에 속하지 않는 것은?
① 위치
② 유량
③ 압력
④ 온도

Explanation

제어량에 의한 분류
① 서보 기구(servo mechanism) : 기계적인 변위량 → 추치(추종)제어. 위치, 방향, 자세, 거리, 각도 등
② 프로세서 제어(process control) : 공업공정의 상태량 → 정치제어. 밀도, 농도, 온도, 압력, 유량, 습도 등
③ 자동조정 (auto regulating) 전기적, 기계적 신호 → 정치제어. 속도, 전위, 전류, 힘, 주파수

【답】①

17 전자식 안정기의 문제점으로 틀린 것은?
① 고조파 함유율이 낮다.
② 전압변동 및 서지 전압에 취약하다.
③ 고조파 장해로 가전제품, 통신기기, OA기기, FA기기에 영향을 준다.
④ 순간점등으로 높은 피크 전압에 의해 등 흑화 현상이 발생한다.

Explanation

전자식 안정기의 문제점
- 전압변동 및 서지전압에 약하다.
- 고조파 함유율이 높다.
- 고조파 장해(가전제품, 통신기기, 자동화기기)
- 순간점등으로 피크전압에 의한 램프 흑화현상 발생

【답】①

18 GD^2이 200[kg·m²]인 플라이휠이 1,200[rpm]으로 회전하고 있다. 이 플라이휠에 축적된 에너지는 몇 [J]인가?
① 3,140
② 394,000
③ 788,000
④ 897,800

> **Explanation**

에너지 $W = \dfrac{1}{2}\left(\dfrac{GD^2}{4}\right)\left(\dfrac{2\pi N}{60}\right)^2 = \dfrac{GD^2 N^2}{730}$ [J]

$= \dfrac{GD^2 N^2}{730} = \dfrac{200 \times 1,200^2}{730} = 394,520$ [J]

【답】②

19 다음 중 전기분해를 이용하여 순수한 금속만을 음극에 석출하여 정제하는 것은?
① 전식
② 전착
③ 전해정련
④ 전해연마

> **Explanation**

전해정련 : 전기분해를 이용하여 순수한 금속만을 음극에서 석출하여 정제하는 방법
  구리가 가장 많고 주석, 금, 은, 니켈, 안티몬 등

【답】③

20 점광원 150[cd]에서 5[m] 떨어진 곳의 그 방향과 직각인 면과 기울기 60°로 설치된 간판의 조도는 몇 [lx]인가?
① 1
② 2
③ 3
④ 4

> **Explanation**

입사각 코사인의 법칙 $E = \dfrac{I}{r^2}\cos\theta = \dfrac{150}{5^2} \times \cos 60° = 3$[lx]

【답】③

2과목 전력공학

21 그림과 같은 배전선이 있다. 부하에 급전 및 정전할 때 조작 방법으로 옳은 것은?

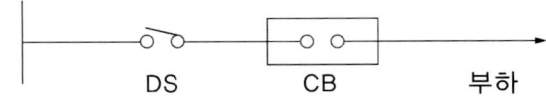

① 급전 및 정전할 때는 DS, CB 순으로 한다.
② 급전 및 정전할 때는 CB, DS 순으로 한다.
③ 급전시는 DS, CB 순이고, 정전시는 CB, DS 순이다.
④ 급전시는 CB, DS 순이고, 정전시는 DS, CB 순이다.

> **Explanation**

인터록(Interlock) : 차단기가 열려 있어야 단로기 조작 가능
• 투입 시 : DS - CB 순
• 차단 시 : CB - DS 순

【답】③

22 송전선로에서 복도체를 사용하는 목적으로 옳은 것은?
① 역률개선
② 정전용량의 감소
③ 인덕턴스의 증가
④ 코로나 발생의 방지

Explanation

복도체(다도체) 방식 : 주목적 : 코로나 방지
- 인덕턴스는 감소, 정전 용량은 증가
- 코로나의 방지, 코로나 임계 전압의 상승
- 송전 용량의 증대, 안정도 증대

【답】④

23 그림과 같은 3상 3선식 전선로의 단락점에서 3상 단락전류를 제한하려고 %리액턴스가 5[%]인 한류 리액터를 시설하였다. 단락전류는 몇[A]인가? 단, 66[kV]에서 발전기의 %리액턴스는 5[%], 저항 성분과 선로의 임피던스는 무시한다. 한류리액터의 기준값은 발전기와 동일하다.

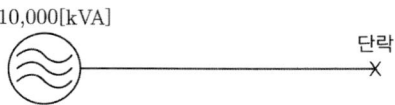

① 880
② 1,000
③ 1,130
④ 1,250

Explanation

%임피던스 $\%Z = 5+5 = 10[\%]$

단락전류 $I_s = \dfrac{100}{\%Z}I_n = \dfrac{100}{10} \times \dfrac{10,000}{\sqrt{3} \times 66} = 874.77[A]$

【답】①

24 전압 66,000[V], 주파수 60[Hz], 길이 7[km], 1회선의 3상 지중전선로에서 3상 무부하 충전용량은 약 몇 [kVA]인가? 단, 케이블의 심선 1선 1[km]의 정전용량은 0.4[μF/km]라 한다.
① 2,560[kVA]
② 4,600[kVA]
③ 7,970[kVA]
④ 13,800[kVA]

Explanation

충전용량 $Q_c = 3EI_c = 3\omega CE^2$

$= 3 \times 2\pi \times 60 \times 0.4 \times 10^{-6} \times 7 \times \left(\dfrac{66,000}{\sqrt{3}}\right)^2 \times 10^{-3}$

$= 4,598[kVA]$

【답】②

25 석탄 연소 화력 발전소에서 사용되는 집진 장치의 효율이 가장 큰 것은?
① 전기식 집진장치
② 수세식 집진장치
③ 원심력식 집진 장치
④ 직렬 결합식 집진장치

Explanation

집진 효율이 가장 큰 것은 전기식으로 코트렐식 집진 장치가 현재 가장 많이 사용되고 있다.

【답】①

26 변전소에서 사용되는 조상설비 중 전압조정 방법을 계단적인 방법이 아닌 연속적인 방법을 사용하는 조상설비는?
① 분로리액터
② 유도전압 조정기
③ 전력용콘덴서
④ 동기조상기

> **Explanation**

조상설비 비교

	진 상	지 상	시충전(시송전)	조 정	전력손실	증설
전력용 콘덴서	○	×	×	단계적	적다	가능
분로 리액터	×	○	×	단계적	적다	가능
동기 조상기	○	○	○	연속적	크다	불가능

【답】④

27 다음 중 값이 1 이상인 것은?
① 부등률
② 전압강하율
③ 부하율
④ 수용률

> **Explanation**

부등률 = $\dfrac{\text{각 개별 최대 수용 전력의 합}}{\text{합성 최대 전력}} \geq 1$

최대전력이 발생하는 시간이 부하마다 다르다(최대 전력의 발생시각 또는 발생 시기의 분산을 나타내는 지표). 【답】①

28 조상설비가 있는 발전소측 변전소에서 주변압기로 주로 사용되는 변압기는?
① 강압용 변압기
② 단권 변압기
③ 단상 변압기
④ 3권선 변압기

> **Explanation**

조상설비 : 3권선 변압기의 3차(안정권선)에 채용
안정권선의 역할
• 소내 전력공급
• 제3고조파 제거
• 조상설비 채용

【답】④

29 출력 5,000[kW], 유효낙차 50[m]인 수차에서 안내날개의 개방상태나 효율의 변화 없이 일정할 때 유효낙차가 5[m] 줄었을 경우 출력은 약 몇 [kW]인가?
① 4,000
② 4,270
③ 4,500
④ 4,740

> **Explanation**

속도 $v = \sqrt{2gH}$
유량 $Q[\text{m}^3/\text{sec}] = A[m^2] \times v[m/\text{sec}] \propto \sqrt{H}$
출력 $P = 9.8QH\eta$에서
낙차가 10[%]감소된 것이므로
$P' \propto H^{\frac{3}{2}} \propto 5{,}000 \times (0.9)^{\frac{3}{2}} = 4{,}269.08[\text{kW}]$

【답】②

30 전력용 퓨즈를 차단기와 비교할 때 틀린 것은?
① 가격이 저렴하다.
② 정전용량이 크다.
③ 차단 용량이 크다.
④ 보수가 간단하다.

> **Explanation**

전력 퓨즈(PF : Power Fuse) : 단락전류 차단
장 점 : ① 소형, 경량
        ② 차단 용량이 크다.

③ 보수가 간단
④ 가격이 저렴
⑤ 정전용량이 작다
단 점 : ① 재투입이 불가능
② 과도 전류에 용단되기 쉽다.
③ 한류 형은 차단 시 과전압 유기
④ 고임피던스 접지 계통을 보호할 수 없다.
⑤ 계전기처럼 시한 특성을 자유롭게 할 수 없다.

【답】②

31 송전선에 코로나가 발생하면 전선이 부식되는 이유는 무엇인가?
① 산소
② 질소
③ 수소
④ 오존

Explanation

코로나의 영향
• 전력 손실(코로나 손실) $P_c = \dfrac{241}{\delta}(f+25)\sqrt{\dfrac{d}{2D}}(E-E_0)^2 \times 10^{-5}$ [kW/km/Line]
• 통신선에 유도 장해(전파 장해)
• 코로나 잡음
• 전선의 부식(원인 : 오존(O_3))
• 진행파의 파고 값은 감소(코르나 손실이 발생하므로 진행파(이상전압)의 파고값은 낮아지게 된다.)

【답】④

32 송전선로가 평형 3상으로 운전되고 있는 경우 중성점 전위는 얼마인가?
① 0
② 1
③ 송전 전압과 같다.
④ ∞ (무한대)

Explanation

평형 3상 : 3상의 전압의 합은 0
$V_a + V_b + V_c = 0$

【답】①

33 전력계통의 주파수가 기준값보다 증가하는 경우의 조치로 옳은 것은?
① 발전출력[kW]을 감소시켜야 한다.
② 발전출력[kW]을 증가시켜야 한다.
③ 무효 전력[kVar]을 감소시켜야 한다.
④ 무효 전력[[kVar]을 증가시켜야 한다.

Explanation

부하증가 : 발전기 회전속도 감소, 주파수 감소
　　　대책 : 발전출력(kW)을 증가
부하감소 : 발전기 회전속도 증가, 주파수 증가
　　　대책 : 발전출력(kW)을 감소

【답】①

34 66[kV], 60[Hz] 3상 3선식 선로에서 중성점을 소호리액터 접지하여 완전 공진상태로 되었을 때 중성점에 흐르는 전류는 몇 [A]인가? (단, 소호리액터를 포함한 영상회로의 등가 저항은 200[Ω], 중성점 잔류전압은 4,400[V]라고 한다)
① 11
② 22
③ 33
④ 44

Explanation

완전 공진 상태에서의 중성점에 흐르는 전류 : $I = \dfrac{E}{R}$ [A] ∴ $I = \dfrac{4,400}{200} = 22$ [A]

【답】②

35 저압 네트워크 배전 방식의 장점으로 옳은 것은?
① 전압 강하가 크다.
② 인축의 접지사고가 거의 없다.
③ 무정전 공급이 가능하여 신뢰도가 높다.
④ 부하의 증가에 대한 적응성이 작다.

> **Explanation**
>
> 저압 네트워크 방식
> • 무정전 공급 방식(공급 신뢰도가 가장 우수)
> • 공급 신뢰도가 가장 좋고 변전소의 수를 줄일 수 있다.
> • 전압 강하, 전력손실이 적다.
> • 부하 증가 대응 우수
> 단점
> • 설비비 고가
> • 인축의 접지 사고
> • 고장 시 고장전류 역류
> 대책 : 네트워크 프로텍터(저압용 차단기, 저압용 퓨즈, 전력방향계전기)   【답】③

36 송전선로에 낙뢰를 방지하기 위하여 설치하는 것은?
① 댐퍼
② 소호환
③ 가공지선
④ 애자

> **Explanation**
>
> 가공 지선의 설치 목적
> • 직격뢰 차폐
> • 유도뢰에 대한 정전 차폐
> • 통신선에 대한 전자유도장해 경감(지락전류의 일부가 가공지선에 흐르므로)   【답】③

37 송전계통의 중성점을 접지하는 목적으로 틀린 것은?
① 지락 고장 시 전선로의 대지 전위 상승을 억제하고 전선로와 기기의 절연을 경감시킨다.
② 소호리액터 접지방식에서는 1선 지락 시 지락점 아크를 빨리 소멸시킨다.
③ 차단기의 차단용량을 증대시킨다.
④ 지락고장에 대한 계전기의 동작을 확실하게 한다.

> **Explanation**
>
> 송전선의 중성점 접지 목적
> • 1선 지락 시 전위 상승 억제하고 전선로와 기기의 절연을 경감
> • 지락 사고 시 보호 계전기 동작의 확실
> • 과도안정도 증진
> • 이상전압 발생 방지   【답】③

38 송전선로에 충전전류가 흐르면 수전단 전압이 송전단 전압보다 높아지는 현상과 이 현상의 발생 원인으로 가장 옳은 것은?
① 페란티 효과, 선로의 인덕턴스 때문
② 페란티 효과, 선로의 정전용량 때문
③ 근접 효과, 선로의 인덕턴스 때문
④ 근접 효과, 선로의 정전용량 때문

> **Explanation**
>
> 페란티 현상
> • 무부하시 송전단 전압보다 수전단 전압이 커지는 현상
> • 발생 원인 : 선로의 정전용량에 의해서
> • 방지법 : 분로리액터(Sh.R)   【답】②

39 피뢰기의 제한전압이란?
① 상용주파전압에 대한 피뢰기의 충격방전 개시전압
② 충격파 침입 시 피뢰기의 충격방전 개시전압
③ 피뢰기가 충격파 방전 종류 후 언제나 속류를 확실히 차단 할 수 있는 상용주파 최대전압
④ 충격파 전류가 흐르고 있을 때의 피뢰기 단자전압

Explanation

제한 전압 : 피뢰기 동작 중에 걸리는 단자 전압의 파고값
충격파 전류가 흐르고 있을 때의 피뢰기 단자전압

【답】④

40 그림은 송배전선로의 건설비와 송전전압과의 관계를 나타낸 것이다. 전선비를 뜻하는 것은?
① A
② B
③ C
④ D

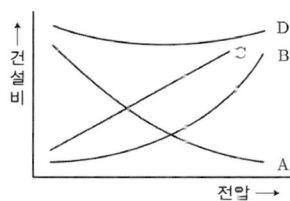

Explanation

일반적으로 전압이 높아지면 절연 레벨이 올라가므로 애자 및 지지물비는 상승하고 전류밀도의 크기는 감소하므로 전선비는 낮아진다.

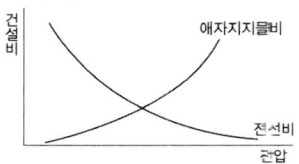

【답】①

3과목　전기기기

41 3상 직권 정류자 전동기에 대한 설명이 잘못된 것은?
① 고정자권선과 회전자권선은 중간변압기를 통해 직렬로 연결된다.
② 역률은 동기속도 근처나 그 이상에서는 매우 양호하다.
③ 효율은 고속도에서 거의 일정하다.
④ 기동토크가 크지 않고 속도제어범위가 넓지 않아도 되는 곳에 주로 사용한다.

Explanation

3상 직권 정류자 전동기
- $T \propto I^2 \propto \dfrac{1}{N^2}$ 로서 변속도 특성
- 토크는 거의 전류의 제곱에 비례하며 기동 토크가 크다.
- 효율은 저속에서는 나쁘나 동기속도 근처에서 가장 좋다.
- 역률은 동기속도 근처나 그 이상에서는 매우 양호하다.
- 고정자 권선과 회전자 권선은 중간 변압기를 거쳐 직렬로 접속

【답】④

42 전동기의 분당 회전수가 1,200[rpm], 출력이 20[kW]라면 이 전동기가 발생하는 토크는 몇 [N·m]인가?

① 80 ② 120
③ 160 ④ 200

Explanation

토크 $T = 0.975 \times \dfrac{P_0}{N} = 0.975 \times \dfrac{20 \times 10^3}{1,200} = 16.25 [\text{kg} \cdot \text{m}]$

따라서 $16.25 \times 9.8 = 160 [\text{N} \cdot \text{m}]$

【답】③

43 송전선로에 접속된 동기 조상기의 설명 중 가장 옳은 것은?

① 과여자로 운전하면 앞선 전류가 흐르므로 리액터 역할을 한다.
② 과여자로 운전하면 뒤진 전류가 흐르므로 콘덴서 역할을 한다.
③ 부족여자로 운전하면 앞선 전류가 흐르므로 리액터 역할을 한다.
④ 부족여자로 운전하면 송전선로의 자기여자작용에 의한 전압상승을 방지한다.

Explanation

동기조상기 : 무부하 운전 중인 동기 전동기를 과여자 또는 부족여자 운전하여 역률을 제어할 수 있는 기기
• 과여자 : 콘덴서 C로 작용, 위상이 앞선 전류가 흐른다.
• 부족여자 : 인덕턴스 L로 작용, 위상이 뒤진 전류가 흐른다.

【답】④

44 SCR의 특징이 아닌 것은?

① 아크가 생기지 않으므로 열의 발생이 적다. ② 도통시간이 짧다.
③ 전류가 흐르고 있을 때 양극 전압강하가 크다. ④ 과전압에 약하다.

Explanation

SCR(Silicon Controlled Rectifier) : 실리콘 제어 정류기
• 실리콘 정류 소자 역저지 3단자
• 동작 최고온도가 가장 높다(200[℃]).
• 정류기능의 단일 방향성 3단자 소자
• 게이트의 작용 : 통과 전류 제어 작용
• 위상 제어, 인버터, 초퍼 등에 사용
• 역방향 내전압 : 약 500~1,000[V](역방향 내전압이 가장 크다.)
또한, SCR의 순방향 전압 강하는 보통 1.5[V]이하로 적다.

【답】③

45 직류기의 보상권선은 전기자반작용을 방지하는 권선이다. 보상권선을 접속하는 방법은?

① 계자와 병렬로 연결 ② 계자와 직렬로 연결
③ 전기자와 병렬로 연결 ④ 전기자와 직렬로 연결

Explanation

보상권선
• 전기자 반작용 방지
• 전기자와 직렬로 연결

【답】④

46 코일피치와 자극피치의 비를 β라 하면 기본파기전력에 대한 단절계수는?

① $\sin\beta\pi$ ② $\cos\beta\pi$
③ $\sin\dfrac{\beta\pi}{2}$ ④ $\cos\dfrac{\beta\pi}{2}$

> **Explanation**
>
> • 단절권
>   - 고조파를 제거하여 기전력의 파형을 개선
>   - 코일의 길이, 동량이 절약
> • 단절권 계수 $K_s = \sin\dfrac{\beta\pi}{2}$

【답】 ③

47 동기기의 과도 안정도를 증가시키는 방법이 아닌 것은?
① 속응 여자방식을 채용한다.　　② 동기 탈조계전기를 사용한다.
③ 동기화 리액턴스를 작게 한다.　④ 회전자의 플라이휠 효과를 작게 한다.

> **Explanation**
>
> 동기기의 안정도 증진법
> • 동기 리액턴스를 작게 할 것
> • **회전자의 플라이휠 효과를 크게 할 것**(관성 모멘트를 크게)
> • 속응 여자방식을 채용
> • 발전기의 조속기 동작을 신속히 할 것
> • 동기 탈조 계전기를 사용
> • 역상, 영상 임피던스를 크게 할 것

【답】 ④

48 3권선 변압기가 있다. 1차 66[kV], 2차 11[kV], 3차 3.3[kV]이다. 2차측에 역률 80[%]의 유도성 부하 5,000[kVA]를 걸었고 3차측에 용량성 무효전력 1,700[kVar]의 부하를 걸었을 때 1차측 역률은 얼마인가?
① 0.9　　② 0.95
③ 0.98　④ 0.97

> **Explanation**
>
> 역률 80[%]의 유도성 부하 5,000[kVA]이므로
> 유효전력 $P = P_a \cos\theta = 5,000 \times 0.8 = 4,000$[kW]
> 무효전력 $P = P_a \sin\theta = 5,000 \times 0.6 = 3,000$[kVar]
> 여기서, 3차 측에 용량성 무효전력이 있으므로
> 전체 무효전력 $Q = 3,000 - 1,700 = 1,300$[kVar]
> 따라서 역률 $\cos\theta = \dfrac{P}{P_a} = \dfrac{4,000}{\sqrt{4,000^2 + 1,300^2}} = 0.95$

【답】 ②

49 변압기의 내부고장으로 압력이 증가할 때 동작하는 계전기로서 가장 적당한 것은?
① 과전류 계전기　　② 과전압 계전기
③ 비율차동 계전기　④ 브흐홀츠 계전기

> **Explanation**
>
> 변압기 내부 고장 보호용
> • 전기적인 보호 : 비율 차동 계전기
> • 기계적인 보호 : **부흐홀츠 계전기**, 유온계(온도 계전기), 유위계, 충격압력 계전기

【답】 ④

50 용량 150[kVA]의 단상 변압기의 철손이 1[kW], 전부하 동손이 4[kW]이다. 이 변압기의 최대효율은 몇 [kVA]에서 나타나는가?
① 50　　② 75
③ 100　④ 150

> **Explanation**

$\frac{1}{m}$ 부하의 경우 최대 효율이 된다고 하면

$\left(\frac{1}{m}\right)^2 P_c = P_i$

$\therefore \frac{1}{m} = \sqrt{\frac{P_i}{P_c}} = \sqrt{\frac{1}{4}} = \frac{1}{2}$ 이므로

변압기의 최대효율이 걸리는 부하는 $150 \times \frac{1}{2} = 75[\text{kVA}]$

【답】②

51 유도전동기의 제동법이 아닌 것은?
① 회생제동
② 발전제동
③ 역상제동
④ 3상제동

> **Explanation**

유도 전동기 제동법
- 발전제동 : 전동기를 발전기로 적용하여 생긴 유기기전력을 저항을 통하여 열로 소비하는 제동법
- 회생제동 : 유도전동기를 유도발전기로 적용하여 생긴 유기기전력을 전원을 궤환 시키는 제동법
- 역상제동(플러깅) : 3선 중 2선의 접속을 변경하여 역토크에 의해 제동하는 것, 비상시 사용

【답】④

52 4극 60[Hz]인 3상 유도전동기가 있다. 2차 1상의 저항을 0.15[Ω], 전동기 정지 시 2차 1상의 리액턴스를 0.5[Ω]이라 한다면 이 유도전동기가 최대토크를 발생하게 되는 회전속도[rpm]는?
① 1,260
② 1,345
③ 1,475
④ 1,420

> **Explanation**

최대 토크를 발생하는 슬립 $s_t = \frac{r_2'}{\sqrt{r_1^2 + (x_1 + x_2')^2}} \fallingdotseq \frac{r_2}{x_2} = \frac{0.15}{0.5} = 0.3$

회전속도 $N = (1 - s_t)N_s = (1 - 0.3) \times \frac{120 \times 60}{4} = 1,260[\text{rpm}]$

【답】①

53 회전 변류기의 직류측의 전압을 변경하려면 슬립링에 가해지는 교류측 전압을 변화시킨다. 그 방법이 아닌 것은?
① 직렬 리액턴스에 의한 방법
② 유도 전압 조정기에 의한 방법
③ 분류 저항 삽입에 의한 방법
④ 부하시 전압 조정 변압기에 의한 방법

> **Explanation**

회전 변류기의 직류 전압 조정
- 직렬 리액터에 의한 방법
- 유도 전압조정기에 의한 방법
- 동기 승압기 의한 방법
- 부하 시 전압조정 변압기에 의한 방법

【답】③

54 직류전동기의 회전수를 1/2를 줄이려면, 계자자속을 몇 배로 하여야 하는가? 단, 전압과 전류 등은 일정하다.
① 1
② 2
③ 3
④ 4

> **Explanation**

직류 전동기 속도 제어 $n = K' \dfrac{V - I_a R_a}{\phi}$ (K' : 기계정수)
여기서, 자속과 회전속도는 반비례하므로 회전수를 1/2를 줄이려면, 계자자속은 2배가 되어야 한다.

【답】 ②

55 3상-2상간 상수 변환이 가능한 변압기 결선 방식이 아닌 것은?
① 메이어 결선 ② 우드브리지 결선
③ T결선 ④ 포크 결선

> **Explanation**

변압기 상수 변환법
- 3상에서 2상변환 : scott 결선(=T결선), Meyer 결선, wood bridge 결선
- 3상에서 6상변환 : Fork 결선, 2중 성형 결선, 환상 결선, 대각 결선, 2중△결선

【답】 ④

56 2중 농형 유도전동기에서 외측(회전자 표면에 가까운 쪽) 슬롯에 사용되는 전선에 대한 설명으로 적합한 것은?
① 누설 리액턴스가 작고 저항이 커야 한다. ② 누설 리액턴스가 크고 저항이 커야 한다.
③ 누설 리액턴스가 작고 저항이 적어야 한다. ④ 누설 리액턴스가 크고 저항이 적어야 한다.

> **Explanation**

2중 농형전동기
- 기동토크가 크고, 기동 전류가 작다. 열이 많이 발생하여 효율은 낮다.
- 기동용 권선(외측권선) : 저항이 크고 리액턴스가 적다.
- 운전용 권선 : 저항이 적고 리액턴스가 크다.

【답】 ①

57 8극, 유도기전력 100[V], 전기자전류 200[A]인 직류발전기의 전기자권선을 중권에서 파권으로 변경했을 경우의 유도기전력과 전기자전류는?
① 100[V], 200[A] ② 200[V], 100[A]
③ 400[V], 50[A] ④ 800[V], 25[A]

> **Explanation**

유기기전력 $E = \dfrac{p}{a} z \phi \dfrac{N}{60}$ 에서
중권 $a = p = 8$ 이며 $E = z \phi \dfrac{N}{60} = 100[V]$
파권은 $a = 2$ 이므로 $E' = \dfrac{8}{2} z \phi \dfrac{N}{60} = 4E = 4 \times 100 = 400[V]$
여기서, 출력의 변화가 없다면 $P = EI_a$[W]이며
$100 \times 200 = 400 \times I_a'$ 에서
파권 변경 후 전기자전류는 $I_a = 50[A]$가 된다.

【답】 ③

58 다음의 정류 회로 중 가장 큰 출력값을 갖는 회로는?
① 단상 반파 정류 회로 ② 3상 반파 정류 회로
③ 단상 전파 정류 회로 ④ 3상 전파 정류 회로

> **Explanation**

정류회로 비교

구분	단상 반파	단상 전파	3상 반파	3상 전파
직류전압	$E_d = 0.45E$	$E_d = 0.9E$	$E_d = 1.17E$	$E_d = 1.35E$
맥동주파수	f	2f	3f	6f
맥동률	121[%]	48[%]	17[%]	4[%]

따라서 정류 회로 중 가장 큰 출력값을 갖는 회로는 3상 전파정류이다.

【답】④

59 단락비 1.2인 동기발전기의 퍼센트 동기임피던스는 약 몇 [%]인가?
① 100
② 83
③ 60
④ 45

Explanation

단락비 $K_s = \dfrac{1}{Z_s'[PU]}$

$Z_s'[PU] = \dfrac{1}{K_s} = \dfrac{1}{1.2} = 0.83 \times 100 = 83[\%]$

【답】②

60 3상 유도전압조정기의 원리는 어느 것을 응용한 것인가?
① 3상 동기발전기
② 3상 변압기
③ 3상 유도전동기
④ 3상 교류자전동기

Explanation

• 단상 유도전압조정기 : 단권변압기의 원리(교번자계)
• 3상 유도전압조정기 : 3상 유도전동기의 원리(회전자계)

【답】③

4과목 회로이론

61 다음 중 비정현파에서 우함수 대칭의 조건은?
① $f(t) = f(-t)$
② $f(t) = -f(t)$
③ $f(t) = -f\left(t + \dfrac{T}{2}\right)$
④ $f(t) = -f(-t)$

Explanation

정현대칭(기함수) : $f(t) = -f(-t)$, sin성분
• 여현대칭(우함수) : $f(t) = f(-t)$, 직류분, cos성분
• 반파대칭 : $f(t) = -f\left(t + \dfrac{T}{2}\right)$, 홀수항

【답】①

62 $F(s) = \dfrac{2}{(s+1)(s+3)}$ 의 라플라스 역변환은?
① $e^{-t} - e^{-3t}$
② $e^{-t} - e^{3t}$
③ $e^{t} - e^{-3t}$
④ $e^{t} - e^{3t}$

Explanation

분모가 인수분해 가능하므로 부분분수 전개하면

$$F(s) = \frac{2}{(s+1)(s+3)} = \frac{K_1}{s+1} + \frac{K_2}{s+3}$$

$$K_1 = \lim_{s \to -1}(s+1) \cdot F(s) = \left[\frac{2}{s+3}\right]_{s=-1} = 1$$

$$K_2 = \lim_{s \to -3}(s+3)F(s) = \left[\frac{2}{s+1}\right]_{s=-3} = -1$$

$$F(s) = \frac{1}{s+1} - \frac{1}{s+3}$$

$$\therefore f(t) = \mathcal{L}^{-1}\left[\frac{1}{s+1} - \frac{1}{s+3}\right] = e^{-t} - e^{-3t}$$

【답】①

63 $f(t) = 1 - \cos\omega t$를 라플라스 변환하면?

① $\dfrac{s}{s(s^2 - \omega^2)}$ ② $\dfrac{\omega^2}{s(s^2 + \omega^2)}$

③ $\dfrac{\omega}{s(s^2 - \omega^2)}$ ④ $\dfrac{s}{s^2 + \omega^2}$

Explanation

라플라스 변환의 선형 정리에 의해서

$$F(s) = \mathcal{L}[f(t)] = \mathcal{L}[1] + \mathcal{L}[\cos\omega t] = \frac{1}{s} - \frac{s}{s^2 + \omega^2} = \frac{s^2 + \omega^2 - s^2}{s(s^2 + \omega^2)} = \frac{\omega^2}{s(s^2 + \omega^2)}$$

【답】②

64 역률 60[%], 유효전력 120[kW]라면 무효전력은 몇 [kVar]인가?

① 80 ② 100
③ 140 ④ 160

Explanation

소비전력 $P = VI\cos\theta$ [kW]

피상전력 $P_a = VI = \dfrac{P}{\cos\theta} = \dfrac{120}{0.6} = 200$[VA]

$P_a = VI = \sqrt{P^2 + P_r^2}$

무효전력 $P_r = \sqrt{P_a^2 - P^2} = \sqrt{200^2 - 120^2} = 160$[kVar]

【답】④

65 $R-L$ 직렬 회로에 $v = 10 + 141.4\sin\omega t + 70.7\sin(3\omega t + 60°)$[V]인 전압을 가할 때 제3고조파 전류의 실효값은 약 몇 [A]인가?(단, $R = 8[\Omega]$, $\omega L = 2[\Omega]$)

① 1 ② 3
③ 5 ④ 7

Explanation

제 3고조파 전류 $I_3 = \dfrac{V_3}{Z_3} = \dfrac{V_3}{R + j3\omega L} = \dfrac{V_3}{\sqrt{R^2 + (3\omega L)^2}} = \dfrac{\frac{70.7}{\sqrt{2}}}{\sqrt{8^2 + 6^2}} = 5$[A]

【답】③

66 $Ri(t) + L\dfrac{di(t)}{dt} = E$ 에서 모든 초기값을 0으로 하였을 때의 $i(t)$의 값은?

① $\dfrac{E}{R}e^{-\frac{RL}{2}}$ 　　　　　　　　　② $\dfrac{E}{R}e^{-\frac{L}{R}t}$

③ $\dfrac{E}{R}(1-e^{-\frac{R}{L}t})$ 　　　　　　　④ $\dfrac{E}{R}(1-e^{-\frac{L}{R}t})$

Explanation

$R-L$ 직렬회로

	$R-L$ 직렬회로	직류 기전력 인가 시(S/W on)
①	전류 $i(t)$	$i(t) = \dfrac{E}{R}(1-e^{-\frac{R}{L}t})$
②	시정수	$\tau = \dfrac{L}{R}$ [sec]

【답】③

67 $R-L-C$ 직렬 공진 회로에서 $R=100[\Omega]$, $L=314[\text{mH}]$, $C=125.6[\text{PF}]$일 때, 전압 확대율 Q는?

① 200　　　　　　　　　② 300
③ 400　　　　　　　　　④ 500

Explanation

직렬 공진회로

양호도(전압확대율) $Q = \dfrac{1}{R}\sqrt{\dfrac{L}{C}}$

따라서 $Q = \dfrac{1}{R}\sqrt{\dfrac{L}{C}} = \dfrac{1}{100}\sqrt{\dfrac{314 \times 10^{-3}}{125.6 \times 10^{-12}}} = 500$

【답】④

68 다음 중 순시치 100[V], 주파수 60[Hz]이고 $t=0$에서 순시값이 $-50\sqrt{2}$[V]인 정현파 전압을 나타내는 식은?

① $100\sqrt{2}\sin(120\pi t + \dfrac{\pi}{6})$ 　　　② $100\sqrt{2}\sin(120\pi t - \dfrac{\pi}{6})$

③ $100\sin(120\pi t - \dfrac{\pi}{6})$ 　　　　　④ $100\sqrt{2}\cos(120\pi t + \dfrac{\pi}{6})$

Explanation

실효치 100[V], 주파수 60[Hz]인 정현파 전압이 $t=0$에서 순시치가 $-50\sqrt{2}$[V]인 경우
$v = 100\sqrt{2}\sin(120\pi t - \dfrac{\pi}{6})$

【답】②

69 $L=2$[H]인 인덕턴스에 $i(t)=20e^{-2t}$[A]의 전류가 흐를 때 L의 단자전압[V]은?

① $40e^{-2t}$　　　　　　　② $-40e^{-2t}$
③ $80e^{-2t}$　　　　　　　④ $-80e^{-2t}$

Explanation

인덕턴스에서 단자전압 $v_L = L\dfrac{di(t)}{dt} = 2 \times \dfrac{d}{dt}(20e^{-2t}) = -80e^{-2t}$

【답】④

70 3상 불평형 전압이 $V_a = 120\,[\text{V}]$, $V_b = -60 - j80\,[\text{V}]$, $V_c = -60 + j80\,[\text{V}]$라고 할 때 이 회로의 역상 전압 $V_2[\text{V}]$는?

① 0
② 13.81
③ 41.43
④ 106.19

> **Explanation**
>
> $\begin{bmatrix} V_0 \\ V_1 \\ V_2 \end{bmatrix} = \frac{1}{3}\begin{bmatrix} 1 & 1 & 1 \\ 1 & a & a^2 \\ 1 & a^2 & a \end{bmatrix}\begin{bmatrix} V_a \\ V_b \\ V_c \end{bmatrix}$
>
> 역상전압 $V_2 = \frac{1}{3}(V_a + a^2 V_b + a V_c) = \frac{1}{3}\left\{120 + \left(-\frac{1}{2} - j\frac{\sqrt{3}}{2}\right)(-60 - j80) + \left(-\frac{1}{2} + j\frac{\sqrt{3}}{2}\right)(-60 + j80)\right\}$
> $= 13.81\,[\text{V}]$
>
> 【답】②

71 다음의 회로에서 V_1이 30[V]일 때 저항 R은 몇 [Ω]인가?

① 3
② 6
③ 9
④ 12

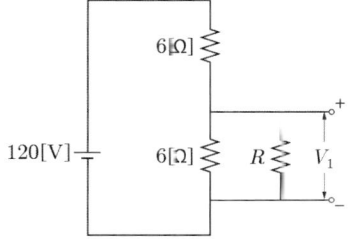

> **Explanation**
>
> V_1이 30[V]이라면 6[Ω]에는 90[V]가 걸리므로
> 전류 $I = \frac{V}{R} = \frac{90}{6} = 15\,[\text{A}]$
> V_1에 연결된 저항 $R_T = \frac{6 \times R}{6 + R} = \frac{6R}{6+R}$ 에서
> 전류는 직렬회로이므로 15[A]이므로
> $R_T = \frac{V_1}{I} = \frac{30}{15} = 2\,[\Omega]$이므로
> $R_T = \frac{6 \times R}{6+R} = \frac{6R}{6+R} = 2$
> $12 + 2R = 6R$에서 $4R = 12$ ∴ $R = 3\,[\Omega]$
>
> 【답】①

72 그림의 평형 3상 Y결선 회로에서 소비하는 유효전력[W]은?

① 512
② 768
③ 1,536
④ 3,072

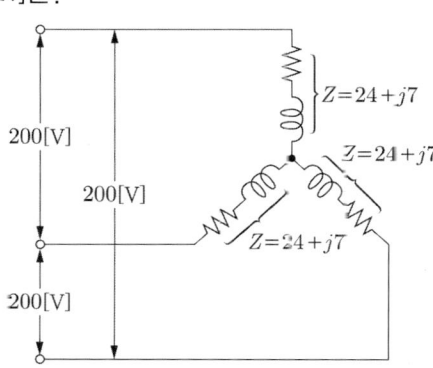

> **Explanation**

3상 유효전력은 $P = 3V_p I_p \cos\theta = 3I_p^2 R [\text{Var}]$

Y결선이므로 $I_l = I_p$

여기서, 상전류는 $I_p = \dfrac{V_p}{Z} = \dfrac{\frac{200}{\sqrt{3}}}{24+j7} = \dfrac{\frac{200}{\sqrt{3}}}{\sqrt{24^2+7^2}}$ [A]

3상 유효전력은 $P = 3I_p^2 R = 3 \times \left(\dfrac{\frac{200}{\sqrt{3}}}{\sqrt{24^2+7^2}}\right)^2 \times 24 = 1{,}536 [\text{W}]$

【답】③

73. 정현파 교류전압 $v(t) = \sin(\omega t + \theta)$ [V]의 평균값은 최대치의 약 몇 [%]인가?

① 50.1　　　　　　　　② 63.7
③ 70.7　　　　　　　　④ 41.4

Explanation

정현파의 평균값 $V_{av} = \dfrac{2}{\pi} V_m = \dfrac{2}{\pi} \times V_m \times 100 = 63.7 [\%]$

【답】②

74. 다음과 같은 회로에서 a, b 양단의 전압은 몇 [V]인가?

① 1　　　　　　　　② 2
③ 2.5　　　　　　　　④ 3.5

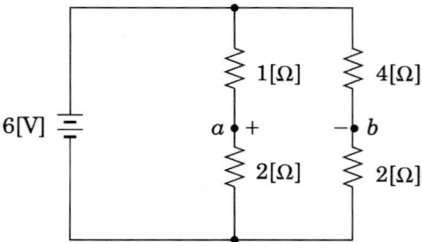

Explanation

a, b 양단의 전압 $V_{ab} = \dfrac{4}{4+2} \times 6 - \dfrac{1}{1+2} \times 6 = 4 - 2 = 2 [\text{V}]$

【답】②

75. 직렬 RLC회로를 이용한 대역통과필터에서 대역폭이 f_L[kHz]에서 f_M[kHz]일 때의 R은? (단, $f_L < f_M$)

① $2\pi(f_M - f_L)$　　　　　　　② $\dfrac{2\pi}{C}(f_M - f_L)$

③ $\dfrac{2\pi L}{C}(f_M - f_L)$　　　　　　　④ $2\pi L(f_M - f_L)$

Explanation

RLC 대역통과필터

대역폭(Band Width) $BW = \dfrac{R}{2\pi L}$

여기서, $R = 2\pi L \times BW = 2\pi L(f_M - f_L)$

【답】④

76 전원과 부하가 다같이 △ 결선된 3상 평형 회로가 있다. 전원전압이 200[V] 부하 1상의 임피던스가 $6+j8[\Omega]$인 경우 선전류는 몇 [A]인가?

① 20
② $\dfrac{20}{\sqrt{3}}$
③ $20\sqrt{3}$
④ $40\sqrt{3}$

Explanation

△결선 $I_l = \sqrt{3}\,I_p$

상전류 $I_p = \dfrac{V_p}{Z} = \dfrac{200}{\sqrt{6^2+8^2}} = 20[A]$

선전류 $I_l = \sqrt{3}\,I_p = \sqrt{3}\times 20 = 20\sqrt{3}[A]$

【답】③

77 3상 불평형 회로에서 전압의 불평형률[%]은?

① $\dfrac{영상전압}{정상전압}\times 100[\%]$
② $\dfrac{정상전압}{역상전압}\times 100[\%]$
③ $\dfrac{정상전압}{영상전압}\times 100[\%]$
④ $\dfrac{역상전압}{정상전압}\times 100[\%]$

Explanation

불평형률 $= \dfrac{역상분}{정상분}\times 100[\%]$

【답】④

78 그림과 같은 회로에서 저항 3[Ω] 양단의 전압은 몇 [V]인가?

① 0.67
② 2
③ 3
④ 5

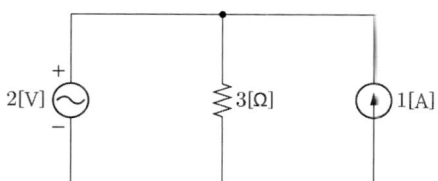

Explanation

중첩의 원리에 의해
- 전압원과 전류원이 단독 직렬 : 전압원 단락
- 전압원과 전류원이 단독 병렬 : 전류원 개방

따라서 전압원의 2[V]만 존재하므로 3[Ω] 양단의 전압은 2[V]이다.

【답】②

79 회로에서 스위치를 닫을 때 콘덴서의 초기 전하를 무시하면 회로에 흐르는 전류 $i(t)$는 어떻게 되는가?

① $\dfrac{V}{R}e^{-\frac{R}{C}t}$
② $\dfrac{V}{R}e^{\frac{R}{C}t}$
③ $\dfrac{V}{R}e^{-\frac{1}{RC}t}$
④ $\dfrac{V}{R}e^{\frac{1}{RC}t}$

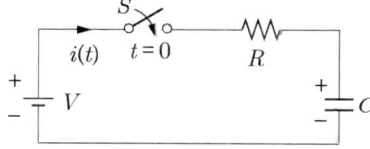

Explanation

R-C 직렬회로	직류 기전력 인가 시(S/W on)
전류 $i(t)$	$i = \dfrac{E}{R} e^{-\frac{1}{RC}t}$ [A]
특성근	$P = -\dfrac{1}{RC}$
시정수	$\tau = RC$ [sec]

【답】③

80 다음 전압원 회로를 등가인 전류원 회로로 바꿀 경우 전류원 전류의 크기[A]는?

① $5.5 + j7.33$
② $5.5 - j7.33$
③ $9.17 \angle -53.13°$
④ $10.12 \angle -53.13°$

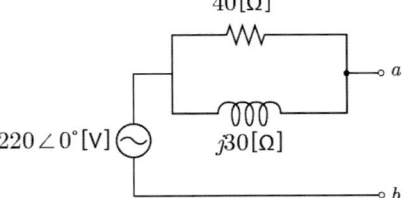

Explanation

회로의 임피던스 $Z = \dfrac{40 \times j30}{40 + j30} = \dfrac{j1,200(40 - j30)}{(40 + j30)(40 - j30)} = 14.4 + j19.2$에서

임피던스 $Z = \sqrt{14.4^2 + 19.2^2} \angle \tan^{-1} \dfrac{19.2}{14.4} = 24 \angle 53.13°[\Omega]$

따라서 전류원 $I = \dfrac{V}{Z} = \dfrac{220 \angle 0°}{24 \angle 53.13°} = 9.17 \angle -53.13°$

【답】③

5과목 전기설비기술기준

81 저압 가공전선로 또는 고압 가공전선로와 기설 가공 약전류 전선로가 병행하는 경우에는 유도작용에 의한 통신상의 장해가 생기지 아니하도록 전선과 기설 약전류 전선간의 이격거리는 몇 [m] 이상이어야 하는가?

① 2   ② 4
③ 6   ④ 8

Explanation

(KEC 332.1조) 가공약전류전선로의 유도장해 방지
① 가공전선과 약전류 전선의 이격 거리 증대(2[m] 이상)
② 적당한 거리에서 연가한다.
③ 경동선 2가닥 이상을 차폐선으로 시설하고 접지 공사를 한다.

【답】①

82 사용전압 154[kV]의 특고압 가공전선로를 시가지에 시설하는 경우 지표상 최소 몇 [m] 이상에 시설하여야 하는가?

① 7.44   ② 8.44
③ 9.44   ④ 11.44

Explanation

(KEC 333.1조) 시가지 등에서 특고압 가공 전선로의 시설

특고압 가공전선로는 전선이 케이블인 경우 또는 전선로를 다음과 같이 시설하는 경우에는 시가지 그 밖에 인가가 밀집한 지역에 시설할 수 있다.
전선의 지표상의 높이는 아래 표에서 정한 값 이상일 것

사용전압의 구분	지표상의 높이
35[kV] 이하	10[m] (전선이 특고압 절연전선인 경우에는 8[m])
35[kV] 초과	10[m]에 35[kV]를 초과하는 10[kV] 또는 그 단수마다 0.12[m]를 더한 값

단수 : 15.4−3.5=11.9≒12단
지표상의 높이 : 10+12×0.12=11.44[m]

【답】 ④

83 특고압용 변압기 내부고장이 생겼을 경우 자동차단장치만 시설하는 경우 뱅크용량은 몇 [kVA] 이상인가?
① 5,000[kVA]
② 7,500[kVA]
③ 10,000[kVA]
④ 15,000[kVA]

Explanation

(KEC 351.4조) 특고압용 변압기의 보호 장치

뱅크용량의 구분	동작조건	장치의 종류
5,000[kVA] 이상 10,000[kVA] 미만	변압기 내부고장	자동차단장치 또는 경보장치
10,000[kVA] 이상	변압기 내부고장	자동차단장치

【답】 ③

84 하중을 지탱하는 전차선로 설비의 강도는 작용이 예상되는 하중의 최악 조건 조합에 대하여 경동선의 경우 얼마의 최소 안전율이 곱해진 값을 견디어야 하는가?
① 1.0
② 2.0
③ 2.2
④ 2.5

Explanation

(KEC 431.10조) 전차선로 설비의 안전율
하중을 지탱하는 전차선로 설비의 강도는 작용이 예상되는 하중의 최악 조건 조합에 대하여 다음의 최소 안전율이 곱해진 값을 견디어야 한다.
① 합금전차선의 경우 2.0 이상
② 경동선의 경우 2.2 이상

【답】 ③

85 접지시스템의 시설 시 선도체(구리)의 단면적이 16[㎟]인 경우 보호도체의 최소 단면적은 몇 [㎟]인가? (단, 보호도체의 재질이 선도체와 같은 경우이다)
① 4
② 6
③ 10
④ 16

Explanation

(KEC 142.2조) 접지극의 시설 및 접지저항
접지공사를 하는 경우의 보호도체(PE)는 표에서 정한 값 이상의 단면적을 가지는 것으로서 고장시에 흐르는 전류가 안전하게 통과할 수 있는 것을 사용하여야 한다. 다만 불평형 부하, 고조파전류 등을 고려하는 경우는 선도체와 같게 하고, 이때 전압강하에 의한 단면적 증가는 고려하지 않는다.

선도체의 단면적 S [mm²]	대응하는 보호도체의 최소 단면적[mm²]	
	보호도체의 재질이 선도체와 같은 경우	보호도체의 재질이 선도체와 다른 경우
$S \leq 16$	S	$\dfrac{k_1}{k_2} \times S$
$16 < S \leq 35$	16^a	$\dfrac{k_1}{k_2} \times 16$
$S > 35$	$\dfrac{S^a}{2}$	$\dfrac{k_1}{k_2} \times \dfrac{S}{2}$

【답】 ④

86 금속제 가요전선관 공사방법의 내용으로 틀린 것은?
① 전선은 절연전선(옥외용 비닐 절연전선을 제외한다.)일 것
② 가요전선관공사는 접지공사를 생략할 것
③ 전선은 연선일 것 다만, 단면적 10[mm²](알루미늄선은 단면적 16[mm²]) 이하인 것은 그러하지 아니하다.
④ 가요 전선관 안에는 전선에 접속점이 없도록 할 것

Explanation

(KEC 232.13조) 금속제 가요전선관공사
① 전선은 절연전선(옥외용 비닐 절연전선을 제외)일 것
② 전선은 연선일 것 다만, 단면적 10[mm²](알루미늄선은 단면적 16[mm²]) 이하인 것은 그러하지 아니하다.
③ 가요 전선관 안에는 전선에 접속점이 없도록 할 것
④ 가요 전선관은 2종 금속제 가요전선관일 것(**1종 금속제 가요전선관 : 전개된 장소 또는 점검할 수 있는 은폐된 장소에 한함**)

【답】 ②

87 발전소의 전력용 커패시터에서 과전압이 생긴 경우에 자동적으로 전로로부터 차단하는 장치가 필요한 뱅크용량은 몇 [kVA] 이상인 것인가?
① 500
② 1,500
③ 10,000
④ 15,000

Explanation

(KEC 351.5조) 조상설비의 보호장치
조상설비에는 그 내부에 고장이 생긴 경우에는 보호하는 장치를 표와 같이 시설하여야 한다.

설비 종별	뱅크 용량의 구분	자동적으로 전로로부터 차단하는 장치
전력용 커패시터 및 분로 리액터	500[kVA] 초과 15,000[kVA] 미만	• 내부에 고장이 생긴 경우 • 과전류가 생긴 경우
	15,000[kVA] 이상	• 내부에 고장이 생긴 경우 • 과전류가 생긴 경우 • **과전압이 생긴 경우**
무효전력 보상장치	15,000[kVA] 이상	• 내부에 고장이 생긴 경우

【답】 ④

88 전기철도용 변전소 설비에 대한 시설기준으로 틀린 것은?
① 직류 전기철도의 경우 3상 스코트 변압기를 사용한다.
② 개폐기는 개폐상태의 표시, 잠금장치를 설치하여야 한다.
③ 제어용 교류전원은 상용과 예비의 2계통으로 구성하여야 한다.
④ 제어반의 경우 디지털계전기방식을 원칙으로 하여야 한다.

Explanation

(KEC 421.4조) 변전소의 설비
① 급전용변압기 : 직류 전기 철도 3상 정류기용 변압기, 교류 전기철도 3상 스코트결선 변압기 원칙
② 차단기는 계통의 장래계획을 감안하여 용량을 결정, 회로의 특성에 따라 기종과 동작책무 및 차단시간 선정
③ 개폐기 : 선로 중 중요한 분기점, 고장발견이 필요한 장소, 빈번한 개폐 필요(개폐상태 표시, 쇄정장치 등 설치)
④ 제어용 교류전원은 상용과 예비의 2계통으로 구성
⑤ **제어반의 경우 디지털계전기방식을 원칙으로 함**

【답】 ①

89 비나 이슬에 젖지 않는 장소에 사용전압이 400[V] 이하인 저압 옥측전선로를 애자공사에 의해 시설하는 경우 전선과 조영재 사이의 이격거리는 몇 [m] 이상이어야 하는가?

① 0.025
② 0.045
③ 0.06
④ 0.12

Explanation

(KEC 221.2조) 옥측전선로
애자공사에 의한 저압 옥측전선로는 다음에 의하고 또한 사람이 쉽게 접촉될 우려가 없도록 시설할 것
① 전선은 공칭단면적 4[mm²] 이상의 연동 절연전선(옥외용 비닐절연전선 및 인입용절연전선은 제외한다)일 것
② 전선 상호 간의 간격 및 전선과 그 저압 옥측전선로를 시설하는 조영재 사이의 이격거리는 아래 표에서 정한 값 이상일 것

시설장소	전선 상호 간의 간격		전선과 조영재 사이의 이격거리	
	사용전압이 400[V] 이하인 경우	사용전압이 400[V] 초과인 경우	사용전압이 400[V] 이하인 경우	사용전압이 400[V] 초과인 경우
비나 이슬에 젖지 않는 장소	0.06[m]	0.06[m]	0.025[m]	0.025[m]
비나 이슬에 젖는 장소	0.06[m]	0.12[m]	0.025[m]	0.045[m]

【답】 ①

90 발전기가 정격운전 상태에 있을 때 동기기 단자에서의 전압을 무엇이라 하는가?

① 보호전압
② 동기전압
③ 부족전압
④ 정격전압

Explanation

(KEC 112조) 용어정리
"정격전압"이란 발전기가 정격운전 상태에 있을 때, 동기기 단자에서의 전압을 말한다.

【답】 ④

91 연료전지의 내압 시험은 연료전지 설비의 내압 부분 중 최고 사용압력이 0.1[MPa] 이상의 부분은 최고 사용압력의 몇 배의 수압까지 가압하는가?

① 1.03
② 1.1
③ 1.25
④ 1.5

Explanation

(KEC 542.1.3조) 연료전지설비의 구조
내압시험은 연료전지 설비의 내압 부분 중 최고 사용압력이 0.1[MPa] 이상의 부분은 최고 사용압력의 **1.5배의 수압**(수압으로 시험을 실시하는 것이 곤란한 경우는 최고 사용압력의 1.25배의 기압)까지 가압하여 압력이 안정된 후 최소 10분간 유지하는 시험을 실시하였을 때 이것에 견디고 누설이 없어야 한다.

【답】 ④

92 가공전선로의 지지물에 시설하는 지지선으로 연선을 사용할 경우에는 소선이 최소 몇 가닥 이상이어야 하는가?

① 3가닥
② 4가닥
③ 5가닥
④ 6가닥

> **Explanation**

(KEC 331.11조) 지지선의 시설
① 지지선의 안전율은 2.5 이상, 허용 인장 하중의 최저는 4.31[kN]일 것.
② 2.6[mm] 이상의 금속선을 3가닥 이상 꼬아서 사용
③ 도로를 횡단하여 시설하는 지지선의 높이는 지표상 5[m] 이상으로 하여야 한다.
④ 지중부분 및 지표상 0.3[m]까지의 부분에는 내식성이 있는 것 또는 아연도금을 한 철봉을 사용하고 쉽게 부식되지 아니하는 전주 버팀대에 견고하게 붙일 것 　　　　　　　　　　　　　　　　　　　　　　　　　【답】①

93 지중전선로를 직접 매설식에 의하여 시설할 때, 중량물의 압력을 받을 우려가 있는 장소에 저압 또는 고압의 지중전선을 견고한 트라프 기타 방호물에 넣지 않고도 부설할 수 있는 케이블은?
① PVC외장 케이블　　　　　　　　　　② 염화비닐 절연 케이블
③ 콤바인덕트 케이블　　　　　　　　　④ 알루미늄피 케이블

> **Explanation**

(KEC 334.1조) 지중 전선로의 시설
① 지중 전선로는 전선에 케이블을 사용하고 또한 관로식·암거식(暗渠式) 또는 직접 매설식에 의하여 시설
② 지중 전선로를 관로식 또는 암거식에 의하여 시설하는 경우에는 견고하고 차량 기타 중량물의 압력에 견디는 것 사용
③ 지중 전선을 냉각하기 위하여 케이블을 넣은 관내에 물을 순환시키는 경우에는 지중 전선로는 순환수 압력에 견디고 또한 물이 새지 아니하도록 시설
④ 지중 전선로를 직접 매설식에 의하여 시설하는 경우에는 매설 깊이를 차량 기타 중량물의 압력을 받을 우려가 있는 장소에는 1[m] 이상, 기타 장소에는 0.6[m] 이상으로 하고 또한 지중 전선을 견고한 트라프 기타 방호물에 넣어 시설할 것. 다만, 다음 각 호의 어느 하나에 해당하는 경우에는 지중전선을 견고한 트라프 기타 방호물에 넣지 아니하여도 된다.
 • 저압 또는 고압의 지중전선을 차량 기타 중량물의 압력을 받을 우려가 없는 경우에 그 위를 견고한 판 또는 몰드로 덮어 시설하는 경우
 • 저압 또는 고압의 지중전선에 콤바인덕트 케이블 또는 제5호부터 제7호까지에서 정하는 구조로 개장(鎧裝)한 케이블을 사용하여 시설하는 경우
 • 특고압 지중전선은 제2호에서 규정하는 개장한 케이블을 사용하고 또한 견고한 판 또는 몰드로 지중 전선의 위와 옆을 덮어 시설하는 경우
 • 지중전선에 파이프형 압력 케이블을 사용하고 또한 지중 전선의 위를 견고한 판 또는 몰드 등으로 덮어 시설하는 경우 　　　　　　　　　　　　　　【답】③

94 다음 그림의 급전전용통신용 보안장치에서 L_1은 어떤 크기로 동작하는 기기의 명칭인가?
① 교류 1,000[V] 이하에서 동작하는 단로기
② 교류 1,000[V] 이하에서 동작하는 피뢰기
③ 교류 1,500[V] 이하에서 동작하는 단로기
④ 교류 1,500[V] 이하에서 동작하는 피뢰기

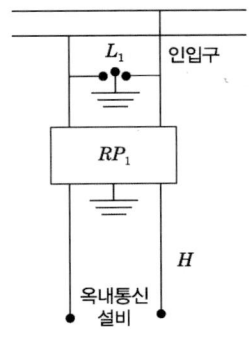

> **Explanation**

(KEC 362.5조) 특고압 가공전선로 첨가설치 통신선의 시가지 인입 제한

규정에 의한 보안장치의 표준
① 급전전용통신선용 보안장치일 것.
② RP₁ : 릴레이 보안기
③ L1 : 교류 1[kV] 이하에서 동작하는 피뢰기

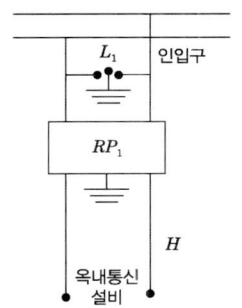

【답】②

95 전로의 최대사용전압이 7[kV]초과 25[kV]이하인 중성점 다중접지식 전로의 절연내력 시험전압은 최대 사용전압의 몇 배인가?
① 0.64
② 0.92
③ 1.25
④ 1.5

> **Explanation**

(KEC 132조) 고압·특고압의 전로의 절연내력

접지 방식	최대 사용 전압	시험 전압(최대 사용 전압의 배수)	최저 시험 전압
중성점 직접 접지	60,000[V] 초과 170,000[V] 이하	0.72배	
	170,000[V] 초과	0.64배	
중성점 다중 접지	25,000[V] 이하	0.92배	500[V]

【답】②

96 특고압 가공전선이 저압 또는 고압의 가공전선과 제1차 접근상태로 시설되는 경우 사용전압이 22.9[kV]인 특고압 가공전선과 저고압 가공전선 사이의 이격거리는 몇 [m] 이상인가?
① 1.8
② 2.0
③ 2.2
④ 2.5

> **Explanation**

(KEC 333.26조) 특고압 가공전선과 저고압 가공전선 등의 접근 또는 교차
특고압 가공전선과 저고압 가공전선 등 또는 이들의 지지물이나 지지기둥 사이의 간격은 표에서 정한 값 이상일 것.

사용전압의 구분	간격
60[kV] 이하	2[m]
60[kV] 초과	2[m]에 사용전압이 60[kV]를 초과하는 10[kV] 또는 그 단수마다 0.12[kV]를 더한 값

【답】②

97 옥내에 네온 방전관 공사에서 전선의 지지점 간의 거리는 몇 [m]이하로 하는가?
① 1
② 2
③ 3
④ 4

> **Explanation**

(KEC 234.12조) 네온방전등
① 전선은 네온 전선일 것
② 전선은 조영재의 옆면 또는 아랫면에 붙일 것. 다만, 전선을 전개된 장소에 시설하는 경우에 기술상 부득이한 때에는 그러하지 아니한다.
③ **전선의 지지점 간의 거리는 1[m] 이하일 것**
④ 전선 상호 간의 간격은 60[mm] 이상일 것
⑤ 네온 변압기의 외함에는 접지 공사를 할 것

【답】①

98 사용전압이 25[kV]인 다중접지방식 지중전선로를 관로식 또는 직접매설식으로 시설하는 경우 지중전선 상호 간에 이격거리는 몇 [m] 이상이어야 하는가?

① 0.1
② 0.6
③ 1.0
④ 1.2

> **Explanation**

(KEC 334.7조) 지중전선 상호 간의 접근 또는 교차
사용전압이 25[kV] 이하인 다중접지방식 지중전선로를 관로식 또는 직접매설식으로 시설하는 경우, 그 이격거리가 0.1[m] 이상이 되도록 시설하여야 한다. 【답】①

99 등기구 설치 시 가연성 재료로부터 안전거리를 유지하여야 하며, 제작자에 의해 다른 정보가 주어지지 않으면, 스포트라이트나 프로젝터는 모든 방향에서 가연성 재료로부터 다음의 최소 거리를 두고 설치하여야 한다. 설명이 틀린 것은?

① 정격용량 100[W] 이하 : 0.4[m]
② 정격용량 100[W] 초과 300[W] 이하 : 0.8[m]
③ 정격용량 300[W] 초과 500[W] 이하 : 1.0[m]
④ 정격용량 500[W] 초과 : 1.0[m] 초과

> **Explanation**

(KEC 234.1.3조) 열 영향에 대한 주변의 보호
가연성 재료로부터 안전거리를 유지하여야 하며, 제작자에 의해 다른 정보가 주어지지 않으면, 스포트라이트나 프로젝터는 모든 방향에서 가연성 재료로부터 다음의 최소 거리를 두고 설치하여야 한다.
① 정격용량 100[W] 이하 : 0.5[m]
② 정격용량 100[W] 초과 300[W] 이하 : 0.8[m]
③ 정격용량 300[W] 초과 500[W] 이하 : 1.0[m]
④ 정격용량 500[W] 초과 : 1.0[m] 초과 【답】①

100 사용전압이 400[V]초과인 저압 가공전선으로 사용할 수 없는 전선은?(단, 시가지에 시설하는 경우이다)

① 지름 5[mm] 이상의 경동선
② 나전선(중성선 또는 다중접지된 접지측 전선으로 사용하는 전선에 한한다)
③ 인입용 비닐절연전선
④ 케이블

> **Explanation**

(KEC 222.5조) 저압 가공전선의 굵기 및 종류
① 저압 가공전선은 나전선(중성선 또는 다중접지된 접지측 전선으로 사용하는 전선에 한한다), 절연전선, 다심형 전선 또는 케이블을, 고압 가공전선은 고압 절연전선, 특고압 절연전선, 또는 케이블을 사용하여야 한다.
② 사용전압이 400[V] 이하인 가공전선은 케이블인 경우를 제외하고는 지름 3.2[mm](절연전선인 경우는 2.6[mm])의 경동선 또는 이와 동등 이상의 세기 및 굵기의 것이어야 한다.
③ 사용전압이 400[V] 초과인 저압 가공전선은 케이블인 경우 이외에는 시가지에 시설하는 것은 인장강도 8.01[kN] 이상의 것 또는 지름 5[mm] 이상의 경동선, 시가지 외에 시설하는 것은 인장강도 5.26[kN] 이상의 것 또는 지름 4[mm] 이상의 경동선이어야 한다.
④ 사용전압이 400[V] 초과인 저압 가공전선에는 인입용 비닐절연전선을 사용하여서는 아니 된다. 【답】③

2025년 전기공사산업기사 필기

1과목 전기응용

01 전기 철도에서 궤도(track)의 3요소가 아닌 것은?
① 레일 ② 침목
③ 도상 ④ 구배

Explanation

궤도구성의 3요소
- 레일 : 차량을 지탱
- 침목 : 차량 하중을 분산
- 도상 : 소음 경감, 배수를 원활

【답】 ④

02 15[℃]의 물 4[ℓ]를 1[kW]의 전열기로 가열하여 80[℃]로 높이는 데 30분이 소요되었다. 이 때의 전열기의 효율은 약 몇 [%]인가?
① 55 ② 60
③ 65 ④ 70

Explanation

전열기 효율 $\eta = \dfrac{열}{전기} \times 100 = \dfrac{cm\theta}{860Pt} \times 100$ 에서

$\eta = \dfrac{cm\theta}{860Pt} \times 100 = \dfrac{1 \times 4 \times (80-15)}{860 \times 1 \times \dfrac{30}{60}} \times 100 = 60[\%]$

【답】 ②

03 전기철도의 전기차량용으로 교류전동기를 사용할 때 장점으로 틀린 것은?
① 제한된 공간에서 소형·경량으로 할 수 있고, 대출력화가 가능하다.
② 브러시 및 정류자가 있어서, 구조가 간단하고 제작 및 유지보수가 간단하다.
③ 속도제어 범위가 넓기 때문에 고속운전에 적합하다.
④ 인버터 제어방식으로 주 회로를 무접점화 할 수 있다.

Explanation

- 제한된 공간에서 소형·경량으로 할 수 있고, 대출력화가 가능하다.
- 속도제어 범위가 넓기 때문에 고속운전에 적합하다.
- 인버터 제어방식으로 주 회로를 무접점화 할 수 있다.
- 브러시 및 정류자가 있어서, 구조가 복잡하고 제작 및 유지보수가 어렵게 된다.

【답】 ②

04 백열전구 중 30[W] 이하의 진공구에 사용되는 게터는?
① 적린 ② 질화바륨
③ 탄산칼슘 ④ 크롬

> **Explanation**

게터(getter) 삽입 이유
• 수명을 길게 하기 위해
• 흑화를 방지하기 위해
① 적린 : 40[W] 미만 전구, 진공 전구
② 질화 바륨 : 40[W] 이상

【답】①

05 진공 중에서 고속으로 가열한 전자를 접속하여 피용접물에 집중하여 용접하는 방법은?
① 플라즈마 용접
② 초음파 용접
③ 레이저 용접
④ 전자빔 가열

> **Explanation**

전자빔 가열 : 진공 중에서 고속으로 가열한 전자를 접속하여 그 전자의 충돌에 의한
에너지로 가열하는 방식
• 에너지의 밀도나 분포를 자유로이 조절할 수 있다.
• 고융점 재료 및 금속박 재료의 용접이 쉽다.
• 진공 중에서 가열이 가능하다.
• 가열범위가 극히 국한된 부분에 집중시킬 수 있어서 열에 의한 변질이 될 부분을 적게 할 수 있다.

【답】④

06 형광등에 사용되는 형광체의 종류가 아닌 것은?
① 규산 카드뮴
② 붕산 카드뮴
③ 규산 아연
④ 황산 나트륨

> **Explanation**

형광 램프의 형광체
• 텅스텐산 칼슘: 청색
• 규산 아연 : 녹색 (효율최대)
• 규산 카드뮴: 주광색
• 붕산 카드뮴 : 분홍색

【답】④

07 다이액(DIAC)에 대한 설명 중 틀린 것은?
① 과전압 보호회로에 사용되기도 한다.
② 역저지 4극 사이리스터로 되어 있다.
③ 쌍방향으로 대칭적인 부성저항을 나타낸다.
④ 콘덴서 방전전류에 의하여 트라이액을 ON 시킬 수 있다.

> **Explanation**

DIAC (Diode AC Switch)

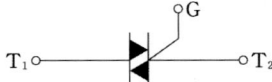

• **쌍방향 2단자 소자**
• 소용량 저항 부하의 AC 전력제어
• NPN 3층으로 되어 있고 쌍방향으로 대칭적인 부성 저항

【답】②

08 다음의 반도체 소자 중 역저지 사이리스터가 아닌 것은?
① SCR
② GTO
③ SCS
④ SSS

> **Explanation**

반도체 소자(괄호안은 극(단자) 수)
- 단방향성(역저지) : SCR(3), GTO(3), LASCR(3), SCS(4)
- 양방향성 : SSS(2), DIAC(2), TRIAC(3)

【답】④

09 워드 레오너드 방식에 해당되는 속도제어법은?
① 저항제어법
② 직병렬제어법
③ 계자제어법
④ 전압제어법

> **Explanation**

직류전동기 속도제어법

종류	특징
저항 제어	• 효율이 저하
계자 제어	• 정출력 제어
전압 제어	• 광범위 속도제어 가능 • 워드 레오너드 방식 : 소형부하(엘리베이터어 사용) • 일그너 방식(부하가 급변, 대용량 부하-제철 제강,압연) : 플라이 휠 효과(관성 모멘트 증가) • 정토크 제어

【답】④

10 다음 중 형광등의 특징으로 옳지 않은 것은?
① 열발산이 거의 없다.
② 전원전압에 대한 광속변화가 작다.
③ 전원주파수의 변동은 광속에 영향을 미치지 않는다
④ 휘도가 낮다.

> **Explanation**

형광등의 특징
- 열발산이 거의 없다.
- 전원전압에 대한 광속변화가 작다.
- 전원주파수의 변동은 광속에 영향이 크다.(플리커 현상)
- 휘도가 낮다.

【답】③

11 다음 블록선도에서 전달함수 $\dfrac{C(s)}{R(s)}$ 는?

① $1+G(s)$
② $1-G(s)$
③ $\dfrac{G(s)}{1+G(s)}$
④ $\dfrac{G(s)}{1-G(s)}$

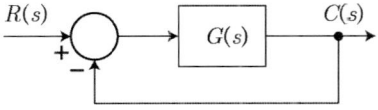

> **Explanation**

폐루프 전달함수 $T(s) = \dfrac{C(s)}{R(s)} = \dfrac{G(s)}{1+G(s)}$

【답】③

12 납축전지가 충분히 방전 했을 때 양극판의 빛깔은 무슨 색 인가?
① 청색 ② 황색
③ 적갈색 ④ 회백색

> **Explanation**

납축전지 방전 시
양극, 음극 : 회백색

【답】④

13 물을 전기분해할 때 음극에서 발생하는 가스는?
① 황산 ② 산소
③ 염산 ④ 수소

> **Explanation**

물 전기 분해
- 양극 : 산소
- 음극 : 수소

【답】④

14 $10[\Omega]$의 저항에 $5[A]$를 10분간 흘렸을 때의 발열량은 몇 [kcal]인가?
① 8 ② 15
③ 24 ④ 36

> **Explanation**

발열량 $Q = 0.24 VIt = 0.24 I^2 Rt = 0.24 \times 5^2 \times 10 \times 10 \times 60 \times 10^{-3} = 36 [kcal]$

【답】④

15 전동기를 급속히 정지시키기 위하여 운전 중 권선의 접속을 변경하여 역토크를 발생하는 제동법은?
① 발전제동 ② 와전류 제동
③ 회생제동 ④ 역상제동

> **Explanation**

3상 유도전동기 제동법
- 발전제동 : 저항이 소비되면서 제동
- 회생제동 : 발전 제동하여 발생된 전력을 선로로 되돌려 보냄
- 역상제동(플러깅, 역전제동)
  - 3상 중 2상을 바꾸어 제동
  - 역토크를 발생하여 속도를 급격히 정지 또는 감속시킬 때

【답】④

16 조절부의 전달특성이 비례적인 특성을 가진 제어시스템으로서 조절부의 입력이 주어지고 그 결과로 조절부의 출력을 만들어 내는 동작은?
① 비례동작 ② 적분동작
③ 미분동작 ④ 불연속동작

> **Explanation**

· 비례제어 (P 제어) : 잔류 편차 (off set) 발생
· 적분제어 (I 제어) : 잔류 편차 제거
· 미분제어 (D 제어) : 속응성 향상, 진동억제(과도상태 개선)

【답】①

17 양수량 5[m³/min], 총양정 6[m]인 양수용 펌프 전동기의 용량은 약 몇 [kW] 인가?(단, 펌프 효율 70[%], 여유계수 $K = 1.1$ 이다)

① 7.7
② 10.5
③ 15.7
④ 20.5

Explanation

양수펌프용 전동기 출력 식 $P = \dfrac{KQH}{6.12\eta}$ [kW]   여기서, Q[m³/min]

$= \dfrac{KQH}{6.12\eta} = \dfrac{1.1 \times 5 \times 6}{6.12 \times 0.7} = 7.7$ [kW]

【답】①

18 어떤 전열기에서 5분 동안에 900,000[J]의 일을 했다고 한다. 이 전열기에서 소비한 전력은 몇 [W] 인가?

① 500
② 1,500
③ 2,000
④ 3,000

Explanation

전력량 $W = Pt$ [J]에서

전력 $P = \dfrac{W}{t} = \dfrac{900,000}{5 \times 60} = 3,000$ [J/s] = 3,000[W]

【답】④

19 광원의 연색성이 좋은 순서부터 바르게 배열한 것은?

① 나트륨등, 메탈할라이드등, 크세논등
② 나트륨등, 크세논등, 메탈할라이드등
③ 메탈할라이드등, 나트륨등, 크세논등
④ 크세논등, 메탈할라이드등, 나트륨등

Explanation

• 연색성 : 광원에 따라 어떤 색이 그 본래의 색과 달리 변하는 성질 또는 그 변화의 정도
• 연색성이 우수한 순서 : 크세논등 > 메탈할라이드등 > 나트륨등

【답】④

20 평등전계에서 기체의 온도가 일정한 경우, 방전개시전압은 기체의 압력과 전극간격의 곱의 함수로 결정된다. 이것을 표현한 법칙은?

① 파센의 법칙
② 스토크의 법칙
③ 플랑크의 법칙
④ 스테판 볼츠만의 법칙

Explanation

파센의 법칙 : 평등 전계하에서 방전 개시 전압은 기체의 압력과 전극거리와의 곱에 비례 방전개시전압에 관한 법칙

【답】①

2과목 전력공학

21 동일한 전압에서 동일한 전력을 송전할 때 역률을 0.6에서 0.93으로 개선하면 전력손실은 개선 전의 약 몇 [%]가 되는가?

① 35
② 42
③ 58
④ 65

> **Explanation**

선로손실 $P_l = I^2R = \left(\dfrac{P}{V\cos\theta}\right)^2 \times R = \dfrac{P^2 R}{V^2 \cos^2\theta} \propto \dfrac{1}{\cos^2\theta}$

$P_l = \dfrac{1}{\left(\dfrac{0.93^2}{0.6^2}\right)} = \dfrac{0.36}{0.87} \times 100 = 42[\%]$

【답】②

22 이상전압의 발생 우려가 가장 적은 중성점 접지방식은?
① 비접지방식 ② 직접 접지방식
③ 저항 접지방식 ④ 소호 리액터 접지방식

> **Explanation**

직접접지방식의 특징
- 1선 지락 시 건전상의 대지전압 상승이 낮다(절연레벨 경감).
- 중성점을 0전위로 유지 가능(단절연 가능)
- 보호계전기 동작이 확실하다.
- 정격이 낮은 피뢰기 사용 가능
- 과도안정도가 낮다(최저).

【답】②

23 단거리 송전선의 4단자 정수 ABCD 중 그 값이 0인 정수는?
① A ② B
③ C ④ D

> **Explanation**

송전선로 구성

송전선로	송전거리	파라미터	해 석
단거리	수십[km]	Z	집중정수회로
중거리	100[km] 이하	Z, Y	
장거리	100[km] 초과	Z, Y……	분포정수회로

따라서 단거리 송전선로는 어드미턴스 성분 측, C가 0이다.

【답】③

24 인입되는 전압이 정정값 이하로 되었을 때 동작하는 것으로서 단락 고장검출 등에 사용되는 계전기는?
① 단락방향 계전기 ② 부족전압 계전기
③ 과전압 계전기 ④ 선택단락 계전기

> **Explanation**

부족압계전기(UVR) : 정정값 전압 이하가 되면 동작

【답】②

25 3상 변압기의 임피던스가 $Z[\Omega]$이고 선간전압이 $V[\text{kV}]$ 정격용량이 $P[\text{kVA}]$일 때 이 변압기의 %임피던스는?
① $\dfrac{PZ}{V}$ ② $\dfrac{10PZ}{V}$
③ $\dfrac{PZ}{10V^2}$ ④ $\dfrac{PZ}{100V^2}$

> **Explanation**

%임피던스 $\%Z = \dfrac{PZ}{10V^2}$, 여기서, P[kVA], V[kV]

【답】③

26 전로의 특성 임피던스에 대한 설명으로 옳은 것은?
① 선로의 길이에 비례한다.
② 선로의 길이에 반비례한다.
③ 선로의 길이코다 부하에 따라 변화한다.
④ 선로의 길이에 관계없이 일정하다.

> **Explanation**

특성임피던스 $Z_0 = \sqrt{\dfrac{Z}{Y}} = \sqrt{\dfrac{R+j\omega L}{G+j\omega C}} \fallingdotseq \sqrt{\dfrac{L}{C}}$: 선로의 길이에 무관

【답】④

27 가스차단기의 설명으로 옳은 것은?
① 소호 능력이 우수하다.
② 가스 액화에 대한 위험이 없다.
③ 고전압, 대전류 차단어 적합하다.
④ 회로 차단 시 이상전압의 발생이 적다.

> **Explanation**

SF_6(육불화황) 가스차단기(GCB)
- 무색, 무취, 무독성 기체
- 난연성, 불활성 기체
- 아크 소호능력은 공기의 100 ~ 200 배
- 절연내력은 공기의 2 ~ 3 배 이상 : 차단기 소형화 가능

여기서 가스는 액화에 대한 위험이 있다.

【답】②

28 어떤 건물에서 총 설비 부하용량이 700[kW], 수용률이 70[%]라면, 변압기 용량은 최소 몇 [kVA]로 해야 하는가?(단, 여기서 설비 부하의 종합 역률은 0.8이다)
① 425.9
② 513.8
③ 612.5
④ 739.2

> **Explanation**

변압기 용량[kVA] = $\dfrac{\text{설비 용량} \times \text{수용률}}{\text{부등률} \times \text{역률}} = \dfrac{700 \times 0.7}{1 \times 0.8} = 612.5$[kVA]

【답】③

29 송전선로에 낙뢰를 방지하기 위하여 설치하는 것은?
① 댐퍼
② 애자
③ 초호환
④ 가공지선

> **Explanation**

가공 지선의 설치 목적
- 직격뢰 차폐
- 유도뢰에 대한 정전 차폐
- 통신선에 대한 전자유도장해 경감(지락전류의 일부가 가공지선에 흐르므로)

【답】④

30 변전소에서 사용하는 조상설비 중 전압 조정 방법을 계단적인 방법이 아닌 연속적인 방법을 사용하는 조상설비는?
① 동기 조상기
② 분로 리액터
③ 유도 전압조정기
④ 전력용 커패시터

> **Explanation**

조상설비 비교

	진 상	지 상	시충전(시송전)	조 정	전력손실	증설
전력용 콘덴서	○	×	×	단계적	적다	가능
분로 리액터	×	○	×	단계적	적다	가능
동기 조상기	**○**	**○**	**○**	**연속적**	**크다**	**불가능**

【답】①

31 수압관 내의 평균 유속은 v[m/s], 사용 유량을 Q[m³/s], 관의 직경을 D[m]라고 할 때 사용유량(Q)을 나타낸 것으로 옳은 것은?

① $4\pi \cdot D \cdot v$
② $4\pi \cdot D^2$
③ $\dfrac{\pi}{4} \cdot D^2 \cdot v$
④ $\dfrac{4}{\pi} \cdot D^2 \cdot v$

> **Explanation**

유량 Q[m³/sec]$=A[m^2] \times v$[m/sec]

$Q = Av = \pi r^2 v = \pi \left(\dfrac{D}{2}\right)^2 V = \dfrac{1}{4}\pi D^2 \cdot v$[m³/s]

【답】③

32 수조의 방수로 간의 총 낙차를 35[m], 수차가 전부하인 경우 수차 수압계의 지시가 2.8[kg/㎠], 흡출관의 진공계의 지시가 4[m]일 때 손실낙차는 몇 [m]인가?

① 1.8
② 3.0
③ 4.0
④ 6.8

> **Explanation**

압력수두는 $H = \dfrac{P}{1,000}$[m] 여기서, P[kg/m²]는 압력

따라서 압력수두 $H_P = \dfrac{2.8 \times 10^4}{1,000} = 28$[m]

손실낙차 = 총낙차-(압력수두+흡출관)=35-(28+4)=3[m]

【답】②

33 애자가 갖추어야 할 구비 조건으로 옳은 것은?
① 비, 눈, 안개 등에 대해서도 충분한 절연저항을 가지며 누설전류가 많아야 한다.
② 지지물에 전선을 지지할 수 있는 충분한 기계적 강도를 갖추어야 한다.
③ 선로전압에는 충분한 절연내력을 가지며, 이상전압에는 절연내력이 매우 적어야 한다.
④ 온도의 급변에 잘 견디고 습기도 잘 흡수해야 한다.

> **Explanation**

애자의 구비조건
- 절연 내력이 클 것
- 절연 저항이 클 것(누설전류가 작을 것)
- 기계적 강도가 클 것

【답】②

34 송전선에 복도체를 사용할 때의 설명으로 틀린 것은?
① 코로나 손실이 경감된다.
② 정전 반발력에 의한 전선의 진동이 감소된다.

③ 전선의 인덕턴스는 감소하고, 정전용량이 증가한다.
④ 안정도가 상승하고 송전용량이 증가한다.

Explanation

복도체(다도체)
주목적 : 코로나 방지(코로나 손실 감소), 코로나 임계전압을 높인다.
효과 : 인덕턴스를 감소시키고 정전용량 증가
　　　송전용량 증가
　　　안정도 증진
단점 : 단락 시 대전류가 흐른다.(소도체간의 흡인력발생)

【답】②

35 주상변압기에 설치하는 캐치홀더는 어느 부분에 직렬로 삽입하는가?
① 1차 측 1선
② 1차 측 양선
③ 2차 측 접지된 선
④ 2차 측 비접지된 선

Explanation

주상 변압기의 보호 장치
• 1차측 : COS(Cut Out Switch) 또는 PC(Primary Cut Out Switch)
• 2차측 : Catch Holder(캐치홀더)

【답】④

36 정상적으로 운전하고 있는 전력계통에서 서서히 부하를 조금씩 증가했을 경우 안정 운전을 지속할 수 있는 능력은?
① 동태 안정도
② 정태 안정도
③ 동적 과도안정도
④ 고유 과도안정도

Explanation

• 정태 안정도 : 송전 계통이 불변 부하 또는 극히 서서히 증가하는 부하에 대하여 계속적으로 송전할 수 있는 능력
• 과도 안정도 : 부하의 급변 또는 사고가 발생해서 계통에 큰 충격을 주었을 경우에도 탈조하지 않고 새로운 평형 상태를 회복하여 송전을 계속할 수 있는 능력
• 동태 안정도 : AVR이나 조속기 등이 갖는 제어효과까지도 고려한 안정도

【답】②

37 배전계통의 구성에서 네트워크 배전 방식의 설명으로 틀린 것은?
① 전압 변동이 적다.
② 무정전 공급이 가능하다.
③ 전력 손실이 감소한다.
④ 건설비용을 줄일 수 있다.

Explanation

저압 네트워크 방식
• 무정전 공급 방식(공급 신뢰도가 가장 우수)
• 전압변동이 적고, 전력손실이 감소
• 인축의 접지 사고 증가, **건설비 고가**
• 고장 시 고장전류 역류
대책 : 네트워크 프로텍터(저압용 차단기, 저압용 퓨즈, 전력방향계전기)

【답】④

38 22.9[kV]로 수전하는 자가용 전기설비가 있다. 수전점에서 계산한 3상 단락용량이 120[MVA]일 때, 이곳에 시설해야 하는 차단기의 정격 차단전류는 약 몇 [kA]인가?
① 2
② 3
③ 4
④ 5

Explanation

3상 단락 용량 $P_s = \sqrt{3} \times$ 공칭전압 $\times$ 정격차단전류 [MVA]

정격 차단전류(단락전류) $I_s = \dfrac{P_s}{\sqrt{3}\,V} = \dfrac{120 \times 10^6}{\sqrt{3} \times 22.9 \times 10^3} \times 10^{-3} = 3\,[\text{kA}]$

【답】 ②

39 가공전선로와 비교하여 지중전선로의 장점을 나타낸 것으로 옳은 것은?
① 인축에 대한 안정성이 높으며, 환경조화를 이룰 수 있다.
② 건설비가 저가이다.
③ 송전용량이 크다.
④ 사고복구에 효율적이다.

Explanation

지중전선로의 장점
- 경과지 확보가 가공전선로에 비해 쉽다.
- 다회선 설치가 가공전선로에 비해 쉽다.
- 외부 기상 여건 등의 영향을 받지 않는다.
- 인축의 감전사고 감소

【답】 ①

40 송전선로의 중성점을 접지하는 목적과 관계가 없는 것은?
① 이상전압 발생의 억제
② 고장 전류감소 및 송전용량 증가
③ 과도 안정도의 증진
④ 보호계전기의 신속 확실한 동작

Explanation

송전선의 중성점 접지 목적
- 1선 지락 시 전위 상승 억제, 계통의 기계 기구의 절연 보호
- 지락 사고 시 보호 계전기 동작의 확실
- 과도안정도 증진
- 이상전압 발생 방지

【답】 ②

3과목 전기기기

41 다음의 정류회로 중 가장 큰 출력값을 갖는 회로는?
① 단상 반파정류회로
② 3상 반파정류회로
③ 단상 전파정류회로
④ 3상 전파정류회로

Explanation

정류회로 비교

구분	단상 반파	단상 전파	3상 반파	3상 전파
직류전압	$E_d = 0.45E$	$E_d = 0.9E$	$E_d = 1.17E$	$E_d = 1.35E$

따라서 정류 회로 중 가장 큰 출력값을 갖는 회로는 3상 전파정류이다.

【답】 ④

42 3상 직권정류자 전동기의 특성으로 틀린 것은?
① 고정자권선과 회전자권선은 중간변압기를 통해 직렬로 접속된다.
② 기동토크가 크지 않고 속도제어범위가 넓지 않은 곳에 사용된다.

③ 역률은 동기속도 근처나 그 이상에서는 매우 양호하다.
④ 효율은 고속에서는 거의 일정하다.

> Explanation

3상 직권 정류자 전동기
- $T \propto I^2 \propto \dfrac{1}{N^2}$ 로서 변속도 특성
- 토크는 거의 전류의 제곱에 비례하며 기동 토크가 크다.
- 효율은 저속에서는 나쁘나 동기속도 근처에서 가장 좋다.
- 역률은 동기속도 근처나 그 이상에서는 매우 양호하다.

【답】②

43 회전 변류기의 직류측의 전압을 변경하려면 슬립링에 가해지는 교류측 전압을 변화시킨다. 그 방법이 아닌 것은?
① 직렬 리액턴스에 의한 방법
② 유도 전압 조정기에 의한 방법
③ 분류 저항 삽입에 의한 방법
④ 부하시 전압 조정 변압기에 의한 방법

> Explanation

회전 변류기의 직류 전압 조정
- 직렬 리액터에 의한 방법
- 유도 전압조정기에 의한 방법
- 동기 승압기 의한 방법
- 부하 시 전압조정 변압기에 의한 방법

【답】③

44 유도전동기의 제동법이 아닌 것은?
① 회생 제동
② 발전 제동
③ 역전 제동
④ 3상 제동

> Explanation

유도 전동기 제동법
- 발전제동 : 전동기를 발전기로 적용하여 생긴 유기기전력을 저항을 통하여 열로 소비하는 제동법
- 회생제동 : 유도전동기를 유도발전기로 적용하여 생긴 유기기전력을 전원으로 궤환 시키는 제동법
- 역상제동(플러깅, 역전제동) : 3선 중 2선의 접속을 변경하여 역토크에 의해 제동하는 것, 급제동시 사용

【답】④

45 정격 150[kVA], 철손 1[kW], 전부하 동손이 4[kW]인 단상 변압기의 최대 효율시의 부하[kVA]는?
① 50
② 75
③ 100
④ 125

> Explanation

최대 효율 : $\dfrac{1}{m}$ 부하

$\therefore \dfrac{1}{m} = \sqrt{\dfrac{P_i}{P_c}} = \sqrt{\dfrac{1}{4}} = \dfrac{1}{2}$

따라서 최대효율 시 부하는 $150 \times \dfrac{1}{2} = 75[kVA]$

【답】②

46 직류기의 전기자반작용을 보상하기 위한 보상권선의 접속방법은 무엇인가?
① 계자와 병렬로 연결
② 계자와 직렬로 연결
③ 전기자와 병렬로 연결
④ 전기자와 직렬로 연결

> Explanation

보상권선
- 전기자 반작용 방지법
- 전기자와 직렬로 연결

【답】④

47 전동기의 분당 회전수가 1,200[rpm], 출력이 20[kW]라면 이 전동기가 발생하는 토크는 약 몇 [N·m]인가?

① 80
② 120
③ 160
④ 200

Explanation

전동기의 토크 $T = \dfrac{P}{\omega} = \dfrac{P}{2\pi \times \dfrac{N}{60}} = \dfrac{20 \times 10^3}{2\pi \times \dfrac{1,200}{60}} = 160 [\text{N} \cdot \text{m}]$

【답】③

48 코일피치와 자극피치의 비를 β라 하면 기본파 기전력에 대한 단절계수는?

① $\sin\beta\pi$
② $\cos\beta\pi$
③ $\sin\dfrac{\beta\pi}{2}$
④ $\cos\dfrac{\beta\pi}{2}$

Explanation

- 단절권
  - 고조파를 제거하여 기전력의 파형을 개선
  - 코일의 길이, 동량 절약
- 단절권 계수 $K_s = \sin\dfrac{\beta\pi}{2}$

【답】③

49 단락비 1.2인 발전기의 퍼센트 동기 임피던스[%]는 약 얼마인가?

① 100
② 83
③ 60
④ 45

Explanation

단락비 $K_s = \dfrac{1}{Z_s'[PU]}$ 에서 $Z_s'[PU] = \dfrac{1}{K_s} = \dfrac{1}{1.2} = 0.83 \times 100 = 83 [\%]$

【답】②

50 1차 154[kV], 2차 22.9[kV], 3차 11[kV]인 3권선 변압기가 있다. 2차측에 부하역률 80[%]의 유도성 부하 5,000[kVA]를 걸었고 3차 측에는 진상무효전력 1,700[kVar]의 부하를 걸었을 때 1차측 역률은 얼마인가?

① 0.9
② 0.95
③ 0.97
④ 0.98

Explanation

3권선 변압기는 3차 권선이 안정권선이므로 3차측에는 조상설비가 채용된다.
- 부하의 유효전력 $P = 5,000 \times 0.8 = 4,000 [\text{kW}]$
- 부하의 무효전력 $P_r = 5,000 \times 0.6 = 3,000 [\text{kVar}]$

여기에서, 3차측에 조상설비 즉, 역률개선설비가 있으므로
무효전력은 $Q = 3,000 - 1,700 = 1,300 [\text{kVar}]$

역률 $\cos\theta = \dfrac{P}{\sqrt{P^2 + Q^2}} = \dfrac{4,000}{\sqrt{4,000^2 + 1,300^2}} = 0.95$

【답】②

51 3상 전원에서 2상 전압을 얻고자 할 때 다음 결선 중 틀린 것은?
① 포크결선
② 스코트결선
③ 우드브리지결선결
④ 메이어결선

> **Explanation**

변압기 상수 변환법
- 3상에서 2상변환 : Scott 결선(=T결선), Meyer 결선, wood bridge 결선
- 3상에서 6상변환 : Fork 결선, 2중 성형 결선 환상 결선, 대각 결선, 2중△결선

【답】①

52 동기기의 과도 안정도를 증가시키는 방법이 아닌 것은?
① 회전자의 플라이휠 효과를 작게 할 것
② 동기 리액턴스를 작게 할 것
③ 속응 여자 방식을 채용할 것
④ 동기 탈조 계전기를 사용할 것

> **Explanation**

동기기의 안정도 증진법
- 동기 리액턴스를 작게 할 것
- 회전자의 플라이휠 효과를 크게 할 것(관성 모멘트를 크게)
- 속응 여자 방식을 채용
- 발전기의 조속기 동작을 신속히 할 것
- 동기 탈조 계전기를 사용
- 역상, 영상 임피던스를 크게 할 것

【답】①

53 2중 농형 유도전동기에서 외측(회전자 표면에 가까운 쪽) 슬롯에 사용되는 전선에 대한 설명으로 적합한 것은?
① 누설 리액턴스가 작고 저항이 커야 한다.
② 누설 리액턴스가 크고 저항이 커야 한다.
③ 누설 리액턴스가 작고 저항이 작아야 한다.
④ 누설 리액턴스가 크고 저항이 작아야 한다.

> **Explanation**

2중 농형전동기
- 기동토크가 크고, 기동 전류가 작다. 열이 많이 발생하여 효율은 낮다.
- 기동용 권선(외측권선) : 저항이 크고 리액턴스가 적다.
- 운전용 권선 : 저항이 적고 리액턴스가 크다.

【답】①

54 SCR의 특징과 관계없는 것은?
① 과전류가 흐르고 있을 때 양극 전압강하가 크다.
② 아크가 생기지 않으므로 열의 발생이 적다
③ 과전압에 약하다.
④ 게이트 신호를 인가할 때부터 도통할 때까지의 시간이 짧다.

> **Explanation**

SCR(Silicon Controlled Rectifier) 실리콘 제어 정류기
- 실리콘 정류 소자 역저지 3단자
- 동작 최고온도가 가장 높다(200℃).
- 정류기능의 단일 방향성 3단자 소자
- 전압강하가 적으나 과전압에 약하다.
- 위상 제어, 인버터, 초퍼 등에 사용(AC, DC제어)
- 역방향 내전압 : 약 500~1,00C[V](역방향 내전압이 가장 크다)

【답】①

55
4극 60[Hz]인 3상 유도전동기가 있다. 2차 1상의 저항을 0.15[Ω], 전동기 정지 시 2차 한 상의 리액턴스를 0.5[Ω]이라 한다면 이 유도전동기의 최대 토크를 발생하게 되는 회전속도[rpm]는?
① 1,260
② 1,345
③ 1,420
④ 1,475

Explanation

최대 토크가 되기 위한 슬립 : $s_{Tm} = \dfrac{r_2}{\chi_2} = \dfrac{0.15}{0.5} = 0.3$

회전속도 $N = (1-s)N_s = (1-s)\dfrac{120f}{p} = (1-0.3) \times \dfrac{120 \times 60}{4} = 1,260$ [rpm]

【답】①

56
송전선로에 접속된 동기조상기에 대한 설명으로 맞는 것은?
① 과여자로 운전하면 뒤진 전류가 흐르고 콘덴서의 역할을 한다.
② 과여자로 운전하면 앞선 전류가 흐르고 리액터의 역할을 한다.
③ 부족여자로 운전하면 앞선 전류가 흐르고 리액터의 역할을 한다.
④ 부족여자로 운전하면 송전선로의자기여자작용에 의한 전압상승을 방지한다.

Explanation

동기전동기의 위상 특성 곡선(V곡선)
- I_a 와 I_f 관계곡선(P는 일정)
- 계자 전류의 변화에 대한 전기자 전류의 변화를 나타낸 곡선
- **과여자** : 앞선 역률(진상), 콘덴서
- **부족여자** : 늦은 역률(지상), 리액터

역률 $\cos\theta = 1$일 때, 전기자 전류 최소

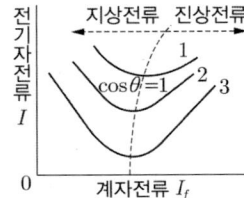

【답】④

57
직류전동기의 회전수를 1/2를 줄이려면, 계자자속을 몇 배로 하여야 하는가? 단, 전압과 전류 등은 일정하다.
① 1
② 2
③ 3
④ 4

Explanation

직류 전동기 속도 제어 $n = K'\dfrac{V - I_a R_a}{\phi}$ (K' : 기계정수)

따라서 회전수를 1/2를 줄이려면, 계자자속을 2배로 하여야 한다.

【답】②

58
변압기의 내부고장으로 압력이 증가할 때, 동작하는 계전기는?
① 과전압 계전기
② 비율차동 계전기
③ 부흐홀츠 계전기
④ 과전류 계전기

Explanation

변압기 내부 고장 보호용
- 전기적인 보호 : 비율 차동 계전기(3상)
- 기계적인 보호 : 부흐홀츠 계전기, 유온계(온도 계전기), 유위계, 충격압력 계전기

【답】③

59 8극 유도기전력 100[V], 전기자 전류 200[A]인 직류발전기의 전기자 권선을 중권에서 파권으로 변경했을 때 유도기전력과 전기자 전류는 각각 얼마인가?
① 100[V], 200[A]
② 200[V], 100[A]
③ 400[V], 50[A]
④ 800[V], 25[A]

Explanation

직류발전기 유기기전력 $E = \dfrac{P}{a} Z\phi \dfrac{N}{60}$ [V]

중권인 경우 : $\dfrac{p}{a} = \dfrac{8}{8} = 1$

파권인 경우 : $\dfrac{p}{a} = \dfrac{8}{2} = 4$ 이므로

유기기전력은 중권의 4배 즉, 400[V]가 되며
출력이 같다고 한다면 $P_o = EI_a = 100 \times 200 = 400 \times I_a$

파권의 전기자전류 $I_a = \dfrac{1}{4} \times 200 = 50$[A]

【답】③

60 3상 유도전압 조정기의 원리는 어느 것을 응용한 것인가?
① 3상 동기발전기
② 3상 변압기
③ 3상 유도전동기
④ 3상 교류자전동기

Explanation

- 단상 유도전압조정기 : 단권변압기의 원리(교번자계)
- 3상 유도전압조정기 : 3상 유도전동기의 원리(회전자계)

【답】③

4과목 회로이론

61 $f(t) = 1 - \cos\omega t$를 라플라스 변환하면?
① $\dfrac{s}{s^2 + \omega^2}$
② $\dfrac{\omega^2}{s(s^2 + \omega^2)}$
③ $\dfrac{\omega}{s(s^2 - \omega^2)}$
④ $\dfrac{s}{s(s^2 - \omega^2)}$

Explanation

$f(t) = 1 - \cos\omega t$를 라플라스 변환하면

$\mathcal{L}[1 - \cos\omega t] = \dfrac{1}{s} - \dfrac{s}{s^2 + \omega^2} = \dfrac{s^2 + \omega^2 - s^2}{s(s^2 + \omega^2)} = \dfrac{\omega^2}{s(s^2 + \omega^2)}$

【답】②

62 $F(s) = \dfrac{2}{(s+1)(s+3)}$ 의 역라플라스 변환은?
① $e^{-t} - e^{-3t}$
② $e^{-t} - e^{3t}$
③ $e^{t} - e^{3t}$
④ $e^{t} - e^{-3t}$

Explanation

분모가 인수분해가 가능하므로 $F(s) = \dfrac{2}{(s+1)(s+3)} = \dfrac{K_1}{s+1} + \dfrac{K_2}{s+3}$

$K_1 = \lim\limits_{s \to -1}(s+1) \cdot F(s) = \left[\dfrac{2}{s+3}\right]_{s=-1} = 1$

$K_2 = \lim\limits_{s \to -3}(s+3)F(s) = \left[\dfrac{2}{s+1}\right]_{s=-3} = -1$

$F(s) = \dfrac{1}{s+1} - \dfrac{1}{s+3}$

$\therefore f(t) = \mathcal{L}^{-1}\left[\dfrac{1}{s+1} - \dfrac{1}{s+3}\right] = e^{-t} - e^{-3t}$

【답】①

63 정현파 교류전압 $v(t) = \sin(\omega t + \theta)$ [V]의 평균치는 최대값의 약 몇 [%]인가?
① 41.4
② 50
③ 63.7
④ 70.7

Explanation

정현파의 실효값 $V = \dfrac{V_m}{\sqrt{2}} = 0.707 V_m$

평균값 $V_{av} = \dfrac{2}{\pi} V_m = 0.636 V_m$

【답】③

64 다음 전압원 회로를 등가인 전류원 회로로 바꿀 경우, 전류원 전류의 크기[A]는?
① $5.5 + j7.33$
② $5.5 - j7.33$
③ $9.17 \angle -53.13°$
④ $10.12 \angle -53.13°$

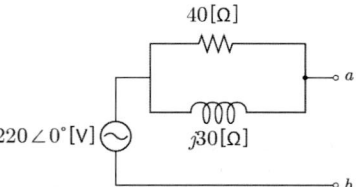

Explanation

전체 임피던스 $Z = \dfrac{40 \times j30}{40 + j30} = \dfrac{j1,200(40 - j30)}{(40+j30)(40-j30)} = \dfrac{36,000 + j48,000}{2,500} = 14.4 + j19.2 [\Omega]$

전류원 $I = \dfrac{V}{Z} = \dfrac{220}{14.4 + j19.2} = \dfrac{220 \angle 0°}{\sqrt{14.4^2 + 19.2^2} \angle \tan^{-1}\dfrac{19.2}{14.4}}$

$= \dfrac{220 \angle 0°}{24 \angle 53.13} = 9.17 \angle -53.13°$

【답】③

65 다음의 회로에서 V_1이 30[V]일 때, 저항 R은 몇 [Ω]인가?
① 3
② 6
③ 9
④ 12

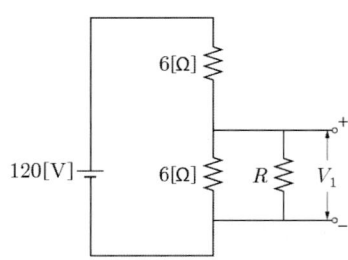

> **Explanation**

$V_1 = 30[V]$이므로 앞에 연결된 $6[\Omega]$에는 $90[V]$가 걸리므로
V_1에는 $6 \times \frac{1}{3} = 2[\Omega]$의 저항이 되어야 한다.
따라서 $\frac{6R}{6+R} = 2$에서 $6R = 12 + 2R$
저항 $R = 3[\Omega]$

【답】①

66 회로에서 스위치를 닫았을 때 회로에 흐르는 전류 $i(t)$는?(단, 커패시터의 초기 전하를 무시한다)

① $\frac{V}{R}e^{-\frac{R}{C}t}$ ② $\frac{V}{R}e^{\frac{R}{C}t}$
③ $\frac{V}{R}e^{-\frac{1}{RC}t}$ ④ $\frac{V}{R}e^{\frac{1}{RC}t}$

> **Explanation**

R-C 직렬회로	직류 기전력 인가 시(S/W on)
전류 $i(t)$	$i = \frac{E}{R}e^{-\frac{1}{RC}t}$ [A]
특성근	$P = -\frac{1}{RC}$
시정수	$\tau = RC$ [sec]

【답】③

67 $R-L$ 직렬회로에 $v = 10 + 141.4\sin\omega t + 70.7\sin(3\omega t + 60°)$[V]인 전압을 가할 때 제3고조파 전류의 실효값은 약 몇 [A]인가?(단, $R = 8[\Omega]$, $\omega L = 2[\Omega]$이다)

① 1 ② 3
③ 5 ④ 7

> **Explanation**

제3고조파 전류

$I_3 = \frac{V_3}{Z_3} = \frac{V_3}{R+j3\omega L} = \frac{V_3}{\sqrt{R^2+(3\omega L)^2}} = \frac{\frac{70.7}{\sqrt{2}}}{\sqrt{8^2+6^2}} = 5[A]$

【답】③

68 전원과 부하가 모두 △결선된 평형 3상 회로에서 전원 전압의 크기가 200[V], 부하 한 상의 임피던스가 $6+j8[\Omega]$인 경우 선전류의 크기는 몇 [A]인가?

① 20 ② $20\sqrt{3}$
③ $\frac{20}{\sqrt{3}}$ ④ $40\sqrt{3}$

> **Explanation**

△결선 $I_l = \sqrt{3}I_p$
상전류 $I_p = \frac{V_p}{Z} = \frac{200}{\sqrt{6^2+8^2}} = 20$[A]
선전류 $I_l = \sqrt{3}I_p = \sqrt{3}\times 20 = 20\sqrt{3}$ [A]

【답】②

69 $L = 2[H]$인 인덕턴스에 $i(t) = 20e^{-2t}[A]$의 전류가 흐를 때 L의 단자전압[V]은?

① $80e^{-2t}$
② $-80e^{-2t}$
③ $40e^{-2t}$
④ $-40e^{-2t}$

> **Explanation**
> 인덕턴스의 단자전압 $V_L = L\dfrac{di}{dt} = 2 \times \dfrac{d(20e^{-2t})}{dt} = -80e^{-2t}[V]$

【답】②

70 3상 불평형 회로에서 전압의 불평형률[%]은?

① $\dfrac{정상전압}{역상전압} \times 100[\%]$
② $\dfrac{영상전압}{정상전압} \times 100[\%]$
③ $\dfrac{역상전압}{정상전압} \times 100[\%]$
④ $\dfrac{정상전압}{영상전압} \times 100[\%]$

> **Explanation**
> 불평형률 $= \dfrac{역상분}{정상분} \times 100[\%]$

【답】③

71 다음과 같은 회로에서 a, b 양단의 전압은 몇 [V]인가?

① 1
② 2
③ 2.5
④ 3.5

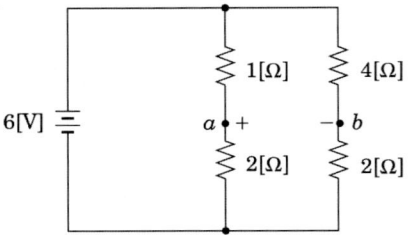

> **Explanation**
> a, b 양단의 전압 $V_{ab} = \dfrac{4}{4+2} \times 6 - \dfrac{1}{1+2} \times 6 = 4 - 2 = 2[V]$

【답】②

72 상순이 $a-b-c$인 3상 회로의 전압을 측정하였더니, $V_a = 120[V]$, $V_b = -60 - j80[V]$, $V_c = -60 + j80[V]$이었다. 이 회로의 역상전압 V_2는 약 몇 [V]인가?

① 0
② 13.81
③ 41.43
④ 106.19

> **Explanation**
> 역상분 전압
> $V_2 = \dfrac{1}{3}(V_a + a^2 V_b + a V_c) = \dfrac{1}{3}\left(120 + \left(-\dfrac{1}{2} - j\dfrac{\sqrt{3}}{2}\right)(-60 - j80) + \left(-\dfrac{1}{2} + j\dfrac{\sqrt{3}}{2}\right)(-60 + j80)\right)$
> $= 13.81[V]$

【답】②

73 $R-L-C$ 직렬 공진회로에서 $R = 100[\Omega]$, $L = 314[mH]$, $C = 125.6[pF]$일 때 전압확대율(Q)은?

① 200
② 300
③ 400
④ 500

Explanation

직렬 공진회로 양호도(전압확대율) $Q = \dfrac{1}{R}\sqrt{\dfrac{L}{C}}$

따라서 $Q = \dfrac{1}{R}\sqrt{\dfrac{L}{C}} = \dfrac{1}{100}\sqrt{\dfrac{314 \times 10^{-3}}{125.6 \times 10^{-12}}} = 500$

【답】 ④

74 $Ri(t) + L\dfrac{di(t)}{dt} = E$ 에서 모든 초기값을 0으로 하였을 때의 $i(t)$의 값은?

① $\dfrac{E}{R}e^{-\frac{RL}{2}}$ 　　　　② $\dfrac{E}{R}e^{-\frac{L}{R}t}$

③ $\dfrac{E}{R}(1-e^{-\frac{R}{L}t})$ 　　　　④ $\dfrac{E}{R}(1-e^{-\frac{L}{R}t})$

Explanation

R-L 직렬회로

R-C 직렬회로	직류 기전력 인가 시(S/W on)
전류 $i(t)$	$i(t) = \dfrac{E}{R}(1-e^{-\frac{R}{L}t})$
특성근	$P = -\dfrac{R}{L}$
시정수	$\tau = \dfrac{L}{R}$ [sec]

【답】 ③

75 역률 60[%] 부하의 유효전력이 120[kW]이면 무효전력은 몇 [kVar]인가?
① 40　　　　② 80
③ 120　　　　④ 160

Explanation

피상전력 $P_a = VI = \dfrac{P}{\cos\theta} = \dfrac{120}{0.6} = 200$ [kVA]

무효전력 $P_r = P_a \sin\theta = 200 \times 0.8 = 160$ [kVar]

【답】 ④

76 직렬 $R-L-C$ 회로를 이용한 대역통과필터에서 대역폭이 f_L[kHz]에서 f_H[kHz]일 때 R은? (단, $f_L < f_H$)

① $2\pi(f_H - f_L)$ 　　　　② $2\pi L(f_H - f_L)$

③ $\dfrac{2\pi}{C}(f_H - f_L)$ 　　　　④ $\dfrac{2\pi L}{C}(f_H - f_L)$

Explanation

$R-L-C$ 대역통과필터

대역폭(Band Width) $BW = \dfrac{R}{2\pi L}$

여기서, $R = 2\pi L \times BW = 2\pi L(f_H - f_L)$

【답】 ②

77 다음 중 실효치가 100[V], 주파수가 60[Hz]이고 $t=0$일 때 순시 값이 $-50\sqrt{2}$ [V]인 정현파 전압을 나타내는 식은?

① $100\sqrt{2}\sin(120\omega t+\dfrac{\pi}{6})$
② $100\sqrt{2}\sin(120\omega t-\dfrac{\pi}{6})$
③ $100\sin(120\omega t-\dfrac{\pi}{6})$
④ $100\sqrt{2}\cos(120\omega t+\dfrac{\pi}{6})$

Explanation

전압의 순시값 $v=V_m\sin(\omega t\pm\theta)$ 여기서, V_m는 최대값
전압의 최대값 $V_m=\sqrt{2}\,V=100\sqrt{2}$
각속도 $\omega=2\pi f=2\pi\times 60=120\pi$
$t=0$에서 최대값이 $-\dfrac{1}{2}$ 배가 되므로 $-\sin\dfrac{\pi}{6}=-\dfrac{1}{2}$ 가 된다.
따라서 순시값은 $100\sqrt{2}\sin(120\omega t-\dfrac{\pi}{6})$이 된다. 【답】②

78 그림의 평형 3상 Y결선 회로에서 소비하는 유효전력[W]은?

① 512
② 768
③ 1,536
④ 2,304

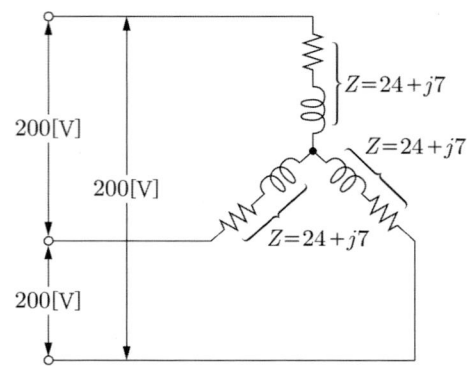

Explanation

3상 유효전력은 $P=3V_pI_p\cos\theta=3I_p^2R$[Var]
Y결선이므로 $I_l=I_p$

여기서, 상전류는 $I_p=\dfrac{V_p}{Z}=\dfrac{\dfrac{200}{\sqrt{3}}}{24+j7}=\dfrac{\dfrac{200}{\sqrt{3}}}{\sqrt{24^2+7^2}}$ [A]

3상 유효전력은 $P=3I_p^2R=3\times\left(\dfrac{\dfrac{200}{\sqrt{3}}}{\sqrt{24^2+7^2}}\right)^2\times 24=1{,}536$[W] 【답】③

79 다음 중 비정현파에서 우함수 대칭의 조건은?

① $f(t)=-f(t)$
② $f(t)=f(-t)$
③ $f(t)=-f(-t)$
④ $f(t)=-f(t+\dfrac{T}{2})$

Explanation

- 정현대칭(기함수) : $f(t)=-f(-t)$, sin성분
- 여현대칭(우함수) : $f(t)=f(-t)$, 직류분, cos성분

- 반파대칭 : $f(t) = -f\left(t + \dfrac{T}{2}\right)$, 홀수항

【답】②

80 회로에서 저항 3[Ω] 양단의 전압[V]은?
① 0.67
② 2
③ 3
④ 5

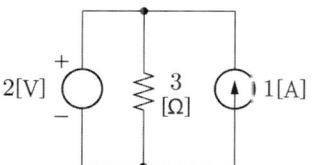

Explanation

중첩의 원리에 의해
- 전압원과 전류원이 단독 직렬 : 전압원 단락
- 전압원과 전류원이 단독 병렬 : 전류원 개방

따라서 전압원의 2[V]만 존재하므로 3[Ω] 양단의 전압은 2[V]이다.

【답】②

5과목 전기설비기술기준

81 지중전선로를 직접 매설식에 의하여 차량 기타 중량물의 압력을 받을 우려가 있는 장소에 시설할 경우에는 매설 깊이는 최소 몇 [m] 이상인가?
① 1.0
② 1.2
③ 1.5
④ 1.8

Explanation

(KEC 334.1조) 지중 전선로의 시설
직접 매설식 매설 깊이 : **중량물의 압력이 있는 곳은 1[m] 이상, 없는 곳은 0.6[m] 이상**

【답】①

82 특고압 옥내 전기설비를 시설할 때 사용전압은 몇 [kV] 이하인가?(단, 케이블트레이공사로 시설하는 경우가 아니다)
① 100
② 170
③ 250
④ 345

Explanation

(KEC 342.4조) 특고압 옥내 전기설비의 시설
① **사용 전압은 100[kV] 이하일 것**. 다만, 케이블 트레이 공사에 의하여 시설하는 경우에는 35[kV] 이하일 것
② 전선은 케이블일 것

【답】①

83 특고압을 직접 저압으로 변성하는 변압기를 시설할 수 없는 것은?
① 발전소·변전소·개폐소 또는 이에 준하는 곳의 소내용 변압기
② 전기로 등 전류가 큰 전기를 소비하기 위한 변압기
③ 교류식 전기철도용 신호회로에 전기를 공급하기 위한 변압기
④ 사용전압 100[kV]를 초과하는 변압기로서 그 특고압측과 저압측 권선 사이에 접지공사를 한 금속제의 혼촉방지판이 없는 것

> **Explanation**

(KEC 341.3조) 특고압을 직접 저압으로 변성하는 변압기의 시설
특고압을 직접 저압으로 변성하는 변압기는 다음에 한하여 시설할 수 있다.
① 전기로 등 전류가 큰 전기를 소비하기 위한 변압기
② 발전소 · 변전소 · 개폐소 또는 이에 준하는 곳의 소내용 변압기
③ 특고압 전선로에 접속하는 변압기
④ 사용전압이 35[kV] 이하인 변압기로서 그 특고압 측 권선과 저압 측 권선이 혼촉한 경우에 자동적으로 변압기를 전로로부터 차단하기 위한 장치를 설치한 것
⑤ 사용전압이 100[kV] 이하인 변압기로서 그 특고압 측 권선과 저압 측 권선 사이에 접지공사(접지저항 값이 10[Ω] 이하인 것에 한한다)를 한 금속제의 혼촉방지판이 있는 것
⑥ 교류식 전기철도용 신호회로에 전기를 공급하기 위한 변압기   【답】 ④

84 저압 가공전선과 고압 가공 절연전선을 동일 지지물에 시설하는 경우 두 전선 사이 간격은 몇 [m] 이상인가?(단, 각도주 분기주 등에서 혼촉의 우려가 없도록 시설하는 경우가 아니다)
① 0.5 ② 0.6
③ 0.7 ④ 0.8

> **Explanation**

(KEC 332.8조) 고압 가공전선 등의 병행설치
① 저압 가공전선을 고압 가공전선의 아래로 하고 별개의 완금류에 시설할 것
② **저압 가공전선과 고압 가공전선 사이의 이격 거리는 0.5[m] 이상일 것.** 다만, 각도주 · 분기주 등에서 혼촉의 우려가 없도록 시설하는 경우에는 그러하지 아니하다.   【답】 ①

85 고압 또는 특고압의 기계기구 모선 등을 옥외에 시설하는 발전소 · 변전소 · 개폐소 또는 이에 준하는 곳에는 구내에 취급자 이외의 사람이 들어가지 아니하도록 시설해야 하는데, 이에 해당하지 않는 것은?
① 감시카메라를 설치할 것   ② 울타리, 담 등을 시설할 것
③ 출입구에는 출입금지의 표시를 할 것   ④ 출입구에는 자물쇠장치 등의 장치를 할 것

> **Explanation**

(KEC 351.1조) 발전소 등의 울타리 · 담 등의 시설
고압 또는 특고압의 기계기구 · 모선 등을 옥외에 시설하는 발전소 · 변전소 · 개폐소 또는 이에 준하는 곳에는 다음에 따라 구내에 취급자 이외의 사람이 들어가지 아니하도록 시설하여야 한다. 다만, 토지의 상황에 의하여 사람이 들어갈 우려가 없는 곳은 그러하지 아니하다.
① 울타리 · 담 등을 시설할 것.
② 출입구에는 출입금지의 표시를 할 것.
③ 출입구에는 자물쇠장치 기타 적당한 장치를 할 것.   【답】 ①

86 금속덕트공사에 대한 설명으로 틀린 것은?
① 전선은 옥외용 비닐절연전선을 제외한 절연전선일 것
② 덕트의 끝부분은 막지 않을 것
③ 덕트는 물이 고이는 낮은 부분을 만들지 않도록 시설할 것
④ 금속덕트 안에는 전선에 접속점이 없을 것

> **Explanation**

(KEC 232.31조) 금속덕트공사
① 전선은 절연전선(옥외용 비닐 절연전선 제외)일 것
② 금속 덕트에 넣은 전선의 단면적(절연피복의 단면적을 포함)의 합계는 덕트 내부 단면적의 20[%](전광표시 장치 기타 이와 유사한 장치 또는 제어회로 등의 배선만을 넣는 경우는 50[%])이하일 것
③ 금속 덕트 안에는 전선에 접속점이 없도록 할 것.

④ 덕트의 끝부분은 막을 것
⑤ 덕트 안에 먼지가 침입하지 아니하도록 할 것
⑥ 덕트는 물이 고이는 낮은 부분을 만들지 않도록 시설할 것

【답】②

87 그림과 같이 분기회로 S_2의 보호장치 P_2는 P_2의 전원 측에서 분기점 O 사이에 다른 분기회로 또는 콘센트의 접속이 없고, 단락의 위험과 화재 및 인체에 대한 위험성이 최소화 되도록 시설된 경우, 분기회로의 보호장치 P_2는 분기회로의 분기점 O로부터 몇 [m]까지 이동하여 설치할 수 있는가?

① 3
② 4
③ 5
④ 6

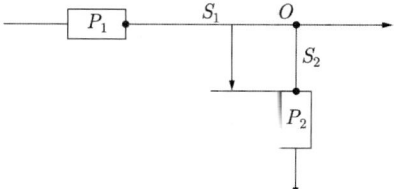

> **Explanation**

(KEC 212.4.2조) 과부하 보호장치의 설치 위치
분기회로 S_2의 보호장치 P_2는 P_2의 전원 측에서 분기점 O 사이에 다른 분기회로 또는 콘센트의 접속이 없고, 단락의 위험과 화재 및 인체에 대한 위험성이 최소화 되도록 시설된 경우, 분기회로의 보호장치 P_2는 분기회로의 분기점 O로부터 3[m]까지 이동하여 설치할 수 있다.

【답】①

88 고압용 또는 특고압용의 개폐기 시설방법으로 틀린 것은?
① 개폐기로서 부하전류를 차단하기 위한 것이 아닌 개폐기는 부하전류가 통하고 있을 경우에는 회로가 열리지 않도록 시설하여야 한다.
② 개폐기로서 중력 등에 의하여 자연히 작동할 우려가 있는 것은 자물쇠장치 기타 이를 방지하는 장치를 시설하여야 한다.
③ 제어회로 등에 조작용 개폐기를 시설하는 경우 전로의 각 극 및 중성선에 개폐기를 시설하여야 한다.
④ 개폐기는 그 작동에 따라 그 개폐상태를 표시하는 장치가 되어 있는 것이어야 한다.

> **Explanation**

(KEC 341.9조) 고압 및 특고압 개폐기의 시설
① 고압용 또는 특고압용의 개폐기는 그 작동에 따라 그 개폐상태를 표시하는 장치가 되어 있는 것이어야 한다.
② 고압용 또는 특고압용의 개폐기로서 중력 등에 의하여 자연히 작동할 우려가 있는 것은 자물쇠장치 기타 이를 방지하는 장치를 시설하여야 한다.
③ 고압용 또는 특고압용의 개폐기로서 부하전류를 차단하기 위한 것이 아닌 개폐기는 부하전류가 통하고 있을 경우에는 개로할 수 없도록 시설하여야 한다.
④ 전로에 이상이 생겼을 때 자동적으로 전로를 개폐하는 장치를 시설하는 경우에는 그 개폐기의 자동 개폐 기능에 장해가 생기지 않도록 시설하여야 한다.

【답】③

89 폭연성 먼지가 존재하는 장소에서 전기설비가 발화원이 되어 폭발할 우려가 있는 곳에서의 저압 옥내배선 공사로 옳은 것은?
① 애자공사
② 금속관공사
③ 합성수지관공사
④ 캡타이어케이블 공사

> **Explanation**

(KEC 242.2.1조) 폭연성 분진 위험장소
폭연성 분진 또는 화약류의 분말이 전기설비가 발화원이 되어 폭발할 우려가 있는 곳 저압 옥내 전기설비 : **금속관공사 또는 케이블공사(캡타이어 케이블을 사용하는 것을 제외)**에 의할 것

【답】②

90 건조물과 전차선, 급전선 및 전기철도차량 집전장치의 공기절연 간격은 아래와 같이 정적 및 동적 최소 절연간격 이상을 확보하여야 한다. ( ) 안에 들어갈 전압[V]은?

시스템 종류	공칭 전압[V]	동적[mm]		정적[mm]	
		비오염	오염	비오염	오염
직류	( )	25	25	25	25

① 750
② 1,000
③ 1,500
④ 2,000

> **Explanation**

(KEC 431.2조) 전차선로의 충전부와 건조물 간의 절연이격
건조물과 전차선, 급전선 및 전기철도차량 집전장치의 공기절연 이격거리는 표에 제시되어 있는 정적 및 동적 최소 절연이격거리 이상을 확보하여야 한다.

시스템 종류	공칭전압[V]	동적[mm]		정적[mm]	
		비오염	오염	비오염	오염
직류	750	25	25	25	25
	1,500	100	110	150	160

【답】①

91 다음 ( )에 들어갈 내용으로 옳은 것은?

> 전차선로는 무선설비의 기능에 계속적이고 또한 중대한 장해를 주는 ( )가 생길 우려가 있는 경우에는 이를 방지하도록 시설하여야 한다.

① 정전기
② 전자파
③ 서지
④ 고조파

> **Explanation**

(KEC 461.6조) 전자파 장해의 방지
전차선로는 무선설비의 기능에 계속적이고 중대한 장해를 주는 **전자파**를 발생할 우려가 없도록 시설하여야 한다. 【답】②
※ 기술기준 제18조 통신장해 방지에 유사 조항 존재 : 전선로 또는 전차선로는 무선설비의 기능에 계속적이고 중대한 장해를 주는 **전파**를 발생할 우려가 없도록 시설하여야 한다. 이 조항이 나오고 문항에 "전파"가 있으면 "전파"가 답이 된다.

92 전로의 중성점 접지의 목적에 해당하지 않는 것은?
① 이상전압의 억제
② 보호장치의 확실한 동작의 확보
③ 대지전압의 저하
④ 손실전력의 감소

> **Explanation**

(KEC 322.5조) 전로의 중성점의 접지
전로의 보호 장치의 확실한 동작의 확보, 이상 전압의 억제 및 대지 전압의 저하를 위하여 특히 필요한 경우에 전로의 중성점에 접지한다. 【답】④

93 고압가공전선에 케이블을 사용하고 케이블은 조가용선에 행거로 시설할 경우 행거의 간격을 몇 [m] 이하로 하는가?
① 0.3
② 0.5
③ 0.7
④ 0.2

> **Explanation**

(KEC 332.2조) 가공케이블의 시설
케이블은 조가용선에 행거로 시설하며 고압인 경우 **행거의 간격을 0.5[m] 이하**로 한다. 【답】②

94 파이프라인 등에 전열장치 발열선을 시설하는 기준에 대한 설명으로 틀린 것은?
① 발열체와 통기관·드레인판 등의 부속물과의 접속부분에는 발열체가 발생하는 열에 견디는 절연물을 삽입할 것
② 발열체 상호 간의 접속은 용접 또는 프렌지 접합에 의할 것
③ 발열체에는 슈를 직접 붙이지 아니할 것
④ 발열체는 그 온도가 피 가열 액체의 발화온도의 90[%]를 넘지 않도록 시설할 것

Explanation

(KEC 241.11조) 파이프라인 등의 전열장치
① 발열체는 그 온도가 피 가열 액체의 발화 온도의 80[%]를 넘지 아니하도록 시설할 것.
② 발열체 상호 간의 접속은 용접 또는 프렌지 접합에 의할 것.
③ 발열체에는 슈를 직접 붙이지 아니할 것.
④ 발열체 상호 간의 프렌지 접합부 및 발열체와 통기관·드레인콕 등의 부속물과의 접속부분에는 발열체가 발생하는 열에 충분히 견디는 절연물을 삽입할 것.　　【답】④

95 수도관 등을 접지극으로 사용하는 경우에 대한 내용들이다. (ⓐ), (ⓑ), (ⓒ) 안에 들어갈 숫자로 옳은 것은?

> 접지도체와 금속제 수도관로의 접속은 안지름 (ⓐ)[mm] 이상인 부분 또는 여기에서 분기한 안지름 (ⓑ)[mm] 미만인 분기점으로부터 5[m] 이내의 부분에서 하여야 한다. 다만, 금속제 수도관로와 대지 사이의 전기저항 값이 (ⓒ)[Ω] 이하인 경우에는 분기점으로부터의 거리는 5[m]을 넘을 수 있다.

① ⓐ 50, ⓑ 75, ⓒ 3
② ⓐ 75, ⓑ 50, ⓒ 2
③ ⓐ 75, ⓑ 75, ⓒ 2
④ ⓐ 50, ⓑ 50, ⓒ 3

Explanation

(KEC 142.2조) 접지극의 시설 및 접지저항
접지도체와 금속제 수도관로의 접속은 안지름 75[mm] 이상인 부분 또는 여기에서 분기한 안지름 75[mm] 미만인 분기점으로부터 5[m] 이내의 부분에서 하여야 한다. 다만, 금속제 수도관로와 대지 사이의 전기저항 값이 2[Ω] 이하인 경우에는 분기점으로부터의 거리는 5[m]을 넘을 수 있다.　　【답】③

96 고압 및 특고압의 전로에 시설하는 피뢰기 접지저항 값은 몇 [Ω] 이하로 해야 하는가?(단, 주어지지 않은 조건은 고려하지 않는다)
① 10
② 20
③ 30
④ 50

Explanation

(KEC 142.2조) 피뢰기의 접지
고압 및 특고압의 전로에 시설하는 피뢰기 접지저항 값은 10[Ω] 이하로 하여야 한다.　　【답】①

97 전기저장장치의 시설에 대한 설명으로 틀린 것은?
① 외부터미널에 접속하기 위해 필요한 접점의 압력이 사용기간 동안 유지되어야 할 것
② 전기배선을 옥측 또는 옥외에 시설할 경우 수직 케이블의 포설에 준하여 시설할 것
③ 전선은 공칭단면적 2.5[mm²] 이상의 연동선 또는 이와 동등 이상의 세기 및 굵기의 것일 것
④ 단자를 체결 또는 잠글 때 너트나 나사는 풀림방지 기능이 있는 것을 사용할 것

Explanation

(KEC 511.2조) 전기저장장치의 시설
① 전선은 공칭단면적 2.5 ㎟ 이상의 연동선 또는 이와 동등 이상의 세기 및 굵기의 것일 것.
② 단자를 체결 또는 잠글 때 너트나 나사는 풀림방지 기능이 있는 것을 사용하여야 한다.
③ 외부터미널과 접속하기 위해 필요한 접점의 압력이 사용기간 동안 유지되어야 한다.
④ 옥측 또는 옥외에 시설할 경우 합성수지관공사에 의할 것
⑤ 수직 케이블로 포설하지 말 것 【답】②

98 시가지에 시설하는 154[kV] 가공전선로에는 지락 또는 단락이 생겼을 때에는 몇 초 이내에 자동으로 이를 전로로부터 차단하는 장치를 시설하여야 하는가?
① 1 ② 2
③ 3 ④ 5

Explanation

(KEC 333.1조) 시가지 등에서 특고압 가공 전선로의 시설
사용 전압이 100[kV] 넘는 특고압 가공전선로에 자기가 생기거나 단락한 경우에는 1초 이내에 차단되어야 한다. 【답】①

99 특고압 가공전선로에서 전선로 중 3°를 초과하는 수평각도를 이루는 곳에 사용하는 철탑의 종류는?
① 각도형 ② 보강형
③ 잡아당김형 ④ 직선형

Explanation

(KEC 333.11조) 특고압 가공전선로의 철주, 철근콘크리트주, 철탑의 종류
특고압 가공전선로의 지지물로 사용하는 B종 철근·B종 콘크리트주 또는 철탑의 종류는 다음과 같다.
① 직선형 : 전선로의 직선부분(3° 이하인 수평각도를 이루는 곳을 포함한다. 이하 같다)에 사용하는 것. 다만, 내장형 및 보강형에 속하는 것을 제외한다.
② 각도형 : 전선로중 3°를 초과하는 수평각도를 이루는 곳에 사용하는 것.
③ 잡아당김형 : 전가섭선을 잡아당기는 곳에 사용하는 것.
④ 내장형 : 전선로의 지지물 양쪽의 경간의 차가 큰 곳에 사용하는 것.
⑤ 보강형 : 전선로의 직선부분에 그 보강을 위하여 사용하는 것 【답】①

100 전력보안통신설비의 전원공급기 시설에 대한 설명으로 틀린 것은?
① 전원공급기의 시설방향은 인도측으로 시설하며 외함은 접지를 시행하여야 한다.
② 전원공급기는 지상에서 4[m] 이상 유지하여야 한다.
③ 전원공급기 시설 시 통신사업자는 기기 전면에 명판을 부착하여야 한다.
④ 기기주, 변압기 전주 및 분기주 등 설비 복잡개소에는 전원공급기를 시설하여야 한다.

Explanation

(KEC 362.9조) 전력보안통신설비의 전원공급기 시설
① 전원공급기는 다음에 따라 시설하여야 한다.
 - 지상에서 4[m] 이상 유지할 것.
 - 누전차단기를 내장할 것.
 - 시설방향은 인도측으로 시설하며 외함은 접지를 시행할 것.
② 기기주, 변대주 및 분기주 등 설비 복잡개소에는 **전원공급기를 시설할 수 없다.**
③ 전원공급기 시설시 통신사업자는 기기 전면에 명판을 부착하여야 한다. 【답】④

2025년 전기공사산업기사 필기

1과목 전기응용

01 회전축에 대한 관성모멘트가 75[kg·m²]인 회전체의 플라이 휠 효과(GD^2)는 몇 [kg·m²]인가?
① 75
② 150
③ 200
④ 300

Explanation

관성모멘트 $J = \dfrac{1}{4}GD^2 = 75$

∴ 플라이휠 효과 $GD^2 = 4 \times J = 4 \times 75 = 300 [kg \cdot m^2]$

【답】④

02 목표 값이 시간에 대하여 변하지 않는 제어로 일정한 목표값으로 제어량을 유지시키는 제어방식은?
① 비율 제어
② 추치 제어
③ 정치 제어
④ 추종 제어

Explanation

목표 값에 의한 분류 : 입력에 의한 분류
① 정치 제어 : 시간에 관계없이 값이 일정한 제어(연속식의 압연기)
② 추치 제어 : 시간에 따라 값이 변화하는 제어

【답】③

03 저압 나트륨등의 특성에 관한 설명으로 틀린 것은 무엇인가?
① 증기압은 4×10^{-3} [mmHg]이다.
② 광원의 광색이 단일색광이다.
③ 요철 식별이 우수하고 연색성이 좋다.
④ 간선도로, 터널 등의 도로조명에 주로 사용된다.

Explanation

나트륨등
• 투과력이 좋다(안개 낀 지역, 터널 등에서 사용).
• 단색 광원(순황색)
• 효율이 우수(80~150[lm/W])
• D선 ([5,890[Å] ~ 5,896[Å])을 광원으로 이용
• **연색성이 좋지 않다**(옥내 조명에 부적당).

【답】③

04 쌍방향성 사이리스터가 아닌 것은?
① SCS
② SSS
③ DIAC
④ TRIAC

Explanation

반도체 소자(괄호 안은 극(단자) 수)

- 단방향성 : SCR(3), GTO(3), LASCR(3), SCS(4)
- 양방향성 : SSS(2), DIAC(2), TRIAC(3)

【답】①

05 Zn을 음극으로 사용하는 1차 전지에서 국부적으로 발생하는 자기방전을 줄이기 위하여 음극을 아말감화 한다. 이 때 음극의 표면에 붙이는 것은?
① Ag
② Ni
③ Hg
④ Cu

Explanation

국부 작용
아연 음극 또는 전해액 중에 불순물이 섞이면 아연이 부분적으로 용해되어 국부 방전이 생기며 수명이 짧아진다. 국부작용을 막기 위하여 수은(Hg)도금을 한다.

【답】③

06 정전압 소자로 사용되는 다이오드는?
① 제너 다이오드
② 터널 다이오드
③ 포토 다이오드
④ 쇼트키 다이오드

Explanation

제너 다이오드 : 정전압용 소자

【답】①

07 루소선도에서 전광속 F와 면적 S사이의 관계식으로 옳은 것은? 단, a와 b는 상수이다.
① $F = \dfrac{a}{S}$
② $F = aS$
③ $F = aS + b$
④ $F = aS^2$

Explanation

루소선도에서

광원의 전광속 F = 루소선도 면적 × $\dfrac{2\pi}{r}$

$F = \dfrac{2\pi}{r} \times S$ $F = a \cdot S$ (a = 상수)

【답】②

08 전기철도측에서 전기 부식을 방지하는 방법으로 틀린 것은?
① 레일본드를 설치하여 귀선저항을 감소시킨다.
② 변전소의 간격을 축소한다.
③ 배류법을 사용한다.
④ 절연도상 및 레일과 침목사이에 절연층을 설치한다.

Explanation

(KEC 461.4조) 전기 부식 방지대책
전기 부식 : 주행레일을 귀선으로 이용하는 경우에는 누설전류에 의하여 케이블, 금속제 지중관로 및 선로 구조물 등에 영향을 미치는 것
전기철도측의 전기 부식 방지 또는 전기 부식 예방
- 변전소 간 간격 축소
- 레일본드의 양호한 시공
- 장대레일채택
- 절연도상 및 레일과 침목사이에 절연층의 설치

여기서 배류법은 매설관측 대책이다.

【답】③

09 다음 ( )에 들어갈 도금의 종류로 옳은 것은?

> ( )도금은 철, 구리, 아연 등의 장식용과 내식용으로 사용되며, 크롬도금의 전 단계 공정으로 이용되고 있다.

① 동 ② 은
③ 니켈 ④ 카드뮴

Explanation

니켈도금 : 철, 구리, 아연 등의 장식용과 내식용으로 사용
크롬도금의 전 단계 공정으로 이용 【답】③

10 제어 오차가 검출될 때 오차가 변화하는 속도에 비례하여 조작량을 가감하도록 하는 동작은?
① 미분 동작 ② 비례 적분 동작
③ 적분 동작 ④ 비례 동작

Explanation

- 비례제어(P 제어) : 잔류 편차(off set) 발생
- 적분제어(I 제어) : 잔류 편차 제거, 시간 지연(정상상태 개선)
- 미분제어(D 제어) : 오차가 변화되는 속도에 따라 조정, rate동작, 속응성 향상, 진동 억제(과도상태 개선) 【답】①

11 전기철도의 곡선부에서 원심력으로 인해 차체가 외측으로 넘어지려는 것을 막기 위하여 외측 레일을 약간 높여준다. 이 것을 무엇이라고 하는가?
① 고도 ② 확도
③ 가이드 레일 ④ 이도

Explanation

고도(Cant) : 운전의 안정성 확보를 위하여 곡선 시 안쪽 레일보다 바깥쪽 레일을 조금 높게 하는 것 【답】①

12 작업면에 필요한 조도를 E, 면적을 A, 조명율을 U, 전등수 N, 광원 1개의 광속을 F, 감광 보상율을 D라고 할 때 실내조명에서의 전 소요 광속은?

① $F = \dfrac{AED}{NU}$ ② $F = \dfrac{AEU}{DN}$

③ $F = \dfrac{N}{AED}$ ④ $F = \dfrac{AEDN}{U}$

Explanation

$FUN = EAD$에서 광속 $F = \dfrac{EAD}{NU}$ 【답】①

13 평등전계에서 기체의 온도가 일정한 경우, 방전개시전압은 기체의 압력과 전극간격의 곱의 함수로 결정된다. 이것을 표현한 법칙은?
① 파센의 법칙 ② 스토크의 법칙
③ 플랑크의 법칙 ④ 스테판 볼츠만의 법칙

Explanation

파센의 법칙 : 평등 전계 하에서 방전 개시 전압은 기체의 압력과 전극거리와의 곱에 비례
방전개시전압에 관한 법칙 【답】①

14 1[kW]의 전열기를 사용하여 20[℃]의 물 10[l]를 80[℃]까지 올리는 데 걸리는 시간은?
① 약 1시간　　　　　　　　　　② 약 30분
③ 약 1시간 15분　　　　　　　　④ 약 42분

> **Explanation**
>
> 전열기 효율 $\eta = \dfrac{열}{전기} \times 100 = \dfrac{cm\theta}{860Pt} \times 100$ 에서
> $t = \dfrac{cm\theta}{860P\eta} = \dfrac{1 \times 10 \times (80-20)}{860 \times 1} = 0.7[\text{h}]$ ∴ $60 \times 0.7 = 42[\text{분}]$
>
> 【답】④

15 10[Ω]의 저항에 10[A]를 10분간 흘렸을 때의 발열량은 몇 [kcal]인가?
① 125　　　　　　　　　　　　② 130
③ 144　　　　　　　　　　　　④ 165

> **Explanation**
>
> $Q = 0.24VIt = 0.24I^2Rt = 0.24 \times 10^2 \times 10 \times 10 \times 60 \times 10^{-3} = 144[\text{kcal}]$
>
> 【답】③

16 고주파 유전가열을 응용한 사항으로 틀린 것은?
① 고무의 가황　　　　　　　　　② 합판의 건조, 접착
③ 플라스틱의 성형과 비닐막 접착　④ 강재의 표면 담금질

> **Explanation**
>
> - 유도가열 : 히스테리시스손과 와류손에 의한 가열
>   　　　　　반도체 정련, 금속의 표면처리, 단결정제조 등에 사용
> - 유전가열 : 유전체손에 의한 가열
>   　　　　　목재의 접착, 비닐막 접착, 플라스틱 성형 등에 사용
>
> 【답】④

17 형광등의 광속이 감소하는 원인이 아닌 것은?
① 전극의 소모에 의한 열전자방출의 감소　② 램프 양단의 흑화 현상
③ 형광체의 열화　　　　　　　　　　　　④ 형광등의 부특성

> **Explanation**
>
> 형광등 광속 감소의 원인
> - 전극의 소모에 의한 열전자방출의 감소
> - 램프 양단의 흑화 현상
> - 형광체의 열화
>
> 【답】④

18 기중기 등으로 물건을 내릴 때 또는 전차가 언덕을 내려가는 경우 전동기가 갖는 운동에너지를 전기에너지로 변환하고, 이것을 전원에 반환하면서 속도를 점차로 감속시키는 제동법은?
① 발전제동　　　　　　　　　　② 회생제동
③ 역상제동　　　　　　　　　　④ 와류제동

> **Explanation**
>
> 3상 유도전동기 제동법
> - 발전제동
>   - 운동에너지를 전기적 에너지로 변환
>   - 자체 저항에서 열로 소비되면서 제동
> - 회생제동
>   - 유도전압을 전원전압보다 높게 하여 제동하는 방식

- 발전 제동하여 발생된 전력을 선로로 되돌려 보냄
- 역상제동(플러깅, 역전제동)
  - 3상 중 2상을 바꾸어 제동
  - 속도를 급격히 정지 또는 감속시킬 때

【답】②

19 LED에 대한 설명으로 잘못된 것은?
① 전구나 형광등에 비해 전력 소모가 적다.
② PN 접합이 순바이어스 되었을 때 전자와 정공의 재결합과정에서 빛이 발생된다.
③ 사용되는 반도체 물질을 다르게 하여 다양한 색상의 빛을 낼 수 있다.
④ 온도가 높아져도 효율이 떨어지지 않는다.

Explanation

발광 다이오드(LED)
- 낮은 전력으로도 밝은 빛을 낼 수 있다.
- 일반 전구에 비해 수명이 길다.
- 다양한 반도체 물질을 사용하여 원하는 색상의 빛을 구현할 수 있다.
- 온도에 민감하여 온도가 높을수록 효율이 떨어질 수 있다.

【답】④

20 전기회로와 열회로의 대응관계로 틀린 것은?
① 전류 – 열류
② 전압 – 열량
③ 도전율 – 열전도율
④ 정전용량 – 열용량

Explanation

전기회로와 전열회로 비교

전기			전열			열회로
명칭	기호	단위	명칭	기호	단위	단위(공업용)
전압	V	[V]	온도차	θ	[K°]	[℃]
전류	I	[A]	열류	I	[W]	[kcal/h]
저항	R	[Ω]	열저항	R	[℃/W]	[℃h/kcal]
전기량	Q	[C]	열량	Q	[J]	[kcal]
전도율	K	[℧/m]	열전도율	K	[W/m·℃]	[kcal/h·m·℃]
정전용량	C	[F]	열용량	C	[J/℃]	[kcal/℃]

【답】②

2과목　전력공학

21 송전계통의 안정도 증진 대책이 아닌 것은?
① 병렬 회선 수 증가
② 차폐선의 채용
③ 고속 재폐로 방식 채용
④ 중간 조상설비 설치

Explanation

안정도 향상 대책
① 직렬 리액턴스(X)를 작게 한다.
- 발전기나 변압기의 리액턴스를 작게 한다.

- 선로의 병행 회선수를 늘리거나 복도체 또는 다도체 방식을 사용한다.
- 직렬 콘덴서를 삽입하여 선로의 리액턴스를 보상한다.
② 전압 변동을 작게 한다.
③ 중간 조상 방식을 채용한다.
④ 고장 전류를 줄이고 고장 구간을 신속하게 차단한다.

【답】②

22 일반회로정수가 A, B, C, D이고 송전단 상전압이 E_s인 경우, 무부하 시의 충전전류(송전단 전류)는?

① CE_s
② ACE_s
③ $\dfrac{C}{A}E_s$
④ $\dfrac{A}{C}E_s$

Explanation

무부하 시($I_r = 0$)

$E_s = AE_r + BI_r$ 에서 $E_s = AE_r$ ∴ $E_r = \dfrac{1}{A}E_s$

$I_s = CE_r + DI_r$

따라서 무부하시의 충전 전류(송전단 전류) $I_s = CE_r = \dfrac{C}{A}E_s$

【답】③

23 페란티 현상이 발생하는 원인은?

① 선로의 과도한 저항
② 선로의 정전용량
③ 선로의 인덕턴스
④ 선로의 급격한 전압강하

Explanation

페란티 현상
- 무부하(경부하)시 송전단 전압보다 수전단 전압이 커지는 현상
- **선로의 정전용량에 의해서**
- 방지법 : 분로리액터(Sh,R)

【답】②

24 다음 ( )에 알맞은 내용으로 옳은 것은? (단, 공급 전력과 선로 손실률은 동일하다)

> 선로의 전압을 2배로 승압할 경우, 공급전력은 승압 전의 (㉮)로 되고, 선로 손실은 승압 전의 (㉯)로 된다.

① ㉮ $\dfrac{1}{4}$배, ㉯ 2배
② ㉮ $\dfrac{1}{4}$배, ㉯ 4배
③ ㉮ 2배, ㉯ $\dfrac{1}{4}$배
④ ㉮ 4배, ㉯ $\dfrac{1}{4}$배

Explanation

전압과의 관계

전력 손실	$P_l = \dfrac{P^2 R}{V^2 \cos^2\theta}$	$P_l \propto \dfrac{1}{V^2}$
공급 전력		$P \propto V^2$

- 공급전력 $P \propto V^2 = 2^2 = 4$
- 선로손실 $P_l \propto \dfrac{1}{V^2} = \dfrac{1}{2^2} = \dfrac{1}{4}$

【답】④

25 송전단 전압이 3,300[V]이고, 수전단 전압이 3,000[V]이다. 수전단의 부하를 차단한 경우, 수전단 전압이 3,200[V]라면 이 회로의 전압 변동률은 약 몇 [%]인가?
① 3.25   ② 4.28
③ 5.67   ④ 6.67

Explanation

전압 변동률 $\epsilon = \dfrac{V_{r0} - V_r}{V_r} \times 100 = \dfrac{3,200 - 3,000}{3,000} \times 100 = 6.67\,[\%]$

여기서, V_{r0}는 무부하시 수전단 전압

【답】④

26 정격 전압 15.4[kV], 차단용량 665[MVA]인 3상 차단기의 정격차단전류는 약 몇 [kA]인가?
① 16   ② 25
③ 32   ④ 12.5

Explanation

3상용 차단기의 정격 용량 $P_s = \sqrt{3} \times$ 정격전압 $\times$ 정격차단전류 [MVA]

정격 차단 전류 : $I_s = \dfrac{P_s}{\sqrt{3}\,V} = \dfrac{665 \times 10^6}{\sqrt{3} \times 15.4 \times 10^3} \times 10^{-3} = 25\,[\text{kA}]$

【답】②

27 여러 회선의 비접지 3상 3선식 배전선로에 선택지락계전기를 사용하여 선택지락보호를 하려고 할 때 필요한 것은?
① PT – CT   ② GPT – CT
③ GPT – ZCT   ④ PT – ZCT

Explanation

사고 별 보호 계전기
- 단락 사고 : 과전류 계전기(OCR)
- 지락 사고 : 지락 계전기(GR), 선택 지락 계전기(SGR)
  - 영상 변류기(ZCT) : 영상(지락)전류 검출
  - GPT(접지형 계기용 변압기) : 영상 전압 검출

【답】③

28 반동수차의 일종으로 주요부분은 러너, 안내날개, 스피드링 및 흡출관 등으로 되어 있으며 50~500[m] 정도의 중낙차 발전소에 사용되는 수차는?
① 카플란 수차   ② 프란시스 수차
③ 펠턴 수차   ④ 튜블러 수차

Explanation

프란시스(Francis) 수차
- 대표적인 반동수차
- 유지보수가 용이하고 공사비가 저렴
- 중낙차에 사용

【답】②

29 동기조상기에 대한 설명으로 틀린 것은?
① 전압조정이 연속적이다.
② 경부하시에는 부족여자로 운전하여 뒤진전류를 취한다.
③ 중부하시에는 과여자로 운전하여 앞선전류를 취한다.
④ 선로의 시충전이 불가능하다.

> **Explanation**

조상설비 비교

	진 상	지 상	시충전(시송전)	조 정	전력손실	증설
전력용 콘덴서	○	×	×	단계적	적다	가능
분로 리액터	×	○	×	단계적	적다	가능
동기 조상기	○	○	○	연속적	크다	불가능

【답】④

30 100[MVA]의 3상 변압기 2뱅크를 가지고 있는 배전용 2차 측의 배전선에 시설할 차단기 용량[MVA]은?(단, 변압기는 병렬로 운전되며, 각각의 %Z는 20[%]이고, 전원의 임피던스는 무시한다)

① 1,000
② 2,000
③ 3,000
④ 4,000

> **Explanation**

차단기용량(단락 용량) $P_s = \dfrac{100}{\%Z} P_n = \dfrac{100}{10} \times 100 = 1,000 [\text{MVA}]$

여기서, 병렬이므로 %임피던스 $\%Z = \dfrac{20 \times 20}{20 + 20} = 10[\%]$

【답】①

31 3,300/220[V]의 단상 승압기를 그림과 같이 접속하여 60[kW], 역률 0.85의 부하에 공급하는 전압을 상승시킬 경우 승압기의 용량은 약 몇 [kVA]인가?

① 6
② 5
③ 4
④ 3

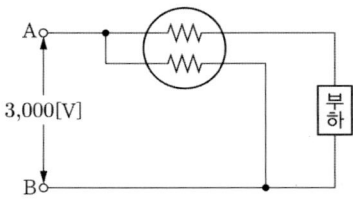

> **Explanation**

승압기

$\dfrac{V_h}{V_l} = \dfrac{n_1 + n_2}{n_1} = \left(1 + \dfrac{1}{a}\right)$

$V_h = \left(1 + \dfrac{1}{n}\right) V_l = 3,000 \left(1 + \dfrac{220}{3,300}\right) = 3,200 [\text{V}]$

$\dfrac{\text{자기용량}}{\text{부하용량}} = \dfrac{e_2}{V_h} \fallingdotseq \dfrac{V_h - V_l}{V_h}$

따라서 자기용량[kVA] = 부하용량[kVA] $\times \dfrac{e_2}{V_h} = \dfrac{60}{0.85} \times \dfrac{220}{3,200} = 4.85 [\text{kVA}]$

따라서 승압기의 자기용량은 5[kVA]로 정한다.

【답】②

32 가공전선을 단도체식으로 하는 것보다 같은 단면적의 복도체식으로 하였을 경우에 대한 내용으로 틀린 것은?

① 전선의 인덕턴스가 감소된다.
② 전선의 정전용량이 감소된다.
③ 코로나 발생률이 적어진다.
④ 송전용량이 증가한다.

> **Explanation**

복도체(다도체) 방식의 주목적 : 코로나 방지
• 인덕턴스는 감소, 정전용량은 증가

- 코로나의 방지, 코로나 임계 전압의 상승
- 송전용량의 증대, 안정도 증대

【답】②

33 3상 3선식 송전선로를 연가하는 목적으로 볼 수 없는 것은?
① 선로 정수의 평형
② 코로나 감소
③ 통신선의 유도 장해의 방지
④ 직렬 공진의 방지

Explanation

연가 : 선로정수를 평형시키기 위하여 3상 3선식 선로를 3배수 등분하여 실시
- 선로정수 평형(각 상의 전압, 전류 평형)
- 정전유도 장해 감소
- 소호리액터 접지 시의 직렬공진 방지

【답】②

34 발전소의 발전기 정격전압[kV]으로 사용되는 것은?
① 6.6
② 33
③ 66
④ 154

Explanation

발전소의 발전기 정격전압 : 6.6[kV]

【답】①

35 장거리 대전력을 송전할 때 교류 송전방식에 비교한 직류 송전의 장점이 아닌 것은?
① 변압이 쉬워 고압 송전에 유리하다.
② 송전효율이 높다.
③ 선로 절연이 유리하다.
④ 안정도가 좋다.

Explanation

직류송전의 특징
- 선로의 리액턴스가 없으므로 안정도가 높다.
- 도체의 표피효과가 없다.
- 충전전류와 유전체손을 고려하지 않아도 된다.
- **변압이 어렵다.**
- 고조파 억제 대책이 필요하다.

【답】①

36 공칭 단면적 200[mm²], 전선 무게 1.838[kg/m], 전선의 바깥지름 18.5[mm]인 경동연선을 경간 200[m]로 가설하는 경우 이도는 약 몇 [m]인가? 단, 경동연선의 인장하중은 7,910[kg], 빙설하중은 0.416[kg/m], 풍압 하중은 1.525[kg/m]이고 안전율은 2.0이다.
① 3.44
② 3.78
③ 4.28
④ 4.78

Explanation

전체 하중 $W = \sqrt{수평하중^2 + 수직하중^2} = \sqrt{W_1^2 + W_2^2} = \sqrt{(1.838+0.416)^2 + 1.525^2} = 2.72 [kg/m]$

이도 $D = \dfrac{WS^2}{8T} = \dfrac{2.72 \times 200^2}{8 \times \dfrac{7,910}{2}} = 3.44 [m]$

【답】①

37 단상 2선식 교류 배선선로가 있다. 전선의 1가닥 저항이 0.15[Ω]이고, 리액턴스는 0.25[Ω]이다. 부하는 순저항부하이고 100[V], 3[kW]이다. 급전점의 전압[V]은 약 얼마인가?
① 105
② 109
③ 115
④ 124

> **Explanation**

송전단 전압 $V_s = V_r + 2I(R\cos\theta + X\sin\theta)$
부하가 순저항 부하이므로 $(\cos\theta = 1)$
$V_s = V_r + 2IR$
$= 100 + 2 \times \dfrac{3,000}{100} \times 0.15 = 109[\text{V}]$

【답】②

38 전선 4개의 도체가 정사각형으로 배치되어 있을 때 각 도체간의 거리를 D라고 하면 소도체간 기하평균거리는?

① D
② $\sqrt[3]{2}\,D$
③ $4D$
④ $\sqrt[6]{2}\,D$

> **Explanation**

정사각형 배열(기하평균거리)인 경우의 기하평균거리는 다음과 같다.
기하 평균 거리 $s' = \sqrt[6]{s \cdot s \cdot s \cdot s \cdot \sqrt{2}s \cdot \sqrt{2}s} = \sqrt[6]{2}\,s$
(s : 소도체간 간격)

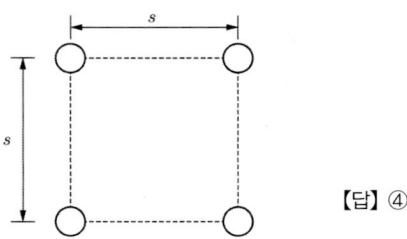

【답】④

39 변류기의 2차측 외부를 변류기와 분리할 때 변류기의 2차측에 과전압이 유도되는 것을 방지하기 위한 조치로 옳은 것은?

① 2차 측 각 단자를 단락시킨다.
② 2차 측 각 단자를 절연시킨다.
③ 2차 측 각 단자를 고저항으로 연결한다.
④ 2차 측 각 단자를 개방한다.

> **Explanation**

계기용 변성기 점검
- PT(계기용 변압기) : 2차측 개방(2차측 과전류 보호)
- CT(변류기) : 2차측 단락(2차측 과전압보호, 2차측 절연보호)

【답】①

40 송전선로에서 역섬락을 방지하는 가장 유효한 방법은?

① 피뢰기를 설치한다.
② 가공지선을 설치한다.
③ 소호각을 설치한다.
④ 탑각 접지저항을 작게 한다.

> **Explanation**

역섬락 방지법
- 매설지선 설치
- 탑각 접지저항 적게 함

【답】④

3과목 전기기기

41 전기자저항과 계자저항이 각각 0.8[Ω]인 직류 직권전동기가 회전수 200[rpm], 전기자전류 30[A]일 때 역기전력은 300[V]이다. 이 전동기의 단자전압을 500[V]로 사용한다면 전기자전류가 위와 같은 30[A]로 될 때의 속도[rpm]는?(단, 전기자 반작용, 마찰손, 풍손 및 철손은 무시한다.)
① 200 ② 301
③ 452 ④ 500

Explanation

직권전동기 역기전력 $E = V - I_a(R_a + R_s) = 500 - 30 \times (0.8 + 0.8) = 452[V]$
역기전력 $E = k\phi N$ 이므로 회전속도는 역기전력에 비례하므로
$N' = N \times \dfrac{E'}{E} = 200 \times \dfrac{452}{300} = 301[rpm]$

【답】②

42 변압기의 표유 부하손이란?
① 부하전류 중 누전에 의한 손실
② 무부하시 여자전류에 의한 동손
③ 누설자속에 의하여 외함, 기타 철물에 생기는 손실
④ 1차, 2차 권선 간의 누설자속에 의하여 생기는 손실

Explanation

변압기의 부하손
• 동손 : 권선에 의한 손실
• 표유 부하손 : 권선이외 부분의 누설 자속에 의한 손실

【답】③

43 3상 유도전동기의 전원 측에서 임의의 2선을 바꾸어 접속하여 운전하면?
① 즉각 정지된다. ② 회전방향이 반대가 된다.
③ 바꾸지 않았을 때와 동일하다. ④ 회전방향은 불변이나 속도가 약간 떨어진다.

Explanation

3상 유도전동기의 경우
• 2선의 접속을 반대로 하면 회전계자의 회전 방향이 반대로 되어 운전
• 유도 제동기로 사용

【답】②

44 전력용반도체 중 2단자 양방향성 저항소자이며, TRIAC, SCR의 게이트 트리거용에 적합한 소자는?
① LASCR ② UJT
③ DIAC ④ SUS

Explanation

DIAC(Diode Alternating Current Switch)

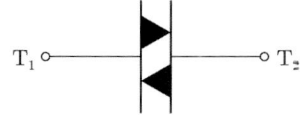

• 4층 다이오드 2개를 역 병렬로 결합
• 양방향 2단자
• 트리거와 스위칭 소자로서 주로 제어회로와 보호회로에 사용
• 게이트에 의한 턴온을 이용하지 않음

【답】③

45 3상 동기 발전기에서 그림과 같이 1상의 권선을 서로 똑같은 2조로 나누어서 그 1조의 권선전압을 E[V], 각 권선의 전류를 I[A]라 하고 2중 Y형(double star)으로 결선한 경우 선간전압[V], 선전류 [A], 피상전력[W]은?

① $3E$, I, $5.19EI$
② $\sqrt{3}E$, $2I$, $6EI$
③ E, $2\sqrt{3}I$, $6EI$
④ $\sqrt{3}E$, $\sqrt{3}I$, $5.19EI$

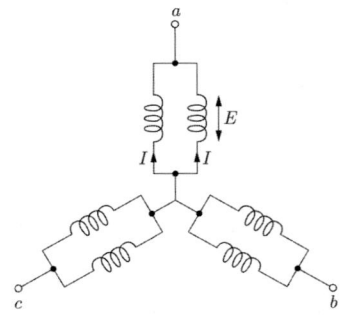

> **Explanation**

2개의 권선이 병렬 연결
- 전압은 동일
- 임피던스는 $\dfrac{1}{2}$

Y결선
$V_l = \sqrt{3} V_p$에서 선간전압 $V_l = \sqrt{3} E$
$I_p = I_l = \dfrac{V_p}{Z}$에서 $I_l = \dfrac{E}{\dfrac{Z}{2}} = 2I$

피상전력 $P_a = \sqrt{3} V_l I_l = \sqrt{3} \times \sqrt{3} E \times 2I = 6EI$

【답】②

46 3상 유도전동기의 전원주파수와 전압의 비가 일정하고 정격속도 이하로 속도를 제어하는 경우 전동기의 출력 P와 주파수 f와의 관계는?

① $P \propto f$
② $P \propto \dfrac{1}{f}$
③ $P \propto f^2$
④ P는 f에 무관

> **Explanation**

유도전동기 토크 $T = \dfrac{P_0}{\omega} = \dfrac{P_0}{2\pi \dfrac{N}{60}} = \dfrac{P_0}{\dfrac{2\pi}{60}(1-s)N_s} = \dfrac{P_0}{(1-s)\dfrac{2\pi}{60} \times \dfrac{120}{p}f}$

$= \dfrac{P_0}{(1-s)\dfrac{4\pi f}{p}}$ [N·m] $= 0.975 \dfrac{P_0}{N}$ [kg·m]

출력 $P_0 = (1-s)\dfrac{4\pi f}{p} T$ 이므로 $P_0 \propto f$

【답】①

47 단상 다이오드 반파 정류회로인 경우 정류 효율은 약 몇 [%]인가?(단, 저항부하인 경우이다)
① 12.6
② 40.6
③ 60.6
④ 81.2

> **Explanation**

다이오드 정류회로 정리

구분	단상 반파	단상 전파	3상 반파	3상 전파
직류전압	$E_d = 0.45E$	$E_d = 0.9E$	$E_d = 1.17E$	$E_d = 1.35E$
정류효율	40.6[%]	81.2[%]	96.5[%]	99.8[%]
맥동률	121[%]	48[%]	17[%]	4[%]

【답】②

48 동기기의 과도 안정도를 증가시키는 방법이 아닌 것은?
① 속응 여자방식을 채용한다.
② 동기 탈조계전기를 사용한다.
③ 동기화 리액턴스를 작게 한다.
④ 회전자의 플라이휠 효과를 작게 한다.

Explanation

동기기의 안정도 증진법
• 동기 리액턴스를 작게 할 것
• **회전자의 플라이휠 효과를 크게 할 것(관성 모멘트를 크게)**
• 속응 여자방식을 채용
• 발전기의 조속기 동작을 신속히 할 것
• 동기 탈조 계전기를 사용
• 역상, 영상 임피던스를 크게 할 것

【답】④

49 변압기에서 1차 측의 여자 어드미턴스를 Y_0라고 한다. 2차 측으로 환산한 여자 어드미턴스 Y_0'을 옳게 표현한 식은? (단, 권수비를 a라고 한다.)
① $Y_0' = a^2 Y_0$
② $Y_0' = a Y_0$
③ $Y_0' = \dfrac{Y_0}{a^2}$
④ $Y_0' = \dfrac{Y_0}{a}$

Explanation

1차를 2차로 환산
• 임피던스 $Z_0' = \dfrac{1}{a^2} Z_0$

【답】①

50 3상 유도전동기를 기동할 때 슬롯수가 적당하지 않을 때 발생되는 기자력의 고조파 성분에 의해 발생되는 현상은?
① 크롤링 현상
② 게르게스 현상
③ 토크 증가 현상
④ 제동 토크의 증가 현상

Explanation

크롤링 현상
3상 유도전동기에서 고조파에 의해 기동 시 낮은 속도의 어느 점에서 회전자가 걸려 안정하게 되어 더 이상 가속이 되지 않는 현상을 크롤링 현상(Crawling)이라고 한다. 주로 슬롯수가 적고 용량이 낮은 농형유도전동기에서 발생하기 쉬우며, 사구 슬롯을 사용하여 예방할 수 있다.

【답】①

51 3상 직권 정류자 전동기의 중간 변압기는 고정자 권선과 회전자 권선 사이에 직렬로 접속되는데 이 중간 변압기를 사용하는 중요한 이유는?
① 경부하 시 속도의 급상승 방지를 위하여
② 주파수 변동으로 속도를 조정하기 위하여
③ 회전자 상수를 감소하기 위하여
④ 역회전을 방지하기 위하여

Explanation

3상 직권 정류자 전동기에서 중간 변압기를 사용하는 목적
- 전원 전압의 크기에 관계없이 정류자 전압 조정
- 중간 변압기의 권수비를 조정하여 전동기 특성을 조정
- 경부하 시 직권 특성 $T \propto I^2 \propto \dfrac{1}{N^2}$ 이므로 속도가 크게 상승할 수 있어 중간 변압기를 사용하여 속도 상승을 억제
- 실효 권수비 조정

【답】①

52 변압기의 부하가 증가할 때의 현상으로서 틀린 것은?
① 동손이 증가한다.
② 온도가 상승한다.
③ 철손이 증가한다.
④ 여자전류는 변함없다.

Explanation

변압기의 손실
- 부하손 : 동손
- 무부하손 : 철손(히스테리시스손 + 와류손)
부하가 증가하면 동손은 증가하지만 철손은 무부하손이므로 변함없다.

【답】③

53 단락사고에 대한 전동기의 과전류 보호기기가 아닌 것은?
① OCR
② MC
③ PF
④ MCCB

Explanation

전동기의 과전류 보호기기
- PF : 전력퓨즈
- OCR : 과전류 계전기
- MCCB(NFB) : 배선용 차단기
여기서, MC(Magnetic Contact)는 전자개폐기

【답】②

54 어떤 공장에 뒤진 역률 0.8인 부하가 있다. 이 선로에 동기조상기를 병렬로 결선해서 선로의 역률을 0.95로 개선하였다. 개선 후 전력의 변화에 대한 설명으로 틀린 것은?
① 피상전력과 유효전력은 감소한다.
② 피상전력과 무효전력은 감소한다.
③ 피상전력은 감소하고 유효전력은 변화가 없다.
④ 무효전력은 감소하고 유효전력은 변화가 없다.

Explanation

부하변화가 없는 경우(유효전력이 일정)
- 피상전력 감소
- 무효전력 감소
- 유효전력 변화 없음

【답】①

55 직류전동기 중에서 부하의 변화에 따른 속도 변화가 가장 많은 전동기는?
① 가동 복권전동기
② 타여자전동기
③ 직권전동기
④ 분권전동기

Explanation

부하의 변화에 대하여 속도 변동이 큰 순서
직권 > 가동복권 > 분권 > 차동복권

【답】③

56 GTO의 특징으로 틀린 것은?
① 양(Positive)의 게이트 전류펄스로 턴 온 한다.
② 전압 전류 특성은 SCR과 유사하다.
③ 음(Negative)의 게이트 전류펄스로 턴 오프 한다.
④ 전류회로가 반드시 필요하다.

Explanation

GTO(Gate Turn-off Thyristor)
GTO(Gate Turn-off Thyristor)는 역저지 3극 사이리스터로서 게이트에 흐르는 전류를 저호할 때의 전류와 반대 방향의 전류를 흐르게 함으로서 소호가 가능하므로 자기소호 기능이 있는 사이리스터이다.

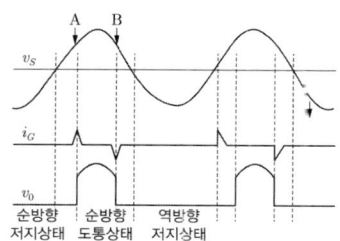

【답】 ④

57 직류 분권발전기의 브러시를 중성축에서 회전 방향 쪽으로 이동하면 전압은?
① 상승한다.
② 급격히 상승한다.
③ 변화하지 않는다.
④ 감소한다.

Explanation

직류 분권발전기
브러시를 중성축에서 회전 방향으로 이동하면 전압은 단락전류가 흘러서 기전력의 일부가 상쇄되어 감소한다.

【답】 ④

58 8극, 50[kW], 3,300[V], 60[Hz]인 3상 권선형 유도전동기의 전부하 슬립이 4[%]라고 한다. 이 전동기의 슬립링 사이에 0.16[Ω]의 저항 3개를 Y로 삽입하면 전부하 토크를 발생할 때의 회전수[rpm]는?(단, 2차 각상의 저항은 0.04[Ω]이고, Y접속이다.)
① 660
② 720
③ 750
④ 880

Explanation

비례추이의 원리 : 권선형 유도전동기

고정자 속도 $N_s = \dfrac{120f}{p} = \dfrac{120 \times 60}{8} = 900$[rpm]

$\dfrac{r_2}{s} = \dfrac{r_2 + R}{s'}$ 에서 $\dfrac{0.04}{0.04} = \dfrac{0.04 + 0.16}{s'}$ 이므로 $s' = 0.2$

회전속도 $N = (1-s)N_s = (1-0.2) \times 900 = 720$[rpm]

【답】 ②

59 단상변압기 2대를 사용하여 3,150[V]의 평형 3상에서 210[V]의 평형 2상으로 변환하는 경우에 각 변압기의 1차 전압과 2차 전압은 얼마인가?
① 주좌 변압기 : 1차 3,150[V], 2차 210[V]
   T좌 변압기 : 1차 3,150[V], 2차 210[V]
② 주좌 변압기 : 1차 3,150[V], 2차 210[V]
   T좌 변압기 : 1차 $3,150 \times \dfrac{\sqrt{3}}{2}$[V], 2차 210[V]

③ 주좌 변압기 : 1차 $3,150 \times \frac{\sqrt{3}}{2}$[V], 2차 210[V]

　 T좌 변압기 : 1차 $3,150 \times \frac{\sqrt{3}}{2}$[V], 2차 210[V]

④ 주좌 변압기 : 1차 $3,150 \times \frac{\sqrt{3}}{2}$[V], 2차 210[V]

　 T좌 변압기 : 1차 3,150[V], 2차 210[V]

Explanation

스코트 결선(T결선)

T좌 변압기의 권선비 : $a_T = \frac{\sqrt{3}}{2}a$

- 주좌 변압기 : 1차 3,150[V], 2차 210[V]
- T좌 변압기 : 1차 $3,150 \times \frac{\sqrt{3}}{2}$[V], 2차 210[V]

【답】②

60 동기전동기의 위상특성곡선(V곡선)에 대한 설명으로 옳은 것은?
① 출력을 일정하게 유지할 때 부하전류와 전기자전류의 관계를 나타낸 곡선
② 역률을 일정하게 유지할 때 계자전류와 전기자전류의 관계를 나타낸 곡선
③ 계자전류를 일정하게 유지할 때 전기자전류와 출력사이의 관계를 나타낸 곡선
④ 공급전압 V와 부하가 일정할 때 계자전류의 변화에 대한 전기자전류의 변화를 나타낸 곡선

Explanation

동기 전동기의 위상 특성 곡선(V곡선)
- I_a와 I_f 관계곡선 (P는 일정)
- **계자전류의 변화에 대한 전기자 전류의 변화를 나타낸 곡선**
- 과여자 : 앞선 역률(진상)
- 부족여자 : 늦은 역률(지상)

역률 $\cos\theta = 1$ 일 때, 전기자 전류 최소

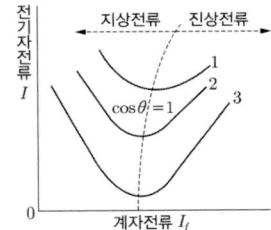

【답】④

4과목　회로이론

61 △ 결선된 3상 저항부하를 Y결선으로 바꾸면 소비 전력은 어떻게 되겠는가? 단, 선간 전압은 일정하고, $P_\triangle$는 △ 결선 시 소비전력, P_Y는 Y결선 시 소비전력이다.

① $P_Y = \frac{1}{3}P_\triangle$
② $P_Y = 3P_\triangle$
③ $P_Y = \sqrt{3}P_\triangle$
④ $P_Y = \frac{1}{\sqrt{3}}P_\triangle$

Explanation

3상 소비전력 $P = 3I_p^2 R$에서

- △결선 시 $P_\triangle = 3I_p^2 R = 3\left(\dfrac{V_p}{Z}\right)^2 R = 3\left(\dfrac{V}{R}\right)^2 R = \dfrac{3V^2}{R}$

- Y 결선 시 $P_Y = 3I_p^2 R = 3\left(\dfrac{V_p}{Z}\right)^2 = 3\left[\dfrac{\frac{V}{\sqrt{3}}}{R}\right]^2 R = 3 \cdot \dfrac{V^2}{3R^2}R = \dfrac{V^2}{R}$ 따라서 $\dfrac{P_Y}{P_\triangle} = \dfrac{\frac{V^2}{R}}{\frac{3V^2}{R}} = \dfrac{1}{3}$

【답】①

62
전류 $i = 5 + 10\sqrt{2}\sin 100t + 5\sqrt{2}\sin 200t$ 가 1[H]의 인덕터에 흐르고 있을 때 인덕터에 축적되는 에너지는 몇 [J]인가?

① 200
② 100
③ 75
④ 150

Explanation

비정현파 전류의 실효값 $I = \sqrt{5^2 + 10^2 + 5^2} = \sqrt{150}$ [A]

인덕터에서의 에너지 $W = \dfrac{1}{2}LI^2 = \dfrac{1}{2}\times 1\times(\sqrt{150})^2 = 75$[J]

【답】③

63
다음 중 라플라스 변환식 중 옳지 않은 것은?

① $\mathcal{L}[\delta(t-T)] = e^{-Ts}$
② $\mathcal{L}[u(t-T)] = \dfrac{1}{s}e^{-Ts}$
③ $\mathcal{L}[t^n] = \dfrac{n!}{s}$
④ $\mathcal{L}[e^{-at}] = \dfrac{1}{s+a}$

Explanation

$\mathcal{L}[t^n] = \dfrac{n!}{s^{n+1}}$

【답】③

64
$R-L-C$ 직렬 회로에서 진동 조건은 어느 것인가?

① $R < 2\sqrt{\dfrac{L}{C}}$
② $R < 2\sqrt{\dfrac{C}{L}}$
③ $R < 2\sqrt{LC}$
④ $R < \dfrac{1}{2\sqrt{LC}}$

Explanation

$R-L-C$ 직렬회로에서 직류전압 인가

- 비진동 조건 $R^2 > \dfrac{4L}{C}$, $R > 2\sqrt{\dfrac{L}{C}}$
- 임계적 조건 $R^2 = \dfrac{4L}{C}$, $R = 2\sqrt{\dfrac{L}{C}}$
- 진동적 조건 $R^2 < \dfrac{4L}{C}$, $R < 2\sqrt{\dfrac{L}{C}}$

【답】①

65
분포정수회로에서 직렬임피던스를 Z, 병렬어드미턴스를 Y라 할 때, 선로의 특성임피던스 Z_0는?

① ZY
② $\sqrt{ZY}$
③ $\sqrt{\dfrac{Y}{Z}}$
④ $\sqrt{\dfrac{Z}{Y}}$

> **Explanation**

특성임피던스 $Z_0 = \sqrt{\dfrac{Z}{Y}} = \sqrt{\dfrac{R+j\omega L}{G+j\omega C}}$

【답】④

66 공진주파수가 $\omega_r = 1,000[\text{rad/sec}]$, 저항 $R = 6[\Omega]$, $L = 15[\text{mH}]$, $R-L-C$ 직렬공진회로에서 전압확대율(Q)은?

① 2.5
② 3.3
③ 4.4
④ 6.5

> **Explanation**

직렬 공진회로

양호도(전압확대율) $Q = \dfrac{V_R}{V} = \dfrac{\omega L}{R} = \dfrac{1,000 \times 15 \times 10^{-3}}{6} = 2.5$

【답】①

67 3상 Y결선의 전원에서 각 상전압의 크기가 220[V]일 때 선간전압의 크기는 약 몇 [V]인가?

① 127
② 220
③ 311
④ 381

> **Explanation**

Y결선 $V_l = \sqrt{3}\,V_p$, $I_l = I_p$ 에서
선간전압 $V_l = \sqrt{3}\,V_p = \sqrt{3} \times 220 = 381[\text{V}]$

【답】④

68 그림과 같은 회로에서 스위치 S를 t=0에서 닫았을 때 $v_{L(t)}|_{t=0} = 100[\text{V}]$, $\dfrac{di(t)}{dt}|_{t=0} = 400$ [A/s]이다. $L[\text{H}]$의 값은?

① 0.75
② 0.5
③ 0.25
④ 0.1

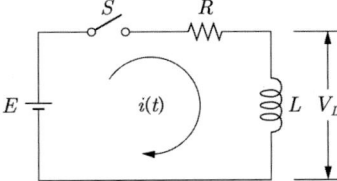

> **Explanation**

인덕터의 단자전압 $V_L = L\dfrac{di}{dt}$ 에서 $100 = L \times 400$

인덕턴스 $L = \dfrac{100}{400} = 0.25[\text{H}]$

【답】③

69 $\mathcal{L}^{-1}\left[\dfrac{\omega}{s(s^2+\omega^2)}\right]$ 은?

① $\dfrac{1}{\omega}(1-\sin\omega t)$
② $\dfrac{1}{\omega}(1-\cos\omega t)$
③ $\dfrac{1}{2\omega}(1-\sin\omega t)$
④ $\dfrac{1}{2\omega}(1-\cos\omega t)$

> **Explanation**

$$F(s)=\frac{\omega}{s(s^2+\omega^2)}=\frac{1}{\omega}\left(\frac{1}{s}-\frac{s}{s^2+\omega^2}\right)$$에서
라플라스 역변환하면
$$f(t)=\frac{1}{\omega}(1-\cos\omega t)$$

【답】②

70 저항만으로 구성된 그림의 회로에 평형 3상 전압을 가했을 때 각 선에 흐르는 선전류가 모두 같게 되기 위한 $R[\Omega]$의 값은?

① 2
② 4
③ 6
④ 8

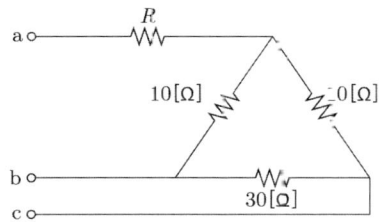

Explanation

상전압을 가하여 각 선전류를 같게 하려면 Y결선하여야 하며
△결선의 저항을 Y결선 저항으로 변환하면

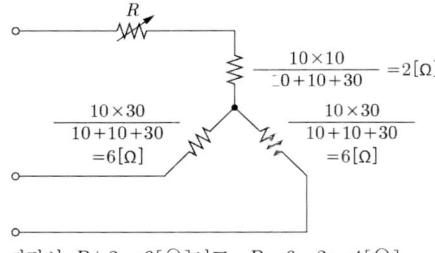

따라서 $R+2=6[\Omega]$이고, $R=6-2=4[\Omega]$

【답】②

71 그림과 같은 회로의 전달함수는? 단, 초기조건은 0이다.

① $\dfrac{R_2+C_s}{R_1+R_2+C_s}$

② $\dfrac{R_1+R_2+C_s}{R_1+C_s}$

③ $\dfrac{R_2C_s+1}{R_2C_s+R_1C_s+1}$

④ $\dfrac{R_1C_s+R_2C_s+1}{R_2C_s+1}$

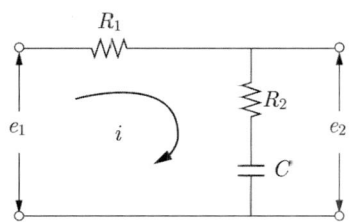

Explanation

전압비 전달함수는 임피던스비로 구하며

전달함수 $G(s)=\dfrac{V_o(s)}{V_i(s)}=\dfrac{R_2+\dfrac{1}{Cs}}{R_1+R_2+\dfrac{1}{Cs}}=\dfrac{R_2Cs+1}{(R_1+R_2)Cs+1}$

여기서, $T_1=R_2C$, $T_2=(R_1+R_2)C$이므로

따라서 전달함수 $G(s)=\dfrac{R_2Cs+1}{(R_1+R_2)Cs+1}$

【답】③

72 인덕턴스가 L인 유도기에 $i = \sqrt{2}\,I\sin\omega t$ [A]의 전류가 흐를 때 유도기에 축적되는 에너지[J]는?

① $\dfrac{1}{2}LI^2\sin^2\omega t$ ② $\dfrac{1}{2}LI^2(1-\cos 2\omega t)$

③ $\dfrac{1}{2}LI^2\cos 2\omega t$ ④ $\dfrac{1}{2}LI^2\sin 2\omega t$

> **Explanation**
> 순시에너지 $W = \dfrac{1}{2}Li^2 = \dfrac{1}{2}L(\sqrt{2}\,I\sin\omega t)^2 = \dfrac{1}{2}L(2I^2\sin^2\omega t) = LI^2\dfrac{1-\cos 2\omega t}{2}$
> $= \dfrac{1}{2}LI^2(1-\cos 2\omega t)$ [J]
>
> 【답】②

73 회로에서 10[Ω]의 저항에 흐르는 전류[A]은?

① 8 ② 10
③ 15 ④ 20

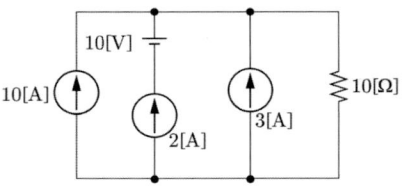

> **Explanation**
> 중첩의 원리에 의해
> • 전압원과 전류원이 단독 직렬 : 전압원 단락
> • 전압원과 전류원이 단독 병렬 : 전류원 개방
> 따라서 10[Ω]의 저항에 흐르는 전류 $I_R = 10+2+3 = 15$[A]
>
> 【답】③

74 $V = 50\sqrt{3} - j50$[V], $I = 15\sqrt{3} + j15$[A]일 때 유효전력 P[W]와 무효전력 Q[Var]는 각각 얼마인가?

① $P=3,000,\ Q=-1,500$ ② $P=1,500,\ Q=-1,500\sqrt{3}$
③ $P=750,\ Q=-750\sqrt{3}$ ④ $P=2,250,\ Q=-1,500\sqrt{3}$

> **Explanation**
> 복소전력 $P_a = VI^* = P \pm jP_r = (50\sqrt{3}-j50) \times (15\sqrt{3}-j15) = 1,500 - j1,500\sqrt{3}$ [VA]
> 유효전력 $P=1,500$[W], 무효전력 $P_r = -1,500\sqrt{3}$ [Var]
>
> 【답】②

75 저항 30[Ω], 용량성 리액턴스 40[Ω]의 병렬 회로에 120[V]의 정현파 교류전압을 가할 때 전체 전류는?

① 3[A] ② 4[A]
③ 5[A] ④ 6[A]

> **Explanation**
> $R-C$ 병렬 회로
> • 전체 전류 $I = I_R + jI_c$
> • 저항에 흐르는 전류 $I_R = \dfrac{V}{R} = \dfrac{120}{30} = 4$[A]
> • 커패시터에 흐르는 전류 $I_c = \dfrac{120}{-jX_c} = j\dfrac{120}{40} = j3$[A]
> • 전체 전류 $I = I_R + jI_c = 4 + j3$

따라서 전류의 크기 $|I| = \sqrt{4^2 + 3^2} = 5[A]$ 【답】③

76 왜형파 전압 $v = 100\sqrt{2}\sin\omega t + 40\sqrt{2}\sin 2\omega t + 30\sqrt{2}\sin 3\omega t$ 의 왜형률을 구하면?
① 1.0
② 0.8
③ 0.5
④ 0.3

Explanation

왜형률 = $\dfrac{\text{전 고조파의 실효값}}{\text{기본파의 실효값}} = \dfrac{\sqrt{V_2^2 + V_3^2 + V_4^2 + \cdots}}{V_1}$

$= \dfrac{\sqrt{V_3^2 + V_5^2}}{V_1} = \dfrac{\sqrt{40^2 + 30^2}}{100} = 0.5$ 【답】③

77 그림에서 단자 ab에 나타나는 전압 V_{ab}는 약 몇 [V]인가?
① 2[V]
② 4.3[V]
③ 5.6[V]
④ 8[V]

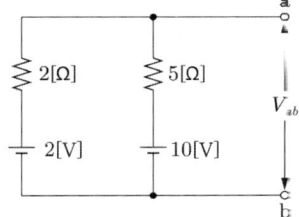

Explanation

밀만의 정리를 적용하면 $V_{ab} = \dfrac{\dfrac{V_1}{R_1} + \dfrac{V_2}{R_2}}{\dfrac{1}{R_1} + \dfrac{1}{R_2}} = \dfrac{\dfrac{2}{2} + \dfrac{10}{5}}{\dfrac{1}{2} + \dfrac{1}{5}} = \dfrac{30}{7} = 4.3[V]$ 【답】②

78 비접지 3상 Y부하의 각 선에 흐르는 비대칭 각 선전류를 I_a, I_b, I_c라 할 때 선전류의 영상분 I_0는?
① 1
② $I_a + I_b + I_c$
③ $\dfrac{1}{3}(I_a + aI_b + a^2 I_c)$
④ 0

Explanation

영상분은 접지식 회로에서만 발생한다.
비접지식에서는 영상분 $I_0 = \dfrac{1}{3}(I_a + I_b + I_c) = 0$ 【답】④

79 3상 불평형 전압에서 역상전압이 50[V], 정상전압이 200[V], 영상전압이 10[V]라고 할 때 전압의 불평형률[%]은?
① 1
② 5
③ 25
④ 50

Explanation

불평형률 = $\dfrac{\text{역상분}}{\text{정상분}} \times 100 = \dfrac{50}{200} \times 100 = 25[\%]$ 【답】③

80 30[Ω]의 저항과 40[Ω]의 유도성 리액턴스가 병렬로 연결되어 있다. 이 $R-L$ 병렬회로에 $v(t) = 220\sqrt{2}\sin 377t$[V]의 전압을 인가할 때 흐르는 순시값 전류는 약 몇 [A]인가?
① $12.96\sin(377t - 36.87°)$
② $9.17\sin(377t - 36.87°)$
③ $12.96 \angle -36.87°$
④ $10.37 + j7.78$

Explanation

병렬회로이므로

저항에 흐르는 전류 $I_R = \dfrac{V}{R} = \dfrac{220}{30} = 7.33$[A]

인덕터에 흐르는 전류 $I_L = \dfrac{V}{j\omega L} = \dfrac{220}{j40} = -j5.5$[A]

전체 전류 $I = I_R + I_L = 7.33 - j5.5 = \sqrt{7.33^2 + 5.5^2} \angle \tan^{-1}\dfrac{-5.5}{7.33} = 9.16 \angle -36.87°$

순시치로 나타내면 $i = 9.16 \times \sqrt{2}\sin(377t - 36.87°) = 12.96\sin(377t - 36.87°)$

【답】①

5과목   전기설비기술기준

81 폭발성 또는 연소성의 가스가 침입할 우려가 있는 것에 시설하는 지중전선로의 지중함으로서 그 크기가 몇 [m³] 이상일 때 가스를 방산시키기 위한 장치를 시설하여야 하는가?
① 1.5
② 0.9
③ 1.0
④ 2.0

Explanation

(KEC 334.2조) 지중함의 시설
폭발성 또는 연소성의 가스가 침입할 우려가 있는 것에 시설하는 지중함으로서 그 크기가 1[m³] 이상인 것에는 통풍장치 기타 가스를 방산시키기 위한 적당한 장치를 시설할 것

【답】③

82 저압전선로를 다리의 윗면에 시설하는 경우 전선의 높이를 다리의 노면 상 몇 [m] 이상으로 하여 시설하는가?
① 6.5
② 3
③ 4
④ 5

Explanation

(KEC 335.6조) 교량에 시설하는 전선로
교량의 윗면에 시설하는 것 : 전선의 높이는 교량의 노면상 5[m] 이상

【답】④

83 옥내전로의 대지전압에 대한 내용이다. (   )안에 알맞은 숫자를 바르게 나열한 것은?

> 주택의 전로 인입구에는 감전보호용 누전차단기를 시설하여야 한다. 다만, 전로의 전원측에 정격용량이(㉠)[kVA] 이하인 절연변압기(1차 전압이 저압이고 2차 전압이 (㉡)[V] 이하인 것에 한한다)를 사람이 쉽게 접촉할 우려가 없도록 시설하고 또한 그 절연변압기의 부하측 전로를 접지하지 않는 경우에는 예외로 한다.

① ㉠ : 1, ㉡ : 500
② ㉠ : 1, ㉡ : 300
③ ㉠ : 3, ㉡ : 300
④ ㉠ : 3, ㉡ : 500

Explanation

(KEC 231.6조) 옥내전로의 대지 전압의 제한
주택의 전로 인입구에는 「전기용품 및 생활용품 안전관리법」에 적용을 받는 감전보호용 누전차단기를 시설하여야 한다. 다만, 전로의 전원측에 정격용량이 3[kVA] 이하인 절연변압기(1차 전압이 저압이고 2차 전압이 300[V] 이하인 것에 한한다)를 사람이 쉽게 접촉할 우려가 없도록 시설하고 또한 그 절연변압기의 부하측 전로를 접지하지 않는 경우에는 예외로 한다.

【답】③

84. 고압 및 특별 고압용 개폐기의 시설기준이 틀린 것은?
① 전로 및 접지측 전선에는 과전류 차단기를 시설하여야 한다.
② 중력 등에 의하여 자연히 작동할 우려가 있는 것은 자물쇠 장치 기타 이를 방지하는 장치를 시설하여야 한다.
③ 부하전류를 차단하기 위한 것이 아닌 개폐기는 부하전류가 통하고 있을 경우에는 회로가 열리지 않도록 시설하여야 한다.
④ 그 작동에 따라 그 기계 상태를 표시하는 장치가 되어 있는 것이어야 한다.

Explanation

(KEC 341.9조) 고압 및 특고압개폐기의 시설
전로 중에 개폐기를 시설하는 경우에는 그곳의 각 극에 설치하여야 한다. 다만, 다음의 경우에는 그러하지 아니하다.
① 특고압 가공전선로로서 다중 접지를 한 중성선을 가지는 것의 그 중성선 이외의 각 극에 개폐기를 시설하는 경우
② 제어회로 등에 조작용 개폐기를 시설하는 경우
③ 고압용 또는 특고압용의 개폐기는 그 작동에 따라 그 개폐 상태를 표시하는 장치가 되어 있는 것이어야 한다.
④ 고압용 또는 특고압용의 개폐기로서 중력 등에 의하여 자연히 작동할 우려가 있는 것은 자물쇠 장치 기타 이를 방지하는 장치를 시설하여야 한다.
⑤ 고압용 또는 특고압용의 개폐기로서 부하전류를 차단하기 위한 것이 아닌 개폐기는 부하전류가 통하고 있을 경우에는 개로(開路)할 수 없도록 시설하여야 한다. 다만, 개폐기를 조작하는 곳의 보기 쉬운 위치에 부하전류의 유무를 표시한 장치 또는 전화기 기타의 지령 장치를 시설하거나 터블렛 등을 사용함으로서 부하전류가 통하고 있을 때에 개로 조작을 방지하기 위한 조치를 하는 경우는 그러하지 아니하다.
⑥ 전로에 이상이 생겼을 때 자동적으로 전로를 개폐하는 장치를 시설하는 경우에는 그 개폐기의 자동 개폐 기능에 장해가 생기지 않도록 시설하여야 한다.

【답】①

85. 22.9[kV] 특고압 가공전선과 조영물 이외의 시설물이 접근하는 경우의 이격거리는 몇 [m]인가? (단, 전선은 케이블이다)
① 1.2
② 2
③ 0.5
④ 1

Explanation

(KEC 333.28조) 특고압 가공전선과 다른 시설물의 접근 또는 교차

다른 시설물의 구분	접근 형태	간격
조영물의 상부조영재 이외의 부분 또는 조영물 이외의 시설물		1[m] (전선이 케이블인 경우 0.5[m])

【답】③

86. 중성선 다중접지방식의 것으로 전로에 지락이 생긴 경우 2초 이내 자동적으로 이를 전로로부터 차단하는 장치를 가지는 22.9[kV] 특고압 가공전선로에서 각 접지도체를 중성선으로부터 분리하였을 경우 1[km]마다의 중성선과 대지 사이의 합성 전기 저항 값은 몇 [Ω] 이하가 되어야 하는가?
① 10
② 15
③ 20
④ 30

Explanation

(KEC 333.32조) 25[kV] 이하인 특고압 가공 전선로의 시설
각 접지도체를 중성선으로부터 분리 하였을 경우의 각 접지점의 대지 전기 저항치가 1[km]마다의 중성선과 대지 사이의 합성

전기 저항치

사용전압	각 접지점의 대지 전기저항치	1[km] 마다의 합성 전기저항치
15[kV] 이하	300[Ω]	30[Ω]
15[kV] 초과 25[kV] 이하	300[Ω]	15[Ω]

【답】②

87 태양광발전이나 풍력발전 등이 현재 조건에서 가능한 최대의 전력을 생산할 수 있도록 인버터 제어를 이용하여 해당 발전원의 전압이나 회전속도를 조정하는 최대출력추종기능을 말하는 것은?
① MPPT
② BIPM
③ PV
④ PCS

Explanation

(KEC 502조) 분산형 전원설비 용어의 정의
MPPT : 태양광발전이나 풍력발전 등이 현재 조건에서 가능한 최대의 전력을 생산할 수 있도록 인버터 제어를 이용하여 해당 발전원의 전압이나 회전속도를 조정하는 최대출력추종(MPPT, Maximum Power Point Tracking) 기능   【답】①

88 수소냉각식 발전기의 내부 또는 무효전력 보상장치의 내부의 수소의 순도가 몇 [%] 이하로 저하한 경우에 경보하는 장치를 시설해야 하는가?
① 85
② 75
③ 98
④ 95

Explanation

(KEC 351.10조) 수소냉각식 발전기 등의 시설
발전기안 또는 무효전력 보상장치 안의 수소의 순도가 85[%] 이하로 저하한 경우에 이를 경보하는 장치 시설   【답】①

89 저압 옥측전선로의 공사에서 목조 조영물에 시설이 가능한 공사는?
① 금속관 공사
② 버스덕트 공사
③ 합성수지관 공사
④ 연피케이블 공사

Explanation

(KEC 221.2조) 옥측전선로
① 애자공사(전개된 장소에 한한다)
② **합성수지관 공사**
③ 금속관 공사(목조 이외의 조영물에 시설하는 경우에 한한다.)
④ 버스덕트 공사[목조 이외의 조영물(점검할 수 없는 은폐된 장소를 제외)에 시설하는 경우에 한한다]
⑤ 케이블 공사(연피 케이블·알루미늄 피 케이블 또는 미네럴인슈레이션 케이블을 사용하는 경우에는 목조 이외의 조영물에 시설하는 경우에 한한다)   【답】③

90 저압전로에 사용하는 산업용 배선차단기의 정격전류가 63[A] 이하인 경우, 과전류 트립 동작전류는 정격전류의 몇 배로 하여야 하는가?
① 1.25
② 1.3
③ 1.45
④ 1.6

Explanation

(KEC 212.3.4조) 보호장치의 특성
과전류 과전류차단기로 저압전로에 사용하는 산업용 배선차단기는 표에 적합한 것이어야 한다.

정격 전류의 구분	시간	정격전류의 배수(모든 극에 통전)	
		부동작 전류	동작 전류
63[A] 이하	60분	1.05배	1.3배
63[A] 초과	120분	1.05배	1.3배

【답】②

91 전력보안통신선 전원공급기의 시설에 대한 설명으로 틀린 것은?
① 시설방향은 인도측으로 시설할 것
② 외함은 접지를 시행할 것
③ 지상에서 3.5[m] 이상 유지할 것
④ 누전차단기를 내장할 것

Explanation

(KEC 362.9조) 전력보안통신선 전원공급기의 시설
① 전원공급기는 다음에 따라 시설하여야 한다.
– 지상에서 4[m] 이상 유지할 것
– 누전차단기를 내장할 것
– 시설방향은 인도측으로 시설하며 외함은 접지를 시행할 것
② 기기주, 변대주 및 분기주 등 설비 복잡개소에는 전원공급기를 시설할 수 없다. 다만, 현장 여건상 부득이한 경우에는 예외적으로 전원공급기를 시설할 수 있다.
③ 전원공급기 시설시 통신사업자는 기기 전면에 명판을 부착하여야 한다.

【답】③

92 애자공사에 의한 저압 옥내 배선 공사에서 전선 상호 간의 간격은 몇 [m] 이상이어야 하는가?
① 0.06
② 0.02
③ 0.04
④ 0.08

Explanation

(KEC 232.56조) 애자공사
애자공사에 의한 저압 옥내 배선시 전선 상호 간의 간격은 0.06[m] 이상일 것

【답】①

93 보호도체의 보호에 대한 설명으로 틀린 것은?
① 보호도체를 접속하는 나사는 다른 목적으로 겸용해서는 안 된다.
② 접속부는 납땜(soldering)하여 전기적 연속성을 유지한다.
③ 나사접속·클램프접속 등 보호도체 사이 또는 보호도체와 타 기기 사이의 접속은 전기적연속성 보장 및 충분한 기계적강도와 보호를 구비하여야 한다.
④ 기계적인 손상, 화학적·전기화학적 열화, 전기역학적·열역학적 힘에 대해 보호되어야 한다.

Explanation

(KEC 142.3.2조) 보호도체
① 기계적인 손상, 화학적·전기화학적 열화, 전기역학적·열역학적 힘에 대해 보호되어야 한다.
② 나사접속·클램프접속 등 보호도체 사이 또는 보호도체와 타 기기 사이의 접속은 전기적연속성 보장 및 충분한 기계적강도와 보호를 구비하여야 한다.
③ 보호도체를 접속하는 나사는 다른 목적으로 겸용해서는 안 된다.
④ 접속부는 납땜(soldering)으로 접속해서는 안 된다.

【답】②

94 고압 보안공사에 있어서 지지물이 B종인 철근콘크리트주를 사용하면 그 경간은 몇 [m] 이하인가?
① 100
② 150
③ 200
④ 125

Explanation

(KEC 332.10조) 고압 보안공사

지지물 종류	표준 경간	저·고압 보안공사
목주, A종	150	100
B종	250	**150**
철탑	600	400

【답】②

95. 특고압 가공전선이 건조물과 1차 접근상태로 시설되는 경우, 특고압 가공전선로의 보안 공사방법은?
① 제2종 특고압 보안공사
② 특별 제3종 특고압 보안공사
③ 제1종 특고압 보안공사
④ 제3종 특고압 보안공사

Explanation

(KEC 333.23조) 특고압 가공전선과 건조물의 접근
특고압 가공전선이 건조물과 제1차 접근상태로 시설되는 경우 특고압 가공전선로 : **제3종 특고압 보안공사**

【답】④

96. 접지시스템에서 선도체와 보호도체의 재질이 모두 구리이고 선도체의 단면적(S)이 35[㎟]를 초과하는 경우 보호도체의 최소 단면적은 몇 [㎟]인가?
① S
② 4
③ 16
④ S/2

Explanation

(KEC 142.3.2조) 보호도체

선도체의 단면적 S [㎟]	대응하는 보호도체의 최소 단면적[㎟]	
	보호도체의 재질이 선도체와 같은 경우	보호도체의 재질이 선도체와 다른 경우
$S \leq 16$	S	$\dfrac{k_1}{k_2} \times S$
$16 < S \leq 35$	16	$\dfrac{k_1}{k_2} \times 16$
$S > 35$	$\dfrac{S}{2}$	$\dfrac{k_1}{k_2} \times \dfrac{S}{2}$

【답】④

97. 전차선의 가선방식 중 표준으로 사용하는 방식이 아닌 것은?
① 가공방식
② 강체방식
③ 제3레일방식
④ 급전방식

Explanation

(KEC 402조) 전기철도의 용어 정의
전기철도차량에 전력을 공급하는 전차선의 가선방식은 **가공식, 강체식, 제3레일식**으로 분류한다.

【답】④

98. 고압 가공전선로의 가공지선에 사용하는 나경동선은 지름 몇 [mm] 이상의 것을 사용하여야 하는가?
① 5.0
② 2.0
③ 3.0
④ 4.0

Explanation

(KEC 332.6조) 고압 가공전선로의 가공지선
고압 가공전선로에 사용하는 가공지선은 인장강도 5.26[kN] 이상의 것 또는 지름 4[mm] 이상의 나경동선 사용

【답】④

99 저압 가공전선으로 사용할 수 없는 것은?
① 케이블
② 절연전선
③ 다심형 전선
④ 나동복 전선

Explanation

(KEC 222.5조) 저압 가공전선의 굵기 및 종류
저압 가공전선은 나전선(중성선 또는 다중접지된 접지측 전선으로 사용하는 전선에 한한다), 절연전선, 다심형 전선 또는 케이블을 사용하여야 한다. 【답】④

100 주택의 시설하는 전기저장장치는 이차전지에서 전력변환장치에 이르는 옥내 직류전로에 지락이 생겼을 때 자동적으로 전로를 차단하는 장치를 시설할 경우 옥내전로의 대지전압은 직류 몇 [V]까지 적용할 수 있는가?
① 110
② 300
③ 600
④ 1,000

Explanation

(KEC 511.3조) 전기저장장치 옥내전로의 대지전압 제한
주택의 전기저장장치의 축전지에 접속하는 부하 측 옥내배선을 다음에 따라 시설하는 경우에 주택의 옥내전로의 대지전압은 직류 600[V]까지 적용할 수 있다. 【답】③

MEMO

2024 과년도 CBT 복원문제

전기공사산업기사 필기

- 2024년 제01회
- 2024년 제02회
- 2024년 제03회

1회 2024년 전기공사산업기사 필기

1과목 전기응용

01 자동 제어의 추치 제어에 속하지 않는 것은?
① 추종 제어
② 프로세스 제어
③ 프로그램 제어
④ 비율 제어

Explanation

추치 제어 : 시간에 따라 값이 변화하는 제어
- 추종 제어 : 목표값이 임의의 시간적 변화 (대공포, 레이더)
- 프로그램제어(시퀀스 제어) : 미리 정해진 신호에 따라 동작(무인제어 - 무인열차, 무인엘리베이터, 무인자판기)
- 비율 제어 : 시간에 비례하여 변화(배터리, 공기량)

【답】②

02 투과율 30[%], 흡수율 10[%]의 완전 확산성의 종이를 200[lx]의 조도로 비쳤을 때 종이의 휘도 [cd/m²]를 구하면?
① 12.7
② 19.1
③ 38.2
④ 6.37

Explanation

완전확산면 $R = \pi B = \rho E = \tau E$

휘도 $B = \dfrac{\tau E}{\pi} = \dfrac{0.3 \times 200}{3.14} = 19.1 [cd/m^2]$

【답】②

03 전기로에 사용되는 전극이 구비해야 할 조건으로 옳지 않은 것은?
① 고온에 강할 것
② 고온에서도 기계적 강도가 클 것
③ 도전율이 작을 것
④ 열의 전도율이 작을 것

Explanation

전극의 구비 조건
- 전기의 전도율이 클 것
- 열의 전도율이 적을 것
- 고온에 견디고 고온에서의 기계적 강도가 클 것
- 피열물과 화학 작용을 일으키지 않을 것

【답】③

04 정전압 기준회로의 기본소자로 많이 사용되는 다이오드는?
① 제너 다이오드
② 터널 다이오드
③ 포토 다이오드
④ 쇼트키 다이오드

Explanation

제너 다이오드 : 정전압용 소자

【답】①

05 저압 나트륨등의 특성에 관한 설명으로 옳지 않은 것은?
① 포화증기압은 4×10^{-3}[mmHg]이다.
② 광원의 광색이 단일식광이다.
③ 요철 식별이 우수하고 연색성이 좋다.
④ 간선도로, 터널 등의 도로조명에 주로 사용된다.

> **Explanation**

나트륨등
- 투시력이 좋다. (안개 낀 지역, 터널 등에서 사용)
- 단색 광원(순황색)으로 옥내 조명에 부적당
- 효율이 우수(80~150[lm/W])
- 연색성이 좋지 않다.

【답】③

06 점광원으로부터 원뿔의 밑면까지의 거리가 4[m]이고, 밑면의 반경이 3[m]인 원형면의 평균 조도가 100[lx]라면, 이 점광원의 평균 광도[cd]는?
① 225　　② 250
③ 2,250　　④ 2,500

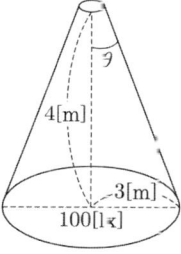

> **Explanation**

광도 : 발산 광속의 입체각 밀도[lm/sr][cd]

$$I = \frac{F}{\omega} = \frac{E \cdot S}{2\pi(1-\cos\theta)}[\text{cd}] = \frac{100 \times \pi \times 3^2}{2\pi\left(1-\frac{4}{5}\right)} = 2,250[\text{cd}]$$

【답】③

07 전기철도에서 전기 부식을 방지하는 방법으로 옳지 않은 것은?
① 지중 매설관의 접속부와 레일사이의 이격거리를 작게 한다.
② 레일본드를 설치하여 귀선저항을 감소시킨다.
③ 배류법을 사용한다.
④ 변전소 간격을 축소한다.

> **Explanation**

레일의 전기 부식
레일의 접속부분의 저항이 높으면 레일에 흐르는 전류의 일부가 대지로 누설하여 부근의 수도관, 가스관, 전력케이블 등의 지중 금속 매설물을 통해 흐르기 때문에 전해 작용이 일어나는 부식
전기 부식 방지법
- 레일 본드 시설
- 변전소 간격을 좁힌다.
- 귀선을 부극성으로 한다.
- 지중 매설관의 접속부와 레일사이의 이격거리를 크게

【답】①

08 고압아크로의 종류가 아닌 것은?
① 로킹로　　② 선헬로
③ 포오링로　　④ 브라케란드 아이데로

> **Explanation**

아크로 : 전극 사이에 발생하는 고온의 아크열을 이용하는 아크가열에 사용되는 노
- 고압 아크로 : 초산(질산), 초산석회 제조에 사용.
  센헬로, 포오링로, 비라케란드 아이데로

【답】②

09 평균구면광도 100[cd]의 전구 5개를 지름 10[m]인 원형의 방에 점등할 때 조명률 0.5, 감광 보상률 1.5라 하면, 방의 평균 조도[lx]는?
① 35.3
② 26.7
③ 48.5
④ 59.6

> **Explanation**

$FUN = ESD$에서 (여기서, 구광원 $F = 4\pi I = 4\pi \times 100 = 400\pi$ [lm])

조도 $E = \dfrac{FUN}{SD} = \dfrac{400\pi \times 0.5 \times 5}{\pi \times 5^2 \times 1.5} = 26.7$ [lx]

【답】②

10 화학전지에서 두 개의 전극 중 이온화 경향이 큰 전극은 어떤 화학적 반응을 나타내는가?
① 전자를 받아들이려는 경향이 발생한다.
② 산화반응이 크다.
③ 환원반응이 크다.
④ 이온화경향과 무관하다.

> **Explanation**

- 이온화(수소보다 반응성이 큰 원소들은 산성과 반응해 수소 기체를 발생) 경향
- 이온화 경향이 가장 큰 물질
  칼륨 〉 칼슘 〉 나트륨 〉 마그네슘 〉 알루미늄 〉 아연 〉 철 〉 니켈 〉 주석 〉 납

【답】②

11 자동 제어에서 검출 장치로 소형 직류발전기를 사용하였다. 다음 중 무엇을 검출하기 위함인가?
① 속도
② 온도
③ 위치
④ 유량

> **Explanation**

속도검출기 : 회전 발전기, 주파수 검출법, Speeder 등

【답】①

12 용접 방법 중 플라즈마 제트에 대한 설명으로 틀린 것은?
① 에너지 밀도가 커서 안정도가 높고 보유 열량이 크다.
② 용접 속도가 빠르다.
③ 비이드(bead)폭이 좁고 용압이 깊다.
④ 균일 용접이 불가능하다.

> **Explanation**

플라즈마 제트(Plasma jet) 용접의 특징
- 용접 속도가 빠르다.
- 비이드(bead)폭이 좁고 용압이 깊다.
- 에너지 밀도가 커서 안정도가 높고 보유 열량이 크다.
- 용접 속도가 빠르고 균일한 용접이 된다.

【답】④

13 흡상 변압기의 설치 목적은?
① 낙뢰방지
② 전압강하의 방지
③ 통신선의 유도장해 경감
④ 수은등의 점등

> **Explanation**

통신 유도장해 방지법 : 흡상변압기(BT : Booster Transformer)

【답】③

14 형광등에 대한 설명으로 옳지 않은 것은?
① 형광등의 양 끝단이 검게 되는 현상을 흑화현상이라고 한다.
② 유리관내부에 수은과 아르곤 가스를 봉입한다.
③ 형광등은 고압 수은등의 일종이다.
④ 유리관 내부에는 형광 물질이 도포되어 있다.

> **Explanation**

형광등
• 수은 증기의 방전으로 발생하는 자외선을 형광물질에 의해 가시광선으로 바꾸어 발광(저압 수은등)
• 수은과 불활성 가스(아르곤 가스) 봉입
• 흑화현상 : 형광등의 양 끝단이 검게 되는 현상

【답】③

15 어떤 정류회로에서 부하양단의 평균전압이 2,000[V]이고 맥동률은 2[%]라 한다. 출력에 포함된 교류분 전압의 크기[V]는?
① 60
② 50
③ 40
④ 30

> **Explanation**

맥동률 $= \dfrac{\text{교류분}}{\text{직류분}} \times 100[\%]$ 에서
교류분 = 직류분 × 맥동률 $= 2,000 \times 0.02 = 40[V]$

【답】③

16 열전온도계에 사용되는 열전대의 조합은?
① 백금-철
② 아연-백금
③ 구리-콘스탄탄
④ 아연-콘스탄탄

> **Explanation**

열전대의 종류와 측정 범위

열전대	사용 범위[℃]
백금-백금 로듐	0 ~ 1,400
크로멜-알루멜	-200 ~ 1,000
철-콘스탄탄	-200 ~ 700
구리-콘스탄탄	-200 ~ 400

【답】③

17 10[Ω]의 저항에 10[A]를 10분간 흘렸을 때의 발열량은 몇 [kcal]인가?
① 125
② 130
③ 144
④ 165

> **Explanation**

$Q = 0.24\,VIt = 0.24 I^2 Rt = 0.24 \times 10^2 \times 10 \times 10 \times 60 \times 10^{-3} = 144[\text{kcal}]$

【답】③

18 10층 빌딩에 설치된 적재중량 1,200[kg]의 엘리베이터의 승강속도를 60[m/min]로 할 때 필요한 전동기의 출력은 약 몇 [kW]인가? (단, 평형추의 평형률은 0.6, 효율은 0.9이다)
① 6 ② 15
③ 8 ④ 10

Explanation

권상기용 전동기 출력 $P = \dfrac{WV}{6.12\eta} \times C$[kW]   여기서, W : 권상 하중[ton], V : 권상 속도[m/min], C : 평형률

$\therefore P = \dfrac{WV}{6.12\eta} \times C = \dfrac{1.2 \times 60}{6.12 \times 0.9} \times 0.6 \fallingdotseq 8$[kW] 【답】③

19 3상 농형 유도전동기의 기동법으로 맞지 않는 것은?
① $Y-\triangle$ 기동법 ② 2차 저항기동법
③ 전전압 기동법 ④ 기동보상기법

Explanation

3상 유도전동기 기동법

농형 유도전동기	• 전전압 기동(직입기동) : 5[HP] 이하(3.7[kW]) • $Y-\triangle$ 기동(5~15[kW]) 급: 전류 1/3배, 전압 $1/\sqrt{3}$ 배 • 기동 보상기법 : 단권 변압기 사용 감전압기동 • 리액터 기동
권선형 유도전동기	• **2차 저항 기동법** ⇨ 비례 추이 이용

【답】②

20 납축전지에 대한 설명 중 틀린 것은?
① 주요 구성성분은 극판, 격리판, 전해액, 케이스로 이루어져 있다.
② 전해액은 비중이 1.2 ~ 1.3인 묽은 황산이다.
③ 양극은 이산화납을 극판에 입힌 것이고, 음극은 해면 모양의 납이다.
④ 공칭전압은 1.2[V]이다.

Explanation

	납축전지	알칼리 축전지
충전용량	10[Ah]	5[Ah]
공칭전압	2.0[V/cell]	1.2[V/cell]
장점	효율이 우수하며 단시간에 대전류 공급이 가능하다	수명이 길고, 운반진동에 강하며 급충·방전에 잘 견딘다.

【답】④

2과목 전력공학

21 송전선로의 중성점을 접지하는 목적으로 관계가 없는 것은?
① 과도안정도 증진 ② 고장전류감소 및 송전용량의 증가
③ 보호계전기의 신속, 확실한 동작 ④ 이상 전압 발생의 억제

Explanation

송전선의 중성점 접지 목적
- 1선 지락 시 전위 상승 억지 계통의 기계 기구의 절연 보호
- 지락 사고 시 보호 계전기 동작의 확실
- 과도안정도 증진
- 이상전압 발생 방지

【답】 ②

22 송전계통에서 안정도 증진과 관계없는 것은?
① 선로의 회선수를 감소시킨다.
② 속응여자방식을 채용한다.
③ 직렬리액턴스를 감소시킨다.
④ 고속도재폐로 방식을 채용한다

> Explanation

안정도 향상 대책
- 직렬 리액턴스(X)를 작게 한다.
  ① 발전기나 변압기의 리액턴스를 작게 한다.
  ② **선로의 병행 회선수를 늘리거나** 복도체 또는 다도체 방식을 사용한다.
  ③ 직렬 콘덴서를 삽입하여 선로의 리액턴스를 보상한다.
- 전압 변동을 작게 한다.
  ① 속응 여자 방식의 채용
  ② 계통 연계를 한다.
- 중간 조상 방식을 채용한다.
- 고장 전류를 줄이고 고장 구간을 신속하게 차단한다.
  ① 적당한 중성점 접지 방식을 채용하여 지락 전류를 줄인다.
  ② 고속도 계전기, 고속도 차단기를 채용한다.
  ③ 고속도 재폐로 방식을 채용한다.

【답】 ①

23 뒤진역률 80[%], 10[kVA]의 부하를 가지는 주상변압기의 2차측에 2[kVA]의 전력용 콘덴서를 접속하면 주상변압기에 걸리는 부하는 약 몇 [kVA]가 되겠는가?
① 8
② 8.5
③ 9
④ 9.5

> Explanation

부하의 유효전력 $P = P_a \cos\theta = 10 \times 0.8 = 8 [kVar]$
부하의 무효전력 $Q = P_a \sin\theta = 10 \times 0.6 = 6 [kVar]$
콘덴서 설치 후 무효 전력 $Q' = Q - Q_c = 6 - 2 = 4 [kVar]$
콘덴서 설치 후 피상전력 $P_a' = \sqrt{P^2 + Q'^2} = \sqrt{8^2 + 4^2} ≒ 8.94 [kVA]$

【답】 ③

24 그림과 같은 수전단 전력원선도가 있다. 부하직선을 참고하여 전압조정을 위한 조상설비가 없어도 정전압 운전이 가능한 부하전력은 대략 어느 정도일 때인가?
① 무부하일 때
② 50[kW]일 때
③ 100[kW]일 때
④ 150[kW]일 때

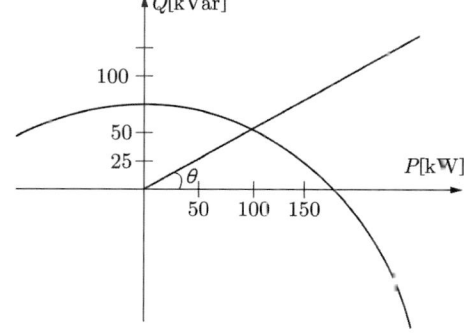

> **Explanation**

정전압 운전 : 원선도상에서의 운전
따라서 원선도 상에서 부하곡선과 만나는 100[kW]인 경우 조상설비가 필요하지 않게 된다.

【답】 ③

25 급수가 갖는 엔탈피가 130[kcal/kg], 터빈의 입구에서 증기가 갖는 엔탈피가 970[kcal/kg], 터빈 배기 엔탈피 550[kcal/kg]인 랭킨 사이클의 열사이클 효율은?
① 0.3
② 0.5
③ 0.4
④ 0.2

> **Explanation**

열사이클 효율 $\eta_c = \dfrac{H_e}{i_1 - i_f}$

여기서, H_e : 증기 1[kg]이 터빈에서 유효하게 일을 한 열량[kcal/kg]
i_1 : 터빈 입구의 증기 엔탈피[kcal/kg], i_f : 복수기의 엔탈피[kcal/kg]

$\therefore \eta = \dfrac{970 - 550}{970 - 130} = \dfrac{420}{840} = 0.5$

【답】 ②

26 3상 3선식 3각형 배치의 송전선로가 있다. 선로가 연가되어 각 선의 대지 정전용량이 0.003[μF]이고, 선간 정전용량이 0.009[μF]일 때 1선의 작용 정전용량은 약 몇 [μF]인가?
① 0.005
② 0.03
③ 0.018
④ 0.012

> **Explanation**

3상 3선식 작용 정전용량 : $C = C_s + 3C_m = 0.003 + 3 \times 0.009 = 0.03[\mu F]$

【답】 ②

27 3상 Y결선된 발전기가 무부하 상태로 운전 중 3상 단락고장이 발생하였을 때 나타나는 현상으로 틀린 것은?
① 영상분 전류는 흐르지 않는다.
② 역상분 전류는 흐르지 않는다.
③ 정상분 전류는 영상분 및 역상분 임피던스에 무관하고 정상분 임피던스에 반비례한다.
④ 3상 단락전류는 정상분 전류의 3배가 흐른다.

> **Explanation**

• 1선 지락 : $I_0 = I_1 = I_2$ $\therefore I_g = 3I_0 = \dfrac{3E_a}{Z_0 + Z_1 + Z_2}$

• 선간 단락 : $I_0 = 0, \ V_0 = 0 \quad I_1 = -I_2, \ V_1 = V_2$

• 3상 단락 : $I_1 = \dfrac{E_a}{Z_1}$

【답】 ④

28 100[kVA] 단상변압기 3대를 △ - △ 결선으로 사용하다가 1대의 고장으로 V-V결선으로 사용하면 약 몇 [kVA] 부하까지 사용할 수 있는가?
① 150
② 173
③ 225
④ 300

> **Explanation**

V결선 출력 $P_V = \sqrt{3} K = \sqrt{3} \times 100 = 173[kVA]$ 여기서, K는 변압기 1대 용량

【답】 ②

29 최대 수요전력이 60[kW], 75[kW], 80[kW], 105[kW]인 4개의 수용가가 있다. 4개의 수용가에 대한 합성최대수요전력이 250[kW]일 때 부등률은 약 얼마인가?
① 1.3
② 1.4
③ 1.5
④ 1.2

Explanation

$$부등률 = \frac{개개의 최대 수용 전력의 합}{합성 최대 수용 전력}$$
$$= \frac{60+75+80+105}{250} = 1.3$$

【답】 ①

30 정격 전압 25.8[kV], 정격 차단용량이 715[MVA]인 차단기가 있다. 이 차단기의 정격 차단 전류는 약 몇 [kA]인가?
① 16
② 12.5
③ 32
④ 25

Explanation

3상용 차단기의 정격 차단 용량 $P_s = \sqrt{3} \times 정격전압 \times 정격차단전류$

따라서 정격차단전류 $I_s = \frac{715 \times 10^3}{\sqrt{3} \times 25.8} \times 10^{-3} = 16[kA]$

【답】 ①

31 복도체를 사용한 가공송전방식을 같은 단면적의 단도체를 사용하는 경우와 비교했을 때 내 틀린 것은?
① 코로나개시전압이 높아지므로 코로나 손실을 줄일수 있다.
② 송전용량을 증대시킬 수 있다.
③ 인덕턴스는 증가하고 정전용량은 감소한다.
④ 안정도를 증대시킬 수 있다.

Explanation

복도체(다도체) 방식의 주목적 : 코로나 방지
• 인덕턴스는 감소, 정전용량은 증가
• 코로나의 방지, 코로나 임계 전압의 상승
• 송전용량의 증대, 안정도 증대

【답】 ③

32 전력용 퓨즈(Power Fuse)는 주로 어떤 전류의 차단을 목적으로 사용하는가?
① 충전전류
② 단락전류
③ 부하전류
④ 과도전류

Explanation

전력 퓨즈(PF : Power Fuse) : 단락전류 차단

【답】 ②

33 수전전압 22.9[kV] 3상 가공전선로에서 수전점의 정격차단전류가 3,000[A]라면 수전용 차단기의 정격 차단용량으로 옳은 것은?(단, 차단기의 정격차단용량[MVA]은 표와 같다)

차단기 정격차단용량[MVA]								
10	20	30	50	75	100	150	250	300

① 10
② 100
③ 250
④ 150

> **Explanation**

3상용 차단기의 정격용량 $P_s = \sqrt{3} \times$ 정격전압 $\times$ 정격차단전류 [MVA] $= \sqrt{3} \times 25.8 \times 3{,}000 \times 10^{-3} = 134.06$ [MVA]
따라서 차단기 용량은 계산 값보다 큰 것을 선정하므로 150[MVA]가 된다.
여기서, 22.9[kV]의 차단기 정격전압은 25.8[kV]

【답】④

34 변전소의 조상설비에 대한 설명으로 틀린 것은?
① 조상설비에는 동기조상기, 비동기조상기, 분로리액터, 전력용 커패시터 등이 있다.
② 전력용 커패시터는 진상전류만을 단계적으로 공급하는 특징을 가지고 있다.
③ 조상기에는 회전형과 정지형 설비가 있다.
④ 동기조상기는 여자전류를 조정함으로서 지상무효전력만을 연속적으로 공급한다.

> **Explanation**

조상설비 비교

	진상	지상	시충전(시송전)	조 정	전력손실	증설
전력용 콘덴서	○	×	×	단계적	적다	가능
분로 리액터	×	○	×	단계적	적다	가능
동기 조상기	○	○	○	연속적	크다	불가능

【답】④

35 배전 선로의 손실 경감과 관계 없는 것은?
① 대용량 변압기 채용
② 역률 개선
③ 배전 전압의 승압
④ 배전 선로의 전류밀도 평형

> **Explanation**

배전선로 전력 손실 경감대책
• 역률 개선(전력용 콘덴서의 설치)
• 승압
• 부하 불평형 방지(배전 선로의 전류밀도 평형)

【답】①

36 송배전 선로에 사용하는 직렬 커패시터에 대한 설명으로 옳은 것은?
① 최대 송전전력이 감소하고 정태 안정도가 감소된다.
② 부하의 변동에 따른 수전단의 전압변동률은 증대된다.
③ 선로의 유도 리액턴스를 보상하고 전압강하를 감소시킨다.
④ 송·수 양단의 전달 임피던스가 증가하고 안정극한전력이 감소한다.

> **Explanation**

직렬콘덴서(직렬축전지) : 유도 리액턴스에 의한 선로의 전압 강하 보상용. 전압변동을 줄이고 정태안정도 개선용으로 사용

【답】③

37 전력계통에서 연가를 하는 주된 목적으로 옳은 것은?
① 계전기의 확실한 동작 확보
② 유도뢰 방지
③ 선로정수의 평형
④ 전선의 절약

> **Explanation**

연가 : 선로정수를 평형 시키기 위하여 3상 3선식 선로를 3배수 등분하여 실시
• 각 상의 전압, 전류 평형
• 유도장해 감소
• 직렬공진 방지

【답】③

38 임피던스 Z_1, Z_2 및 Z_3을 그림과 같이 접속한 선토의 A 쪽에서 전압파 E가 진행하 왔을 때 접속점 B에서 무반사로 되기 위한 조건은?

① $Z_1 = Z_2 + Z_3$ ② $\dfrac{1}{Z_1} = \dfrac{1}{Z_3} - \dfrac{1}{Z_2}$

③ $\dfrac{1}{Z_1} = \dfrac{1}{Z_2} + \dfrac{1}{Z_3}$ ④ $\dfrac{1}{Z_1} = -\dfrac{1}{Z_2} - \dfrac{1}{Z_3}$

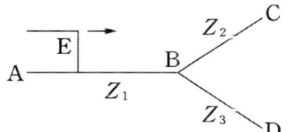

Explanation

- 반사 계수 : $\rho = \dfrac{Z_L - Z_o}{Z_L + Z_o}$
- 무반사 조건 : $Z_L = Z_o$

∴ $Z_1 = \dfrac{1}{\dfrac{1}{Z_2} + \dfrac{1}{Z_3}}$ 이므로 $\dfrac{1}{Z_1} = \dfrac{1}{Z_2} + \dfrac{1}{Z_3}$

【답】③

39 전력계통의 전압안정도를 나타내는 P-V 곡선에 대한 설명 중 틀린 것은?
① 가로축은 수전단 전압을 세로축은 무효전력을 나타낸다.
② 진상무효전력이 부족하면 전압은 안정되고 진상무효전력이 과잉되면 전압은 불안정하게 된다.
③ 전압 불안정 현상이 일어나지 않도록 전압을 일정하게 유지하려면 무효전력을 적절하게 공급하여야 한다.
④ P-V 곡선에서 주어진 역률에서 전압을 증가시키더라도 송전할 수 있는 최대 전력이 존재하는 임계점이 있다.

Explanation

P-V 곡선
- 가로축은 유효전력을 세로축은 전압
- 진상무효전력이 부족하면 전압은 안정되고 진상무효전력이 과잉되면 전압은 불안정
- 전압 불안정 현상이 일어나지 않도록 전압을 일정하게 유지하려면 무효전력을 적절하게 공급
- P-V 곡선에서 주어진 역률에서 전압을 증가시키더라도 송전할 수 있는 최대 전력이 존재하는 임계점이 존재

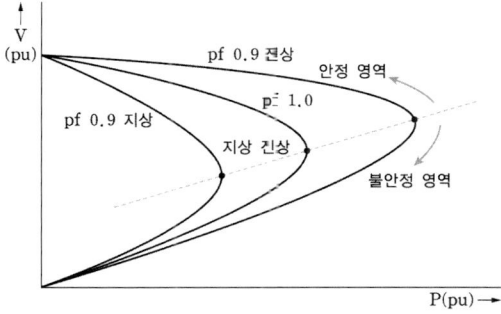

【답】①

40 3상 발전기의 1선 지락 시 고장전류는?(단, E_a : 지락 전의 고장점전압(무부하 기전력), Z_0 : 영상 임피던스, Z_1 : 정상 임피던스, Z_2 : 역상 임피던스)

① $\dfrac{\sqrt{3}\,E_a}{Z_0 + Z_1 + Z_2}$ ② $\dfrac{3E_a}{Z_0 + Z_1 + Z_2}$

③ $\dfrac{E_a}{Z_0 + Z_1 + Z_2}$ ④ $\dfrac{E_a}{3(Z_0 + Z_1 + Z_2)}$

> **Explanation**
>
> - 1선 지락 : $I_0 = I_1 = I_2$ ∴ $I_g = 3I_0 = \dfrac{3E_a}{Z_0 + Z_1 + Z_2}$
> - 선간 단락 : $I_0 = 0$, $V_0 = 0$ $I_1 = -I_2$, $V_1 = V_2$
> - 3상 단락 : $I_1 = \dfrac{E_a}{Z_1}$

【답】②

3과목 전기기기

41 직류기의 전기자 반작용에 대한 설명으로 틀린 것은?
① 전기자에서 발생한 자속이 계자자속을 왜곡시키는 현상이다.
② 발전기는 회전 방향의 반대 방향으로 브러시를 이동시켜준다.
③ 전기자 반작용에 대한 대책으로 보상권선을 설치한다.
④ 전기자 반작용에 의해 편자작용, 감자작용이 발생한다.

> **Explanation**
>
> **전기자 반작용** : 전기자 전류에 의한 전기자 기자력이 계자 기자력에 영향을 미치는 현상(주자속이 감소하는 현상)
> - 전기적 중성축 이동 : 보극이 없는 직류기는 브러시를 이동(발전기 : 회전 방향, 전동기 : 회전 반대 방향)
> - 국부적으로 섬락 발생 : 공극의 자속분포 불균형으로 섬락(불꽃) 발생
> - 전기자 반작용의 방지대책 : 보상권선 및 보극 (보극은 보상권선을 사용하는 경우에 효과가 있으므로 보극 단독으로는 전기자 반작용에는 효과가 적고 정류 개선용으로 효과가 있다.)

【답】②

42 60[Hz], 12극의 동기전동기 회전자계의 주변 속도[m/s]는?(단, 회전 자계의 극 간격은 1[m]이다)
① 31.4   ② 10   ③ 377   ④ 120

> **Explanation**
>
> $N_s = \dfrac{120f}{p} = \dfrac{120 \times 60}{12} = 600 \text{[rpm]}$
> 전기자 주변 속도 $v = \pi D n$에서
> 극 간격이 1[m]이므로 회전자 둘레 πD = 극수×극 간격 = 12×1=12[m]
> 따라서 $v = \pi D \dfrac{N}{60} = 12 \times \dfrac{600}{60} = 120$ [m/s]

【답】④

43 정격 출력 1,000[kVA], 정격 전압 6,600[V], 정격 역률 0.8의 3상 동기발전기가 있다. 이 발전기의 동기 리액턴스를 0.8[PU]로 한 경우, 전압 변동률 [%]은?(단, 저항은 무시한다)
① 13   ② 20   ③ 25   ④ 61

> **Explanation**
>
> PU(단위)법을 이용하면
> 유기기전력 $E = \sqrt{\cos^2\theta + (\sin\theta + X_s[PU])^2}$
> $= \sqrt{0.8^2 + (0.6 + 0.8)^2} = 1.61$
> 따라서 전압변동률 $\epsilon = \dfrac{1.61 - 1}{1} \times 100 = 61[\%]$

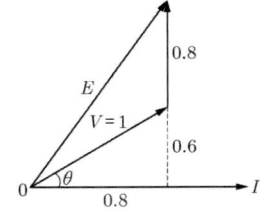

【답】④

44 2대의 3상 동기발전기가 병렬운전을 하고 있다. 각 발전기의 기전력(선간)은 3,300[V]이고, 동기리액턴스는 5[Ω]이라 한다. 어떤 원인에 의하여 두 발전기의 기전력 사이에 30°의 위상차가 생겼다. 이 때 두 발전기 사이에 주고받는 전력[kW]은 얼마인가?

① 181.5
② 225.4
③ 425.5
④ 326.3

> **Explanation**
>
> 동기발전기 병렬운전 시 두 발전기 사이의 기전력의 위상차가 발생하면 동기화전류(유효순환전류)가 흐르며 위상이 앞서는 발전기에서 위상이 늦은 발전기로 수수전력 발생
>
> 수수전력 $P = \dfrac{E^2}{2x_s}\sin\delta [W] = \dfrac{\left(\dfrac{3,300}{\sqrt{3}}\right)^2}{2 \times 5}\sin 30° \times 10^{-3} = 181.5 \text{ [kW]}$

【답】①

45 다이오드 정류회로의 상수를 크게 했을 경우 옳은 것은?(단, 저항부하인 경우이다)

① 맥동 주파수와 맥동률이 증가한다.
② 맥동률과 맥동 주파수가 감소한다.
③ 맥동 주파수는 증가하고 맥동률은 감소한다.
④ 맥동률과 주파수는 감소하나 출력이 증가한다.

> **Explanation**
>
> 정류회로 비교
>
> | 구분 | 단상 반파 | 단상 전파 | 3상 반파 | 3상 전파 |
> |---|---|---|---|---|
> | 직류전압 | $E_d = 0.45E$ | $E_d = 0.9E$ | $E_d = 1.17E$ | $E_d = 1.35E$ |
> | 맥동주파수 | f | 2f | 3f | 6f |
> | 맥동률 | 121[%] | 48[%] | 17[%] | 4[%] |

【답】③

46 변압기에서 생기는 와류손은 철심 두께와 어떤 관계가 있는가?

① 철심 두께에 비례
② 철심 두께의 2승에 비례
③ 철심 두께의 3승에 비례
④ 철심 두께의 $\dfrac{1}{2}$승에 비례

> **Explanation**
>
> 와류손 : $P_e = \sigma_e(tfk_fB_m)^2$[W]   여기서, σ_e는 와류손 상수, t는 두께, k_f는 파형률, B_m은 최대자속밀도
> 따라서 와류손은 철심 두께의 제곱에 비례한다.

【답】②

47 교류정류자기에서 갭의 자속분포가 정현파로 최대자속 0.28[Wb], 극수 4, 병렬회로수 2, 총도체수 100, 회전속도 1,200[rpm]이고 브러시와 자극 축과 30°라면 속도 기전력의 실효값은 약 몇 [V]인가?

① 200
② 600
③ 400
④ 800

> **Explanation**
>
> 속도 기전력 최대값 $E_m = \dfrac{z}{a}p\phi_m\dfrac{N}{30}$
>
> 속도 기전력 실효값 $E = \dfrac{1}{\sqrt{2}}\dfrac{p}{a}z\phi_m\dfrac{N}{60} = \dfrac{1}{\sqrt{2}}\cdot\dfrac{p}{a}z\,n\,\phi_m\sin\theta$
>
> $= \dfrac{1}{\sqrt{2}} \times \dfrac{4}{2} \times 100 \times 0.28 \times \dfrac{1,200}{60} \times \sin 30° ≒ 400\text{[V]}$

【답】③

48 다음 중 정전압형 발전기가 아닌 것은?
① 로젠베르그 발전기
② 직류분권 발전기
③ 제3브러시 발전기
④ 로트토틀 발전기

Explanation

정전압 발전기
- 로젠베르그 발전기
- 베르그만 발전기
- 제3브러시 발전기

【답】④

49 용량 P[kVA]인 동일 정격의 단상변압기 4대로 낼 수 있는 3상 최대출력용량은?
① $2P$
② $\sqrt{3}\,P$
③ $2\sqrt{3}\,P$
④ $4P$

Explanation

단상 변압기 2대로 3상을 공급하려면 V결선하여야 하며
4대의 경우 V결선 2-Bank로 구성하면
V결선 변압기의 출력 $P_V = \sqrt{3}\,K$ 여기서, K는 변압기 1대 용량
따라서 $P = \sqrt{3}\,K \times 2 = 2\sqrt{3}\,K$

【답】③

50 크로우링 현상이 많이 발생하는 전기기기는?
① 유도 전동기
② 직류직권 전동기
③ 회전 변류기
④ 3상 변압기

Explanation

크로우링 현상
- 농형 유도 전동기에서 발생
- 원인 : 계자에 고조파 유기, 공극이 불균형
- 전동기의 회전자가 정격속도에 가속이 되지 않는 상태
- 대책 : 사구(Skew Slot) 채용

【답】①

51 전원장치로부터 공급되는 펄스 신호에 대해 특정한 각도만큼을 회전하도록 설계된 전동기이며 수치제어, 공작기계, 프린터 및 타이프라이터 같은 위치제어를 하는 분야에 주로 사용되는 것은?
① 스테핑모터
② 전기동력계
③ 반동전동기
④ 셰이딩모터

Explanation

스텝 모터
- 피드백 루프가 필요 없이 오픈 루프로 손쉽게 속도 및 위치제어
- 디지털 신호를 직접 제어 할 수 있으므로 컴퓨터 등 다른 디지털 기기와 인터페이스가 용이
- 가속, 감속이 용이하며 정·역전 및 변속이 쉽다.
- 위치제어를 할 때 각도오차가 적다.
- 회전각과 속도는 펄스 수에 비례

【답】①

52 워드 레오나드 방식의 속도제어방식은?
① 전압제어
② 저항제어
③ 계자제어
④ 직병렬제어

Explanation

직류전동기 속도제어 $n = K' \dfrac{V - I_a R_a}{\phi}$ (K' : 기계정수)

종류	특징
전압 제어	• 광범위 속도제어 가능 • 워드 레오너드 방식 : 소형부하(엘리베이터에 사용) • 일그너 방식(부하가 급변, 대용량 부하-제철, 제강, 압연) : 플라이 휠 효과(관성 모멘트 증가) • 정토크 제어
계자 제어	• 정출력 제어
저항 제어	• 효율이 저하

【답】①

53 절연은 용이하나 중성점이 접지되면 제 3고조파 전류가 흘러 근처의 통신선에 유도장해를 일으키는 변압기의 3상 결선방식은?

① △-△결선
② Y-Y결선
③ Y-△결선
④ △-Y결선

Explanation

Y-Y 결선 특징
• 중성점을 접지할 수 있으므로 이상 전압으로부터 변압기를 보호할 수 있다.
• 상전압이 선간전압의 $\dfrac{1}{\sqrt{3}}$ 배이므로 절연이 용이하여 고전압에 유리하다.
• 중성점 접지 시 접지선을 통해 제 3고조파가 흐르므로 통신선에 유도 장해가 발생한다.
• 보호계전기 동작이 확실하다.

【답】②

54 단상변압기의 1차측 전압 6,600[V], 권수비 30인 경우 2차측 전등부하에 30[A]를 공급할 때의 변압기 출력은 몇[kVA]인가?(단, 변압기는 이상적인 변압기이다)

① 6.6
② 5.5
③ 3.3
④ 4.4

Explanation

권수비 $a = \dfrac{V_1}{V_2} = \dfrac{I_2}{I_1} = \dfrac{N_1}{N_2} = \sqrt{\dfrac{Z_1}{Z_2}}$ 에서 $V_2 = \dfrac{V_1}{a} = \dfrac{6,600}{30} = 220$ [V]

전등 부하($\cos\theta = 1$)이므로

출력 $P_2 = V_2 I_2 \cos\theta = 220 \times 30 \times 1 = 6,600$ [W] $= 6.6$ [kW][KVA]

【답】①

55 GTO 사이리스터의 특징으로 틀린 것은?

① 각 단자의 명칭은 SCR 사이리스터와 같다.
② 음(Negative)의 게이트 전류 펄스로 턴 오프 된다.
③ 전류회로가 반드시 필요하다.
④ 양(Positive)의 게이트 전류 펄스로 턴 온 된다.

Explanation

GTO(Gate Turn-off Thyristor) : 게이트 신호로 ON/OFF(자기 소호 기능)
• 양(Positive)의 게이트 전류 펄스로 턴 온
• 음(Negative)의 게이트 전류 펄스로 턴 오프

【답】③

56 4,500[kVA], 정격(선간)전압 3,000[V]의 3상 동기발전기의 %임피던스가 80[%]일 때 이 발전기의 동기임피던스 $Z_s[\Omega]$와 단락비 K_s는?

① $Z_s : 1.7$, $K_s : 1.25$
② $Z_s : 1.65$, $K_s : 1.2$
③ $Z_s : 1.6$, $K_s : 1.25$
④ $Z_s : 1.55$, $K_s : 1.25$

> **Explanation**

단락비 $K_s = \dfrac{1}{Z_s'[PU]} = \dfrac{1}{0.8} = 1.25$

동기임피던스 $Z_s = \dfrac{V^2 \%Z}{P} = \dfrac{3,000^2 \times 0.8}{4,500 \times 10^3} = 1.6[\Omega]$

【답】③

57 유도전동기의 2차 동손 P_c, 2차 입력 P_2, 슬립 s일 때의 관계식으로 옳은 것은?

① $P_2 P_c = \dfrac{1}{s}$
② $\dfrac{P_c}{P_2} = s$
③ $\dfrac{P_2}{P_c} = s$
④ $P_2 P_c = s$

> **Explanation**

2차 동손 $P_{c2} = sP_2$에서 $\dfrac{P_c}{P_2} = s$

【답】②

58 슬립이 5[%]인 유도 전동기의 등가 부하 저항은 2차 저항의 몇 배인가?

① 19
② 12
③ 24
④ 32

> **Explanation**

등가저항 $R' = \dfrac{1-s}{s} r_2' = r_2' \left(\dfrac{1}{s} - 1\right) = r_2' \left(\dfrac{1}{0.05} - 1\right) = 19 r_2' [\Omega]$

【답】①

59 직류전동기를 전 부하전류 이하에서 동일전류로 운전할 경우 회전수가 큰 순서대로 나열한 것은?

① 직권 > 가동복권 > 분권 > 화동(가동)복권
② 직권 > 화동(가동)복권 > 분권 > 차동복권
③ 화동(가동)복권 > 분권 > 차동복권 > 직권
④ 차동복권 > 분권 > 화동(가동)복권 > 직권

> **Explanation**

속도변동률이 큰 순서
직권 > 화동(가동)복권 > 분권 > 차동복권

【답】②

60 3상 유도 전동기를 불평형 전압으로 운전하면 토크와 전류는 어떻게 되는가?

① 토크 증가, 전류 감소
② 토크 증가, 전류 증가
③ 토크 감소, 전류 증가
④ 토크 감소, 전류 감소

> **Explanation**

전압이 불평형이 되면 불평형 전류가 흘러 전류가 증가하여 입력이 증가되나 토크는 감소한다.

【답】③

4과목　회로이론

61 그림과 같은 회로에서 $t=0$일 때 스위치 K를 닫을 때 과도전류 $i(t)$는 어떻게 표시되는가?

① $i(t) = \dfrac{V}{R_1}\left(1 - \dfrac{R_2}{R_1+R_2}e^{-\frac{R_1}{L}t}\right)$

② $i(t) = \dfrac{V}{R_1-R_2}\left(1 + \dfrac{R_2}{R_1}e^{-\frac{(R_1+R_2)}{L}t}\right)$

③ $i(t) = \dfrac{V}{R_1}\left(1 - \dfrac{R_2}{R_1}\epsilon^{-\frac{R_2}{L}t}\right)$

④ $i(t) = \dfrac{R_1 V}{R_2+R_1}\left(1 + \dfrac{R_1}{R_2+R_1}e^{-\frac{(R_1+R_2)}{L}t}\right)$

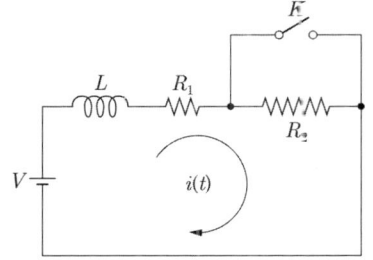

Explanation

【답】①

62 $F(s) = \dfrac{4}{s^2+2s+5}$ 의 라플라스 역변환 값은?

① $e^{-t}\cos 2t$　　　　　　　② $2e^{-t}\sin 2t$
③ $e^{-t}\sin 2t$　　　　　　　④ $2e^{-t}\cos 2t$

Explanation

라플라스 역변환을 하면 분모가 인수분해 되지 않으므로 완전제곱식을 이용한다.
$I(s) = \dfrac{4}{s^2+2s+5} = \dfrac{4}{(s+1)^2+2^2}$
역라플라스 변환하면 $i(t) = \mathcal{L}^{-1}[I(s)] = 2e^{-t}\sin 2t$ 가 된다.

【답】②

63 그림과 같은 회로에서 $0.2[\Omega]$의 저항에 흐르는 전류는 몇 [A]인가?

① 0.1
② 0.2
③ 0.3
④ 0.4

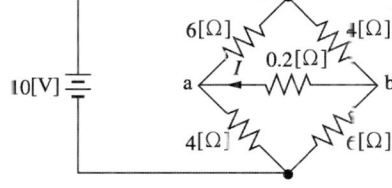

Explanation

테브난 회로를 이용하면

- 테브난 저항 $R_{Th} = \dfrac{6 \times 4}{6+4} + \dfrac{4 \times 6}{4+6} = 4.8[\Omega]$

- 테브난 전압 $V_{Th} = V_T = 10 \times \dfrac{6}{6+4} - 10 \times \dfrac{4}{6+4} = 2[V]$

따라서 저항 $0.2[\Omega]$에 흐르는 전류

$$I = \frac{V_{Th}}{R_{Th}+R} = \frac{2}{4.8+0.2} = 0.4[A]$$

【답】④

64 정현파 교류의 실효값을 구하는 식이 잘못된 것은?

① $\sqrt{\frac{1}{T}\int_O^T i^2 dt}$
② 파고율×평균값
③ $\frac{최대값}{\sqrt{2}}$
④ $\frac{\pi}{2\sqrt{2}}×$평균값

Explanation

- 실효값 $I = \sqrt{\frac{1}{T}\int_0^T i^2 dt} = \sqrt{1주기\ 동안의\ i^2의평균}$
- 파고율 $= \frac{최대값}{실효값}$
- 파형률 $= \frac{실효값}{평균값} = \frac{\frac{최대값}{\sqrt{2}}}{\frac{2}{\pi}최대값} = \frac{\pi}{2\sqrt{2}}$ 에서 실효값 $= \frac{\pi}{2\sqrt{2}}×$평균값 $=$ 파형률×평균값

【답】②

65 상순이 $a-b-c$인 3상 회로에서 대칭분 전압이 각각 $V_0 = 8.54 \angle 159°[V]$, $V_1 = 10\angle -53°$, $V_2 = 14.42\angle 56°$일 때 a상의 전압 V_a는 약 몇 [V]인가?(단, V_0는 영상분 전압이고, V_1은 정상분전압이고, V_2는 역상분 전압이다)

① $2.43\angle -17°$
② $9.22\angle 49°$
③ $2.43\angle -107°$
④ $9.22\angle 40°$

Explanation

대칭좌표법을 이용하면
$\begin{bmatrix} V_a \\ V_b \\ V_c \end{bmatrix} = \begin{bmatrix} 1 & 1 & 1 \\ 1 & a^2 & a \\ 1 & a & a^2 \end{bmatrix} \begin{bmatrix} V_0 \\ V_1 \\ V_2 \end{bmatrix}$ 에서

a상 전압 $V_a = V_0 + V_1 + V_2 = 8.54\angle 159° + 10\angle -53° + 14.42\angle 56° = 9.22\angle 49°$

【답】②

66 3상회로의 불평형 전압이 각각 80[V], 50[V], 50[V] 일 때의 전압의 불평형률[%]은?

① 39.6
② 57.3
③ 73.6
④ 86.7

Explanation

【답】①

67 4단자 정수 A, B, C, D 중에서 어드미턴스 차원을 가지는 정수는?

① A
② B
③ C
④ D

Explanation

전송파라미터(ABCD 파라미터)

$$V_1 = AV_2 + BI_2$$
$$I_1 = CV_2 + DI_2$$

여기서, $A = \dfrac{V_1}{V_2}\bigg|_{I_2=0}$ 전압비 $B = \dfrac{V_1}{I_2}\bigg|_{V_2=0}$ 임피던스[Ω]

$C = \dfrac{I_1}{V_2}\bigg|_{I_2=0}$ 어드미턴스[℧] $D = \dfrac{I_1}{I_2}\bigg|_{V_2=0}$ 전류비

【답】③

68 어떤 소자가 60[Hz]에서 리액턴스 값이 10[Ω]이었다. 이 소자를 인덕터 또는 커패시터라 할 때, 인덕턴스[mH]와 정전용량[μF]은 각각 얼마인가?

① 26.53[mH], 295.37[μF]
② 18.37[mH], 265.25[μF]
③ 18.37[mH], 295.37[μF]
④ 26.53[mH], 265.25[μF]

Explanation

유도성 리액턴스 : $X_L = \omega L = 2\pi f L$에서

$$L = \dfrac{X_L}{2\pi f} = \dfrac{10}{2 \times \pi \times 60} \times 10^3 = 26.53[\text{mH}]$$

용량성 리액턴스 : $X_C = \dfrac{1}{\omega C} = \dfrac{1}{2\pi f C}$에서

$$C = \dfrac{1}{2\pi f X_C} = \dfrac{1}{2 \times \pi \times 60 \times 10} \times 10^6 = 265.25[\mu\text{F}]$$

【답】④

69 회로에서 스위치 S를 $t = 0$에서 닫았을 때 $(V_L)_{t=0} = 100[\text{V}]$, $\left(\dfrac{di}{dt}\right)_{t=0} = 400[\text{A/s}]$이다. $L[\text{H}]$의 값은?

① 0.75
② 0.5
③ 0.25
④ 0.1

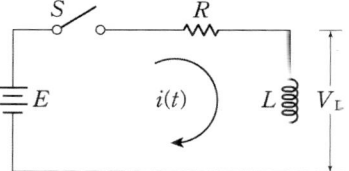

Explanation

인덕턴스의 단자전압 $V_L = L\dfrac{di}{dt}$

$100 = L \times 400$에서 인덕턴스 $L = \dfrac{100}{400} = 0.25[\text{H}]$

【답】③

70 그림의 회로가 주파수에 관계 없이 일정한 임피던스를 갖도록 $C[\mu\text{F}]$의 값을 구하면?

① 20
② 30
③ 40
④ 50

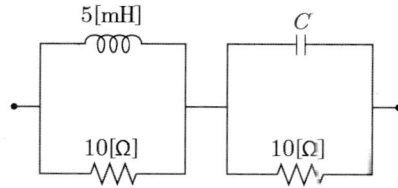

Explanation

정저항 회로조건 $R = \sqrt{\dfrac{L}{C}}$에서

인덕턴스 $C = \dfrac{L}{R^2} = \dfrac{5 \times 10^{-3}}{10^2} = 50 \times 10^{-6} = 50[\mu F]$

【답】④

71
다음과 같은 비정현파 전압 $v(t)$ 및 전류 $i(t)$의 값에 의한 평균전력은 약 몇[W]인가?

$$v(t) = 100\sin\omega t - 50\sin(3\omega t + 30°) + 20\sin(5\omega t + 45°)[V]$$
$$i(t) = 20\sin(\omega t + 30°) + 10\sin(3\omega t - 30°) + 5\cos 5\omega t[A]$$

① 763.2　　　　　　　　　　② 776.4
③ 705.8　　　　　　　　　　④ 725.6

Explanation

유효전력(평균전력)은 주파수가 같을 때만 발생되므로
$P = V_1 I_1 \cos\theta_1 + V_3 I_3 \cos\theta_3$ 에서
여기서, $i = 20\sin(\omega t + 30°) + 10\sin(3\omega t - 30°) + 5\cos 5\omega t$
$\quad\quad = 20\sin(\omega t + 30°) + 10\sin(3\omega t - 30°) + 5\sin(5\omega t + 90°)$
따라서 $P = V_1 I_1 \cos\theta_1 + V_3 I_3 \cos\theta_3 + V_5 I_5 \cos\theta_5$
$\therefore P = \dfrac{100}{\sqrt{2}} \times \dfrac{20}{\sqrt{2}} \cos 30° - \dfrac{50}{\sqrt{2}} \times \dfrac{10}{\sqrt{2}} \cos 60° + \dfrac{20}{\sqrt{2}} \times \dfrac{5}{\sqrt{2}} \cos 45° = 776.4[W]$

【답】②

72
기본파의 30[%]인 제3고조파와 기본파의 20[%]인 제5고조파를 포함하는 전압의 왜형률은 약 얼마인가?

① 0.21　　　　　　　　　　② 0.42
③ 0.31　　　　　　　　　　④ 0.36

Explanation

왜형률 $= \dfrac{\text{전 고조파의 실효값}}{\text{기본파의 실효값}} = \dfrac{\sqrt{V_2^2 + V_3^2 + V_4^2 + \cdots}}{V_1}$
$= \dfrac{\sqrt{V_3^2 + V_5^2}}{V_1} = \dfrac{\sqrt{0.3^2 + 0.2^2}}{1} = 0.36$

【답】④

73
대칭 3상 Y결선 부하에서 각 상의 임피던스가 $16 + j12[\Omega]$이고 부하전류가 10[A]일 때, 이 부하에서의 선간전압의 크기는 약 몇 [V]인가?

① 346.4　　　　　　　　　　② 445.1
③ 229.1　　　　　　　　　　④ 152.6

Explanation

상전류 $I_p = \dfrac{V_p}{Z}$ 에서
상전압 $V_p = Z I_p = \sqrt{16^2 + 12^2} \times 10 = 200[V]$
선간전압 $V_l = \sqrt{3}\, V_p = 200 \times \sqrt{3} = 346.4[V]$

【답】①

74
3상 평형부하의 선간전압이 100[V]이고 선전류가 10[A]이다. 이 때, 소비전력은 몇 [W]인가?
(단, 역률이 0.8이다)

① 1,386　　　　　　　　　　② 1,131
③ 1,732　　　　　　　　　　④ 2,400

Explanation

3상 소비전력 $P = \sqrt{3}\,VI\cos\theta = \sqrt{3} \times 100 \times 10 \times 0.8 = 1,385.6$ [W]

【답】 ①

75 다음 회로에서 5[Ω]에 흐르는 전류의 크기는?

① 1[A]
② 2[A]
③ 3[A]
④ 4[A]

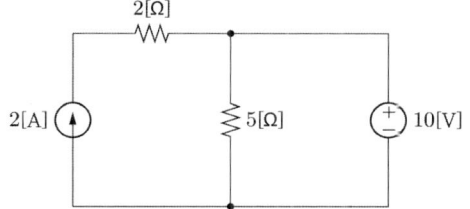

Explanation

중첩의 원리에 의해 5[Ω]에 흐르는 전류

10[V]에 의한 전류(전류원은 개방) : $I_1 = \dfrac{10}{5} = 2$[A]

2[A]에 의한 전류(전압원은 단락) : $I_2 = 0$[A]   ∴ $I = I_1 + I_2 = 2 + 0 = 2$[A]

【답】 ②

76 대칭 3상 Y부하에서 각 상의 임피던스가 $Z = 3 + j4$[Ω]이고 부하전류의 크기가 20[A]일 때 복소전력의 크기(피상전력)는 몇 [VA]인가?

① 2,800
② 2,400
③ 2,000
④ 1,800

Explanation

상전류 $I_p = \dfrac{V_p}{Z}$ 에서

상전압 $V_p = Z \times I_p = (3 + j4) \times 20 = 60 + j80$

복소전력(피상전력) $P_a = VI^* = (60 + j80) \times 200 = 1,200 + j1,600$
$= \sqrt{1,200^2 + 1,600^2} = 2,000$[VA]

【답】 ③

77 $\mathcal{L}[f(t)] = F(s)$일 때, $f(t)$의 최종치인 $\lim\limits_{t \to \infty} f(t)$를 $F(s)$로 표현하면?

① $\lim\limits_{s \to 0} F(s)$
② $\lim\limits_{s \to \infty} F(s)$
③ $\lim\limits_{s \to 0} sF(s)$
④ $\lim\limits_{s \to \infty} sF(s)$

Explanation

라플라스의 최종치 정리
$f(\infty) = \lim\limits_{t \to \infty} f(t) = \lim\limits_{s \to 0} sF(s)$

【답】 ③

78 그림에서 a, b단자에 200[V]를 가할 때 저항 2[Ω]에 흐르는 전류 I_1[A]는?

① 40
② 30
③ 20
④ 10

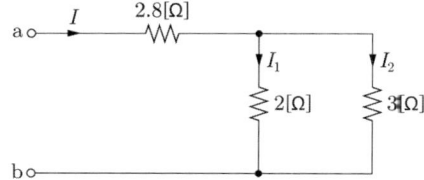

> **Explanation**

회로의 합성 저항 R은 $R = 2.8 + \dfrac{2 \times 3}{2+3} = 4[\Omega]$

전체 전류 $I = \dfrac{200}{4} = 50[A]$

따라서 $2[\Omega]$에 흐르는 전류 I_1은 $I_1 = \dfrac{R_2}{R_1 + R_2} \times I = \dfrac{3}{2+3} \times 50 = 30[A]$

【답】②

79 어느 소자에 전압 $v(t) = 125\sin 377t[V]$를 가하니 전류 $i(t) = 50\cos 377t[A]$가 흘렀다. 이 회로의 소자는?
① 순저항
② 저항과 유도 리액턴스
③ 용량 리액턴스
④ 유도 리액턴스

> **Explanation**

전압 $v(t) = 125\sin 377t[V]$
전류 $i(t) = 50\cos 377t = 50\sin(377t + 90°)$에서
전류의 위상이 전압의 위상보다 $90°$ 앞서므로 용량 리액턴스(C)회로가 된다.

【답】③

80 20[kVA]변압기 2대로 공급할 수 있는 최대 3상 전력[kVA]은?
① 35
② 40
③ 17
④ 25

> **Explanation**

V결선 변압기 $P_V = \sqrt{3}K$ 여기서, K는 변압기 1대 용량
$= \sqrt{3} \times 20 = 34.64[kVA]$

【답】①

5과목 전기설비기술기준

81 저압 전로에 사용하는 산업용 배선차단기의 정격전류가 63[A] 이하인 경우 과전류트립 동작전류는 정격전류의 몇 배로 하여야 하는가?
① 1.25
② 1.45
③ 1.3
④ 1.6

> **Explanation**

(KEC 212.3.4조) 보호장치의 특성
과전류 과전류차단기로 저압전로에 사용하는 산업용 배선차단기는 표에 적합한 것이어야 한다.

정격 전류의 구분	시간	정격전류의 배수(모든 극에 통전)	
		부동작 전류	동작 전류
63[A] 이하	60분	1.05배	1.3배
63[A] 초과	120분	1.05배	1.3배

【답】③

82 전력보안통신선 전원공급기의 시설에 대한 설명으로 틀린 것은?
① 시설방향은 인도측으로 시설할 것
② 외함은 접지를 시행할 것
③ 지상에서 3.5[m] 이상 유지할 것
④ 누전차단기를 내장할 것

Explanation

(KEC 362.9조) 전력보안통신선 전원공급기의 시설
① 전원공급기는 다음에 따라 시설하여야 한다.
 - 지상에서 4[m] 이상 유지할 것
 - 누전차단기를 내장할 것
 - 시설방향은 인도측으로 시설하며 외함은 접지를 시행할 것
② 기기주, 변대주 및 분기주 등 설비 복잡개소에는 전원공급기를 시설할 수 없다. 다만, 현장 여건상 부득이한 경우에는 예외적으로 전원공급기를 시설할 수 있다.
③ 전원공급기 시설시 통신사업자는 기기 전면에 명판을 부착하여야 한다.
【답】③

83 고압 및 특별 고압용 개폐기의 시설기준이 틀린 것은?
① 전로 및 접지측 전선에는 과전류 차단기를 시설하여야 한다.
② 중력 등에 의하여 자연히 작동할 우려가 있는 것은 자물쇠 장치 기타 이를 방지하는 장치를 시설하여야 한다.
③ 부하전류를 차단하기 위한 것이 아닌 개폐기는 부하전류가 통하고 있을 경우에는 회로가 열리지 않도록 시설하여야 한다.
④ 그 작동에 따라 그 개폐 상태를 표시하는 장치가 되어 있는 것이어야 한다.

Explanation

(KEC 341.9조) 고압 및 특고압개폐기의 시설
전로 중에 개폐기를 시설하는 경우에는 그곳의 각 극에 설치하여야 한다. 다만, 다음의 경우에는 그러하지 아니하다.
① 특고압 가공전선로로서 다중 접지를 한 중성선을 가지는 것의 그 중성선 이외의 각 극에 개폐기를 시설하는 경우
② 제어회로 등에 조작용 개폐기를 시설하는 경우
③ 고압용 또는 특고압용의 개폐기는 그 작동에 따라 그 개폐 상태를 표시하는 장치가 되어 있는 것이어야 한다.
④ 고압용 또는 특고압용의 개폐기로서 중력 등에 의하여 자연히 작동할 우려가 있는 것은 자물쇠 장치 기타 이를 방지하는 장치를 시설하여야 한다.
⑤ 고압용 또는 특고압용의 개폐기로서 부하전류를 차단하기 위한 것이 아닌 개폐기는 부하전류가 통하고 있을 경우에는 개로(開路)할 수 없도록 시설하여야 한다. 다만, 개폐기를 조작하는 곳의 보기 쉬운 위치에 부하전류의 유무를 표시한 장치 또는 전화기 기타의 지령 장치를 시설하거나 터블렛 등을 사용함으로서 부하전류가 통하고 있을 때에 개로 조작을 방지하기 위한 조치를 하는 경우는 그러하지 아니하다.
⑥ 전로에 이상이 생겼을 때 자동적으로 전로를 개폐하는 장치를 시설하는 경우에는 그 개폐기의 자동 개폐 기능에 장해가 생기지 않도록 시설하여야 한다.
【답】①

84 22.9[kV] 특고압 가공전선과 조영물 이외의 시설물이 접근하는 경우의 이격거리는 몇 [m]인가? (단, 전선은 케이블이다)
① 1.2
② 2
③ 0.5
④ 1

Explanation

(KEC 333.28조) 특고압 가공전선과 다른 시설물의 접근 또는 교차

다른 시설물의 구분	접근 형태	간격
조영물의 상부조영재 이외의 부분 또는 조영물 이외의 시설물		1[m] (전선이 케이블인 경우 0.5[m])

【답】③

85. 수소냉각식 발전기의 내부 또는 무효전력 보상장치의 내부의 수소의 순도가 몇 [%] 이하로 저하한 경우에 경보하는 장치를 시설해야 하는가?

① 85
② 75
③ 98
④ 95

Explanation

(KEC 351.10조) 수소냉각식 발전기 등의 시설
발전기안 또는 무효 전력 보상 장치 안의 수소의 순도가 85[%] 이하로 저하한 경우에 이를 경보하는 장치를 시설할 것

【답】①

86. 보호도체의 보호에 대한 설명으로 틀린 것은?

① 보호도체를 접속하는 나사는 다른 목적으로 겸용해서는 안 된다.
② 접속부는 납땜(soldering)하여 전기적 연속성을 유지한다.
③ 나사접속·클램프접속 등 보호도체 사이 또는 보호도체와 타 기기 사이의 접속은 전기적연속성 보장 및 충분한 기계적강도와 보호를 구비하여야 한다.
④ 기계적인 손상, 화학적·전기화학적 열화, 전기역학적·열역학적 힘에 대해 보호되어야 한다.

Explanation

(KEC 142.3.2조) 보호도체
보호도체의 보호는 다음에 의한다.
① 기계적인 손상, 화학적·전기화학적 열화, 전기역학적·열역학적 힘에 대해 보호되어야 한다.
② 나사접속·클램프접속 등 보호도체 사이 또는 보호도체와 타 기기 사이의 접속은 전기적연속성 보장 및 충분한 기계적강도와 보호를 구비하여야 한다.
③ 보호도체를 접속하는 나사는 다른 목적으로 겸용해서는 안 된다.
④ 접속부는 납땜(soldering)으로 접속해서는 안 된다.

【답】②

87. 옥내전로의 대지전압에 대한 내용이다. ( )안에 알맞은 숫자를 바르게 나열한 것은?

> 주택의 전로 인입구에는 감전보호용 누전차단기를 시설하여야 한다. 다만, 전로의 전원측에 정격용량이 (㉠)[kVA] 이하인 절연변압기(1차 전압이 저압이고 2차 전압이 (㉡)[V] 이하인 것에 한한다)를 사람이 쉽게 접촉할 우려가 없도록 시설하고 또한 그 절연변압기의 부하측 전로를 접지하지 않는 경우에는 예외로 한다.

① ㉠ : 1, ㉡ : 500
② ㉠ : 1, ㉡ : 300
③ ㉠ : 3, ㉡ : 300
④ ㉠ : 3, ㉡ : 500

Explanation

(KEC 231.6조) 옥내전로의 대지 전압의 제한
주택의 전로 인입구에는 「전기용품 및 생활용품 안전관리법」에 적용을 받는 감전보호용 누전차단기를 시설하여야 한다. 다만, 전로의 전원측에 정격용량이 3[kVA] 이하인 절연변압기(1차 전압이 저압이고 2차 전압이 300[V] 이하인 것에 한한다)를 사람이 쉽게 접촉할 우려가 없도록 시설하고 또한 그 절연변압기의 부하측 전로를 접지하지 않는 경우에는 예외로 한다.

【답】③

88. 저압 옥측전선로의 공사에서 목조 조영물에 시설이 가능한 공사는?

① 금속관 공사
② 버스덕트 공사
③ 합성수지관 공사
④ 연피케이블 공사

Explanation

(KEC 221.2조) 옥측전선로
① 애자공사(전개된 장소에 한한다)

② 합성수지관 공사
③ 금속관 공사(목조 이외의 조영물에 시설하는 경우에 한한다.)
④ 버스덕트 공사(목조 이외의 조영물(점검할 수 없는 은폐된 장소를 제외)에 시설하는 경우에 한한다)
⑤ 케이블 공사(연피 케이블·알루미늄 피 케이블 또는 미네럴인슈레이션 케이블을 사용하는 경우에는 목조 이외의 조영물에 시설하는 경우에 한한다.)

【답】 ③

89 주택의 시설하는 전기저장장치는 이차전지에서 전력변환장치에 이르는 옥내 직류전로에 지락이 생겼을 때 자동적으로 전로를 차단하는 장치를 시설할 경우 옥내전로의 대지전압은 직류 몇 [V]까지 적용할 수 있는가?
① 110
② 300
③ 600
④ 1,000

Explanation

(KEC 511.3조) 전기저장장치 옥내전로의 대지전압 제한
주택의 전기저장장치의 축전지에 접속하는 부하 측 옥내배선을 다음에 따라 시설하는 경우에 주택의 옥내전로의 대지전압은 직류 600[V]까지 적용할 수 있다.

【답】 ③

90 고압 가공전선로의 가공지선에 사용하는 나경동선은 지름 몇 [mm] 이상의 것을 사용하여야 하는가?
① 5.0
② 2.0
③ 3.0
④ 4.0

Explanation

(KEC 332.6조) 고압 가공전선로의 가공지선
고압 가공전선로에 사용하는 가공지선은 인장강도 5.26[kN] 이상의 것 또는 지름 4[mm] 이상의 나경동선 사용

【답】 ④

91 애자공사에 의한 저압 옥내 배선 공사에서 전선 상호 간의 간격은 몇 [m] 이상이어야 하는가?
① 0.06
② 0.02
③ 0.04
④ 0.08

Explanation

(KEC 232.56조) 애자공사
애자공사에 의한 저압 옥내 배선식 전선 상호 간의 간격은 0.06[m] 이상일 것

【답】 ①

92 전차선의 가선방식 중 표준으로 사용하는 방식이 아닌 것은?
① 가공방식
② 강체방식
③ 제3레일방식
④ 급전방식

Explanation

(KEC 402조) 전기철도의 용어 정의
전기철도차량에 전력을 공급하는 전차선의 가선방식은 **가공식, 강체식, 제3레일식**으로 분류한다.

【답】 ④

93 저압전선로를 다리의 윗면에 시설하는 경우 전선의 높이를 다리의 노면 상 몇 [m] 이상으로 하여 시설하는가?
① 6.5
② 3
③ 4
④ 5

Explanation

(KEC 335.6조) 교량에 시설하는 전선로

교량의 윗면에 시설하는 것 : 전선의 높이는 교량의 노면상 5[m] 이상

【답】④

94 고압 보안공사에 있어서 지지물이 B종인 철근콘크리트주를 사용하면 그 경간은 몇 [m] 이하인가?
① 100
② 150
③ 200
④ 125

Explanation

(KEC 332.10조) 고압 보안공사

지지물 종류	표준 경간	저·고압 보안공사
목주, A종	150	100
B종	250	**150**
철탑	600	400

【답】②

95 폭발성 또는 연소성의 가스가 침입할 우려가 있는 것에 시설하는 지중전선로의 지중함으로서 그 크기가 몇 [m³] 이상일 때 가스를 방산시키기 위한 장치를 시설하여야 하는가?
① 1.5
② 0.9
③ 1.0
④ 2.0

Explanation

(KEC 334.2조) 지중함의 시설
폭발성 또는 연소성의 가스가 침입할 우려가 있는 것에 시설하는 지중함으로서 그 크기가 1[m³] 이상인 것에는 **통풍장치 기타 가스를 방산시키기 위한 적당한 장치를 시설할 것**

【답】③

96 저압 가공전선으로 사용할 수 없는 것은?
① 케이블
② 절연전선
③ 다심형 전선
④ 나동복 전선

Explanation

(KEC 222.5조) 저압 가공전선의 굵기 및 종류
저압 가공전선은 나전선(중성선 또는 다중접지된 접지측 전선으로 사용하는 전선에 한한다), 절연전선, 다심형 전선 또는 케이블을 사용하여야 한다.

【답】④

97 중성선 다중접지방식의 것으로 전로에 지락이 생긴 경우 2초 이내 자동적으로 이를 전로로부터 차단하는 장치를 가지는 22.9[kV] 특고압 가공전선로에서 각 접지도체를 중성선으로부터 분리하였을 경우 1[km]마다의 중성선과 대지 사이의 합성 전기 저항 값은 몇 [Ω] 이하가 되어야 하는가?
① 10
② 15
③ 20
④ 30

Explanation

(KEC 333.32조) 25[kV] 이하인 특고압 가공 전선로의 시설
각 접지도체를 중성선으로부터 분리하였을 경우의 각 접지점의 대지 전기 저항치가 1[km]마다의 중성선과 대지 사이의 합성 전기 저항치

사용 전압	각 접지점의 대지 전기 저항치	1[km]마다의 합성 전기 저항치
15[kV] 이하	300[Ω]	30[Ω]
15[kV] 초과 25[kV] 이하	300[Ω]	15[Ω]

【답】②

98 특고압 가공전선이 건조물과 1차 접근상태로 시설되는 경우, 특고압 가공전선로의 보안공사 방법은?
① 제2종 특고압 보안공사
② 특별 제3종 특고압 보안공사
③ 제1종 특고압 보안공사
④ 제3종 특고압 보안공사

Explanation

(KEC 333.23조) 특고압 가공전선과 건조물의 접근
특고압 가공전선이 건조물과 제1차 접근상태로 시설되는 경우에는 특고압 가공전선로는 **제3종 특고압 보안공사**에 의할 것.

【답】④

99 접지시스템에서 선도체와 보호도체의 재질이 모두 구리이고 선도체의 단면적(S)이 35[mm²]를 초과하는 경우 보호도체의 최소 단면적은 몇 [mm²]인가?
① S
② 4
③ 16
④ S/2

Explanation

(KEC 142.3.2조) 보호도체

선도체의 단면적 S [mm²]	대응하는 보호도체의 최소 단면적[mm²]	
	보호도체의 재질이 선도체와 같은 경우	보호도체의 재질이 선도체와 다른 경우
$S \leq 16$	S	$\dfrac{k_1}{k_2} \times S$
$16 < S \leq 35$	16	$\dfrac{k_1}{k_2} \times 16$
$S > 35$	$\dfrac{S}{2}$	$\dfrac{k_1}{k_2} \times \dfrac{S}{2}$

【답】④

100 태양광발전이나 풍력발전 등이 현재 조건에서 가능한 최대의 전력을 생산할 수 있도록 인버터 제어를 이용하여 해당 발전원의 전압이나 회전속도를 조정하는 최대출력추종기능을 말하는 것은?
① MPPT
② BIPM
③ PV
④ PCS

Explanation

(KEC 502조) 분산형 전원설비 용어의 정의
MPPT : 태양광발전이나 풍력발전 등이 현재 조건에서 가능한 최대의 전력을 생산할 수 있도록 인버터 제어를 이용하여 해당 발전원의 전압이나 회전속도를 조정하는 최대출력추종(MPPT, Maximum Power Point Tracking) 기능

【답】①

2회 2024년 전기공사산업기사 필기

1과목 전기응용

01 인버터에 대한 설명으로 옳은 것은?
① 직류를 더 높은 직류로 변환하는 장치
② 직류전원을 교류전원으로 변환하는 장치
③ 교류전원을 직류전원으로 변환하는 장치
④ 교류전원을 더 낮은 교류전원으로 변환하는 장치

Explanation

- 교류 → 직류 : 컨버터(정류기)
- **직류 → 교류 : 인버터**
- 교류 → (가변주파수)교류 : 싸이클로 컨버터
- 직류 → 직류 : 쵸퍼

【답】②

02 적분 요소의 전달함수는?
① K
② T_S
③ $\dfrac{1}{T_S}$
④ $\dfrac{K}{1+T_S}$

Explanation

각 제어 요소의 전달함수

비례 요소	$G(s) = K$
적분 요소	$G(s) = \dfrac{K}{s}$
미분 요소	$G(s) = Ks$
1차 지연 요소	$G(s) = \dfrac{K}{1+Ts}$

【답】③

03 납축전지에 대한 설명 중 옳지 않은 것은?
① 양극은 이산화납을 극판에 입힌 것이고, 음극은 해면 모양의 납이다.
② 주요 구성부분은 극판, 격리판, 전해액, 케이스로 이루어져 있다.
③ 공칭전압은 12[V]이다.
④ 전해액으로 묽은 황산을 사용한다.

Explanation

납(연)축전지
- 양극 : PbO_2
- 음극 : Pb
- 전해액 : H_2SO_4 (묽은 황산)

	납축전지	알칼리 축전지
충전용량	10[Ah]	5[Ah]
공칭전압	2.0[V/cell]	1.2[V/cell]

【답】③

04 유도전동기의 속도제어가 아닌 것은?
① 극수변환
② 1차 전압제어
③ 계자제어
④ 2차 저항제어

Explanation

유도전동기의 속도 제어

	특 징
농형 유도 전동기	① 주파수 변환법 ▶ 역률이 양호하며 연속적인 속도제어가 되지만, 전용 전원이 필요 ▶ 인견방직 공장의 포트모터, 선박의 전기추진기 ② 극수 변환법 ③ 전압 제어법 : 전원 전압의 크기를 조절하여 속도제어
권선형 유도 전동기	① 2차 저항법 ② 2차 여자법 ③ 종속접속법

【답】③

05 휘도 B가 되는 무한히 넓은 등휘도 완전 확산성의 천장에서 직하 h만큼 떨어진 점의 수평 조도[lx]는?
① πB
② $\dfrac{B}{h^2}$
③ $\dfrac{\pi B}{h}$
④ $\dfrac{B}{h}$

Explanation

완전확산면 $R = \pi B = \rho E = \tau E$에서
반사율과 투과율을 무시하면 $E = \pi B$

【답】①

06 전동기 절연물의 종별에서 허용온도 상승한도가 130[℃]인 것은?
① B종
② E종
③ A종
④ Y종

Explanation

절연물의 허용온도

절연물의 종류	Y	A	E	**B**	F	H	C
허용 최고 온도 [℃]	90	105	120	**130**	155	180	180[℃] 초과

【답】①

07 납축전지의 충전 후의 비중은?
① 1.2~1.3
② 1.4~1.5
③ 1.5 이상
④ 1.18 이하

Explanation

납축전지의 충전시의 비중은 1.2~1.3이며, 방전 시에는 비중이 점차 감소된다.

【답】①

08 제너 다이오드(Zener Diode)에 관한 설명 중 옳지 않은 것은?
① 인가되는 전압의 크기에 따라 전류방향이 달라진다.
② 정전압 소자이다.
③ 전압 조정기에 사용된다.
④ 제너 항복이 발생되면 전압은 거의 일정하게 유지되나 전류는 급격하게 증가한다.

Explanation

제너 다이오드
- 정전압용 소자
- 정(+), 부(-)의 온도 계수
- 인가전압의 크기에 따라 전류 크기는 변화하지만 **방향은 변하지 않는다.**

【답】①

09 전구의 필라멘트, 열전대 접점의 용접 등 선이 가는 봉형의 작업에 사용되는 용접은?
① 점 용접
② 유도 용접
③ 심 용접
④ 프로젝션 용접

Explanation

저항 용접
- **점 용접(spot welding)** : 필라멘트, 열전대 용접 등에 이용
- 돌기용접(projection welding)
- 이음매 용접(심 용접, seam welding)
- 충격 용접 : 고유저항이 적도 열전도율이 큰 것에 사용(경금속 용접)

【답】①

10 함수 $f(t) = t\sin\omega t$의 라플라스 변환 $F(s)$는?
① $\dfrac{\omega s}{(s^2+\omega^2)^2}$
② $\dfrac{\omega}{s^2+\omega^2}$
③ $\dfrac{2\omega s}{(s^2+\omega^2)^2}$
④ $\dfrac{\omega^2}{s^2+\omega^2}$

Explanation

복소미분정리

$\mathcal{L}[f(t)] = F(s)$ 이면 $\mathcal{L}[t^n f(t)] = (-1)^n \dfrac{d^n}{ds^n} F(s)$

$\mathcal{L}[t\sin\omega t] = (-1)^1 \dfrac{d}{ds}(\sin\omega t) = -1\dfrac{d}{dt}\left(\dfrac{\omega}{s^2+\omega^2}\right) = -\dfrac{0-\omega\cdot 2s}{(s^2+\omega^2)^2} = \dfrac{2\omega s}{(s^2+\omega^2)^2}$

【답】③

11 저항 온도 계수가 가장 낮은 것은?
① 철
② 니켈
③ 백금
④ 텅스텐

Explanation

저항온도계수
- 철 : 0.005
- 니켈 : 0.006
- 백금 : 0.00392
- 텅스텐 : 0.0045

【답】③

12 목재의 건조, 베니어판 등의 합판에서의 접착건조, 약품의 건조 등에 적합한 전기 건조 방식은?
① 아크 건조　　　　　　　　② 고주파 건조
③ 적외선 건조　　　　　　　④ 자외선 건조

Explanation

유도 가열과 유전 가열은 모두 고주파 가열이며 따라서 내부 가열에 적합하다.
① 유도 가열
　• 히스테리시스손과 와류손에 의한 가열
　• 반도체 정련, 금속의 표면처리, 단결정 제조 등에 사용
② 유전 가열
　• 유전체손에 의한 가열
　• 목재의 접착, 비닐막 접착, 플라스틱 성형 등에 사용　　　　　【답】 ②

13 2[g]의 알루미늄을 60[℃] 높이는 데 필요한 열량은 약 얼마인가?(단, 알루미늄의 비열은 0.2[cal/g·℃]이다)
① 24　　　　　　　　　　　② 20.64
③ 206.40　　　　　　　　　④ 860

Explanation

열량 $Q = cm\theta = 0.2 \times 2 \times 60 = 24[cal]$
여기서, c : 비열[cal/g·℃], m : 질량[g], θ : 온도차[℃]　　　　【답】 ①

14 열펌프에 이용되는 분류 방법 중 공기조화에 사용되는 방법은?
① 가열의 이용　　　　　　　② 열압축기로서의 이용
③ 냉동과 가열의 교대 이용　 ④ 냉동과 가열의 병용

Explanation

열펌프(히트펌프) : 열원에서 열에너지를 제공하는 장치. 냉동과 가열의 교대 이용　【답】 ③

15 직류식 전기철도와 관련된 설명으로 옳지 않은 것은?
① 통신유도 장해가 발생한다.
② 전기설비가 간단하다.
③ 지상 설비비가 비교적 많이 든다.
④ 전차선로 및 기기의 절연 계급을 낮출 수 있다.

Explanation

(1) 장점
　① 견인 특성이 우수한 직류 직권 전동기를 그대로 이용할 수 있어 전기차 설비가 간단
　② 전압이 낮으므로 전차 선로나 기기의 절연이 쉽다.
　③ 터널이나 교량 등에서 절연 이격 거리를 짧게 할 수 있다.
　④ 활선 작업을 하기가 쉽다.
　⑤ **통신 선로에 유도 장해가 작다.**
　⑥ 신호 궤도 회로에 교류 방식을 사용할 수 있다.
(2) 단점
　① 부하 전류가 크기 때문에 전압 강하가 크게 되어 변전소 간격이 짧아진다.
　② 누설 전류에 의한 전기 부식 대책이 필요하다.
　③ 전류가 크기 때문에 전선의 단면적이 커진다.　　　　　　　【답】 ①

16 파장 폭이 좁은 3가지의 빛을 조합하여 효율이 높은 백색 빛을 얻는 3파장 형광램프에서 3가지 빛이 아닌 것은?
① 황색
② 청색
③ 적색
④ 녹색

Explanation

3파장 형광등 : 청색, 녹색, 적색 파장대의 빛. 자연광에 유사하도록 설계

【답】①

17 반사율 ρ, 투과율 τ, 반지름 r인 완전확산성 구형 글로브의 중심에 광도 I의 점광원을 켰을 때 광속 발산도는?

① $\dfrac{\rho\pi}{r^2(1-\rho)}$
② $\dfrac{4\pi\rho I}{r^2(1-\tau)}$
③ $\dfrac{\rho I}{r^2(1-\tau)}$
④ $\dfrac{\tau I}{r^2(1-\rho)}$

Explanation

글로브 효율 $\eta = \dfrac{\tau}{1-\rho}$

광속 발산도 $R = \dfrac{F}{s} \times \eta = \dfrac{4\pi I}{4\pi r^2} \times \dfrac{\tau}{1-\rho} = \dfrac{\tau I}{r^2(1-\rho)}$ [rlx]

【답】④

18 투명 네온관등에 네온가스를 봉입하였을 때 광색은?
① 등색
② 고등색
③ 황갈색
④ 등적색

Explanation

네온관등의 광색

봉입가스	유리관색	관등의 색
네온	**투명**	**등적색**
	청색	등색

【답】④

19 전기철도용 주 전동기의 구비조건이 아닌 것은?
① 병렬운전이 가능하며, 전동기 상호간의 불평형이 적을 것
② 기동 시 기동토크가 클 것
③ 소형 경량이며 분권특성일 것
④ 회전수를 광범위하게 조절할 수 있을 것

Explanation

전기철도의 주전동기 요구 조건
• 기동 토크가 클 것 (직류 직권 전동기, 교류 단상 정류자 전동기)
• 올라가는 구배에서 과부하되지 않고 토크 저하가 적을 것
• 병렬 운전이 가능하고 전동기 상호 불평형이 적을 것
• 회전수를 광범위하게 조정할 수 있어야 한다.
• 단자 전압이 변화하여도 전류의 변화가 적을 것

【답】③

20 반지름 a, 휘도 B인 완전 확산성 구면 광원의 중심에서 h 되는 거리의 점에서 이 광원의 중심으로 향하는 조도는 얼마인가?

① πB
② $\dfrac{\pi B a^2}{h^2}$
③ $\pi B a^2 h$
④ $\dfrac{\pi B a}{h}$

Explanation

구면 광원의 중심에서 h 되는 거리의 점에서 이 광원의 중심으로 향하는 조도
$E_h = \pi B \sin^2\theta$

여기서, $\sin\theta = \dfrac{a}{h}$

$\therefore E_h = \pi B \dfrac{a^2}{h^2}$

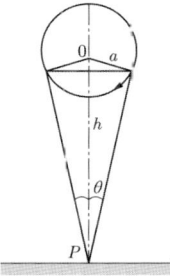

【답】②

2과목 전력공학

21 그림은 송배전선로 건설비와 송전전압의 관계를 나타낸 것이다. 전선비를 의미하는 것은?

① A
② B
③ C
④ D

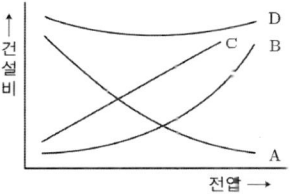

Explanation

일반적으로 전압이 높아지면 절연 레벨이 올라가므로 애자 및 지지물비는 상승하고 전류밀도의 크기는 감소하므로 전선비는 낮아진다.

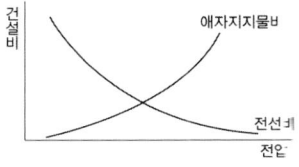

【답】①

22 초호환(arcing ring)의 설치 목적은?
① 애자련의 섬락보호
② 클램프의 보호
③ 코로나손의 방지
④ 이상전압 발생의 방지

Explanation

소호각, 소호환(아킹혼, 아킹링)
• 섬락 시 애자련을 보호

• 애자련에 걸리는 전압 분담을 균일 【답】①

23
3상 3선식에서 일정한 거리에 일정한 전력을 송전할 경우 선로에서의 저항손은?
① 선간전압의 제곱에 비례한다.
② 선간전압에 비례한다.
③ 선간전압에 반비례한다.
④ 선간전압의 제곱에 반비례한다.

Explanation

전력손실 $P_l = 3I^2R = \dfrac{P^2R}{V^2\cos^2\theta}$

$P_l \propto \dfrac{1}{V^2}$ 이므로 저항손(선로손실)은 선간 전압의 제곱에 반비례한다. 【답】④

24
변류기의 2차측 회로를 변류기와 분리할 때 변류기의 2차측에 과전압이 유도되는 것을 방지하기 위한 조치로 옳은 것은?
① 2차측 각 단자를 절연시킨다.
② 2차측 각 단자를 고저항으로 연결한다.
③ 2차측 각 단자를 단락시킨다.
④ 2차측 각 단자를 개방한다.

Explanation

CT(변류기) : 2차측 단락(2차측 과전압보호, 2차측 절연보호) 【답】③

25
수력발전소의 수차 효율시험을 위해 유량이 많고 단면적이 큰 하천에 사용되는 측정방법은?
① 언측법
② 깁슨법
③ 부표법
④ 유속계법

Explanation

① 유속계법 : 하천의 유량 등 주로 대용량의 측정에 사용하며 프로펠러형의 날개를 회전시킴으로써 유속을 구하는 방법
② 부표법 : 흐름이 안정된 하천의 직선부분을 측정 지점으로 하여 부표를 띄우고 2점 간의 거리와 통과시간으로부터 유속을 구하는 방법
③ 언측법 : 하천의 흐름을 가로질러 언(堰, Weir)을 설치하고 유수가 월류할 때의 수위를 측정함으로써 유량을 구하는 방법으로 주로 소하천에서 사용 【답】④

26
수차에서 캐비테이션에 의한 결과로 옳지 않은 것은?
① 흡출관 입구에서 수압의 변동이 현저해진다.
② 수차에 진동을 일으켜서 소음이 발생한다.
③ 토출측에서 물이 역류하는 현상이 발생한다.
④ 유수에 접한 러너나 버킷 등에 침식이 발생한다.

Explanation

공동현상 (캐비테이션) : 유체가 빠른 속도로 흐를 때 러너날개 등의 면에 저압력이나 진공부분이 발생하는 현상
• 영향
 – 수차의 금속부분이 부식
 – 진동과 소음 발생
 – 출력과 효율의 저하
• 방지대책
 – 수차의 특유속도를 너무 높게 취하지 말 것
 – 흡출관을 사용하지 말 것
 – 침식에 강한 재료를 사용할 것
 – 수차를 과도한 부분부하에서 운전하지 말 것 【답】③

27 3상 3선식 변압기 2차측 결선방식이 아닌 것은?
① V결선
② △결선
③ T결선
④ Y결선

> **Explanation**
>
> 3상 결선 : V결선, △결선, Y결선
> 여기서, T(스코트)결선은 3상을 2상으로 변환하는 방식을 말한다.

【답】③

28 지락전류의 크기가 최소인 중성점 접지방식은?
① 소호 리액터 접지
② 저항 접지
③ 직접 접지
④ 비접지

> **Explanation**
>
> 소호리액터접지
> • L-C병렬공진(**지락전류가 최소**)
> • 1선 지락 시 건전상의 전위상승 최대($\sqrt{3}$ 배 이상)
> • 과도안정도 우수
> • 통신유도장해 최소

【답】①

29 수전단 전압이 3,300[V]이고, 전압강하율이 4[%]인 송전선의 송전단 전압은 약 몇 [V]인가?
① 3,173
② 3,432
③ 3,564
④ 3,696

> **Explanation**
>
> 전압 강하율 $\delta = \dfrac{V_s - V_r}{V_r} \times 100 [\%]$에서
> 송전단 전압 $V_s = (1+\delta)V_r = (1+0.04) \times 3,300 = 3,432[V]$

【답】②

30 흡출관이 필요하지 않은 수차는?
① 펠턴수차
② 카플란수차
③ 프로펠러수차
④ 프란시스수차

> **Explanation**
>
> 흡출관 : 반동수차(물의 압력 에너지를 이용)의 유효 낙차를 늘리기 위한 관
> 따라서 낙차가 높은 수차인 펠톤 수차에서는 필요가 없다.

【답】①

31 부하전류의 차단능력이 없는 것은?
① 단로기
② 진공차단기
③ 유입차단기
④ 공기차단기

> **Explanation**
>
> • **단로기(DS)** : 무부하 회로 개폐
> • **차단기(CB)** : 부하개폐 및 사고차단

【답】①

32 단로기의 사용목적은?
① 회로의 분리
② 단락사고의 차단
③ 과전류의 차단
④ 누하의 차단

> **Explanation**

- 단로기(DS) : 무부하 회로 개폐
- 차단기(CB) : 부하개폐 및 사고차단

【답】 ①

33 부하율을 나타낸 식으로 옳은 것은?

① $\dfrac{최대 수요 전력}{평균 수요 전력} \times 100[\%]$　　② $\dfrac{최대 수요 전력}{설비용량} \times 100[\%]$

③ $\dfrac{설비용량}{평균 수요 전력} \times 100[\%]$　　④ $\dfrac{평균 수요 전력}{최대 수요 전력} \times 100[\%]$

> **Explanation**

부하율 : 전력 사용의 변동 상태를 알아보기 위한 것

부하율 $= \dfrac{평균\ 전력}{최대\ 전력} \times 100[\%] = \dfrac{사용전력량/시간}{최대전력} \times 100[\%]$

【답】 ④

34 3상 3선식 배전선에서 선로저항을 r, 리액턴스를 x, 부하의 역률을 $\cos\theta$, 수전단 전류를 I라고 했을 때, 단거리 송전선로에서 선간 전압 강하를 나타낸 식은?

① $\sqrt{3}\,I(r\cos\theta + x\sin\theta)$　　② $2I(r\cos\theta + x\sin\theta)$

③ $3I(r\cos\theta + x\sin\theta)$　　④ $I(r\cos\theta + x\sin\theta)$

> **Explanation**

3상 전압 강하 $e = V_s - V_r = \sqrt{3}\,I(R\cos\theta + X\sin\theta)$　　여기서, 수전전력 $P = \sqrt{3}\,V_r I_r \cos\theta$

$\qquad = \sqrt{3}\,\dfrac{P}{\sqrt{3}\,V_r \cos\theta}(R\cos\theta + X\sin\theta)$

$\qquad = \dfrac{P}{V_r}(R + X\tan\theta)$

【답】 ①

35 6,500[kVA]인 3상 3선식 송전선에서 선로의 저항은 15[Ω], 리액턴스는 20[Ω], 역률은 0.8일 때 송전단 전압을 약 몇 [kV]인가?(단, 무부하 수전단 전압은 70[kV], 전압변동률은 10[%]이다)

① 64　　② 66

③ 68　　④ 70

> **Explanation**

전압변동률 $\epsilon = \dfrac{V_{r_0} - V_r}{V_r} \times 100[\%]$에서

수전단 전압 $V_r = \dfrac{V_{ro}}{1+\epsilon} = \dfrac{70}{1+0.1} = 63.64[\text{kV}]$

선간전압강하 식 $e = V_s - V_r = \sqrt{3}\,I(R\cos\theta + X\sin\theta)$에서

송전단 전압 $V_s = V_r + e = V_r + \sqrt{3}\,I(R\cos\theta + X\sin\theta)$

$\qquad = V_r + \dfrac{P}{V_r}(R + X\tan\theta)$

$\qquad = 63,640 + \dfrac{6,500 \times 10^3 \times 0.8}{63,640} \times \left(15 + 20 \times \dfrac{0.6}{0.8}\right) = 65,846[\text{V}]$

【답】 ②

36 부하역률이 0.8인 선로의 전력손실은 역률을 0.9로 개선할 때의 약 몇 배인가?(단, 부하 전력과 전압은 동일하다)
① 0.79
② 0.89
③ 1.18
④ 1.27

Explanation

선로 손실 $P_\ell = 3I^2R = 3(\frac{P}{\sqrt{3}V\cos\theta})^2R = \frac{P^2R}{V^2\cos^2\theta} \propto \frac{1}{\cos^2\theta}$

따라서 $P_\ell \propto \frac{1}{\cos^2\theta} = \frac{1}{(\frac{0.9}{0.8})^2} = (\frac{0.8}{0.9})^2 = 0.79 \times 100 = 79[\%]$

【답】①

37 송전 거리 50[km], 송전 전력 5,000[kW]일 때의 경제적인 송전전압은 몇 [kV]정도가 적당한가? (단, still의 식에 의한다)
① 29
② 39
③ 49
④ 59

Explanation

Still의 식(경제적인 송전전압 결정 식)

$V_s = 5.5\sqrt{0.6l + \frac{P}{100}}$ [kV]   여기서, l : 송전거리[km], P : 송전전력[kW]

$= 5.5\sqrt{0.6 \times 50 + \frac{5,000}{100}} = 49.1[kV]$

【답】③

38 송전선로에서 복도체를 사용하는 목적으로 옳은 것은?
① 정전용량의 감소
② 코로나 발생의 방지
③ 인덕턴스의 증가
④ 역률개선

Explanation

복도체(다도체) 방식 : 주목적은 코로나 방지
• 인덕턴스는 감소, 정전 용량은 증가
• 코로나의 방지, 코로나 임계 전압의 상승
• 송전 용량의 증대, 안정도 증대
• 전선 표면의 전위경도 감소

【답】②

39 가공전선로에 사용하는 현수 애자련이 10개라고 할 때 전압 부담이 최소인 애자는?
① 전선에서 1번째 애자
② 전선에서 3번째 애자
③ 전선에서 5번째 애자
④ 전선에서 8번째 애자

Explanation

현수 애자 10개를 사용하는 경우 애자련의 전압부담
• 전압부담이 최대인 애자 : 전선에 가장 가까운 애자
• 전압부담이 최소인 애자 : 전선에서 8번째 애자(철탑에서 3번째 애자)

【답】④

40 그림에서와 같이 부하가 균일한 밀도로 도중에서 분기되어 선로전류가 송전단에 이를수록 직선적으로 증가할 경우 선로 말단의 전압 강하는 이 송전단 전류와 같은 전류의 부하가 선로의 말단에만 집중되어 있을 경우의 전압강하보다 대략 어떻게 되는가? 단, 부하 역률은 모두 같다고 한다.

① $\frac{1}{3}$로 된다. ② $\frac{1}{2}$로 된다.

③ 동일하다. ④ $\frac{1}{4}$로 된다.

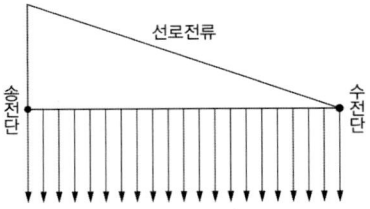

Explanation

부하에 따른 특성

	전압 강하	전력 손실
말단 집중 부하	e	P_l
균등 분산 부하	$\frac{1}{2}e$	$\frac{1}{3}P_l$

【답】②

3과목 　 전기기기

41 3상 직권 정류가 전동기에 있어서 중간 변압기를 사용하는 주된 목적은?
① 분권 특성을 얻기 위하여
② 역회전을 하기 위하여
③ 역회전을 방지하기 위하여
④ 권수비를 바꾸어서 전동기의 특성을 조정하기 위하여

Explanation

3상 직권 정류자 전동기에서 중간 변압기를 사용하는 목적
- 전원 전압의 크기에 관계없이 정류자 전압 조정
- 중간 변압기의 권수비를 조정하여 전동기 특성을 조정
- 경부하시 직권 특성 ($T \propto I^2 \propto \frac{1}{N^2}$)이므로 속도가 크게 상승할 수 있으므로 중간변압기를 사용하여 속도 상승을 억제
- 실효 권수비 조정

【답】④

42 전기기계의 철심에 규소강판을 사용하는 주된 이유는?
① 동손을 줄이기 위하여
② 표유 부하손을 적게 하기 위하여
③ 와류손을 줄이기 위하여
④ 히스테리시스손을 적게 하기 위하여

Explanation

- 히스테리시스손 감소 : 규소강판 사용
- 와류손 감소 : 성층철심 사용

【답】④

43 동기기의 3상 단락곡선이 직선이 되는 이유는?
① 전기자 반작용이 크므로
② 자기포화가 있으므로
③ 누설 리액턴스가 크므로
④ 무부하 상태이므로

> **Explanation**

동기발전기의 포화율
① 공극선과 무부하 포화곡선
② 포화율 $\delta = \dfrac{\text{포화정도}}{\text{정격전압}} = \dfrac{yz}{xy}$

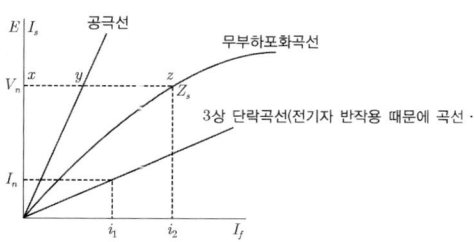

【답】①

44 1방향성 4단자 사이리스터는?
① SCR ② SSS
③ SCS ④ TRIAC

> **Explanation**

반도체 소자(괄호안은 극(단자) 수)
- 단방향성 : SCR(3), GTO(3), LASCR(3), SCS(4)
- 양방향성 : SSS(2), DIAC(2), TRIAC(3)

【답】③

45 1차 전압 100[V], 2차 전압 200[V], 선로출력 50[kVA]인 단권변압기에서 자기용량은 몇 [kVA]인가?
① 25 ② 50
③ 250 ④ 500

> **Explanation**

$\dfrac{\text{자기 용량}}{\text{부하 용량}} = \dfrac{V_h - V_l}{V_h}$

$\therefore \text{자기 용량} = \dfrac{V_h - V_l}{V_h} \times \text{부하용량} = \dfrac{200 - 100}{200} \times 50 = 25 [\text{kVA}]$

【답】①

46 동기전동기가 안전 운전 범위 내에서 운전하려면 어떠한 조건이 되어야 하는가?(단, P_2는 발생 토크, δ는 부하각, $P_2 > 0$의 범위이다)
① $\dfrac{dP_2}{d\delta} \leq 0$ ② $\dfrac{dP_2}{d\delta} > 0$
③ $\dfrac{dP_2}{d\delta} = 0$ ④ $\dfrac{dP_2}{d\delta} < 0$

> **Explanation**

동기전동기 안전 운전 범위 $\dfrac{dP_2}{d\delta} > 0$

【답】②

47 30[kW]의 3상 유도전동기에 전력을 공급할 때 2대의 단상변압기를 사용하는 경우 변압기 1대의 용량은 약 몇 [kVA]인가?(단, 전동기의 역률과 효율은 각각 84[%], 86[%]이고 전동기 손실은 무시한다)
① 17 ② 24
③ 51 ④ 72

> **Explanation**

변압기의 용량 $P = \dfrac{30}{0.84 \times 0.86} = 41.53\,[\text{kVA}]$

2대의 단상변압기를 사용 : V 결선이므로

$P_V = \sqrt{3}\,K$에서 변압기 1대 용량 $K = \dfrac{41.53}{\sqrt{3}} = 24\,[\text{kVA}]$

【답】②

48 3상 반작용 전동기(reaction motor)의 특성으로 가장 옳은 것은?
① 역률이 좋다.
② 기동용 전동기가 필요하다.
③ 여자권선 없이 동기속도로 회전한다.
④ 토크가 비교적 크다.

> **Explanation**

반작용 전동기(reaction motor), 릴럭턴스모터(reluctance motor)
- 원리 : 고정자 회전자계의 자기유도에 의해 돌극 부분에서 발생하는 회전자계를 이용하는 동기전동기
- **무여자(無勵磁)**의 경우 돌극기의 직축릴럭턴스와 횡축릴럭턴스가 다르기 때문에 발생하는 토크(일명 반작용 토크) 성분에 의해 동기속도로 회전
- 특징 : 토크가 작고 역률이나 효율이 나쁘지만 구조가 간단하고 직류여자가 필요 없음
- 응용분야 : 팩시밀리의 드럼구동용, 공업계기의 차트지 발송용의 소용량 모터

【답】③

49 변압기의 임피던스 전압이란?
① 무부하 전류에 의한 2차측 단자전압
② 단락 전류에 의한 변압기 내부 전압 강하
③ 정격 전류에 의한 변압기 내부 전압 강하
④ 정격 전류 시 2차측 단자전압

> **Explanation**

임피던스전압
- 변압기 2차 측을 단락한 상태에서 1차 측에 정격전류(I_{1n})가 흐르도록 1차 측에 인가하는 전압
- 정격전류가 흐를 때 변압기내의 전압강하

【답】③

50 동기발전기의 단락비나 동기임피던스를 산출하는 데 필요한 특성곡선은?
① 부하 포화곡선과 3상 단락곡선
② 무부하 포화곡선과 외부특성곡선
③ 단상 단락곡선과 3상 단락곡선
④ 무부하 포화곡선과 3상 단락곡선

> **Explanation**

단락비 계산 : 무부하 포화 시험, 3상 단락시험

【답】④

51 다음 ( ) 안에 알맞은 것은?

> 분상 기동형 단상유도전동기의 고정자에는 회전자계를 만들기 위해 (㉠)의 전기각을 갖는 (㉡)개의 권선이 필요하다.

① ㉠ : 60°, ㉡ : 3
② ㉠ : 90°, ㉡ : 2
③ ㉠ : 120°, ㉡ : 3
④ ㉠ : 180°, ㉡ : 2

> **Explanation**

분상 기동형
- 주권선과 90° 위상차가 있는 보조 권선을 설치하여 주권선과 위상차에 의해 기동하는 방식
- $R > X$(보조권선), $R < X$(주권선)

【답】②

52 유도전동기의 슬립 s의 범위는?
① $0 < s < 1$
② $-1 < s < 1$
③ $-1 < s < 0$
④ $1 < s$

Explanation

슬립 $s = \dfrac{N_s - N}{N_s}$

- $0 < s < 1$: 유도 전동기
- $1 < s < 2$: 유도 제동기
- $s < 0$: 유도 발전기(비동기 발전기)

【답】 ①

53 직류 분권전동기가 있다. 여기에 전원전압 120[V]를 가했을 때 전기자 전류 35[A]가 흐르고 회전수는 1,300[rpm]이었다. 이 때 계자전류 및 부하전류를 일정하게 유지하고 전원전압을 150[V]로 올리면 회전수[rpm]는 약 얼마인가?(단, 전기자 저항은 0.4[Ω]이다)
① 1,543
② 1,668
③ 1,825
④ 2,040

Explanation

- 전원전압 120[V] 인가시 역기전력 : $E_c = V - I_a R_a = 120 - 35 \times 0.4 = 106[V]$
- 전원전압 150[V] 인가시 역기전력 : $E_c' = V' - I_a R_a = 150 - 35 \times 0.4 = 136[V]$
- 역기전력 $E_c = \dfrac{p}{a} Z \phi \dfrac{N}{60}$ 에서 $E_c \propto n$ 이므로

$\therefore n' = \dfrac{136}{106} \times 1,300 = 1,667.92 [\text{rpm}]$

【답】 ②

54 서보기구의 위치검출에 사용되는 것이 아닌 것은?
① 싱크로(Synchro)
② 엔코더(Encoder)
③ 벨로즈(Bellows)
④ 포텐셔미터(Potentiometer)

Explanation

- 포텐셔미터 : 가변저항으로 서보모터의 제어에 사용
- 엔코더 : 모터의 회전속도와 위치를 알려주는 센서
- 싱크로 : 회전하는 장비의 각도 위치를 피드백해주는 센서

【답】 ④

55 220[V], 60[Hz], 4극의 3상 유도전동기가 있다. 전부하에서의 출력은 10[kW]이고, 회전수가 1,700[rpm]이라면, 동기 와트는 약 몇 [W]인가?
① 56.2
② 67.6
③ 10,596
④ 12,479

Explanation

동기 속도 $N_s = \dfrac{120f}{p} = \dfrac{120 \times 60}{4} = 1,800[\text{rpm}]$

토크 $T = 0.975 \times \dfrac{P_o}{N} = 0.975 \times \dfrac{10 \times 10^3}{1,700} = 5.74[\text{kg} \cdot \text{m}]$

토크 $T = 0.975 \times \dfrac{P_2}{N_s} [\text{kg} \cdot \text{m}]$

동기와트 $P_2 = \dfrac{T \times N_s}{0.975} = \dfrac{5.74 \times 1,800}{0.975} = 10,596[W]$

【답】 ③

56 출력이 220[V], 60[Hz], 50[kW]인 3상 농형 유도전동기를 3상 단권변압기를 이용하여 기동하려고 할 때 가장 옳은 것은?
① 2차 저항 기동법
② Y-△ 기동법
③ 전전압 기동법
④ 기동보상기법

Explanation

농형 유도전동기의 기동법
• 전전압 기동(직입기동) : 5 [kW] 이하의 소형
  전동기 단자에 직접 정격전압을 가한다.
• Y-△기동 : 기동전류 제한을 위해 (5~15 [kW]정도)
• 기동 보상기법 : 단권변압기를 이용한 감전압 기동, 15 [kW] 이상

【답】 ④

57 변압기의 벡터도에서 1차 단자전압($\dot{V}_1$)을 나타내는 것은?(단, $\dot{V}_1$: 1차 단자전압, $V_1 = (-\dot{E}_1)$: 1차 유도기전력, Z_1 : 1차 권선 임피던스, $\dot{I}_\omega$: 철손전류, $\dot{I}_\mu$: 자화전류, $\dot{I}_1$: 1차 부하전류이다)
① $\dot{V}_1 = V_1 - (\dot{I}_\omega + \dot{I}_\mu + \dot{I}_1)Z_1$
② $\dot{V}_1 = V_1 + (\dot{I}_\omega - \dot{I}_\mu - \dot{I}_1)Z_1$
③ $\dot{V}_1 = V_1 - (\dot{I}_\omega + \dot{I}_\mu - \dot{I}_1)Z_1$
④ $\dot{V}_1 = V_1 + (\dot{I}_\omega + \dot{I}_\mu + \dot{I}_1)Z_1$

Explanation

1차 단자전압 : $\dot{V}_1 = V_1 + (\dot{I}_\omega + \dot{I}_\mu + \dot{I}_1)Z_1$
여기서, 1차 전류 $I_1 = \dot{I}_o + \dot{I}_1 = \dot{I}_\omega + \dot{I}_\mu + \dot{I}_1$

【답】 ④

58 직류전동기의 전기제동법이 아닌 것은?
① 플러깅
② 발전제동
③ 회생제동
④ 직류제동

Explanation

직류 전동기의 제동법
• 발전제동 : 전동기를 발전기로 적용하여 생긴 유기기전력을 저항을 통하여 열로 소비하는 제동법
• 회생제동 : 전동기를 발전기로 적용하여 생긴 유기기전력을 전원으로 궤환 시키는 제동법
• 역전제동(플러깅) : 전기자의 접속을 반대로 변경하여 역토크에 의해 제동하는 것

【답】 ④

59 25[kW], 124[V], 1,200[rpm]의 직류 타여자 발전기의 전기자 저항(브러시 저항 포함)은 0.4[Ω]이다. 이 발전기를 정격상태에서 운전하고 있을 때 속도를 200[rpm]으로 저하시켰다면 발전기의 유기기전력[V]은?(단, 정상 상태에서의 유기기전력은 E라 한다)
① $\frac{1}{2}E$
② $\frac{1}{4}E$
③ $\frac{1}{6}E$
④ $\frac{1}{8}E$

Explanation

유기기전력 $E = K\phi N$, $E \propto N$
여기서, 200[rpm]일 때의 유기기전력 $E' = E \times \frac{N'}{N} = E \times \frac{200}{1,200} = \frac{1}{6}E$

【답】 ③

60 다음 그림기호의 명칭은?
① 가변 용량 다이오드
② 제너 다이오드
③ 발광 다이오드
④ 쇼트키 다이오드

Explanation

다이오드 종류별 기호
- 가변 용량(버랙터) 다이오드 : ▶▮
- 제너 다이오드 : ▶▙
- 발광 다이오드 : ▶▮⁄
- 쇼트키 다이오드 : ▶▟

【답】 ③

4과목 회로이론

61 $i(t) = 100 + 50\sqrt{2}\sin\omega t + 20\sqrt{2}\sin\left(3\omega t + \dfrac{\pi}{6}\right)$[A]로 표현되는 비정현파 전류의 실효값은 약 몇 [A]인가?
① 20
② 50
③ 114
④ 150

Explanation

비정현파의 실효값 : 각파의 실효값 제곱의 합의 제곱근
$I = \sqrt{I_0^2 + I_1^2 + I_2^2 + \cdots + I_n^2} = \sqrt{100^2 + 50^2 + 20^2} = 114$[A]

【답】 ③

62 다음의 건전지 결선 중에서 전구 ⓛ이 점등되지 않는 것은?

① ─┤3[V]├─┤1.5[V]├─Ⓛ─
② ─┤1.5[V]├─┤1.5[V]├─Ⓛ─
③ ─┤1.5[V]├─┤1.5[V]├──
④ ─┤3[V]├─┤1.5[V]├─Ⓛ─

Explanation

전원공급은 건전지인 경우 극성이 (-) (+) (-) (+)로 연결되어야 한다.
따라서 ②번의 경우는 (-) (+) (+) (-)로 같은 전압 1.5[V]가 연결되므로 전원이 공급되지 않는다.

【답】 ②

63 다음의 회로에서 전류 $i(t)$를 나타낸 식은?
① $i(t) = \dfrac{q(t)v(t)}{C}$
② $i(t) = C\dfrac{dq(t)}{dt}$
③ $i(t) = \dfrac{q(t)}{j\omega C}$
④ $i(t) = C\dfrac{v(t)}{dt}$

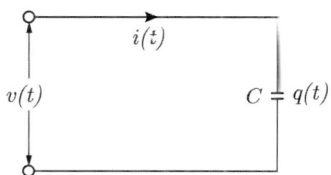

Explanation

콘덴서에서의 전압, 전류
전류 $i(t) = C\dfrac{v(t)}{dt}$
전압 $v(t) = \dfrac{1}{C}\displaystyle\int i(t)\,dt$

【답】④

64 출력이 $F(s) = \dfrac{3s+2}{s(s^2+2s+6)}$ 로 표시되는 제어계가 있다. 이 계의 시간함수 $f(t)$의 최종값은?

① $\dfrac{1}{3}$　　　　　　　　　② $\dfrac{1}{6}$
③ 3　　　　　　　　　　④ 2

Explanation

라플라스 변환의 최종값 정리를 이용하여
$f(\infty) = \lim\limits_{t\to\infty} f(t) = \lim\limits_{s\to\infty} sF(s)$ 로부터
$f(\infty) = \lim\limits_{s\to 0} s \cdot \dfrac{3s+2}{s(s^2+2s+6)} = \dfrac{1}{3}$

【답】①

65 그림과 같은 고역 여파기에서 공칭 임피던스 $K[\Omega]$ 및 차단 주파수 f_c[kHz]는 얼마인가?

① 400, 약 25.9
② 460, 약 20.9
③ 480, 약 18.9
④ 500, 약 15.9

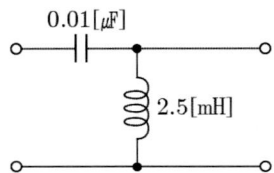

Explanation

고역 여파기(High Pass Filter)

공칭 임피던스 $K = \sqrt{\dfrac{L}{C}} = \sqrt{\dfrac{2.5\times 10^{-3}}{0.01\times 10^{-6}}} = 500$

차단 주파수 $f_c = \dfrac{K}{4\pi L} = \dfrac{500}{4\pi\times 2.5\times 10^{-3}} = 15.9\times 10^3 = 15.9[\text{kHz}]$

【답】④

66 9[Ω]과 3[Ω]의 저항 6개를 그림과 같이 연결하였을 때 A, B 사이의 합성저항[Ω]은?

① 9
② 4
③ 3
④ 2

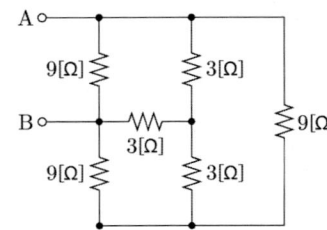

Explanation

등가회로로 전환하면 다음과 같다.

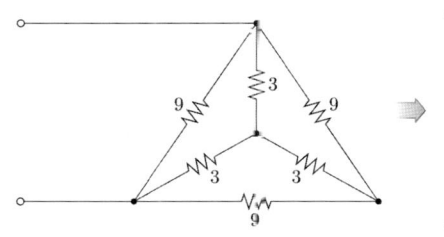
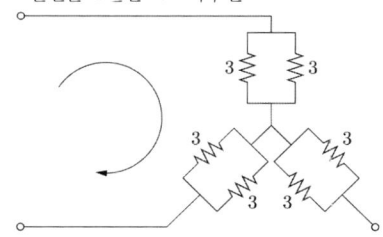

따라서 합성저항 $R_{AB} = \dfrac{3\times 3}{3+3} + \dfrac{3\times 3}{3+3} = 3[\Omega]$

【답】③

67 그림과 같은 (a), (b)의 회로가 서로 역회로의 관계가 있으려면 L의 값 [mH]은?

① 1
② 2
③ 3
④ 4

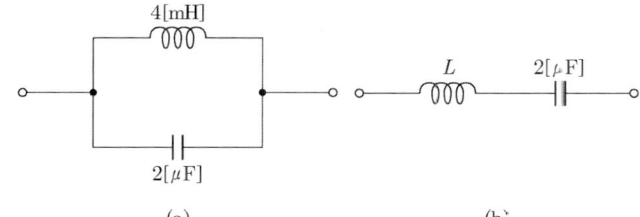

(a) (b)

Explanation

역회로조건 : $K^2 = \dfrac{L_1}{C_1} = \dfrac{L_2}{C_2}$ 에서

$K^2 = \dfrac{L_1}{C_1} = \dfrac{4\times 10^{-3}}{2\times 10^{-6}} = 2\times 10^3$

∴ $L_2 = K^2 C_2 = 2\times 10^3 \times 2\times 10^{-6} = 4\times 10^{-3} = 4\,[\text{mH}]$

【답】④

68 비정현파의 전압이 $5 + 10\sqrt{2}\sin\omega t + 5\sqrt{2}\sin(3\omega t)[V]$일 때 실효치 [V]는?

① 9.2
② 10.6
③ 11.6
④ 12.2

Explanation

비정현파의 실효값 $E = \sqrt{E_0^2 + E_1^2 + E_2^2 + \cdots + E_n^2} = \sqrt{5^2 + 10^2 + 5^2} = 12.2[\text{V}]$

【답】④

69 그림과 같은 회로의 공진 시의 어드미턴스는?

① $\dfrac{CR}{L}$
② $\dfrac{L}{CR}$
③ $\dfrac{CL}{R}$
④ $\dfrac{LR}{C}$

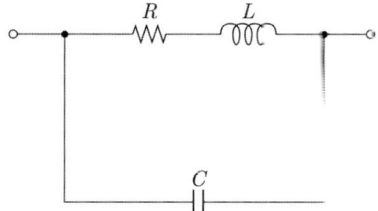

Explanation

병렬회로의 전체 어드미턴스 $Y = \dfrac{1}{R+j\omega L} + j\omega C = \dfrac{R}{R^2+(\omega L)^2} + j\left(\omega C - \dfrac{\omega L}{R^2+(\omega L)^2}\right)$

유입 전류를 최소로 하려면 병렬 공진 되어야 하므로
병렬공진 조건인 어드미턴스의 허수부를 0으로 하려면
$\omega C = \dfrac{\omega L}{R^2 + (\omega L)^2}$ 에서 $R^2 + \omega^2 L^2 = \dfrac{L}{C}$

공진 시 어드미턴스는 $Y = \dfrac{R}{R^2 + \omega^2 L^2}$ 에서

$R^2 + \omega^2 L^2 = \dfrac{L}{C}$ 를 대입하면

$\therefore Y_r = \dfrac{R}{R^2 + \omega^2 L^2} = \dfrac{R}{\dfrac{L}{C}} = \dfrac{RC}{L}$

【답】①

70
그림과 같은 4단자 회로망의 4단자 정수는? (단, $\begin{bmatrix} V_1 \\ I_1 \end{bmatrix} = \begin{bmatrix} A & B \\ C & D \end{bmatrix} \begin{bmatrix} V_2 \\ I_2 \end{bmatrix}$)

① $\begin{bmatrix} 1 - \omega LC & 1 \\ 0 & 1 \end{bmatrix}$
② $\begin{bmatrix} 1 & \omega^2 LC \\ j\omega C & 1 \end{bmatrix}$
③ $\begin{bmatrix} 1 - \omega^2 LC & j\omega C \\ j\omega L & 1 \end{bmatrix}$
④ $\begin{bmatrix} 1 - \omega^2 LC & j\omega L \\ j\omega C & 1 \end{bmatrix}$

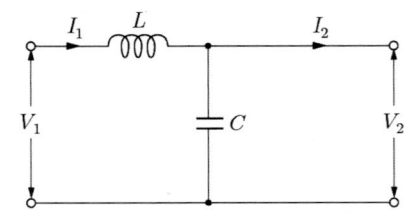

Explanation

$\begin{bmatrix} A & B \\ C & D \end{bmatrix} = \begin{bmatrix} 1 & j\omega L \\ 0 & 1 \end{bmatrix} \begin{bmatrix} 1 & 0 \\ j\omega C & 1 \end{bmatrix} = \begin{bmatrix} 1 - \omega^2 LC & j\omega L \\ j\omega C & 1 \end{bmatrix}$

【답】④

71
저항 $R = 5,000[\Omega]$, 커패시터 $C = 20[\mu F]$ 이 직렬로 접속된 회로에 일정 전압 $E = 100[V]$ 를 가하고, $t = 0$ 에서 스위치를 넣을 때 콘덴서 단자전압[V]을 구하면? 단, $t = 0$ 에서의 커패시터의 전압은 0[V]이다.

① $100(1 - e^{10t})$
② $100 e^{-10t}$
③ $100(1 - e^{-10t})$
④ $100 e^{10t}$

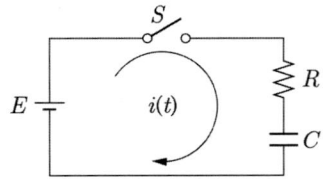

Explanation

$R-C$ 직렬회로	직류 기전력 인가 시(S/W on)
전류 $i(t)$	$i = \dfrac{E}{R} e^{-\dfrac{1}{RC}t}$ [A]
시정수	$\tau = RC$ [sec]
V_c	$V_c = E\left(1 - e^{-\dfrac{1}{RC}t}\right)$ [V]

따라서 콘덴서에 걸리는 전압 $v_c(t) = 100 \times \left(1 - e^{-\dfrac{1}{5000 \times 20 \times 10^{-6}}t}\right) = 100(1 - e^{-10t})$

【답】③

72 인덕턴스가 100[mH]인 코일에 $220\sqrt{2}\sin(377t+30°)$[V]의 전압을 가할 때 유도성 리액턴스 X_L은 약 몇 [Ω]인가?
① 37.7
② 75
③ 75.4
④ 3.8

Explanation

유도성 리액턴스 $X_L = \omega L = 377 \times 100 \times 10^{-3} = 37.7[\Omega]$

【답】①

73 100[V], 50[Hz]의 교류 전압을 저항 100[Ω], 커패스턴스 10[μF]의 직렬 회로에 가할 때 역률은?
① 0.1
② 0.27
③ 0.3
④ 0.4

Explanation

용량성 리액턴스 $X_c = \dfrac{1}{\omega C} = \dfrac{1}{2\pi fC} = \dfrac{1}{2 \times 3.14 \times 50 \times 10 \times 10^{-6}} = \dfrac{10^3}{3.14}[\Omega]$

직렬 회로에서의 역률 $\cos\theta = \dfrac{R}{Z} = \dfrac{R}{\sqrt{R^2+X_c^2}} = \dfrac{100}{\sqrt{100^2+\left(\dfrac{10^3}{3.14}\right)^2}} \fallingdotseq 0.3$

【답】③

74 그림과 같은 회로가 정저항 회로가 되기 위한 $R[\Omega]$의 값은 얼마인가?
① 200
② 2
③ 2×10^{-2}
④ 2×10^{-4}

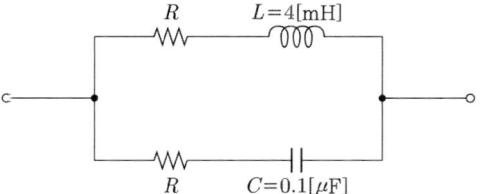

Explanation

정저항 회로 조건
$R = \sqrt{\dfrac{L}{C}} = \sqrt{\dfrac{4 \times 10^{-3}}{0.1 \times 10^{-6}}} = 200[\Omega]$

【답】①

75 그림과 같은 회로에서 20[Ω]에 흐르는 전류는 몇 [A]인가?
① 1.2
② 1.8
③ 2.2
④ 2.8

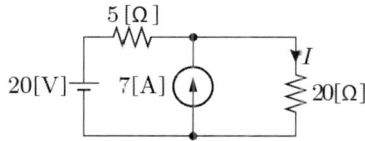

Explanation

중첩의 원리

20[V]에 의한 전류(전류원은 개방) : $I_1 = \dfrac{20}{5+20} = 0.8[A]$

7A에 의한 전류(전압원은 단락) : $I_2 = \dfrac{5}{5+20} \times 7 = 1.4[A]$

$\therefore I = I_1 + I_2 = 0.8 + 1.4 = 2.2[A]$

【답】③

76 정현파 교류전압의 파고율은?
① 0.91
② 1.11
③ 1.41
④ 1.73

Explanation

각 파형의 평균값 및 실효값

	파형	실효값	평균값
정현파	$i(t)$ 정현파형	$\dfrac{I_m}{\sqrt{2}}$	$\dfrac{2}{\pi}I_m$

정현파의 파고율 $= \dfrac{최대값}{실효값} = \dfrac{V_m}{\dfrac{V_m}{\sqrt{2}}} = \sqrt{2} = 1.414$

【답】③

77 $R-L$ 직렬 회로에서 시정수의 값이 클수록 과도현상의 소멸되는 시간에 대한 설명으로 옳은 것은?
① 짧아진다.
② 과도기가 없어진다.
③ 길어진다.
④ 변화가 없다.

Explanation

시정수(Time constant) : 목표 값에 63.2[%]에 도달하는 시간으로 정의
시정수가 클수록 과도현상은 오래 지속된다.

【답】③

78 불평형 회로 조건에서 영상분 회로가 존재하는 3상 변압기의 구성은?
① $\triangle-\triangle$ 결선의 3상 3선식
② $\triangle-Y$ 결선의 3상 3선식
③ $Y-\triangle$ 결선의 3상 3선식
④ $Y-Y$ 결선의 3상 4선식

Explanation

영상분은 접지식 회로에서만 발생. $Y-Y$결선의 3상 4선식은 중성점을 접지하므로 영상분이 존재한다.

【답】④

79 3상 유도전동기의 출력이 10[HP], 선간전압 200[V], 효율 90[%], 역률 85[%]일 때, 이 전동기에 유입되는 선전류는 약 몇 [A]인가?(단, 1[HP]=746[W])
① 16
② 20
③ 28
④ 45

Explanation

유도전동기의 효율 $\eta = \dfrac{P_0}{P_i}$

여기서, 입력은 $P_i = \dfrac{P_0}{\eta} = \sqrt{3}\,VI\cos\theta$ 이고, 1[HP]=746[W]

따라서 선전류 $I = \dfrac{P_0}{\eta\sqrt{3}\,V\cos\theta} = \dfrac{10\times 746}{0.9\times\sqrt{3}\times 200\times 0.85} = 28$ [A]

【답】③

80 그림과 같은 회로의 출력전압 $e_o(t)$의 위상은 입력전압 $e_i(t)$의 위상보다 어떻게 되는가?

① 앞선다.
② 뒤진다.
③ 같다.
④ 앞설 수도 있고, 뒤질 수도 있다.

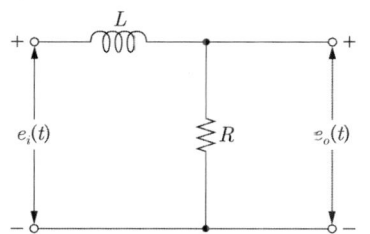

Explanation

입력전압은 저항과 리액턴스의 합수이며 출력전압은 저항만의 함수이므로 **입력 전압의 위상이 앞선다.** 【답】②

5과목 전기설비기술기준

81 다음 그림은 전력선 반송통신용 결합장치의 보안장치로 사용하는 기기의 정격에 대한 설명으로 틀린 것은?

① DR는 전류용량 5[A]이상의 배류선륜이다.
② L_1은 교류 300[V]이하에서 동작하는 피뢰기이다.
③ L_2는 동작전압이 교류 1.3[kV]를 초과하고 1.6[kV] 이하로 조정된 방전갭이다.
④ F는 정격전류 10[A] 이하의 포장 퓨즈이다.

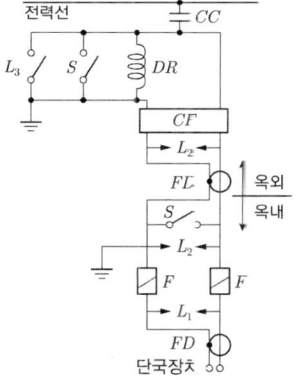

Explanation

(KEC 362.10조) 전력선 반송 통신용 결합장치의 보안장치

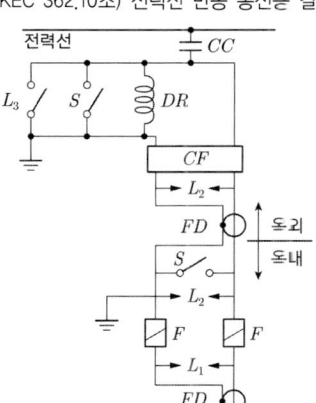

- FD : 동축케이블
- F : 정격전류 10[A] 이하의 포장 퓨즈
- **DR : 전류 용량 2[A] 이상의 배류 선륜**
- L_1 : 교류 300[V] 이하에서 동작하는 피뢰기
- L_2 : 동작 전압이 교류 1,300[V]를 초과하고 1,600[V] 이하로 조정된 방전갭
- L_3 : 동작 전압이 교류 2[kV]를 초과하고 3[kV] 이하로 조정된 구상 방전갭
- S : 접지용 개폐기
- CF : 결합 필터
- CC : 결합 커패시터(결합 안테나를 포함한다.)

【답】①

82 사용전압이 22.9[kV]인 가공전선로를 시설하는 경우 지표상의 높이는 몇 [m] 이상으로 하여야 하는가?(단, 철도 또는 궤도를 횡단하는 경우이다.)
① 5
② 5.5
③ 6
④ 6.5

Explanation

(KEC 333.7조) 특고압 가공전선의 높이

사용전압의 구분	지표상의 높이
35[kV] 이하	5[m] (철도 또는 궤도를 횡단하는 경우에는 6.5[m], 도로를 횡단하는 경우에는 6[m], 횡단보도교의 위에 시설하는 경우로서 전선이 특고압 절연전선 또는 케이블인 경우에는 4[m])

【답】 ④

83 전력 보안통신 설비인 무선통신용 안테나 또는 반사판을 지지하는 철근 콘크리트주 또는 철탑의 기초의 안전율은 얼마 이상이어야 하는가?
① 1.2
② 1.3
③ 1.5
④ 2.2

Explanation

(KEC 364.1조) 무선용 안테나 등을 지지하는 철탑 등의 시설
전력 보안통신 설비인 무선통신용 안테나 또는 반사판을 지지하는 목주·철근·철근 콘크리트주 또는 철탑
① 목주는 풍압 하중에 대한 안전율은 1.5 이상이어야 한다.
② 철주·철근 콘크리트주 또는 철탑의 기초 안전율은 1.5 이상이어야 한다.

【답】 ③

84 관등 회로에 대한 설명으로 옳은 것은?
① 분기점으로부터 안정기까지의 전로를 말한다.
② 스위치로부터 방전등까지의 전로를 말한다.
③ 스위치로부터 안정기까지의 전로를 말한다.
④ 방전등용 안정기 또는 방전등용 변압기로부터 방전관까지의 전로를 말한다.

Explanation

(KEC 112조) 용어 정의
방전등용 안정기 또는 방전등용 변압기로부터 방전관까지의 전로를 말한다.

【답】 ④

85 빙설이 많은 지방 이외의 지방에서 저온계절에 어떤 풍압하중을 적용하는가?
① 갑종풍압하중
② 을종풍압하중
③ 병종풍압하중
④ 갑종풍압하중과 을종풍압하중 중 큰 것

Explanation

(KEC 331.6조) 풍압 하중의 종별과 적용
빙설이 많은 지방 이외의 지방에서는 고온계절에는 갑종 풍압하중, **저온계절에 병종 풍압하중**

【답】 ③

86 전력보안 통신용 전화설비의 시설장소로 적합하지 않은 곳은?
① 수력설비의 안전상 필요한 양수소 및 강수량 관측소와 수력발전소 간
② 동일 수계에 속하고 안전상 긴급 연락의 필요가 있는 수력발전소 상호 간
③ 원격감시 제어가 되는 발전소·변전소, 전선로 및 이를 운용하는 급전소간
④ 2개 이상의 급전소 상호 간과 이들을 통합 운용하는 급전소 간

> **Explanation**

(KEC 362조) 전력보안통신설비의 시설
다음 각 호에 열거하는 곳에는 전력 보안통신용 전화 설비를 시설하여야 한다.
① 원격감시 제어가 되지 아니하는 발전소·원격 감시제어가 되지 아니하는 변전소
② 2개 이상의 급전소 상호 간과 이들을 통합 운용하는 급전소 간
③ 수력설비 중 필요한 곳, 수력 설비의 안전상 필요한 양수소(揚水所) 및 강수량 관측소와 수력발전소 간
④ 동일 수계에 속하고 안전상 긴급 연락의 필요가 있는 수력발전소 상호 간
⑤ 동일 전력계통에 속하고 또한 안전상 긴급연락의 필요가 있는 발전소·변전소(이에 준하는 곳으로서 특고압의 전기를 변성하기 위한 곳을 포함한다)·발전제어소·변전제어소 및 개폐소 상호 간 【답】③

87 전기온상의 발열선은 온도가 몇 [℃]를 넘지 않도록 시설하여야 하는가?
① 70
② 80
③ 90
④ 100

> **Explanation**

(KEC 241.5조) 전기온상 등
발열선은 그 온도가 80[℃]를 넘지 아니하도록 시설할 것 【답】②

88 발열선을 공중에 시설하는 전기온상 등에서 발열선을 애자로 지지하는 경우 지지점간의 거리는 몇 [m] 이하이어야 하는가?(단, 발열선의 상호간의 간격이 0.06[m]미만인 경우이다)
① 1
② 0.6
③ 1.5
④ 3

> **Explanation**

(KEC 241.5조) 전기온상 등
발열선을 공중에 시설하는 전기온상 등은 발열선의 지지점간의 거리는 1[m] 이하일 것 【답】①

89 저압 가공전선 상호간의 접근 또는 교차하여 시설할 때 다음 ( )에 알맞은 것은?

> 저압 가공전선이 다른 저압 가공전선과 접근상태로 시설되거나 교차하여 시설되는 경우에는 저압 가공전선 상호 간의 이격거리는 (ⓐ)[m](어느 한 쪽의 전선이 고압 절연전선, 특고압 절연전선 또는 케이블인 경우에는 0.3[m]) 이상, 하나의 저압 가공전선과 다른 저압 가공전선로의 지지물 사이의 이격거리는 (ⓑ)[m] 이상이어야 한다.

① ⓐ : 0.6 ⓑ : 0.3
② ⓐ : 0.3 ⓑ : 0.6
③ ⓐ : 0.3 ⓑ : 0.3
④ ⓐ : 0.6 ⓑ : 0.6

> **Explanation**

(KEC 222.16조) 저압 가공전선 상호 간의 접근 또는 교차
저압 가공전선이 다른 저압 가공전선과 접근상태로 시설되거나 교차하여 시설되는 경우에는 저압 가공전선 상호 간의 이격거리는 0.6[m](어느 한 쪽의 전선이 고압 절연전선, 특고압 절연전선 또는 케이블인 경우에는 0.3[m]) 이상, 하나의 저압 가공전선과 다른 저압 가공전선로의 지지물 사이의 이격거리는 0.3[m] 이상이어야 한다. 【답】①

90 주택용 배선차단기의 B형은 순시트립전류의 범위가 차단기 정격전류(I_n)의 몇 배인가?
① $1I_n$ 초과 ~ $3I_n$ 이하
② $10I_n$ 초과 ~ $20I_n$ 이하
③ $3I_n$ 초과 ~ $5I_n$ 이하
④ $5I_n$ 초과 ~ $10I_n$ 이하

> **Explanation**

(KEC 212.3.4조) 보호장치의 특성

과전류차단기로 저압전로에 사용하는 주택용 배선차단기는 아래 표에 적합한 것이어야 한다.

형	순시트립범위(I_n: 차단기 정격전류)
B	$3I_n$ 초과 $5I_n$ 이하
C	$5I_n$ 초과 $10I_n$ 이하
D	$10I_n$ 초과 $20I_n$ 이하

【답】③

91 태양광 설비의 시설 기준 중 인버터, 절연변압기 및 계통 연계 보호장치 등 전력변환장치의 시설 기준으로 틀린 것은?
① 인버터는 실내·실외용을 구분할 것
② 각 직렬군의 태양전지 개방전압은 인버터 입력전압 범위 이내일 것
③ 옥외에 시설하는 경우 방수등급은 IPX4 이상일 것
④ 옥내에 시설하는 경우 방수등급은 IPX5 이상일 것

Explanation

(KEC 522.2.2조) 태양광 설비의 전력변환장치 시설
인버터, 절연변압기 및 계통 연계 보호장치 등 전력변환장치의 시설
① 인버터는 실내·실외용을 구분할 것
② 각 직렬군의 태양전지 개방전압은 인버터 입력전압 범위 이내일 것
③ 옥외에 시설하는 경우 방수등급은 IPX4 이상일 것

【답】④

92 정류기에 접속하는 변압기 권선의 절연내력시험전압은 정류기 교류측 최대사용전압의 몇 배의 교류전압인가?(단, 정류기의 최대사용전압은 60[kV]를 초과하는 경우이다.)
① 1.1
② 0.92
③ 0.64
④ 0.72

Explanation

(KEC 135조) 변압기 전로의 절연내력
최대 사용전압이 60[kV]를 초과하는 정류기에 접속 : 1.1배

【답】①

93 변압기에 의하여 특고압 전로에 결합되는 고압전로에는 사용 전압의 3배 이하의 전압이 가하여진 경우에 방전하는 피뢰기를 어느 곳에 시설할 때, 방전장치를 생략할 수 있는가?
① 변압기의 단자
② 변압기 단자의 1극
③ 고압전로의 모선의 각상
④ 특고압 전로의 1극

Explanation

(KEC 322.3조) 특고압과 고압의 혼촉 등에 의한 위험방지 시설
변압기에 의하여 특고압전로에 결합되는 고압전로에는 사용전압의 3배 이하인 전압이 가하여진 경우에 방전하는 장치를 그 변압기의 단자에 가까운 1극에 설치하여야 한다. 다만, 사용전압의 3배 이하인 전압이 가하여진 경우에 방전하는 피뢰기를 고압전로의 모선의 각상에 시설하는 때에는 그러하지 아니하다.

【답】③

94 전력계통의 일부가 전력계통의 전원과 전기적으로 분리된 상태에서 분산형전원에 의해서만 가압되는 상태를 무엇이라 하는가?
① 계통연계
② 접속설비
③ 단독운전
④ 접근상태

Explanation

- **독립형 전원(단독운전)** : 전력계통의 일부가 전력계통의 전원과 전기적으로 분리된 상태
- **계통연계형 전원** : 전력계통의 일부가 전력계통의 전원과 전기적으로 연결된 상태

【답】③

95 가공전선로의 지지물에 취급자가 오르고 내리는 데 사용하는 발판 볼트 등은 지표상 몇 [m] 미만에 시설하여서는 아니 되는가?
① 1.2
② 1.5
③ 1.8
④ 2

Explanation

(KEC 331.4조) 가공 전선로 지지물의 철탑오름 및 전주오름 방지
가공전선로의 지지물에 취급자가 오르고 내리는 데 사용하는 발판 볼트 등 : 지표상 1.8[m] 이상

【답】③

96 교통 신호등 제어장치의 2차측 배선의 최대사용전압은 몇 [V] 이하이어야 하는가?
① 380
② 300
③ 220
④ 110

Explanation

(KEC 234.15조) 교통신호등
교통신호등 제어장치의 2차측 배선의 최대사용전압은 300[V] 이하이어야 한다.

【답】②

97 저압가공전선의 높이는 도로를 횡단하는 경우와 철도를 횡단하는 경우에 각각 몇 [m] 이상이어야 하는가?
① 도로 : 지표상 5[m], 철도 : 레일면상 6[m]
② 도로 : 지표상 5[m], 철도 : 레일면상 6.5[m]
③ 도로 : 지표상 6[m], 철도 : 레일면상 6[m]
④ 도로 : 지표상 6[m], 철도 : 레일면상 6.5[m]

Explanation

(KEC 332.5조) 저·고압 가공전선의 높이
① **도로횡단** : 6[m] 이상
② **철도횡단** : 레일면상 6.5[m] 이상
③ **횡단보도교 위** : 3.5[m] 이상(단, 저압용으로 인입용 절연전선 사용 시 3[m])
④ **기타** : 5[m] 이상

【답】④

98 금속관공사로부터 애자공사로 옮기는 경우 절연부싱을 사용하는 가장 주된 목적은?
① 관의 끝이 터지는 것을 방지
② 관내 해충 및 이물질 출입 방지
③ 관의 끝부분에서 조영재의 접촉 방지
④ 관의 끝부분에서 전선 피복의 손상 방지

Explanation

(KEC 232.12조) 금속관공사
관의 끝 부분에는 전선의 피복을 손상하지 아니하도록 적당한 구조의 부싱을 사용할 것. 다만, 금속관공사로부터 애자사용공사로 옮기는 경우에는 그 부분의 관의 끝 부분에는 절연부싱 또는 이와 유사한 것을 사용하여야 한다.

【답】④

99 전차선과 건조물 간의 최소 절연거리에 대한 표이다. 다음 (   )안에 들어갈 내용으로 옳은 것은? (단, 제시되어 있는 동적 최소 이격거리 이상을 확보하여야 한다)

시스템 종류	공칭전압[V]	동적 [mm]	
		비오염	오염
단상교류	25,000	( )	220

① 150 ② 200
③ 170 ④ 220

Explanation

(KEC 431.2조) 전차선로의 충전부와 건조물 간의 절연이격
건조물과 전차선, 급전선 및 전기철도차량 집전장치의 공기절연 이격거리는 표에 제시되어 있는 정적 및 동적 최소 절연이격거리 이상을 확보하여야 한다. 동적 절연이격의 경우 팬터그래프가 통과하는 동안의 일시적인 전선의 움직임 고려.

시스템 종류	공칭전압[V]	동적 [mm]		정적 [mm]	
		비오염	오염	비오염	오염
단상교류	25,000	170	220	270	320

【답】③

100 열차의 설계속도가 250 < V < 300[km/시간]이고 속도등급이 300킬로급이라면 전차선의 기울기(천분율)은?

① 3 ② 0
③ 2 ④ 1

Explanation

(KEC 431.7) 전차선의 기울기
전차선의 기울기는 해당 구간의 열차 통과 속도에 따라 아래 표에 의한다.

설계속도 V[km/시간]	속도등급	기울기(천분율)
300 < V ≤ 350	350킬로급	0
250 < V ≤ 300	300킬로급	0

【답】②

3회 2024년 전기공사산업기사 필기

1과목 전기응용

01 열차저항의 분류에 속하지 않는 것은?
① 출발저항
② 주행저항
③ 곡선저항
④ 복선저항

Explanation

열차저항
- 출발 저항 : 열차가 출발할 때 생기는 저항
- 주행 저항 : 열차가 평탄한 조건 위를 운전할 때 생기는 저항
- 구배 저항 (오르막길 오를 때 저항) : 경사저항
- 곡선 저항 : 원심력에 의해 바퀴와 레일과의 사이에 마찰이 증가하여 회전수 차에 의한 디끄럼 현상에 다른 계항
- 가속 저항 : 가속에 필요한 힘과 반대 방향이 되는 힘을 하나의 저항으로 계산

【답】④

02 다음 중 고주파 유전가열에 해당되지 않는 것은?
① 목재의 건조
② 목재의 접착
③ 비닐막의 접착
④ 고주파 납땜

Explanation

- 유도가열 : 히스테리시스손과 와류손에 의한 가열
  반도체 정련, 금속의 표면처리, 단결정제조 등에 사용
- 유전가열 : 유전체손에 의한 가열
  목재의 건조, 목재의 접착, 비닐막 접착, 플라스틱 성형 등에 사용

【답】④

03 루소선도가 아래 그림과 같을 때, 배광곡선의 식은?
① $I_\theta = 100\cos\theta$
② $I_\theta = 50(1+\cos\theta)$
③ $I_\theta = \dfrac{2\theta}{\pi}100$
④ $I_\theta = \dfrac{\pi-2\theta}{\pi}100$

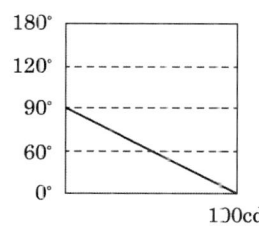

Explanation

배광곡선의 식
① 0° → 100[cd]
② 60° → 50[cd]
③ 90° → 0[cd]
이므로 배광곡선의 식은 $I_\theta = 100\cos\theta$가 된다.

【답】①

04 다음 그림의 함수가 $u(t-a)$로 표현될 때 라플라스 변환식은?

① se^{-at}
② e^{-at}
③ $\dfrac{e^{-as}}{s}$
④ $\dfrac{1}{s}$

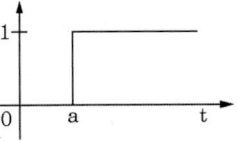

Explanation

라플라스 변환의 시간 이동 정리를 적용하면
$\mathcal{L}\{u(t-a)\} = \dfrac{1}{s}e^{-as}$

【답】③

05 유전가열에 관한 설명으로 틀린 것은?
① 열전효과를 이용한 것이다.
② 온도제어가 용이하다.
③ 균일하게 가열할 수 있다.
④ 선택적으로 가열할 수 있다.

Explanation

유전가열 : 유전체손($P_c = \omega CE^2 \tan\delta$)에 의한 가열
- 목재의 접착, 비닐막 접착, 플라스틱 성형 등에 사용
- 특징 : 급속가열 가능, 균일가열 가능, 온도제어 용이

【답】①

06 36[m]×40[m]인 테니스 코트를 메탈할라이드 램프 400[W]를 사용하여 투광조명을 하려고 한다. 필요한 투광기는 몇 개인가?(단, 설계조도 250[lx], 조명률 0.37, 보수율 0.75, 램프광속은 34,000[lm]이다)
① 24
② 28
③ 31
④ 38

Explanation

$FUN = ESD$에서 등수 $N = \dfrac{ESD}{FU} = \dfrac{250 \times (36 \times 40) \times \dfrac{1}{0.75}}{34,000 \times 0.37} \fallingdotseq 38$[등]

여기서, 감광보상률 $D = \dfrac{1}{M}$, M : 유지율 or 보수율

【답】④

07 프로세스 제어의 제어량에 속하지 않는 것은?
① 방위
② 온도
③ 유량
④ 압력

Explanation

제어량에 의한 분류
① 서보 기구(servo mechanism) : 기계적인 변위량 → 추치(추종)제어. 위치, 방향, 자세, 거리, 각도 등
② 프로세서 제어(process control) : 공업공정의 상태량 → 정치제어. 밀도, 농도, 온도, 압력, 유량, 습도 등
③ 자동조정 (auto regulating) : 전기적, 기계적 신호 → 정치제어. 속도, 전위, 전류, 힘, 주파수

【답】①

08 전자식 안정기의 문제점으로 틀린 것은?
① 고조파 함유율이 낮다.
② 전압변동 및 서지 전압에 취약하다.
③ 고조파 장해로 가전제품, 통신기기, OA기기, FA기기에 영향을 준다.
④ 순간점등으로 높은 피크 전압에 의해 등 흑화 현상이 발생한다.

> **Explanation**

전자식 안정기의 문제점
- 전압변동 및 서지전압에 약하다.
- 고조파 함유율이 높다.
- 고조파 장해(가전제품, 통신기기, 자동화기기)
- 순간점등으로 피크전압에 의한 램프 흑화현상 발생

【답】①

09 열 회로에서 열용량의 단위는?
① J/℃·cm
② J/℃
③ J/cm²·℃
④ J/cm³·℃

> **Explanation**

전기회로와 전열회로 비교

전기			전열			열회로
명칭	기호	단위	명칭	기호	단위	단위(공업용)
전압	V	[V]	온도차	θ	[K°]	[℃]
전류	I	[A]	열류	I	[W]	[kcal/h]
저항	R	[Ω]	열저항	R	[℃/W]	[℃h/kcal]
전기량	Q	[C]	열량	Q	[J]	[kcal]
전도율	K	[℧/m]	열전도율	K	[W/m·deg]	[kcal/h·m·deg]
정전용량	C	[F]	**열용량**	C	[J/℃]	[kcal/℃]

【답】②

10 금속을 양극으로 하고 음극은 불용성의 탄소 전극을 사용하여 전기분해하면 금속 표면의 돌기 부분이 다른 표면 부분에 비해 선택적으로 용해되어 평활하게 되는 것을 무엇이라 하는가?
① 전기 도금
② 전주
③ 전해 연마
④ 전해 정련

> **Explanation**

전해연마
금속을 양극으로 한 후 적당한 전해액 중에서 단시간 전류를 통하면 금속 표면의 돌기 부분만이 먼저 분해되어 매끈한 표면이 생성

【답】③

11 다음 중 형광등의 특성으로 틀린 것은?
① 열발산이 거의 없다.
② 휘도가 낮다.
③ 전원전압의 변화에 대한 광속 변동이 적다.
④ 전원주파수의 변동은 광속에 영향을 미치지 않는다.

> **Explanation**

형광등에서 전원주파수와 광속은 정비례 관계이다.

【답】④

12 권상하중 10[t], 5[m/min]의 속도로 물체를 들어 올리는 권상기용 전동기의 용량은 약 몇 [kW]인가?(단, 권상장치의 기계 효율은 80[%]라 한다)
① 7.5
② 8.3
③ 10.2
④ 14.3

> **Explanation**

권상기용 전동기 출력 $P = \dfrac{WV}{6.12\eta} \times C[\text{kW}]$ (여기서, W : 권상 하중[ton], V : 권상 속도[m/min], C : 평형률)

$P = \dfrac{WV}{6.12\eta} = \dfrac{10 \times 5}{6.12 \times 0.8} = 10.2[\text{kW}]$

【답】③

13 물을 전기분해 할 때 도전율을 높이기 위해 첨가하는 용액은?
① 가성소다와 가성칼리
② 가성소다와 황산
③ 가성칼리와 황산
④ 가성칼리와 인산나트륨

> **Explanation**

물을 전기 분해할 때 가성 소다와 가성 칼리를 20[%]정도 첨가하는 이유 : 물은 도전율이 낮기 때문에 도전율을 높이기 위해

【답】①

14 다음 중 겹치기 용접이 아닌 것은?
① 프로젝션 용접
② 심 용접
③ 업셋 용접
④ 점 용접

> **Explanation**

겹치기 용접 : 두 부재의 일부를 겹친 이음부를 용접하는 것
프로젝션 용접, 점 용접, 심(seam)용접, 납 용접 등을 조합해서 사용

【답】③

15 사이리스터를 이용하여 얻을 수 있는 결과로 틀린 것은?
① 직류 위상 변환
② 직류 전압 변환
③ 주파수 변환
④ 교류 전력 제어

> **Explanation**

SCR(사이리스터) : 위상제어
직류는 위상이 없으므로 제어 대상이 아니다.

【답】①

16 전동기의 설비용량은 실효 용량의 몇 배인가?
① 1
② 1.5
③ 2
④ 2.5

> **Explanation**

전동기의 설비용량은 부하변동 등을 고려하여 실효용량의 1.5배 정도로 한다.

【답】②

17 다음 중 롤러 전극 사이에 용접부를 두고 전극을 회전하면서 연속적으로 용접하는 방법은?
① 심 용접
② 점 용접
③ 아크 용접
④ 프로젝션 용접

> **Explanation**

심용접 : 원판 모양의 전극사이에 두개의 모재를 포개고 전극에 압력을 건 상태로 전극을 회전시키면서 연속적으로 하는 용접법

【답】①

18 루미네선스의 발광 지속시간에 따른 분류 중 자극이 사라진 후에도 어느 정도 지속적으로 발광을 계속하는 것은?
① 마찰
② 인광
③ 광속
④ 형광

> **Explanation**

형광 : 자극을 주는 조사가 계속되는 동안만 발광 현상을 일으키는 것
인광 : 자극이 멈춘 후까지도 계속하여 발광하는 것 【답】②

19 전차용 직류 직권 전동기에 보극을 설치하는 이유는?
① 불꽃 방지
② 진동 방지
③ 섬락 방지
④ 역회전 방지

> **Explanation**

보극 : 정류 개선, 역회전 방지
여기서, 전차용 전동기에서는 역회전 방지가 주목적이다. 【답】④

20 UJT보다 발진의 안정도를 높일 수 있는 소자는?
① PUT
② SCR
③ DIAC
④ TRIAC

> **Explanation**

PUT(Progrmmable Uni-junction Transistor) : UJT처럼 작동하는 3단자 4층 사이리스터
UJT와 비슷하지만 다음의 장점을 가진다.
- 외부 저항에 의해 효율값을 조정할 수 있다(안정도 우수).
- 베이스간 저항을 조절할 수 있다.
- 누설전류가 적다.
- 발진주파수의 변화폭이 적다. 【답】①

2과목 전력공학

21 송전선로에서 매설지선을 설치하는 주된 목적은?
① 절연강도 증가
② 뇌해 방지
③ 기계적 강도 증가
④ 코로나 전압 감소

> **Explanation**

역섬락 방지법
- 매설지선 설치
- 탑각 접지저항 적게 【답】②

22 154[kV] 송전선로의 철탑에 90[kA]의 직격전류가 흐를 때 역섬락을 일으키지 않을 탑각 접지 저항으로 적합한 것은?(단, 154[kV]의 송전선에서 1련의 애자수는 9개를 사용하였고, 이 때 애자 1련의 섬락전압은 960[kV]이다)
① 9
② 14
③ 17
④ 21

> **Explanation**

탑각접지저항 = $\dfrac{\text{애자의 섬락 전압}}{\text{뇌전류}} = \dfrac{860}{90} ≒ 9.6[\Omega]$

이 저항보다 커지면 역섬락이 발생하게 된다.

【답】①

23 진상 전류뿐만 아니라 지상 전류까지 공급하여 연속적으로 전압을 조정할 수 있는 것은?
① 동기 조상기　　　　　　　　　② 직렬 리액터
③ 분로 리액터　　　　　　　　　④ 전력용 커패시터

> **Explanation**

조상설비 비교

	진상	지상	시충전(시송전)	조정	전력손실	증설
전력용 콘덴서	○	×	×	단계적	적다	가능
분로 리액터	×	○	×	단계적	적다	가능
동기 조상기	○	○	○	연속적	크다	불가능

【답】①

24 충전된 콘덴서의 에너지에 의해 트립되는 방식으로 정류기, 콘덴서 등으로 구성되어 있는 차단기의 트립방식은?
① 부족전압 트립방식　　　　　　② 과전류 트립방식
③ 콘덴서 트립방식　　　　　　　④ 직류전압 트립방식

> **Explanation**

차단기의 트립 방식
• 전압 트립방식 : 직류전원의 전압을 트립 코일에 인가하여 트립되는 방식
• 콘덴서 트립방식 : 충전된 콘덴서의 에너지에 의해 트립되는 방식
• CT 트립방식 : CT의 2차 전류가 정해진 값보다 초과되었을 때 트립되는 방식
• 부족전압 트립방식

【답】③

25 한류리액터의 주된 사용 목적은?
① 접지전류의 제한　　　　　　　② 충전전류의 제한
③ 누설전류의 제한　　　　　　　④ 단락전류의 제한

> **Explanation**

한류리액터 : 단락 사고 시 단락전류 제한

【답】④

26 지중케이블에서 고장점을 찾는 방법으로 틀린 것은?
① 머레이 루프법　　　　　　　　② 펄스에 의한 측정법
③ 메거에 의한 측정법　　　　　　④ 정전용량의 측정에 의한 방법

> **Explanation**

지중 케이블 고장점 탐색
• 머레이 루프법(휘스톤 브리지의 원리 이용)
• 정전 용량법
• 수색 코일법
• 펄스법
• 음향법
여기서, 메거는 절연 저항을 측정하는 계기이다.

【답】③

27 3상 1회선과 대지 간의 충전전류가 0.3[A/km]일 때 길이가 35[km]인 선로의 충전전류는 몇 [A]인가?
① 6　　② 10.5
③ 13　　④ 18.2

Explanation

충전전류 $I_c = 0.3[\text{A/km}] \times 35[\text{km}] = 10.5[\text{A}]$

【답】②

28 송전 계통에서 절연협조의 기준이 되는 것은?
① 피뢰기의 제한 전압
② 애자의 섬락 전압
③ 변압기 부싱의 섬락 전압
④ 권선의 절연 내력

Explanation

피뢰기의 제한전압 : 피뢰기 동작 중 단자전압의 파고 값
　　　　　　　　절연협조의 기본이 되는 값

【답】①

29 100[kVA] 단상 변압기 3대(△결선)로 3상 전력을 공급하던 중 변압기 1대가 고장 났을 때 공급할 수 있는 3상 전력은 약 몇 [kVA]인가?
① 100　　② 150
③ 173　　④ 200

Explanation

V결선 출력 $P_V = \sqrt{3}\,K = \sqrt{3} \times 100 = 173[\text{kVA}]$　　여기서, K는 변압기 1대 용량

【답】③

30 전원으로부터 합성 임피던스가 15,000[kVA] 기준 0.5[%]인 곳에 설치하는 차단기의 정격 차단용량은 몇 [MVA] 이상이어야 하는가?
① 2,000　　② 3,000
③ 4,000　　④ 5,000

Explanation

차단기용량(단락 용량) $P_s = \dfrac{100}{\%Z}P_n = \dfrac{100}{0.5} \times 15000 \times 10^{-3} = 3,000[\text{MVA}]$

【답】②

31 송전선로에 근접한 통신선에 유도장해가 발생하였다. 전자유도의 주된 원인은?
① 정상전압
② 영상전압
③ 정상전류
④ 영상전류

Explanation

- 전자유도장해의 원인 : 상호 인덕턴스, 영상전류
- 정전유도장해의 원인 : 상호 정전용량, 영상전압

【답】④

32 다음 보호계전기 회로에서 박스 (A) 부분의 명칭은?
① 차단코일
② 영상변류기
③ 계기용변류기
④ 계기용변압기

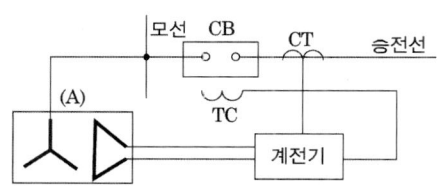

> Explanation

보호계전 시스템

따라서 계전기로 보내주는 신호는 PT, CT이다.

【답】 ④

33 3상 3선식 배전선로의 수전단에 6,000[V], 뒤진 역률 0.8, 500[kW]의 부하가 있다. 이 부하가 같은 역률에서 600[kW]로 증가했을 때 수전단 전압 및 선로 전류를 불변으로 유지하기 위해서 수전단에 필요한 전력용 커패시터는 몇 [kVA]인가?
① 275
② 300
③ 325
④ 350

> Explanation

부하 증가 후의 역률 $\cos\theta_2$는 수전단 전압 및 선로 전류를 일정하게 불변으로 유지하여야 하므로

$$\frac{P_1}{\sqrt{3}\,V\cos\theta_1} = \frac{P_2}{\sqrt{3}\,V\cos\theta_2}$$ 에서 $\cos\theta_2 = \frac{P_2}{P_1}\cos\theta_1 = \frac{600}{500} \times 0.8 = 0.96$

∴ 콘덴서 용량 $Q_c = P(\tan\theta_1 - \tan\theta_2) = 600 \times \left(\frac{0.6}{0.8} - \frac{\sqrt{1-0.96^2}}{0.96}\right) = 275$ [kVA]

【답】 ①

34 전력 사용의 변동 정도를 알아보기 위한 것으로 가장 적당한 것은?
① 역률
② 부등률
③ 부하율
④ 수용률

> Explanation

부하율 $= \dfrac{\text{평균 전력}}{\text{최대 전력}} \times 100 = \dfrac{\text{사용전력량/시간}}{\text{최대 전력}} \times 100$ [%]

부하율 : 전력 사용의 변동 정도

【답】 ③

35 무부하시 선로의 정전용량에 의한 충전전류는 일반적으로 어떤 전류인가?
① 뒤진 전류
② 누설 전류
③ 앞선 전류
④ 유효 전류

> Explanation

충전 전류(앞선 전류) $I_c = \dfrac{E}{X_c} = j\omega CE = j2\pi fC\dfrac{V}{\sqrt{3}}$

【답】 ③

36 송전계통에서 소호 리액터 접지에 대한 내용으로 틀린 것은?
① 지락전류가 작다.
② 과도안정도가 크다.
③ 전자유도장해가 적어진다.
④ 선택지락 계전기의 동작이 쉽다.

> Explanation

소호리액터접지

- L-C병렬공진(지락전류가 최소, 계전기 동작이 불확실)
- 1선 지락 시 건전상의 전위상승 최대($\sqrt{3}$ 배 이상)
- 과도안정도 우수
- 전자유도장해 최소

【답】 ④

37 송전 계통의 안정도를 증진시키는 방법으로 옳은 것은?
① 발전기나 변압기의 직렬 리액턴스를 가능한 한 크게 한다.
② 계통 간의 연계는 하지 않도록 한다.
③ 조속기의 동작을 느리게 한다.
④ 중간 조상 설비를 채용한다.

Explanation

안정도 향상 대책
① 직렬 리액턴스(X)를 작게 한다.
- 발전기나 변압기의 리액턴스를 작게 한다.
- 선로의 병행 회선수를 늘리거나 복도체 또는 다도체 방식을 사용한다.
- 직렬 콘덴서를 삽입하여 선로의 리액턴스를 보상한다.
② 전압 변동을 작게 한다.
- 속응여자방식의 채용
- 계통 연계를 한다.
③ 중간 조상 방식을 채용한다.
④ 고장 전류를 줄이고 고장 구간을 신속하게 차단한다.
- 적당한 중성점 접지방식을 채용하여 지락전류를 줄인다.
- 고속도 계전기, 고속도 차단기를 채용한다.
- 고속도 재폐로 방식을 채용한다.
⑤ 고장 시 발전기 입·출력의 불평형을 작게 한다.
- 조속기의 동작을 빠르게 한다

【답】 ④

38 어떤 수압관로에서 반지름이 5[m]인 곳에서의 유속이 4.5[m/s]일 때 이 수압관로에서 반지름이 4.5[m]인 곳에서의 유속은 약 몇 [m/s]인가?
① 3.9 ② 4.8 ③ 5.6 ④ 6.5

Explanation

연속의 정리 : 어느 지점에서나 유량은 같다.
유량 $Q[\text{m}^3/\text{sec}] = A[\text{m}^2] \times v[\text{m/sec}]$에서 $Q = v_1 A_1 = v_2 A_2 [\text{m}^3/\text{sec}]$=일정
연속의 정리에 의해 $v_1 A_1 = v_2 A_2$ (여기서, 관의 면적은 $A = \pi r^2 = \pi\left(\dfrac{d}{2}\right)^2 = \dfrac{\pi}{4}d^2$)

따라서 $v_2 = \dfrac{v_1 A_1}{A_2} = \dfrac{4.5 \times \dfrac{\pi}{4} \times 5^2}{\dfrac{\pi}{4} \times 4.5^2} = 5.6 [\text{m/sec}]$

【답】 ③

39 그림과 같이 4단자 정수 A_1, B_1, C_1, D_1을 가진 송전선로의 양단에 Z_{ts}, Z_{tr}의 임피던스를 가진 변압기가 직렬로 접속되어 있을 때 송전단 전압과 송전단 전류의 계식은 $E_s = AE_r + BI_r$, $I_s = CE_r + DI_r$이다. 여기서 C에 해당하는 것은?

① $C_1 Z_{ts}$
② $C_1 Z_{tr}$
③ C_1
④ $C_1 Z_{ts} Z_{tr}$

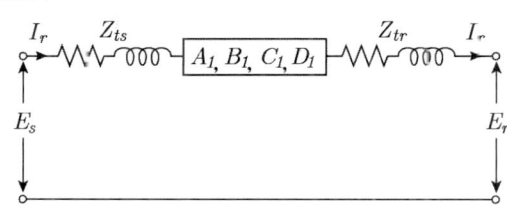

> **Explanation**

$$\begin{bmatrix} A & B \\ C & D \end{bmatrix} = \begin{bmatrix} 1 & Z_{ts} \\ 0 & 1 \end{bmatrix} \begin{bmatrix} A_1 & B_1 \\ C_1 & D_1 \end{bmatrix} \begin{bmatrix} 1 & Z_{tr} \\ 0 & 1 \end{bmatrix} = \begin{bmatrix} A_1 + C_1 Z_{ts} & B_1 + Z_{ts} \\ C_1 & D_1 \end{bmatrix} \begin{bmatrix} 1 & Z_{tr} \\ 0 & 1 \end{bmatrix} = \begin{bmatrix} A_1 + C_1 Z_{ts} & A_1 Z_{tr} + C_1 Z_{tr} Z_{ts} + B_1 + Z_{tr} Z_{ts} \\ C_1 & C_1 Z_{tr} + D_1 \end{bmatrix}$$

【답】③

40 원자로는 화력발전소의 어느 부분에 해당되는가?
① 보일러 ② 복수기
③ 내열기 ④ 재열기

> **Explanation**

원자로는 화력발전소의 보일러와 같다.

【답】①

3과목 전기기기

41 동기발전기의 자기여자 방지법으로 틀린 것은?
① 수전단에 변압기를 병렬로 접속한다. ② 수전단에 동기조상기를 접속한다.
③ 발전기의 단락비를 적게 한다. ④ 발전기 여러 대를 병렬로 연결한다.

> **Explanation**

동기발전기 자기여자 방지책
- 수전단에 리액턴스가 큰 변압기 사용
- 발전기를 2 대 이상 병렬 운전
- 동기 조상기를 부족여자
- 단락비가 큰 기계사용

【답】③

42 사이리스터로 단상 전파정류를 하여 90[V]의 직류 전압을 얻는 데 필요한 첨두 역전압은 약 몇 [V]인가?
① 141 ② 283
③ 365 ④ 400

> **Explanation**

단상 전파 정류회로 $E_d = \dfrac{2\sqrt{2}}{\pi} E$ 에서 $E = \dfrac{\pi}{2\sqrt{2}} E_d$

첨두 역전압 $PIV = 2\sqrt{2} E = \pi E_d = \pi \times 90 = 283[V]$

【답】②

43 단상 반파 정류회로에서 직류전압 200[V]를 얻는 데 필요한 변압기 2차 전압은 약 몇 [V]인가? (단, 부하는 순 저항이고 정류기의 전압강하는 10[V]로 한다)
① 400 ② 444
③ 466 ④ 478

> **Explanation**

단상 반파 정류 회로

직류측 전압 $E_d = \left(\dfrac{\sqrt{2} E}{\pi} - e\right) = 0.45E - e$ 에서

$$E = \frac{E_d + e}{0.45} = \frac{200 + 10}{0.45} = 466[\text{V}]$$

【답】③

44 3상 동기발전기를 병렬운전 하는 경우 필요한 조건이 아닌 것은?
① 기전력의 파형이 같을 것
② 상회전 방향이 같을 것
③ 회전수가 같을 것
④ 기전력의 크기가 같을 것

Explanation

동기 발전기의 병렬 운전 조건

기전력의 크기가 같을 것	무효순환전류(무효횡류)
기전력의 위상이 같을 것	동기화 전류(유효횡류)
기전력의 주파수가 같을 것	난조발생
기전력의 파형이 같을 것	고조파 무효순환전류
상회전 방향이 같을 것(3상)	

【답】③

45 다음 동기기 중에서 슬립링을 사용하지 않는 것은?
① 동기발전기
② 동기전동기
③ 유도자형 고주파발전기
④ 고정자 회전기동형 동기전동기

Explanation

- 회전 전기자형 : 직류발전기(전기자가 회전자이며 계자가 고정자)
- 회전 계자형 : 동기발전기(전기자가 고정자이며 계자가 회전자)
- 유도자형 : 계자극과 전기자를 함께 고정시키고 그 중앙에 유도자라고 하는 권선이 없는 회전자를 갖춘 것으로 수백~수만 [Hz] 정도의 고주파 발전기로 사용

【답】③

46 단상 유도전압조정기에서 1차와 2차권선의 권선축이 이루는 각을 θ라 하고, 1차권선의 유도기전력을 E_1, 조정전압을 E_2라 할 때 출력측 단자전압 V_2를 나타내는 식은?
① $V_2 = E_2 + E_1 \cos\theta$
② $V_2 = E_2 - E_1 \sin\theta$
③ $V_2 = E_1 + E_2 \cos\theta$
④ $V_2 = E_1 - E_2 \sin\theta$

Explanation

유도 전압 조정기(유도 전동기와 변압기 원리를 이용한 전압조정기)

종류	단상 유도 전압 조정기	3상 유도 전압 조정기
전압조정범위	$V_2 = V_1 + E_2 \cos\theta$	$V_2 = \sqrt{3}(V_1 \pm E_2)$

【답】③

47 직류 복권발전기의 외부특성곡선은 다음 중 어느 관계를 나타낸 것인가?
① 부하전류와 계자전류
② 부하전류와 단자전압
③ 계자전류와 회전속도
④ 계자전류와 단자전압

Explanation

외부특성곡선 : 단자전압과 부하전류

【답】②

48 120[V]의 전원에 접속된 분권전동기가 있다. 부하 시 53[A]가 유입되고 무부하 시 4.25[A]가 유입된다. 분권계자 회로의 저항은 40[Ω], 전기자 회로 저항은 0.1[Ω]일 때 부하운전 시 출력은 약 몇 [kW]인가? (단, 브러시의 전압강하는 2[V]이다)
① 5
② 6
③ 5.51
④ 6.51

Explanation

출력 $P = E(I_a - I_0) = (V - R_a I_a - v_b)(I_a - I_{a0})$ [W]

여기서, I_{a0} : 무부하시의 전기자 전류, I_a : 전기자 전류

계자 전류 $I_f = \dfrac{V}{R_f} = \dfrac{120}{40} = 3$ [A]

전기자 전류 $I_a = I - I_f = 53 - 3 = 50$ [A]

무부하 전기자 전류 $I_{a0} = 4.25 - 3 = 1.25$ [A]

∴ $P = (120 - 0.1 \times 50 - 2)(50 - 1.25) = 5,509$ [W] $= 5.51$ [kW]

【답】 ③

49 동기발전기의 전기자 권선법 중 집중권에 비해 분포권이 갖는 장점은?
① 난조 방지
② 합성유도기전력 증가
③ 기전력 파형 개선
④ 권선의 리액턴스 증가

Explanation

동기기 전기자 권선법 중 분포권
- 고조파를 제거하여 기전력의 파형을 개선
- 누설 리액턴스를 감소
- 합성 유기기전력은 집중권에 비해 감소

【답】 ③

50 경부하로 회전 중인 3상 농형 유도전동기에서 전원의 3선 중 1선이 개방되었다면 3상 전동기는 어떻게 되는가?
① 회전을 계속한다.
② 개방 시 바로 정지한다.
③ 일정 시간 회전 후 정지한다.
④ 속도가 급상승한다.

Explanation

전부하로 운전하고 있는 3상 유도 전동기의 경우 1선의 퓨즈가 용단되면 단상 전동기가 되며 경부하에서 회전을 계속한다면 전류가 증가한 상태에서 회전이 계속된다.

【답】 ①

51 농형유도전동기에 사용되는 속도제어법은?
① 1차 주파수제어법, 1차 전압제어법
② 1차 전압제어법, 2차 저항제어법
③ 2차 여자제어법, 2차 저항제어법
④ 2차 여자제어법, 극수변환법

Explanation

농형 유도전동기 속도 제어법
- 주파수 변환법
- 극수 변환법
- 전압 제어법

【답】 ①

52 3상 동기발전기에 평형 3상 전류가 흐를 때 전기자 반작용은 이 전류가 기전력에 대하여 (A) 감자작용이 되고 (B) 증자작용이 된다. A, B에 알맞은 것은?
① A : 90° 앞서는 경우, B : 90° 뒤지는 경우
② A : 90° 뒤지는 경우, B : 90° 앞서는 경우

③ A : 동상일 경우, B : 90° 뒤지는 경우
④ A : 90° 뒤지는 경우, B : 동상일 경우

> **Explanation**

동기기의 전기자 반작용
- 횡축 반작용 (교차자화작용) : 전기자 전류가 유기기전력과 동위상
  크기 : $I\cos\theta$
- 직축 반작용 (발전기 : 전동기는 반대)
  - 감자작용 : 전기자 전류가 유기 기전력보다 위상이 $\pi/2$ 뒤질 때
  - 증자작용 : 전기자 전류가 유기기전력보다 위상이 $\pi/2$ 앞설 때

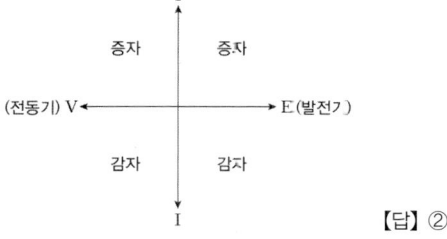

【답】②

53 변압기의 극성시험법이 아닌 것은?
① 교류 전압계법
② 직류 전압계법
③ 표준 변압기법
④ 스코트 결선법

> **Explanation**

변압기에서의 스코트 결선법은 3상-2상간의 상수 변환법이다.

【답】④

54 직류발전기에서 기하학적 중성축과 각도 θ만큼 브러시의 위치가 이동되었을 때 감자기자력[AT/극]은?(단, $K = \dfrac{I_a Z}{2Pa}$)

① $K\dfrac{\theta}{\pi}$
② $K\dfrac{2\theta}{\pi}$
③ $K\dfrac{3\theta}{\pi}$
④ $K\dfrac{4\theta}{\pi}$

> **Explanation**

감자 작용 : 전기자 기자력이 계자기자력에 반대 방향으로 작용하여 주자속이 감소하는 현상

감자 기자력 $AT_d = \dfrac{2\theta}{\pi} \cdot \dfrac{Z}{P} \cdot \dfrac{i_c}{2a}$ [AT/극]$= K\dfrac{2\theta}{\pi}$ (여기서, $K = \dfrac{I_a Z}{2Pa}$)

【답】②

55 정격용량 30[kVA], 무부하손 150[W], 전부하손 600[W]인 단상 변압기가 있다. 이 변압기의 효율이 최대가 될 때 부하용량[kW]은?(단, 역률은 지상 80[%])
① 7.5
② 12
③ 31.3
④ 48

> **Explanation**

변압기의 효율이 최대 $\dfrac{1}{m} = \sqrt{\dfrac{P_i}{P_c}} = \sqrt{\dfrac{150}{600}} = 0.5$

따라서 효율이 최대가 되는 부하용량 $P_{\max} = P_a \times 0.5 \times \cos\theta = 30 \times 0.5 \times 0.8 = 12$[kW]

【답】②

56 변압기에서 1차 측의 여자 어드미턴스를 Y_0라고 한다. 2차 측으로 환산한 여자 어드미턴스 Y_0'을 옳게 표현한 식은? (단, 권수비를 a라고 한다)

① $Y_0' = a^2 Y_0$ ② $Y_0' = a Y_0$
③ $Y_0' = \dfrac{Y_0}{a^2}$ ④ $Y_0' = \dfrac{Y_0}{a}$

Explanation

1차를 2차로 환산
- 임피던스 $Z_0' = \dfrac{1}{a^2} Z_0$
- 어드미턴스 $Y_0' = a^2 Y_0$

【답】 ①

57 3상 유도전동기의 속도제어법 중 비례추이를 이용하여 조절하는 방식은?
① 극수변환 ② 1차 전압제어
③ 2차 저항제어 ④ 1차 주파수제어

Explanation

유도 전동기의 속도 제어

	특 징
농형 유도 전동기	① 주파수 변환법 ▶ 역률이 양호하며 연속적인 속도제어가 되지만, 전용 전원이 필요 ▶ 인견·방직 공장의 포트모터, 선박의 전기추진기 ② 극수 변환법 ③ 전압 제어법 : 전원 전압의 크기를 조절하여 속도제어
권선형 유도 전동기	① 2차 저항법 ▶ 토크의 비례추이를 이용한 것 ▶ 2차 회로에 저항을 삽입 토크에 대한 슬립 S를 바꾸어 속도 제어 ② 2차 여자법 ▶ 회전자 기전력과 같은 주파수 전압을 인가하여 속도제어 ▶ 고효율로 광범위한 속도제어 ③ 종속접속법

【답】 ③

58 중성점이 있는 같은 변압기 2대를 사용하여 V결선으로 3상 변압을 하려고 한다. 이 때의 변압기 이용률[%]은 얼마인가?
① 60.6 ② 70.7
③ 76.6 ④ 86.6

Explanation

V결선 변압기의 출력 $P_V = \sqrt{3} K$ 여기서, K는 변압기 1대 용량
V결선 이용률 $= \dfrac{\sqrt{3} K}{2K} = \dfrac{\sqrt{3}}{2} \times 100 = 86.6[\%]$

【답】 ④

59 60[Hz]의 전원에 접속된 6극 3상 유도전동기의 슬립이 3[%]일 때 회전속도는 몇 [rpm]인가?
① 974 ② 1,058
③ 1,164 ④ 1,354

Explanation

동기 속도 $N_s = \dfrac{120f}{p} = \dfrac{120 \times 60}{6} = 1,200[\text{rpm}]$

회전 속도 $N = (1-s)N_s = (1-0.03) \times 1,200 = 1,164[\text{rpm}]$

【답】③

60 직류발전기의 전압 조정 시 사용하는 것은?
① 기동저항기
② 계자저항기
③ 발전저항
④ 전기자저항

> Explanation

직류발전기 전압 조정 : 계자저항($I_f = \dfrac{V}{R_f}$ 이므로 전압 $V = I_f R_f$)

【답】②

4과목　회로이론

61 25[kVA]인 부하의 역률이 0.8이라면 무효전력의 크기는 몇 [kVar]인가?
① 13.2
② 15
③ 17.6
④ 20

> Explanation

무효전력 $P_r = VI\sin\theta = P_a\sin\theta = 25 \times \sqrt{1-0.8^2} = 15[\text{kVar}]$

【답】②

62 정현파 교류의 실효값을 구하는 식이 아닌 것은?
① $\dfrac{\pi}{2\sqrt{2}} \times$ 평균치
② $\sqrt{\dfrac{1}{T}\displaystyle\int_0^T t^2 dt}$
③ $\dfrac{\text{최대치}}{\sqrt{2}}$
④ 파고율 × 평균치

> Explanation

• 실효값 $I = \sqrt{\dfrac{1}{T}\displaystyle\int_0^T i^2 dt} = \sqrt{1\text{주기 동안의 } i^2\text{의 평균}}$

• 파고율 $= \dfrac{\text{최대값}}{\text{실효값}}$

• 파형률 $= \dfrac{\text{실효값}}{\text{평균값}} = \dfrac{\dfrac{\text{최대값}}{\sqrt{2}}}{\dfrac{2}{\pi}\text{최대값}} = \dfrac{\pi}{2\sqrt{2}}$ 에서 실효값 $= \dfrac{\pi}{2\sqrt{2}} \times$ 평균값 $=$ 파형률 × 평균값

【답】④

63 800[kW], 역률 80[%]의 부하가 있다. $\dfrac{1}{4}$ 시간 동안에 소비되는 전력량[kWh]은?
① 160
② 200
③ 250
④ 300

> Explanation

전력량 $W = Pt = 800 \times \dfrac{1}{4} = 200 \text{[kWh]}$

【답】②

64
△결선된 평형 순 저항부하를 사용할 때 선간전압이 220[V], 상전류가 3.67[A]라면 1상의 저항은 약 몇 [Ω]인가?

① 35
② 45
③ 60
④ 80

Explanation

△결선 $V_l = V_p$ 에서

임피던스 $Z = \dfrac{V_p}{I_p} = \dfrac{220}{3.67} = 60 [\Omega]$

【답】③

65
$Z = 5\sqrt{3} + j5 [\Omega]$인 3개의 임피던스를 Y결선하여 선간전압 250[V]의 평형 3상 전원에 연결하였다. 이때 소비되는 유효전력은 약 몇 [W]인가?

① 3,125
② 5,413
③ 6,252
④ 7,120

Explanation

3상 유효전력은 $P = 3V_p I_p \cos\theta = 3I_p^2 R \text{[W]}$
Y결선이므로 $I_l = I_p$

여기서, 상전류는 $I_p = \dfrac{V_p}{Z} = \dfrac{\frac{250}{\sqrt{3}}}{5\sqrt{3}+j5} = \dfrac{\frac{250}{\sqrt{3}}}{\sqrt{(5\sqrt{3})^2+5^2}}$ [A]

3상 유효전력은 $P = 3I_p^2 R = 3 \times \left(\dfrac{\frac{250}{\sqrt{3}}}{\sqrt{(5\sqrt{3})^2+5^2}} \right)^2 \times 5\sqrt{3} = 5,413 \text{[W]}$

【답】②

66
출력이 $C(s) = G(s)R(s)$인 제어시스템에서 입력함수 $R(s)$를 단위 임펄스 함수 $\delta(t)$로 인가할 때, 이 제어시스템의 출력은?

① $C(s) = G(s)\delta(s)$
② $C(s) = \dfrac{G(s)}{\delta(s)}$
③ $C(s) = G(s)$
④ $C(s) = \dfrac{G(s)}{s}$

Explanation

전달함수 : 임펄스 응답의 라플라스 변환
임펄스 응답 : 입력이 임펄스 함수일때의 응답(출력)
$C(s) = G(s)R(s)$에서 $R(s) = 1$이므로
$C(s) = G(s)$

【답】③

67
테브난의 정리와 쌍대의 관계가 있는 것은?

① 밀만의 정리
② 노튼의 정리
③ 보상의 정리
④ 중첩의 원리

Explanation

쌍대회로(dual circuit)

전압원 V	전류원 I
직렬회로	병렬회로
저항 R	컨덕턴스 G
인덕턴스 L	커패시턴스 C
리액턴스 X	서셉턴스 G
테브난의 정리	노튼의 정리

【답】②

68 $e(t) = E_m \cos(100\pi t - \frac{\pi}{3})$[V]와 $i(t) = I_m \sin(100\pi t + \frac{\pi}{4})$[A]의 위상차를 시간으로 나타내면 약 몇 [초]인가?

① 3.33×10^{-4} ② 4.33×10^{-4}
③ 5.33×10^{-4} ④ 8.33×10^{-4}

Explanation

$e = E_m \cos(100\pi t - \frac{\pi}{3}) = E_m \sin(100\pi t - 60° + 90°) = E_m \sin(100\pi t + 30°)$

따라서 위상차 $\theta = \theta_1 - \theta_2 = 30° - (45°) = 15° = \frac{\pi}{12}$

$\theta = \omega t$ 에서
$t = \frac{\theta}{\omega} = \frac{\pi}{12} \times \frac{1}{100\pi} = \frac{1}{1,200} = 8.33 \times 10^{-4}$[sec]

【답】④

69 0.1[H]인 코일의 리액턴스가 377[Ω]일 때 주파수는 약 몇 [Hz]인가?

① 60   ② 600
③ 180 ④ 300

Explanation

유도성 리액턴스 $X_L = \omega L = 2\pi f L = 377$[Ω]

주파수 $f = \frac{X_L}{2\pi L} = \frac{377}{2\pi \times 0.1} = 600$[Hz]

【답】②

70 3상 불평형 전압에서 역상전압이 25[V], 정상전압이 100[V], 영상전압이 10[V]이면 이 전압의 불평형률은 약 몇 [%]인가?

① 10   ② 25
③ 40   ④ 70

Explanation

불평형률 $= \frac{역상 전압}{정상 전압} = \frac{25}{100} \times 100 = 25$[%]

【답】②

71 $R-L-C$ 직렬회로에서 $L = 8 \times 10^{-3}$[H]이고 $C = 2 \times 10^{-7}$[F]일 때, 이 회로가 임계제동이 되기 위한 R[Ω]은?

① 0.1 ② 100
③ 200 ④ 400

> **Explanation**

$R-L-C$ 직렬회로에서 직류전압 인가
- 비진동 조건 : $R^2 > \dfrac{4L}{C}$
- 임계적 조건 : $R^2 = \dfrac{4L}{C}$
- 진동적 조건 : $R^2 < \dfrac{4L}{C}$

여기서, 임계제동은 $R^2 - \dfrac{4L}{C} = R^2 - 4 \times \dfrac{8 \times 10^{-3}}{2 \times 10^{-7}} = 0$ 이므로 $R = 2\sqrt{\dfrac{L}{C}} = 2 \times \sqrt{\dfrac{8 \times 10^{-3}}{2 \times 10^{-7}}} = 400[\Omega]$ 【답】④

72 대칭 6상의 성형결선의 전원이 있다. 이 전원의 상전압이 100[V]이면 선간전압은 약 몇 [V]인가?
① 57
② 100
③ 141
④ 173

> **Explanation**

성형 결선

선간전압 $V_l = 2V_p \sin\dfrac{\pi}{n} = 2V_p \sin\dfrac{\pi}{6} = V_p$

따라서 6상이면 상전압=선간전압   【답】②

73 T형 4단자 회로망의 임피던스 파라미터 중 Z_{22}는?
① $Z_1 + Z_3$
② $Z_2 + Z_3$
③ $Z_1 + Z_2$
④ Z_2

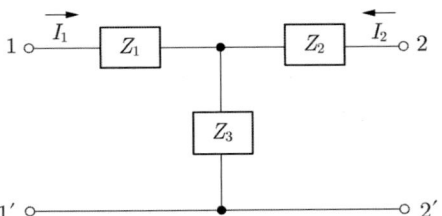

> **Explanation**

임피던스 파라미터(T형 회로망)

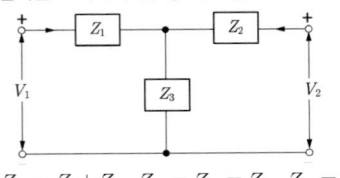

$Z_{11} = Z_1 + Z_3$, $Z_{12} = Z_{21} = Z_3$, $Z_{22} = Z_2 + Z_3$ 【답】②

74 다음과 같은 비정현파 전압을 RL직렬회로에 인가할 때 제3고조파 전류의 실효값[A]은?
(단, $R = 4[\Omega]$, $\omega L = 1[\Omega]$이다)

$$e = 100\sqrt{2}\sin\omega t + 75\sqrt{2}\sin3\omega t + 20\sqrt{2}\sin5\omega t [V]$$

① 4
② 15
③ 20
④ 75

> **Explanation**

제3고조파에 대한 임피던스는 $Z_3 = R + j3\omega L = 4 + j3 = 5[\Omega]$이므로
제3고조파에 의하여 흐르는 전류의 실효값
$I_3 = \dfrac{V_3}{Z_3} = \dfrac{75}{5} = 15[A]$

【답】②

75 $t=0$에 스위치 S를 닫았을 때 전류 $i(t)[A]$는?

① $\dfrac{V}{R}\left(1 - e^{-\frac{L}{R}t}\right)$ 　　② $\dfrac{V}{R}\left(1 - e^{-\frac{R}{L}t}\right)$

③ $\dfrac{V}{R}e^{-\frac{L}{R}t}$ 　　④ $\dfrac{V}{R}e^{-\frac{R}{L}t}$

Explanation

R-L 직렬회로

	R-L 직렬회로	직류 기전력 인가 시 (S/W on)
①	전류 $i(t)$	$i(t) = \dfrac{E}{R}(1 - e^{-\frac{R}{L}t})$
②	시정수	$\tau = \dfrac{L}{R}$ [sec]

【답】②

76 교류전압 100[V]와 전류 20[A]로 1.2[kW]의 유효전력을 소비하는 회로의 리액턴스는 약 몇 [Ω]인가?

① 3　　② 4
③ 6　　④ 8

Explanation

피상전력 $P_a = \sqrt{P^2 + P_r^2} = VI = 100 \times 20 = 2,000$ [VA]

무효전력 $P_r = VI\sin\theta = I^2 X = \sqrt{P_a^2 - P^2}$ 에서

$P_r = \sqrt{2,000^2 - 1,200^2} = 1,600$ [Var]

따라서 $P_r = VI\sin\theta = I^2 X$에서 리액턴스 $X = \dfrac{P_r}{I^2} = \dfrac{1,600}{20^2} = 4$ [Ω]

【답】②

77 주기함수 $f(t)$의 푸리에 급수 전개식으로 옳은 것은?

① $\displaystyle\sum_{n=1}^{\infty} a_n \sin n\omega t + \sum_{n=1}^{\infty} b_n \sin n\omega t$ 　　② $\displaystyle\sum_{n=1}^{\infty} a_n \sin n\omega t + \sum_{n=1}^{\infty} b_n \cos n\omega t$

③ $a_0 + \displaystyle\sum_{n=1}^{\infty} a_n \cos n\omega t + \sum_{n=1}^{\infty} b_n \sin n\omega t$ 　　④ $\displaystyle\sum_{n=1}^{\infty} a_n \cos n\omega t + \sum_{n=1}^{\infty} b_n \cos n\omega t$

Explanation

비정현파 = 직류분 + 기본파 + 고조파

$f(t) = a_0 + \displaystyle\sum_{n=1}^{\infty} a_n \cos n\omega t + \sum_{n=1}^{\infty} b_n \sin n\omega t$

【답】③

78 전달함수 $F(s) = \dfrac{a_1 s + a_0}{s(s^2 + b_1 s + b_0)}$ 의 초기값 $f(0)$은?

① 0
② a_0
③ ∞
④ $\dfrac{a_0}{b_0}$

Explanation

초기값 정리에 의해

$$f(0^+) = \lim_{t \to 0} f(t) = \lim_{s \to \infty} sF(s) = \lim_{s \to \infty} s \cdot \dfrac{a_1 s + a_0}{s(s^2 + b_1 s + b_0)}$$

$$= \lim_{s \to \infty} \dfrac{a_1 s + a_0}{s^2 + b_1 s + b_0} = \lim_{s \to \infty} \dfrac{\dfrac{a_1}{s} + \dfrac{a_0}{s^2}}{1 + \dfrac{b_1}{s} + \dfrac{b_0}{s^2}} = 0$$

【답】 ①

79 그림과 같은 불평형 Y형 회로에 평형 3상 전압을 가할 경우 중성점의 전위 $V_{n'n}$[V]는? 단, Y_1, Y_2, Y_3는 각 상의 어드미턴스[℧]이고, Z_1, Z_2, Z_3는 각 어드미턴스에 대한 임피던스[Ω]이다.

① $\dfrac{E_1 + E_2 + E_3}{Z_1 + Z_2 + Z_3}$
② $\dfrac{Z_1 E_1 + Z_2 E_2 + Z_3 E_3}{Z_1 + Z_2 + Z_3}$
③ $\dfrac{E_1 + E_2 + E_3}{Y_1 + Y_2 + Y_3}$
④ $\dfrac{Y_1 E_1 + Y_2 E_2 + Y_3 E_3}{Y_1 + Y_2 + Y_3}$

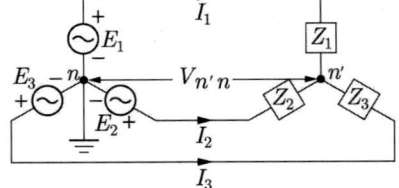

Explanation

밀만의 정리를 이용하면

$$V_o = \dfrac{\dfrac{E_1 + E_2 + E_3}{Z_1 + Z_2 + Z_3}}{\dfrac{1}{Z_1} + \dfrac{1}{Z_2} + \dfrac{1}{Z_3}} = \dfrac{Y_1 E_1 + Y_2 E_2 + Y_3 E_3}{Y_1 + Y_2 + Y_3}$$

【답】 ④

80 다음과 같은 4단자 회로에서 영상 임피던스[Ω]는?

① 200
② 300
③ 450
④ 600

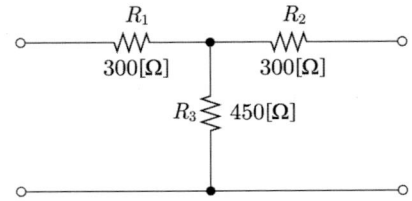

Explanation

T형 4단자 정수에서 좌우대칭인 경우 $A = D$ 이며

$$\begin{bmatrix} A & B \\ C & D \end{bmatrix} = \begin{bmatrix} 1 & 300 \\ 0 & 1 \end{bmatrix} \begin{bmatrix} 1 & 0 \\ \dfrac{1}{450} & 1 \end{bmatrix} \begin{bmatrix} 1 & 300 \\ 0 & 1 \end{bmatrix} = \begin{bmatrix} \dfrac{5}{3} & 800 \\ \dfrac{1}{450} & \dfrac{5}{3} \end{bmatrix}$$

$$\therefore Z_0 = Z_{01} = Z_{02} = \sqrt{\dfrac{B}{C}} = \sqrt{\dfrac{800}{\dfrac{1}{450}}} = 600 [\Omega]$$

【답】 ④

5과목 전기설비 기술기준

81 중성점 접지용 접지도체는 연동선을 사용할 경우 굵기가 최소 몇 [mm²] 이상인가?
① 2
② 2.5
③ 4
④ 16

Explanation

(KEC 142.3.1조) 접지도체
중성점 접지용 접지도체 : 공칭단면적 16[mm²] 이상의 연동선 또는 동등 이상. 단, 다음의 경우 공칭단면적 6[mm²] 이상
① 7[kV] 이하의 전로
② 사용전압이 25[kV] 이하인 특고압 가공전선로. 다만, 중성선 다중접지 방식의 것으로서 전로에 지락이 생겼을 때 2초 이내에 자동적으로 이를 전로로부터 차단하는 장치가 되어 있는 것.
【답】 ④

82 임시전선로 시설에서 건조물 상부 조영재의 옆쪽에 시설할 경우 이격거리는 몇 [m]까지 감할 수 있나?
① 0.1
② 0.4
③ 1
④ 4

Explanation

(KEC 335.10조) 임시전선로의 시설
저압 방호구에 넣은 절연전선 등을 사용하는 저압 가공전선 또는 고압 방호구에 넣은 고압 절연전선 등을 사용하는 고압 가공전선과 조영물의 조영재 사이의 간격은 아래 표의 값까지 감할 수 있다.

조영물 조영재의 구분		접근형태	간격[m]
건조물	상부 조영재	위쪽	1
		옆쪽 또는 아래쪽	0.4
	상부 이외의 조영재		0.4

【답】 ②

83 과전류차단기로 저압전로에 사용하는 범용의 퓨즈의 정격전류가 16[A]인 경우 용단전류는 정격전류의 몇 배인가?(단, 퓨즈(gG)인 경우이다)
① 1.5
② 1.6
③ 1.9
④ 1.25

Explanation

(KEC 212.3.4조) 보호장치의 특성
과전류 차단기로 저압 전로에 사용하는 퓨즈(「전기용품 및 생활용품 안전관리법」에서 규정하는 것을 제외한다)는 표에 적합한 것이어야 한다.

정격 전류의 구분	시간	정격전류의 배수	
		부동작 전류	동작 전류
4[A] 이하	60분	1.5배	2.1배
4[A] 초과 16[A] 미만	30분	1.5배	1.9배
16[A] 이상 63[A] 이하	30분	1.25배	**1.6배**
…	…	…	…

【답】 ②

84 특고압 가공전선로 첨가설치 통신선의 시가지 인입에 시설하는 통신선을 특고압 가공전선로의 지지물에 시설하고자 하는 경우 단선의 지름이 몇 [mm] 이상의 절연전선을 사용해야 하는가?
① 2.5   ② 4
③ 5   ④ 6

Explanation

(KEC 362.5조) 특고압 가공전선로 첨가설치 통신선의 시가지 인입 제한
시가지에 시설하는 통신선은 특고압 가공전선로의 지지물에 시설할 수 없으나, 통신선이 절연전선과 동등 이상의 절연효력이 있고 인장강도 5.26[kN] 이상의 것, 또는 지름 4[mm] 이상의 절연전선 또는 광섬유 케이블인 경우에는 그러하지 아니하다.
【답】②

85 저압전로에 사용하는 주택용 배선차단기의 정격전류가 63[A] 초과인 경우, 과전류트립 동작전류는 정격전류의 몇 배로 하여야 하는가?
① 1.25   ② 1.3
③ 1.45   ④ 1.6

Explanation

(KEC 212.3.4조) 보호장치의 특성
과전류 과전류차단기로 저압전로에 사용하는 주택용 배선차단기는 표에 적합한 것이어야 한다.

정격 전류의 구분	시간	정격전류의 배수(모든 극에 통전)	
		부동작 전류	동작 전류
63[A] 이하	60분	1.13배	1.45배
63[A] 초과	120분	1.13배	1.45배

【답】③

86 특고압 가공전선로에 B종 철주 또는 B종 철근콘크리트주로 시설하는 경우 경간은 몇 [m] 이하로 하는가?(단, 기타 조건은 적용하지 아니한다)
① 150   ② 200
③ 250   ④ 300

Explanation

(KEC 333.21조) 특고압 가공전선로의 경간 제한

지지물 종류	표준 경간[m]
목주, A종	150
B종	250
철탑	600(단주인 경우 400)

【답】③

87 수중조명등의 절연변압기는 1차 권선과 2차 권선 사이에 금속제의 혼촉방지판을 설치하는 경우 2차측 전로의 사용전압은 몇 [V] 이하인가?
① 30   ② 60
③ 150   ④ 300

Explanation

(KEC 234.14조) 수중조명등
수중조명등의 절연변압기는 그 2차측 전로의 사용전압이 30[V] 이하인 경우는 1차권선과 2차권선 사이에 금속제의 혼촉방지판을 설치한다.
【답】①

88 제1종 특고압 보안공사로 시설하는 전선로의 지지물로 사용할 수 있는 것은?
① 목주
② A종 철주
③ A종 철근 콘크리트주
④ 철탑

Explanation

(KEC 333.22조) 특고압 보안공사
제1종 특고압 보안공사 전선로의 지지물 : B종 철주·B종 철근 콘크리트주 또는 철탑을 사용할 것 　【답】 ④

89 금속관 공사에 의한 저압옥내배선 시설방법으로 틀린 것은?
① 전선은 옥외용비닐절연전선을 제외한 절연전선일 것
② 전선은 16[mm²] 경동단선일 것
③ 전선은 금속관 안에서 접속점이 없도록 할 것
④ 관의 두께는 콘크리트에 매입하는 것은 1.2[mm] 이상일 것

Explanation

(KEC 232.12조) 금속관공사
금속관 공사에 의한 저압 옥내 배선은 다음 각 호에 따라 시설하여야 한다.
① 전선은 절연전선(옥외용 비닐 절연전선을 제외한다)일 것
② 전선은 연선일 것. 다만, 다음의 것은 적용하지 않는다.
 • 단면적 10[mm²](알루미늄선은 단면적 16[mm²]) 이하의 것
③ 전선은 금속관 안에서 접속점이 없도록 할 것 　【답】 ②

90 지중통신선로설비의 통신선 시설에서 지중 공가설비로 사용하는 광섬유 케이블 및 동축케이블은 지름 몇 [mm] 이하인가?
① 4
② 5
③ 16
④ 22

Explanation

(KEC 363.1조) 지중통신선로설비 통신선시설
지중 공가설비로 사용하는 광섬유 케이블 및 동축케이블은 지름 22[mm] 이하일 것 　【답】 ④

91 전력계통에서 돌발적으로 발생하는 이상현상에 대비하여 대지와 계통을 연결하는 것으로, 중성점을 대지에 접속하는 것은?
① 단독접지
② 계통접지
③ 보호접지
④ 과뢰시스템 접지

Explanation

(KEC 112조) 용어정의
"계통접지(System Earthing)"란 전력계통에서 돌발적으로 발생하는 이상현상에 대비하여 대지와 계통을 연결하는 것으로, 중성점을 대지에 접속하는 것을 말한다. 　【답】 ②

92 아크용접기 시설기준으로 틀린 것은?
① 전로는 용접 시 안전을 위해 흐르는 전류를 통과하지 못하게 하여 시설할 것
② 용접변압기 1차 측 전로에는 용접변압기에 가까운 곳에 쉽게 개폐할 수 있는 개폐기를 시설할 것
③ 용접변압기의 1차측 전로의 대지전압은 200[V] 이하일 것
④ 용접변압기는 절연변압기 일 것

Explanation

(KEC 241.10조) 아크 용접기
① 변압기는 1차 대지전압 300[V] 이하의 절연 변압기일 것
② 용접변압기의 1차측 전로에는 용접 변압기에 가까운 곳에 쉽게 개폐할 수 있는 개폐기를 시설할 것
③ 용접 변압기로부터 용접 접극에 이르는 부분 및 용접 변압기로부터 피용접재에 이르는 부분의 전선은 용접용 케이블이나 1종 이외의 캡타이어 케이블을 사용한다.
④ 피용접재 또는 이에 전기적으로 접속하는 부분은 접지공사를 한다.

【답】③

93 전선의 상(문자)과 색상이 바르게 연결된 것은?
① N – 녹색
② L3 – 회색
③ L1 – 빨간색
④ L2 – 노란색

Explanation

(KEC 121.2조) 전선의 식별

상(문자)	색상
L1	갈색
L2	검은색
L3	**회색**
N	파란색
보호도체	녹색-노란색

【답】②

94 시가지에서 사용전압이 35[kV] 이하 특고압 가공전선로에 절연전선을 사용한 경우 전선의 지표상 높이는 몇 [m] 이상인가?
① 8
② 10
③ 12.04
④ 13.72

Explanation

(KEC 333.1조) 시가지 등에서 특고압 가공 전선로의 시설
특고압 가공전선로는 전선이 케이블인 경우또는 전선로를 다음과 같이 시설하는 경우에는 시가지 그 밖에 인가가 밀집한 지역에 시설할 수 있다.

사용 전압의 구분	지표상의 높이
35[kV] 이하	10[m](전선이 특고압 절연전선인 경우에는 8[m])
35[kV] 초과	10[m]에 35[kV]를 초과하는 10[kV] 또는 그 단수마다 0.12[m]를 더한 값

【답】①

95 뱅크용량이 몇 [kVA] 이상인 무효 전력 보상 장치에는 그 내부에 고장이 생긴 경우에 자동적으로 이를 전로로부터 차단하는 보호장치를 하여야 하는가?
① 10,000
② 15,000
③ 20,000
④ 25,000

Explanation

(KEC 351.5조) 조상설비의 보호장치
조상설비에는 그 내부에 고장이 생긴 경우에는 보호하는 장치를 표와 같이 시설하여야 한다.

설비 종별	뱅크 용량의 구분	자동적으로 전로로부터 차단하는 장치
무효 전력 보상 장치	15,000[kVA] 이상	• 내부에 고장이 생긴 경우

【답】②

96 사용전압이 400[V] 이하인 저압 가공전선이 절연전선인 경우 지름이 몇 [mm] 이상의 경동선을 사용하는가?
① 2.6
② 3.2
③ 4.0
④ 5.0

Explanation

(KEC 222.5조) 저압 가공전선의 굵기 및 종류
① 사용전압이 400[V] 이하인 가공 전선은 케이블인 경우를 제외하고는 지름 3.2[mm](절연전선인 경우는 2.6[mm])의 경동선 또는 이와 동등 이상의 세기 및 굵기의 것이어야 한다.
② 사용전압이 400[V] 초과인 저압 가공 전선은 케이블인 경우 이외에는 시가지에 시설하는 것은 인장강도 8.01 kN 이상의 것 또는 지름 5[mm] 이상의 경동선, 시가지 외에 시설하는 것은 인장강도 5.26[kN] 이상의 것 또는 지름 4[mm] 이상의 경동선이어야 한다.
【답】①

97 수소냉각식 발전기 및 이에 부속하는 수소냉각장치의 시설에 대한 설명으로 틀린 것은?
① 발전기 안의 수소의 밀도를 계측하는 장치를 시설할 것
② 발전기는 기밀구조의 것이고 또한 수소가 대기안에서 폭발하는 경우에 생기는 압력에 견디는 강도를 가지는 것일 것
③ 발전기 안의 수소의 순도가 85[%] 이하로 저하한 경우에 이를 경보하는 장치를 시설할 것
④ 발전기 안의 수소의 압력을 계측하는 장치 및 그 압력이 현저히 변동한 경우에 이를 경보하는 장치를 시설할 것

Explanation

(KEC 351.10조) 수소냉각식 발전기 등의 시설
① 발전기 또는 무효 전력 보상 장치는 기밀구조의 것이고 또한 수소가 대기압에서 폭발하는 경우에 생기는 압력에 견디는 강도를 가지는 것
② 발전기축의 밀봉부에는 질소 가스를 봉입할 수 있는 장치 또는 누설된 수소 가스를 안전하게 외부에 방출할 수 있는 장치를 설치할 것
③ 발전기안 또는 무효 전력 보상 장치 안의 수소의 순도가 85[%] 이하로 저하한 경우에 이를 경보장치를 시설할 것
④ 발전기안 또는 무효 전력 보상 장치 안의 수소의 압력을 계측하는 장치 및 그 압력이 현저히 변동할 경우에 이를 경보하는 장치를 시설할 것
【답】①

98 합성수지관공사에서 연선이 아닌 경우 사용할 수 있는 전선의 단면적은 몇 [mm²] 이하인가?(단, 알루미늄선은 제외한다)
① 4
② 6
③ 10
④ 16

Explanation

(KEC 232.11조) 합성수지관 공사
전선은 연선일 것. 다만, 다음의 것은 적용하지 않는다.
가. 짧고 가는 합성수지관에 넣은 것
나. 단면적 10[mm²](알루미늄선은 단면적 16[mm²]) 이하의 것
【답】③

99 사람이 상시 통행하는 터널 안의 교류 220[V]의 배선을 애자사용 공사에 의해 시설할 경우 전선은 노면상 몇 [m] 이상의 높이로 시설하여야 하는가?
① 2.0
② 2.5
③ 3.0
④ 3.5

Explanation

(KEC 335.1조) 터널 안 전선로의 시설
사람이 상시 통행하는 터널 안의 전선로 사용전압은 저압 또는 고압에 한하며, 다음 각 호에 따라 시설하여야 한다.
① 저압 전선은 인장강도 2.30 [kN] 이상의 절연전선 또는 지름 2.6[mm] 이상의 경동선의 절연전선을 사용하여 **애자사용공사에 의하여 시설하고 또한 노면상 2.5[m] 이상의 높이로 유지할 것**
② 합성수지관 공사 · 금속관 공사 · 가요전선관 공사 또는 케이블 공사에 의할 것 【답】②

100. 전선으로 ACSR 강심 알루미늄 연선을 사용한 고압 가공전선의 처짐정도(이도) 계산에 적용되는 안전율은?

① 2.0
② 2.2
③ 2.5
④ 1.5

Explanation

(KEC 332.4조) 고압 가공 전선의 안전율
고압 가공전선은 안전율이 경동선 또는 내열 동합금선은 2.2 이상, 그 밖의 전선은 2.5 이상이 되는 처짐정도(이도)로 시설하여야 한다. 【답】③

전기공사산업기사 필기

2023

과년도
CBT 복원문제

- 2023년 제 01회
- 2023년 제 02회
- 2023년 제 04회

1회 2023년 전기공사산업기사 필기

1과목 전기응용

01 다음 블록선도에서 전달함수 $\dfrac{C(s)}{R(s)}$ 는?

① $1+G(s)$
② $1-G(s)$
③ $\dfrac{G(s)}{1+G(s)}$
④ $\dfrac{G(s)}{1-G(s)}$

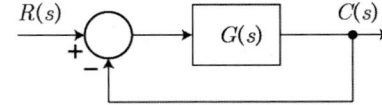

Explanation

폐루프 전달함수 $T(s) = \dfrac{C(s)}{R(s)} = \dfrac{G(s)}{1+G(s)}$

【답】③

02 전지에서 자체 방전 현상이 일어나는 것은 다음 중 어느 것과 가장 관련이 있는가?
① 전해액 농도
② 전해액 온도
③ 이온화 경향
④ 불순물 혼합

Explanation

국부 작용
아연 음극 또는 전해액 중에 불순물이 섞이면 아연이 부분적으로 용해되어 국부 방전이 생기며 수명이 짧아진다. 국부작용을 막기 위하여 수은도금을 한다.

【답】④

03 프로세스(공정) 제어에 속하지 않는 것은?
① 방위
② 유량
③ 압력
④ 온도

Explanation

제어량에 의한 분류
① 서보 기구(servo mechanism) - 위치, 방향, 자세, 거리, 각도 등
② 프로세스 제어(process control) - 밀도, 농도, 온도, 압력, 유량, 습도 등
③ 자동조정(auto regulating) - 속도, 전위, 전류, 힘, 주파수

【답】①

04 열전대의 종류에서 최고 사용 온도가 가장 낮은 열전대는?
① 철-콘스탄탄
② 구리-콘스탄탄
③ 크로멜-알루멜
④ 백금-백금로듐

Explanation

열전대의 종류와 측정 범위

열전대	사용 범위[℃]
백금-백금로듐	0 ~ 1,400
크로멜 – 알루멜	-200 ~ 1,000
철 – 콘스탄탄	-200 ~ 700
구리 – 콘스탄탄	**-200 ~ 400**

【답】②

05 온도계의 종류 중 플랑크의 방사 법칙을 이용하는 것은?
① 광고온계　　　　　　　　　② 방사 온도계
③ 열전 온도계　　　　　　　　④ 저항 온도계

Explanation

• 광고온계 : 플랑크의 방사 법칙
• 방사(복사) 온도계 : 스테판·볼츠만의 법칙
• 열전 온도계 : 제벡 효과
• 저항 온도계 : 측온체의 저항 값 변화

【답】①

06 반사율 50[%]의 완전 확산성 종이를 100[lx]의 조도로 비추었을 때 종이의 광속 발산도[lm/m²]는?
① 64　　　　　　　　　　　　② 70
③ 50　　　　　　　　　　　　④ 81

Explanation

완전 확산면 $R = \pi B = \rho E = \tau E$에서
광속 발산도 $R = \rho E = 0.5 \times 100 = 50 [\text{lm/m}^2]$

【답】③

07 금속을 양극으로 한 후 적당한 전해액에 단시간 전류를 통하면 금속표면의 돌기부분만이 먼저 분해되어 거울과 같은 표면을 얻을 수 있다. 이러한 방법은?
① 전해채취　　　　　　　　　② 전기도금
③ 전해정제　　　　　　　　　④ 전해연마

Explanation

전해연마
• 금속을 양극으로 한 후 적당한 전해액 중에서 단시간 전류를 통하면 금속 표면의 돌기 부분만이 먼저 분해되어 매끈한 표면이 생성
• 식기, 장신구, 펜촉, 터빈의 날개 화학기계 등에 적용

【답】④

08 전기차량의 경우 점착계수(adhesion coefficient)가 가장 큰 경우는?
① 맑고 건조할 때　　　　　　② 눈보라가 칠 때
③ 습기가 있을 때　　　　　　④ 습기가 있고 기름이 부착되어 있을 때

Explanation

점착계수 : 레일과 차륜사이에 작용하는 마찰력. 습기가 적은 경우에 가장 크다.

【답】①

09 열원(熱源)의 발열체 온도를 $T_1[°K]$, 피열체의 온도를 $T_2[°K]$, 물체의 크기, 거리, 형태, 복사율 등에 따라서 결정되는 상수를 ϕ, 스테판–볼츠만(Stefan–Boltzmann)의 상수를 σ라 할 때 발열체의 표면 전력 밀도 W_d의 공식?

① $W_d = \dfrac{\phi}{\sigma}(T_1^4 - T_2^4)[\text{W/cm}^2]$
② $W_d = \dfrac{\sigma}{\phi}(T_1^4 - T_2^4)[\text{W/cm}^2]$
③ $W_d = \phi\sigma(T_1^4 - T_2^4)[\text{W/cm}^2]$
④ $W_d = \dfrac{1}{\phi\sigma}(T_1^4 - T_2^4)[\text{W/cm}^2]$

> **Explanation**
>
> 스테판 볼츠만의 법칙
> - 복사 에너지는 절대온도 4승에 비례
> - $W = \sigma T^4 = \phi\sigma(T_1^4 - T_2^4)[\text{W/cm}^2]$ 여기서, σ는 스테판–볼츠만의 상수이다.
>
> 【답】③

10 다음 ( ) 안에 들어갈 말이 순서대로 되어 있는 것은?

> 곡선 도로에서 조명기구를 한쪽 열에만 배치할 경우 ( )에만 배치하며, 곡선의 경우 곡률 반경이 작을수록 조명기구의 배치 간격을 ( )한다.

① 안쪽, 짧게
② 안쪽, 길게
③ 바깥쪽, 길게
④ 바깥쪽, 짧게

> **Explanation**
>
> 곡선 도로 조명 배치 방법
> - 양측 배치의 경우는 대칭식으로 한다.
> - **한쪽만 배치하는 경우는 커브 바깥쪽에 배치한다.**
> - 직선 도로에서보다 등 간격을 조금 더 좁게 한다.
> - 곡선 도로의 곡률 반지름이 클수록 등 간격을 길게 한다.
>
> 【답】④

11 KS C IEC 60529에 따라 전동기의 방수 보호등급을 결정하고자 한다. 전동기 외함이 15도 이하로 기울어져 있을 경우 수직으로 떨어지는 물방울에 대한 보호가 가능한 등급은?

① IPX2
② IP1X
③ IPX1
④ IP2X

> **Explanation**
>
> KS C IEC 60529에 따른 전동기의 방수 보호등급
> - IPX0 : 비보호
> - IPX1 : 수직으로 떨어지는 물방울 보호
> - IPX2 : 전동기 외함이 15도 이하로 기울어져 있을 경우 수직으로 떨어지는 물방울에 대한 보호
> - IPX3 : 물분무에 대한 보호
>
> 【답】①

12 폭 24[m]인 도로의 양쪽에 20[m]의 간격으로 지그재그식으로 등주를 배치하여 도로상의 평균 조도를 5[lx]로 하고자 한다. 각 등주 상에 몇 [lm]의 전구가 필요한가? 단, 가로 면에서의 광속 이용률은 25[%]이다.

① 5,000
② 4,500
③ 4,000
④ 4,800

> **Explanation**
>
> $FUN = ESD$에서

지그재그식 $S = \dfrac{ab}{2} = \dfrac{24 \times 20}{2} = 240 [\text{m}^2]$

광속 $F = \dfrac{ESD}{UN} = \dfrac{5 \times 240 \times 1}{0.25 \times 1} = 4,800 [\text{lm}]$

【답】④

13 전력용 반도체 소자의 종류 중 스위칭 소자가 아닌 것은?
① GTO
② Diode
③ TRIAC
④ SSS

Explanation

- 스위칭 소자 : 전력용반도체(SCR, TRIAC, SCS, SSS, GTO……)
- 다이오드 : 정류용

【답】②

14 전기철도의 전기차에 대한 직류방식의 특징이 아닌 것은?
① 직류변환장치가 필요하다.
② 교류에 비해 전압강하가 크다.
③ 사고 시 선택 차단이 용이하다.
④ 교류에 비해 절연계급을 낮출 수 있다.

Explanation

전기철도의 전기차에 대한 직류방식의 특징
- 직류변환장치가 필요
- 교류식에 비해 전압이 낮으며 전류가 크다(저전압, 대전류).
  - 교류에 비해 전압강하가 크다($e = IR$).
  - 절연계급이 낮다(저전압).
  - 사고 시 차단이 어렵다(대전류).

【답】③

15 진공 중에서 전자를 직류 고전압으로 가속하여 피용접물에 집중하여 용접하는 방식은?
① 전자빔 용접
② 초음파 용접
③ 플라즈마 용접
④ 레이저 용접

Explanation

전자빔 가열 : 진공 중에서 고속으로 가열한 전자를 집속하여 그 전자의 충돌에 의한 에너지로 가열하는 방식

【답】①

16 반직접 조명에서 하향광속의 파장은 몇 [%]인가?
① 90~100
② 30~60
③ 60~90
④ 0~30

Explanation

조명기구의 하향 광속 비율
- 직접 조명 : 90~100[%]
- **반직접 조명 : 60~90[%]**
- 간접 조명 : 0~10[%]

【답】③

17 같은 크기의 교류전압을 실리콘 정류기로 정류하여 직류 전압을 얻는 경우 가장 높은 직류전압을 얻을 수 있는 정류방식은? 단, 필터는 없는 것으로 하고 부하는 순저항 부하이다.
① 단상 반파
② 3상 반파
③ 3상 전파
④ 단상 전파

Explanation

정류회로 비교

구분	단상 반파	단상 전파	3상 반파	3상 전파
직류전압	$E_d = 0.45E$	$E_d = 0.9E$	$E_d = 1.17E$	$E_d = 1.35E$

【답】 ③

18 기중기로 150[t]의 하중을 2[m/min]의 속도로 권상시킬 때 필요한 전동기의 용량은 약 몇 [kW]인가? 단, 기계효율은 70[%]이다.
① 80　　② 60
③ 70　　④ 50

Explanation

권상기용 전동기 출력
$P = \dfrac{WV}{6.12\eta}$ [kW]　여기서, W : 권상 하중[ton], V : 권상 속도[m/min]
$P = \dfrac{WV}{6.12\eta} = \dfrac{150 \times 2}{6.12 \times 0.7} = 70.02$ [kW]

【답】 ③

19 무영등의 사용이 가장 필요한 장소로 적합한 것은?
① 천연색 촬영장　　② 수술실
③ 초정밀 가공실　　④ 축구 경기장

Explanation

무영등(無影燈)
병원같은 장소에서 수술 시에 수술 부위를 더 잘 볼 수 있도록 만든 조명장치 중 하나. 수술 부위에 손 그림자 등이 생기지 않게 하며, 조명으로 인한 방사열도 적은 편이다.

【답】 ②

20 필라멘트 재료가 갖추어야 할 조건으로 틀린 것은?
① 고유저항이 작을 것　　② 융해점이 높을 것
③ 높은 온도에서의 증발이 적을 것　　④ 선팽창 계수가 적을 것

Explanation

필라멘트의 구비 조건
- 융해점이 높을 것
- **고유 저항이 클 것**
- 높은 온도에서 증발이 적을 것
- 선팽창 계수가 적을 것
- 전기저항의 온도 계수가 플러스일 것

【답】 ①

2과목　전력공학

21 변전소에서 사용되는 조상설비 중 전압 조정방법을 계단적인 방법이 아닌 연속적인 방법을 사용하는 조상설비는?
① 유도 전압조정기　　② 전력용 커패시터
③ 분로 리액터　　④ 동기조상기

> **Explanation**

조상설비 비교

	진상	지상	시충전(시송전)	조정	전력손실	증설
전력용 콘덴서	○	×	×	단계적	적다	가능
분로 리액터	×	○	×	단계적	적다	가능
동기조상기	○	○	○	연속적	크다	불가능

【답】④

22 인입되는 전압이 정정값 이하로 되었을 때 동작하는 것으로서 단락 고장검출 등에 사용되는 계전기는?
① 선택 단락 계전기
② 과전압 계전기
③ 단락 방향 계전기
④ 부족전압 계전기

> **Explanation**

- UVR(Under Voltage Relay) : 부족 전압 계전기, 전압이 정정값 이하 시 동작(상시 전원 정전 시)
- OVR(Over Voltage Relay) : 과전압 계전기, 전압이 정정값 초과 시 동작

【답】④

23 동일한 전압에서 동일한 전력을 송전할 때 역률을 0.6에서 0.93으로 개선하면 전력손실은 개선 전에 비해 약 몇 [%]인가?
① 35
② 65
③ 58
④ 42

> **Explanation**

전력용 콘덴서(Static Condenser)
부하의 역률개선을 통해 전력손실을 감소시키기 위한 목적

전력 손실 $P_l = I^2 R = \left(\dfrac{P}{V\cos\theta}\right)^2 \times R = \dfrac{P^2 R}{V^2 \cos^2\theta} \propto \dfrac{1}{\cos^2\theta}$

따라서 전력 손실 $P_l \propto \dfrac{1}{\cos^2\theta} = \dfrac{1}{\left(\dfrac{0.93}{0.6}\right)^2} \times 100 = \left(\dfrac{0.6}{0.93}\right)^2 \times 100 = 41.62[\%]$

【답】④

24 송전선로의 중성점을 접지하는 목적과 관계가 없는 것은?
① 이상전압 발생의 억제
② 보호계전기의 신속 확실한 동작
③ 과도 안정도의 증진
④ 고장 전류감소 및 송전용량 증가

> **Explanation**

송전 계통의 중성점 접지의 목적
- 1선 지락 시 전위 상승 억제, 계통의 기계 기구의 절연 보호(절연레벨 경감)
- 지락 사고 시 보호 계전기 동작의 확실
- 과도 안정도 증진
- 이상전압의 발생 방지 및 지락 아크 소멸

【답】④

25 단거리 송전선의 4단자 정수 A, B, C, D 중 값이 0인 정수는?
① B
② D
③ C
④ A

> **Explanation**

단거리 송전선로(수십 [km]정도) : 집중정수회로(Z만 존재)
따라서 임피던스만 존재하므로 어드미턴스는 없으므로 C는 존재하지 않는다.

【답】③

26 22.9[kV]로 수전하는 자가용 전기설비가 있다. 수전점에서 계산한 3상 단락용량이 120[MVA]일 때, 이곳에 시설해야 하는 차단기의 정격 차단전류는 약 몇 [kA]인가?
① 2 ② 3
③ 4 ④ 5

Explanation

차단기 용량 $P_s = \sqrt{3} \times$ 정격전압 $\times$ 정격차단전류에서

정격차단전류 $I_s = \dfrac{P_s}{\sqrt{3}\,V} = \dfrac{120 \times 10^3}{\sqrt{3} \times 25.8} \times 10^{-3} = 2.69[\text{kA}]$

【답】②

27 송전선에 복도체를 사용할 때의 설명으로 틀린 것은?
① 정전 반발력에 의한 전선의 진동이 감소된다.
② 전선의 인덕턴스는 감소하고, 정전용량이 증가한다.
③ 안정도가 상승하고 송전용량이 증가한다.
④ 코로나 손실이 경감된다.

Explanation

복도체(다도체) 방식 : 주목적(코로나 방지)
• 인덕턴스는 감소, 정전 용량은 증가
• 코로나의 방지, 코로나 임계 전압의 상승
• 송전 용량의 증대, 안정도 증대
• 전선 표면의 전위경도 감소

【답】①

28 애자가 갖추어야 할 구비 조건으로 옳은 것은?
① 온도의 급변에 잘 견디고 습기도 잘 흡수해야 한다.
② 지지물에 전선을 지지할 수 있는 충분한 기계적 강도를 갖추어야 한다.
③ 비, 눈, 안개 등에 대해서도 충분한 절연저항을 가지며, 누설전류가 많아야 한다.
④ 선로 전압에는 충분한 절연내력을 가지며, 이상 전압에는 절연내력이 매우 적어야 한다.

Explanation

애자의 구비 조건
• 절연내력이 클 것
• 절연저항이 클 것(누설전류가 적을 것)
• 기계적 강도가 클 것
• 정전용량이 적을 것

【답】②

29 선로의 특성 임피던스에 대한 설명으로 알맞은 것은?
① 선로의 길이에 비례한다. ② 선로의 길이에 반비례한다.
③ 선로의 길이에 관계없이 일정하다. ④ 선로의 길이보다 부하에 따라 변화한다.

Explanation

특성(파동) 임피던스 : 거리와 무관

$Z_0 = \sqrt{\dfrac{Z}{Y}}\,[\Omega]$

【답】③

30 수조와 방수로 간의 총 낙차를 35[m], 수차가 전부하인 경우 수차 수압계의 지시가 2.8[kg/cm^2], 흡출관의 진공계의 지시가 4[m]일 때, 손실낙차는 몇 [m]인가?

① 1.8　　　　　　　　　　　② 6.8
③ 3.0　　　　　　　　　　　④ 4.0

Explanation

수압계의 지시 값 2.8[kg/cm^2]을 압력수두로 나타내면 $H_P = \dfrac{P}{1,000} = \dfrac{2.8 \times 10^4}{1,000} = 28$ [m]

손실 낙차 H = 총낙차 − 압력에 의한 낙차
　　　　　　= $35 - (28 + 4) = 3$ [m]

【답】③

31 이상전압의 발생 우려가 가장 적은 중성점 접지방식은?

① 저항 접지방식　　　　　　② 소호 리액터 접지방식
③ 비접지방식　　　　　　　④ 직접 접지방식

Explanation

직접 접지방식의 장점
- 1선 지락 시 건전상의 대지전압 상승이 낮다(절연레벨 경감).
- 중성점을 0전위로 유지 가능(단절연 가능)
- 보호계전기 동작이 확실하다.
- 정격이 낮은 피뢰기 사용 가능
- 지락전류가 커서 통신유도장해가 크다.
- 과도안정도가 낮다.

【답】④

32 3상 변압기의 %임피던스는? 단, 임피던스는 $Z[\Omega]$, 정격 전압은 V[kV], 정격 용량은 P[kVA]이다.

① $\dfrac{PZ}{V}$　　　　　　　　　② $\dfrac{PZ}{10V}$
③ $\dfrac{PZ}{10V^2}$　　　　　　　　④ $\dfrac{10PZ}{V^2}$

Explanation

%임피던스 $\%Z = \dfrac{PZ}{10V^2}$　(여기서, V[kV], P[kVA])

【답】③

33 전력계통의 구성에서 네트워크 배전 방식의 설명으로 틀린 것은?

① 전압 변동이 적다.　　　　　② 무정전 공급이 가능하다.
③ 건설비용을 줄일 수 있다.　　④ 전력 손실이 감소한다.

Explanation

저압 네트워크 방식 : 부하가 밀집된 시가지
- 무정전 공급 방식(공급 신뢰도가 가장 우수)
- 변전소의 수를 줄일 수 있다.
- 전압 강하, 전력손실이 적다.
- 부하 증가 대응 우수
- **설비비 고가**
- 인축의 접지 사고
- 고장 시 고장전류 역류
- 대책 : 네트워크 프로텍터(저압용 차단기, 저압용 퓨즈, 전력방향계전기)

【답】③

34 어떤 건물에서 총 설비 부하용량이 700[kW], 수용률이 70[%]라면, 변압기 용량은 최소 몇 [kVA]로 하여야 하는가? 단, 여기서 설비 부하의 종합 역률은 0.80이다.
① 425.9
② 513.8
③ 612.5
④ 739.2

Explanation

변압기 용량[kVA] = $\dfrac{\text{설비 용량} \times \text{수용률}}{\text{부등률} \times \text{역률}}$

$= \dfrac{700 \times 0.7}{0.8} = 612.5\text{[kVA]}$

【답】③

35 수압관 내의 평균 유속을 v[m/s], 사용 용량을 Q[m³/s], 관의 직경을 D[m]라고 할 때 사용용량 (Q)을 나타낸 것으로 옳은 것은?
① $\dfrac{4}{\pi}D^2 v$
② $4\pi D v$
③ $4\pi D^2$
④ $\dfrac{\pi}{4}D^2 v$

Explanation

유량 $Q = Av = \pi r^2 v = \pi \left(\dfrac{D}{2}\right)^2 v = \dfrac{\pi}{4}D^2 v$ [m3/s]

【답】④

36 가공전선에 대한 지중전선의 장점을 나타낸 것으로 옳은 것은?
① 건설비가 저가이다.
② 인축에 대한 안전성이 높으며 환경조화를 이룰 수 있다.
③ 사고복구에 효율적이다.
④ 송전용량이 크다.

Explanation

지중전선로의 장점
• 미관을 해치지 않는다(환경조화).
• 교통에 지장을 주지 않는다.
• 자연재해나 지락사고 등의 염려가 적어 공급신뢰도가 우수하다.
단점
• 건설비가 고가이다.
• 고장점을 찾기 어렵다.
• 송전용량이 가공에 비해 적다.

【답】②

37 뇌해방지와 관계가 없는 것은?
① 애자
② 가공지선
③ 댐퍼
④ 초호환

Explanation

• 가공지선 : 직격뢰, 유도뢰 차폐
• 매설지선 : 역섬락 방지
• 소호각(소호환) : 섬락 시 애자련 보호
여기서, 댐퍼는 선로의 진동 방지에 쓴다.

【답】③

38 주상변압기에 시설하는 캐치 홀더는 어느 부분에 직렬로 삽입하는가?
① 1차 측 양선
② 1차 측 1선
③ 2차 측 비 접지측 선
④ 2차 측 접지된 선

Explanation

주상변압기의 보호 장치
- 1차 측 : COS(Cut Out Switch) 또는 PC(Primary Cut Out Switch)
- 2차 측 : Catch Holder(캐치 홀더)

【답】③

39 정상적으로 운전하고 있는 전력계통에서 부하를 조금씩 증가 했을 경우 안정 운전을 지속할 수 있는 능력은?
① 정태 안정도
② 고유 과도안정도
③ 동적 과도안정도
④ 동태 안정도

Explanation

- 정태 안정도 : 송전 계통이 불변 부하 또는 극히 서서히 증가하는 부하에 대하여 계속적으로 송전할 수 있는 능력
- 과도 안정도 : 부하의 급변 또는 사고가 발생해서 계통에 큰 충격을 주었을 경우에도 탈조하지 않고 새로운 평형 상태를 회복하여 송전을 계속할 수 있는 능력
- 동태 안정도 : AVR이나 조속기 등이 갖는 제어효과까지도 고려한 안정도

【답】①

40 가스차단기의 설명으로 틀린 것은?
① 소호 능력이 우수하다.
② 회로 차단 시 이상전압의 발생이 적다.
③ 고전압 대전류 차단에 적합하다.
④ 가스 액화에 대한 위험이 없다.

Explanation

SF_6(육불화황)가스차단기(GCB)
- 무색, 무취, 무독성 기체
- 난연성, 불활성 기체
- 아크 소호능력은 공기의 100~200배
- 절연내력은 공기의 2~3배 이상
- 밀폐 구조이며 소음이 적다.

【답】④

3과목 전기기기

41 단락비 1.2인 발전기의 %동기 임피던스는 약 얼마인가?
① 45
② 100
③ 60
④ 83

Explanation

%동기 임피던스[PU]
$$Z_s'[PU] = \frac{1}{K_s} = \frac{1}{1.2} = 0.83$$
%동기 임피던스 $\%Z_s = Z_s[PU] \times 100 = 0.83 \times 100 = 83[\%]$

【답】④

42 10[HP], 4극 60[Hz] 3상 유도 전동기의 전 전압 기동 토크가 전부하 토크의 1/3일 때, 탭 전압이 $1/\sqrt{3}$ 인 기동 보상기로 기동하면 그 기동 토크는 전부하 토크의 몇 배가 되겠는가?
① $3/\sqrt{3}$ 배
② $1/3\sqrt{3}$ 배
③ $1/9$ 배
④ $1/\sqrt{3}$ 배

> **Explanation**

유도전동기의 토크는 전압의 제곱에 비례 : $T \propto V^2$

기동토크 $T_s = \frac{1}{3}T \times \left(\frac{1}{\sqrt{3}}\right)^2 = \frac{1}{9}T$

【답】 ③

43 유도 전압 조정기의 설명 중 옳은 것은?
① 3상 유도 전압 조정기의 1차와 2차 전압은 동상이다.
② 단상 유도 전압 조정기의 기전력은 회전자계에 의해서 유도된다.
③ 3상 유도 전압 조정기에는 단락 권선이 필요 없다.
④ 단락 권선은 단상 및 3상 유도 전압 조정기 모두 필요하다.

> **Explanation**

유도전압조정기

종류	단상 유도 전압 조정기	3상 유도 전압 조정기
전압조정범위	$V_2 = V_1 + E_2\cos\theta$	$V_2 = \sqrt{3}(V_1 \pm E_2)$
특징	교번자계 이용 입력과 출력 위상차 없음 단락권선 필요	회전자계 이용 입력과 출력 위상차 있음 **단락권선 필요 없음**

【답】 ③

44 PN 접합 구조로 되어 있고 제어는 불가능하나 교류를 직류로 변환하는 반도체 정류 소자는?
① IGBT
② 다이오드
③ MOSFET
④ 사이리스터

> **Explanation**

PN접합 다이오드 : 정류용. 제어는 불가능하다.

【답】 ②

45 단상 유도전동기 중 기동토크가 가장 작은 것은?
① 반발 기동형
② 분상 기동형
③ 쉐이딩 코일형
④ 커패시터 기동형

> **Explanation**

단상 유도전동기 기동 토크의 크기(기동 토크가 큰 순서)
반발 기동형 〉 반발 유도형 〉 콘덴서 기동형 〉 분상 기동형 〉 셰이딩코일형 〉 모노사이클릭형

【답】 ③

46 무부하 특성곡선이 존재하지 않는 직류발전기는?
① 가동복권발전기
② 차동복권발전기
③ 직권발전기
④ 분권발전기

> **Explanation**

직류 직권발전기

무부하 시 전원 공급이 되지 않으므로 자속이 발생하지 않아 발전이 불가능하다.
따라서 무부하시에는 발전을 할 수 없으므로 무부하 곡선이 존재하지 않는다.

【답】 ③

47 10[kVA], 2,000/100[V] 변압기에서 1차에 환산한 등가 임피던스는 $6.2+j7[\Omega]$이다. 이 변압기의 %리액턴스 강하는?

① 2.25　　　　　　　　　　　　② 3.75
③ 4.25　　　　　　　　　　　　④ 1.75

Explanation

변압기 1차 정격전류 $I_{1n} = \dfrac{P}{V_{1n}} = \dfrac{10 \times 10^3}{2,000} = 5[A]$

%리액턴스 강하 $q = \dfrac{I_{1n} x_{21}}{V_{1n}} \times 100 = \dfrac{5 \times 7}{2,000} \times 100 = 1.75[\%]$

【답】 ④

48 직류직권 전동기의 공급 전압이 525[V], 전기자 전류가 50[A]일 때, 회전속도는 1,500[rpm]이다. 여기서 공급 전압을 400[V]로 낮추었을 때 같은 전기자전류에 대하여 회전속도는 얼마로 되는가? 단, 전기자 권선 및 계자 권선의 전저항은 0.5[Ω]이다.

① 986　　　　　　　　　　　　② 1,042
③ 1,125　　　　　　　　　　　④ 1,194

Explanation

유기기전력(역기전력) $E = \dfrac{z}{a} p\phi \dfrac{N}{60} \propto N$이므로 속도는 역기전력에 비례

전동기 역기전력 $E = V - I_a R_a [V]$이므로

공급전압이 500[V]인 경우 : $E = 525 - 0.5 \times 50 = 500[V]$
공급전압이 40[V]인 경우 : $E' = 400 - 0.5 \times 50 = 375[V]$

따라서 회전 속도 $N' = \dfrac{E'}{E} \times N = \dfrac{375}{500} \times 1,500 = 1,125[rpm]$

【답】 ③

49 온도 측정 장치 중 변압기의 권선온도 측정에 가장 적당한 것은?

① 탐지코일　　　　　　　　　　② dial온도계
③ 권선온도계　　　　　　　　　④ 콩상온도계

Explanation

온도 측정 장치 중 변압기의 권선온도 측정 : 권선 온도계

【답】 ③

50 다음 정류기 중에서 전압 맥동률이 가장 작은 것은?

① 단상 반파 정류기　　　　　　② 단상 전파 정류기
③ 3상 반파 정류기　　　　　　　④ 3상 전파 정류기

Explanation

정류 회로 비교

구분	단상 반파	단상 전파	3상 반파	**3상 전파**
직류전압	$E_d = 0.45E$	$E_d = 0.9E$	$E_d = 1.17E$	$E_d = 1.35E$
맥동 주파수	f	2f	3f	6f
맥동률	121[%]	48[%]	17[%]	4[%]

【답】 ④

51 단상변압기를 병렬운전하는 경우 부하전류의 분담에 관한 설명 중 옳은 것은?
① 누설리액턴스에 비례한다.
② 누설임피던스에 비례한다.
③ 누설임피던스에 반비례한다.
④ 누설리액턴스의 제곱에 반비례한다.

Explanation

변압기의 병렬운전 시 부하분담
- $\dfrac{I_a}{I_b} = \dfrac{I_A}{I_B} \times \dfrac{\%Z_b}{\%Z_a}$: 분담전류는 정격전류에 비례하고 누설임피던스에 반비례

여기서, I_a : A기 분담전류, I_A : A기 정격전류, I_b : B기 분담전류, I_B : B기 정격전류

【답】③

52 유도전동기 원선도 제작에 필요한 자료 중 지정에 의하여 계산하는 것은?
① 1차 권선의 저항
② 여자 전류의 역률각
③ 정격 전압에 있어서 단락 전류
④ 정격 전압에 있어서 여자 전류

Explanation

정격전압 하에서 단락전류는 너무 크기 때문에 단락전류는 측정하지 않고 지정에 의해 계산한다.

【답】③

53 단상 직권 정류자전동기의 설명으로 틀린 것은?
① 계자권선의 리액턴스강하 때문에 계자권선수를 적게 한다.
② 변압기 기전력을 크게 하기 위하여 브러시 접촉저항을 적게 한다.
③ 토크를 증가하기 위해 전기자 권선수를 많게 한다.
④ 전기자 반작용을 감소하기 위해 보상권선을 설치한다.

Explanation

단상 직권 정류자 전동기=만능 전동기(직류·교류 양용)
- 종류 : 직권형, 보상형, 유도보상형
- 특징
  - 역률 및 정류 개선을 위해 약계자, 강전기자형으로 함
  - **역률 개선을 위해 보상권선 설치**
  - 회전속도를 증가시킬수록 역률이 개선
- 용도 : 75[W] 정도 이하의 소형 공구, 영사기, 치과 의료용으로 사용

【답】④

54 극수 6, 회전수 1,200[rpm]의 교류 발전기와 병행 운전하는 극수 8의 교류 발전기의 회전수는 몇 [rpm]이어야 하는가?
① 800
② 900
③ 1,050
④ 1,100

Explanation

병렬 운전 시에 두 발전기는 주파수가 일치하므로

$N_s = \dfrac{120f}{p}$ 에서 주파수 $f = \dfrac{pN_s}{120} f = \dfrac{1,200 \times 6}{120} = 60[Hz]$

따라서 발전기의 회전수 $N = \dfrac{120 \times 60}{8} = 900[rpm]$

【답】②

55 60[Hz], 4극 유도전동기가 1,620[rpm]으로 운전하고 있다면 전동기의 슬립은?
① 0.025
② 0.075
③ 0.05
④ 0.1

Explanation

고정자 속도 $N_s = \dfrac{120f}{p} = \dfrac{120 \times 60}{4} = 1,800[\text{rpm}]$

슬립 $s = \dfrac{N_s - N}{N_s} = \dfrac{1,800 - 1,620}{1,800} = 0.1$

【답】④

56 직류발전기의 정류시간에 비례하는 요소를 바르게 나타낸 것은? 단, b : 브러시의 두께[mm], δ : 정류자편 사이의 두께[m], v_c : 정류자의 주변 속도이다.

① $v_c - \delta$
② $b - \delta$
③ $\delta - b$
④ $b + \delta$

Explanation

정류 주기 : $T_c = \dfrac{b - \delta}{v_c}[\text{s}]$

여기서, b : 브러시의 두께[mm], δ : 정류자편 사이의 두께[m], v_c : 정류자의 주변 속도

【답】②

57 직류 분권 발전기의 전기자 저항이 0.05[Ω]이다. 단자 전압이 200[V], 회전수 1,500[rpm]일 때 전기자 전류가 100[A]이다. 이것을 전동기로 사용하여 전기자 전류와 단자전압이 같을 때 회전속도는 약 몇 [rpm]인가? 단, 전기자 반작용은 무시한다.

① 1,427
② 1,577
③ 1,620
④ 1,800

Explanation

유기기전력(역기전력) $E = \dfrac{z}{a} p\phi \dfrac{N}{60} \propto N$

발전기 유기기전력 $E = V + I_a R_a = 200 + 100 \times 0.05 = 205[\text{V}]$

전동기 역기전력 $E_c = V - I_a R_a = 200 - 100 \times 0.05 = 195[\text{V}]$

회전 속도 $N' = \dfrac{E_c}{E} \times N = \dfrac{195}{205} \times 1,500 = 1,427[\text{rpm}]$

【답】①

58 단락비가 큰 동기기의 특징 중 옳은 것은?

① 과부하 부하 내량이 크다.
② 전압 변동률이 크다
③ 전기자반작용이 크다.
④ 송선선로의 충전 용량이 작다.

Explanation

단락비가 큰 동기기
- 전기자 반작용이 작다(동기 임피던스가 작다).
- **과부하 내량이 크다.**
- 기계의 중량이 무겁고 고가이다.
- 전압 변동률이 양호하다.
- 송전 선로의 충전 용량이 크다.
- 안정도가 우수하다.
- 저속기(수차형)

【답】①

59 운전 중 계기용 변류기의 고장발생으로 변류기를 개방 시 2차측을 단락하는 이유는?

① 계기의 측정 오차 방지
② 2차측 절연보호
③ 1차측 과전류 방지
④ 2차측 과전류 보호

> **Explanation**

계기용 변성기 점검
- PT(계기용 변압기) : 2차측 개방(2차측 과전류 보호)
- CT(변류기) : 2차측 단락(2차측 과전압보호, 2차측 절연보호)

【답】②

60 동기전동기에 관한 설명으로 옳은 것은?
① 기동토크가 크다.
② 기동 조작이 간단하다.
③ 역률을 조정할 수 없다.
④ 속도가 일정하다.

> **Explanation**

동기전동기의 특징

장점	단점
① 속도가 N_s로 일정	① 기동토크가 작다.
② 역률 1로 조정 가능	② 속도 제어가 어렵다.
③ 효율이 좋다.	③ 직류 여자가 필요
④ 공극이 크고 기계적으로 튼튼하다.	④ 난조가 일어나기 쉽다.

【답】④

4과목　회로이론

61 그림과 같은 구형파의 라플라스 변환은?
① $\dfrac{1}{s}(1-e^{-s})$
② $\dfrac{1}{s}(1+e^{-s})$
③ $\dfrac{1}{s}(1-e^{-2s})$
④ $\dfrac{1}{s}(1+e^{-2s})$

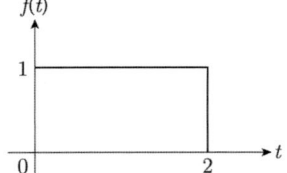

> **Explanation**

라플라스 변환의 시간 이동 정리를 적용하여
$f(t) = u(t) - u(t-2)$
$F(s) = \mathcal{L}[f(t)] = \mathcal{L}[u(t)-u(t-2)] = \dfrac{1}{s} - \dfrac{1}{s}e^{-2s} = \dfrac{1}{s}(1-e^{-2s})$

【답】③

62 비정현파 전압 $v = 100\sqrt{2}\sin\omega t + 50\sqrt{2}\sin 2\omega t + 30\sqrt{2}\sin 3\omega t$[V]의 왜형률은 약 얼마인가?
① 0.8
② 0.58
③ 1.16
④ 1.41

> **Explanation**

왜형률 $= \dfrac{\text{각 고조파의 실효값의 합}}{\text{기본파의 실효값}} = \dfrac{\sqrt{V_2^2 + V_3^2}}{V_1} = \dfrac{\sqrt{50^2 + 30^2}}{100} = 0.58$

【답】②

63 전압 V가 200[V]인 3상 회로에 그림과 같은 평형 부하를 접속했을 때 선전류의 크기는 약 몇 [A]인가? (단, $R = 9[\Omega]$, $\dfrac{1}{\omega C} = 4[\Omega]$)

① 28.9
② 38.5
③ 48.1
④ 115.5

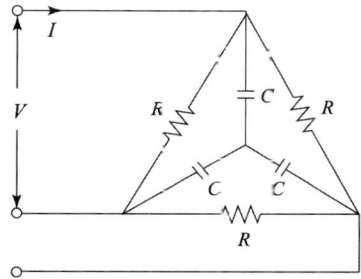

Explanation

△결선과 Y결선이 병렬로 연결된 경우는
△결선의 저항 R을 Y결선으로 바꾸어서 등가회로를 구한다.
병렬 회로의 어드미턴스는 $Y = \dfrac{1}{3} + j\dfrac{1}{4}[\mho]$이므로

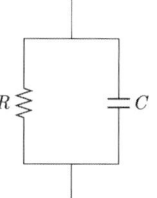

병렬 회로의 상전류 $I_p = YV_p = \sqrt{\left(\dfrac{1}{3}\right)^2 + \left(\dfrac{1}{4}\right)^2} \times \dfrac{200}{\sqrt{3}} = 48.1[A]$
따라서 선전류 $I_p = I_l = 48.1[A]$

【답】③

64 그림의 $R-L-C$ 직렬 회로에서 입력을 전압 $e_i(t)$, 출력을 전류 $i(t)$로 할 때 이 계의 전달함수는?

① $\dfrac{s}{s^2 + 10s + 10}$
② $\dfrac{10s}{s^2 + 10s + 10}$
③ $\dfrac{s}{s^2 + s + 1}$
④ $\dfrac{10s}{s^2 + s + 1}$

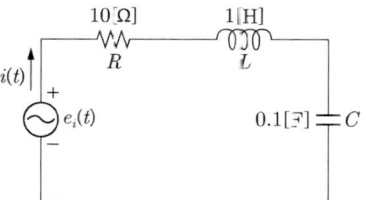

Explanation

전달 함수 $G(s) = \dfrac{I(s)}{E_i(s)} = Y(s) = \dfrac{1}{Z(s)} = \dfrac{1}{10 + s + \dfrac{10}{s}} = \dfrac{s}{s^2 + 10s + 10}$

【답】①

65 200[V]의 선간전압에서 평형 3상 유도성 부하의 소비전력이 3.7[kW], 역률이 80[%]일 때 이 부하로 흐르는 전류는 약 몇 [A]인가?

① $13.35 \angle -36.87°$
② $13.35 \angle 36.87°$
③ $23.16 \angle 36.87°$
④ $23.16 \angle -36.87°$

Explanation

3상 전력 $P = \sqrt{3} V_l I_l \cos\theta$

$I_l = \dfrac{P}{\sqrt{3} V_l \cos\theta} = \dfrac{3,700}{\sqrt{3} \times 200 \times 0.8} = 13.35$

여기서, 유도성 부하이므로 지상역률이 0.8이므로
$I_l = I(\cos\theta - j\sin\theta) = 13.35 \times (0.8 - j0.6) = 10.68 - j8.01$

따라서 전류 $I = \sqrt{10.68^2 + 8.01^2} \angle \tan^{-1}\dfrac{-8.01}{10.68} = 13.35 \angle -36.87°$

【답】①

66 저항 40[Ω], 임피던스 50[Ω]의 직렬 유도부하에서 소비되는 무효전력[Var]은 얼마인가?
단, 인가전압은 100[V]이다.
① 120
② 160
③ 200
④ 250

Explanation

임피던스 $Z = \sqrt{R^2 + X^2}$ 에서
리액턴스 $X = \sqrt{Z^2 - R^2} = \sqrt{50^2 - 40^2} = 30[\Omega]$
전류 $I = \dfrac{V}{Z} = \dfrac{100}{50} = 2[A]$
무효전력 $P_r = VI\sin\theta = I^2 X[\text{Var}] = 2^2 \times 30 = 120[\text{Var}]$

【답】 ①

67 $R - L - C$ 직렬회로에서 공진 시의 전류는 공급전압에 대하여 어떤 위상차를 갖는가?
① 0°
② 90°
③ 180°
④ 270°

Explanation

직렬공진 $Z = R$ 이므로 전압과 전류의 위상차는 0도이다.

【답】 ①

68 그림의 회로에서 평형 조건은?

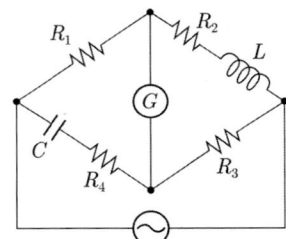

① $R_1 R_3 - R_2 R_4 = \dfrac{L}{C}, \ \dfrac{R_4}{R_2} = \dfrac{1}{\omega^2 LC}$
② $R_1 R_3 + R_2 R_4 = \dfrac{L}{C}, \ \dfrac{R_4}{R_2} = \dfrac{1}{\omega^2 LC}$
③ $R_1 R_3 - R_2 R_4 = \dfrac{L}{C}, \ \dfrac{R_4}{R_2} = \dfrac{L}{C}$
④ $R_1 R_3 + R_2 R_4 = \dfrac{L}{C}, \ \dfrac{R_4}{R_2} = \dfrac{L}{C}$

Explanation

브리지 회로이므로
브리지 평형조건 $R_1 R_3 = (R_2 + j\omega L)\left(R_4 - j\dfrac{1}{\omega C}\right) = \left(R_2 R_4 + \dfrac{L}{C}\right) + j\left(\omega L R_4 - \dfrac{R_2}{\omega C}\right)$
실수부 조건 : $R_1 R_3 = R_2 R_4 + \dfrac{L}{C}$ 에서 $R_1 R_3 - R_2 R_4 = \dfrac{L}{C}$
허수부 조건 : $\omega L R_4 = \dfrac{R_2}{\omega C}$ 에서 $\dfrac{R_4}{R_2} = \dfrac{1}{\omega^2 LC}$

【답】 ①

69 회로에서 스위치 S를 닫은 후 회로에 흐르는 전류 $i(t)$의 시정수는? 단 C에 초기 전하는 없다.

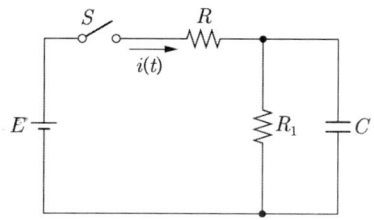

① $\dfrac{RR_1C}{R+R_1}$ ② $\dfrac{R+R_1}{RR_1C}$

③ $(RR_1+R_1)C$ ④ $\dfrac{C}{RR_1+R_1}$

Explanation

【답】①

70 $t=0$에서 스위치 S를 닫았다. 초기 값이 0일 때, $i(t)$는 어느 것인가?

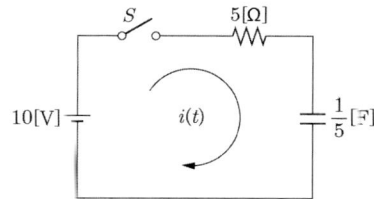

① $-2e^{-t}$ ② $2e^{-t}$
③ $2(1-e^{-t})$ ④ $2(1+e^{-t})$

Explanation

$R-C$ 직렬회로의 전류

$i(t) = \dfrac{E}{R}e^{-\frac{1}{RC}t} = \dfrac{10}{5}e^{-\frac{1}{5\times 0.2}t} = 2e^{-t}$ [A]

【답】②

71 3상 회로에서 각 상전압이 $V_a=60$[V], $V_b=0$[V], $V_c=-10+j120$[V]일 때, a상의 정상분 전압은 약 몇 [V]인가?

① $-13-j24$ ② $16+j40$
③ $56-j17$ ④ $60+j0$

Explanation

대칭좌표법에서

$\begin{bmatrix} V_0 \\ V_1 \\ V_2 \end{bmatrix} = \dfrac{1}{3}\begin{bmatrix} 1 & 1 & 1 \\ 1 & a & a^2 \\ 1 & a^2 & a \end{bmatrix}\begin{bmatrix} V_a \\ V_b \\ V_c \end{bmatrix}$

정상분 $V_1 = \dfrac{1}{3}(V_a+aV_b+a^2V_c) = \dfrac{1}{3}\left\{60+0+(-10+j120)\left(-\dfrac{1}{2}-j\dfrac{\sqrt{3}}{2}\right)\right\} = 56-j17$ [V]

【답】③

72 그림과 같은 T형 회로의 임피던스 파라미터 Z_{11}을 구하면?

① Z_3
② $Z_1 + Z_2$
③ $Z_2 + Z_3$
④ $Z_1 + Z_3$

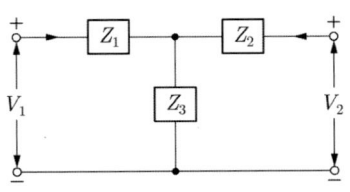

Explanation

$Z_{11} = Z_1 + Z_3$, $Z_{12} = Z_{21} = Z_3$, $Z_{22} = Z_2 + Z_3$

■ 기본 풀이

임피던스 파라미터 Z_{11}은 $Z_{11} = \dfrac{V_1}{I_1}\bigg|_{I_2=0} = \dfrac{V_1}{\dfrac{V_1}{Z_1+Z_3}} = Z_1 + Z_3$

【답】 ④

73 불평형 3상전류 $I_a = 10 + j2$[A], $I_b = -20 - j24$[A], $I_c = -5 + j10$[A]일 때의 영상전류 I_o[A]는?

① $15 + j2$
② $-5 - j4$
③ $-15 - j12$
④ $-45 - j36$

Explanation

영상분 $I_0 = \dfrac{1}{3}(I_a + I_b + I_c)$

정상분 $I_1 = \dfrac{1}{3}(I_a + aI_b + a^2 I_c)$

역상분 $I_2 = \dfrac{1}{3}(I_a + a^2 I_b + aI_c)$

따라서 영상분 $I_0 = \dfrac{1}{3}(I_a + I_b + I_c) = \dfrac{1}{3}(10 + j2 - 20 - j24 - 5 + 10) = \dfrac{1}{3}(-15 - j12) = -5 - j4$[A]

【답】 ②

74 그림과 같은 4단자 회로의 4단자 정수 A, B, C, D중 D의 값은?

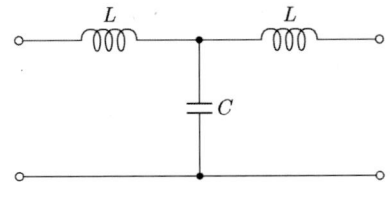

① $1 - \omega^2 LC$
② $j\omega L(2 - \omega^2 LC)$
③ $j\omega C$
④ $j\omega L$

Explanation

좌우대칭($A = D$)

$\begin{bmatrix} A & B \\ C & D \end{bmatrix} = \begin{bmatrix} 1 & j\omega L \\ 0 & 1 \end{bmatrix} \begin{bmatrix} 1 & 0 \\ j\omega C & 1 \end{bmatrix} \begin{bmatrix} 1 & j\omega L \\ 0 & 1 \end{bmatrix} = \begin{bmatrix} 1 - \omega^2 LC & j\omega L(2 - \omega^2 LC) \\ j\omega C & 1 - \omega^2 LC \end{bmatrix}$

【답】 ①

75 그림과 같이 연결한 10[A]의 최대 눈금을 가진 두 개의 전류계 A_1, A_2에 13[A]의 전류를 흘릴 때, 전류계 A_2의 지시는 몇 [A]인가? 단, 최대 눈금에 있어서 전압 강하는 A_1전류계에서는 70[mV], A_2전류계에서는 60[mV]라 한다.

① 6
② 7
③ 8
④ 9

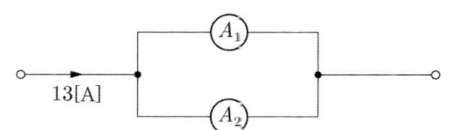

Explanation

A_1 전류계의 내부 저항 : $r_1 = \dfrac{70 \times 10^{-3}}{10} = 7\,[\mathrm{m\Omega}]$

A_2 전류계 내부 저항 : $r_2 = \dfrac{60 \times 10^{-3}}{10} = 6\,[\mathrm{m\Omega}]$

따라서 A_2 전류계에 흐르는 전류 $I_2 = \dfrac{r_1}{r_1+r_2} \times I = \dfrac{7}{7+6} \times 13 = 7\,[\mathrm{A}]$

【답】②

76 어느 정현파 교류전압의 실효값이 314[V]일 때 평균값은 약 몇 [V]인가?

① 142
② 283
③ 365
④ 382

Explanation

실효값 $V = \dfrac{1}{\sqrt{2}} V_m$ 에서 $V_m = \sqrt{2}\,V$

평균값 $V_{av} = \dfrac{2}{\pi} V_m = \dfrac{2\sqrt{2}}{\pi} V = \dfrac{2\sqrt{2}}{\pi} \times 314 = 283\,[\mathrm{V}]$

【답】②

77 회로의 a, b 단자 사이 전압 V_{ab}[V]는?

① -2
② 2
③ -3
④ 3

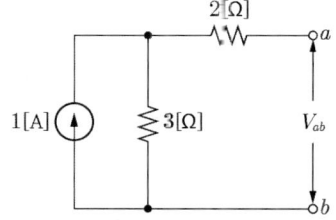

Explanation

단자전압 V_{ab}는 개방단의 전압이므로, 전류원과 병렬로 연결된 3[Ω]에만 전압이 걸리게 되므로,
$V_{ab} = 3 \times 1 = 3\,[\mathrm{V}]$가 a, b 단자에 걸리게 된다.

【답】④

78 동일한 용량 2대의 단상 변압기를 V 결선하여 3상으로 운전하고 있다. 단상 변압기 2대의 용량에 대한 3상 V 결선시 변압기 용량의 비인 변압기 이용률은 약 몇 [%]인가?

① 57.7
② 70.7
③ 80.1
④ 86.6

Explanation

V결선 변압기의 출력 $P_V = \sqrt{3}\,K$ 여기서, K는 변압기 1대 용량

V 결선 이용률 $= \dfrac{\sqrt{3}\,K}{2K} = \dfrac{\sqrt{3}}{2} \times 100 = 86.6\,[\%]$

【답】④

79 $R-L$ 직렬회로에 직류전압 E[V]를 어느 순간에 인가하였을 때 시정수의 5배의 시간에서는 정상전류의 약 몇 [%]에 도달하는가?

① 93.3
② 95.3
③ 97.3
④ 99.3

Explanation

$R-L$ 직렬회로에서 직류 기전력 인가 시의 전류

$$i(t) = \frac{E}{R}(1-e^{-\frac{R}{L}t}) \text{ [A]}$$

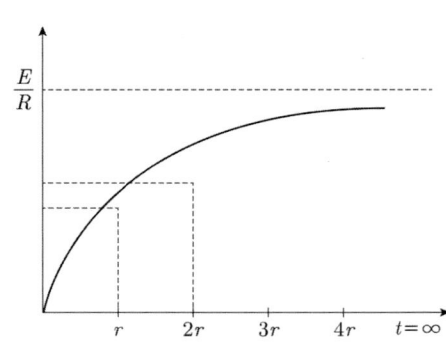

직류 기전력 인가 시 흐르는 전류
$t=\tau \rightarrow i(t)=0.632\frac{E}{R}$
$t=2\tau \rightarrow i(t)=0.865\frac{E}{R}$
$t=3\tau \rightarrow i(t)=0.95\frac{E}{R}$
$t=4\tau \rightarrow i(t)=0.98\frac{E}{R}$
$t=5\tau \rightarrow i(t)=0.993\frac{E}{R}$

【답】 ④

80 주기적인 구형파 신호의 구성으로 가장 적절한 것은?
① 직류성분만으로 구성된다.
② 기본파 성분만으로 구성된다.
③ 고조파 성분만으로 구성된다.
④ 직류 성분, 기본파 성분, 무수히 많은 고조파 성분으로 구성된다.

Explanation

비정현파를 푸리에 변환하면 비정현파 교류=직류분+기본파+고조파로 표시되며
- 정현대칭 : sin성분
- 여현대칭 : 직류분, cos성분
- 반파대칭 : 홀수항

여기서, 구형파는 정현반파대칭이므로 홀수항의 sin항만 존재하며
$f(t) = \sin t + \sin 3t + \sin 5t + \cdots$의 형태이므로 무수히 많은 주파수 성분을 가지게 된다.

【답】 ④

5과목 전기설비기술기준

81 전력보안통신설비인 무선통신용 안테나 또는 반사판을 지지하는 철주 철근콘크리트주 또는 철탑의 기초의 안전율은 얼마 이상이어야 하는가?

① 1.2
② 1.3
③ 1.5
④ 2.2

Explanation

(KEC 364.1조) 무선용 안테나 등을 지지하는 철탑 등의 시설
① 목주 : 풍압 하중에 대한 안전율 1.5 이상

② 철주·철근 콘크리트주 또는 철탑의 기초 안전율 : 1.5 이상 【답】③

82 특고압의 기계기구 도선 등을 옥외에 시설하는 발전소 등의 울타리 높이는 몇 [m] 이상이어야 하는가?
① 2　　　　　　　　　　　② 5
③ 3　　　　　　　　　　　④ 6

Explanation

(KEC 351.1조) 발전소 등의 울타리·담 등의 시설
고압 또는 특고압의 기계기구·모선 등을 옥외에 시설하는 발전소·변전소·개폐소 또는 이에 준하는 곳에는 **울타리·담 등의 높이는 2[m] 이상**으로 하고 지표면과 울타리·담 등의 하단 사이의 간격은 0.15[m] 이하로 할 것 【답】①

83 저압 가공전선로의 지지물은 목주인 경우에는 풍압하중의 몇 배의 하중을 견디는 강도를 가지는 것이어야 하는가?
① 1.0　　　　　　　　　　② 1.2
③ 0.8　　　　　　　　　　④ 1.5

Explanation

(KEC 222.8조) 저압 가공전선로의 지지물의 강도
저압 가공전선로의 지지물 : 목주는 풍압하중의 1.2배의 하중, 기타의 경우 풍압하중에 견디는 강도 【답】②

84 전기욕기에 전기를 공급하기 위한 전원장치에 내장되어 있는 절연변압기의 2차측 전로의 사용전압은 몇 [V] 이하인 것을 사용하여야 하는가?
① 5　　　　　　　　　　　② 10
③ 35　　　　　　　　　　 ④ 25

Explanation

(KEC 241.2조) 전기욕기
전기욕기에 전기를 공급하기 위한 전기욕기용 전원장치(내장되어 있는 전원 변압기의 2차측 전로의 사용 전압이 10[V] 이하인 것에 한한다)는 [전기용품 및 생활용품 안전관리법]에 의한 안전기준에 적합할 것 【답】②

85 주택 등 저압수용장소에서 TN-C-S 방식으로 계통접지를 하는 경우 중성선 겸용 보호도체는 고정 전기설비에만 사용할 수 있다. 그 도체의 단면적이 구리는 최소 몇 [mm²] 이상이어야 하는가?
① 6　　　　　　　　　　　② 16
③ 4　　　　　　　　　　　④ 10

Explanation

(KEC 142.4.2조) 주택 등 저압수용장소 접지
저압수용장소에서 계통접지가 TN-C-S방식의 경우의 보호도체 중 중성선 겸용 보호도체(PEN)
• 고정된 전기설비에서만 사용 가능
• 단면적은 구리 10[mm²] 또는 알루미늄 16[mm²] 이상 【답】④

86 가공전선로에 사용하는 지지물의 강도 계산에서 전선의 갑종 풍압하중은 구성재의 수직 투영면적 1[m²]에 대하여 몇 [Pa]의 풍압으로 계산하는가? 단, 전선은 다도체를 구성하는 전선이 아닌 기타의 것이다.
① 588　　　　　　　　　　② 745
③ 1,069　　　　　　　　　④ 1,255

> **Explanation**

(KEC 331.6조) 풍압 하중의 종별과 적용

풍압을 받는 구분		구성재의 수직 투영면적 1[m²]에 대한 풍압
전선 기타 가섭선	다도체(구성하는 전선이 2가닥마다 수평으로 배열되고 또한 그 전선 상호 간의 거리가 전선의 바깥지름의 20배 이하인 것에 한한다. 이하 같다)를 구성하는 전선	666[Pa]
	기타의 것	745[Pa]

【답】②

87 철도 궤도 또는 자동차도 전용터널 안의 전선로 시설기준에 적합한 것은?
① 저압 전선은 지름 2.6[mm]의 경동선의 절연전선을 사용하였다.
② 고압 전선은 지름 3.2[mm]의 경동선의 절연전선을 사용하였다.
③ 저압전선을 애자사용공사에 의하여 시설하고 이를 레일면상 또는 노면상 2.2[m]의 높이로 시설하였다.
④ 고압 전선을 금속관 공사에 의하여 시설하고 이를 레일 면상 또는 노면상 2.4[m]의 높이로 시설하였다.

> **Explanation**

(KEC 335.1조) 터널 안 전선로의 시설
① 저압 전선 : 지름 2.6[mm] 경동선 이상, 애자사용공사에 의해 시설할 때 레일면상 또는 노면상 2.5[m] 이상의 높이, 합성수지관 공사, 금속관 공사, 가요전선관 공사, 케이블 공사에 의해 시설
② 고압 전선 : 지름 4[mm] 경동선 이상, 애자사용공사 시 레일면상 또는 노면상 3[m] 이상의 높이, 케이블 공사에 의해 시설

【답】①

88 절연전선의 종류에 해당하지 않는 것은?
① 450/750[V] 저독성 난연 폴리올레핀절연전선
② 450/750[V] 비닐절연전선
③ 450/750[V] 고무절연전선
④ 450/750[V] 캡타이어 절연전선

> **Explanation**

(KEC 122조) 전선의 종류
① 절연전선
가. 저압 절연전선 : 450/750[V] 비닐절연전선 · 450/750[V] 저독난연 폴리올레핀 절연전선 · 450/750[V] 고무 절연전선
나. 고압 · 특고압 절연전선 : KS에 적합한 또는 동등 이상의 전선

【답】④

89 전기철도차량에 전력을 공급하는 전차선의 가선방식으로 적합하지 않은 것은?
① 가공방식
② 강체방식
③ 제3레일방식
④ 지중방식

> **Explanation**

(KEC 402조) 전기철도의 용어 정의
전차선 가선방식 : **가공식, 강체식, 제3레일식**

【답】④

90 고압 가공인입선이 케이블 이외의 것으로서 그 아래에 위험표시를 하였다면 전선의 지표상 높이는 몇 [m]까지로 감할 수 있는가?
① 2.5[m]
② 3.5[m]
③ 4.5[m]
④ 5.5[m]

> **Explanation**

(KEC 331.12.1조) 고압 가공인입선의 시설
고압 가공인입선의 높이는 전선 아래쪽에 **위험표시를 한 경우** 지표상 3.5[m]까지로 감할 수 있다. 【답】②

91 전기철도차량이 전차선로와 접촉한 상태에서 견인력을 끄고 보조전력을 가동한 상태로 주지해 있는 경우 가공 전차선로의 유효전력이 200[kW] 이상일 경우 총 역률은 얼마 보다는 작아서는 안 되는가?
① 0.7
② 0.6
③ 0.8
④ 0.9

Explanation

(KEC 441.4조) 전기철도차량의 역률
전기철도차량이 전차선로와 접촉한 상태에서 견인력을 끄고 보조전력을 가동한 상태로 정지해 있는 경우 : 가공 전차선로의 유효전력이 200[kW] 이상일 경우 총 역률은 0.8보다 클 것 【답】③

92 계통연계하는 분산형전원설비를 설치하는 경우, 자동적으로 분산형전원설비를 전력계통으로부터 분리하기 위한 장치 시설 및 해당 전력계통과의 보호협조를 실시하여야 하는 경우로 틀린 것은?
① 분산형 전원설비의 이상 발생 시
② 단독운전 상태 발생 시
③ 연계한 전력계통의 고장 발생 시
④ 조상설비의 이상 발생 시

Explanation

(KEC 503.2.4조) 계통 연계용 보호장치의 시설
① 분산형전원의 이상 또는 고장
② 연계한 전력계통의 이상 또는 고장
③ 단독운전 상태 【답】④

93 애자사용공사에 의한 고압 옥내배선에 사용되는 연동선의 공칭단면적은 최소 몇 [mm²] 이상이어야 하는가?
① 2.5
② 4
③ 6
④ 8

Explanation

(KEC 342.1조) 고압 옥내배선 등의 시설
애자사용공사에 의할 때, 전선은 공칭 단면적 6[mm²] 이상의 연동선 또는 이와 동등 이상의 세기 및 굵기의 고압 절연전선이나 특고압 절연전선 또는 인하용 고압 절연전선일 것 【답】③

94 소세력 회로의 최대 사용전압이 15[V]라면, 절연변압기의 2차 단락전류는 몇 [A] 이하이어야 하는가?
① 1
② 3
③ 5
④ 8

Explanation

(KEC 241.14조) 소세력 회로
2차 단락전류는 소세력 회로의 최대사용전압에 따라 다음 표에서 정한 값 이하일 것

소세력 회로의 최대 사용 전압의 구분	2차 단락 전류	과전류 차단기의 정격 전류
15[V] 이하	8[A]	5[A]
15[V] 초과 30[V] 이하	5[A]	3[A]
30[V] 초과 60[V] 이하	3[A]	1.5[A]

【답】④

95 저압 옥상전선로의 시설에 대한 설명으로 틀린 것은? 단, 전개된 장소에 위험의 우려가 없도록 시설하는 경우이다.
① 전선은 절연전선을 사용한다.
② 전선은 지름 2.6[mm] 이상의 경동선을 사용한다.
③ 전선은 상시 부는 바람 등에 의하여 식물에 접촉하지 않도록 시설한다.
④ 전선과 옥상 전선로를 시설하는 조영재와의 이격거리를 0.5[m]로 한다.

> **Explanation**

(KEC 221.3조) 옥상 전선로
저압 옥상 전선로는 전개된 장소에 다음 각 호에 따르고 또한 위험의 우려가 없도록 시설하여야 한다.
① 전선은 인장강도 2.30[kN] 이상의 것 또는 지름 2.6[mm] 이상의 경동선의 것
② 전선은 절연전선일 것
③ 전선은 조영재에 견고하게 붙인 지지기둥 또는 지지대에 절연성·난연성 및 내수성이 있는 애자를 사용하여 지지하고 또한 그 지지점 간의 거리는 15[m] 이하일 것
④ **전선과 그 저압 옥상 전선로를 시설하는 조영재와의 이격거리는 2[m](전선이 고압 절연전선, 특고압 절연전선 또는 케이블인 경우에는 1[m]) 이상일 것**
⑤ 저압 옥상전선로의 전선은 상시 부는 바람 등에 의하여 식물에 접촉하지 아니하도록 시설하여야 한다.   【답】④

96 유희용 전차의 시설기준에 대한 설명으로 틀린 것은?
① 유희용 전차의 전원장치에 있어서 2차측 회로의 접촉전선은 제3레일방식에 의하여 시설할 것
② 유희용 전차 안의 승압용 절연변압기의 2차 전압은 200[V] 이하일 것
③ 전원장치의 2차측 단자의 최대사용전압은 직류 60[V] 이하, 교류 40[V] 이하일 것
④ 유희용 전차에 전기를 공급하기 위하여 사용하는 변압기의 1차 전압은 400[V] 이하일 것

> **Explanation**

(KEC 241.8조) 유희용 전차
① 전로의 사용전압은 직류의 경우는 60[V] 이하, 교류의 경우는 40[V] 이하
② 전기를 공급하기 위하여 사용하는 **접촉전선은 제3레일 방식**
③ 레일 및 접촉전선은 사람이 쉽게 출입할 수 없도록 설비한 곳에 시설
④ **변압기의 1차 전압은 400[V] 이하**
⑤ 승압용 변압기를 시설하는 경우 : 2차 전압은 150[V] 이하   【답】②

97 일반주택 아파트 각 호실의 현관등은 몇 분 이내에 소등되도록 타임스위치를 시설해야 하는가?
① 6   ② 4
③ 3   ④ 5

> **Explanation**

(KEC 234.6조) 점멸기의 시설
관광숙박업 또는 숙박업의 호텔이나 여관 각 객실 입구등 1분, 일반 주택 및 아파트 현관등 3분 이내 소등   【답】③

98 전압이 66[kV]인 특고압 가공 전선로를 시가지에 시설하려고 한다. 특고압 가공전선로를 지지하는 애자장치의 50[%] 충격섬락전압값은 그 전선의 근접한 다른 부분을 지지하는 애자장치 값의 몇 [%] 이상이어야 하는가?
① 100   ② 115
③ 110   ④ 105

> **Explanation**

(KEC 333.1조) 시가지 등에서 특고압 가공 전선로의 시설
특고압 가공 전선을 지지하는 애자 장치 : 50[%] 충격섬락전압 값이 그 전선의 근접한 다른 부분을 지지하는 애자 장치 값의 110[%](사용전압이 130[kV]를 초과하는 경우는 105[%]) 이상인 것   【답】③

99 최대 사용전압이 3,300[V]인 전동기의 절연내력 시험은 몇 [V] 전압에서 권선과 대지 간에 연속하여 10분간 가하여 견디어야 하는가?

① 4,125
② 4,950
③ 6,600
④ 7,600

Explanation

(KEC 133조) 회전기 및 정류기의 절연내력

종류			시험 전압	시험 방법
회전기	발전기·전동기·무효 전력 보상 장치·기타회전기 (회전변류기를 제외)	최대 사용전압 7[kV] 이하	최대 사용전압의 1.5배의 전압(500[V] 미만으로 되는 경우에는 500[V])	권선과 대지 사이에 연속하여 10분간 가한다.
		최대 사용전압 7[kV] 초과	최대 사용전압의 1.25배의 전압(10,500[V] 미만으로 되는 경우에는 10,500[V])	

• 시험전압 : $3,300 \times 1.5 = 4,950$[V]

【답】②

100 중성점 접지식 22.9[kV] 가공전선과 직류 1,500[V] 전차선을 동일 지지물에 병행설치할 때 상호 간의 이격거리는 몇 [m] 이상이어야 하는가? 단, 특고압 가공전선이 케이블이 아닌 경우이다.

① 2.0
② 1.2
③ 1.5
④ 1.0

Explanation

(KEC 333.18조) 특고압 가공전선과 저고압 전차선의 병행설치
사용전압이 35[kV] 이하인 특고압 가공전선과 저고압의 가공전선을 동일 지지물에 시설하는 경우 **특고압 가공전선과 저압 또는 고압 가공전선 사이의 이격거리는 1.2[m] 이상일 것**

【답】②

2회 2023년 전기공사산업기사 필기

1과목 전기응용

01 회전축에 대한 관성모멘트가 75[kg·m²]인 회전체의 플라이 휠 효과(GD^2)는 몇 [kg·m²]인가?
① 75   ② 150
③ 200   ④ 300

Explanation

관성모멘트 $J = \dfrac{1}{4}GD^2 = 75$

플라이휠 효과 $GD^2 = 4 \times J = 4 \times 75 = 300 [\text{kg} \cdot \text{m}^2]$

【답】④

02 목표 값이 시간에 대하여 변하지 않는 제어로 일정한 목표값으로 제어량을 유지시키는 제어방식은?
① 비율 제어   ② 추치 제어
③ 정치 제어   ④ 추종 제어

Explanation

목표 값에 의한 분류 : 입력에 의한 분류
① 정치 제어 : 시간에 관계없이 값이 일정한 제어(연속식의 압연기)
② 추치 제어 : 시간에 따라 값이 변화하는 제어

【답】③

03 저압 나트륨등의 특성에 관한 설명으로 틀린 것은 무엇인가?
① 증기압은 4×10^{-3}[mmHg]이다.   ② 광원의 광색이 단일색광이다.
③ 요철 식별이 우수하고 연색성이 좋다.   ④ 간선도로, 터널 등의 도로조명에 주로 사용된다.

Explanation

나트륨등
• 투과력이 좋다(안개 낀 지역, 터널 등에서 사용).
• 단색 광원(순황색)
• 효율이 우수(80~150[lm/W])
• D선 ([5,890[Å] ~ 5,896[Å])을 광원으로 이용
• **연색성이 좋지 않다**(옥내 조명에 부적당).

【답】③

04 쌍방향성 사이리스터가 아닌 것은?
① SCS   ② SSS
③ DIAC   ④ TRIAC

Explanation

반도체 소자(괄호 안은 극(단자) 수)
• 단방향성 : SCR(3), GTO(3), LASCR(3), SCS(4)
• 양방향성 : SSS(2), DIAC(2), TRIAC(3)

【답】①

05 Zn을 음극으로 사용하는 1차 전지에서 국부적으로 발생하는 자기방전을 줄이기 위하여 음극을 아말감화 한다. 이 때 음극의 표면에 붙이는 것은?
① Ag
② Ni
③ Hg
④ Cu

Explanation

국부 작용
아연 음극 또는 전해액 중에 불순물이 섞이면 아연이 부분적으로 용해되어 국부 방전이 생기며 수명이 짧아진다. 국부작용을 막기 위하여 수은(Hg)도금을 한다. 【답】③

06 정전압 소자로 사용되는 다이오드는?
① 제너 다이오드
② 터널 다이오드
③ 포토 다이오드
④ 쇼트키 다이오드

Explanation

제너 다이오드 : 정전압용 소자 【답】①

07 루소선도에서 전광속 F와 면적 S사이의 관계식으로 옳은 것은? 단, a와 b는 상수이다.
① $F = \dfrac{a}{S}$
② $F = aS$
③ $F = aS + b$
④ $F = aS^2$

Explanation

루소선도에서
광원의 전광속 F = 루소선도 면적 $\times \dfrac{2\pi}{r}$

$F = \dfrac{2\pi}{r} \times S \quad F = a \cdot S \; (a = 상수)$ 【답】②

08 전기철도측에서 전기 부식을 방지하는 방법으로 틀린 것은?
① 레일본드를 설치하여 귀선저항을 감소시킨다.
② 변전소의 간격을 축소한다.
③ 배류법을 사용한다.
④ 절연도상 및 레일과 침목사이에 절연층을 설치한다.

Explanation

(KEC 461.4조) 전기 부식 방지대책
전기 부식 : 주행레일을 귀선으로 이용하는 경우에는 누설전류에 의하여 케이블, 금속제 지중관로 및 선로 구조물 등에 영향을 미치는 것
전기철도측의 전기 부식 방지 또는 전기 부식 예방
• 변전소 간 간격 축소
• 레일본드의 양호한 시공
• 장대레일채택
• 절연도상 및 레일과 침목사이에 절연층의 설치
여기서 배류법은 매설관측 대책이다. 【답】③

09 다음 ( )에 들어갈 도금의 종류로 옳은 것은?

> ( )도금은 철, 구리, 아연 등의 장식용과 내식용으로 사용되며, 크롬도금의 전 단계 공정으로 이용되고 있다.

① 동 ② 은
③ 니켈 ④ 카드뮴

Explanation

니켈도금 : 철, 구리, 아연 등의 장식용과 내식용으로 사용
크롬도금의 전 단계 공정으로 이용

【답】③

10 제어 오차가 검출될 때 오차가 변화하는 속도에 비례하여 조작량을 가감하도록 하는 동작은?
① 미분 동작 ② 비례 적분 동작
③ 적분 동작 ④ 비례 동작

Explanation

- 비례제어(P 제어) : 잔류 편차(off set) 발생
- 적분제어(I 제어) : 잔류 편차 제거, 시간 지연(정상상태 개선)
- 미분제어(D 제어) : 오차가 변화되는 속도에 따라 조정, rate동작, 속응성 향상, 진동 억제(과도상태 개선)

【답】①

11 전기철도의 곡선부에서 원심력으로 인해 차체가 외측으로 넘어지려는 것을 막기 위하여 외측 레일을 약간 높여준다. 이것을 무엇이라고 하는가?
① 고도 ② 확도
③ 가이드 레일 ④ 이도

Explanation

고도(Cant) : 운전의 안정성 확보를 위하여 곡선 시 안쪽 레일보다 바깥쪽 레일을 조금 높게 하는 것

【답】①

12 작업면에 필요한 조도를 E, 면적을 A, 조명율을 U, 전등수 N, 광원 1개의 광속을 F, 감광 보상율을 D라고 할 때 실내조명에서의 전 소요 광속은?

① $F = \dfrac{AED}{NU}$ ② $F = \dfrac{AEU}{DN}$

③ $F = \dfrac{N}{AED}$ ④ $F = \dfrac{AEDN}{U}$

Explanation

$FUN = EAD$에서 광속 $F = \dfrac{EAD}{NU}$

【답】①

13 평등전계에서 기체의 온도가 일정한 경우, 방전개시전압은 기체의 압력과 전극간격의 곱의 함수로 결정된다. 이것을 표현한 법칙은?
① 파센의 법칙 ② 스토크의 법칙
③ 플랑크의 법칙 ④ 스테판 볼츠만의 법칙

Explanation

파센의 법칙 : 평등 전계 하에서 방전 개시 전압은 기체의 압력과 전극거리와의 곱에 비례
방전개시전압에 관한 법칙

【답】①

14 1[kW]의 전열기를 사용하여 20[℃]의 물 10[*l*]를 80[℃]까지 올리는 데 걸리는 시간은?
① 약 1시간
② 약 30분
③ 약 1시간 15분
④ 약 42분

> **Explanation**
>
> 전열기 효율 $\eta = \dfrac{열}{전기} \times 100 = \dfrac{cm\theta}{860Pt} \times 100$ 에서
>
> $t = \dfrac{cm\theta}{860P\eta} = \dfrac{1 \times 10 \times (80-20)}{860 \times 1} = 0.7[\mathrm{h}]$ ∴ $60 \times 0.7 = 42[분]$
>
> 【답】④

15 20[Ω]의 전열선 1개를 100[V]에 사용할 때 몇 [W]의 전력이 소비되는가?
① 400
② 500
③ 650
④ 750

> **Explanation**
>
> 소비전력 $P = VI = I^2R = \dfrac{V^2}{R} = \dfrac{100^2}{20} = 500[\mathrm{W}]$
>
> 【답】②

16 고주파 유전가열을 응용한 사항으로 틀린 것은?
① 고무의 가황
② 합판의 건조, 접착
③ 플라스틱의 성형과 비닐각 접착
④ 강재의 표면 담금질

> **Explanation**
>
> • 유도가열 : 히스테리시스손과 와류손에 의한 가열
>   반도체 정련, 금속의 표면처리, 단결정제조 등에 사용
> • 유전가열 : 유전체손에 의한 가열. 목재의 접착, 비닐막 접착, 플라스틱 성형 등에 사용
>
> 【답】④

17 형광등의 광속이 감소하는 원인이 아닌 것은?
① 전극의 소모에 의한 열전자방출의 감소
② 램프 양단의 흑화 현상
③ 형광체의 열화
④ 형광등의 부특성

> **Explanation**
>
> 형광등 광속 감소의 원인
> • 전극의 소모에 의한 열전자방출의 감소
> • 램프 양단의 흑화 현상
> • 형광체의 열화
>
> 【답】④

18 기중기 등으로 물건을 내릴 때 또는 전차가 언덕을 내려가는 경우 전동기가 갖는 운동에너지를 전기에너지로 변환하고, 이것을 전원에 반환하면서 속도를 점차로 감속시키는 제동법은?
① 발전제동
② 회생제동
③ 역상제동
④ 와류제동

> **Explanation**
>
> 3상 유도전동기 제동법
> - 발전제동 : 자체 저항에서 열로 소비되면서 제동
> - 회생제동
>   • 유도전압을 전원전압보다 높게 하여 제동하는 방식
>   • 발전 제동하여 발생된 전력을 선로로 되돌려 보냄
> - 역상제동(플러깅) : 3상 중 2상을 바꾸어 제동
>
> 【답】②

19 백열전구에서 몰리브덴이 사용되는 곳은?
① 필라멘트
② 외부도입선
③ 베이스
④ 앵커

> **Explanation**
>
> 앵커(anchor)
> 필라멘트를 점화 시에 움직이지 않도록 지지하는 것.
> 몰리브덴선을 사용
>
> 【답】④

20 전기회로와 열회로의 대응관계로 틀린 것은?
① 전류 – 열류
② 전압 – 열량
③ 도전율 – 열전도율
④ 정전용량 – 열용량

> **Explanation**
>
> 전기회로와 전열회로 비교
>
> | 전기 | | | 전열 | | | 열회로 |
> |---|---|---|---|---|---|---|
> | 명칭 | 기호 | 단위 | 명칭 | 기호 | 단위 | 단위(공업용) |
> | **전압** | V | [V] | 온도차 | θ | [K°] | [℃] |
> | 전류 | I | [A] | 열류 | I | [W] | [kcal/h] |
> | 저항 | R | [Ω] | 열저항 | R | [℃/W] | [℃h/kcal] |
> | 전기량 | Q | [C] | 열량 | Q | [J] | [kcal] |
> | 전도율 | K | [℧/m] | 열전도율 | K | [W/m·℃] | [kcal/h·m·℃] |
> | 정전용량 | C | [F] | 열용량 | C | [J/℃] | [kcal/℃] |
>
> 【답】②

2과목　전력공학

21 송배전 선로에 사용하는 직렬 콘덴서에 대한 설명으로 옳은 것은?
① 최대 송전전력이 감소하고 정태 안정도가 감소된다.
② 부하의 변동에 따른 수전단의 전압변동률은 증대된다.
③ 선로의 유도 리액턴스를 보상하고 전압강하를 감소시킨다.
④ 송·수 양단의 전달 임피던스가 증가하고 안정극한전력이 감소한다.

> **Explanation**
>
> 직렬콘덴서(직렬축전지)는 유도 리액턴스에 의한 선로의 전압강하 보상용으로 전압변동을 줄이고 정태안정도 개선용으로 사용한다. 따라서, 역률 개선에는 큰 영향이 되지 않는다.
>
> 【답】③

22 송전계통의 안정도를 증진시키는 방법으로 틀린 것은?
① 직렬 리액턴스를 감소시킨다.
② 선로의 회선수를 감소시킨다.
③ 고속 재폐로 방식을 채용한다.
④ 속응 여자방식을 채용한다.

> **Explanation**
>
> 안정도 향상 대책

- **직렬 리액턴스(X)를 작게 한다.**
  ① 발전기나 변압기의 리액턴스를 작게 한다.
  ② 선로의 병행 회선수를 늘리거나 복도체 또는 다도체 방식을 사용한다.
  ③ 직렬 콘덴서를 삽입하여 선로의 리액턴스를 보상한다.
- 전압 변동을 작게 한다.
  ① **속응 여자 방식의 채용**
  ② 계통 연계를 한다.
- 중간 조상 방식을 채용한다.
- 고장 전류를 줄이고 고장 구간을 신속하게 차단한다.
  ① 적당한 중성점 접지 방식을 채용하여 지락 전류를 줄인다.
  ② 고속도 계전기, 고속도 차단기를 채용한다.
  ③ **고속도 재폐로 방식을 채용**한다.

【답】 ②

23 정격전압 25.8[kV], 정격 차단용량이 715[MVA]인 차단기가 있다. 이 차단기의 정격 차단전류는 약 몇 [kA]인가?
① 12.5　　　　　　　　　　　　　② 16
③ 25　　　　　　　　　　　　　　④ 32

Explanation

차단기 용량 $P_s = \sqrt{3} \times$ 정격전압 $\times$ 정격차단전류에서

정격차단전류 $I_s = \dfrac{P_s}{\sqrt{3}\,V} = \dfrac{715 \times 10^3}{\sqrt{3} \times 25.8} \times 10^{-3} = 16 [kA]$

【답】 ②

24 배전선로의 손실경감과 관계가 없는 것은?
① 배전 선로의 전류 밀도 평형　　　② 대용량 변압기 채용
③ 배전 전압의 승압　　　　　　　　④ 역률 개선

Explanation

배전선로 전력 손실 경감대책
- 네트워크 배전방식을 채택
- 역률 개선(전력용 콘덴서의 설치)
- 승압
- 부하 불평형 방지

【답】 ②

25 복도체를 사용한 가공송전방식을 같은 단면적의 단도체를 사용하는 경우와 비교할 때 틀린 것은?
① 코로나 개시전압이 높아지므로 코로나 손실을 줄일 수 있다.
② 안정도를 증대시킬 수 있다.
③ 인덕턴스는 증가하고 정전용량은 감소한다.
④ 송전용량을 증대시킬 수 있다.

Explanation

복도체(다도체) 방식의 목적
- **인덕턴스는 감소, 정전용량은 증가**
- 코로나의 방지, 코로나 임계 전압의 상승
- 송전용량의 증대, 안정도 증대

【답】 ③

26 100[kVA] 단상변압기 3대를 △ − △ 결선으로 사용하다가 1대의 고장으로 V-V결선으로 사용하면 약 몇 [kVA] 부하까지 사용할 수 있는가?
① 150　　　　② 173　　　　③ 225　　　　④ 300

> **Explanation**

V결선 출력
$P_V = \sqrt{3}\,K = \sqrt{3} \times 100 = 173 [\text{kVA}]$　　(여기서, K는 변압기 1대 용량)

【답】②

27 임피던스 Z_1, Z_2 및 Z_3을 그림과 같이 접속한 선로의 A쪽에서 전압파 E가 진행해 왔을 때 접속점 B에서 무반사로 되기 위한 조건은?

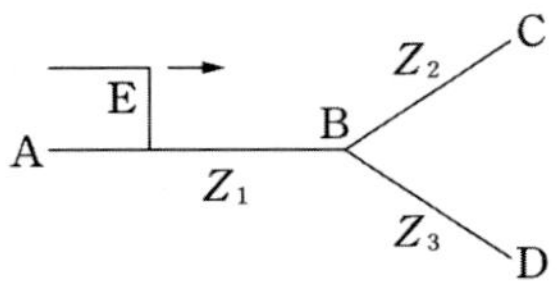

① $Z_1 = Z_2 + Z_3$
② $\dfrac{1}{Z_1} = \dfrac{1}{Z_3} - \dfrac{1}{Z_2}$
③ $\dfrac{1}{Z_1} = \dfrac{1}{Z_2} + \dfrac{1}{Z_3}$
④ $\dfrac{1}{Z_1} = -\dfrac{1}{Z_2} - \dfrac{1}{Z_3}$

> **Explanation**

• 반사 계수 : $\rho = \dfrac{Z_L - Z_o}{Z_L + Z_o}$
• 무반사 조건 : $Z_L = Z_o$

$\therefore Z_1 = \dfrac{1}{\dfrac{1}{Z_2} + \dfrac{1}{Z_3}}$ 이므로 $\dfrac{1}{Z_1} = \dfrac{1}{Z_2} + \dfrac{1}{Z_3}$

【답】③

28 최대 수용전력이 각각 60, 75, 80, 105[kW]인 수용가가 4개소 있다. 4개소 수용가에 대한 합성 최대 수요전력이 250[kW]일 때 부등률은 약 얼마인가?

① 1.2
② 1.3
③ 1.4
④ 1.5

> **Explanation**

부등률 $= \dfrac{\text{개개의 최대 전력의 합}}{\text{합성 최대 수용 전력}} = \dfrac{60 + 75 + 80 + 105}{250} = 1.28$

【답】②

29 3상 발전기의 1선 지락시 고장전류는?(단, E_0는 지락 전의 고장점 전압(무부하기전력)이고, Z_0, Z_1, Z_2는 각각 발전기의 영상, 정상, 역상 임피던스이다)

① $\dfrac{E_0}{Z_0 + Z_1 + Z_2}$
② $\dfrac{\sqrt{3}\,E_0}{Z_0 + Z_1 + Z_2}$
③ $\dfrac{3E_0}{Z_0 + Z_1 + Z_2}$
④ $\dfrac{E_0}{3(Z_0 + Z_1 + Z_2)}$

> **Explanation**

고장 해석

• 1선 지락 : $I_0 = I_1 = I_2$, 지락전류 $I_g = 3I_0 = \dfrac{3E_0}{Z_0 + Z_1 + Z_2}$

【답】③

30 변전소의 조상설비에 대한 설명으로 틀린 것은?
① 조상설비에는 동기 무효전력 보상장치, 비동기 무효전력 보상장치, 전력용 커패시터 및 분로 리액터 등이 있다.
② 조상설비에는 회전기와 정지형 설비가 있다.
③ 동기 무효전력 보상장치는 여자 전류를 조정함으로써 지상 무효 전류만을 연속적으로 공급한다.

④ 전력용 커패시터는 진상 전류만을 단계적으로 공급하는 기능을 가지고 있다.

Explanation

조상설비 비교

	진상	지상	시충전(시송전)	조정	전력손실	증설
전력용 콘덴서	○	×	×	단계적	적다	가능
분로 리액터	×	○	×	단계적	적다	가능
동기 무효전력 보상장치	○	○	○	연속적	크다	불가능

【답】③

31 수전전압 22.9[kV] 3상 가공전선로에서 수전점의 정격 차단전류가 3,000[A]라면 수전용 차단기의 정격 차단용량[MVA]으로 옳은 것은?(단, 차단기의 정격 차단용량은 아래 표와 같다)

차단기의 정격 차단용량[MVA]								
10	20	30	50	75	100	150	250	300

① 10　　　　　　　　　　② 100
③ 150　　　　　　　　　　④ 250

Explanation

차단기 용량 $P_s = \sqrt{3} \times$ 정격전압 $\times$ 정격차단전류
정격 차단용량 $P_s = \sqrt{3} \times 25.8 \times 10^3 \times 3,000 \times 10^{-6} = 134.06$ [MVA]
∴ 150[MVA] 선정 (※차단기 용량은 계산값과 같거나 큰 것 적용)

【답】③

32 그림과 같은 수전단 전력원선도가 있다. 부하직선을 참고하여 전압조정을 위한 조상설비가 없어도 정전압 운전이 가능한 부하전력은 대략 어느 정도일 때인가?

① 무부하일 때
② 50[kW]일 때
③ 100[kW]일 때
④ 150[kW]일 때

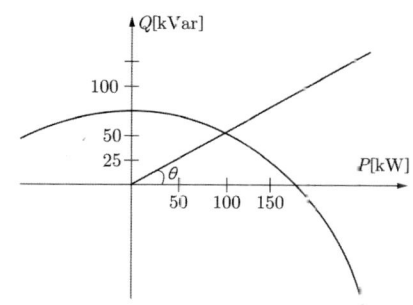

Explanation

정전압 운전 : 원선도상에서의 운전
따라서 원선도 상에서 부하곡선과 만나는 100[kW]인 경우 조상설비가 필요하지 않게 된다.

【답】③

33 전력계통의 전압 안정도를 나타내는 P-V 곡선에 대한 설명 중 적합하지 않은 것은?
① 가로축은 수전단 전압을 세로축은 무효전력을 나타낸다.
② 진상무효전력이 부족하면 전압은 안정되고 진상무효전력이 과잉되면 전압은 불안정하게 된다.
③ 전압 불안정 현상이 일어나지 않도록 전압을 일정하게 유지하려면 무효전력을 적절하게 공급하여야 한다.
④ P-V 곡선에서 주어진 역률에서 전압을 증가시키더라도 송전할 수 있는 최대 전력이 존재하는 임계점이 있다.

【답】①

34 3상 3선식 3각형 배치의 송전선로에 있어서 각 선의 대지 정전용량이 0.009[μF]이고, 선간 정전용량이 0.003[μF]일 때 1선의 작용 정전용량은 약 몇 [μF]인가?
① 0.012
② 0.018
③ 0.006
④ 0.03

> **Explanation**

1선당 작용정전용량
- 3상 3선식 : $C = C_s + 3C_m = 0.009 + 3 \times 0.003 = 0.018 [\mu F]$

【답】②

35 송전선로의 중성점을 접지하는 목적과 관계가 없는 것은?
① 고장 전류감소 및 송전용량 증가
② 이상전압 발생의 억제
③ 보호계전기의 신속 확실한 동작
④ 과도 안정도의 증진

> **Explanation**

송전 계통의 중성점 접지의 목적
- 1선 지락 시 전위 상승 억제, 계통의 기계 기구의 절연 보호(절연레벨 경감)
- 지락 사고 시 보호 계전기 동작의 확실
- 과도 안정도 증진
- 이상전압의 발생 방지 및 지락 아크 소멸

【답】①

36 3상 Y결선된 발전기가 무부하 상태로 운전 중 3상 단락고장이 발생하였을 때 나타나는 현상으로 적합하지 않은 것은?
① 영상분 전류는 흐르지 않는다.
② 역상분 전류는 흐르지 않는다.
③ 정상분 전류는 영상분 및 역상분 임피던스에 무관하고 정상분 임피던스에 반비례한다.
④ 3상 단락전류는 정상분 전류의 3배가 흐른다.

> **Explanation**

- 1선 지락 : $I_0 = I_1 = I_2$ ∴ $I_g = 3I_0 = \dfrac{3E_a}{Z_0 + Z_1 + Z_2}$
- 2선 지락 : $V_0 = V_1 = V_2 \neq 0$
- 선간 단락 : $I_0 = 0, \ V_0 = 0 \quad I_1 = -I_2, \ V_1 = V_2$
- 3상 단락 : $I_1 = \dfrac{E_a}{Z_1}$

【답】④

37 급수가 갖는 엔탈피가 130[kcal/kg], 터빈 입구에서 증기가 갖는 엔탈피가 970[kcal/kg], 터빈의 출구에서 증기가 갖는 엔탈피가 550[kcal/kg]인 랭킨 사이클의 열사이클 효율은?
① 0.2
② 0.3
③ 0.4
④ 0.5

> **Explanation**

열사이클 효율 $\eta_c = \dfrac{H_e}{i_1 - i_f}$

여기서, H_e : 증기 1[kg]이 터빈에서 유효하게 일을 한 열량[kcal/kg]
i_1 : 터빈 입구의 증기 엔탈피[kcal/kg], i_f : 복수기의 엔탈피[kcal/kg]

$\therefore \eta = \dfrac{970-550}{970-130} = \dfrac{420}{840} = 0.5$

【답】 ④

38 전력용 퓨즈는 주로 어떤 전류의 차단을 목적으로 사용하는가?
① 충전전류
② 단락전류
③ 과도전류
④ 부하전류

Explanation

전력 퓨즈(PF : Power Fuse) : 단락전류 차단

【답】 ②

39 전력계통에서 연가를 하는 주된 목적으로 옳은 것은?
① 선로정수의 평형
② 유도뢰의 방지
③ 계전기의 확실한 동작의 확보
④ 전선의 절약

Explanation

연가 : 선로정수를 평형시키기 위하여 3상 3선식 선로를 3배수 등분하여 실시
• 선로정수 평형(각 상의 전압, 전류 평형)
• 정전유도장해 감소
• 소호리액터 접지 시의 직렬공진 방지

【답】 ①

40 뒤진 역률 80[%], 10[kVA]의 부하를 주상변압기의 2차 측에 2[kVA]의 커패시터를 접속했을 때 주상변압기 부하는 약 몇 [kVA]가 되겠는가?
① 8
② 8.5
③ 9
④ 9.5

Explanation

부하의 유효전력 $P = P_a \cos\theta = 10 \times 0.8 = 8$[kW]
부하의 무효전력 $P_r = P_a \sin\theta = 10 \times 0.6 = 6$[kVar]
여기서 전력용 콘덴서를 설치하면 무효전력은 $P_r' = P_r - Q_c = 6 - 2 = 4$[kVar]
주상 변압기에 걸리는 부하[kVA] $= \sqrt{8^2 + 4^2} \fallingdotseq 9$

【답】 ③

3과목 전기기기

41 터빈발전기 출력 1,350[kVA], 2극, 3,600[rpm], 11[kV]일 때 역률 80[%]에서 전부하 효율이 96[%]라 하면 이 때의 손실 전력[kW]은?
① 36.6
② 45
③ 56.6
④ 65

Explanation

$$\eta = \frac{출력}{출력+손실} \times 100[\%]$$

$$손실 = \frac{출력}{\eta} - 출력 = \frac{1,350 \times 0.8}{0.96} - 1,350 \times 0.8 = 45[kW]$$

【답】②

42 변압기의 철심으로 갖추어야 할 성질이 아닌 것은?
① 투자율이 클 것
② 히스테리시스 계수가 작을 것
③ 전기저항이 작을 것
④ 성층 철심으로 할 것

Explanation

변압기 철심의 구비조건
- 투자율이 클 것
- 전기 저항이 클 것
- 히스테리시스 계수가 작을 것
- 성층 철심으로 할 것

【답】③

43 출력 15[HP], 회전수 800[rpm]인 전동기의 토크는 몇 [N·m]인가?
① 102.2
② 122.1
③ 133.6
④ 153.6

Explanation

1[HP] = 746[W]이므로
출력 $P = 15 \times 746 = 11,190[W]$

토크 $\tau = \dfrac{P}{\omega} = \dfrac{P}{2\pi \times \dfrac{N}{60}} = \dfrac{11,190}{2\pi \times \dfrac{800}{60}} = 133.6[N \cdot m]$

【답】③

44 3상 전원에서 2상 전압을 얻고자 할 때 다음 결선 중 틀린 것은?
① Fork 결선
② Scott 결선
③ wood bridge 결선
④ Meyer 결선

Explanation

변압기 상수 변환법
- 3상에서 2상변환 : Scott 결선(=T결선), Meyer 결선, wood bridge 결선
- 3상에서 6상변환 : Fork 결선, 2중 성형 결선 환상 결선, 대각 결선, 2중△결선

【답】①

45 3상 유도전동기에서 기본파 회전자계와 비교하여 제5고조파에 의한 기자력의 회전방향과 속도는?
① 기본파와 같은 방향이고 5배의 속도
② 기본파와 같은 방향이고 1/5배의 속도
③ 기본파와 반대 방향이고 1/5배의 속도
④ 기본파와 반대 방향이고 1/7배의 속도

Explanation

고조파
- $h = 2nm + 1$: 기본파와 동일한 방향의 회전자계 발생. 7차, 13차, …… $\dfrac{1}{h}$ 의 속도
- $h = 2nm - 1$: 기본파와 반대 방향의 회전자계 발생. 5, 11차, …… $\dfrac{1}{h}$ 의 속도
- $h = 2nm$: 회전자계 발생 하지 않는다. 3, 6차, ……

【답】③

46 6극 파권의 전기자가 도체 250개로 되어 있다. 매분 1,200회전 한다고 하면 유도기전력을 600[V]로 하는 데 필요한 자속은 몇 [Wb]인가?
① 0.16　　　② 0.04
③ 0.25　　　④ 0.31

Explanation

직류 발전기 유기기전력 $E = \dfrac{P}{a} Z \phi \dfrac{N}{60}$ [V]

파권이므로 $a = 2$

자속 $\phi = \dfrac{60aE}{pZN} = \dfrac{60 \times 2 \times 600}{6 \times 250 \times 1,200} = 0.04$ [Wb]

【답】②

47 직류 초퍼 제어 방식에서 그 방식에 속하지 않는 것은?
① 펄스 주파수 제어　　　② 펄스폭 제어
③ 순시값 제어　　　④ 펄스 파고 제어

Explanation

직류 초퍼 제어 방식
- 펄스 주파수 제어
- 펄스폭 제어
- 순시값 제어

【답】④

48 전압이나 전류의 제어가 불가능한 소자는?
① Diode　　　② SCR
③ IGBT　　　④ GTO

Explanation

다이오드(Diode) : 정류용으로, 전압이나 전류의 제어는 불가능하다.

【답】①

49 직류기의 속도 제어법 중 워드레오나드 방식이 속하는 것은?
① 저항제어　　　② 직, 병렬 제어
③ 계자제어　　　④ 전압제어

Explanation

직류 전동기 속도 제어 $n = K' \dfrac{V - I_a R_a}{\phi}$ (K' : 기계정수)

종류	특징
전압 제어	• 광범위 속도제어 가능 • 워드 레오나드 방식 : 소형부하(엘리베이터에 사용) • 일그너 방식(부하가 급변, 대용량 부하-제철, 제강, 압연) : 플라이 휠 효과(관성 모멘트 증가) • 정토크 제어
계자 제어	• 정출력 제어
저항 제어	• 효율이 저하

【답】④

50 단상 유도 전동기의 기동 방법에서 기동토크의 크기가 가장 큰 것은?
① 콘덴서 기동형
② 반발 기동형
③ 반발 유도형
④ 분상 기동형

> Explanation

기동 토크의 크기
단상유도전동기(기동 토크가 큰 순서)
반발 기동형 〉 반발 유도형 〉 콘덴서 기동형 〉 분상 기동형 〉 셰이딩코일형 〉 모노사이클릭형

【답】②

51 정격전압 6,000[V], 용량 5,000[kVA]의 Y결선 3상 동기발전기가 있다. 여자전류 200[A]에서의 무부하 단자전압 6,000[V], 단락전류 600[A]일 때, 이 발전기의 단락비는 약 얼마인가?
① 0.25
② 1
③ 1.25
④ 1.5

> Explanation

정격 전류 $I_n = \dfrac{P}{\sqrt{3}\,V} = \dfrac{5{,}000 \times 10^3}{\sqrt{3} \times 6{,}000} = 481.13[A]$

단락비 $K_s = \dfrac{I_s}{I_n} = \dfrac{600}{481.13} = 1.25[A]$

【답】③

52 동기발전기의 병렬운전 조건이 아닌 것은?
① 기전력의 크기
② 기전력의 임피던스
③ 기전력의 위상
④ 기전력의 주파수

> Explanation

동기 발전기의 동기 병렬 운전 조건

기전력의 크기가 같을 것	무효순환전류(무효횡류)
기전력의 위상이 같을 것	동기화 전류(유효횡류)
기전력의 주파수가 같을 것	난조발생
기전력의 파형이 같을 것	고조파 무효순환전류
상회전 방향이 같을 것(3상)	

【답】②

53 출력 P[kW]를 발생하는 직류 발전기와 직결된 3상 유도전동기의 입력[kVA]은?(단, η_g : 발전기 효율, η_m : 전동기 효율, $\cos\theta$: 전동기 역률이다)

① $\dfrac{P\eta_m}{\eta_g \cos\theta}$
② $\dfrac{P\eta_g}{\eta_m \cos\theta}$
③ $\dfrac{P\cos\theta}{\eta_g \eta_m}$
④ $\dfrac{P}{\eta_g \eta_m \cos\theta}$

> Explanation

【답】④

54 직류 발전기의 전기자에 대한 설명 중 잘못된 것은?
① 전기자 권선은 대전류인 경우 평각동선을 사용한다.
② 중형 및 대형기에는 ㄱ-지형 슬롯을 사용한다.
③ 전기자 권선은 소전류인 경우 연동환선을 사용한다.
④ 소형기에는 반폐 슬롯을 사용한다.

> **Explanation**

- 중형 및 대형기 : 개방 슬롯, 쐐기 넣는 슬롯 사용
- 소형기 : 가지 모양 슬롯, 반폐 슬롯 사용

【답】②

55 변압기에 콘서베이터를 설치하는 목적은?
① 오일의 열화방지   ② 통풍방지
③ 오일의 강제순환   ④ 코로나 방지

> **Explanation**

절연열화 : 변압기의 호흡작용으로 절연유의 절연내력이 저하하고 냉각효과가 감소하며 침전물이 생기는 현상
절연열화방지대책
- **콘서베이터(보조탱크) 설치**
- 질소 봉입 방식
- 흡착제 방식

【답】①

56 단상 정류자 전동기에 보상권선을 사용하는 가장 큰 이유는?
① 정류개선   ② 역률 개선
③ 기동 토크 조절   ④ 속도 제어

> **Explanation**

단상 직권 정류자 전동기=만능 전동기(직교류 양용)
- 종류 : 직권형, 보상형, 유도보상형
- 특징 : 역률 및 정류 개선을 위해 약계자, 강전기자형으로 함.
  역률 개선을 위해 보상권선 설치
  회전속도를 증가시킬수록 역률이 개선됨
- 사용 : 75[W]이하의 소형공구, 치과의료용

【답】②

57 3상 동기발전기에서 부하의 역률에 따른 전기자 반작용을 잘못 설명한 것은?
① 전기자전류(I)가 무부하유도기전력(E_0)보다 위상 90°이 빠를 경우 직축 반작용 중 증자 작용을 한다.
② 전기자전류(I)가 무부하유도기전력(E_0)보다 위상 90°이 늦을 경우 직축 반작용 중 감자 작용을 한다.
③ 전기자전류(I)가 무부하유도기전력(E_0)과 위상이 같은 경우 교차자화작용을 한다.
④ 전기자전류(I)가 무부하유도기전력(E_0)보다 위상 ϕ만큼 빠른 경우 교차 자화작용과 감자 작용을 한다.

> **Explanation**

동기발전기의 전기자 반작용
- 횡축 반작용 (교차자화작용) : 전기자 전류가 유기기전력과 동위상.
  크기 : $I\cos\theta$
- 직축 반작용
  감자작용 : 전기자 전류가 유기 기전력보다 위상이 $\pi/2$ 뒤질 때

증자작용 : 전기자 전류가 유기기전력보다 위상이 π/2앞설 때

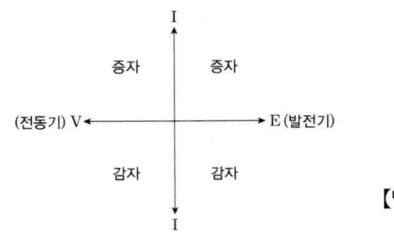

【답】④

58 다음 그림은 변압기 무부하 벡터도를 표시한 것이다. 그림에서 C는 무엇을 의미하는가?
① 여자전류
② 철손전류
③ 부하전류
④ 자화전류

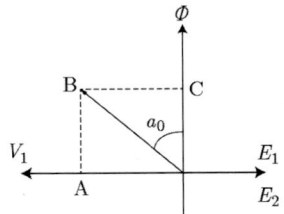

> **Explanation**

무부하전류 $\dot{I}_o = \dot{I}_\phi + \dot{I}_i$

$\dot{I}_\phi$ (자화전류) : 자속을 공급하는 전류 $I_\phi = \dfrac{V_1}{j\omega L}$

$\dot{I}_i$ (철손전류) : 철손을 공급하는 전류 $I_i = \dfrac{P_i}{V_1}$

【답】④

59 3상 유도전동기에서 동기속도와 주파수의 관계가 옳은 것은?
① 반비례한다.
② 자승에 비례한다.
③ 비례한다.
④ 자승에 반비례한다.

> **Explanation**

동기속도 $N_s = \dfrac{120f}{p}$ 에서 주파수 $f = \dfrac{p\,N_s}{120}$ 이므로
동기속도와 주파수는 비례한다.

【답】③

60 전원용으로 사용되고 있는 정류기나 컨버터의 주된 사용 용도는?
① 직류 전원 전압을 직류만 출력으로 변화시키기 위함이다.
② 교류 전원 전압의 변화를 직류 전압화 시키기 위함이다.
③ 교류 전원 전압을 교류인출력으로 변화시키기 위함이다.
④ 직류 전원 전압의 주파수를 변화시키기 위함이다.

> **Explanation**

- AC → DC : 정류기(컨버터)
- DC → AC : 인버터
- DC → DC : 초퍼(직류식 전기철도(직권 전동기)
- 사이클로 컨버터 : AC전력을 증폭(제어 정류기를 사용한 주파수 변환기)

【답】②

4과목 회로이론

61 $V = 50\sqrt{3} - j50$[V], $I = 15\sqrt{3} + j15$[A]일 때 유효전력 P[W]와 무효전력 Q[VAR]는 각각 얼마인가?

① $P = 750$, $Q = -750\sqrt{3}$
② $P = 2,250$, $Q = -1,500\sqrt{3}$
③ $P = 1,500$, $Q = -1,500\sqrt{3}$
④ $P = 3,000$, $Q = -1,500$

Explanation

복소전력 $P_a = VI^* = P \pm jP_r = (50\sqrt{3} - j50) \times (15\sqrt{3} - j15) = 1,500 - j1,500\sqrt{3}$ [VA]
유효전력 $P = 1,500$[W], 무효전력 $P_r = -1,500\sqrt{3}$ [Var]

【답】 ③

62 전압 $e(t) = 100\sqrt{2}\sin(\omega_1 t + \frac{\pi}{3})$[V], 전류 $i(t) = 100\sqrt{2}\sin\omega_2 t$[A]일 때 평균전력[W]은?
(단, $\omega_1 \neq \omega_2$이다)

① 0
② 5,000
③ $5,000\sqrt{3}$
④ 10,000

Explanation

유효전력은 주파수가 같을 때만 만들어지며
$\omega_1 \neq \omega_2$이므로 유효전력은 0이 된다.

【답】 ①

63 최대치가 100[V]이고 주파수가 60[Hz]인 정현파 전압이 $t = 0$일 때 전압의 크기가 50[V]이고 이 순간에 전압의 크기가 감소하고 있었다. 이 정현파 전압의 순시치 $v(t)$는 몇 [V]인가?

① $v(t) = 100\sin(120\pi t + 30°)$
② $v(t) = 100\sin(120\pi t + 150°)$
③ $v(t) = 100\sin(120\pi t + 45°)$
④ $v(t) = 100\sin(120\pi t + 135°)$

Explanation

최대치 100[V], 주파수 60[Hz]인 정현파 전압이 $t = 0$에서 순시치가 50[V]이고
이 순간에 전압이 감소하고 있을 경우 $v = 100\sin(120\pi t + 150°)$

【답】 ②

64 주기함수 $f(t)$의 푸리에 급수 전개식으로 옳은 것은?

① $f(t) = a_0 + \sum_{n=1}^{\infty} a_n \cos n\omega t + \sum_{n=1}^{\infty} b_n \sin n\omega t$

② $f(t) = \sum_{n=1}^{\infty} a_n \cos n\omega t + \sum_{n=1}^{\infty} b_n \cos n\omega t$

③ $f(t) = \sum_{n=1}^{\infty} a_n \sin n\omega t + \sum_{n=1}^{\infty} b_n \sin n\omega t$

④ $f(t) = b_0 + \sum_{n=2}^{\infty} a_n \sin n\omega t + \sum_{n=2}^{\infty} b_n \cos n\omega t$

Explanation

푸리에 급수 : 비정현파를 여러 개의 정현파의 합으로 표시
비정현파=직류분+기본파+고조파

$$f(t) = a_0 + \sum_{n=1}^{\infty} a_n \cos nwt + \sum_{n=1}^{\infty} b_n \sin nwt$$

【답】①

65 저항 5[Ω], 인덕턴스 10[H]의 직렬회로에 기전력 20[V]를 인가하는데 스위치를 닫고 나서 2[sec] 후의 전류는 약 몇 [A]인가?
① 5.32
② 0.25
③ 10.02
④ 2.53

> **Explanation**

$R-L$직렬회로 직류인가시

전류 $i(t) = \dfrac{E}{R}(1-e^{-\frac{R}{L}t}) = \dfrac{20}{5}(1-e^{-\frac{5}{10}\times 2}) = 4(1-e^{-1}) = 2.53[A]$

【답】④

66 3대의 단상변압기를 △결선으로 하여 운전하던 중 변압기 1대가 고장으로 제거되어 V결선으로 한 경우 공급할 수 있는 전력은 고장 전 전력의 몇 [%]인가?
① 57.7
② 50.0
③ 63.3
④ 67.7

> **Explanation**

V결선 변압기 $P_V = \sqrt{3}K$ 여기서, K는 변압기 1대 용량
△결선 변압기 $P_\triangle = 3K$
출력비 $= \dfrac{P_V}{P_\triangle} = \dfrac{\sqrt{3}K}{3K} = \dfrac{\sqrt{3}}{3} \times 100 = 57.7[\%]$

【답】①

67 저항 $R=10[\Omega]$과 $R=40[\Omega]$이 직렬로 접속된 회로에 100[V], 60[Hz]인 정현파 교류전압을 인가할 때, 이 회로에 흐르는 전류[A]는?
① $\sqrt{2}\sin 377t$
② $\sqrt{2}\sin 422t$
③ $2\sqrt{2}\sin 377t$
④ $2\sqrt{2}\sin 422t$

> **Explanation**

전체 저항 $R = 10+40 = 50[\Omega]$
전류 $I = \dfrac{V}{R} = \dfrac{100}{50} = 2[A]$
전류의 순시값 $i = I_m \sin(\omega t + \theta)$ 에서 $\omega = 2\pi f = 2\pi \times 60 = 377$
$= 2 \times \sqrt{2}\sin 377t$ [A]

【답】③

68 그림과 같은 순저항으로 된 회로에 대칭 3상 전압을 가했을 때 각 선에 흐르는 전류가 같으려면 $R[\Omega]$의 값은?
① 20
② 25
③ 30
④ 35

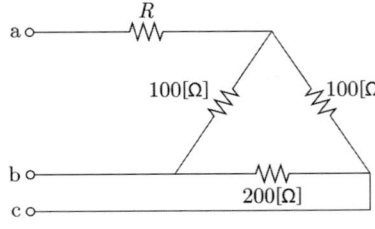

> **Explanation**

상전압을 가하여 각 선전류를 같게 하려면 Y결선하여야 하며
△결선의 저항을 Y결선 저항으로 변환하면

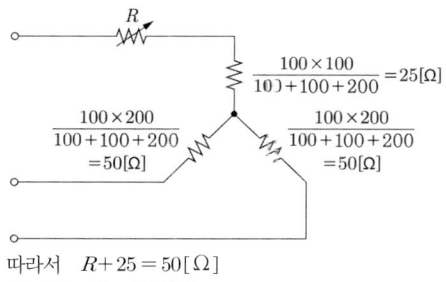

따라서 $R+25=50[\Omega]$
$R=50-25=25[\Omega]$

【답】②

69 리액턴스 함수가 $Z(s)=\dfrac{3s}{s^2+15}$ 로 표시되는 리액컨스 2단자망은?

① 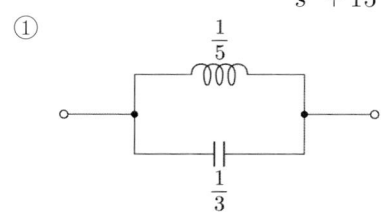 ②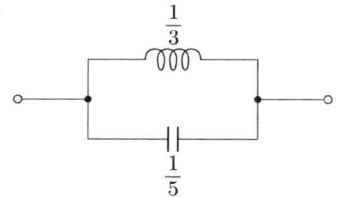

③ 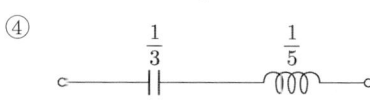 ④

Explanation

【답】①

70 $\cos \omega t$의 라플라스 변환으로 맞는 것은?

① $\dfrac{s}{s^2+\omega^2}$ ② $\dfrac{s}{s^2-\omega^2}$

③ $\dfrac{\omega}{s^2+\omega^2}$ ④ $\dfrac{\omega}{s^2-\omega^2}$

Explanation

라플라스 변환표

	$f(t)$	$F(s)$
정현(여현)파 함수	$\sin \omega t$	$\dfrac{\omega}{s^2+\omega^2}$
	$\cos \omega t$	$\dfrac{s}{s^2+\omega^2}$

【답】①

71 시정수 τ를 갖는 RL 직렬회로에 직류전압을 가할 때 $t = 3\tau$가 되는 시점에 회로에 흐르는 전류는 정상상태 전류의 약 몇 [%]가 되는가?

① 63
② 86
③ 95
④ 98

Explanation

$R-L$ 직렬회로에서 직류 기전력 인가 시의 전류

$i(t) = \dfrac{E}{R}(1 - e^{-\frac{R}{L}t})$ [A]

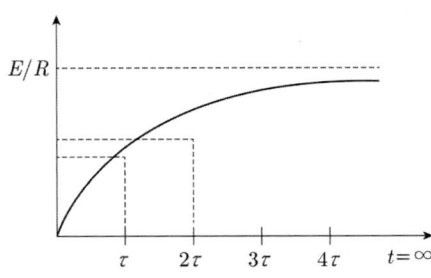

직류 기전력 인가 시 흐르는 전류
$t = \tau \rightarrow i(t) = 0.632\dfrac{E}{R}$
$t = 2\tau \rightarrow i(t) = 0.865\dfrac{E}{R}$
$t = 3\tau \rightarrow i(t) = 0.95\dfrac{\boldsymbol{E}}{\boldsymbol{R}}$

【답】③

72 콘덴서 양단의 전위차와 콘덴서에 축적되는 에너지와의 관계는?

① 전위차가 클수록 에너지도 크다.
② 전위차가 클수록 에너지는 작다.
③ 전위차에 관계없이 에너지는 항상 일정하다.
④ 에너지량에 관계없이 전위차는 항상 일정하다.

Explanation

정전에너지 $W = \dfrac{1}{2}QV = \dfrac{Q^2}{2C} = \dfrac{1}{2}CV^2$ 에서

$W \propto V^2$ 이므로 포물선의 형태가 된다.

【답】①

73 저항 4[Ω]과 유도 리액턴스 X_L[Ω]이 병렬로 접속된 회로에 12[V]의 교류전압을 가하니 5[A]의 전류가 흘렀다. 이 회로의 X_L[Ω]은?

① 1
② 3
③ 6
④ 8

Explanation

저항에 흐르는 전류 $I_R = \dfrac{12}{4} = 3$[A]

$\dot{I} = \dot{I}_R + \dot{I}_L = \sqrt{I_R^2 + I_L^2}$ 에서

$I_L = \sqrt{I^2 - I_R^2} = \sqrt{5^2 - 3^2} = 4$[A]

인덕터에 흐르는 전류 $\dot{I}_L = \dfrac{V}{jX_L}$ 에서

$X_L = \dfrac{12}{I_L} = \dfrac{12}{4} = 3$ [Ω]

【답】②

74 불평형 3상 전류가 다음과 같을 때 역상 전류 I_2는 약 몇 [A]인가?

$$I_a = 15 + j2[A],\ I_b = -20 - j14[A]\ \ I_c = -3 + j10[A]$$

① $2.17 + j5.34$
② $1.91 + j6.24$
③ $3.38 - j4.26$
④ $1.27 - j3.68$

Explanation

역상분 전류는
$I_2 = \frac{1}{3}(I_a + a^2 I_b + a I_c) = \frac{1}{3}\left(15 + j2 + \left(-\frac{1}{2} - j\frac{\sqrt{3}}{2}\right)(-20 - j14) + \left(-\frac{1}{2} + j\frac{\sqrt{3}}{2}\right)(-3 + j10)\right)$
$= 1.91 + j6.24$

【답】②

75 그림의 T형 회로에 대한 4단자 정수 A, B, C, D로 틀린 것은?

① $A = 1 + \dfrac{Z_1}{Z_3}$

② $B = \dfrac{Z_1 Z_2}{Z_3} + Z_1 + Z_2$

③ $C = 1 + \dfrac{Z_3}{Z_2}$

④ $D = 1 + \dfrac{Z_2}{Z_3}$

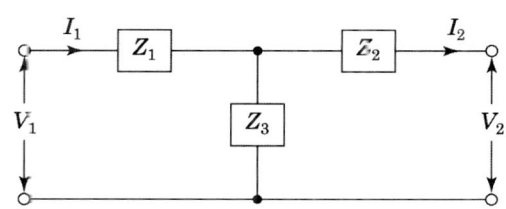

Explanation

$\begin{bmatrix} A & B \\ C & D \end{bmatrix} = \begin{bmatrix} 1 & Z_1 \\ 0 & 1 \end{bmatrix} \begin{bmatrix} 1 & 0 \\ \frac{1}{Z_3} & 1 \end{bmatrix} \begin{bmatrix} 1 & Z_2 \\ 0 & 1 \end{bmatrix}$

$= \begin{bmatrix} 1 + \dfrac{Z_1}{Z_3} & Z_1 + Z_2 + \dfrac{Z_1 Z_2}{Z_3} \\ \dfrac{1}{Z_3} & 1 + \dfrac{Z_2}{Z_3} \end{bmatrix}$

【답】③

76 임피던스 궤적이 직선일 때 이의 역수인 어드미턴스 궤적은?
① 원점을 통하는 원
② 원점을 통하지 않는 원
③ 원점을 통하는 직선
④ 원점을 통하지 않는 직선

Explanation

역궤적 관계
• 임피던스 궤적 ↔ 어드미턴스 궤적
• (반)직선 ↔ (반)원
• 1상한 ↔ 4상한

【답】①

77 어떤 회로에 $V = 40 + j30[V]$의 전압을 인가했을 때 $I = 30 + j10[A]$의 전류가 흘렀다. 이 회로의 역률은 약 얼마인가?

① 0.456
② 0.567
③ 0.854
④ 0.949

Explanation

$E = 40 + j30 = 50\angle 36.9°$

$I = 30 + j10 = 31.6\angle 18.4°$

임피던스 $Z = \dfrac{E}{I} = \dfrac{50\angle 36.9°}{31.6\angle 18.4°} = 1.58\angle 18.5°$

따라서 역률은 $\cos\theta = \cos(18.5°) = 0.949$

【답】④

78 3상 불평형 전압을 V_a, V_b, V_c 라고 할 때, 영상전압 V_0[V]는 얼마인가?

① $\dfrac{1}{3}(V_a + a^2 V_b + a V_c)$
② $\dfrac{1}{3}(V_a + V_b + V_c)$
③ $\dfrac{1}{3}(V_a + a V_b + a^2 V_c)$
④ $\dfrac{1}{3}(V_a + a^2 V_b + V_c)$

Explanation

대칭좌표법에서

$\begin{bmatrix} V_0 \\ V_1 \\ V_2 \end{bmatrix} = \dfrac{1}{3} \begin{bmatrix} 1 & 1 & 1 \\ 1 & a & a^2 \\ 1 & a^2 & a \end{bmatrix} \begin{bmatrix} V_a \\ V_b \\ V_c \end{bmatrix}$

영상분 $V_0 = \dfrac{1}{3}(V_a + V_b + V_c)$

【답】②

79 $F(s) = \dfrac{s+1}{s^2 + 2s}$ 의 라플라스 역변환은?

① $\dfrac{1}{2}(1 + e^t)$
② $\dfrac{1}{2}(1 - e^{-t})$
③ $\dfrac{1}{2}(1 + e^{-2t})$
④ $\dfrac{1}{2}(1 - e^{-2t})$

Explanation

분모가 인수분해가 가능하므로 $F(s) = \dfrac{s+1}{s(s+2)} = \dfrac{K_1}{s} + \dfrac{K_2}{s+2}$

$K_1 = \lim\limits_{s\to 0} s \cdot F(s) = \left[\dfrac{s+1}{s+2}\right]_{s=0} = \dfrac{1}{2}$

$K_2 = \lim\limits_{s\to -1}(s+2)F(s) = \left[\dfrac{s+1}{s}\right]_{s=-2} = \dfrac{1}{2}$

$F(s) = \dfrac{1}{2}\dfrac{1}{s} + \dfrac{1}{2}\dfrac{1}{s+2}$

$\therefore f(t) = \mathcal{L}^{-1}\left[\dfrac{1}{2}\dfrac{1}{s} - \dfrac{1}{2}\dfrac{1}{s+2}\right] = \dfrac{1}{2} + \dfrac{1}{2}e^{-2t} = \dfrac{1}{2}(1+e^{-2t})$

【답】③

80 $r[\Omega]$인 6개의 저항을 그림과 같이 접속하고 평형 3상 전압 E를 가했을 때 전류 I는 몇 [A]인가? 단, $R = 3[\Omega]$, $E = 60[V]$이다.

① 8.66
② 9.56
③ 10.8
④ 12.6

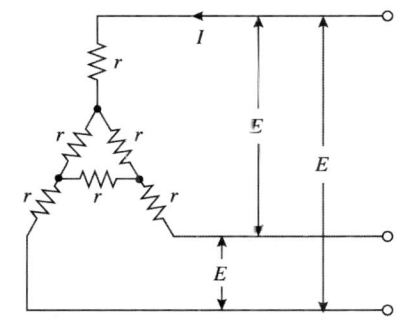

Explanation

우선 회로를 Y결선으로 전환하면

△→Y로 변환 : 저항은 $\frac{1}{3}$이 되므로 $\frac{r}{3}$

따라서 전체 1상의 저항은 $R = r + \frac{r}{3} = \frac{4}{3}r$

$I_p = \frac{V_p}{Z} = \frac{\frac{E}{\sqrt{3}}}{\frac{4}{3}r} = \frac{3E}{4\sqrt{3}r} = \frac{\sqrt{3}E}{4r}$ 이므로

선전류 $I_l = \frac{\sqrt{3}E}{4r} = \frac{60\sqrt{3}}{4 \times 3} = 8.66[A]$

【답】①

5과목　전기설비기술기준

81 금속제 가요전선관 공사 방법의 내용으로 틀린 것은?
① 전선은 연선일 것. 다만, 단면적 10[mm²](알루미늄선은 단면적 16[mm²]) 이하인 것은 그러하지 아니하다.
② 가요전선관 안에는 전선에 접속점이 없도록 할 것
③ 전선은 절연전선(옥외용 비닐절연전선을 제외)일 것
④ 가요전선관공사는 접지공사를 생략할 것

Explanation

(KEC 232.13조) 금속제 가요전선관공사
① 전선은 절연전선(옥외용 비닐 절연전선을 제외한다)일 것
② 전선은 연선일 것. 다만, 단면적 10[mm²](알루미늄선은 단면적 16[mm²]) 이하인 것은 그러하지 아니하다.
③ 가요전선관 안에는 전선에 접속점이 없도록 할 것
④ 접지 공사를 할 것

【답】④

82 옥내의 네온방전등 공사에서 전선지지점간의 거리는 몇 [m] 이하로 하는가?
① 1　　② 2
③ 3　　④ 4

Explanation

(KEC 234.12조) 네온방전등
옥내에 시설하는 관등회로 전선 지지 점간의 거리는 1[m] 이하

【답】①

83 연료전지의 내압시험은 연료전지 설비의 내압부분 중 최고 사용압력이 0.1[Mpa] 이상의 부분은 최고 사용압력의 몇 배의 수압까지 가압하는가?

① 1.03
② 1.1
③ 1.25
④ 1.5

> **Explanation**
>
> (KEC 542.1.3) 연료전지설비의 구조
> 내압시험 : 최고 사용압력이 0.1[MPa] 이상 부분은 **최고 사용압력의 1.5배의 수압**(수압이 곤란한 경우 최고 사용압력의 1.25배의 기압)까지 가압하여 압력이 안정된 후 최소 10분간 유지 【답】④

84 등기구 설치 시 가연성 재료로부터 적절한 간격을 유지하여야 하며, 제작자에 의해 다른 정보가 주어지지 않으면, 스포트라이트나 프로젝터는 모든 방향에서 가연성 재료로부터 최소 거리를 두고 설치하여야 한다. 설명으로 틀린 것은?

① 정격용량 100[W] 초과 300[W] 이하 : 0.8[m]
② 정격용량 100[W] 이하 : 0.4[m]
③ 정격용량 300[W] 초과 500[W] 이하 : 1.0[m]
④ 정격용량 500[W] 초과 : 1.0[m] 초과

> **Explanation**
>
> (KEC 234.1.3) 전기기기 열 영향에 대한 주변의 보호
> 제작자에 의해 다른 정보가 주어지지 않으면 스포트라이트나 프로젝터는 모든 방향에서 가연성 재료로부터 다음의 최소 거리 두고 설치
> ① **정격용량 100[W] 이하 : 0.5[m]**
> ② 정격용량 100[W] 초과 300[W] 이하 : 0.8[m]
> ③ 정격용량 300[W] 초과 500[W] 이하 : 1.0[m]
> ④ 정격용량 500[W] 초과 : 1.0[m] 초과 【답】②

85 저압가공전선로 또는 고압가공 전선로와 기설 가공약전류 전선로가 병행하는 경우에는 유도작용에 의하여 통신상의 장해가 생기지 아니하도록 전선과 기설 약전류 전선간의 이격거리는 몇 [m] 이상인가?

① 1
② 2
③ 3
④ 4

> **Explanation**
>
> (KEC 332.1조) 가공약전류전선로의 유도장해 방지
> ① **가공전선과 약전류 전선의 이격 거리 증대(2[m] 이상)**
> ② 적당한 거리에서 연가
> ③ 경동선 2가닥 이상을 차폐선으로 시설하고 접지 공사 【답】②

86 사용전압이 400[V] 초과인 저압 가공전선에 사용할 수 없는 전선은?(단, 시가지에 시설하는 경우이다)

① 나전선(중성선 또는 다중접지된 접지측 전선으로 사용하는 전선에 한한다)
② 지름 5[mm] 이상의 경동선
③ 케이블
④ 인입용 비닐절연전선

> **Explanation**
>
> (KEC 222.5) 저압 가공전선의 굵기 및 종류
> ① 저압 가공전선은 나전선(중성선 또는 다중접지된 접지측 전선으로 사용하는 전선에 한한다), 절연전선, 다심형 전선 또는

케이블을, 고압 가공전선은 고압 절연전선, 특고압 절연전선, 또는 케이블을 사용하여야 한다.
② 사용전압이 400[V] 이하인 가공전선은 케이블인 경우를 제외하고는 지름 3.2[mm](절연전선인 경우는 2.6[mm])의 경동선 또는 이와 동등 이상의 세기 및 굵기의 것이어야 한다.
③ 사용전압이 400[V] 초과 저압 가공전선은 케이블인 경우 이외에는 시가지에 시설하는 것은 인장강도 8.01[kN] 이상의 것 또는 지름 5[mm] 이상의 경동선, 시가지 외에 시설하는 것은 인장강도 5.26[kN] 이상의 것 또는 지름 4[mm] 이상의 경동선이어야 한다.
④ 사용전압이 400[V] 초과인 저압 가공전선에는 인입용 비닐절연전선을 사용하여서는 아니 된다. 【답】④

87. 전기철도용 변전소설비에 대한 내용 중 틀린 것은?
① 개폐기는 개폐상태의 표시, 쇄정장치를 설치한다.
② 제어반의 경우 디지털계전기 방식을 원칙으로 한다.
③ 제어용 교류전원은 상용과 예비의 2계통으로 구성한다.
④ 직류 전기철도의 경우 3상 스코트 변압기를 적용한다.

Explanation

(KEC 421.4) 변전소의 설비
① 급전용변압기 : **직류 전기철도 3상 정류기용 변압기, 교류 전기철도 3상 스코트결선 변압기 원칙**
② 차단기 : 계통의 장래계획을 감안하여 용량 결정+회로의 특성에 따라 기종과 동작책무 및 차단시간을 선정
③ 개폐기 : 중요한 분기점, 고장발견이 필요한 장소, 빈번한 개폐 필요한 곳(개폐상태의 표시, 쇄정장치 등 설치)
④ 제어용 교류전원 : 상용과 예비의 2계통
⑤ 제어반 : 디지털계전기방식 원칙 【답】④

88. 전로의 최대 사용전압이 7[kV] 초과 25[kV] 이하인 중성점 다중접지식 전로의 절연내력 시험전압은 최대사용전압의 몇 배인가?
① 0.92
② 1.25
③ 1.5
④ 0.64

Explanation

(KEC 132조) 전로의 절연저항 및 절연내력

구분		배율	최저 전압
중성점 직접 접지식	7[kV] 초과 ~ 25[kV] 이하(중성점 다중 접지식)	0.92	
	60[kV] 초과 ~ 170[kV]까지	0.72	
	170[kV] 초과	0.64	

【답】①

89. 비나 이슬에 젖지 않는 장소에 사용전압이 400[V] 이하인 옥측전선로를 애자공사로 시설하는 경우 전선과 조영재 사이의 이격거리는 몇 [m] 이상인가?
① 0.06
② 0.025
③ 0.045
④ 0.12

Explanation

(KEC 221.2조) 옥측전선로
전선 상호 간의 간격 및 전선과 그 저압 옥측전선로를 시설하는 조영재 사이의 이격거리

시설장소	전선 상호 간의 간격		전선과 조영재 사이의 이격거리	
	사용전압이 400[V] 이하인 경우	사용전압이 400[V] 초과인 경우	사용전압이 400[V] 이하인 경우	사용전압이 400[V] 초과인 경우
비나 이슬에 젖지 않는 장소	0.06[m]	0.06[m]	0.025[m]	0.025[m]

【답】②

90 다음 그림의 급전전용통신선용 보안장치에서 L1에 대한 설명으로 옳은 것은?

① 교류 1.5[kV] 이하에서 동작하는 피뢰기
② 교류 1[kV] 이하에서 동작하는 피뢰기
③ 교류 1.5[kV] 이하에서 동작하는 단로기
④ 교류 1[kV] 이하에서 동작하는 단로기

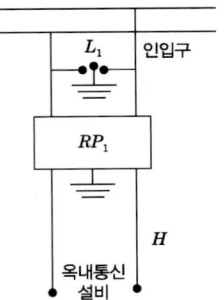

Explanation

(KEC 362.5조) 특고압 가공전선로 첨가설치 통신선의 시가지 인입 제한 규정에 의한 보안장치의 표준
① 급전전용통신선용 보안장치일 것.
② RP_1 : 릴레이 보안기
③ L1 : 교류 1[kV] 이하에서 동작하는 피뢰기

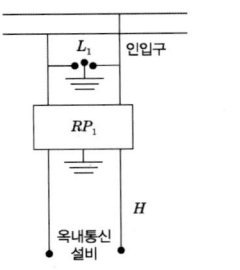

【답】②

91 특별고압용 변압기의 뱅크용량이 몇 [kVA] 이상일 때 내부에서 고장이 생긴 경우 전로로부터 자동차단장치 만을 반드시 시설하여야 하는가?

① 7,500   ② 10,000
③ 15,000 ④ 50,000

Explanation

(KEC 351.4조) 특고압용 변압기의 보호 장치

뱅크용량의 구분	동작조건	장치의 종류
5,000[kVA] 이상 10,000[kVA] 미만	변압기 내부고장	자동차단장치 또는 경보장치
10,000[kVA] 이상	변압기 내부고장	자동차단장치

【답】②

92 발전기가 정격운전상태에 있을 때 동기기 단자에서의 전압을 무엇이라 하는가?

① 부족전압   ② 동기전압
③ 정격전압   ④ 보호전압

Explanation

(KEC 112) 용어 정의
"정격전압"이란 발전기가 정격운전상태에 있을 때, 동기기 단자에서의 전압을 말한다.

【답】③

93 하중을 지탱하는 전차선로 설비의 강도는 작용이 예상되는 하중의 최악 조건 조합에 대하여 경동선의 경우 얼마의 최소 안전율이 곱해진 값을 견디어야 하는가?

① 1.0   ② 2.0
③ 2.2   ④ 2.5

> **Explanation**

(KEC 431.10조) 전차선로 설비의 안전율
하중을 지탱하는 전차선로 설비의 강도는 작용이 예상되는 하중의 최악 조건 조합에 대하여 다음의 최소 안전율이 곱해진 값을 견디어야 한다.
① 합금전차선 : 2.0 이상
② 경동선 : 2.2 이상
③ 조가선 : 2.5 이상
④ 지지물 기초 : 2.0 이상

【답】③

94 특고압 가공전선이 저고압 가공전선과 제1차 접근상태로 시설되는 경우, 사용전압이 22.9[kV]인 특고압 가공전선과 저고압 가공전선 사이의 이격거리는 몇 [m] 이상인가?(단, 특고압 가공전선이 케이블이 아닌 경우이다)
① 1.0
② 1.2
③ 1.5
④ 1.8

> **Explanation**

(KEC 333.17조) 특고압 가공전선과 저고압 가공전선 등의 병행설치

	35 kV 초과 100[kV] 미만	35[kV] 이하
이격거리	2[m] 이상	**1.2[m] 이상**
사용전선	특고압은 50[mm²] 이상의 경동연선 또는 인장강도 21.67[kN] 이상의 연선	연선일 것

【답】②

95 발전소의 전력용 커패시터에서 과전압이 생긴 경우에 자동적으로 전로로부터 차단하는 장치를 설치하는 뱅크용량은 몇 [kVA] 이상인가?
① 500
② 1,500
③ 10,000
④ 15,000

> **Explanation**

(KEC 351.5조) 조상설비의 보호장치

설비 종별	뱅크 용량의 구분	자동적으로 전로로부터 차단하는 장치
전력용 커패시터 및 분로 리액터	500[kVA] 초과 15,000[kVA] 미만	• 내부에 고장이 생긴 경우 • 과전류가 생긴 경우
	15,000[kVA] 이상	• 내부에 고장이 생긴 경우 • 과전류가 생긴 경우 • **과전압이 생긴 경우**
무효전력 보상장치	15,000[kVA] 이상	• 내부에 고장이 생긴 경우

【답】④

96 사용전압 154[kV]인 가공전선을 시가지에 시설하는 경우 전선의 지표상의 높이는 최소 몇 [m] 이상인가?(단, 기타 조건은 적용하지 아니한다)
① 7.44
② 9.44
③ 11.44
④ 13.44

> **Explanation**

(KEC 333.1조) 시가지 등에서 특고압 가공 전선로의 시설

사용전압의 구분	지표상의 높이
35[kV] 이하	10[m] (전선이 특고압 절연전선인 경우에는 8[m])
35[kV] 초과	10[m]에 35[kV]를 초과하는 10[kV] 또는 그 단수마다 0.12[m]를 더한 값

단수 : $15.4 - 3.5 = 11.9 ≒ 12$단
지표상의 높이 : $10 + 12 \times 0.12 = 11.44$[m]

【답】③

97. 가공전선로의 지지물에 시설하는 지지선으로 연선을 사용할 경우 소선은 최소 몇 가닥 이상인가?
① 3
② 5
③ 7
④ 9

Explanation

(KEC 331.11조) 지지선의 시설
지지선은 소선 3가닥 이상의 연선일 것

【답】①

98. 지중전선로를 직접 매설식에 의하여 시설할 때, 중량물의 압력을 받을 우려가 있는 장소에 저압 또는 고압의 지중전선을 견고한 트라프 기타 방호물에 넣지 않고도 부설할 수 있는 것은?
① 염화비닐 절연 케이블
② 콤바인덕트 케이블
③ 강심알루미늄 연선
④ PVC 외장 케이블

Explanation

(KEC 334.1조) 지중 전선로의 시설
지중 전선로를 직접 매설식에 의하여 시설하는 경우에는 매설 깊이를 차량 기타 중량물의 압력을 받을 우려가 있는 장소에는 1[m] 이상 기타 장소에는 0.6[m] 이상으로 하고 또한 지중 전선을 견고한 트라프 기타 방호물에 넣어 시설하여야 한다(**저압 또는 고압의 지중전선에 콤바인덕트 케이블을 사용하여 시설하는 경우 제외**)

【답】②

99. 사용전압이 25[kV] 이하인 다중접지식의 지중전선로를 관로식 또는 직접매설식으로 시설하는 경우, 지중전선 상호 간의 이격거리는 몇 [m] 이상인가?(단, 예외사항은 고려하지 않는다)
① 0.6
② 0.1
③ 1.0
④ 1.2

Explanation

(KEC 334.7조) 지중전선 상호 간의 접근 또는 교차
사용전압 25[kV] 이하 다중접지방식 지중전선로 관로식 또는 직접매설식 : 이격거리 0.1[m] 이상

【답】②

100. 접지시스템의 시설 시 선도체(구리)의 단면적이 16[mm²]인 경우 보호도체의 최소 단면적은 몇 [mm²]인가?(단, 보호도체의 재질이 선도체와 같은 경우이다)
① 4
② 6
③ 10
④ 16

Explanation

(KEC 142.3.2조) 보호도체 - 최소 단면적

선도체의 단면적 S (mm², 구리)	보호도체의 최소 단면적(mm², 구리)
	보호도체의 재질이 선도체와 같은 경우
16[mm²] 이하	S
16[mm²] 초과 35[mm²] 이하	16
35[mm²] 초과	S/2

【답】④

2023년 전기공사산업기사 필기

1과목 전기응용

01 전기철도의 전기제동에서 주 전동기를 발전기로 쓰고 차량의 운동에너지를 전기 에너지로 변환하여 저항기에 의하여 열에너지로 소비시키는 제동방법은?
① 발전제동
② 전자제동
③ 저항제동
④ 회생제동

Explanation

3상 유도전동기 제동법
① 발전제동
 • 운동에너지를 전기적 에너지로 변환
 • 자체 저항에서 열로 소비되면서 제동
② 회생제동
 • 유도전압을 전원전압보다 높게 하여 제동하는 방식
 • 발전 제동하여 발생된 전력을 선로로 되돌려 보냄
③ 역상제동(플러깅) : 3상 중 2상을 바꾸어 제동

【답】①

02 무영등 사용이 가장 필요한 장소로 올바른 것은?
① 수술실
② 축구경기장
③ 천연색 촬영실
④ 초정밀 가공실

Explanation

무영등(無影燈)
병원같은 장소에서 수술 시에 수술 부위를 더 잘 볼 수 있도록 만든 조명장치 중 하나. 수술 부위에 손 그림자 등이 생기지 않게 하며, 조명으로 인한 방사열도 적은 편이다.

【답】①

03 4[kW] 전력을 사용하여 1시간에 20,000[kcal]의 열을 방열할 때 이 열펌프의 효율(COP)은?
① 0.17
② 1.70
③ 2.90
④ 5.81

Explanation

전기성능계수(COP : Coefficient of Performance)
정해진 온도조건에서의 100[%] 전 부하 운전시 효율을 표시하는 것으로 냉난방 평균 에너지 소비효율을 나타낸 것 1[kW] 사용하면 1,000[W](=860[kcal])의 열량을 발생시키는 것이 COP 1의 정의이다.
∴ $\dfrac{4 \times 860}{20{,}000} = 0.17$

【답】①

04 다음 중 단위변환이 틀린 것은?
① $1[lx] = 1[lm/m^2]$
② $1[ph] = 1[lm/cm^2]$
③ $1[ph] = 10^5[lx]$
④ $1[lx] = 1[lm/m^2]$

Explanation

- $1[\text{lx}] = 1[\text{lm/m}^2]$
- $1[\text{rlx}] = 1[\text{lm/m}^2]$
- $1[\text{Ph}] = 1[\text{lm/cm}^2] = 10^4[\text{lm/m}^2] = 10^4[\text{lx}]$

【답】③

05 목표값이 시간에 따라 변화하지 않는 제어는?
① 비율제어
② 정치제어
③ 추종제어
④ 프로그램제어

Explanation

목표 값에 의한 분류 : 입력에 의한 분류
① 정치 제어 : 시간에 관계없이 값이 일정한 제어(연속식의 압연기)
② 추치 제어 : 시간에 따라 값이 변화하는 제어

【답】②

06 광속 계산이 일반식 중에서 직선 광원(원통)에서의 광속을 구하는 식은 어느 것인가?(단, I_0는 최대 광도, I_{90}은 $\theta = 90°$ 방향의 광도이다)
① πI_0
② $\pi^2 I_{90}$
③ $4\pi I_0$
④ $4\pi I_{90}$

Explanation

광속
- 구광원 : $F = 4\pi I$
- **원통광원 : $\boldsymbol{F = \pi^2 I}$**
- 평판광원 : $F = \pi I$

【답】②

07 열전 온도계의 특징에 대한 설명으로 틀린 것은?
① 제벡 효과의 동작 원리를 이용한 것이다.
② 열전대를 보호할 수 있는 보호관을 필요로 하지 않는다.
③ 온도가 열기전력으로써 검출되므로 피측온점의 온도를 알 수 있다.
④ 적절한 열전대를 선정하면 0~1,600[℃] 온도 범위의 측정이 가능하다.

Explanation

열전대의 종류와 측정 범위

열전대	사용 범위[℃]
백금-백금 로듐	0~1,400
크로멜-알루멜	-200~1,000
철-콘스탄탄	-200~700
구리-콘스탄탄	-200~400

- 열전대 보호관 : 석영, 알루미나, 강관

【답】②

08 복진지(anti-creeping)에 대한 설명으로 가장 옳은 것은?
① 레일이 열차의 진행방향으로 이동하는 것을 막는 것
② 열차의 탈선을 막는 것
③ 레일의 진동을 막는 것
④ 침목의 이동을 막는 것

> **Explanation**
>
> 복진지 : 열차의 주행과 온도의 영향으로 레일이 앞뒤 방향으로 이동하는 것 방지하는 장치

【답】①

09 피열물에 직접 통전하여 발열시키는 직접식 저항로가 아닌 것은?
① 염욕로
② 카바이드로
③ 흑연화로
④ 카아보런덤로

> **Explanation**
>
> 저항로의 종류
>
> | 직접 저항 가열 | | 간접 저항 가열 | |
> |---|---|---|---|
> | 종류 | 특징 | 종류 | 특징 |
> | • 흑연화로
• 카아보런덤로
• 카바이드로
• 알루미늄용해로 | 열효율이 가장 우수 | • **염욕로**
• 크립톨로
• 발열체로
• 탄화규소로 | 복잡한 형태의 물질을 균일하게 가열 |

【답】①

10 어떤 정류회로에서 부하 양단의 평균전압이 2,000[V]이고 맥동률은 2[%]라 한다. 출력에 포함된 교류분 전압의 크기[V]는?
① 30
② 40
③ 50
④ 30

> **Explanation**
>
> 맥동률 = $\dfrac{교류분}{직류분} \times 100[\%]$ 에서 교류분 = 직류분 × 맥동률 = 2,000 × 0.02 = 40[V]

【답】②

11 미리 정해 놓은 순서에 따라서 제어의 각 단계가 순차적으로 진행되는 제어는?
① 열린 루프제어
② 되먹임 제어
③ 닫힌 루프제어
④ 프로그램 제어

> **Explanation**
>
> 추치 제어 : 시간에 따라 값이 변호하는 제어
> • 추종 제어 : 목표값이 임의의 시간적 변화(대공포, 레이더)
> • **프로그램 제어(시퀀스 제어)** : 미리 정해진 신호에 따라 동작(무인제어 : 무인열차, 무인엘리베이터, 무인자판기)
> • 비율 제어 : 시간에 비례하여 변화(배터리, 공기량)

【답】④

12 화학공장 등의 폭발성 가스가 많은 곳에 사용하는 전동기는?
① 방수형 전동기
② 방진형 전동기
③ 방식형 전동기
④ 방폭형 전동기

> **Explanation**
>
> 방폭형 : 화학공장 등의 폭발성 가스가 많은 곳에 사용

【답】④

13 15[kW] 이상의 농형 유도전동기의 기동에 사용되는 것은?
① 전전압 기동법
② 기동보상기법
③ 2차 저항기동법
④ 2차 임피던스 기동법

> **Explanation**

3상 농형 유도전동기 기동법

| 농형 유도전동기 | • 전전압 기동(직입기동) : 5[HP] 이하(3.7[kW])
• $Y-\triangle$ 기동(5~15[kW])급 : 전류 1/3배, 전압 $1/\sqrt{3}$ 배
• 기동보상기법 : 단권변압기 사용 감전압기동, 15[kW] 이상
• 리액터 기동 |

【답】②

14 전지에서 자체 방전 현상이 일어나는 것은 다음 중 어느 것과 가장 관련이 있는가?
① 전해액 농도　　　　　　　　　② 전해액 온도
③ 이온화 경향　　　　　　　　　④ 불순물 혼합

> **Explanation**

국부 작용
아연 음극 또는 전해액 중에 불순물이 섞이면 아연이 부분적으로 용해되어 국부 방전이 생기며 수명이 짧아진다.
국부작용을 막기 위하여 수은도금을 한다.

【답】④

15 200[lm] 전구를 우유색 구형 글로브에 넣었을 경우 우유색 반사율을 40[%], 투과율을 50[%]라고 할 때 글로브의 효율은 약 몇 [%]인가?
① 23　　　　　　　　　　　　② 43
③ 53　　　　　　　　　　　　④ 83

> **Explanation**

글로브의 효율 $\eta = \dfrac{\tau}{1-\rho} \times 100 = \dfrac{0.5}{1-0.4} \times 100 = 83.3[\%]$

【답】④

16 공중 질소를 고정하여 질산을 제조하기 위한 간접식 아크로에 해당되지 않는 것은?
① 에르로　　　　　　　　　　　② 센헬로
③ 포오링로　　　　　　　　　　④ 비란게란드 아이데로

> **Explanation**

아크로 : 전극 사이에 발생하는 고온의 아크열 이용하는 아크 가열에 사용되는 로
① 고압 아크로
　• 초산(질산), 초산석회 제조에 사용
　• 센헬로, 포오링로, 비란게란드 아이데로
② 저압 아크로 : 직접식(에르식), 간접식(요동식)

【답】①

17 금속 발열체가 아닌 것은?
① 철크롬선　　　　　　　　　　② 니크롬선
③ 텅스텐　　　　　　　　　　　④ 탄화규소

> **Explanation**

발열체의 종류 및 온도
• 니크롬선 1종 : 1,100[℃]
• 니크롬선 2종 : 900[℃]
• 철크롬선 1종 : 1,200[℃]
• 철크롬선 2종 : 1,100[℃]
• 비금속 발열체(탄화규소 발열체) : 1,400[℃]

【답】④

18 1,000[lm]의 광속을 발산하는 전등 10개를 1,000[m²]의 방에 점등하였다. 그 때 조명률은 0.50이고 감광보상률이 1.5라고 하면 방의 평균조도[lx]는?

① 3.3
② 4.6
③ 5.8
④ 6.3

Explanation

$FUN = ESD$에서

조도 $E = \dfrac{FUN}{SD} = \dfrac{1,000 \times 0.5 \times 10}{1,000 \times 1.5} = 3.33[\text{lx}]$

【답】①

19 납축전지를 사용할 때 극판이 휘어지고 내부 저항이 매우 커져서 용량이 감소되는 원인은?

① 감극작용
② 과도방전
③ 전지의 황산화
④ 전해액의 농도

Explanation

황산화
- 극판이 휘게 되고, 내부 저항이 증가
- 극판에 황산납이 발생

【답】③

20 소형이면서 대전력용 정류기로 사용되는 것은?

① CdS
② SCR
③ 게르마늄 정류기
④ 셀렌 정류기

Explanation

SCR(silicon controlled rectifier) : 역저지 3극 사이리스터
- 효율이 높고 고속 동작이 용이하며 소형이고 고전압 대전류에 적합한 정류기
- PNPN 구조
- **소형이면서 대전력용**
- ON → OFF : 전원전압을 음(-)으로 한다.
- turn on 상태 : 게이트 전류에 의해서
- 위상제어용

【답】②

2과목 전력공학

21 외뢰(外雷)에 대한 주 보호장치로서 송전계통의 절연협조의 기본이 되는 것은?

① 애자
② 변압기
③ 차단기
④ 피뢰기

Explanation

절연협조 : 계통 내의 각 기기, 기구 및 애자 등의 상호간에 적정한 절연 강도를 지니게 함으로써 계통 설계를 합리적, 경제적으로 할 수 있게 한 것
피뢰기의 제한전압은 절연협조의 기본이 되는 부분으로 가장 낮게 잡으며 피뢰기의 제1보호 대상은 변압기이다.
피뢰기의 제한전압 < 변압기의 기준충격절연강도(BIL) < 부싱, 차단기 < 선로애자

【답】④

22 3상 3선식 송전선로를 연가하는 목적으로 틀린 것은?
① 직렬공진의 방지
② 선로정수의 평형
③ 코로나 감소
④ 통신선의 유도장해의 감소

> **Explanation**

연가 : 선로정수를 평형시키기 위하여 3상 3선식 선로를 3배수 등분하여 실시
- 선로정수 평형(각 상의 전압, 전류 평형)
- 정전유도 장해 감소
- 소호리액터 접지 시의 직렬공진 방지

【답】③

23 3상 3선식 배전선에서 1선의 저항을 r, 리액턴스를 x, 부하의 역률을 $\cos\theta$, 전류를 I라고 했을 때 선간 전압강하는?
① $3I(r\cos\theta + x\sin\theta)$
② $\sqrt{3}I(r\cos\theta + x\sin\theta)$
③ $\dfrac{\sqrt{3}}{2}I(r\cos\theta + x\sin\theta)$
④ $I(r\cos\theta + x\sin\theta)$

> **Explanation**

3상 전압강하
$e = V_s - V_r = \sqrt{3}I(r\cos\theta + x\sin\theta)$

【답】②

24 동기 무효전력 보상장치에 대한 설명으로 틀린 것은?
① 선로의 시충전이 불가능하다.
② 경부하시에는 부족여자로 운전해서 되진전류를 취한다.
③ 전압조정이 연속적이다.
④ 중부하시에는 과여자로 운전하여 앞선전류를 취한다.

> **Explanation**

조상설비 비교

	진상	지상	시충전(시송전)	조정	전력손실	증설
전력용 콘덴서	○	×	×	단계적	적다	가능
분로 리액터	×	○	×	단계적	적다	가능
무효전력 보상장치	○	○	○	연속적	크다	불가능

【답】①

25 3상 1회선 송전선로에 전력을 공급하는 변압기의 중성점 접지를 위한 소호리액터의 용량은?
① 선로 충전 용량과 같다.
② 선간 충전 용량의 1/2이다.
③ 3선 일괄의 대지 충전 용량과 같다.
④ 1선과 중성점 사이의 충전 용량과 같다.

> **Explanation**

소호리액터의 용량(3선 일괄의 대지 충전용량)
$Q_L = EI_L = E \times \dfrac{E}{\omega L} = \dfrac{E^2}{\dfrac{1}{3\omega C_s}} = 3 \times 2\pi f C_s E^2 \times 10^{-3}$ [kVA]

【답】③

26 발전소의 발전기 정격전압[kV]으로 사용되는 것은?
① 6.6
② 33
③ 66
④ 154

> **Explanation**

발전소의 발전기 정격전압 : 6.6[kV]

【답】①

27 그림과 같은 선로에서 점 F에서의 1선 지락이 발생한 경우 영상 임피던스는?

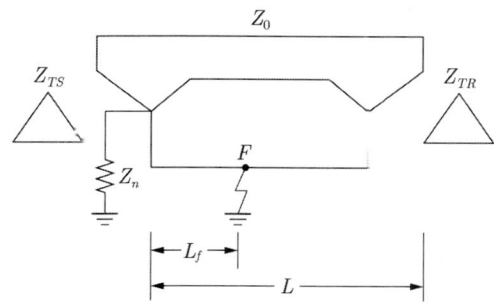

① $Z_{TS} + Z_n + 3Z_o$
② $Z_{TS} + 3Z_n + Z_o$
③ $Z_{TS} + Z_n + Z_o \dfrac{L_f}{L}$
④ $Z_{TS} + 3Z_n + Z_o \dfrac{L_f}{L}$

> **Explanation**

영상 임피던스 : $Z_{TS} + 3Z_n + Z_o$

여기서, 임피던스는 길이에 비례하므로 $Z_0' = \dfrac{L_f}{L} Z_0$ 이므로

영상 임피던스는 $Z_{TS} + 3Z_n + Z_o \dfrac{L_f}{L}$ 이 된다.

【답】④

28 수력 발전소의 조압수조(서지 탱크) 설치 목적은?
① 수차 보호
② 흡출관 보호
③ 수격작용 흡수
④ 조속기 보호

> **Explanation**

조압수조(surge tank)
부하 변동 시 수압(수격작용)을 완화시켜 수압 철관을 보호하기 위한 장치

【답】③

29 변압기 결선에서 1차 측 전압에 제3고조파가 있을 때, 2차 측 전압에 제3고조파가 나타나는 결선은?
① △-Y
② Y-△
③ Y-Y
④ △-△

> **Explanation**

Y-Y 결선 : 제3고조파가 1, 2차에 발생하므로 사용되지 않는다.

【답】③

30 자가용 변전소의 1차 측 차단기의 용량을 결정할 때 가장 밀접한 관계가 있는 것은?
① 부하설비 용량
② 공급 측의 단락용량
③ 부하의 부하율
④ 수전계약 용량

> **Explanation**

차단기 용량 $P_s = \sqrt{3} \times$ 정격전압 $\times$ 정격차단전류[MVA]

단락용량 $P_s = \sqrt{3} \times$ 공칭전압 $\times$ 단락전류[MVA]
차단기 용량 ≥ 단락용량
따라서 차단기 용량은 단락용량을 기준으로 선정한다.

【답】②

31 송전단 전압이 3,300[V]이고 수전단 전압이 3,000[V]이다. 수전단의 부하를 차단한 경우 수전단 전압이 3,200[V]라면 이 회로의 전압 변동률은 약 몇 [%]인가?
① 3.25
② 4.28
③ 5.67
④ 6.67

Explanation

전압 변동률 $\epsilon = \dfrac{V_{r0} - V_r}{V_r} \times 100 = \dfrac{3,200 - 3,000}{3,000} \times 100 = 6.67[\%]$

여기서, V_{r0}는 무부하시 수전단 전압

【답】④

32 송전선로에서 4단자 정수 A, B, C, D 사이의 관계는?
① $BC - AD = 1$
② $AC - BD = 1$
③ $AD - BC = 1$
④ $AB - CD = 1$

Explanation

4단자 정수의 선형 조건 : $AD - BC = 1$

【답】③

33 선로의 길이가 5,280[m]인 3상 3선식 배전선로가 있다. 수전단에 6[kV], 1,800[kW], 역률 0.8의 3상 집중부하에 전력을 공급하는 경우, 전력 손실률을 10[%] 이하로 하려면 사용전선(경동선)의 굵기 [mm²]는?
① 38
② 45
③ 55
④ 75

Explanation

전력손실률 $K = \dfrac{P_l}{P} \times 100 = \dfrac{\dfrac{P^2 R}{V^2 \cos^2\theta}}{P} \times 100 = \dfrac{PR}{V^2 \cos^2\theta} \times 100[\%]$

$K = \dfrac{P}{V^2 \cos^2\theta} \times R = \dfrac{P}{V^2 \cos^2\theta} \times \rho \dfrac{l}{A}$ 이므로

단면적 $A = \dfrac{P \rho l}{V^2 \cos^2\theta \times K} = \dfrac{1,800 \times 10^3 \times \dfrac{1}{55} \times 5,280}{6,000^2 \times 0.8^2 \times 0.1} = 75[\text{mm}^2]$

【답】④

34 △ 결선의 3상 3선식 배전선로가 있다. 1선이 지락하는 경우 건전상의 전위 상승은 지락 전의 몇 배인가?
① $\dfrac{\sqrt{3}}{2}$
② 1
③ $\sqrt{2}$
④ $\sqrt{3}$

Explanation

비접지방식(3.3[kV], 6.6[kV])
• 일반적으로 비접지식은 △-△ 방식 이용
• 저전압 단거리(20~30[kV], 지락전류가 적다, 통신선에 유도장해가 적다.
• 1상 고장 시 V-V 결선이 가능

- 1선 지락 시 건전상의 대지전위가 $\sqrt{3}$ 배까지 상승

【답】 ④

35 전선에 흐르는 전류가 3배가 되면 전력손실은?

① $\dfrac{1}{3}$ ② $\dfrac{1}{9}$
③ 3배 ④ 9배

Explanation

선로손실 $P_l = 3I^2R = \left(\dfrac{P}{\sqrt{3}\,V\cos\theta}\right)^2 \times R = \dfrac{P^2R}{V^2\cos^2\theta} \propto \dfrac{1}{V^2}$

선로손실(저항손)은 전류의 제곱에 비례. ∴ 전류가 3배가 되면 전력손실은 9배

【답】 ④

36 차단기의 개폐에 의한 이상전압의 크기는 대부분의 경우 송전선 대지 전압의 최고 몇 배 정도인가?

① 2배 ② 4배
③ 6배 ④ 8배

Explanation

- 내부 이상전압 : 직격뢰, 유도뢰를 제외한 나머지
- 개폐서지 : 무부하 충전전류 개르 시 가장 크다(송전선 Y전압의 4~6배).

【답】 ②

37 단상 2선식 110[V] 저압배전선로를 단상 3선식 110/220[V]로 변경할 때 부하의 크기 및 공급전압을 일정하게 하고 또 부하를 평형시켰을 때 전선로의 전압강하율은 변경 전에 비하여 어떻게 되는가?

① $\dfrac{1}{2}$ ② $\dfrac{1}{3}$ ③ $\dfrac{1}{4}$ ④ $\dfrac{1}{5}$

Explanation

단상 3선식의 특징(110/220의 두 종의 전원으로 전압이 2배 상승)

- 전압강하 $e \propto \dfrac{1}{V} = \dfrac{1}{2}$
- 전압강하율 $\delta \propto \dfrac{1}{V^2} = \dfrac{1}{4}$
- 전력 손실 $P_l \propto \dfrac{1}{V^2} = \dfrac{1}{4}$

【답】 ③

38 송전선로에서 초호환(arching ring)의 역할을 나타낸 것으로 옳은 것은?

① 누설전류에 의한 편열 방지 ② 선로의 섬락시 애자 보호
③ 송전전력 증대 ④ 전력손실 감소

Explanation

소호각, 소호환(아킹혼, 아킹링)
- 섬락 시 애자련을 보호
- 애자련에 걸리는 전압 분담을 균등

【답】 ②

39 전선에 4개의 도체가 일직선으로 배치되어 있을 때 각 도체 간의 간격이 D[m]일 때 소도체 간의 기하평균 거리는 얼마인가?

① D ② $4D$
③ $\sqrt[3]{2}\,D$ ④ $\sqrt[6]{2}\,D$

> **Explanation**
>
> 일직선 배치 시 기하 평균 거리
> $D_e = \sqrt[3]{D \times D \times 2D} = \sqrt[3]{2}\,D$ [m]

【답】③

40 초고압 장거리 송전선로에 접속되는 1차 변전소에 병렬 리액터를 설치하는 목적은?
① 송전용량의 증가
② 페란티 효과의 방지
③ 과도 안정도의 증대
④ 전력 손실의 경감

> **Explanation**
>
> 페란티 현상
> - 무부하(경부하) 시 송전단 전압보다 수전단 전압이 커지는 현상
> - 선로의 정전용량에 의해서
> - **방지법** : 분로 리액터(Sh.R)

【답】②

3과목 전기기기

41 변압기유(油)의 요구 특성이 아닌 것은?
① 인화점이 높을 것
② 응고점이 낮을 것
③ 점도가 클 것
④ 절연내력이 클 것

> **Explanation**
>
> 절연유의 구비 조건(절연+냉각)
> - 절연내력이 클 것
> - 점도가 적고 비열이 커서 냉각 효과가 클 것
> - 인화점은 높고, 응고점은 낮을 것
> - 고온에서 산화하지 않고, 침전물이 생기지 않을 것

【답】③

42 직류 분권 발전기의 극수가 2일 때 전기자를 단중 파권으로 감은 경우 틀린 것은?
① 병렬 회로수는 항상 2이다.
② 균압선이 필요 없다.
③ 높은 전압, 작은 전류에 적당하다.
④ 브러시 수는 극수와 같아야 한다.

> **Explanation**
>
> 중권과 파권 비교(a : 내부병렬 회로수, p : 극수)
>
> | 비교 항목 | 단중 중권 | 단중 파권 |
> |---|---|---|
> | 전기자의 병렬 회로수 | a=P(mP) | a=2(2m) |
> | 브러시 수 | a=P=b | b=2 |
> | 용도 | 저전압, 대전류 | **고전압, 소전류** |
> | 균압접속 | 균압환 필요 | 불필요 |

【답】④

43 25°의 스텝 각을 갖는 스테핑 모터에 초(s)당 500개의 펄스를 가했을 때 회전속도는 약 몇 [r/s]인가?
① 20
② 35
③ 50
④ 125

> **Explanation**

스텝각 25°라면 1회전 시 $\frac{360}{25} = 14.4$개의 펄스가 필요

초 당 회전속도 $n = \frac{500}{14.4} = 34.7 [r/s]$

【답】②

44 부하전류가 50[A]일 때 단자전압이 100[V]인 직류 직권발전기의 부하전류가 70[A]로 되면 단자전압은 몇 [V]가 되는가? 단, 전기자저항 및 직권계자 권선의 저항은 각각 0.1[Ω]이고, 전기자 반작용과 브러시의 접촉저항 및 자기포화는 모두 무시한다.
① 114
② 140
③ 120
④ 154

> **Explanation**

직류 직권발전기 $I_a = I = I_f$

유기기전력 $E = V + (R_a + R_s)I_a = V + (R_a + R_s)I$

부하전류 50[A]일 때의 유기기전력 $E_{50} = 100 + (0.1 + 0.1) \times 50 = 110[V]$

여기서, 직권 발전기의 유기기전력은 부하전류에 비례하므로

부하 전류 70[A]일 때의 유기기전력 $E_{70} = \frac{70}{50} \times 110 = 154[V]$

이 때의 단자 전압 $V_{70} = E_{70} - (R_a + R_s) \times 70 = 154 - 0.20 \times 70 = 140[V]$

【답】②

45 변류기 개방 시 2차 측을 단락하는 이유는?
① 2차측 절연 보호
② 2차측 과전류 보호
③ 측정 오차 방지
④ 1차측 과전류 방지

> **Explanation**

계기용 변성기 점검
• PT(계기용 변압기) : 2차측 개방(2차측 과전류 보호)
• **CT(변류기) : 2차측 단락(2차측 과전압보호, 2차측 절연보호)**

【답】①

46 다음 중 비례추이를 응용할 수 있는 전동기는?
① 3상 농형 유도전동기
② 동기 전동기
③ 정류자 전동기
④ 3상 권선형 유도전동기

> **Explanation**

비례추이의 원리 : 권선형 유도전동기
• 최대 토크는 불변, 최대 토크의 발생 슬립은 변화(2차 저항이 증가하면 토크 곡선 등이 슬립이 증가하는 방향으로 2차 저항에 비례하여 이동)
• 기동전류는 감소하고, 기동토크는 증가

【답】④

47 다음은 유도 발전기의 원리를 설명한 것이다. 틀린 것은?
① 회전자 권선은 유도 전동기와 반대로 회전 자속을 자른다.
② 유도 기전력 및 전류의 방향은 유도 전동기와 반대로 된다.
③ 회전자 전류와 회전 자속의 토크의 방향은 회전자의 회전 방향과 같게 된다.
④ 고정자의 부하 전류의 방향은 전동기의 경우와 반대이다.

> **Explanation**

유도발전기

- 고정자 권선을 전원에 연결하고 회전자를 원동기로 회전시키면 회전자 속도가 회전자계 속도(N_s)보다 빠르게 회전하여 발전기로 동작
- 슬립 $s = \dfrac{n_s - n}{n_s}$ 에서 $n_s < n$인 경우 $s < 0$ (여기서, n : 회전자 속도, n_s : 회전자계 속도)

【답】③

48 동기전동기의 단락전류를 제한하는 요소는?
① 동기 리액턴스
② 동기 임피던스
③ 권선저항
④ 누설 리액턴스

Explanation

단락 초기에는 전기자 반작용이 순간적으로 나타나지 않기 때문에 막대한 과도전류 즉, 큰 단락전류가 흐르고 수 초 후에는 영구단락 전류 값에 이르게 된다.
- 돌발단락전류 : 누설리액턴스가 제한
- 지속단락전류 : 동기리액턴스(동기임피던스)가 제한

【답】①, ②

49 3상 동기기에서 제동권선의 주 목적은?
① 출력 개선
② 효율 개선
③ 역률 개선
④ 난조 방지

Explanation

제동 권선의 역할
- 난조 방지
- 기동토크 발생(동기전동기)

【답】④

50 다음 중 직류전압을 직접 제어하는 것은?
① 단상 인버터
② 3상 인버터
③ 초퍼형 인버터
④ 브리지형 인버터

Explanation

초퍼 : 직류전압 → 직류전압

【답】③

51 동기발전기를 병렬운전 할 경우의 조건에 해당되지 않는 것은?
① 두 발전기의 용량이 같아야 한다.
② 두 발전기의 위상이 같아야 한다.
③ 두 발전기의 전압이 같아야 한다.
④ 두 발전기의 주파수가 같아야 한다.

Explanation

동기 발전기의 병렬 운전 조건

병렬운전 조건	문제점
기전력의 크기가 같을 것	무효순환전류(무효횡류)
기전력의 위상이 같을 것	동기화 전류(유효횡류)
기전력의 주파수가 같을 것	난조발생
기전력의 파형이 같을 것	고조파 무효순환전류
상회전 방향이 같을 것	

【답】①

52 직류발전기를 용접기에 사용할 때 직류발전기가 가져야 하는 특성 중에서 가장 중요한 것은?
① 일정전압이 유지되어야 할 것
② 전압이 증가하면 전류도 증가할 것
③ 전류에 대한 전압이 수하특성을 가질 것
④ 발전기의 속도가 증가하지 말아야 할 것

Explanation

용접용 직류발전기 : 수하특성(전류가 증가하면 전압이 급격히 감소)　　　　　　【답】③

53 다음은 3상 유도전동기의 2극의 회전 원리를 나타낸 것이다. 고정자에 3상 교류전원을 인가하였을 때 위상이 $t = t_3$일 경우의 회전 자계를 나타낸 그림은 어느 것인가?

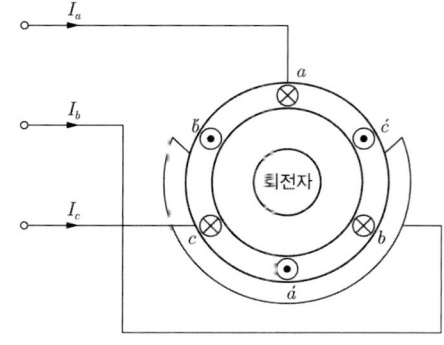
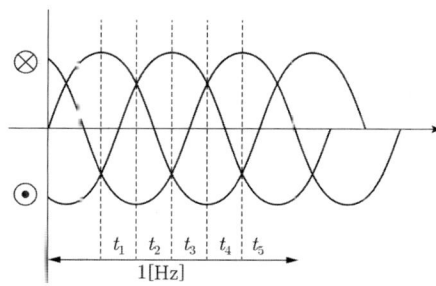

① 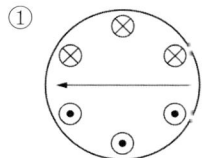　　②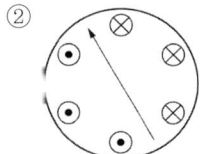

③ 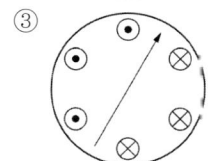　　④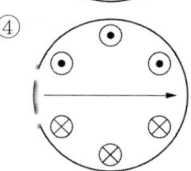

Explanation

회전자계

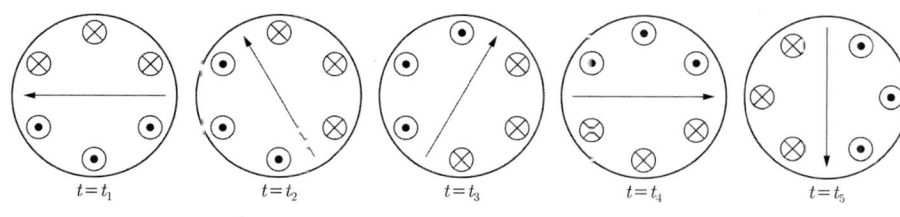

【답】③

54 단상 반파정류회로에서 평균 출력전압은 전원전압의 약 몇 [%]인가?
① 45.0
② 66.7
③ 81.0
④ 86.7

Explanation

단상 반파정류회로

직류측 전압 $E_d = \left(\dfrac{\sqrt{2}E}{\pi} - e\right) = 0.45E - e$ 【답】①

55
단상 직권 정류자 전동기에서 주자속의 최대치를 ϕ_m, 자극수를 P, 전기자 병렬 회로수를 a, 전기자 전 도체수를 Z, 전기자의 속도를 N[rpm]이라 하면 속도 기전력의 실효값 E_r[V]은? (단, 주자속은 정현파이다)

① $E_r = \sqrt{2}\,\dfrac{P}{a}Z\dfrac{N}{60}\phi_m$
② $E_r = \dfrac{1}{\sqrt{2}}\dfrac{P}{a}ZN\phi_m$
③ $E_r = \dfrac{P}{a}Z\dfrac{N}{60}\phi_m$
④ $E_r = \dfrac{1}{\sqrt{2}}\dfrac{P}{a}Z\dfrac{N}{60}\phi_m$

Explanation

- 속도 기전력 최대값 $E_m = \dfrac{z}{a}p\phi_m\dfrac{N}{60}$
- 속도 기전력 실효값 $E = \dfrac{1}{\sqrt{2}}\dfrac{p}{a}z\phi_m\dfrac{N}{60}$

【답】④

56
유도 전동기에서 여자전류는 극수가 많아지면 정격 전류에 대한 비율이 어떻게 변하는가?
① 커진다.
② 불변이다.
③ 적어진다.
④ 반으로 줄어든다.

Explanation

여자전류 : 극수가 많아지면 커지게 된다.

【답】①

57
직류 직권전동기의 부하특성으로 틀린 것은?
① 부하가 증가 시 자기포화가 발생하여 토크는 전류에 비례한다.
② 부하가 증가 시 자기포화가 발생하여 자속은 증가하고 속도는 감소한다.
③ 자기회로에 자기포화가 되지 않으며 자속은 부하전류에 비례한다.
④ 무부하 운전이나 벨트 운전을 하면 안 된다.

Explanation

직류 직권전동기
- $T \propto I^2 \propto \dfrac{1}{N^2}$: 토크는 부하전류의 제곱에 비례, 부하증가 시 속도는 감소
- $I_a = I = I_f$: 자속(계자전류)와 부하전류는 비례
- 직류 직권 전동기 속도 제어 $n = K'\dfrac{V - I(R_a + R_s)}{I}$ (K' : 기계정수) : 벨트가 벗겨지면 무부하가 되며 무부하($I=0$)시 위험 속도가 된다.

【답】①

58
3상 전원에서 2상 전원을 얻기 위한 변압기의 결선방법은?
① △
② T
③ Y
④ V

Explanation

변압기 상수 변환법
- 3상에서 2상변환 : scott 결선(=T결선), Meyer 결선, wood bridge 결선
- 3상에서 6상변환 : Fork 결선, 2중 성형 결선, 환상 결선, 대각 결선, 2중△결선

【답】②

59 동기 전동기의 위상 특성 곡선(V-곡선)에 대하여 옳게 설명한 것은?
① 계자 전류가 역률 1일 때보다 크면 앞선 전기자 전류가 흐른다.
② 계자 전류가 역률 1일 때보다 크면 뒤진 전기자 전류가 흐른다.
③ 계자 전류가 역률 1일 때보다 작으면 앞선 전기자 전류가 흐른다.
④ 계자 전류가 역률 1일 때보다 작으면 동상의 전기자 전류가 흐른다.

Explanation

동기 전동기의 위상 특성 곡선(V곡선)
- I_a 와 I_f 관계곡선(P는 일정)
- 계자 전류의 변화에 대한 전기자 전류의 변화를 나타낸 곡선
- **과여자 : 앞선 역률(진상), 콘덴서**
- **부족여자 : 늦은 역률(지상), 리액터**
역률 $\cos\theta = 1$ 일 때, 전기자 전류 최소

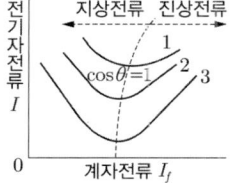

【답】①

60 단권변압기에서 1차 전압 100[V], 2차 전압 110[V]인 단권변압기의 자기용량과 부하용량의 비는?
① $\frac{1}{10}$
② $\frac{1}{11}$
③ 10
④ 11

Explanation

$$\frac{\text{자기 용량}}{\text{부하 용량}} = \frac{e_2 I_2}{V_h I_2} = \frac{e_2}{V_h} = \frac{V_h - V_l}{V_h} = \frac{110-100}{110} = \frac{10}{110} = \frac{1}{11}$$

【답】②

4과목 회로이론

61 3상 회로의 불평형 전압이 각각 80[V], 50[V], 50[V]일 때의 전압의 불평형률[%]은? (단, 영상 전압은 존재하지 않으며 상의 순서는 A, B, C이다)
① 39.6
② 57.3
③ 86.7
④ 73.6

Explanation

【답】①

62 $Z = 8 + j6[\Omega]$인 평형 Y부하에 선간전압이 200[V]인 대칭 3상 전압을 가할 때 선전류는 약 몇 [A]인가?
① 0.08
② 11.5
③ 17.8
④ 19.5

Explanation

Y결선에서 $V_l = \sqrt{3}\,V_p$, $I_l = I_p$

$$I_l = I_p = \frac{V_p}{Z} = \frac{\frac{200}{\sqrt{3}}}{\sqrt{8^2+6^2}} = 11.5[A]$$

【답】②

63
전압 $v(t)$를 $R-L$ 직렬회로에 가할 때 제3고조파 전류의 실효값은 몇 [A]인가?(단, $R=8[\Omega]$, $\omega L = 2[\Omega]$, $v(t) = 200\sqrt{2}\sin\omega t + 150\sqrt{2}\sin 3\omega t + 100\sqrt{2}\sin 5\omega t$ [V])

① 5
② 8
③ 10
④ 15

Explanation

제3고조파
임피던스 $Z_3 = R + j3\omega L = 8 + j3\times 2 = 8 + j6$
전류 $I_3 = \frac{V_3}{Z_3} = \frac{V_3}{\sqrt{R^2 + (3\omega L)^2}} = \frac{150}{\sqrt{8^2+6^2}} = 15[A]$

【답】④

64
최대치 100[V], 주파수 60[Hz]인 정현파 전압이 $t=0$에서 순시치가 50[V]이고 이 순간에 전압이 감소하고 있을 경우의 정현파의 순시치 식은?

① $100\sin(120\pi t + 45°)$
② $100\sin(120\pi t + 135°)$
③ $100\sin(120\pi t + 150°)$
④ $100\sin(120\pi t + 30°)$

Explanation

최대치 100[V], 주파수 60[Hz]인 정현파 전압이 $t=0$에서 순시치가 50[V]이고, 이 순간에 전압이 감소하고 있을 경우
$v = 100\sin(\omega t + 150°)$

【답】③

65
단상 전력계 2개로 평형 3상 부하의 전력을 측정하였더니 각각 300[W], 600[W]를 나타내었다. 이 부하의 역률은 약 얼마인가? (단, 전압과 전류는 정현파이다)

① 0.47
② 0.57
③ 0.67
④ 0.87

Explanation

2전력계법
- 유효전력 $P = P_1 + P_2$
- 무효전력 $P_r = \sqrt{3}(P_1 - P_2)$
- 피상전력 $P_a = 2\sqrt{P_1^2 + P_2^2 - P_1 P_2}$
- 역률 $\cos\theta = \frac{P}{P_a} = \frac{P_1 + P_2}{2\sqrt{P_1^2 + P_2^2 - P_1 P_2}} = \frac{300 + 600}{\sqrt{300^2 + 600^2 - 300\times 600}} = 0.866$

【답】④

66
기전력 3[V], 내부 저항 0.5[Ω]의 전지 9개가 있다. 이것은 3개씩 직렬로 하여 3조 병렬 접속한 것에 부하 저항 1.5[Ω]을 접속하면 부하 전류[A]는?

① 2.5
② 3.5
③ 4.5
④ 5.5

Explanation

우선 전지를 3개 직렬연결 하면
- 기전력 : $nE = 3\times 3 = 9[V]$
- 내부저항 : $nR = 0.5\times 3 = 1.5[\Omega]$이며

그 다음에 전지를 3조씩 병렬연결 하면
- 기전력(변함없다) : $nE = 3 \times 3 = 9[V]$
- 내부저항 : $\dfrac{nR}{m} = \dfrac{0.5 \times 3}{3} = 0.5[\Omega]$이므로

  전체 전지의 기전력은 9[V], 내부저항은 0.5[Ω]이므로
  $I = \dfrac{V}{r+R} = \dfrac{9}{0.5+1.5} = 4.5[A]$

【답】③

67 그림과 같은 단일 임피던스 회로의 4단자 정수는?

① $A = Z,\ B = 0,\ C = 1,\ D = 0$
② $A = 0,\ B = 1,\ C = Z,\ D = 1$
③ $A = 1,\ B = Z,\ C = 0,\ D = 1$
④ $A = 1,\ B = 0,\ C = 1,\ D = Z$

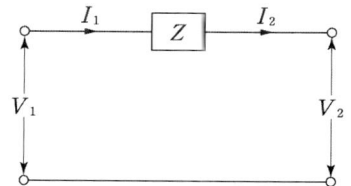

Explanation

- 직렬회로 : 임피던스 성분(matrix B 성분)

  $\begin{bmatrix} 1 & Z \\ 0 & 1 \end{bmatrix}$

- 병렬회로 : 어드미턴스 성분(matrix C 성분)

  $\begin{bmatrix} 1 & 0 \\ Y & 1 \end{bmatrix}$

【답】③

68 그림에서 절점 A의 전압 V_A[V]은?

① 14.28
② 16.67
③ 18.42
④ 13.33

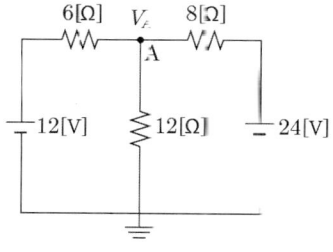

Explanation

【답】④

69 정현파의 파고율은?

① 1.111
② 1.414
③ 1.732
④ 2.356

Explanation

각 파형의 평균값 및 실효값

파형		실효값	평균값
정현파	$i(t)$ 그래프	$\dfrac{I_m}{\sqrt{2}}$	$\dfrac{2}{\pi}I_m$

정현파의 파고율 $= \dfrac{\text{최대값}}{\text{실효값}} = \dfrac{V_m}{\dfrac{V_m}{\sqrt{2}}} = \sqrt{2} = 1.414$

【답】②

70 $r_1[\Omega]$인 저항에 $r[\Omega]$인 가변저항이 연결된 그림과 같은 회로에서 전류 I를 최소로 하기 위한 저항 $r_2[\Omega]$는? (단 $r[\Omega]$은 가변저항의 최대 크기이다)

① $\dfrac{r_1}{2}$

② $\dfrac{r}{2}$

③ r_1

④ r

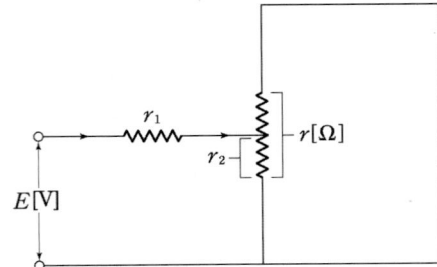

Explanation

전류를 최소로 하기 위해서는 저항이 최대이어야 하며
따라서 r_1은 일정하므로
$r-r_2$와 r_2가 같아야 하므로
$r-r_2 = r_2$에서 $r = 2r_2$

$\therefore r_2 = \dfrac{r}{2}[\Omega]$

【답】②

71 이상적인 전압원과 전류원의 내부저항[Ω]은 각각 얼마인가?

① 전압원과 전류원의 내부저항은 모두 0이다.
② 전압원의 내부저항은 ∞이고, 전류원의 내부저항은 0이다.
③ 전압원과 전류원의 내부저항은 모두 ∞이다.
④ 전압원의 내부저항은 0이고, 전류원의 내부저항은 ∞이다.

Explanation

• 이상적인 전압원 : 내부저항이 0(전압 강하 = 0)
• 이상적인 전류원 : 내부저항 ∞(전류 분배 = 0)

【답】④

72 $3r[\Omega]$인 6개의 저항을 그림과 같이 접속하고 평형 3상 전압 $V[V]$를 가했을 때 전류 I는 몇 [A]인가? 단, $r=2[\Omega]$, $V=200\sqrt{3}$ 이다.

① 10
② 15
③ 20
④ 25

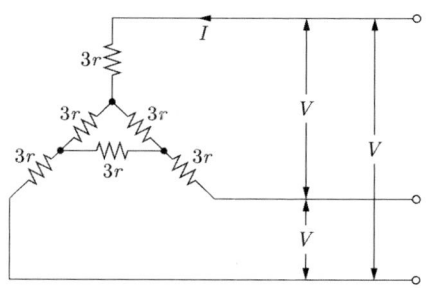

Explanation

△를 Y로 변환시키면 $3r \to r$이므로 1상의 저항은 $r+3r=4r$이며

따라서 Y결선의 상전류 $I_p = \dfrac{V_\ell}{Z} = \dfrac{\frac{V}{\sqrt{3}}}{4r} = \dfrac{V}{\sqrt{3}\times 4r} = \dfrac{200\sqrt{3}}{\sqrt{3}\times 4\times 2} = 25[A]$

선전류 $I_l = I_p = 25[A]$

【답】 ④

73 전압 $v=20\sin 20t + 30\sin 30t$ 이고 전류가 $i=30\sin 20t + 20\sin 30t$ 이면 소비전력[W]은?

① 120
② 600
③ 400
④ 300

Explanation

유효전력은 주파수가 같을 때만 만들어지며

$P = \dfrac{20}{\sqrt{2}} \times \dfrac{30}{\sqrt{2}} \times \cos 0° + \dfrac{30}{\sqrt{2}} \times \dfrac{20}{\sqrt{2}} \times \cos 0° = 600[W]$

【답】 ②

74 어떤 계에 임펄스 함수(δ함수)가 입력으로 가해졌을 때 시간함수 e^{-2t}가 출력으로 나타났다. 이 계의 전달함수는?

① $\dfrac{1}{s+2}$
② $\dfrac{1}{s-2}$
③ $\dfrac{2}{s+2}$
④ $\dfrac{2}{s-2}$

Explanation

전달함수 : 입력과 출력의 라플라스 변환비
임펄스 응답의 라플라스 변환(초기값=0)

여기서, 임펄스 응답이 e^{-2t}이므로 전달함수는 임펄스 응답의 라플라스 변환이므로

$\mathcal{L}[e^{-2t}] = \dfrac{1}{s+2}$

따라서 전달함수는 $G(s) = \dfrac{Y(s)}{X(s)} = \dfrac{1}{s+2}$

【답】 ①

75 단위 충격 함수(unit impulse funciton) $\delta(t)$의 라플라스 변환은?

① 0
② 1
③ 10
④ ∞

Explanation

임펄스 함수 $\mathcal{L}[f(t)] = 1$

【답】 ②

76 저항과 커패시터를 병렬로 접속한 회로에 직류 100[V]를 가하면 정상상태 전류가 5[A] 흐르고, 교류 300[V]를 가하면 정상상태 전류가 25[A] 흐른다. 이때 커패시터에 의한 리액턴스[Ω]의 절대 값 크기는?

① 7　　　　　　　　　　　　② 10
③ 14　　　　　　　　　　　　④ 15

Explanation

(1) 직류인가 시
　커패시터 초기 : 단락, 최종(정상상태) : 개방
　전류 $I = \dfrac{V}{R}$ 에서 저항 $R = \dfrac{V}{I} = \dfrac{100}{5} = 20[\Omega]$

(2) 교류인가 시
　전류 $I = \sqrt{I_R^2 + I_c^2}$ 에서
　$25 = \sqrt{I_R^2 + I_c^2} = \sqrt{\left(\dfrac{V}{R}\right)^2 + \left(\dfrac{V}{X_c}\right)^2} = \sqrt{\left(\dfrac{300}{20}\right)^2 + \left(\dfrac{300}{X_c}\right)^2}$ 에서 $X_c = 15[\Omega]$

【답】④

77 불평형 3상 전류가 $I_a = 15 + j2$[A], $I_b = -20 - j14$[A], $I_c = -3 + j10$[A]일 때의 영상전류 I_0[A]는?

① $1.57 - j3.25$　　　　　　② $2.85 - j0.36$
③ $-2.67 - j0.67$　　　　　④ $12.67 + j2$

Explanation

영상분 $I_0 = \dfrac{1}{3}(I_a + I_b + I_c) = \dfrac{1}{3}(15 + j2 - 20 - j14 - 3 + j10)$
　　　　$= \dfrac{1}{3}(-8 - j2) = -2.67 - j0.67$[A]

【답】③

78 인덕턴스 L[H] 및 커패시턴스 C[F]를 직렬로 연결한 임피던스가 있다. 정저항 회로를 만들기 위하여 그림과 같이 L 및 C의 각각에 서로 같은 저항 R[Ω]을 병렬로 연결할 때, R[Ω]은 얼마인가? 단, $L = 4$[mH], $C = 0.1[\mu F]$이다.

① 100
② 200
③ 2×10^{-5}
④ 0.5×10^{-2}

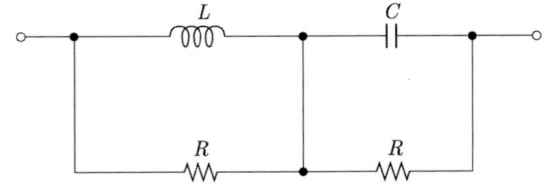

Explanation

정저항회로 조건 : 주파수에 관계없는 일정한 저항 → 주파수에 무관한 회로
$R = \sqrt{\dfrac{L}{C}} = \sqrt{\dfrac{4 \times 10^{-3}}{0.1 \times 10^{-6}}} = 200[\Omega]$

【답】②

79 자계 코일의 권수 $N = 1,000$, 코일의 내부저항 R[Ω]으로 전류 $I = 10$[A]를 통했을 때 자속 $\phi = 2 \times 10^{-2}$[Wb]이다. 이때 이 회로의 시정수가 0.1[s]라면 저항 R은 몇 [Ω]인가?

① 0.2　　　　　　　　　　　② $\dfrac{1}{20}$
③ 2　　　　　　　　　　　　④ 20

Explanation

- 인덕턴스 $L = \dfrac{N\varphi}{I} = \dfrac{1{,}000 \times 2 \times 10^{-2}}{10} = 2[\mathrm{H}]$
- $R-L$ 회로에서의 시정수 $\tau = \dfrac{L}{R}$ 에서 $R = \dfrac{L}{\tau} = \dfrac{2}{0.1} = 20[\Omega]$

【답】 ④

80 그림과 같은 회로에서 정전용량 $C[\mathrm{F}]$를 충전한 후 스위치 S를 닫아서 이것을 방전할 때 과도전류는? 단, 회로에는 저항이 없다.

① 주파수가 다른 전류
② 크기가 일정하지 않은 전류
③ 증가 후 감쇠하는 전류
④ 불변의 진동전류

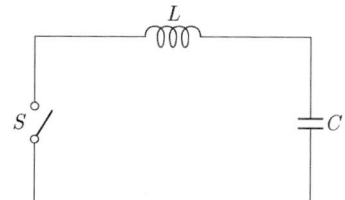

Explanation

직류인가 $L-C$ 직렬회로

전류 $i(t) = \dfrac{E}{\sqrt{\dfrac{L}{C}}} \sin \dfrac{1}{\sqrt{LC}} t$ [A] 이므로 불변의 진동전류

【답】 ④

5과목 전기설비기술기준

81 "관등회로"에 대한 정의로 옳은 것은?

① 분기점으로부터 안정기까지의 전로를 말한다.
② 스위치로부터 방전등까지의 전로를 말한다.
③ 방전등용 안정기 또는 방전등용 변압기로부터 방전관까지의 전로를 말한다.
④ 스위치로부터 안정기까지의 전로를 말한다.

Explanation

(KEC 112조) 용어 정의
"관등회로"란 방전등용 안정기 또는 방전등용 변압기로부터 방전관까지의 전로를 말한다.

【답】 ③

82 저압 가공전선 상호 간에 접근 또는 교차하도록 시설 시 다음 괄호 안에 각각 알맞은 것은?

> 저압 가공전선이 다른 저압 가공전선과 접근상태로 시설되거나 교차하여 시설되는 경우에는 저압 가공전선 상호 간의 이격거리는 (ⓐ)[cm](어느 한 쪽의 전선이 고압 절연전선, 특고압 절연전선 또는 케이블인 경우에는 30[cm]) 이상, 하나의 저압 가공전선과 다른 저압 가공전선로의 지지물 사이의 이격거리는 (ⓑ)[cm] 이상이어야 한다.

① ⓐ : 30, ⓑ : 30
② ⓐ : 30, ⓑ : 60
③ ⓐ : 60, ⓑ : 30
④ ⓐ : 60, ⓑ : 60

Explanation

(KEC 222.16조) 저압 가공전선 상호 간의 접근 또는 교차
저압 가공전선이 다른 저압 가공전선과 접근상태로 시설되거나 교차하여 시설되는 경우에는 저압 가공전선 상호 간의 이격거리는 0.6[m](어느 한 쪽의 전선이 고압 절연전선, 특고압 절연전선 또는 케이블인 경우에는 0.3[m]) 이상, 하나의 저압 가공전

선과 다른 저압 가공전선로의 지지물 사이의 이격거리는 0.3[m] 이상이어야 한다.   【답】③

83 가공전선로의 지지물에 취급자가 오르고 내리는 데 사용하는 발판 볼트 등은 몇 [m] 미만에 시설해서는 안 되는가?
① 1.2
② 1.5
③ 1.8
④ 2.0

Explanation

(KEC 331.4조) 가공전선로 지지물의 철탑오름 및 전주오름 방지
가공전선로의 지지물에 취급자가 오르고 내리는 데 사용하는 발판 볼트 등 : 지표상 1.8[m] 이상   【답】③

84 태양광설비의 시설기준 중 인버터 및 계통 연계 보호장치 등 전력 시설기준으로 틀린 것은?
① 인버터는 실내 실외용을 구분할 것
② 각 직렬군의 태양전지 개방전압은 인버터 입력전압 범위 내일 것
③ 옥내에 시설하는 경우 방수등급은 IPX5 이상일 것
④ 옥외에 시설하는 경우 방수등급은 IPX4 이상일 것

Explanation

(KEC 522.2.2조) 태양광 설비의 전력변환장치 시설
인버터, 절연변압기 및 계통 연계 보호장치 등 전력변환장치의 시설은 다음에 따라 시설하여야 한다.
① 인버터는 실내·실외용을 구분할 것
② 각 직렬군의 태양전지 개방전압은 인버터 입력전압 범위 이내일 것
③ 옥외에 시설하는 경우 방수등급은 IPX4 이상일 것   【답】③

85 빙설이 많은 지방 이외의 지방에는 저온 계절에 어떤 종류의 풍압하중을 적용하는가?
① 갑종 풍압하중
② 을종 풍압하중
③ 갑종풍압하중과 을종풍압하중 중 큰 것
④ 병종 풍압하중

Explanation

(KEC 331.6조) 풍압하중의 종별과 적용
빙설이 많은 지방 이외 : 고온 갑종 풍압하중, **저온 병종 풍압하중**   【답】④

86 전력보안통신설비를 시설해야 하는 곳으로 적합하지 않은 것은?
① 수력설비의 안전상 긴급 연락의 필요가 있는 강수량 관측소와 수력발전소 간
② 원격감시제어가 되는 발전소, 변전소, 전선로 및 이를 운용하는 급전소 간
③ 동일 수계에 속하고 안전상 긴급 연락의 필요가 있는 수력발전소 상호 간
④ 2개 이상의 급전소 상호 간과 이들을 통합 운용하는 급전소 간

Explanation

(KEC 362.1조) 전력보안통신설비의 시설 요구사항
① **원격감시제어가 되지 않는 발전소 변전소, 개폐소, 전선로 및 이를 운용하는 급전소 및 급전분소 간**
② 2개 이상의 급전소 상호 간과 이들을 통합 운용하는 급전소 간
③ 수력설비의 안전상 긴급 연락의 필요가 있는 강수량 관측소와 수력발전소 간
④ 동일 수계에 속하고 안전상 긴급 연락의 필요가 있는 수력발전소 상호 간   【답】②

87 변압기에 의하여 특고압 전로에 결합하는 고압전로에는 사용전압의 3배 이하의 전압이 가하여진 경우에 방전하는 피뢰기를 어느 곳에 시설할 때, 방전장치를 생략할 수 있는가?
① 변압기의 단자
② 특고압 전로의 1극
③ 변압기 단자의 1극
④ 고압전로의 모선의 각상

Explanation

(KEC 322.3조) 특고압과 고압의 혼촉 등에 의한 위험방지 시설
변압기에 의하여 특고압 전로에 결합하는 고압전로에는 사용전압의 3배 이하의 전압이 가하여진 경우에 방전하는 장치를 그 변압기의 단자에 가까운 1극에 설치하여야 한다(고압전로의 모선의 각 상에 시설하는 경우 예외). 【답】④

88 전력보안통신설비인 무선통신용 안테나, 반사판을 지지하는 철주 철근·콘크리트주 철탑의 기초의 안전율은 얼마 이하이어야 하는가?
① 0.2
② 0.3
③ 1.5
④ 2.2

Explanation

(KEC 364.1조) 무선용 안테나 등을 지지하는 철탑 등의 시설
① 목주 : 풍압 하중에 대한 안전율 1.5 이상
② 철주·철근 콘크리트주 또는 철탑의 기초 안전율 : 1.5 이상 【답】③

89 정류기에 접속하는 변압기 권선의 시험전압은 정류기 교류 측 최대 전압의 몇 배의 고류전압인가? (단, 정류기의 최대 사용전압은 60[kV]를 초과하는 경우이다)
① 0.64
② 0.72
③ 0.92
④ 1.1

Explanation

(KEC 135조) 변압기 전로의 절연내력

권선의 종류	시험 전압	시험 방법
최대 사용전압 60[kV] 초과하는 정류기에 접속하는 권선	정류기의 교류 측의 최대 사용전압의 1.1배의 교류전압 또는 정류기의 직류 측의 최대사용전압의 1.1배의 직류전압	시험되는 권선과 다른 권선, 철심 및 외함 간에 시험전압을 연속하여 10분간 가한다.

【답】④

90 전기온상의 발열선은 온도가 몇 [℃]를 넘지 아니하도록 시설하여야 하는가?
① 70
② 80
③ 90
④ 100

Explanation

(KEC 241.5조) 전기온상 등
① 대지전압 : 300[V] 이하
② 발열선 온도 : 80[℃] 이하 【답】②

91 다음 그림의 전력선 반송 통신용 결합장치의 보안장치에 사용하는 기기의 정격에 대한 설명으로 틀린 것은?

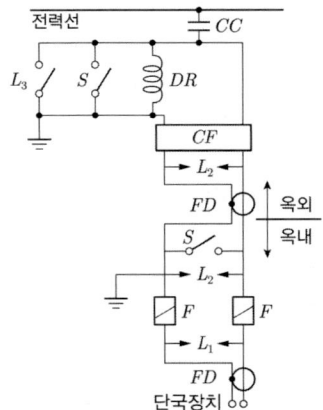

① L_2는 동작전압이 교류 1,300[V]를 초과하고 1,600[V] 이하로 조정된 방전갭이다.
② F는 정격전류 10[A] 이하의 포장 퓨즈이다.
③ L_1는 교류 300[V] 이하에서 동작하는 피뢰기이다.
④ DR은 전류용량 5[A] 이상의 배류 선륜이다.

Explanation

(KEC 362.10조) 전력선 반송 통신용 결합장치의 보안장치
- FD : 동축 케이블
- F : 정격 전류 10[A] 이하의 포장 퓨즈
- **DR : 전류 용량 2[A] 이상의 배류선륜**
- L_1 : 교류 300[V] 이하에서 동작하는 피뢰기
- L_2 : 동작 전압이 교류 1,300[V]를 넘고, 1,600[V] 이하로 조정된 방전갭
- L_3 : 동작 전압이 교류 2,000[V]를 넘고, 3,000[V] 이하로 조성된 구상 방전갭
- S : 접지용 개폐기
- CF : 결합 필터
- CC : 결합 콘덴서(결합 안테나를 포함)

【답】④

92 금속관공사로터 애자공사로 옮기는 경우 절연부싱을 사용하는 가장 주된 목적은?
① 관의 끝 부분에서 조영재의 접촉 방지
② 관의 끝 부분에서 전선 피복의 손상 방지
③ 관내 해충 및 이물질 출입 방지
④ 관의 끝이 터지는 것을 방지

Explanation

(KEC 232.12.3조) 금속관 및 부속품의 시설
① 관 상호 간 및 관과 박스 기타의 부속품과는 나사접속 기타 이와 동등 이상의 효력이 있는 방법에 의하여 견고하고 또한 전기적으로 완전하게 접속
② 관의 끝 부분 : 전선의 피복을 손상하지 아니하도록 적당한 구조의 부싱(금속관공사로부터 애자사용공사로 옮기는 경우 절연부싱 또는 유사한 것)을 사용

【답】②

93 저압 가공전선의 높이는 도로를 횡단하는 경우와 철도를 횡단하는 경우에 각각 몇 [m] 이상이어야 하는가?
① 도로 : 지표상 6, 철도 : 레일면상 6
② 도로 : 지표상 6, 철도 : 레일면상 6.5
③ 도로 : 지표상 5, 철도 : 레일면상 6
④ 도로 : 지표상 5, 철도 : 레일면상 6.5

Explanation

(KEC 222.7조) 저압 가공전선의 높이
① 도로 횡단 : 지표상 6[m] 이상
② 철도 또는 궤도를 횡단 : 레일면상 6.5[m] 이상
③ 횡단보도교의 위 : 그 노면상 3.5[m] 이상
④ ①부터 ③까지 이외의 경우에는 지표상 5[m] 이상

【답】②

94. 주택용 배선차단기의 B형은 순시트립범위가 차단기 정격전류(I_n)의 몇 배인가?

① 3 초과 5이하
② 1 초과 3이하
③ 5 초과 10 이하
④ 10 초과 20 이하

Explanation

(KEC 212.3.4조) 보호장치의 특성
과전류차단기로 저압전로에 사용하는 주택용 배선차단기는 아래 표에 적합한 것이어야 한다.

형	순시트립범위(I_n: 차단기 정격전류)
B	$3I_n$ 초과 $5I_n$ 이하
C	$5I_n$ 초과 $10I_n$ 이하
D	$10I_n$ 초과 $20I_n$ 이하

【답】①

95. 전력계통의 일부가 전력계통의 전원과 전기적으로 분리된 상태에서 분산형 전원에 의해서만 운전되는 상태를 무엇이라 하는가?

① 단독운전
② 계통연계
③ 접근상태
④ 접속설비

Explanation

(KEC 112조) 용어 정의
"단독운전"이란 전력계통의 일부가 전력계통의 전원과 전기적으로 분리된 상태에서 분산형전원에 의해서만 운전되는 상태를 말한다.

【답】①

96. 사용전압이 22.9[kV]인 가공전선로를 시설할 때, 전선의 지표상 높이는 몇 [m] 이상으로 하여야 하는가?(단, 철도 또는 궤도를 횡단하는 경우이다)

① 5
② 6
③ 5.5
④ 6.5

Explanation

(KEC 333.7조) 특고압 가공전선의 높이

사용전압의 구분	지표상의 높이
35[kV] 이하	5[m] (**철도 또는 궤도를 횡단하는 경우에는 6.5[m]**, 도로를 횡단하는 경우에는 6[m], 횡단보도교의 위에 시설하는 경우로서 전선이 특고압절연전선 또는 케이블인 경우에는 4[m])

【답】④

97. 열차의 설계속도가 $250 < V \leq 300$[km/시간], 속도등급이 300킬로급이라면 전차선의 기울기(천분율)는?

① 0
② 1
③ 2
④ 3

Explanation

(KEC 431.7조) 전차선의 기울기
전차선의 기울기는 해당 구간의 열차 통과 속도에 따라 아래 표에 의한다.

설계속도 V[km/시간]	속도등급	기울기(천분율)
300 〈 V ≤ 350	350킬로급	0
250 〈 V ≤ 300	300킬로급	0

【답】①

98. 발열선을 공중에 시설하는 전기온상 등에서 발열선을 애자로 지지하는 경우 발열선의 지지점 간의 거리는 몇 [m] 이하이어야 하는가? (단, 발열선 상호 간의 간격이 0.06[m] 미만인 경우이다)

① 0.6
② 1
③ 0.5
④ 3

Explanation

(KEC 241.5조) 전기온상 등
① 대지전압 : 300[V] 이하
② 발열선 온도 : 80[℃] 이하
⑤ 발열선을 공중에 시설 : 지지점간의 거리 1[m] 이하(발열선 간격이 0.06[m] 이상 2[m] 이하 가능)

【답】②

99. 교통신호등 제어장치의 2차측 배선의 최대사용전압은 몇 [V] 이하이어야 하는가?

① 110
② 220
③ 300
④ 380

Explanation

(KEC 234.15조) 교통신호등
① 교통신호등 회로의 사용전압은 300[V] 이하이어야 한다.
② 교통신호등 회로의 배선(인하선을 제외한다)은 케이블인 경우 이외는 공칭단면적 2.5[㎟] 연동선과 동등 이상의 세기 및 굵기의 450/750[V] 일반용 단심 비닐 절연전선 또는 450/750[V] 내열성 에틸렌아세테이트 고무 절연전선일 것
③ 전선의 지표상의 높이는 2.5[m] 이상일 것
④ 교통신호등 제어장치의 금속제 외함에는 접지공사를 하여야 한다.

【답】③

100. 전차선과 건조물 간의 최소 절연이격거리에 대한 표이다. 다음 ( ) 안에 들어갈 것으로 옳은 것은? (단, 제시되어 있는 동적 최소 절연이격거리 이상을 확보하여야 한다)

시스템 종류	공칭전압[V]	동적[mm]		정적[mm]	
		비오염	오염	비오염	오염
단상교류	25,000	( )	220	270	320

① 150
② 170
③ 200
④ 220

Explanation

(KEC 431.2조) 전차선로의 충전부와 건조물 간의 절연이격
차량과 전차선로나 충전부 간의 절연이격은 표에 제시되어 있는 정적 및 동적 최소 절연이격거리 이상을 확보하여야 한다. 동적 절연이격의 경우 팬터그래프가 통과하는 동안의 일시적인 전선의 움직임을 고려하여야 한다.

시스템 종류	공칭전압[V]	동적[mm]		정적[mm]	
		비오염	오염	비오염	오염
단상교류	25,000	170	220	270	320

【답】②

전기공사산업기사 필기

2022

과년도
CBT 복원문제

- 2022년 제 01회
- 2022년 제 02회
- 2022년 제 04회

2022년 전기공사산업기사 필기

1과목 전기응용

01 모든 방향으로 360[cd]의 광도를 갖는 전등을 직경 2[m]의 원형 탁자의 중심에서 수직으로 3[m] 위에 점등하였다. 이 원형 탁자의 평균 조도는 약 몇 [lx]인가?
① 37
② 126
③ 144
④ 180

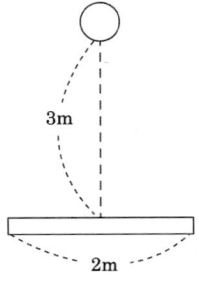

Explanation

광도 $I = \dfrac{F}{\omega} = \dfrac{E \cdot S}{2\pi(1-\cos\theta)} = \dfrac{E \cdot S}{2\pi\left(1-\dfrac{h}{\sqrt{r^2+h^2}}\right)}$

$E = \dfrac{F \times 2\pi(1-\cos\theta)}{S} = \dfrac{2\pi(1-\cos\theta)I}{\pi r^2} = \dfrac{2}{1^2}\left(1-\dfrac{3}{\sqrt{1^2+3^2}}\right) \times 360 = 37[\text{lx}]$

【답】①

02 열전도율을 표시하는 단위는?
① [J/kg·℃]
② [W/m²·℃]
③ [W/m·℃]
④ [J/m³·℃]

Explanation

전기회로와 전열회로 비교

전기			전열			열회로
명칭	기호	단위	명칭	기호	단위	단위(공업용)
전압	V	[V]	온도차	θ	[K°]	[℃]
전류	I	[A]	열류	I	[W]	[kcal/h]
저항	R	[Ω]	열저항	R	[℃/W]	[℃h/kcal]
전기량	Q	[C]	열량	Q	[J]	[kcal]
전도율	K	[℧/m]	**열전도율**	K	[W/m·℃]	[kcal/h·m·℃]
정전용량	C	[F]	열용량	C	[J/℃]	[kcal/℃]

【답】③

03 엘리베이터용 전동기에 대한 설명으로 틀린 것은?
① 관성모멘트가 작아야 한다.
② 기동토크가 큰 것이 요구된다.
③ 플라이휠 효과(GD^2)가 커야 한다.
④ 가속도의 변화율이 적어야 한다.

Explanation

엘리베이터용 전동기
- 기동토크가 클 것
- 관성모멘트가 적을 것(회전자가 가늘고 길 것)
- **플라이휠효과가 적을 것**
- 소음이 적을 것
- 시정수가 적고 응답속도가 빠를 것

【답】③

04 최고 사용온도가 1,100[°C]이고 고온강도가 크며 냉간가공이 용이한 고온용 발열체는?
① 니크롬 제1종
② 니크롬 제2종
③ 철크롬 제1종
④ 철크롬 제2종

Explanation

발열체의 종류 및 온도
- 니크롬선 1종 : 1,100[°C] : 고온 강도가 크고 냉간 가공이 용이
- 니크롬선 2종 : 900[°C]
- 철크롬선 1종 : 1,200[°C]
- 철크롬선 2종 : 1,100[°C]
- 비금속 발열체(탄화규소 발열체) : 1,400[°C]

【답】①

05 전기차의 속도제어방식 중 VVVF 제어법은 무엇인가?
① 주파수와 전압을 동시에 제어하는 방법이다.
② 주파수를 고정하는 전압만 제어하는 방식이다.
③ 전압을 고정하고 주파수만 제어하는 방식이다.
④ 초퍼제어 방식이다.

Explanation

전기철도용 전동기
- 3상 유도전동기 : 속도제어 및 가동 특성 개선을 위하여 인버터
 (VVVF : Variable Voltage Variable Frequency) 전압과 주파수 동시 제어가 필요

【답】①

06 평등전계에서 기체의 온도가 일정한 경우, 방전개시전압은 기체의 압력과 전극간격의 곱의 함수로 결정된다. 이것을 표현한 법칙은?
① 파센의 법칙
② 스토크의 법칙
③ 플랑크의 법칙
④ 스테판 볼츠만의 법칙

Explanation

파센의 법칙 : 평등 전계 하에서 방전 개시 전압은 기체의 압력과 전극거리와의 곱에 비례
 방전개시전압에 관한 법칙

【답】①

07 rate 동작이라고도 하며, 제어 오차가 검출될 때 오차가 변화하는 속도에 비례하여 조작량을 가감하도록 하는 동작은?
① 미분 동작
② 비례 적분 동작
③ 적분 동작
④ 비례 동작

> **Explanation**
- 비례제어(P 제어) : 잔류 편차(off set) 발생
- 적분제어(I 제어) : 잔류 편차 제거, 시간 지연(정상상태 개선)
- **미분제어(D 제어) : rate동작, 속응성 향상, 진동 억제(과도상태 개선)**

【답】①

08 서로 관계 깊은 것들끼리 짝지은 것이다. 틀린 것은?
① 유도가열 : 와전류손
② 표면가열 : 표피효과
③ 형광등 : 스토크스정리
④ 열전온도계 : 톰슨효과

> **Explanation**
제벡 효과 : 두 종류의 금속의 접합하여 폐회로를 만들고 두 접합점 사이에 온도차를 주면 열기전력이 생겨서 전류가 흐르는 현상. **열전온도계의 원리**

【답】④

09 FET에 관한 설명 중 틀린 것은?
① 제조기술에 따라 MOS형과 접합형이 있다.
② 극성이 2개 존재하는 쌍극성 접합 트랜지스터이다.
③ 다수 캐리어인 자유전자나 정공 중 어느 하나에 의해서 전류의 흐름이 제어된다.
④ 게이트에 역전압을 인가하여 드레인 전류를 제어하는 전압제어 소자이다.

> **Explanation**

전계효과 트랜지스터(FET)
- Gate, Drain, Source로 구성
- FET(Field-effect transistor)의 특징
  - 단극성 소자
  - 다수 캐리어인 자유전자나 정공 중 어느 하나에 의해서 전류의 흐름이 제어
  - 게이트에 역전압을 인가하여 드레인 전류를 제어하는 전압제어 소자
  - 제조기술에 따라 MOS형과 접합형

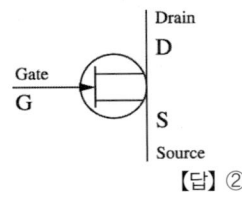

【답】②

10 고주파 유전가열을 응용한 사항으로 틀린 것은?
① 고무의 가황
② 합판의 건조, 접착
③ 플라스틱의 성형과 비닐막 접착
④ 강재의 표면 담금질

> **Explanation**
- 유도가열 : 히스테리시스손과 와류손에 의한 가열
  반도체 정련, 금속의 표면처리, 단결정제조 등에 사용
- 유전가열 : 유전체손에 의한 가열
  목재의 접착, 비닐막 접착, 플라스틱 성형 등에 사용

【답】④

11 어떤 정류회로에서 부하 양단의 평균전압이 2,000[V]이고 맥동률은 2[%]라 한다. 출력에 포함된 교류분 전압의 크기[V]는?
① 60
② 50
③ 40
④ 30

> **Explanation**
맥동률 = $\frac{교류분}{직류분} \times 100[\%]$ 에서
교류분 = 직류분 × 맥동률 = 2,000 × 0.02 = 40[V]

【답】③

12 기동토크가 가장 큰 단싱 유도전동기는?
① 반발 기동전동기
② 분상 기동전동기
③ 콘덴서 기동전동기
④ 셰이딩코일형 전동기

> **Explanation**

단상유도전동기(기동 토크가 큰 순서)
반발 기동형 〉 반발 유도형 〉 콘덴서 기동형 〉 분상 기동형 〉 셰이딩코일형 〉 모노사이클릭형

【답】①

13 흑체 복사의 최대 에너지의 파장 λ_m 은 절대온도 T 와 어떤 관계인가?
① T^4 에 비례
② $\dfrac{1}{T}$ 에 비례
③ $\dfrac{1}{T^2}$ 에 비례
④ $\dfrac{1}{T^4}$ 에 비례

> **Explanation**

비인의 변위법칙
• 파장은 절대온도에 반비례한다.
• $\lambda_m \propto \dfrac{1}{T}$ 여기서, λ : 파장, T : 절대온도

【답】②

14 휘도가 B 인 무한히 넓은 등휘도 완전 확산성 천장 바로 아래 h 인 거리에 있는 점의 수평조도는?
① $\dfrac{B}{h^2}$
② $\dfrac{B}{h}$
③ πB
④ $\dfrac{\pi B}{h}$

> **Explanation**

완전확산면 $R = \pi B = \rho E = \tau E$ 에서
반사율과 투과율을 무시하면 $E = \pi B$

【답】③

15 우리나라 전기철도에 주로 사용하는 집전장치는?
① 뷔겔
② 집전슈
③ 트롤리봉
④ 팬터그래프

> **Explanation**

집전장치 : 전기차량이 전기를 얻기 위한 장치
• 팬터그래프(pantograph collector) : 우리나라에서 사용

【답】④

16 전지에서 자체 방전 현상이 일어나는 것은 다음 중 어느 것과 가장 관련이 있는가?
① 전해액 농도
② 전해액 온도
③ 이온화 경향
④ 불순물 혼합

> **Explanation**

국부 작용
아연 음극 또는 전해액 중에 불순물이 섞이면 아연이 부분적으로 용해되어 국부 방전이 생기며 수명이 짧아진다.
국부작용을 막기 위하여 수은도금을 한다.

【답】④

17 어떤 트랜지스터의 접합(Junction)온도 T_j의 최대 정격값을 75[℃], 주위온도 $T_a = 35$[℃]일 때의 콜렉터 손실 P_c의 최대 정격값을 10[W]라고 할 때 열저항을 구하시오.
① 4[℃/W] ② 40[℃/W]
③ 7.5[℃/W] ④ 0.2[℃/W]

> **Explanation**
>
> 열저항 $R = \dfrac{T_j - T_a}{P_c} = \dfrac{75-35}{10} = 4[℃/W]$

【답】①

18 물을 전기분해할 때 음극에서 발생하는 가스는?
① 황산 ② 산소
③ 염산 ④ 수소

> **Explanation**
>
> 물의 전기 분해
> • 양극에 산소
> • 음극에 수소

【답】④

19 600[W]의 전열기로서 3[kg]의 물을 15[℃]로부터 100[℃]까지 가열하는 데 요하는 시간[min]은 약 얼마나 되는가? 단, 전열기의 발생 열은 모두 물의 온도 상승에 사용되는 것으로 생각한다.
① 29.64 ② 36.45
③ 49.75 ④ 56.45

> **Explanation**
>
> 전열기 효율 $\eta = \dfrac{\text{열}}{\text{전기}} \times 100 = \dfrac{cm\theta}{860Pt} \times 100$에서
> $t = \dfrac{cm\theta}{860P\eta} \times 100 = \dfrac{1 \times 3 \times (100-15)}{860 \times 0.6} \times 60 = 29.64[\text{min}]$

【답】①

20 어떤 종이가 반사율 50[%], 흡수율 20[%]이다. 여기에 1,200[lm]의 광속을 비추었을 때 투과 광속[lm]은?
① 36 ② 96
③ 360 ④ 960

> **Explanation**
>
> $\rho + \tau + \alpha = 1$에서
> 투과율 $\tau = 1 - \rho - \alpha = 1 - 0.5 - 0.2 = 0.3$
> 투과 광속 $F' = \tau F = 0.3 \times 1,200 = 360[\text{lm}]$

【답】③

2과목 전력공학

21 송전 선로에서 매설 지선의 설치 목적은?
① 코로나 전압의 감소 ② 뇌해의 방지
③ 기계적 강도의 증가 ④ 절연 강도의 증가

> **Explanation**

역섬락 방지법
• 매설지선 설치
• 탑각 접지저항 적게

【답】②

22 송전계통의 중성점 접지 방식에서 유효접지에 대한 설명으로 맞는 것은?
① 국내에서는 소호 리액터 접지방식이 이에 해당 된다.
② 1선 지락 시에 건전상의 전압이 상규 대지전압의 1.3배 이하로 중성점 임피던스를 억제시키는 중성점 접지방식으로 직접접지가 해당된다.
③ 중성점에 고저항을 접지시켜 1선 지락 시에 이상전압의 상승을 억제시키는 중성점 접지방식이다.
④ 송전선로에 사용되는 변압기의 중성점을 저 리액턴스로 접지시키는 방식이다.

> **Explanation**

유효접지
• 1선 지락사고 시 건전상의 전위가 상용전압의 1.3배 이하가 되도록 중성점 임피던스를 억제한 중성점 접지 방식, 직접접지 방식이 해당

【답】②

23 경간 200[m]인 가공 전선로가 있다. 사용 전선의 길이는 경간보다 몇 [m] 더 길게 하면 되는가? 단, 사용 전선의 1[m]당 무게는 2.0[kg], 인장 하중은 4,000[kg]이고 전선의 안전율을 2로 하고 풍압하중은 무시한다.

① $\dfrac{1}{2}$
② $\sqrt{2}$
③ $\dfrac{1}{3}$
④ $\sqrt{3}$

> **Explanation**

이도 $D = \dfrac{WS^2}{8T}$ 여기서, 수평장력 $T = \dfrac{인장하중}{안전율}$

실제길이 $L = S + \dfrac{8D^2}{3S}$ [m]

이도 $D = \dfrac{WS^2}{8T} = \dfrac{2 \times 200^2}{8 \times \dfrac{4,000}{2}} = 5$

실제길이 $L = S + \dfrac{8D^2}{3S} = 200 + \dfrac{8 \times 5^2}{3 \times 200} = 200.33$ [m]

따라서 실제길이는 경간보다 $0.33 = \dfrac{1}{3}$ [m]

【답】③

24 압축된 공기를 아크에 불어 넣어서 차단하는 차단기는?
① ABB
② MBB
③ VCB
④ ACB

> **Explanation**

ABB 공기차단기
• 투입과 차단을 압축 공기(임펄스 차단기)
• 소음이 크다.
• 소호 매질 : 압축 공기

【답】①

25 %임피던스에 대한 설명 중 옳은 것은?
① 터빈 발전기의 %임피던스는 수차의 %임피던스보다 작다.
② 전기기계의 %임피던스가 크면 차단용량이 작아지며 플리커현상이 심해진다.
③ %임피던스는 %리액턴스보다 작다.
④ 직렬 리액터는 %임피던스를 크게 하여 차단기의 용량이 커지게 된다.

> **Explanation**
>
> - 터빈 발전기의 %임피던스는 수차의 %임피던스보다 크다.
>   (터빈의 단락비는 수차의 단락비보다 작으며 단락비와 %임피던스는 반비례한다.)
> - 차단용량 $P_s = \dfrac{100}{\%Z} P_n$, $P_s \propto \dfrac{1}{\%Z}$
> - $\%Z > \%X$
> - 직렬 리액터는 %임피던스를 크게 하여 차단기 용량을 감소시킨다.
>
> 【답】②

26 고압 배전선로의 선간전압을 3,300[V]에서 6,600[V]로 승압하는 경우, 같은 전선으로 전력 손실을 같게 한다면 약 몇 배의 전력을 공급할 수 있겠는가?
① 1.5
② 2
③ 3
④ 4

> **Explanation**
>
> 공급전력 $P \propto V^2 \propto \left(\dfrac{6,600}{3,300}\right)^2 = 4$배
>
> 【답】④

27 송전 선로에 근접한 통신선에서 발생하는 유도 장해에 관한 설명으로 옳지 않은 것은?
① 정전 유도의 원인은 전력선의 영상 전압에 의해 발생한다.
② 전자 유도의 원인은 전력선의 영상 전류에 의해 발생한다.
③ 유도 장해를 억제하기 위하여 송전선에 충분한 연가를 시행한다.
④ 유도되는 전압은 통신선의 길이에 비례한다.

> **Explanation**
>
> - 전자유도장해의 원인 : 상호 인덕턴스, 영상전류
>   전자유도전압 $E_m = 2\pi f M l (3 I_o)$은 병행길이와 비례
> - 정전유도장해의 원인 : 상호 정전용량, 영상전압
>   정전유도전압 $E_n = \dfrac{\sqrt{C_a(C_a - C_b) + C_b(C_b - C_c) + C_c(C_c - C_a)}}{C_a + C_b + C_c + C_o} \times \dfrac{V}{\sqrt{3}}$은 병행 길이와는 관계가 없다.
>
> 【답】④

28 고압 배전선로의 보호 방식에서 고장 전류의 차단방식이 아닌 것은?
① 퓨즈에 의한 보호 방식
② 리클로저(recloser)에 의한 방식
③ 섹셔널라이져(sectionalizer)에 의한 방식
④ 자동부하전환개폐기(ALTS : Automatic Load Transfer Switch)에 의한 방식

> **Explanation**
>
> 자동부하 전환 개폐기(ALTS : Automatic Load Transfer Switch)
> 주전원이 정전되면 자동적으로 예비 전원으로 절체되어 지속적으로 전력을 공급할 수 있도록 하는 장치
>
> 【답】④

29 배전 선로의 부하율이 F일 때 손실 계수 H는?

① F와 F^2의 합
② F와 같은 값
③ F와 F^2의 중간값
④ F^2의 같은 값

Explanation

손실계수$(H) = \dfrac{평균전력손실}{최대전력손실} \times 100[\%]$

부하율과 손실계수의 관계 : $0 \leq F^2 \leq H \leq F \leq 1$

【답】③

30 흡출관이 필요 없는 수차는?

① 프로펠러 수차
② 카플란 수차
③ 프란시스 수차
④ 펠턴 수차

Explanation

흡출관 : 반동수차(물의 압력 에너지를 이용)의 유효 낙차를 늘리기 위한 관
따라서 고낙차에 사용되는 수차인 펠톤 수차에서는 흡출관이 필요 없다.

【답】④

31 재폐로 차단기에 대한 설명으로 옳은 것은?

① 배전선로용은 고장 구간을 고속 차단하여 제거한 후 다시 수동 조작에 의해 배전이 되도록 설계된 것이다.
② 재폐로 계전기와 함께 설치하여 계전기가 고장을 검출하여 이를 차단기에 통보, 차단하도록 된 것이다.
③ 3상 재폐로 차단기는 1상의 차단이 가능하고 무전압 시간을 약 20~30초로 정하여 재폐로 하도록 되어 있다.
④ 송전 선로의 고장구간을 고속 차단하고 재송전하는 조작을 자동적으로 시행하는 재폐로 차단 장치를 장비한 자동 차단기이다.

Explanation

재폐로 차단기
송전 선로의 고장구간을 고속 차단하고 재송전하는 조작을 자동적으로 시행하는 재폐로 차단 장치를 장비한 자동 차단기, 3상 일괄 개폐

【답】④

32 전력 계통의 전압 조정 설비의 특징에 대한 설명 중 틀린 것은?

① 병렬 콘덴서는 진상 능력만을 가지며 병렬 리액터는 진상 능력이 없다.
② 동기 조상기는 무효전력의 공급과 흡수가 모두 가능하여 진·지상 용량을 갖는다.
③ 동기 조상기는 조정의 단계가 불연속적이나 직렬 콘덴서 및 병렬 리액터는 연속적이다.
④ 분로리액터는 장거리 초고압 송전선 또는 지중선 계통의 충전용량 보상용으로 주요 발변전소에 설치되어 페란티현상 방지에 사용된다.

Explanation

조상설비 비교

	진상	지상	시충전(시송전)	조정	전력손실	증설
전력용 콘덴서	○	×	×	단계적	적다	가능
분로 리액터	×	○	×	단계적	적다	가능
동기 조상기	○	○	○	연속적	크다	불가능

【답】③

33 다음 중 원방감시제어(SCADA)의 기능과 관계가 먼 것은?
① 원격 제어 기능　　　　　　　　② 원격 측정 기능
③ 부하 조정 기능　　　　　　　　④ 자동 기록 기능

> **Explanation**
> 원방감시제어(SCADA)의 기능
> • 원격 제어 기능　　　　• 원격 측정 기능
> • 자동 기록 기능　　　　• 경보 발생 기능
> • 타 시스템과의 연계 기능
>
> 【답】③

34 역률 개선용 콘덴서를 부하와 병렬로 연결할 때 △ 결선방법을 채택하는 이유로 가장 타당한 것은?
① 부하 저항을 일정하게 유지할 수 있기 때문이다.
② 콘덴서의 정전용량[μF]의 소요가 적기 때문이다.
③ 콘덴서의 관리가 용이하기 때문이다.
④ 부하의 안정도가 높기 때문이다.

> **Explanation**
> 진상용량(콘덴서 용량)
> △결선 $C_\triangle = \dfrac{Q}{3 \times 2\pi f V^2} \times 10^3$
> Y결선 $C_Y = \dfrac{Q}{2\pi f V^2} \times 10^3$
> $C_\triangle : C_Y = \dfrac{1}{3} : 1$　∴ $C_\triangle = \dfrac{C_Y}{3}$
> 따라서 Y결선에 비해 콘덴서의 정전용량[μF]의 소모가 적기 때문이다
>
> 【답】②

35 그림과 같은 4단자 정수를 가진 2개의 회로가 직렬로 연결되어 있을 때 합성 4단자 정수는?

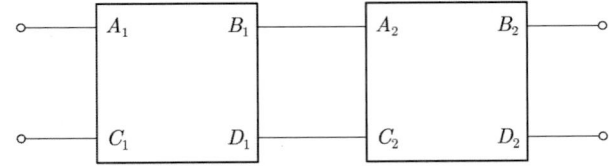

① $A = A_1 A_2 + B_1 C_2,\ B = A_1 B_2 + B_1 D_2$
　$C = A_2 C_1 + C_2 D_1,\ D = B_2 C_1 + D_1 D_2$
② $A = A_1 A_2 + B_1 C_1,\ B = A_1 B_2 + B_1 D_2$
　$C = A_2 C_1 + D_1 C_2,\ D = B_1 C_2 + D_1 D_2$
③ $A = A_1 A_2 + B_2 C_1,\ B = A_1 B_2 + B_1 D_2$
　$C = A_1 C_2 + D_1 C_2,\ D = B_2 C_1 + D_1 D_2$
④ $A = A_1 A_2 + B_1 C_2,\ B = A_2 B_1 + B_1 D_1$
　$C = A_1 C_2 + D_1 D_2,\ D = B_1 C_1 + D_1 D_2$

> **Explanation**
> $\begin{bmatrix} A_o & B_o \\ C_o & D_o \end{bmatrix} = \begin{bmatrix} A_1 & B_1 \\ C_1 & D_1 \end{bmatrix} \begin{bmatrix} A_2 & B_2 \\ C_2 & D_2 \end{bmatrix} = \begin{bmatrix} A_1 A_2 + B_1 C_2 & A_1 B_2 + B_1 D_2 \\ C_1 A_2 + D_1 C_2 & C_1 B_2 + D_1 D_2 \end{bmatrix}$
>
> 【답】①

36 단상 2선식의 교류 배전선이 있다. 전선 1줄의 저항은 0.15[Ω], 리액턴스는 0.25[Ω]이다. 부하는 무유도성으로서 100[V], 3[kW]일 때 급전점의 전압은 몇 [V]인가?
① 100　　　　　　　　　　　　② 109
③ 120　　　　　　　　　　　　④ 130

> **Explanation**

송전단 전압 $V_s = V_r + 2I(R\cos\theta + X\sin\theta)$ (여기서, R은 1선당 저항)
무유도성($\cos\theta = 1$)이므로
$V_s = V_r + 2I(R\cos\theta + X\sin\theta) = V_r + 2IR = 100 + 2 \times \dfrac{3,000}{100} \times 0.15 = 109[\text{V}]$

【답】②

37 전원이 양단에 있는 방사상 송전선로의 단락보호에 사용되는 계전기의 조합방식은?
① 방향 거리 계전기와 과전압 계전기의 조합
② 방향 단락 계전기와 과전류 계전기의 조합
③ 선택 접지 계전기와 과전류 계전기의 조합
④ 부족 전류 계전기와 과전압 계전기의 조합

Explanation

방사선로 단락보호
• 전원 1군데 : 과전류 계전 방식
• 전원 2군데 : 방향단락계전기 - 과전류계전기

【답】②

38 유효 저수량 200,000[m³], 평균 유효낙차 100[m], 발전기 출력 7,500[kW]이다. 1대를 운전할 경우 약 몇 시간 정도 발전할 수 있는가? 단, 발전기 및 수차의 합성 효율은 85[%]이다.
① 4.17
② 5.25
③ 6.17
④ 7.25

Explanation

【답】③

39 지상 역률 80[%], 1,000[kW]의 3상 부하가 있다. 이것에 전력용 콘덴서를 설치하여 역률을 95[%]로 개선하는 데 필요한 전력용 콘덴서의 용량은 약 몇 [kVA]가 되겠는가?
① 376
② 398
③ 422
④ 464

Explanation

전력용 콘덴서 용량 $Q_c = P(\tan\theta_1 - \tan\theta_2)$
$Q_c = 1,000 \times \left(\dfrac{0.6}{0.8} - \dfrac{\sqrt{1-0.95^2}}{0.95} \right) = 422[\text{kVA}]$

【답】③

40 우리나라의 특고압 배전 방식으로 가장 많이 사용되고 있는 것으로 중성선을 다중접지하는 방식인 것은?
① 단상 2선식
② 단상 3선식
③ 3상 3선식
④ 3상 4선식

Explanation

우리나라 공급방식
• 송전 : 3상 3선식
• 배전 : 3상 4선식(중성선 다중접지 방식)

【답】④

3과목 전기기기

41 무부하 전압 213[V], 정격전압 200[V], 정격 출력 80[kW]인 분권 발전기가 있다. 계자저항이 20[Ω]일 때, 전부하 때의 전기자 반작용에 의한 전압강하가 4.8[V]라면 그 전기자 회로의 저항[Ω]은?

① 0.02   ② 0.05
③ 0.06   ④ 0.1

Explanation

분권 발전기 $I_a = I + I_f = \dfrac{P}{V} + \dfrac{V}{R_f} = \dfrac{80 \times 10^3}{200} + \dfrac{200}{20} = 410[A]$

유기기전력 $E = V + I_a R_a + e_a$

전기자 저항 $R_a = \dfrac{E - V - e_a}{I_a} = \dfrac{213 - 200 - 4.8}{410} = 0.02[\Omega]$

【답】①

42 권선형 유도 전동기의 기동시 2차 저항을 넣는 이유는?

① 기동 전류 감소   ② 회전수 감소
③ 기동 토크 감소   ④ 기동 전류 감소와 토크 증대

Explanation

비례추이의 원리 : 권선형 유도전동기
• 최대 토크는 불변, 최대 토크의 발생 슬립은 변화
• 기동 전류는 감소하고, 기동 토크는 증가

【답】④

43 주상 변압기의 고압측에는 몇 개의 탭을 내놓았다. 그 이유는?

① 변압기의 여자전류를 조정하기 위하여   ② 부하 전류를 조정하기 위하여
③ 수전점의 전압을 조정하기 위하여   ④ 예비용 단자

Explanation

변압기 탭(tap)조정
• 변압기 2차 측의 전압조정을 위하여 1차측 탭을 조정

【답】③

44 직류 발전기의 부하 포화 곡선은 다음 중 어느 관계를 표시한 것인가?

① 계자전류 대 부하전류   ② 부하전류 대 단자전압
③ 계자전류 대 유기기전력   ④ 계자전류 대 단자전압

Explanation

직류 발전기의 특성
• 무부하 포화곡선 : $E - I_f$ (유기기전력과 계자전류) 관계 곡선
• 부하 포화곡선 : $V - I_f$ (단자전압과 계자전류) 관계 곡선

【답】④

45 6,600/210[V], 10[kVA]단상 변압기의 퍼센트 저항강하는 1.2[%], 리액턴스 강하는 0.9[%]이다. 임피던스 전압[V]은?

① 99   ② 81
③ 65   ④ 37

> **Explanation**

%임피던스 $\%Z = \dfrac{V_s}{V_{1n}} \times 100[\%] = \sqrt{p^2 + q^2} = \sqrt{1.2^2 + 0.9^2} = 1.5[\%]$

따라서 임피던스 전압 $V_s = \%Z \times V_{1n} = 0.015 \times 6,600 = 99[V]$

【답】 ①

46 출력 10[kVA], 정격 전압에서의 철손이 85[W], 뒤진 역률 0.8, 3/4 부하에서의 효율이 가장 큰 단상 변압기가 있다. 역률 1일 때의 최대 효율은?
① 96[%]
② 97.8[%]
③ 98.8[%]
④ 99[%]

> **Explanation**

$\dfrac{1}{m}$ 부하의 경우, 최대 효율이 된다고 하면

$\left(\dfrac{1}{m}\right)^2 P_c = P_i$

따라서 동손은 $P_c = \dfrac{P_i}{\left(\dfrac{1}{m}\right)^2} = \dfrac{85}{\left(\dfrac{3}{4}\right)^2} = 151.1[W]$

역률 $\cos\theta = 1$ 일 때

효율 $\eta = \dfrac{10 \times 10^3 \times 1 \times \dfrac{3}{4}}{10 \times 10^3 \times 1 \times \dfrac{3}{4} + 85 \times 2} \times 100 = 97.8[\%]$

【답】 ②

47 전력용 반도체를 사용 직류 전압을 제어하는 것은?
① 단상 인버터
② 3상 인버터
③ 초퍼형 인버터
④ 크리지형 인버터

> **Explanation**

초퍼(Chopper) : 직류를 직류로 변환

【답】 ③

48 정류기의 단상 전파 정류에 있어서 직류 전압 100[V]를 얻는 데 필요한 2차 상전압[V]을 구하면? 단, 부하는 순저항으로 하고 변압기 내의 전압 강하는 무시하며 전압 강하를 15[V]로 한다.
① 약 94.4
② 약 128
③ 약 181
④ 255

> **Explanation**

단상 전파 정류 직류측 전압 $E_d = 0.9E - e$ (여기서, e는 전압강하)

$E = \dfrac{E_d + e}{0.9} = \dfrac{100 + 15}{0.9} ≒ 128[V]$

【답】 ②

49 동기 전동기의 난조를 방지하기 위한 방법이 아닌 것은?
① 조속기의 감도를 둔감하게 조정한다.
② 관성모멘트를 크게 하기 위하여 플라이휠을 설치한다.
③ 계자의 자극면에 제동권선을 설치한다.
④ 전기자 권선에 제동권선을 설치한다.

> **Explanation**

난조(hunting) : 발전기의 부하가 급변하는 경우 회전자 속도가 동기속도를 중심으로 진동하는 현상
• 난조 방지책
 - 계자의 자극면에 제동권선 설치
 - 관성 모멘트를 크게 : 플라이휠 설치
 - 조속기의 성능을 너무 예민하지 않도록 할 것
 - 고조파의 제거 : 단절권, 분포권 설치   【답】④

50 3상 송전선의 수전단에서 전압 3,300[V], 전류 800[A], 역률 0.8의 지상 전력을 수전하는 경우 동기 조상기를 사용해서 역률을 100[%]로 개선하고자 한다. 필요한 동기 조상기의 용량 [kVA]은?
① 1,452   ② 1,584
③ 2,743   ④ 3,200

> **Explanation**

유효전력 $P = \sqrt{3}\,VI\cos\theta = \sqrt{3} \times 3{,}300 \times 800 \times 0.8 \times 10^{-3}$ [kW]
역률 개선용 콘덴서(조상기) 용량
$$Q = P(\tan\theta_1 - \tan\theta_2) = P\left(\frac{\sin\theta_1}{\cos\theta_1} - \frac{\sin\theta_1}{\cos\theta_2}\right) \text{[kVA]}$$
$$= \sqrt{3} \times 3300 \times 800 \times 0.8 \times 10^{-3} \times \left(\frac{0.6}{0.8} - \frac{0}{1}\right)$$
$$= 2{,}743.56 \text{ [kVA]}$$ 【답】③

51 임피던스 전압강하 4[%]의 변압기가 운전 중 단락되었을 때 단락전류는 정격전류의 몇 배가 흐르는가?
① 15   ② 20
③ 25   ④ 30

> **Explanation**

단락 전류 $I_s = \dfrac{100}{\%Z} I_n = \dfrac{100}{4} \times I_n = 25 I_n$ 【답】③

52 3상 권선형 유도 전동기의 회전자에 슬립 주파수의 전압을 공급하여 속도를 변화 시키는 방법은?
① 2차 여자 제어법   ② 교류 여자 제어법
③ 주파수 변환법   ④ 2차 저항법

> **Explanation**

2차 여자법(슬립 제어)
• 유도 전동기 회전자의 외부에서 슬립링을 통하여 슬립주파수 전압을 인가하여 회전자 슬립에 의한 속도를 제어하는 방식
• E_c(슬립 주파수 전압)를 sE_2와 같은 방향으로 인가 : 속도 증가
• E_c(슬립주파수 전압)를 sE_2와 반대 방향으로 인가 : 속도 감소   【답】①

53 권선형 유도 전동기의 슬립 s에 있어서의 2차 전류는? 단, E_2, X_2는 전동기 정지시의 2차 유기전압과 2차 리액턴스로 하고 R_2는 2차 저항으로 한다.

① $\dfrac{E_2}{\sqrt{(R_2/s)^2 + X_2^2}}$ ② $sE_2 \Big/ \sqrt{R_2^2 + \dfrac{X_2^2}{s}}$

③ $E_2 \Big/ \sqrt{\left(\dfrac{R_2}{1-s}\right)^2 + X_2}$ ④ $E_2 \Big/ \sqrt{(sR_2)^2 + X_2^2}$

> **Explanation**

회전 시 2차 전류

$$I_{2s} = \frac{E_{2s}}{Z_{2s}} = \frac{sE_2}{\sqrt{R_2^2 + (sX_2)^2}} = \frac{E_2}{\sqrt{\left(\frac{R_2}{s}\right)^2 + X_2^2}}$$

【답】①

54 직류 분권전동기가 있다. 총도체수 100, 단중 파권으로 자극수는 4, 자속수 3.14[Wb]일 때, 여기에 부하를 가하여 전기자에 5[A]가 흐르고 있으면 이 전동기의 토크[N·m]는?
① 400
② 450
③ 500
④ 550

> **Explanation**

직류전동기 토크 $T = \frac{P}{\omega} = \frac{pz}{2\pi a}\phi I_a [N \cdot m] = \frac{4 \times 100}{2 \times 3.14 \times 2} \times 3.14 \times 5 = 500 [N \cdot m]$

【답】③

55 SCR의 애노드 전류가 10[A]일 때 게이트 전류를 1/2로 줄이면 애노드 전류는 몇 [A]가 되는가?
① 20
② 10
③ 5
④ 2

> **Explanation**

SCR이 도통 상태일 때 게이트 전류가 변하여도 애노드 전류는 변하지 않는다.

【답】②

56 T-결선에 의하여 3,300[V]의 3상으로부터 200[V], 40[kVA]의 전력을 얻는 경우 T좌 변압기의 권수비는?
① 약 16.5
② 약 14.3
③ 약 11.7
④ 약 10.2

> **Explanation**

스코트결선(T결선)

T좌 변압기의 권선비 : $a_T = \frac{\sqrt{3}}{2}a$

∴ $a_T = \frac{\sqrt{3}}{2} \times \frac{3,300}{200} = 14.3$

【답】②

57 3상 변압기의 병렬 운전조건에 맞지 않는 것은?
① 1차, 2차의 정격 전압 및 극성이 같을 것
② %저항 강하 및 리액턴스 강하가 같을 것
③ 각 군의 임피던스가 용량에 비례할 것
④ 상회전 방향과 각변위가 같을 것

> **Explanation**

변압기 병렬운전 조건
• 극성, 권수비, 1,2차 정격전압이 같을 것(용량은 무관)
• 각 변압기의 저항과 리액턴스비가 같을 것
• 부하 분담 시 용량에 비례하고 %임피던스 강하에는 반비례할 것
• 상회전 방향과 각 변위가 같을 것 (3상 변압기)

【답】③

58 유도 전동기의 속도 제어 방식으로 적합하지 않은 것은?

① 세르비우스 방식　　　　　　　　② 2차 저항 제어 방식
③ 1차 저항 방식　　　　　　　　　④ 1차 주파수 제어 방식

Explanation

유도 전동기의 속도제어
- 농형 유도 전동기 : 주파수 변환법, 극수 변환법, 전압 제어법
- 권선형 유도 전동기 : 2차 저항법, 2차 여자법, 종속접속법

【답】③

59 어떤 직류 전동기의 역기전력이 210[V], 매분 회전수가 1,200[rpm]으로 토크 16.2[kg·m]를 발생하고 있을 때의 전류 I[A]는?

① 약 65　　　　　　　　　　② 약 75
③ 약 85　　　　　　　　　　④ 약 95

Explanation

토크 $T = 0.975 \times \dfrac{P}{N} = 0.975 \times \dfrac{EI}{N}$ [kg·m]　(여기서, E는 역기전력)

전류 $I = \dfrac{TN}{0.975 \times E_c} = \dfrac{16.2 \times 1,200}{0.975 \times 210} \fallingdotseq 95$ [A]

【답】④

60 다음 중 교류에서 직류를 얻는 방법이 아닌 것은?

① M-G set　　　　　　　　② 회전 변류기
③ 수은 정류기　　　　　　　④ 셀신 장치

Explanation

교류에서 직류 변환 : M-G set, 회전 변류기, 수은 정류기
※ 셀신 장치 : 원격 측정하는데 사용되는 장치

【답】④

4과목　회로이론

61 전류의 크기가 $i_1 = 30\sqrt{2}\sin\omega t$[A], $i_2 = 40\sqrt{2}\sin\left(\omega t + \dfrac{\pi}{2}\right)$일 때 $i_1 + i_2$의 실효값은 몇 [A]인가?

① 50　　　　　　　　　　　② $50\sqrt{2}$
③ 70　　　　　　　　　　　④ $70\sqrt{2}$

Explanation

$I_1 = 30\angle 0°$
$I_2 = 40\angle 90° = 40(\cos 90° + j\sin 90°) = j40$
$\therefore I_1 + I_2 = 30 + j40$
$|I_1 + I_2| = \sqrt{30^2 + 40^2} = 50$[A]

【답】①

62 어떤 회로망의 4단자 정수가 $A=8, B=j2, D=3+j2$이면 이 회로망의 C는 얼마인가?

① $2+j3$
② $3+j3$
③ $24+j14$
④ $8-j11.5$

Explanation

선형회로 조건 $AD-BC=1$
$C = \dfrac{AD-1}{B} = \dfrac{8(3+j2)-1}{j2} = 8-j11.5$

【답】④

63 시간 지연 요인을 포함한 어떤 특정계가 다음 미분 방정식으로 표현된다. 이 계의 전달 함수를 구하면?

$$\dfrac{dy(t)}{dt} + y(t) = x(t-T)$$

① $P(s) = \dfrac{Y(s)}{X(s)} = \dfrac{e^{-sT}}{s+1}$
② $P(s) = \dfrac{Y(s)}{X(s)} = \dfrac{s+1}{e^{-sT}}$
③ $P(s) = \dfrac{Y(s)}{X(s)} = \dfrac{e^{sT}}{s-1}$
④ $P(s) = \dfrac{Y(s)}{X(s)} = \dfrac{e^{-2sT}}{s+2}$

Explanation

$\dfrac{dy(t)}{dt} + y(t) = x(t-T)$를 라플라스 변환하면
$(s+1)Y(s) = e^{-sT}X(s)$
전달함수 $G(s) = \dfrac{Y(s)}{X(s)} = \dfrac{e^{-sT}}{s+1}$

【답】①

64 정현파의 파고율은 얼마인가?

① 1.0
② 1.414
③ 1.732
④ 2.0

Explanation

각 파형의 평균값 및 실효값

파형		실효값	평균값
정현파	(i(t) 파형 그래프)	$\dfrac{I_m}{\sqrt{2}}$	$\dfrac{2}{\pi}I_m$

정현파의 파고율 $= \dfrac{최대값}{실효값} = \dfrac{V_m}{\dfrac{V_m}{\sqrt{2}}} = \sqrt{2} = 1.414$

【답】②

65 그림과 같이 주파수 f[Hz]인 교류 회로에 있어서 전류 I와 I_R이 같은 값으로 되는 조건은? 단, R은 저항[Ω], C는 정전용량[F], L은 인덕턴스[H]로 된다.

① $f = \dfrac{1}{\sqrt{LC}}$ ② $f = \dfrac{2\pi}{\sqrt{LC}}$

③ $f = \dfrac{1}{2\pi\sqrt{LC}}$ ④ $f = 2\pi(LC)^2$

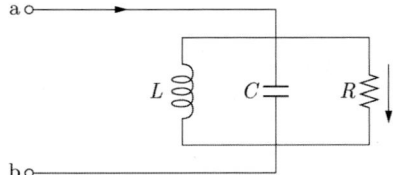

> **Explanation**
>
> 병렬 공진 조건 : 어드미턴스의 허수부 = 0이어야 하므로
> $Y = \dfrac{1}{R} + j\left(\dfrac{1}{X_C} - \dfrac{1}{X_L}\right) = \dfrac{1}{R} + j\left(\omega C - \dfrac{1}{\omega L}\right)$
> $\omega C = \dfrac{1}{\omega L}$ $\omega^2 LC = 1$ 따라서 공진주파수 $f_r = \dfrac{1}{2\pi\sqrt{LC}}$
>
> 【답】③

66 $Z_1 = 3 + j10[\Omega]$, $Z_2 = 3 - j2[\Omega]$의 두 임피던스를 직렬로 하고 양단에 100[V]의 전압을 가했을 때 각 임피던스 양단의 전압은?

① $V_1 = 98 + j36$, $V_2 = 2 + j36$ ② $V_1 = 98 - j36$, $V_2 = 2 + j36$
③ $V_1 = 98 + j36$, $V_2 = 2 - j36$ ④ $V_1 = 98 - j36$, $V_2 = 2 - j36$

> **Explanation**
>
> 합성 임피던스 $Z = Z_1 + Z_2 = 6 + j8$
> 전류 $I = \dfrac{E}{Z} = \dfrac{100}{6+j8} = \dfrac{100(6-j8)}{(6+j8)(6-j8)} = \dfrac{100(6-j8)}{100} = 6 - j8$ [A]
> $V_1 = IZ_1 = (6-j8)(3+j10) = 98 + j36$
> $V_2 = IZ_2 = (6-j8)(3-j2) = 2 - j36$
>
> 【답】③

67 기본파의 30[%]인 제3고조파와 20[%]인 제5고조파를 포함하는 전압파의 왜형률은?

① 0.23 ② 0.46
③ 0.33 ④ 0.36

> **Explanation**
>
> 왜형률 $= \dfrac{\text{전 고조파의 실효값}}{\text{기본파의 실효값}} = \dfrac{\sqrt{V_2^2 + V_3^2 + V_4^2 + \cdots}}{V_1} = \dfrac{\sqrt{V_3^2 + V_5^2}}{V_1} = \dfrac{\sqrt{0.3^2 + 0.2^2}}{1} = 0.36$
>
> 【답】④

68 그림의 $R-L-C$ 직렬 회로에서 입력을 전압 $e_i(t)$, 출력을 전류 $i(t)$로 할 때 이 계의 전달 함수는?

① $\dfrac{s}{s^2 + 10s + 10}$ ② $\dfrac{10s}{s^2 + 10s + 10}$

③ $\dfrac{s}{s^2 + s + 1}$ ④ $\dfrac{10s}{s^2 + s + 1}$

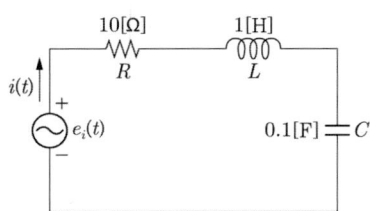

> **Explanation**

전달 함수 $G(s) = \dfrac{I(s)}{V(s)} = Y(s) = \dfrac{1}{Z(s)} = \dfrac{1}{10+s+\dfrac{10}{s}} = \dfrac{s}{s^2-10s+10}$

【답】①

69. 그림과 같은 회로가 정저항 회로가 되기 위한 L은 몇 [H]인가?

① 0.01
② 0.1
③ 2
④ 10

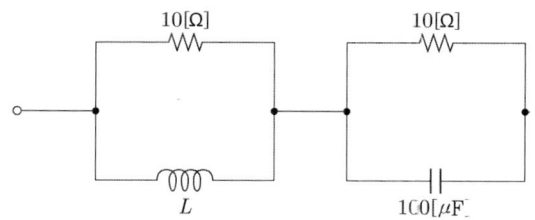

Explanation

정저항 회로 조건 $R = \sqrt{\dfrac{L}{C}}$ 에서

인덕턴스 $L = R^2 C = 10^2 \times 100 \times 10^{-6} = 0.01$ [H]

【답】①

70. 불평형 3상 전류 $I_a = 15+j2$[A], $I_b = -20-j14$[A], $I_c = -3+j10$[A]일 때의 역상분 전류 I_2는?

① $1.97+j6.23$[A]
② $2.17+j5.34$[A]
③ $3.38-j4.26$[A]
④ $4.27-j3.68$[A]

Explanation

역상분 전류 $I_2 = \dfrac{1}{3}(I_a + a^2 I_b + a I_c)$

$= \dfrac{1}{3}\left\{15+j2 + \left(-\dfrac{1}{2}-j\dfrac{\sqrt{3}}{2}\right)(-20-j14) + \left(-\dfrac{1}{2}+j\dfrac{\sqrt{3}}{2}\right)(-3+j10)\right\}$

$= 1.97+j6.23$

【답】①

71. 그림과 같은 T형 회로의 영상 파라미터 θ는?

① 0
② +1
③ −3
④ −1

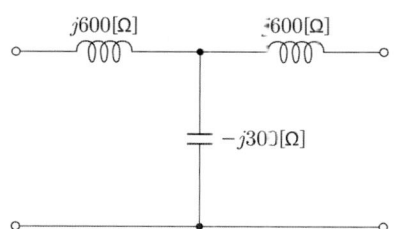

Explanation

$\begin{bmatrix} A & B \\ C & D \end{bmatrix} = \begin{bmatrix} 1 & j600 \\ 0 & 1 \end{bmatrix}\begin{bmatrix} 1 & 0 \\ \dfrac{1}{-j300} & 1 \end{bmatrix}\begin{bmatrix} 1 & j600 \\ 0 & 1 \end{bmatrix} = \begin{bmatrix} -1 & 0 \\ j\dfrac{1}{300} & -1 \end{bmatrix}$

영상 파라미터 $\theta = \cosh^{-1}\sqrt{AD} = \cosh^{-1} 1 = 0$

【답】①

72. 대칭 6상의 성형 결선의 전원이 있다. 상전압이 100[V]이면 선간전압 몇 [V]인가?

① 100
② 220
③ 300
④ 380

Explanation

성형 결선
선간전압 $V_l = 2V_p \sin\frac{\pi}{n} = 2V_p \sin\frac{\pi}{6} = V_p$
따라서 6상이면 상전압=선간전압

【답】①

73 그림에서 4단자 회로망의 4정수 A, B, C, D 중 출력단자 3, 4가 개방되었을 때의 $\frac{V_1}{V_2}$ 인 A의 값은?

① $1+\frac{Z_2}{Z_1}$
② $\frac{Z_1+Z_2+Z_3}{Z_1 Z_3}$
③ $1+\frac{Z_2}{Z_3}$
④ $1+\frac{Z_3}{Z_2}$

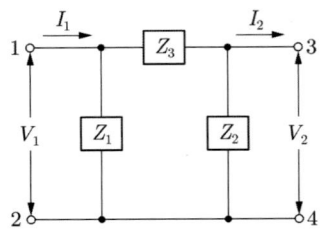

Explanation

π형 4단자 정수

$A = \frac{V_1}{V_2}\bigg|_{I_2=0} = \frac{V_1}{\frac{Z_2}{Z_2+Z_3} \cdot V_1} = \frac{Z_2+Z_3}{Z_2} = 1+\frac{Z_3}{Z_2}$

$A = 1+\frac{Z_3}{Z_2}, \quad B = Z_3, \quad C = \frac{Z_1+Z_2+Z_3}{Z_1 Z_2}, \quad D = 1+\frac{Z_3}{Z_1}$

【답】④

74 $R-L$ 직렬 회로에 $v = 10 + 100\sqrt{2}\sin\omega t + 50\sqrt{2}\sin(3\omega t + 60°) + 60\sqrt{2}\sin(5\omega t + 30°)$ [V]인 전압을 가할 때 제3고조파 전류의 실효값[A]은? 단, $R = 8[\Omega]$, $\omega L = 2[\Omega]$이다.

① 1
② 3
③ 5
④ 7

Explanation

제3고조파
임피던스 $Z_3 = R + j3\omega L = 8 + j3 \times 2 = 8 + j6$
전류 $I_3 = \frac{V_3}{Z_3} = \frac{V_3}{\sqrt{R^2+(3\omega L)^2}} = \frac{50}{\sqrt{8^2+6^2}} = 5[A]$

【답】③

75 그림과 같은 전기 회로의 입력을 v_i, 출력을 v_o라고 할 때 전달 함수는? 단, $T = \frac{L}{R}$이다.

① $Ts+1$
② Ts^2+1
③ $\frac{1}{Ts+1}$
④ $\frac{Ts}{Ts+1}$

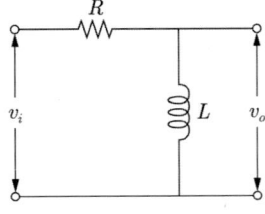

Explanation

전압비 전달 함수는 임피던스 비이므로

$G(s) = \frac{V_o(s)}{V_i(s)} = \frac{Ls}{R+Ls} = \frac{\frac{L}{R}s}{1+\frac{L}{R}s} = \frac{Ts}{1+Ts}$

【답】④

76 그림과 같은 회로에서 부하 임피던스 Z_L을 얼마로 할 때 이에 최대 전력이 공급되는가?

① $10 + j1.3$
② $10 - j1.3$
③ $10 + j4$
④ $10 - j4$

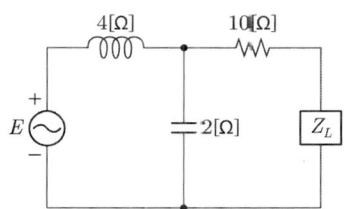

Explanation

전압원을 단락하고 부하 측에서 본 임피던스 : 내부 임피던스(Z_g)

$Z_g = 10 + \dfrac{-j2 \times j4}{-j2 + j4} = 10 - j4[\Omega]$

• 최대 전력 전달 조건
부하 임피던스 $Z_L = \overline{Z_g}$이므로 $Z_L = 10 + j4[\Omega]$

【답】③

77 $R[\Omega]$의 3개의 저항을 전압 $V[V]$의 3상 교류 선간에 그림과 같이 접속할 때 선전류는 얼마인가?

① $\dfrac{V}{\sqrt{3}R}$
② $\dfrac{\sqrt{3}V}{R}$
③ $\dfrac{V}{3R}$
④ $\dfrac{3V}{R}$

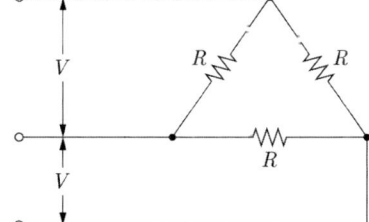

Explanation

• △결선 $I_l = \sqrt{3}I_p$

• 상전류 $I_p = \dfrac{V_p}{Z} = \dfrac{V}{R}[A]$

• 선전류 $I_l = \sqrt{3}I_p = \sqrt{3} \times \dfrac{V}{R} = \dfrac{\sqrt{3}V}{R}[A]$

【답】②

78 출력이 $F(s) = \dfrac{3s+2}{s(s^2+2s+6)}$로 표시되는 제어계가 있다. 이 계의 시간 함수 $f(t)$의 정상값은?

① 3
② 2
③ 1/3
④ 1/6

Explanation

라플라스 변환의 최종치 정리를 이용하여
$f(\infty) = \lim_{t \to \infty} f(t) = \lim_{s \to 0} sF(s)$로부터

$f(\infty) = \lim_{s \to 0} s \cdot \dfrac{3s+2}{s(s^2+2s+6)} = \dfrac{1}{3}$

【답】③

79 내부 임피던스가 순저항 $6[\Omega]$인 전원과 $120[\Omega]$의 순저항 부하 사이가 있다. 이상 변압기의 권수비를 구하면?

① $\dfrac{1}{\sqrt{20}}$
② $\dfrac{1}{\sqrt{2}}$
③ $\dfrac{1}{20}$
④ $\dfrac{1}{2}$

> **Explanation**

권수비 $a = \dfrac{n_1}{n_2} = \dfrac{V_1}{V_2} = \dfrac{I_2}{I_1} = \sqrt{\dfrac{Z_1}{Z_2}} = \sqrt{\dfrac{L_1}{L_2}} = \sqrt{\dfrac{R_1}{R_2}}$

따라서 이상변압기 권수비

$a = \sqrt{\dfrac{Z_1}{Z_2}} = \sqrt{\dfrac{6}{120}} = \dfrac{1}{\sqrt{20}}$

【답】 ①

80 그림과 같은 회로에 대한 설명으로 잘못된 것은?

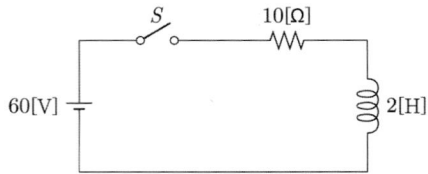

① 이 회로에 시정수는 0.2[s]이다.
② 이 회로의 정상전류는 6[A]이다.
③ 이 회로의 특성근은 -5이다.
④ $t=0$에서 직류전압 60[V]를 제거할 때 $t=0.4$[s] 시각의 회로에 전류는 5.26[A]이다.

> **Explanation**

$R-L$ 직렬 회로

- 시정수 $\tau = \dfrac{L}{R} = \dfrac{2}{10} = 0.2[\text{sec}]$
- 정상전류 $I_{ss} = \dfrac{E}{R} = \dfrac{60}{10} = 6[\text{A}]$
- 특성근 $P = -\dfrac{R}{L} = -\dfrac{10}{2} = -5$
- 전압원 제거 시 전류 $i(t) = \dfrac{E}{R}e^{-\frac{R}{L}t} = \dfrac{60}{10}e^{-\frac{10}{2}\times 0.4} = 4.912[\text{A}]$

【답】 ④

5과목　전기설비기술기준

81 터널 안 전선로의 시설방법으로 옳은 것은?
① 저압전선은 지름 2.6[mm]의 경동선의 절연전선을 사용하였다.
② 고압전선은 절연전선을 사용하여 합성수지관 공사로 하였다.
③ 저압전선을 애자사용 공사에 의하여 시설하고 이를 레일면상 또는 노면상 2.2[m]의 높이로 시설하였다.
④ 고압전선을 금속관공사에 의하여 시설하고 이를 레일면상 또는 노면상 2.4[m]의 높이로 시설하였다.

> **Explanation**

(KEC 335.1조) 터널 안 전선로의 시설
① **저압전선** – 지름 2.6[mm] 이상 경동선, 애자사용공사에 의해 시설할 때 레일면상 또는 **노면상 2.5[m] 이상의 높이**, 합성수지관공사, 금속관공사, 가요전선관공사, 케이블공사에 의해 시설
② **고압전선** – 지름 4[mm] 이상 경동선, 애자사용공사 시 레일면상 또는 **노면상 3[m] 이상의 높이**, 케이블공사에 의한 시설

【답】 ①

82 전선의 색상 식별에서 중성선의 색상은?
① 갈색　　　　　　　　　② 검은색
③ 회색　　　　　　　　　④ 파란색

Explanation

(KEC 121.2조) 전선의 식별

상(문자)	색상
L1	갈색
L2	검은색
L3	회색
N	파란색
보호도체	녹색-노란색

【답】④

83 제1종 특고압 보안공사로 시설하는 전선로의 지지물로 사용할 수 없는 것은?
① 철탑　　　　　　　　　② B종 철주
③ B종 철근 콘크리트주　　④ 목주

Explanation

(KEC 333.22조) 특고압 보안공사 – 제1종 특고압 보안공사
전선로의 지지물에는 B종 철주·3종 철근 콘크리트주 또는 철탑을 사용할 것(목주 사용금지)

【답】④

84 사용되는 전선이 반드시 절연전선이 아니라도 되는 배선공사는?
① 합성수지관공사　　　　② 금속관공사
③ 버스덕트공사　　　　　④ 플로어덕트공사

Explanation

(KEC 231.4조) 나전선의 사용 제한
다음의 경우 이외에는 나전선을 사용할 수 없다.
① 전기로용 나선
② 전선의 피복 절연물이 부식하는 장소에 시설하는 전선
③ 버스덕트공사에 의해 시설
④ 라이팅덕트공사에 의해 시설

【답】③

85 발전소에는 필요한 계측 장치를 시설하여야 한다. 다음 중 시설하지 않아도 되는 계측 장치는?
① 발전기의 전압　　　　　② 주요 변압기의 역률
③ 발전기의 고정자 온도　　④ 특별 고압용 변압기의 온도

Explanation

(KEC 351.6조) 계측 장치
① 발전기의 전압 및 전류 또는 전력
② 발전기의 베어링 및 고정자의 온도
③ 주요 변압기의 전압 및 전류 또는 전력
④ 특고압용 변압기의 온도

【답】②

86 전력보안통신선에 사용되는 조가선은 단면적 몇 [mm²]이상의 아연도강연선을 사용하는가?
① 22[mm²]
② 38[mm²]
③ 50[mm²]
④ 75[mm²]

Explanation

(KEC 362.3조) 조가선 시설
단면적 38[mm²] 이상의 아연도강연선일 것

【답】②

87 인체 감전에 대한 보호에서 기본보호와 추가적 보호 사항에 해당되지 않는 것은?
① 충전부의 밀폐
② 격벽 및 외함
③ 누전차단기의 사용
④ 보호등전위본딩 사용

Explanation

(KEC 211.6, 7조) 기본보호 방법과 추가적 보호
인체 감전에 대한 보호에서 기본보호와 추가적 보호 사항
(1) 기본 보호 방법
 ① 충전부의 기본 절연(충전부에 접촉하는 것을 방지하기 위한 것)
 ② 격벽 및 외함(인체가 충전부에 접촉하는 것을 방지하기 위한 것)
(2) 추가적 보호
 ① 누전차단기의 사용
 ② 보조 보호등전위본딩 사용

【답】①

88 "고압 또는 특별 고압의 기계 기구, 모선 등을 옥외에 시설하는 발전소, 변전소, 개폐소 또는 이에 준하는 곳에 시설하는 울타리, 담 등의 높이는 (㉠)[m] 이상으로 하고, 지표면과 울타리, 담 등의 하단 사이의 간격은 (㉡)[cm] 이하로 하여야 한다."에서 ㉠, ㉡에 알맞은 것은?
① ㉠ 3 ㉡ 15
② ㉠ 2 ㉡ 15
③ ㉠ 3 ㉡ 25
④ ㉠ 2 ㉡ 25

Explanation

(KEC 351.1조) 발전소 등의 울타리·담 등의 시설
울타리·담 등의 높이는 2[m] 이상으로 하고 지표면과 울타리·담 등의 하단 사이의 간격은 0.15[m] 이하로 할 것

【답】②

89 접지도체의 선정 시에 큰 고장전류가 접지도체를 통하여 흐르지 않을 경우 접지도체는 구리(동)도체의 경우 최소 단면적은 얼마인가?
① 2.5[mm²]
② 6[mm²]
③ 10[mm²]
④ 16[mm²]

Explanation

(KEC 142.3.1.1조) 접지도체의 선정
큰 고장전류가 접지도체를 통하여 흐르지 않을 경우 접지도체의 최소 단면적
• 구리는 6[mm²] 이상
• 철제는 50[mm²] 이상

【답】②

90 금속관공사에서 콘크리트에 매설하여 시행하는 경우 관의 두께는 몇 [mm] 이상이어야 하는가?
① 1.0
② 1.2
③ 1.4
④ 1.6

Explanation

(KEC 232.12조) 금속관공사
전선관의 두께
- **콘크리트에 매설 : 1.2[mm] 이상**
- 매설 이외의 경우 : 1[mm] 이상

【답】②

91 가공 전선로의 지지물에 시설하는 지지선으로 연선을 사용할 경우에는 소선이 최소 몇 가닥 이상이어야 하는가?
① 3
② 4
③ 5
④ 6

Explanation

(KEC 331.11조) 지지선의 시설
지지선은 소선 3가닥 이상의 연선일 것

【답】①

92 접지 공사에 사용되는 접지도체를 사람이 접촉할 우려가 있는 곳에 시설하는 경우로 잘못된 것은?
① 접지도체로 옥외용 비닐 절연전선을 제외한 절연전선 또는 케이블을 사용하였다.
② 접지도체를 시설한 지지물에 피뢰침용 접지도체를 시설하였다.
③ 접지극은 지하 75[cm] 이상의 깊이에 매설하였다.
④ 접지도체의 지하 75[cm]로부터 지표상 2[m]까지의 부분은 합성수지관 등으로 덮었다.

Explanation

(KEC 142.2조) 접지극의 시설 및 접지저항
접지 공사에 사용하는 접지도체를 사람이 접촉할 우려가 있는 경우는 다음과 같이 시설한다.
① 접지극은 지하 0.75[m] 이상의 깊이에 매설하되 동결 깊이를 감안하여 매설할 것
② 접지도체에는 절연전선 또는 케이블을 사용할 것
③ 접지도체의 지하 0.75[m]부터 지표상 2[m]까지의 부분은 합성수지관 등으로 덮을 것

【답】②

93 외부 피뢰 시스템을 구성하는 수뢰부 시스템 형식이 아닌 것은?
① 돌침
② 수평도체
③ 그물망도체
④ 접지도체

Explanation

(KEC 152.1조) 수뢰부시스템
수뢰부시스템의 구성 : 돌침, 수평도체, 그물망도체의 요소 중에 한 가지 또는 이를 조합

【답】④

94 고압 및 특고압과 저압 전기설비의 접지극이 서로 근접하여 시설되어 있는 변전소 또는 이와 유사한 곳에 시설하는 접지 방식은?
① 단독접지
② 공용접지
③ 통합접지
④ 공통접지

Explanation

(KEC 142.6조) 공통접지 및 통합접지
공통접지 : 고압 및 특고압과 저압 전기설비의 접지극이 서로 근접하여 시설되어 있는 변전소 또는 이와 유사한 곳에 시설

【답】④

95 옥내에 시설하는 고압용 이동 전선의 종류로 적합한 것은?
① 600[V] 비닐 절연전선
② 비닐 캡타이어 케이블
③ 600[V] 고무 절연전선
④ 고압용 제3종 클로로플렌 캡타이어 케이블

> **Explanation**

(KEC 342.2조) 옥내 고압용 이동전선의 시설
① 전선은 고압용의 캡타이어 케이블일 것
② 이동 전선에 전기를 공급하는 전로에는 전용 개폐기 및 과전류 차단기를 각 극에 시설하고, 또한 전로에 지락이 생겼을 때에 자동적으로 전로를 차단하는 장치를 시설할 것

【답】④

96
최대 사용전압이 23,000[V]인 권선으로서 중성점 접지식 전로에 접속하는 변압기 전로의 절연내력을 시험할 때 시험되는 권선과 다른 권선, 철심 및 외함 간에 연속하여 10분간 가하는 시험 전압은 몇 [V]인가? 단, 중성점 접지식 전로는 중성선을 가지는 것으로서 그 중성선에 다중 접지를 하는 것이다.
① 21,160
② 25,300
③ 28,750
④ 34,500

> **Explanation**

(KEC 132조) 전로의 절연저항 및 절연내력

접지방식	최대 사용전압	시험 전압(최대 사용전압 배수)	최저 시험 전압
중성점 직접 접지	60[kV] 초과 170[kV] 이하	0.72배	
	170[kV] 초과	0.64배	
중성점 다중 접지	25[kV] 이하	0.92배	

∴ 시험 전압 = 23,000 × 0.92 = 21,160[V]

【답】①

97
특고압 가공 전선로에서 양측의 경간의 차가 큰 곳에 사용하는 철탑의 종류는?
① 내장형
② 직선형
③ 잡아당김형
④ 보강형

> **Explanation**

(KEC 333.11조) 특고압 가공전선로의 철주·철근 콘크리트주 또는 철탑의 종류
① 직선형 : 전선로의 직선 부분(3도 이하인 수평 각도를 이루는 곳을 포함한다. 이하 이 조에서 같다.)에 사용하는 것
② 각도형 : 전선로중 3도를 초과하는 수평 각도를 이루는 곳에 사용하는 것
③ 잡아당김형 : 전가섭선을 잡아당기는 곳에 사용하는 것
④ **내장형 : 전선로의 지지물 양쪽의 경간의 차가 큰 곳에 사용하는 것**
⑤ 보강형 : 전선로의 직선 부분에 그 보강을 위하여 사용하는 것

【답】①

98
저압 가공 전선이 다른 저압 가공 전선과 접근 상태로 시설되거나 교차하여 시설되는 경우에 저압 가공 전선 상호 간의 이격거리는 몇 [cm] 이상이어야 하는가? 단, 한 쪽의 전선이 고압 절연전선이라고 한다.
① 30
② 60
③ 80
④ 100

> **Explanation**

(KEC 222.16조) 저압 가공전선 상호 간의 접근 또는 교차
저압 가공전선이 다른 저압 가공전선과 접근상태로 시설되거나 교차하여 시설되는 경우에는 저압 가공전선 상호 간의 이격거리는 0.6[m](**어느 한 쪽의 전선이 고압 절연전선, 특고압 절연전선 또는 케이블인 경우에는 0.3[m]**) 이상, 하나의 저압 가공전선과 다른 저압 가공전선로의 지지물 사이의 이격거리는 0.3[m] 이상이어야 한다.

【답】①

99 지중전선로에 사용되는 전선은?
① 절연전선　② 동복강선
③ 케이블　④ 나경동선

Explanation

(KEC 334.1조) 지중 전선로의 시설
지중전선로는 전선에 케이블을 사용하고 또한 관로식·암거식 또는 직접 매설식에 의하여 시설하여야 한다.　【답】③

100 저압전로의 보호도체 및 중성선의 접속 방식에 따른 분류 중 다음의 접지방식은 어느 것인가?

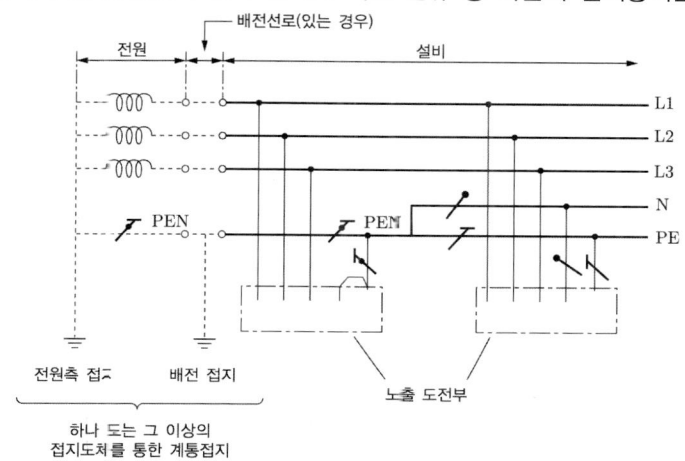

① TN 계통　② TN-C 계통
③ TN-S 계통　④ TN-C-S 계통

Explanation

(KEC 203.2조) TN 계통
TN-C-S계통 : 계통의 일부분에서 PEN 도체를 사용, 중성선과 별도의 PE 도체를 사용　【답】④

2회 2022년 전기공사산업기사 필기

1과목 전기응용

01 1.5[kW]의 전동기를 정격상태에서 30분간 사용했을 때 발생 열량은?
① 2,700[kcal] ② 2,160[kcal]
③ 648[kcal] ④ 430[kcal]

Explanation

열량 $Q = 0.24 Pt \times 10^{-3} = 0.24 I^2 Rt \times 10^{-3}$ [kcal]
$= 0.24 \times 1,500 \times 30 \times 60 \times 10^{-3}$ [kcal]
$= 648$ [kcal]

【답】③

02 전기철도에서 궤도(track)의 3요소가 아닌 것은?
① 레일 ② 침목
③ 도상 ④ 구배

Explanation

궤도 구성의 3요소
- 레일 : 차량을 지탱
- 침목 : 차량 하중을 분산
- 도상 : 소음 경감, 배수를 원활

【답】④

03 SCR을 역병렬로 접속한 것과 같은 특성의 소자는?
① TRAIC ② GTO
③ SCS ④ SSS

Explanation

트라이액(TRIAC : Triode Switch for AC)
- 쌍방향 3단자 소자
- SCR 역병렬 구조

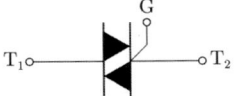

【답】①

04 플라이휠의 직경을 D[m], 중량을 G[kg]라고 할 때, 플라이휠 효과(fly-wheel effect)를 구하는 식은?
① $\dfrac{1}{2} GD^2$ ② $\dfrac{1}{4} GD^2$
③ $\dfrac{1}{8} GD^2$ ④ GD^2

Explanation

플라이휠 효과 $= GD^2 [\text{kg} \cdot \text{m}^2]$

【답】④

05 피드백 제어 중 물체의 위치, 방위, 자세 등의 기계적 변위를 제어량으로 하는 것은?
① 프로세스 제어
② 자동조정
③ 서보기구
④ 피드백 제어

Explanation

제어량에 의한 분류
① 서보 기구(servo mechanism) : 추치(추종)제어. 위치, 방향, 자세, 거리, 각도 등
② 프로세서 제어(process control) : 정치제어. 밀도, 농도, 온도 압력, 유량, 습도 등
③ 자동조정(auto regulating) : 정치제어. 속도, 전위, 전류, 힘, 주파수

【답】③

06 발광현상에서 복사에 관한 법칙이 아닌 것은?
① 스테판 - 볼츠만의 법칙
② 빈의 변위 법칙
③ 입사각의 코사인 법칙
④ 플랑크의 법칙

Explanation

온도 복사 : 온도를 높이면 백열상태가 되어 여러 가지 파장이 전자파로 복사되는 현상
① 스테판 볼츠만의 법칙 : 전 복사에너지는 절대 온도 4승에 비례
$$W = cT^4 = \phi\sigma(T_1^4 - T_2^4)[\text{W/cm}^2]$$
여기서, σ는 스테판-볼츠만의 상수이다.
② 비인의 변위법칙 : 파장은 절대온도에 반비례
③ 플랑크의 복사법칙 :
- 분광 복사속의 발산도
- 광고온계의 측정원리

여기서, **입사각 코사인의 법칙은 조도계산에 필요한 공식**이다.

【답】③

07 휘도가 낮고 효율이 우수하며 투과성이 양호하여 터널 조명, 도로 조명, 광장 조명 등에 주로 사용되는 것은?
① 백열전구
② 형광등
③ 나트륨등
④ 할로겐등

Explanation

나트륨등
- **투과력이 좋다**(안개 낀 지역, 터널 등에서 사용).
- 단색 광원(순황색)으로 옥내 조명에 부적당
- **효율이 우수**

【답】③

08 다음 중 고압 아크로와 관계없는 것은?
① 센헬로
② 도오링로
③ 페로알로이로
④ 비란게란드 아이데로

Explanation

아크로 : 전극 사이에 발생하는 고온의 아크열을 이용하는 아크가열에 사용되는 로
- **고압 아크로** : 초산(질산), 초산소회 제조에 사용
  센헬로, 포오링로, 비란게란드 아이데로
- **저압 아크로** : 직접식(에르우식), 간접식(요동식)

페로알로이로는 직접 저항 가열로이다.

【답】③

09 20[cm²]의 면적에 0.8[lm]의 광속이 조사하고 있다. 이 면의 조도는 몇 [lx]인가?
① 200
② 300
③ 400
④ 500

Explanation

조도 $E = \dfrac{F}{S} = \dfrac{0.8}{20 \times 10^{-4}} = 400[\text{lx}]$

【답】③

10 평균 수평광도는 200[cd], 구면 확산율이 0.8일 때 백열전구 전광속[lm]은 약 얼마인가?
① 2,260
② 2,009
③ 2,060
④ 3,060

Explanation

구면 확산율 0.8에서
$I = 0.8 I_h = 0.8 \times 200 = 160[\text{cd}]$
전광속 $F = 4\pi I = 4\pi \times 160 = 2,009[\text{lm}]$

【답】②

11 40[t]의 전차가 $\dfrac{40}{1000}$ 의 구배를 올라가는 데 필요한 견인력[kg]은? (단, 열차저항은 무시한다)
① 1,000
② 1,200
③ 1,400
④ 1,600

Explanation

구배 저항 (오르막길 오를 때 저항) : 경사저항
경사견인력 $F = W\tan\theta = 40 \times 1,000 \times \dfrac{40}{1,000} = 1,600[\text{kg}]$
여기서, W : 하중 [ton], $\tan\theta$: 기울기 [‰]

【답】④

12 루소선도에서 전광속 F와 면적 S사이의 관계식으로 옳은 것은? (단, a와 b는 상수이다)
① $F = \dfrac{a}{S}$
② $F = aS$
③ $F = aS + b$
④ $F = aS^2$

Explanation

루소선도에서 광원의 전광속 F = 루소선도 면적 $\times \dfrac{2\pi}{r}$
$F = \dfrac{2\pi}{r} \times S \quad F = a \cdot S \ (a = \text{상수})$

【답】②

13 궤간 1[m]이고 반경이 1,270[m]의 곡선궤도를 64[km/h]로 주행하는 데 적당한 고도[mm]는 약 얼마인가?
① 13.4
② 15.8
③ 18.6
④ 25.4

Explanation

고도(Cant) : 운전의 안정성을 확보를 위하여 곡선 시 안쪽레일보다 바깥쪽 레일을 조금 높게 하는 것
$h = \dfrac{GV^2}{127R}[\text{mm}] = \dfrac{1,000 \times 64^2}{127 \times 1,270} = 25.4[\text{mm}]$
여기서, G : 궤간[mm] R : 곡선 반지름[m] V : 열차 속도[km/h]

【답】④

14 양수량 5[㎥/min], 총양정 10[m]인 양수용 펌프 전동기의 용량[kW]은 약 얼마인가? (단, 펌프효율 $\eta = 85[\%]$, 설계상 여유계수 $K = 1.1$이다)

① 9.01
② 10.56
③ 16.60
④ 17.66

Explanation

양수펌프용 전동기 출력 식

$P = \dfrac{KQH}{6.12\eta}$[kW]   여기서, Q[㎥/min]

$P = \dfrac{KQH}{6.12\eta} = \dfrac{1.1 \times 5 \times 10}{6.12 \times 0.85} = 10.56$[kW]

【답】②

15 직류-직류 변환기이고 전기철도의 직권전동기 등속도제어에서 전기자 전압을 조정하면 속도제어가 되는 것은?

① 듀얼 컨버터
② 사이클로 컨버터
③ 초퍼
④ 인버터

Explanation

초퍼 : 직류-직류 변환 장치. 직류 직권 전동기 제어에 사용

【답】③

16 500[W]의 전열기로 물 2[kg]을 10[℃]에서 100[℃]까지 가열하는 데 약 몇 분[min]이 걸리겠는가? (단, 전열기의 발생열은 전부 물의 온도로 이용된다고 가정한다)

① 70
② 60
③ 25
④ 20

Explanation

전열기 효율 $\eta = \dfrac{열}{전기} \times 100 = \dfrac{cm\theta}{860Pt} \times 100$에서

$t = \dfrac{cm\theta}{860P\eta} \times 100 = \dfrac{1 \times 2 \times (100-10)}{860 \times 0.5} \times 60 = 25.12$[min]

【답】③

17 전기 도금을 계속하여 두꺼운 금속층을 만든 후 원형을 떼어서 그대로 복제하는 방법을 무엇이라 하는가?

① 전기도금
② 전주
③ 전해정련
④ 전해연마

Explanation

전주 : 전기도금을 계속하여 두꺼운 금속층을 만든 후 원형을 떼어서 그대로 복제하는 방법. 원형과 똑같은 도양의 복제품을 만들며 공예품의 복제, 활자인쇄용 원판 등에 사용

【답】②

18 유도 전동기의 제동 방법 중 슬립을 1~2사이로 하여 3선중 2선의 접속을 바꾸어 제동하는 방법은?

① 역상 제동
② 와류 제동
③ 발전 제동
④ 회생 제동

Explanation

3상 유도전동기 제동법
• 발전제동
• 회생제동
• 역상제동(플러깅) : 3상 중 2상을 바꾸어 제동

【답】①

19 목재 건조에 적합한 가열방식은?
① 저항 가열
② 적외선 가열
③ 유전 가열
④ 유도 가열

> **Explanation**

유전가열 : 유전체손($P_c = \omega CE^2 \tan\delta$)에 의한 가열. 목재의 접착, 비닐막 접착, 플라스틱 성형 등에 사용

【답】③

20 100[cd]의 점광원의 하방 1[m] 되는 곳에 있는 반사율 80[%]인 백색판의 광속 발산도는?
① 80[rlx]
② 70[rlx]
③ 8[rlx]
④ 7[rlx]

> **Explanation**

조도 $E = \dfrac{I}{r^2} = \dfrac{100}{1^2} = 100[\text{lx}]$
백색판(완전 확산면) $R = \pi B = \rho E = \tau E$에서
광속발산도 $R = \rho E = 0.8 \times 100 = 80[\text{rlx}]$

【답】①

2과목　전력공학

21 배전선의 전압 조정 방법이 아닌 것은?
① 승압기 사용
② 유도전압 조정기 사용
③ 주상변압기 탭 전압
④ 병렬 콘덴서 사용

> **Explanation**

배전선로 전압 조정 장치
- 승압기
- 유도전압 조정기(부하에 따라 전압 변동이 심한 경우)
- 주상변압기 탭 조정

【답】④

22 주상변압기의 고장이 배전선로에 파급되는 것을 방지하고 변압기의 과부하 소손을 예방하기 위하여 사용되는 개폐기는?
① 리클로저
② 부하개폐기
③ 컷아웃스위치
④ 섹셔널라이저

> **Explanation**

주상 변압기의 보호 장치
- 1차측 : COS(컷 아웃 스위치)
- 2차측 : Catch Holder(캐치홀더)

【답】③

23 과전류계전기의 반한시 특성이란?
① 동작전류가 커질수록 동작시간이 짧아진다.
② 동작전류가 적을수록 동작시간이 짧아진다.
③ 동작전류에 관계없이 동작시간은 일정하다.
④ 동작전류가 커질수록 동작시간이 길어진다.

> **Explanation**

계전기 시한 특성

- 순한시 특성 : 최소 동작 전류 이상의 전류가 흐르면 즉시 동작 고속도 계전기
- **반한시 특성 : 동작 전류가 커질수록 동작 시간이 짧게 되는 특성**
- 정한시 특성 : 동작 전류의 크기에 관계없이 일정한 시간에 동작하는 특성
- 반한시 정한시 특성 : 동작 전류가 적은 동안에는 동작 전류가 커질수록 동작 시간이 짧게 되고 어떤 전류 이상이면 동작 전류의 크기에 관계없이 일정한 시간에 동작하는 특성

【답】①

24 전력용 콘덴서에서 방전 코일의 역할은?
① 잔류 전하의 방전
② 고조파의 억제
③ 역률의 개선
④ 콘덴서의 수명 연장

Explanation

전력용 콘덴서 설비
- 직렬 리액터 : 제5고조파 제거
- **방전 코일 : 잔류 전하 방전하여 인체의 감전사고 방지**
- 전력용 콘덴서 : 역률 개선

【답】①

25 배전선로에 3상 3선식 비접지방식을 채용할 경우 장점이 아닌 것은?
① 과도 안정도가 크다.
② 1선 지락고장 시 고장전류가 작다.
③ 1선 지락고장 시 인접 통신선의 유도장해가 작다.
④ 1선 지락고장 시 건전상의 대지전위 상승이 작다.

Explanation

비접지 방식(3.3[kV], 6.6[kV])
- 일반적으로 비접지식은 △-△ 방식 이용
- 저전압 단거리
- **1선 지락 시 지락전류가 적다. 통신선에 유도장해가 적다.**
- 1상 고장 시 V-V 결선이 가능
- 1선 지락 시 $\sqrt{3}$ 배의 전위 상승

【답】④

26 전선 지지점에 고저차가 없는 경간 300[m]인 송전선로가 있다. 이도를 8[m]로 유지할 경우 지지점 간의 전선 길이는 약 몇 [m]인가?
① 300.1[m]
② 300.3[m]
③ 300.6[m]
④ 300.9[m]

Explanation

실제 길이 $L = S + \dfrac{8D^2}{3S} = 300 + \dfrac{8 \times 8^2}{3 \times 300} = 300.57[m]$

【답】③

27 1선 1[km]당의 코로나 손실 P[kW]를 나타내는 Peek식은? 단, δ : 상대 공기 밀도, D : 선간 거리[cm], d : 전선의 지름[cm], f : 주파수[Hz], E : 전선에 걸리는 대지 전압[kV], E_o : 코로나 임계전압[kV]이다.

① $P = \dfrac{241}{\delta}(f+25)\sqrt{\dfrac{d}{2D}}(E-E_o)^2 \times 10^{-5}$

② $P = \dfrac{241}{\delta}(f+25)\sqrt{\dfrac{2D}{d}}(E-E_o)^2 \times 10^{-5}$

③ $P = \dfrac{241}{\delta}(f+25)\sqrt{\dfrac{d}{2D}}(E-E_o)^2 \times 10^{-3}$

④ $P = \dfrac{241}{\delta}(f+25)\sqrt{\dfrac{2D}{d}}(E-E_o)^2 \times 10^{-3}$

Explanation

코로나 손실(Peek식)
$P = \dfrac{241}{\delta}(f+25)\sqrt{\dfrac{d}{2D}}(E-E_o)^2 \times 10^{-5}$ [kW/km/line]

【답】①

28 초고압 장거리 송전선로에 접속되는 1차 변전소에 분로 리액터를 설치하는 목적은?
① 페란티 효과 방지
② 코로나 손실 경감
③ 전압강하 경감
④ 선로 손실 경감

Explanation

페란티 현상
• 무부하시 선로의 정전용량에 의해서 송전단 전압보다 수전단 전압이 커지는 현상
• 방지법 : 분로리액터(Sh.R)

【답】①

29 배전전압, 배전거리 및 전력손실이 같다는 조건에서 단상 2선식 전기방식의 전선 총 중량을 100[%]라 할 때 3상 3선식 전기방식은 몇 [%]인가?
① 33.3
② 37.5
③ 75.0
④ 100.0

Explanation

전선의 전 중량을 같이하여 전력을 배전하는 경우 전력손실비는 중량비와 같다.

	소요전선량(중량비)		소요전선량(중량비)
단상2선식	1	3상3선식	3/4=0.75

【답】③

30 뒤진 역률 80[%], 1,000[kW]의 3상 부하가 있다. 이것에 콘덴서를 설치하여 역률을 95[%]로 개선하려면 콘덴서의 용량은 약 몇 [kVA]로 해야 하는가?
① 240
② 420
③ 630
④ 950

Explanation

역률개선용 콘덴서의 용량 $Q = P(\tan\theta_1 - \tan\theta_2)$[kVA]
$Q = 1,000 \times \left(\dfrac{\sqrt{1-0.8^2}}{0.8} - \dfrac{\sqrt{1-0.95^2}}{0.95}\right) = 420$[kVA]

【답】②

31 그림과 같은 수전단 전력 원선도가 있다. 부하 직선을 참고하여 다음 중 전압 조정을 위한 조상설비가 없어도 정전압 운전이 가능한 부하전력은 대략 어느 정도일 때인가?
① 무부하일 때
② 50[kW]일 때
③ 100[kW]일 때
④ 150[kW]일 때

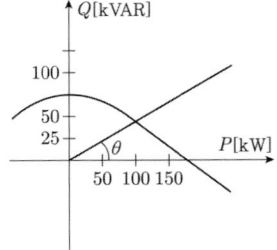

Explanation

정전압 송전방식에서 피상전력 $P_a = P \pm jQ$에서 원선도상에서의 피상전력은 항상 같으므로 원선도 그림에서 유효전력 100[kW], 무효전력 50[kVAR] 정도일 때 조상설비가 없어도 정전압 운전이 가능하다.

【답】③

32 저수지의 이용 수심이 클 때 사용하면 유리한 조압수조는?
① 차동조압수조
② 단동조압수조
③ 수실조압수조
④ 제수공조압수조

Explanation

조압수조(surge tank)
부하 변동 시 수압(수격작용)을 완화시켜 수압 철관을 보호하기 위한 장치
• 수실조압수조 : 수조의 상·하부 측면에 수실을 가진 수조
　　　　　　　　저수지의 이용 수심이 클 때 사용하면 유리

【답】③

33 송전선의 전압변동률의 식은 $\dfrac{V_{R1} - V_{R2}}{V_{R2}} \times 100[\%]$로 표현된다. 이 식에서 V_{R1}은 무엇인가?
① 무부하시 송전단전압
② 부하시 송전단전압
③ 무부하시 수전단전압
④ 부하시 수전단전압

Explanation

전압 변동률 $\epsilon = \dfrac{V_{r0} - V_r}{V_r} \times 100[\%]$

$= \dfrac{\text{무부하시 수전단 전압} - \text{수전단 정격 전압}}{\text{수전단 정격 전압}} \times 100$

【답】③

34 가공지선에 대한 설명 중 옳지 않은 것은?
① 가공지선은 직격뢰, 유도뢰 차폐를 목적으로 사용한다.
② 가공지선은 2조로 가선하면 차폐각이 적어지고 보호율이 우수하게 된다.
③ 가공지선의 이도는 전선의 이도보다 크게 한다.
④ 가공지선은 사고 시에 고장전류의 일부분이 흐르므로 전자유도장해를 경감할 수 있다.

Explanation

가공 지선의 설치 목적
• 직격뢰, 유도뢰 차폐(차폐각을 작게 : 건설비 고가)
• 전자유도장해 경감(지락전류의 일부가 가공지선에 흐르기 때문)
• 차폐각 : 적을수록 보호율 우수(건설비 고가)
　　　　　보통 30~45° 보호율(97[%])
　　　　　30° 이하 보호율(100[%]) ⇒ 가공지선을 2줄로 하면 차폐각이 적어지고 보호율이 우수

【답】③

35 다음의 차단기 중 고압용 차단기가 아닌 것은?
① ACB
② OCB
③ GCB
④ ABB

Explanation

ACB(기중차단기) : 저압용 차단기

【답】①

36 그림에서 계기 Ⓜ이 지시하는 것은?

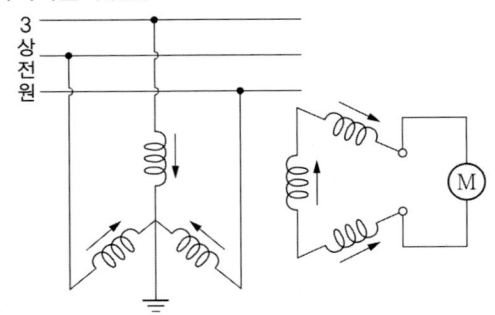

① 정상전류 ② 영상전압
③ 역상전압 ④ 정상 전압

> **Explanation**
>
> GPT(Ground Potential Transformer) : 접지형 계기용 변압기, 영상전압 검출
> 1선 지락 시에는 $V_a + V_b + V_c = 3V_0$의 영상 전압이 나타난다.

【답】②

37 모선보호에 사용되는 계전 방식은?
① 과전류 계전 방식 ② 전력 평형 보호 방식
③ 표시선 계전 방식 ④ 전류 차동 계전 방식

> **Explanation**
>
> 모선(Bus)보호 방식
> • 전압차동방식
> • 전류차동방식
> • 위상비교방식
> • 방향비교방식

【답】④

38 송전 계통의 중성점을 직접 접지하는 목적과 관계없는 것은?
① 고장전류 크기의 억제 ② 이상전압 발생의 방지
③ 보호계전기의 신속 정확한 동작 ④ 전선로 및 기기의 절연레벨을 경감

> **Explanation**
>
> 송전 계통의 중성점 접지의 목적
> • 1선 지락 시 전위 상승 억제, 계통의 기계 기구의 절연 보호(절연레벨 경감)
> • 지락 사고 시 보호 계전기 동작의 확실
> • 과도 안정도 증진
> • 이상전압의 발생 방지 및 지락 아크 소멸

【답】①

39 송전선로에서 역섬락을 방지하는 가장 유효한 방법은?
① 피뢰기를 설치한다. ② 가공지선을 설치한다.
③ 소호각을 설치한다. ④ 탑각 접지저항을 작게 한다.

> **Explanation**
>
> 역섬락 방지법
> • 매설지선 설치
> • 탑각 접지저항 적게 함

【답】④

40 그림의 X부분에 흐르는 전류는 어떤 전류인가?
① b상 전류
② 정상전류
③ 역상전류
④ 영상전류

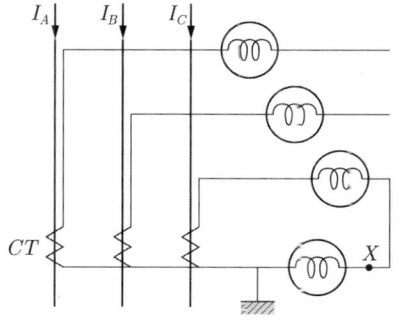

Explanation

영상전류 $I_o = \dfrac{1}{3}(I_a + I_b + I_c)$

고장시 $3I_o = I_a + I_b + I_c$ 이므로 영상전류가 검출된다.

【답】④

3과목　전기기기

41 직류 전동기의 속도제어에 사용되는 워드 레오나드(Ward Leonard) 방식은 다음 중 어느 제어법을 이용한 것인가?
① 저항제어법
② 전압제어법
③ 주파수제어법
④ 계자제어법

Explanation

직류 전동기 속도 제어　$n = K' \dfrac{V - I_a R_a}{\phi}$ (K' : 기계정수)

종류	특징
전압 제어	▶ 광범위 속도제어 가능, 운전효율 우수 ▶ **워드 레오너드 방식** ▶ 일그너 방식(부하가 급변하는 곳, 플라이휠효과 이용, 제철용 압연기) ▶ 정토크 제어
계자 제어	▶ 정출력 제어
저항 제어	▶ 효율이 저하

【답】②

42 GTO 사이리스터의 특징으로 틀린 것은?
① 각 단자의 명칭은 SCR 사이리스터와 같다.
② 온(On) 상태에서는 양방향 전류특성을 보인다.
③ 온(On) 드롭(Drop)은 약 2~4[V]가 되어 SCR 사이리스터 보다 약간 크다.
④ 오프(Off) 상태에서는 SCR 사이리스터처럼 양방향 전압저지능력을 갖고 있다.

Explanation

GTO 사이리스터 (Gate Turn-off thyrster)
게이트 조작에 의해 부하전류 이상으로 유지 전류를 높일 수 있어 게이트의 턴 온, 턴 오프가 가능한 사이리스터

【답】②

43 다음 중 부하의 변화에 대하여 속도 변동이 가장 큰 직류 전동기는?
① 분권전동기
② 차동 복권 전동기
③ 가동 복권 전동기
④ 직권전동기

Explanation

부하의 변화에 대하여 속도 변동이 큰 순서
직권 > 가동복권 > 분권 > 차동복권

【답】④

44 불평형 전압 상태에서 3상 유도전동기를 운전하면 토크와 입력은 어떻게 되는가?
① 토크가 감소하고 입력도 감소한다.
② 토크는 감소하고 입력은 증가한다.
③ 토크는 증가하고 입력은 감소한다.
④ 토크가 증가하고 입력도 증가한다.

Explanation

전압이 불평형이 되면 불평형 전류가 흘러 전류가 증가하여 입력이 증가되나 토크는 감소한다.

【답】②

45 정격용량 10,000[kVA], 정격전압 6,000[V], 극수 12, 주파수 60[Hz], 1상의 동기 임피던스 2[Ω]인 3상 동기발전기가 있다. 이 발전기의 단락비는 얼마인가?
① 1.0
② 1.2
③ 1.4
④ 1.8

Explanation

%동기임피던스

$$Z_s' = \frac{I_n Z_s}{E} \times 100 = \frac{P_n Z_s}{V^2} \times 100 = \frac{I_n}{I_s} \times 100$$

– %동기임피던스[PU] $Z_s' = \dfrac{1}{K_s} = \dfrac{P_n Z_s}{V^2}$

– 단락비 $K_s = \dfrac{1}{Z_s'[PU]} = \dfrac{V^2}{P_n Z_s} = \dfrac{6,000^2}{10,000 \times 10^3 \times 2} = 1.8$

【답】④

46 다음 중 크롤링 현상이 발생하는 전동기는?
① 농형 유도 전동기
② 직류 직권 전동기
③ 회전 변류기
④ 3상 변압기

Explanation

크롤링 현상
• **농형 유도 전동기에서 발생**
• 원인 : 계자에 고조파가 유기
        공극이 불균형
• 전동기의 회전자가 정격속도에 가속이 되지 않는 상태
• 대책 : 사구(Skew Slot) 채용

【답】①

47 용량 P[kVA]인 동일 정격의 단상변압기 4대로 낼 수 있는 3상 최대 출력용량은?
① $3P$
② $\sqrt{3}P$
③ $4P$
④ $2\sqrt{3}P$

Explanation

단상 변압기 2대로 3상을 공급하려면 V결선하여야 하며
V결선 변압기의 출력 $P_V = \sqrt{3}K$ 여기서, K는 변압기 1대 용량

48 동기발전기가 60[Hz], 20극이며 회전자 외경이 3[m]인 경우 자극 면의 주변 속도는 약 몇 [m/s]인가?
① 44.4[m/s] ② 56.5[m/s]
③ 68.5[m/s] ④ 70.5[m/s]

Explanation

동기속도 $N_s = \dfrac{120f}{p} = \dfrac{120 \times 60}{20} = 360\text{[rpm]}$

전기자 주변 속도 $v = \pi D \dfrac{N_s}{60} = \pi \times 3 \times \dfrac{360}{60} = 56.5\text{ [m/s]}$

【답】 ②

49 기전력에 고조파를 포함하고 중성점이 접지되어 있을 때에는 선로에 제 3고조파를 주로 하는 충전전류가 흐르고 변압기에는 제3고조파의 영향으로 통신장해를 일으키는 3상 결선법은?
① △-△결선 ② Y-Y결선
③ Y-△결선 ④ △-Y결선

Explanation

Y-Y 결선 : 1, 2차에 제3고조파가 발생하며 통신유도장해 발생

【답】 ②

50 2대의 3상 동기발전기가 같은 부하를 분담하고 병렬운전을 하고 있다. 각 발전기의 1상의 기전력은 2,000[V]이고, 동기리액턴스는 5[Ω]이라 한다. 어떤 원인에 의하여 두 발전기의 기전력 사이에 30°의 위상차가 생겼다. 이 때 두 발전기 사이에 주그받는 전력[kW]은 얼마인가?
① 200 ② 300
③ 400 ④ 500

Explanation

동기발전기 병렬운전 시 두 발전기 사이의 기전력의 위상차가 발생하면 동기화전류(유효순환전류)가 흐르며 위상이 앞서는 발전기에서 위상이 늦은 발전기로 수수전력 발생

수수전력 $P = \dfrac{E^2}{2x_s}\sin\delta\text{[W]} = \dfrac{2,000^2}{2\times 5}\sin 30° \times 10^{-3} = 200\text{[kW]}$

【답】 ①

51 변압기에서 생기는 철손 중 와류손(Eddy Current Loss)은 철심의 규소강판 두께와 어떤 관계가 있는가?
① 두께에 비례 ② 두께의 2승에 비례
③ 두께의 3승에 비례 ④ 두께의 $\dfrac{1}{2}$승에 비례

Explanation

• 와류손 : $P_e = \sigma_e(tfk_fB_m)^2\text{[W]}$
여기서, σ_e는 와류손 상수, t는 두께, k_f는 파형률, B_m은 최대자속밀도
따라서 **와류손은 두께의 제곱에 비례한다.**

【답】 ②

52 다음은 어떤 전동기에 대한 설명인가?

> • 피드백 루프가 필요 없이 오픈 루프로 손쉽게 속도 및 위치제어
> • 가속, 감속이 용이하며 정·역전 및 변속이 쉽다.
> • 위치제어를 할 때 각도 오차가 적다.
> • 회전각과 속도는 펄스 수에 비례

① 3상 유도전동기 ② 브러시레스 직류전동기
③ 직류 분권 전동기 ④ 스테핑전동기

Explanation

스테핑 모터
• 피드백 루프가 필요 없이 오픈 루프로 손쉽게 속도 및 위치 제어
• 디지털 신호를 직접 제어 할 수 있으므로 컴퓨터 등 다른 디지털 기기와 인터페이스가 용이
• 가속, 감속이 용이하며 정·역전 및 변속이 쉽다.
• 위치제어를 할 때 각도오차가 적다.
• 회전각과 속도는 펄스 수에 비례

【답】 ④

53 출력 P_o, 2차 동손 P_{c2}, 2차 입력 P_2, 및 슬립 s인 유도전동기에서의 관계는?

① $P_2 : P_{c2} : P_o = 1 : s : (1-s)$ ② $P_2 : P_{c2} : P_o = 1 : (1-s) : s$
③ $P_2 : P_{c2} : P_o = 1 : s^2 : (1-s)$ ④ $P_2 : P_{c2} : P_o = 1 : (1-s) : s^2$

Explanation

유도전동기 전력변환 관계식
$P_2 : P_{c2} : P_0 = 1 : s : (1-s)$
• 2차 동손 $P_{c2} = sP_2$
• 출력 $P_0 = (1-s)P_2$

【답】 ①

54 200[kW], 200[V]의 직류 분권발전기가 있다. 전기자 권선의 저항이 0.025[Ω]일 때 전압변동률은 몇 [%]인가?

① 6.0 ② 12.5
③ 20.5 ④ 25.0

Explanation

분권발전기 $I_a = I + I_f = \dfrac{P}{V} + \dfrac{V}{R_f}$ 에서

계자전류가 주어지지 않았으므로 $I_a = I = \dfrac{P}{V} = \dfrac{200 \times 10^3}{200} = 1,000[A]$

무부하 단자 전압(유기기전력)
$E = V_0 = V_n + R_a I_a = 200 + 1,000 \times 0.025 = 225[V]$

전압 변동률 $\epsilon = \dfrac{V_0 - V_n}{V_n} \times 100 = \dfrac{225 - 200}{200} \times 100 = 12.5[\%]$

【답】 ②

55 다이오드 정류 회로에서 상의 수를 크게 했을 경우 다음 중 옳은 것은?

① 맥동 주파수와 맥동률이 증가한다. ② 맥동률과 맥동 주파수가 감소한다.
③ 맥동 주파수는 증가하고 맥동률은 감소한다. ④ 맥동률과 주파수는 감소하나 출력이 증가한다.

Explanation

정류회로 비교

구분	단상 반파	단상 전파	3상 반파	3상 전파
직류전압	$E_d = 0.45E$	$E_d = 0.9E$	$E_d = 1.17E$	$E_d = 1.35E$
맥동주파수	f	2f	3f	6f
맥 동 률	121[%]	48[%]	17[%]	4[%]

【답】③

56 직류기의 전기자 반작용에 의한 영향이 아닌 것은?
① 자속이 감소하므로 유기기전력이 감소한다.
② 발전기의 경우 회전방향으로 기하학적 중성축이 형성된다.
③ 전동기의 경우 회전방향과 반대방향으로 기하학적 중성축이 형성된다.
④ 브러시에 의해 단락된 코일에는 기전력이 발생하므로 브러시 사이의 유기기전력이 증가한다.

Explanation

전기자 반작용
전기자 전류에 의한 전기자 기자력이 계자 기자력에 영향을 미치는 현상(주자속이 감소하는 현상)
• 전기적 중성축 이동
 - 보극이 없는 직류기는 브러시를 이동
 - 발전기 : 회전 방향
 - 전동기 : 회전 반대 방향
• 국부적으로 섬락 발생 : 공극의 자속분포 불균형으로 섬락(불꽃) 발생
• 자속이 감소하므로 유기기전력이 감소한다.

【답】④

57 1차 전압 3,300[V], 권수비 30인 단상 변압기로 전등부하에 30[A]를 공급할 때 입력 [kW]은? 단, 변압기의 손실은 무시한다.
① 3.3   ② 4.4
③ 5.5   ④ 6.6

Explanation

변압기의 권수비 $a = \dfrac{N_1}{N_2} = \dfrac{E_1}{E_2} = \dfrac{V_1}{V_2} = \dfrac{I_2}{I_1} = \sqrt{\dfrac{Z_1}{Z_2}}$ 에서

1차 전류 $I_1 = \dfrac{I_2}{a} = \dfrac{30}{30} = 1$[A], 전등 부하는 역률 $\cos\theta = 1$

입력 $P_1 = V_1 I_1 \cos\theta = 3,300 \times 1 \times 1 \times 10^{-3} = 3.3$[kW]

【답】①

58 3상 비돌극형 동기발전기가 있다. 정격출력 5,000[kVA], 정격전압 6,000[V], 정격역률 0.8이다. 여자를 정격상태로 유지할 때 이 발전기의 최대출력은 약 몇 [kW] 인가? (단, 1상의 동기리액턴스는 0.8[P.U]이며 저항은 무시한다.)
① 7,500   ② 10,000
③ 11,500   ④ 12,500

Explanation

【답】②

59 직류기의 전기자권선 중 중권 권선에서 뒤피치가 앞피치 보다 큰 경우를 무엇이라 하는가?
① 진권
② 쇄권
③ 여권
④ 장절권

Explanation

- 진권 : 중권 권선에서 뒤피치가 앞피치보다 큰 경우
- 후퇴권(역진권) : 중권 권선에서 앞피치가 뒤피치보다 큰 경우

【답】①

60 단상 전파 정류 회로에서 저항 부하 시 맥동률은 약 몇 [%]인가?
① 17
② 48
③ 52
④ 83

Explanation

정류회로 비교

구분	단상 반파	단상 전파	3상 반파	3상 전파
맥동률	121[%]	48[%]	17[%]	4[%]

【답】②

4과목　회로이론

61 그림과 같은 회로의 컨덕턴스 G_2에 흐르는 전류 [A]는?
① 5
② 3
③ 10
④ 15

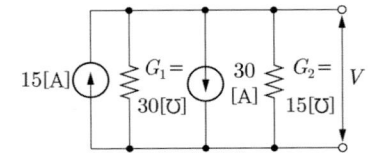

Explanation

전류원을 정리하면 다음과 같다.

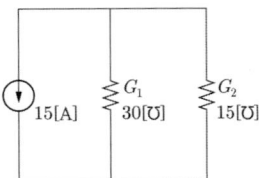

따라서 컨덕턴스 G_2에 흐르는 전류는 $I_2 = I \times \dfrac{G_2}{G_1+G_2} = 15 \times \dfrac{15}{30+15} = 5[A]$

【답】①

62 그림과 같은 회로에서 선형 저항 3[Ω] 양단의 전압 [V]은?
① 2
② 2.5
③ 3
④ 4.5

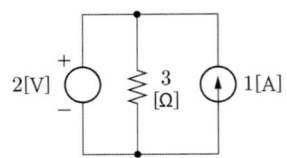

> Explanation

중첩의 원리에 의해
- 전압원과 전류원이 단독 직렬 : 전압원 단락
- 전압원과 전류원이 단독 병렬 : 전류원 개방

따라서 전압원의 2[V]만 존재하므로 3[Ω] 양단의 전압은 2[V]이다.

【답】①

63 그림에서 $e(t) = E_m \cos \omega t$ 의 전원 전압을 인가했을 때 인덕턴스 L에 축적되는 에너지는?

① $\dfrac{1}{4} \cdot \dfrac{E_m^2}{\omega^2 L}(1 - \cos 2\omega t)$

② $\dfrac{1}{2} \cdot \dfrac{E_m^2}{\omega^2 L^2}(1 - \cos 2\omega t)$

③ $\dfrac{1}{4} \cdot \dfrac{E_m^2}{\omega^2 L}(1 + \cos 2\omega t)$

④ $\dfrac{1}{2} \cdot \dfrac{E_m^2}{\omega^2 L^2}(1 + \cos 2\omega t)$

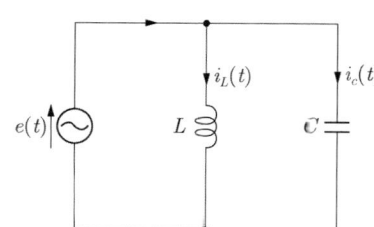

> Explanation

【답】①

64 그림과 같은 회로의 영상 임피던스 Z_{01}과 Z_{02}의 값[Ω]은?

① $3\sqrt{5}, \dfrac{80}{3}$ ② $3\sqrt{5}, \dfrac{\sqrt{80}}{3}$

③ $\dfrac{80}{3}, 3\sqrt{5}$ ④ $\dfrac{80}{\sqrt{3}}, 3\sqrt{5}$

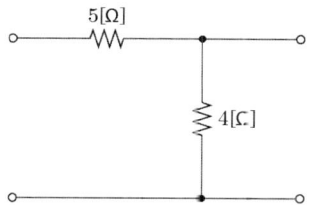

> Explanation

T형 4단자 정수

$\begin{bmatrix} A & B \\ C & D \end{bmatrix} = \begin{bmatrix} 1 & 5 \\ 0 & 1 \end{bmatrix} \begin{bmatrix} 1 & 0 \\ \dfrac{1}{4} & 1 \end{bmatrix} = \begin{bmatrix} \dfrac{9}{4} & 5 \\ \dfrac{1}{4} & 1 \end{bmatrix}$

영상 임피던스

$Z_{01} = \sqrt{\dfrac{AB}{CD}} = \sqrt{\dfrac{\dfrac{9}{4} \times 5}{\dfrac{1}{4} \times 1}} = \sqrt{45} = 3\sqrt{5}$

$Z_{02} = \sqrt{\dfrac{BD}{AC}} = \sqrt{\dfrac{5 \times 1}{\dfrac{9}{4} \times \dfrac{1}{4}}} = \sqrt{\dfrac{80}{9}} = \dfrac{\sqrt{80}}{3}$

【답】②

65 왜형파 전압 $v = 100\sqrt{2}\sin\omega t + 40\sqrt{2}\sin 2\omega t + 30\sqrt{2}\sin 3\omega t$ 의 왜형률을 구하면?
① 1.0
② 0.8
③ 0.5
④ 0.3

Explanation

왜형률 $= \dfrac{\text{전고조파의 실효값}}{\text{기본파의 실효값}} = \dfrac{\sqrt{V_2^2 + V_3^2 + V_4^2 + \cdots}}{V_1}$

$= \dfrac{\sqrt{V_3^2 + V_5^2}}{V_1} = \dfrac{\sqrt{40^2 + 30^2}}{100} = 0.5$

【답】③

66 그림과 같은 $R-L-C$ 직렬회로에서 발생하는 과도현상이 진동이 되지 않는 조건은 어느 것인가?
① $\left(\dfrac{R}{2L}\right)^2 - \dfrac{1}{LC} < 0$
② $\left(\dfrac{R}{2L}\right)^2 - \dfrac{1}{LC} > 0$
③ $\left(\dfrac{R}{2L}\right)^2 = \dfrac{1}{LC}$
④ $\dfrac{R}{2L} = \dfrac{1}{LC}$

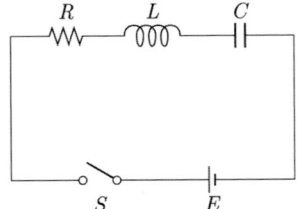

Explanation

$R-L-C$ 직렬회로에서 직류전압 인가
- 비진동 조건 : $\left(\dfrac{R}{2L}\right)^2 - \dfrac{1}{LC} > 0$
- 임계적 조건 : $\left(\dfrac{R}{2L}\right)^2 - \dfrac{1}{LC} = 0$
- 진동적 조건 : $\left(\dfrac{R}{2L}\right)^2 - \dfrac{1}{LC} < 0$

【답】②

67 전압 200 [V], 전류 30 [A]로서 4.8 [kW]의 전력을 소비하는 회로의 리액턴스[Ω]는?
① 6.6
② 5.3
③ 4.0
④ 3.3

Explanation

피상전력 $P_a = \sqrt{P^2 + P_r^2} = VI = 200 \times 30 = 6,000$ [VA]

무효전력 $P_r = VI\sin\theta = I^2 X = \sqrt{P_a^2 - P^2}$ 에서

$P_r = \sqrt{6,000^2 - 4,800^2} = 3,600$ [Var]

따라서, $P_r = VI\sin\theta = I^2 X$ 에서

리액턴스 $X = \dfrac{P_r}{I^2} = \dfrac{3,600}{30^2} = 4$ [Ω]

【답】③

68 $f(t) = \sin t \cos t$ 를 라플라스 변환하면?
① $\dfrac{1}{s^2 + 4}$
② $\dfrac{1}{s^2 + 2}$
③ $\dfrac{1}{(s+2)^2}$
④ $\dfrac{1}{(s+4)^2}$

> **Explanation**

삼각 함수의 공식

$\sin t \cos t = \frac{1}{2}\sin 2t$ 에서 $F(s) = \mathcal{L}[\sin t \cos t] = \mathcal{L}\left[\frac{1}{2}\sin 2t\right] = \frac{1}{2} \cdot \frac{2}{s^2+2^2} = \frac{1}{s^2+4}$

【답】①

69 대칭 6상 성형(star) 결선에서 선간 전압이 240[V]인 경우 상전압은 몇 [V]인가?

① 240[V]
② $240\sqrt{3}$ [V]
③ $\frac{240}{\sqrt{3}}$ [V]
④ 80[V]

> **Explanation**

대칭 n상 Y결선(성형결선) 전압 전류

$V_l = 2\sin\frac{\pi}{n} V_p \angle \frac{\pi}{2}(1 - \frac{2}{n})$

$I_l = I_p$

따라서 6상인 경우 $V_l = 2V_p\sin\frac{\pi}{n} = 2V_p\sin\frac{\pi}{6} = V_p$ ∴ $V_l = V_p$

상전압=선간전압=240[V]

【답】①

70 그림에서 단자 ab에 나타나는 전압 V_{AB}[V]는 얼마인가?

① 6.0
② 4.0
③ 3.6
④ 2.0

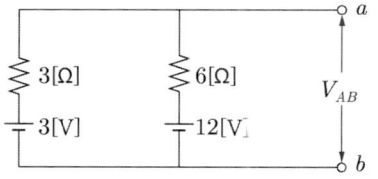

> **Explanation**

밀만의 정리

$V_{AB} = \dfrac{\dfrac{V_1}{R_1} + \dfrac{V_2}{R_2}}{\dfrac{1}{R_1} + \dfrac{1}{R_2}} = \dfrac{\dfrac{3}{3} + \dfrac{12}{6}}{\dfrac{1}{3} + \dfrac{1}{6}} = 6[\text{V}]$

【답】①

71 서로 결합하고 있는 두 코일 A와 B를 같은 방향으로 감아서 직렬로 접속하면 합성 인덕턴스가 10[mH]가 되고, 반대로 연결하면 합성 인덕턴스가 40[%] 감소한다. A코일의 자기 인덕턴스가 5[mH]라면 B코일의 자기 인덕턴스는 몇 [mH]인가?

① 10
② 8
③ 5
④ 3

> **Explanation**

같은 방향(가동 접속) : $L_1 + L_2 + 2M = 10$
다른 방향(차동 접속) : $L_1 + L_2 - 2M = 6$
두 식을 더해서 정리하면 $2(L_1 + L_2) = 16$
따라서 $L_1 + L_2 = 8$이므로 $L_1 = 5$[mH]라면 $L_2 = 3$[mH]

【답】④

72 대칭 좌표법에 관한 설명 중 잘못된 것은?

① 불평형 3상 회로 비접지식 회로에서는 영상분이 존재한다.
② 대칭 3상 전압에서 영상분은 0이 된다.
③ 대칭 3상 전압은 정상분만 존재한다.
④ 불평형 3상 회로의 접지식 회로에서는 영상분이 존재한다.

Explanation

△부하 : 비접지식
영상분은 접지식 회로에서만 발생하므로
비접지식에서는 영상분 $I_o = \frac{1}{3}(I_a + I_b + I_c) = 0$

【답】①

73 $R-L$ 직렬회로에서 시정수의 값이 클수록 과도현상의 소멸되는 시간은 어떻게 되는가?

① 짧아진다.
② 길어진다.
③ 과도기가 없어진다.
④ 관계없다.

Explanation

시정수(Time constant) : 목표 값에 63.2[%]에 도달하는 시간으로 정의
시정수가 클수록 과도현상은 오래 지속된다.

【답】②

74 한 상의 임피던스 $Z = 6 + j8[\Omega]$인 평형 Y 부하에 평형 3상 전압 200[V]를 인가할 때 무효전력 [Var]은?

① 1,330
② 1,848
③ 2,381
④ 3,200

Explanation

3상 무효전력 $P = 3V_pI_p\sin\theta = 3I_p^2 X[\text{Var}]$
Y결선이므로 $I_l = I_p$

여기서, 상전류는 $I_p = \frac{V_p}{Z} = \frac{\frac{200}{\sqrt{3}}}{6+j8} = \frac{\frac{200}{\sqrt{3}}}{\sqrt{6^2+8^2}} = \frac{20}{\sqrt{3}}$ [A]

3상 무효전력은 $P = 3I_p^2 X = 3 \times \left(\frac{20}{\sqrt{3}}\right)^2 \times 8 = 3,200[\text{Var}]$

【답】④

75 그림과 같은 회로의 전달 함수는? 단, $T = RC$ 이다.

① $\dfrac{1}{Ts^2 + 1}$
② $\dfrac{1}{Ts + 1}$
③ $Ts^2 + 1$
④ $Ts + 1$

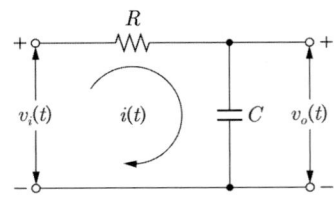

Explanation

전압비 전달 함수는 임피던스 비이므로

전달 함수 $G(s) = \dfrac{V_o(s)}{V_i(s)} = \dfrac{\frac{1}{Cs}}{R + \frac{1}{Cs}} = \dfrac{1}{RCs + 1} = \dfrac{1}{Ts + 1}$

【답】②

76 그림과 같은 파형의 실효값은?
① 47.7
② 57.7
③ 67.7
④ 77.5

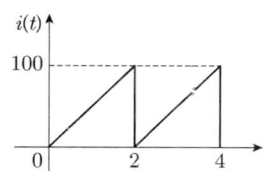

Explanation

삼각파, 톱니파 실효값 $I = \dfrac{I_m}{\sqrt{3}}$

실효값 $I = \dfrac{I_m}{\sqrt{3}} = \dfrac{100}{\sqrt{3}} = 57.7$

【답】②

77 저항 R과 유도 리액턴스 X_L이 병렬로 접속된 회로의 역률은?

① $\dfrac{\sqrt{R^2 + X_L^2}}{R}$

② $\sqrt{\dfrac{R^2 + X_L^2}{X_L}}$

③ $\dfrac{R}{\sqrt{R^2 + X_L^2}}$

④ $\dfrac{X_L}{\sqrt{R^2 + X_L^2}}$

Explanation

병렬회로의 역률 $\cos\theta = \dfrac{I_R}{I} = \dfrac{G}{Y} = \dfrac{\dfrac{1}{R}}{\sqrt{\left(\dfrac{1}{R}\right)^2 + \left(\dfrac{1}{X_L}\right)^2}} = \dfrac{X_L}{\sqrt{R^2 + X_L^2}}$

【답】④

78 그림과 같은 회로에서 $R = 8\,[\Omega]$, $X_L = 10\,[\Omega]$, $X_C = 16\,[\Omega]$, $E = 100\,[V]$일 때 이 회로에 흐르는 전류의 크기[A]는?
① 2
② 3
③ 10
④ 20

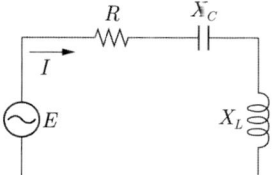

Explanation

임피던스 $Z = R + j\left(\omega L - \dfrac{1}{\omega C}\right) = 8 + j(10 - 16) = 8 - j6$

전류 $I = \dfrac{E}{Z} = \dfrac{E}{\sqrt{R^2 + (X_L - X_C)^2}} = \dfrac{100}{\sqrt{8^2 + 6^2}} = \dfrac{100}{10} = 10\,[A]$

【답】③

79 각 상의 임피던스 $Z = 6 + j8\,[\Omega]$인 평형 Y부하에 선간 전압 220[V]인 대칭 3상 전압이 가해졌을 때 선전류는 약 몇 [A]인가?
① 11.7
② 12.7
③ 13.7
④ 14.7

Explanation

상전류 $I_p = \dfrac{V_p}{Z} = \dfrac{\frac{220}{\sqrt{3}}}{\sqrt{6^2+8^2}} = 12.7$

따라서 선전류는 $I_p = I_l = 12.7[A]$ 【답】②

80 전압의 순시값이 $e = 3 + 10\sqrt{2}\sin\omega t + 5\sqrt{2}\sin(3\omega t - 30°)$ 일 때 실효값은 몇 [V]인가?

① 10.4　　　　　　　　　　　② 11.6
③ 12.5　　　　　　　　　　　④ 16.2

Explanation

비정현파의 실효값 : 각파의 실효값 제곱의 합의 제곱근
$V = \sqrt{V_0^2 + V_1^2 + V_2^2 + \cdots + V_n^2} = \sqrt{3^2 + 10^2 + 5^2} = 11.6[V]$ 【답】②

5과목　전기설비기술기준

81 사용전압이 저압인 전로에서 절연저항 측정이 곤란한 경우에는 누설전류는 몇[mA] 이하로 유지하여야 하는가?

① 0.1[mA]　　　　　　　　　② 3[mA]
③ 1[mA]　　　　　　　　　　④ 2[mA]

Explanation

(KEC 132조) 전로의 절연저항 및 절연내력
사용전압이 저압인 전로에서 절연저항 측정이 곤란한 경우에는 누설전류를 1[mA] 이하로 유지하여 한다. 【답】③

82 이동형의 용접전극을 사용하는 아크용접장치의 용접변압기의 1차 측 전로의 대지전압은 몇 [V] 이하이어야 하는가?

① 220　　　② 300　　　③ 380　　　④ 440

Explanation

(KEC 241.10조) 아크 용접기
이동형(가반형) 용접 전극을 사용하는 아크 용접장치 변압기는 1차 대지전압 300[V] 이하의 절연 변압기일 것 【답】②

83 연료전지를 자동으로 전로로부터 차단하는 장치가 동작해야 하는 경우가 아닌 것은?

① 연료전지에 과전류가 생긴 경우
② 연료전지의 온도가 현저하게 상승한 경우
③ 발전전압에 이상이 생겼을 경우
④ 연료가스 출구에서의 산소농도가 현저히 저하되는 경우

Explanation

(KEC 542.2.1조) 연료전지설비의 보호장치
자동적으로 이를 전로에서 차단하고 연료전지에 연료가스 공급을 자동적으로 차단하며 연료전지내의 연료가스를 자동적으로 배제하는 장치를 시설
① 연료전지에 과전류가 생긴 경우
② 발전요소의 발전전압에 이상이 생겼을 경우 또는 **연료가스 출구에서의 산소농도 또는 공기 출구에서의 연료가스 농도가 현저히 상승한 경우**

③ 연료전지의 온도가 현저하게 상승한 경우

【답】 ④

84 고압 가공전선에 사용할 수 없는 전선은 다음 중 어느 것인가?
① 특고압 절연전선
② 고압 절연전선
③ 미네랄인슈레이션
④ 케이블

Explanation

(KEC 332.3조) 고압 가공전선의 굵기 및 종류
고압 가공전선은 고압 절연전선, 특고압 절연전선 또는 케이블을 사용하여야 한다.
여기서, 미네랄 인슈레이션 케이블은 저압용이다.

【답】 ③

85 고압 가공전선이 가공약전류전선 등과 접근하는 경우에 고압 가공전선과 가공약전류전선 사이의 이격거리는 몇 [m] 이상이어야 하는가? (단, 전선이 케이블이 아닌 경우이다)
① 0.8
② 0.6
③ 1.2
④ 1.0

Explanation

(KEC 332.13조) 고압 가공전선과 가공약전류전선 등의 접근 또는 교차
고압 가공 전선과 가공 약전류 전선이 접근하는 경우의 수평 거리는 0.8[m] 이상으로 되어 있다. 다만, 전화선이 절연 전선 이상인 것이나 통신용 케이블인 경우는 0.4[m] 이상으로 할 수 있다.

【답】 ①

86 과전류차단기로 시설하는 퓨즈 중 고압전로에 사용하는 비포장 퓨즈는 정격전류의 몇 배의 전류에 견디어야 하는가?
① 1.1
② 1.25
③ 1.5
④ 2

Explanation

(KEC 341.10조) 고압 및 특고압 전로 중의 과전류 차단기의 시설
① 포장 퓨즈 : 1.3배의 전류에 견디고 또한 2배의 전류로 120분 안에 용단
② 비포장 퓨즈 : 1.25배의 전류에 견디고 또한 2배의 전류로 2분 안에 용단

【답】 ②

87 저압 가공인입선 시설 시 사용할 수 없는 전선은?
① 다심형 전선
② 지름 2.6[mm] 이상의 인입용 비닐절연전선
③ 나전선
④ 케이블

Explanation

(KEC 221.1.1조) 저압 인입선의 시설
① 전선이 케이블인 경우 이외에는 인장강도 2.30[kN] 이상의 것 또는 지름 2.6[mm] 이상의 인입용 비닐절연전선일 것. 다만, 경간이 15[m] 이하인 경우는 인장강도 1.25[kN] 이상의 것 또는 지름 2[mm] 이상의 인입용 비닐절연전선일 것
② 전선은 절연전선, 다심형 전선 또는 케이블일 것

【답】 ③

88 이차전지를 이용한 전기저장장치의 설치장소와 설비의 요구사항에 대한 다음 보기 중 틀린 것은?
① 충전부분은 점검할 수 있도록 노출된 장소에 시설한다.
② 폭발성 가스의 축적을 방지하기 위한 환기시설을 갖추고 적정한 온도와 습도를 유지하도록 시설한다.
③ 침수의 우려가 없도록 시설한다.
④ 축전지, 제어반, 배전반의 시설은 기기 등을 조작 또는 보수·점검할 수 있는 충분한 공간을 확보하고 조명설비를 시설한다.

> **Explanation**

(KEC 511.1~2조) 전기저장장소 시설장소의 요구사항, 설비의 안전 요구사항
① 전기저장장치의 축전지, 제어반, 배전반의 시설은 기기 등을 조작 또는 보수·점검할 수 있는 충분한 공간을 확보하고 조명설비를 시설
② 폭발성 가스의 축적을 방지하기 위한 환기시설을 갖추고 적정한 온도와 습도를 유지하도록 시설
③ 침수의 우려가 없도록 시설
④ **충전부분은 노출되지 않도록 시설** 【답】①

89 발전기·변압기·무효 전력 보상 장치·계기용변성기·모선 또는 이를 지지하는 애자는 어떤 전류에 의하여 생기는 기계적 충격에 견디는 것인가?
① 지상전류
② 유도전류
③ 충전전류
④ 단락전류

> **Explanation**

(기술기준 제23조) 발전기 등의 기계적 강도
발전기, 변압기, 무효 전력 보상 장치, 모선 또는 이를 지지하는 애자는 **단락전류에 의하여 생기는 기계적 충격에 견디는 강도**를 가져야 한다. 【답】④

90 사용전압이 60[kV]의 특고압 가공 전선로에는 전화 선로의 길이 12k[m]마다 유도전류가 몇 [μA]를 넘지 아니하도록 하여야 하는가?
① 1.5
② 2
③ 2.5
④ 3

> **Explanation**

(KEC 333.2조) 유도장해의 방지
① **사용전압이 60[kV] 이하인 경우에는 전화 선로의 길이 12[km]마다 유도전류가 2[μA]를 넘지 아니할 것**
② 사용전압이 60[kV]를 넘는 경우에는 전화 선로의 길이 40[km]마다 유도전류가 3[μA]를 넘지 아니할 것 【답】②

91 전차선로의 전압에 대한 다음의 설명 중 틀린 것은?
① 직류방식의 비지속성 최고전압은 지속시간이 3분 이하로 예상되는 전압의 최고값으로 한다.
② 교류방식의 비지속성 최저전압은 지속시간이 2분 이하로 예상되는 전압의 최저값으로 한다.
③ 수전선로의 공칭전압은 22.9, 154, 345[kV]이다.
④ 교류방식의 주파수 실효값은 60[Hz]이다.

> **Explanation**

(KEC 411.2조) 전차선로의 전압
① **직류방식**: 사용전압과 각 전압별 최고, 최저전압은 아래 표에 따라 선정하여야 한다. 다만, 최고 비영구 전압은 **지속시간이 5분 이하로 예상되는 전압의 최고값**으로 하되, 기존 운행중인 전기철도차량과의 인터페이스를 고려한다.

구분	최저 영구 전압[V]	공칭전압[V]	최고 영구 전압[V]	최고 비영구 전압[V]	장기 과전압[V]
DC (평균값)	500	750	900	950*	1,269
	900	1,500	1,800	1,950	2,538

* 회생제동의 경우 1,000[V]의 비지속성 최고전압은 허용 가능하다.

② **교류방식**: 사용전압과 각 전압별 최고, 최저전압은 아래 표에 따라 선정하여야 한다. 다만, 최저 비영구 **전압은 지속시간이 2분 이하로 예상되는 전압의 최저값**으로 하되, 기존 운행중인 전기철도차량과의 인터페이스를 고려한다.

주파수 (실효값)	최저 비영구 전압[V]	최저 영구 전압[V]	공칭전압[V]*	최고 영구 전압[V]	최고 비영구 전압[V]	장기 과전압[V]
60[Hz]	17,500	19,000	25,000	27,500	29,000	38,746
	35,000	38,000	50,000	55,000	58,000	77,942

* 급전선과 전차선 간의 공칭전압은 단상교류 50[kV](급전선과 레일 및 전차선과 레일사이의의 전압은 25[kV])를 표준으로 한다. 【답】①

92 저압 옥내배선공사에서 애자공사에 의할 때 전선의 지지점 간의 거리는 전선을 조영재의 윗면 또는 옆면에 따라 붙일 경우에는 몇 [m] 이하로 하여야 하는가?
① 1.5
② 2
③ 3
④ 5

Explanation

(KEC 232.56조) 애자공사
전선의 지지점 간의 거리는 전선을 조영재의 위면 또는 옆면에 따라 붙일 경우에는 2[m] 이하일 것

【답】②

93 합성수지관 공사에 대한 다음의 설명 중 틀린 것은?
① 관의 지지점 간의 거리는 1.5[m] 이하로 한다.
② 전선은 합성수지관 안에서 접속점이 없도록 하여야 한다.
③ 관 상호 간 및 박스와는 관을 삽입하는 깊이를 관의 바깥지름의 1.2배 이상으로 한다.
④ 전선은 옥외용 비닐절연전선을 사용하였다.

Explanation

(KEC 232.11조) 합성수지관공사
① **전선은 절연전선(옥외용 비닐 절연전선을 제외한다.)일 것**
② 전선은 연선일 것 다만, 다음의 것은 적용하지 않는다.
　- 짧고 가는 합성수지관에 넣은 것
　- 단면적 10[㎟](알루미늄선은 단면적 16[㎟]) 이하의 것
③ 전선은 합성수지관 안에서 접속점이 없도록 할 것
④ 합성수지관 및 박스 기타의 부속품은 다음 각 호에 따라 시설하여야 한다.
　- 관 상호 간 및 박스와는 관을 삽입하는 깊이를 관의 바깥지름의 1.2배(접착제를 사용하는 경우에는 0.8배) 이상으로 하고 또한 꽂음 접속에 의하여 견고하게 접속할 것
　- 관의 지지점 간의 거리는 1.5[m] 이하로 하고, 또한 그 지지점은 관의 끝·관과 박스의 접속점 및 관 상호 간의 접속점 등에 가까운 곳에 시설할 것
　- 습기가 많은 장소 또는 물기가 있는 장소에 시설하는 경우에는 방습 장치를 할 것

【답】④

94 방직공장의 구내 도로에 220[V] 조명등용 가공전선로를 시설하고자 한다. 전선로의 경간은 몇 [m] 이하이어야 하는가?
① 20
② 30
③ 40
④ 50

Explanation

(KEC 222.23조) 구내에 시설하는 저압 가공전선로
구내에 시설하는 저압 가공 전선로는 경간 30[m] 이하로 하여 지름 2[mm] 이상의 전선을 사용한다.

【답】②

95 전기 울타리의 시설에 관한 설명으로 틀린 것은?
① 전원장치에 전기를 공급하는 전로의 사용전압은 600[V] 이하이어야 한다.
② 사람이 쉽게 출입하지 아니하는 곳에 시설한다.
③ 전선은 지름 2[mm] 이상의 경동선을 사용한다.
④ 수목 사이의 이격거리는 30[cm] 이상이어야 한다.

Explanation

(KEC 241.1.3조) 전기울타리의 시설
① 전기울타리는 사람이 쉽게 출입하지 아니하는 곳에 시설할 것
② 전선과 다른 시설물(가공 전선을 제외한다) 또는 수목 사이의 이격거리는 0.3[m] 이상일 것
③ 전기울타리용 **전원 장치에 전기를 공급하는 전로의 사용전압은 250[V]** 이하이어야 한다.

【답】①

96 가공전선로의 지지물에 지지선을 시설할 때 옳은 방법은?
① 지지선의 안전율을 1.2로 하였다.
② 소선은 최소 5가닥 이상의 연선을 사용하였다.
③ 지중의 부분 및 지표상 60[cm]까지의 부분은 아연도금 철봉 등 내부식성 재료를 사용하였다.
④ 도로를 횡단하는 곳의 지지선의 높이는 지표상 5[m]로 하였다.

> **Explanation**

(KEC 331.11조) 지지선의 시설
① 안전율 : 2.5 이상
② 최저 인장 하중 : 4.31[kN]
③ 2.6[mm] 이상의 금속선을 3가닥 이상 꼬아서 사용
④ 지중 및 지표상 0.3[m]까지의 부분은 아연도금 철봉 등을 사용
⑤ 도로를 횡단하는 곳의 지지선의 높이는 지표상 5[m] 【답】 ④

97 사용전압이 220[V]인 저압 가공전선은 인장강도 3.43[kN] 이상의 것 또는 지름 몇 [mm] 이상의 것이어야 하는가?(단, 케이블이나 절연전선이 아닌 경우이다)
① 2.0   ② 3.2
③ 4.0   ④ 5.0

> **Explanation**

(KEC 222.5조) 저압 가공 전선의 굵기 및 종류
사용전압이 400[V] 이하인 저압 가공전선은 케이블인 경우를 제외하고는 인장강도 3.43[kN] 이상의 것 또는 지름 3.2[mm] (절연전선인 경우는 인장강도 2.3[kN] 이상의 것 또는 지름 2.6[mm] 이상의 경동선) 이상의 것이어야 한다. 【답】 ②

98 발전소의 변압기에 시설해야 하는 계측기로 옳은 것은 무엇인가?
① 전압계 및 전류계 또는 전력계   ② 역률계
③ 전압계 및 역률계   ④ 전력계 및 역률계

> **Explanation**

(KEC 351.6조) 계측장치
발전소에서는 **주요 변압기의 전압 및 전류 또는 전력**을 계측하는 장치를 시설하여야 한다. 【답】 ①

99 "2차 접근상태"라 함은 가공 전선이 다른 시설물과 접근하는 경우에 그 가공전선이 다른 시설물의 위쪽 또는 옆쪽에서 수평 거리로 몇 [m] 미만인 곳에 시설되는 상태를 말하는가?
① 2.0   ② 3.0   ③ 5.0   ④ 6.0

> **Explanation**

(KEC 112조) 용어 정의
"제2차 접근상태"란 가공 전선이 다른 시설물과 접근하는 경우에 그 가공 전선이 다른 시설물의 위쪽 또는 옆쪽에서 수평 거리로 3[m] 미만인 곳에 시설되는 상태를 말한다. 【답】 ②

100 연료전지 및 태양전지 모듈의 절연내력 시험을 할 때에는, 직류의 경우 충전부분과 대지사이에 연속하여 10분간 가할 때 몇 배의 전압에 견디어야 하는가?
① 1.0   ② 1.5   ③ 2.0   ④ 2.5

> **Explanation**

(KEC 134조) 연료전지 및 태양전지 모듈의 절연내력
연료전지 및 태양전지 모듈은 **최대사용전압의 1.5배의 직류전압 또는 1배의 교류전압**(500[V] 미만으로 되는 경우에는 500[V])을 충전부분과 대지사이에 연속하여 10분간 가하여 절연내력을 시험하였을 때에 이에 견디는 것이어야 한다. 【답】 ②

2022년 전기공사산업기사 필기

1과목 전기응용

01 3상 농형 유도전동기의 기동방식이 아닌 것은?
① 전전압기동
② Y-△ 기동
③ 기동보상기법
④ 2차 저항 기동법

Explanation

3상 유도전동기 기동법

농형 유도전동기	• 전전압 기동(직입기동) : 5[HP] 이하(3.7[kW]) • Y-△ 기동(5~15[kW]) 급: 전류 1/3배, 전압 $1/\sqrt{3}$ 배 • 기동 보상기법 : 단권 변압기 사용 감전압기동 • 리액터 기동
권선형 유도전동기	• 2차 저항 기동법 ⇨ 비례 추이 이용

【답】④

02 제어량을 어떤 일정한 목표값으로 유지하는 제어는?
① 프로그램제어
② 추종제어
③ 정치제어
④ 비율제어

Explanation

목표 값에 의한 분류 : 입력에 의한 분류
① 정치 제어 : 시간에 관계없이 값이 일정한 제어(연속식의 압연기)
② 추치 제어 : 시간에 따라 값이 변화하는 제어
• 추종 제어 : 목표값이 임의의 시간적 변화(대공포, 레이더)
• 프로그램 제어(시퀀스 제어) : 미리 정해진 신호에 따라 동작(무인게어)
          (무인열차, 무인 엘리베이터, 무인자판기)
• 비율 제어 : 시간에 비례하여 변화(배터리, 공기량)

【답】③

03 열차가 곡선 궤도를 운행할 때 차륜의 프렌치와 레일두부간의 측면 마찰을 피하기 위하여 내측 궤조의 궤간을 약간 넓히는 것을 무엇이라 하는가?
① 구배
② 유간
③ 고도
④ 확도

Explanation

• 확도(Slack) : 곡선 궤도를 운행하는 경우 내측 궤조의 궤간을 넓히는 정도
• 고도(Cant) : 운전의 안정성을 확보를 위하여 곡선 시 안쪽레일보다 바깥쪽 레일을 조금 높게 하는 것
• 유간 : 온도 변화에 따른 레일의 신축성 때문에 이음 장소에 간격을 둔 것

【답】④

04 인버터(inverter)는 어떤 전력의 변환인가?
① 교류를 교류로 변환
② 직류를 직류로 변환
③ 교류를 직류로 변환
④ 직류를 교류로 변환

Explanation

- 교류 → 직류 : 컨버터(정류기)
- **직류 → 교류 : 인버터**
- 교류 → (가변주파수)교류 : 싸이클로 컨버터
- 직류 → 직류 : 쵸퍼

【답】 ④

05 다음 형광등에 대한 설명 중 틀린 것은?
① 끝단이 검게 되는 현상을 흑화현상이라고 한다.
② 형광등은 고압 수은방전등의 일종이다.
③ 유리관 내부에 수은과 아르곤 가스 등을 봉입한다.
④ 전원전압의 변화 시 광속, 전류 및 전력은 전원전압에 비례하여 변화한다.

Explanation

형광등
진공으로 된 유리관에 수은과 아르곤을 넣어 수은의 방전으로부터 파장 2,537[Å]의 자외선을 발생시켜 유리관 내 형광체에 조사하면 형광제로부터 가시광으로 바꾸어 발광시키는 **저압수은등의 일종**

【답】 ②

06 전기기기에 사용하는 각종 절연물의 종류별 허용최고온도로 옳은 것은?
① A : 120
② B : 130
③ C : 150
④ E : 105

Explanation

절연물의 허용온도

절연물의 종류	Y	A	E	**B**	F	H	C
허용 최고 온도 [℃]	90	105	120	**130**	155	180	180[℃] 초과

【답】 ②

07 평균 구면 광도 100[cd]의 전구 5개를 지름 10[m]의 원형의 방에 점등할 때 조명률 0.5, 감광 보상률 1.5라 하면 방의 평균 조도는 약 몇 [lx]인가?
① 26.7
② 35.3
③ 48.5
④ 59.6

Explanation

$FUN = ESD$에서
구광원 $F = 4\pi I = 4\pi \times 100 = 400\pi$ [lm]이므로
조도 $E = \dfrac{FUN}{SD} = \dfrac{400\pi \times 0.5 \times 5}{\pi \times 5^2 \times 1.5} = 26.7$ [lx]

【답】 ①

08 점광원으로부터 원뿔의 밑면까지의 거리가 4[m]이고, 밑면의 반경이 3[m]인 원형면의 평균 조도가 100[lx]라면, 이 점광원의 평균 광도[cd]는?
① 225
② 250
③ 2,250
④ 2,500

Explanation

광도 : 발산 광속의 입체각 밀도[lm/sr][cd]

$$I = \frac{F}{\omega} = \frac{E \cdot S}{2\pi(1-\cos\theta)}[cd] = \frac{100 \times \pi \times 3^2}{2\pi(1-\frac{4}{5})} = 2,250[cd]$$

【답】③

09 정전압 소자로 사용되는 다이오드는?
① 제너 다이오드
② 터널 다이오드
③ 포토 다이오드
④ 쇼트키 다이오드

Explanation

제너 다이오드 : 정전압용 소자

【답】①

10 플라즈마 용접의 특징이 아닌 것은?
① 비드(bead)폭이 좁고 용입이 깊다.
② 용접속도가 빠르고 균일한 용접이 된다.
③ 가스의 보호가 충분하며, 토치의 구조가 간단하다.
④ 플라즈마 아크의 에너지 밀도가 커서 안정도가 높다.

Explanation

플라즈마 제트(Plasma jet) 용접의 특징
• 용접 속도가 빠르다.
• 비드(bead)폭이 좁고 용입이 깊다.
• 에너지 밀도가 커서 안정도가 높고 보유 열량이 크다.
• 용접 속도가 빠르고 균일한 용접이 된다.
※ 플라즈마 : 초고온에서 음전하를 가진 전자와 양전하를 띤 이온으로 분리된 기체 상태를 말한다. 이때는 전하 밀리도가 상당히 높으면서도 전체적으로 음과 양의 전하수가 같아서 중성을 띠게 된다. 고체에 에너지를 가하면 액체, 기체로 되고 다시 이 기체 상태에 높은 에너지를 가하면 수만[℃]에서 기체는 전자와 원자핵으로 분리되어 플라즈마 상태가 되되 플라즈마를 만들려면 흔히 직류, 초고주파, 전자빔 등 전기적 방법을 가해 플라즈마를 생성한 다음 자기장 등을 사용해 이런 상태를 유지 하도록 한다.

【답】③

11 투과율 30[%], 흡수율 40[%]인 완전확산성의 종이에 200[lx]의 조도를 비추었을 때 종이의 휘도 [cd/m²]는 약 얼마인가?
① 12.7
② 19.1
③ 38.2
④ 63.7

Explanation

• 완전 확산면 $R = \pi B = \rho E = \tau \overline{E}$[rlx]
• 휘도 $B = \frac{\tau E}{\pi} = \frac{0.3 \times 200}{3.14} = 19.1$[cd/m²]

【답】②

12 전기로가 고온으로 된 경우 전류를 공급하는 데는 내열성이 좋은 전극이 필요하다. 전기로에 사용되는 전극이 구비해야 할 조건으로 옳지 않은 것은?
① 고온에 강할 것
② 고온에서도 기계적 강도가 클 것
③ 도전율이 작을 것
④ 열의 전도율이 작을 것

Explanation

전극의 구비 조건
• **전기의 전도율이 클 것**
• 열의 전도율이 적을 것

- 고온에 견디고 고온에서의 기계적 강도가 클 것
- 피열물과 화학 작용을 일으키지 않을 것

【답】③

13 10[Ω]의 저항에 10[A]를 10분간 흘렸을 때의 발열량은 몇 [kcal]인가?
① 125　　　　　　　　　　　　② 130
③ 144　　　　　　　　　　　　④ 165

Explanation

$Q = 0.24\,VIt = 0.24I^2Rt = 0.24 \times 10^2 \times 10 \times 10 \times 60 \times 10^{-3}$
$= 144\,[\text{kcal}]$

【답】③

14 화학전지 중에서 두 개의 전극 중 이온화 경향이 큰 전극은 어떤 화학반응과 관계있는가?
① 산화반응이 된다.　　　　　　② 환원반응이 된다.
③ 전자를 받아들이려는 경향이 발생한다.　④ 이온화경향과 무관하다.

Explanation

- **이온화**(수소보다 반응성이 큰 원소들은 산성과 반응해 수소 기체를 발생) 경향
- **이온화 경향이 큰 전극 : 산화반응**
- 이온화 경향이 가장 큰 물질
  칼륨 〉 칼슘 〉 나트륨 〉 마그네슘 〉 알루미늄 〉 아연 〉 철 〉 니켈 〉 주석 〉 납

【답】①

15 다음 중 고압 아크로의 종류가 아닌 것은 무엇인가?
① 로킹(Rocking)로　　　　　　② 센헬로
③ 포오링(Pauling)로　　　　　　④ 비라케란드 아이데(Birkeland-Eyde)로

Explanation

아크로 : 전극 사이에 발생하는 고온의 아크열을 이용하는 아크가열에 사용되는 로
- 고압 아크로 : 초산(질산), 초산석회 제조에 사용
  센헬로, 포오링(Pauling)로, 비라케란드 아이데(Birkeland-Eyde)로

【답】①

16 자동 제어에서 검출 장치로 소형 직류 발전기를 사용하였다. 이것은 다음 중 무엇을 검출하는 것인가?
① 속도　　　　　　　　　　　　② 온도
③ 위치　　　　　　　　　　　　④ 유량

Explanation

속도검출기 : 회전 발전기, 주파수 검출법, Speeder 등

【답】①

17 흡상변압기의 설치 목적은 무엇인가?
① 낙뢰방지　　　　　　　　　　② 전압강하의 방지
③ 통신 유도장해 경감　　　　　④ 수은등의 점등

Explanation

전기철도에 사용
- 전압 불평형 방지 : 스코트 결선(T결선)
- 통신 유도장해 방지 : 흡상변압기(BT : Booster Transformer)

【답】③

18 저압 나트륨등의 특성에 관한 설명으로 틀린 것은 무엇인가?
① 증기압은 4×10^{-3}[mmHg]이다.
② 광원의 광색이 단일색광이다.
③ 요철 식별이 우수하고 연색성이 좋다.
④ 간선도로, 터널 등의 도로조명에 주로 사용된다.

> **Explanation**
>
> 나트륨등
> • 투과력이 좋다. (안개 낀 지역, 터널 등에서 사용)
> • 단색 광원(순황색)
> • 효율이 우수(80~150[lm/W])
> • **연색성이 좋지 않다**(옥내 조명에 부적당).

【답】③

19 다음 중 열전온도계에 사용되는 열전대의 조합은 무엇인가?
① 백금-철
② 아연-백금
③ 구리-콘스탄탄
④ 아연-콘스탄탄

> **Explanation**
>
> 열전대의 종류와 측정 범위
>
> | 열전대 | 사용 범위[℃] |
> |---|---|
> | 백금-백금 로듐 | 0~1,400 |
> | 크로멜-알루멜 | -200~1,000(가장 높은 온도에 사용) |
> | 철-콘스탄탄 | -200~700 |
> | **구리-콘스탄탄** | -200~400 |

【답】③

20 반도체의 PN 접합면에 태양광선을 조사하여 기전력을 얻는 태양전지의 원리는 무엇인가?
① 제벡 효과
② 펠티에 효과
③ 광기전력 효과
④ 핀치 효과

> **Explanation**
>
> • 광전 효과 : 반도체에 광이 조사되면 전기 저항이 감소되는 현상(cds)
> • **광기전력 효과** : 반도체에 광이 조사되면 기전력이 발생되는 현상(태양전지)

【답】③

2과목 전력공학

21 배전계통에서 사용하는 고압용 차단기의 종류가 아닌 것은?
① 기중차단기(ACB)
② 공기차단기(ABB)
③ 진공차단기(VCB)
④ 유입차단기(OCB)

> **Explanation**
>
> ACB(기중차단기) : **저압용** 차단기. 소호 매질은 대기

【답】①

22 압축된 공기를 아크에 불어 넣어서 차단하는 차단기는 무엇인가?
① ABB
② MBB
③ VCB
④ ACB

> **Explanation**
>
> ABB(공기차단기) : 압축된 공기를 불어 넣어 차단

【답】①

23 다음 중 모선 보호에 사용되는 계전 방식은 무엇인가?
① 과전류 계전 방식
② 전력 평형 보호 방식
③ 표시선 계전 방식
④ 전압 차동 계전 방식

> **Explanation**
>
> 모선(Bus)보호 방식
> - **전압 차동방식**
> - 전류 차동방식
> - 위상 비교방식
> - 방향 비교방식

【답】④

24 철탑의 접지저항이 커지면 가장 크게 우려되는 문제점은 무엇인가?
① 역섬락 발생
② 코로나 증가
③ 속류 발생
④ 가공지선의 차폐각 증가

> **Explanation**
>
> 역섬락 방지법
> - 매설지선 설치
> - **탑각 접지저항 적게**

【답】①

25 저수지의 이용 수심이 클 때 사용하면 유리한 조압수조는 무엇인가?
① 차동조압수조
② 단동조압수조
③ 수실조압수조
④ 제수공조압수조

> **Explanation**
>
> 조압수조(surge tank) : 부하 변동 시 수압(수격작용)을 완화시켜 수압 철관을 보호하기 위한 장치
> - 수실 조압수조 : 수조의 상·하부 측면에 수실을 가진 수조. 저수지의 이용 수심이 클 때 사용하면 유리

【답】③

26 전력용 콘덴서 회로에 방전코일을 설치하는 주된 목적은 무엇인가?
① 합성 역률의 개선
② 전압의 파형 개선
③ 콘덴서의 등가용량 증대
④ 잔류 전하의 방전

> **Explanation**
>
> 전력용 콘덴서 설비
> - 직렬리액터 : 제5고조파 제거
> - **방전 코일 : 잔류전하 방전하여 인체의 감전사고 방지**
> - 전력용 콘덴서 : 역률개선

【답】④

27 배전전압, 배전거리 및 전력손실이 같다는 조건에서 단상 2선식 전기방식의 전선 총중량을 100[%]라 할 때 3상 3선식 전기 방식은 몇 [%]인가?

① 33.3
② 37.5
③ 75.0
④ 100.0

Explanation

전기 방식별 비교

	소요전선량
단상 2선식	1
단상 3선식	3/8=0.375
3상 3선식	3/4=0.75
3상 4선식	1/3=0.33

【답】③

28 주상변압기의 고장이 배전선로에 파급되는 것을 방지하고 변압기의 과부하 소손을 예방하기 위하여 사용되는 개폐기로 자동적으로 재투입이 불가능한 가폐기는?

① 리클로저
② 부하개폐기
③ 컷아웃스위치
④ 섹셔널라이저

Explanation

주상변압기의 보호장치
- 1차측 : COS(Cut Out Switch, 컷아웃스위치)
- 2차측 : Catch Holder(캐치홀더)

【답】③

29 역률 0.8(지상), 1,500[kW]의 3상 부하가 있다. 이것에 전력용 콘덴서를 병렬로 설치하여 합성 역률을 0.95로 개선하는 데 필요한 전력용 콘덴서의 용량은 약 몇 [kVA]인가?

① 330
② 430
③ 530
④ 630

Explanation

전력용 콘덴서 용량 $Q_c = P(\tan\theta_1 - \tan\theta_2)[\text{kVA}]$
$= 1,500 \times \left(\dfrac{0.6}{0.8} - \dfrac{\sqrt{1-0.95^2}}{0.95}\right) \fallingdotseq 632[\text{kVA}]$

【답】④

30 유효저수량 100,000[m³], 평균 유효낙차 100[m], 발전기 출력 5,000[kW] 1대를 유효저수량에 의해서 운전할 때 약 몇 시간 발전할 수 있는가? 단, 수차 및 발전기의 합성효율은 90[%]이다.

① 2
② 3
③ 4
④ 5

Explanation

【답】④

31 그림의 X부분에 흐르는 전류는 어떤 전류인가?

① b상 전류
② 정상전류
③ 역상전류
④ 영상전류

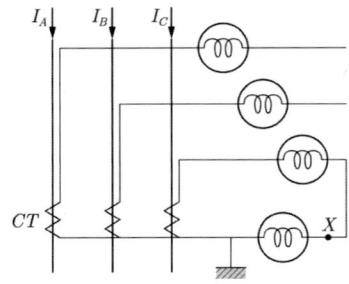

> **Explanation**
>
> 영상전류 $I_o = \dfrac{1}{3}(I_a + I_b + I_c)$
>
> 고장 시 $3I_o = I_a + I_b + I_c$이므로 영상전류가 검출된다.
>
> 【답】 ④

32 1선 1[km] 당의 코로나 손실 P[kW]를 나타내는 Peek식은? (단, δ : 상대공기밀도, D : 선간거리[cm], d : 전선의 지름[cm], f : 주파수[Hz], E : 전선에 걸리는 대지전압[kV], E_o : 코로나 임계전압[kV])

① $P = \dfrac{241}{\delta}(f+25)\sqrt{\dfrac{d}{2D}}(E-E_o)^2 \times 10^{-5}$

② $P = \dfrac{241}{\delta}(f+25)\sqrt{\dfrac{2D}{d}}(E-E_o)^2 \times 10^{-5}$

③ $P = \dfrac{241}{\delta}(f+25)\sqrt{\dfrac{d}{2D}}(E-E_o)^2 \times 10^{-3}$

④ $P = \dfrac{241}{\delta}(f+25)\sqrt{\dfrac{2D}{d}}(E-E_o)^2 \times 10^{-3}$

> **Explanation**
>
> 코로나 손실(Peek식)
>
> $P = \dfrac{241}{\delta}(f+25)\sqrt{\dfrac{d}{2D}}(E-E_o)^2 \times 10^{-5}$ [kW/km/line]
>
> 【답】 ①

33 송전선의 특성임피던스를 Z_0, 전파속도를 v라 할 때, 이 송전선의 단위길이 당 인덕턴스 L[H]은?

① $\dfrac{v}{Z_0}$ ② $\dfrac{1}{vZ_0}$

③ $\sqrt{\dfrac{Z_0}{v}}$ ④ $\dfrac{Z_0}{v}$

> **Explanation**
>
> 파동 임피던스 $Z_0 = \sqrt{\dfrac{L}{C}}$, 전파속도 $v = \dfrac{1}{\sqrt{LC}}$
>
> $\therefore L = \dfrac{Z_0}{v} = \sqrt{\dfrac{\frac{L}{C}}{\frac{1}{LC}}}$
>
> 【답】 ④

34 송전방식에 3상 3선식 비접지방식을 채용할 경우의 장점이 아닌 것은 무엇인가?
① 과도 안정도가 크다.
② 1선 지락고장 시 고장전류가 작다.
③ 1선 지락고장 시 인접 통신선의 유도장해가 작다.
④ 1선 지락고장 시 건전상의 대지전위 상승이 작다.

> **Explanation**

비접지 방식(3.3[kV], 6.6[kV])
- 일반적으로 비접지식은 △-△ 결선 이용
- 저전압 단거리
- 지락전류가 적고, 통신선에 유도장해가 적다.
- 1상 고장 시 V-V 결선이 가능
- 1선 지락 시 $\sqrt{3}$ 배의 전위 상승

【답】④

35 전선 지지점에 고저차가 없는 경간 300[m]인 송전선로가 있다. 이도를 8[m]로 유지할 경우 지지점 간의 전선 길이는 약 몇 [m]인가?
① 300.78[m]   ② 300.34[m]
③ 300.56[m]   ④ 300.12[m]

> **Explanation**

실제 길이 $L = S + \dfrac{8D^2}{3S} = 300 + \dfrac{8 \times 8^2}{3 \times 300} ≒ 300.56[m]$

【답】③

36 다음 중 배전선의 전압조정장치가 아닌 것은 무엇인가?
① 승압기   ② 리클로저
③ 유도전압조정기   ④ 주상변압기 탭 절환장치

> **Explanation**

배전선로 전압조정장치
- 승압기
- 유도전압조정기(부하에 따라 전압 변동이 심한 경우)
- 주상변압기 탭 조정

【답】②

37 과전류계전기의 반한시 특성에 대해 옳은 설명은 무엇인가?
① 동작전류가 커질수록 동작시간이 짧아진다. ② 동작전류가 커질수록 동작시간이 길어진다.
③ 동작전류가 적을수록 동작시간이 짧아진다. ④ 동작전류에 관계없이 동작시간은 일정하다.

> **Explanation**

계전기의 시한특성
- 순한시 특성 : 최소 동작전류 이상의 전류가 흐르면 즉시 동작, 고속도계전기
- 정한시 특성 : 동작전류의 크기에 관계없이 일정한 시간에 동작
- **반한시 특성 : 동작전류가 커질수록 동작시간이 짧게 되는 특성**
- 반한시성 정한시 특성 : 동작전류가 적은 구간에서는 반한시 특성
  동작전류가 큰 구간에서는 정한시 특성

【답】①

38 변전소에 분로리액터를 설치하는 주된 목적은 무엇인가?
① 페란티 현상 방지   ② 전압강하 방지
③ 전력유도장해 방지   ④ 단락전류 방지

> **Explanation**

페란티 현상
- 무부하(경부하)시 송전단 전압보다 수전단 전압이 커지는 현상
- 선로의 정전용량에 의해서
- 방지법 : 분로리액터(Sh.R)

【답】①

39 정격전압 15[kV], 정격용량 400[MVA], 리액턴스 20[%]의 발전기가 있다. 정격전압에서 무부하 운전 중 3상 단락 되었을 경우 단락전류[kA]는 약 얼마인가?
① 77
② 133
③ 154
④ 165

> **Explanation**

단락전류 $I_s = \dfrac{100}{\%Z} I_n$ 에서

$I_s = \dfrac{100}{\%Z} \times \dfrac{P}{\sqrt{3}\,V} = \dfrac{100}{20} \times \dfrac{400 \times 10^3}{\sqrt{3} \times 15} \times 10^{-3} = 77[kA]$

【답】①

40 계통 내의 각 기기, 기구 및 애자 등의 상호 간에 적정한 절연강도를 지니게 함으로써 계통 설계를 합리적, 경제적으로 할 수 있게 하는 것을 무엇이라 하는가?
① 기준충격절연강도
② 절연협조
③ 절연계급 선정
④ 보호계전 방식

> **Explanation**

절연협조
- 계통 내의 각 기기, 기구 및 애자 등의 상호 간에 적정한 절연 강도를 지니게 함으로써 계통 설계를 합리적, 경제적으로 할 수 있게 한 것
- 피뢰기의 제한전압 < 변압기의 기준충격절연강도(BIL) < 부싱, 차단기 < 선로애자

【답】②

3과목 전기기기

41 2대의 동기발전기를 병렬운전 할 때, 무효횡류(무효순환전류)가 흐르는 경우는?
① 부하분담의 차가 있을 때
② 기전력의 위상차가 있을 때
③ 기전력의 파형에 차가 있을 때
④ 기전력의 크기에 차가 있을 때

> **Explanation**

동기 발전기의 병렬 운전 조건

병렬운전 조건	문제점
기전력의 크기가 같을 것	**무효순환전류(무효횡류)**
기전력의 위상이 같을 것	동기화 전류(유효횡류)
기전력의 주파수가 같을 것	난조발생
기전력의 파형이 같을 것	고조파 무효순환전류
상회전 방향이 같을 것	

【답】④

42 변압기의 내부단락 및 지락고장 검출용으로 사용하는 계전기는 무엇인가?
① 과전류계전기   ② 비율차동계전기
③ 방향단락계전기   ④ 거리계전기

> **Explanation**
>
> 비율차동계전기 : 변압기나 발전기의 내부고장 보호

【답】②

43 복권전동기의 내부 결선을 바꾸어 직권전동기로 사용하려면 어떻게 해야 하는가?
① 분권 계자 권선을 개방한다.   ② 직권 계자 권선을 개방한다.
③ 분권 계자 권선을 단락시킨다.   ④ 직권 계자 권선을 단락시킨다.

> **Explanation**
>
> 가동 복권전동기
> • 분권 전동기 : 직권 계자 권선을 단락
> • 직권 전동기 : 분권계자를 개방

【답】①

44 수차발전기와 터빈발전기에 대한 설명이다. 옳은 것은 무엇인가?
① 수차형의 수직축형은 주로 고속기이다.   ② 수차발전기는 2극이나 4극이다.
③ 터빈발전기는 저속기이다.   ④ 터빈발전기는 비돌극기이다.

> **Explanation**
>
> 발전기의 종류
> • 수차형(돌극기) : 저속기이며 극수가 많다.
> • 터빈형(비돌극기) : 고속기(주로 2, 4극)

【답】④

45 3,300[V], 60[Hz]용 변압기의 와류손이 300[W]이다. 이 변압기를 2,750[V], 50[Hz]의 주파수에 사용할 때 와류손[W]은 약 얼마인가?
① 100   ② 150
③ 200   ④ 250

> **Explanation**
>
> 와류손 $P_e = \sigma_e (t \cdot f \cdot k_f \cdot B_m)^2 \propto E^2$ (자속밀도 $B_m \propto \dfrac{E}{f}$)
>
> 와류손 $P_e{'} = P_e \times \left(\dfrac{E'}{E}\right)^2 = 300 \times \left(\dfrac{2,750}{3,300}\right)^2 = 208[W]$

【답】③

46 트랜지스터에 비해 스위칭 속도가 매우 빠른 이점이 있는 반면에 용량이 적어서 비교적 저전력용에 주로 사용되는 전력용 반도체 소자는 무엇인가?
① SCR   ② GTO
③ IGBT   ④ MOSFET

> **Explanation**
>
> MOSFET(Metal Oxide Silicon Field Effect Transistor)
> • 고속 스위칭 소자
> • 스위칭 속도가 매우 빠르다.
> • 용량이 적어 저전력 소자

【답】④

47 단상 직권 정류자 전동기에서 보상권선과 저항도선의 작용을 설명한 것 중 틀린 것은?
① 보상권선은 역률을 좋게 한다.
② 보상권선은 변압기의 기전력을 크게 한다.
③ 보상권선은 전기자 반작용을 제거해 준다.
④ 저항도선은 변압기 기전력에 의한 단락 전류를 작게 한다.

> **Explanation**
> 단상 직권 정류자전동기 = 만능 전동기(직류·교류 양용)
> - 종류 : 직권형, 보상형, 유도보상형
> - 특징 : 성층 철심, 역률 및 정류 개선을 위해 약계자, 강전기자형으로 함. **역률 개선을 위해 보상권선 설치**
>   저항도선 : 단락전류 적게하고 회전속도를 증가시킬수록 역률이 개선
> - 용도 : 75[W] 정도 이하의 소형 공구, 영사기, 치과 의료용으로 사용
>
> 【답】②

48 부하전류가 50[A]일 때 단자전압이 100[V]인 직류 직권발전기의 부하전류가 70[A]로 되면 단자전압은 몇 [V]가 되는가? 단, 전기자저항 및 직권계자 권선의 저항은 각각 0.1[Ω]이고, 전기자 반작용과 브러시의 접촉저항 및 자기포화는 모두 무시한다.
① 114[V]　　　　　　　　　　② 140[V]
③ 120[V]　　　　　　　　　　④ 154[V]

> **Explanation**
> 직류 직권발전기 $I_a = I = I_f$
> 유기기전력 $E = V + (R_a + R_s)I_a = V + (R_a + R_s)I$
> 부하전류 50[A]일 때의 유기기전력 $E_{50} = 100 + (0.1 + 0.1) \times 50 = 110[V]$
> 여기서, 직권 발전기의 유기기전력은 부하전류에 비례하므로
> 부하 전류 70[A]일 때의 유기기전력 $E_{70} = \frac{70}{50} \times 110 = 154[V]$
> 이 때의 단자 전압 $V_{70} = E_{70} - (R_a + R_s) \times 70 = 154 - 0.20 \times 70 = 140[V]$
>
> 【답】②

49 동기발전기의 단자 부근에서 단락이 일어났다고 할 때 단락전류에 대한 설명으로 옳은 것은?
① 서서히 증가한다.　　　　　② 발전기는 즉시 정지한다.
③ 일정한 큰 전류가 흐른다.　④ 처음은 큰 전류가 흐르나 점차로 감소한다.

> **Explanation**
> 단락 초기에는 전기자 반작용이 순간적으로 나타나지 않기 때문에 막대한 과도전류가 흐르고, 수 초 후에는 영구 단락 전류 값에 이르게 된다.
> • 돌발단락전류 : 누설리액턴스가 제한
> • 지속단락전류 : 동기리액턴스가 제한
>
> 【답】④

50 다음 중 변압기유 열화방지 방법으로 틀린 것은?
① 밀봉방식　　　　　　　　　② 흡착제방식
③ 수소봉입방식　　　　　　　④ 개방형 콘서베이터

> **Explanation**
> 절연열화
> 변압기의 호흡작용으로 절연유의 절연내력이 저하하고 냉각효과가 감소하며 침전물이 생기는 현상
> • 절연열화 방지대책
>   - 콘서베이터(보조탱크) 설치
>   - **질소 봉입 방식**
>   - 흡착제 방식
>
> 【답】③

51 공급전압이 220[V], 3상 유도전동기의 전부하슬립이 4[%]이다. 공급 전압이 10[%] 저하했을 때의 전부하 슬립[%]은 얼마인가?
① 4
② 5
③ 6
④ 7

Explanation

슬립과 전압과의 관계 $s \propto \dfrac{1}{V^2}$

$s' = s \times \left(\dfrac{V}{V'}\right)^2 = s \times \left(\dfrac{V}{V \times 0.9}\right)^2 = 0.04 \times \left(\dfrac{220}{220 \times 0.9}\right)^2 = 0.05 = 5[\%]$

【답】 ②

52 어떤 변압기의 전부하 동손이 270[W], 철손이 120[W]일 때 이 변압기를 최고 효율로 운전하는 출력은 정격 출력의 약 몇 [%]가 되는가?
① 66.7
② 44.4
③ 33.3
④ 22.5

Explanation

$\dfrac{1}{m}$ 부하의 경우, 최대 효율이 된다고 하면

$P_i = \left(\dfrac{1}{m}\right)^2 P_c$

$\dfrac{1}{m} = \sqrt{\dfrac{P_i}{P_c}} = \sqrt{\dfrac{120}{270}} \times 100 = 66.7[\%]$

【답】 ①

53 정격전압 100[V], 전기자 전류 50[A]일 때 1,500[rpm]인 직류 분권전동기의 무부하 속도는 약 몇 [rpm]인가? 단, 전기자저항은 0.1[Ω]이고 전기자 반작용은 무시한다.
① 1,382[rpm]
② 1,421[rpm]
③ 1,579[rpm]
④ 1,623[rpm]

Explanation

$I_a = 50[A]$일 때의 역기전력 $E_c = V - I_a R_a = 100 - 50 \times 0.1 = 95[V]$
$I_a = 0[A]$일 때의 역기전력 $E_{c0} = 100[V] (\because I_a = 0)$
$E = k\phi N$에서 $E \propto N$이므로
무부하 회전속도 $N_0 = \dfrac{100}{95} \times 1,500 ≒ 1,579[rpm]$

【답】 ③

54 3상 권선형 유도전동기에서 2차측 저항을 2배로 하면 그 최대토크는 몇 배가 되는가?
① $\sqrt{3}$ 배
② 변하지 않는다.
③ $\sqrt{2}$ 배
④ 2배

Explanation

비례 추이의 원리 : 권선형 유도전동기
- **최대 토크는 불변, 최대 토크의 발생 슬립은 변화**
  (2차 저항이 증가하면 토크 곡선 등이 슬립이 증가하는 방향으로 2차 저항에 비례하여 이동)
- 기동 전류는 감소하고, 기동 토크는 증가

【답】 ②

55 3상 유도전동기의 슬립을 측정하려고 한다. 다음 중 슬립의 측정법이 아닌 것은?
① 동력계법
② 수화기법
③ 직류 밀리볼트계법
④ 스트로보스코프법

Explanation

슬립 측정법
- 직류 밀리볼트계법
- 수화기법
- 스트로보스코프법

【답】①

56 직류전동기의 속도제어 방법에 속하지 않는 것은?
① 전압 제어법
② 계자 제어법
③ 2차 여자법
④ 저항 제어법

Explanation

직류 전동기 속도 제어 $n = K' \dfrac{V - I_a R_a}{\phi}$ (K' : 기계정수)

종류	특징
전압 제어	• 광범위 속도제어 가능 • 워드 레오너드 방식 : 소형부하(엘리베이터에 사용) • 일그너 방식(부하가 급변, 대용량 부하-제철, 제강, 압연) : 플라이 휠 효과(관성 모멘트 증가) • 정토크 제어
계자 제어	• 정출력 제어
저항 제어	• 효율이 저하

※ 여기서, 2차 여자법은 3상 권선형 유도전동기의 속도제어 방식이다.

【답】③

57 유도전동기의 토크와 단자전압과의 관계에 대한 설명으로 옳은 것은?
① 단자전압에 비례
② 단자전압과 관계없음
③ 단자전압 2승에 비례
④ 단자전압 3승에 비례

Explanation

유도전동기의 특성
토크(회전력) $\tau \propto V^2$ (단자전압의 제곱에 비례)

【답】③

58 교류를 교류로 직접 변환하면서 전압과 주파수를 동시에 변환하는 전력변환기는?
① 사이클로컨버터
② 피드백컨버터
③ 벅컨버터
④ 포워드컨버터

Explanation

- 사이클로 컨버터 : 교류를 가변전압 가변주파수의 교류로 변환
- AC → DC : 정류기(컨버터)
- DC → AC : 인버터
- DC → DC : 초퍼(직류식 전기철도(직권 전동기))

【답】①

59 동기전동기의 자기동법에서 계자권선을 저항으로 단락하는 이유는 무엇인가?
① 기동이 쉽다.　　　　　　　　　　② 기동권선으로 이용한다.
③ 고전압의 유도를 방지한다.　　　　④ 전기자 반작용을 방지한다.

> **Explanation**
> 기동할 때에는 회전자속에 의하여 계자권선 안에 고압을 유도하고 절연을 파괴할 염려가 있기 때문에, 계자권선을 여러 개로 분할하여 개방하거나 저항을 통해서 단락하도록 한다.
> 【답】③

60 변압기의 냉각방식 중 유입 자냉식의 표시 기호는?
① ANAN　　　　　　　　　　　　② ONAN
③ ONAF　　　　　　　　　　　　④ OFAF

> **Explanation**
> • 유입자냉식(ONAN, OA)
> • 유입풍냉식(ONAF, FA)
> • 건식밀폐자냉식(ANAN, GA)
> • 송유풍냉식(OFAF, ODAF, FO류)
> 【답】②

4과목　회로이론

61 어떤 회로에 흐르는 전류가 $i = 7 + 14.1\sin\omega t$[A]인 경우 실효값은 약 몇 [A]인가?
① 11.2　　　　　　　　　　　　② 12.2
③ 13.2　　　　　　　　　　　　④ 14.2

> **Explanation**
> 비정현파의 실효값 $I = \sqrt{I_0^2 + I_1^2 + I_2^2 + \cdots + I_n^2} = \sqrt{7^2 + \left(\dfrac{14.1}{\sqrt{2}}\right)^2} \fallingdotseq 12.2$[A]
> 【답】②

62 각 상의 전류가 $i_a = 30\sin\omega t$[A], $i_b = 30\sin(\omega t - 90°)$[A], $i_c = 30\sin(\omega t + 90°)$[A]일 때 영상분 전류[A]의 순시치는 얼마인가?
① $10\sin\omega t$　　　　　　　　　　② $10\sin\dfrac{\omega t}{3}$
③ $30\sin\omega t$　　　　　　　　　　④ $\dfrac{30}{\sqrt{3}}\sin(\omega t + 45°)$

> **Explanation**
> 각 상의 전류를 최대값을 기준으로 페이져(Phasor)로 표시하면
> $I_a = 30\angle 0 = 30$
> $I_b = 30\angle -90 = -j30$
> $I_c = 30\angle 90 = j30$
> 따라서 영상 전류 I_0는
> $I_0 = \dfrac{1}{3}(I_a + I_b + I_c) = \dfrac{1}{3}(30 - j30 + j30) = 10\angle 0°$
> ∴ $I_0 = 10\sin\omega t$가 된다.
> 【답】①

63 선형 4단자 회로망(또는 2단자 쌍회로망)이 가역적이기 위한 조건으로 옳지 않은 것은?
① $AB - CD = 1$
② $Z_{12} = Z_{21}$
③ $Y_{12} = Y_{21}$
④ $H_{12} = -H_{21}$

> **Explanation**
> 4단자 회로망의 선형조건 $AD - BC = 1$

【답】①

64 그림과 같은 회로의 전달 함수 $T(s)$는? 단, $T(s) = \dfrac{V_1(s)}{V_2(s)}$, $\tau = \dfrac{L}{R}$: 시정수이다.

① $\dfrac{1}{\tau s^2 + 1}$
② $\dfrac{1}{\tau s + 1}$
③ $\tau s^2 + 1$
④ $\tau s + 1$

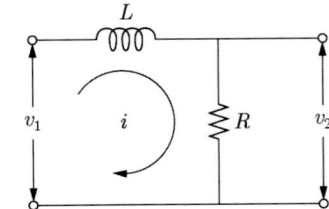

> **Explanation**
> 전압비 전달함수는 임피던스비로 구하며
> $T(s) = \dfrac{V_2(s)}{V_1(s)} = \dfrac{R}{Ls+R} = \dfrac{1}{\dfrac{L}{R}s+1} = \dfrac{1}{\tau s + 1}$
> 여기서, 시정수 $\tau = \dfrac{L}{R}$

【답】②

65 키르히호프의 전류법칙(KCL) 적용에 대한 설명 중 틀린 것은?
① 집중정수회로에 적용된다.
② 선형소자로만 이루어진 회로에 적용된다.
③ 회로의 선형, 비선형에 관계없이 적용된다.
④ 회로의 시변, 시불변에는 관계없이 적용된다.

> **Explanation**
> 키르히호프의 법칙 : 집중 회로에서 선형, 비선형 및 시변, 시불변성에 관계없이 항상 적용된다.

【답】②

66 비정현파 전압 $v = 50\sqrt{2}\sin\omega t + 30\sqrt{2}\sin 2\omega t + 40\sqrt{2}\sin 3\omega t$[V]의 왜형률은 약 얼마인가?
① $\dfrac{1}{\sqrt{2}}$
② $\sqrt{2}$
③ $\dfrac{1}{4}$
④ 1

> **Explanation**
> 왜형률 $= \dfrac{\text{각 고조파의 실효값의 합}}{\text{기본파의 실효값}}$
> $= \dfrac{\sqrt{V_2^2 + V_3^2}}{V_1} = \dfrac{\sqrt{30^2 + 40^2}}{50} = 1$

【답】④

67 $f(t) = \sin t \cos t$를 라플라스 변환하면?

① $\dfrac{1}{s^2+4}$
② $\dfrac{1}{s^2+2}$
③ $\dfrac{1}{(s+2)^2}$
④ $\dfrac{1}{(s+4)^2}$

Explanation

삼각함수 2배각 공식 $\sin 2\alpha = 2\sin\alpha\cos\alpha$에서
$\sin t \cos t = \dfrac{1}{2}\sin 2t$ 이므로
$F(s) = \mathcal{L}[\sin t \cos t] = \mathcal{L}\left[\dfrac{1}{2}\sin 2t\right] = \dfrac{1}{2}\cdot\dfrac{2}{s^2+2^2} = \dfrac{1}{s^2+4}$

【답】 ①

68 평형 3상 Y결선의 부하에서 상전압과 선전류의 실효값이 각각 60[V], 10[A]이고 부하의 역률이 0.8인 경우 이 부하에서의 무효전력[Var]은?

① 624
② 831
③ 1,080
④ 1,440

Explanation

Y결선
상전류 $I_p = I_l = 10[A]$
무효전력 $P_r = 3V_p I_p \sin\theta = 3I_p^2 X = 3\times 60\times 10\times 0.6 = 1,080[\text{Var}]$
여기서, 무효율 $\sin\theta = \sqrt{1-\cos^2\theta} = \sqrt{1-0.8^2} = 0.6$

【답】 ③

69 그림과 같은 회로의 컨덕턴스 G_2에 흐르는 전류는 몇 [A]인가?

① 3
② 5
③ 10
④ 15

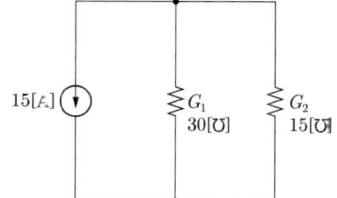

Explanation

전류원을 정리하면 오른쪽 그림과 같다.
따라서 컨덕턴스 G_2에 흐르는 전류는
$I_2 = I\times\dfrac{G_2}{G_1+G_2} = 15\times\dfrac{15}{30+15} = 5[A]$

【답】 ②

70 전압 $v = V(\sin\omega t - \sin 3\omega t)$, 전류 $i = I\sin\omega t$인 교류의 평균 전력[W]은?

① $\displaystyle\int_0^{2\pi} vi\,dt$
② $\dfrac{1}{2}VI$
③ $\dfrac{1}{2}VI\sin\omega t$
④ $\dfrac{2}{\sqrt{3}}VI$

Explanation

유효전력(평균전력)은 주파수가 같을 때만 발생되므로

$$P = V_1 I_1 \cos\theta_1 = \frac{V}{\sqrt{2}} \cdot \frac{I}{\sqrt{2}} \cos 0° = \frac{1}{2} VI [\text{W}]$$

【답】 ②

71 $R-L-C$ 직렬회로에서 임계 조건이 되는 저항 R의 값은 무엇인가?

① $\sqrt{LC}$
② $2\sqrt{\dfrac{C}{L}}$
③ $\sqrt{\dfrac{L}{C}}$
④ $2\sqrt{\dfrac{L}{C}}$

Explanation

$R-L-C$ 직렬회로에서 직류전압 인가
- 비진동 조건 : $R > 2\sqrt{\dfrac{L}{C}}$
- 임계적 조건 : $R = 2\sqrt{\dfrac{L}{C}}$
- 진동적 조건 : $R < 2\sqrt{\dfrac{L}{C}}$

【답】 ④

72 그림과 같은 회로에서 선형 저항 1[Ω] 양단의 전압은 몇 [V]인가?

① 1 ② 1.5
③ 2 ④ 3

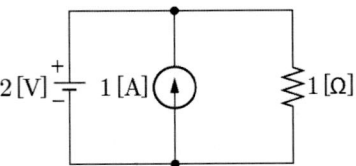

Explanation

중첩의 원리에 의해
- 전압원과 전류원이 단독 직렬 : 전압원 단락
- 전압원과 전류원이 단독 병렬 : 전류원 개방

따라서 전압원의 2[V]만 존재하므로 1[Ω] 양단의 전압은 2[V]이다.

【답】 ③

73 다음 대칭 좌표법에 관한 설명 중 잘못된 것은?

① 불평형 3상 Y결선의 접지식 회로에서는 영상분이 존재한다.
② 평형 3상 전압은 정상분만 존재한다.
③ 평형 3상 전압은 영상분은 0이다.
④ 불평형 3상 Y결선의 비접지식 회로에서는 영상분이 존재한다.

Explanation

대칭좌표법
- 비대칭 n상 회로계산(불평형 회로 계산)
- 대칭3상의 경우 영상분과 역상분은 0이고 정상분만 존재
- **접지식회로에만 영상분이 존재**

【답】 ④

74 대칭 3상 교류에서 선간전압이 100[V]일 때 한 상의 임피던스가 $5\angle 45°$인 부하를 △결선한 경우 선전류의 크기는 약 몇 [A]인가?

① 19.2 ② 28.2
③ 34.6 ④ 42.3

> **Explanation**

△결선 : $V_l = V_p = 100[\text{V}]$
상전류 $I_p = \dfrac{V_p}{Z} = \dfrac{100}{5\angle 45°} = 20\angle -45°$
선전류 $I_l = \sqrt{3}\,I_p \angle -30°$ 이므로
$\qquad = 20\sqrt{3}\angle -45°-30° = 34.6\angle -75°[\text{A}]$

【답】③

75 그림과 같은 회로의 영상 임피던스 $Z_{01}, Z_{02}[\Omega]$는 각각 얼마인가?

① 9, 5
② 6, $\dfrac{10}{3}$
③ 4, 5
④ 4, $\dfrac{20}{9}$

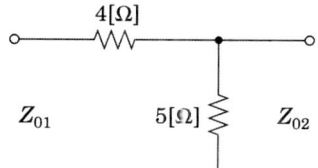

> **Explanation**

$\begin{bmatrix} A & B \\ C & D \end{bmatrix} = \begin{bmatrix} 1+\dfrac{4}{5} & 4 \\ \dfrac{1}{5} & 1 \end{bmatrix} = \begin{bmatrix} \dfrac{9}{5} & 4 \\ \dfrac{1}{5} & 1 \end{bmatrix}$

$Z_{01} = \sqrt{\dfrac{AB}{CD}} = \sqrt{\dfrac{\dfrac{9}{5}\times 4}{\dfrac{1}{5}\times 1}} = 6, \quad Z_{02} = \sqrt{\dfrac{BD}{AC}} = \sqrt{\dfrac{4\times 1}{\dfrac{9}{5}\times\dfrac{1}{5}}} = \dfrac{10}{3}$

【답】②

76 극좌표 형식으로 표현된 전류의 페이저가 각각 $I_1 = 10\angle tan^{-1}\dfrac{4}{3}[\text{A}]$, $I_2 = 10\angle tan^{-1}\dfrac{3}{4}[\text{A}]$ 이고, $I = I_1 + I_2$일 때, $I[\text{A}]$는?

① $-2+j2$
② $14+j14$
③ $14+j4$
④ $14+j3$

> **Explanation**

$I_1 = 10\angle tan^{-1}\dfrac{4}{3} = 10\angle 53.13°$
$\quad = 10(\cos 53.13° + j\sin 53.13°) = 6+j8$
$I_2 = 10\angle tan^{-1}\dfrac{3}{4} = 10\angle 36.87°$
$\quad = 10(\cos 36.87° + j\sin 36.87°) = 8+j6$
따라서 $I_1 + I_2 = 6+j8+8+j6 = 14+j14$

【답】②

77 대칭 6상 성형결선의 전원이 있다. 상전압이 240[V]이면 선간전압의 크기는 몇[V]인가?

① $240\sqrt{3}$
② $\dfrac{240}{\sqrt{3}}$
③ 240
④ 120

> **Explanation**

성형 결선 선간전압 $V_l = 2V_p \sin\dfrac{\pi}{n} = 2V_p \sin\dfrac{\pi}{6} = V_p$
따라서 6상이면 상전압=선간전압=240[V]

【답】③

78 $R-L$ 직렬회로에서 시정수의 값이 작을수록 과도현상이 소멸되는 시간은 어떻게 되는가?
① 짧아진다. ② 관계없다.
③ 길어진다. ④ 일정하다.

Explanation

시정수(Time constant) : 목표 값에 63.2[%]에 도달하는 시간으로 정의
시정수가 클수록 과도현상은 오래 지속되며, 따라서 시정수가 작으면 과도현상은 짧아지게 된다.

【답】①

79 그림에서 $e(t) = E_m \cos\omega t$의 전원전압을 인가했을 때 인덕턴스 L에 축적되는 에너지[J]는?

① $\dfrac{1}{2}\dfrac{E_m^2}{\omega^2 L^2}(1+\cos\omega t)$

② $\dfrac{1}{4}\dfrac{E_m^2}{\omega^2 L}(1-\cos\omega t)$

③ $\dfrac{1}{2}\dfrac{E_m^2}{\omega^2 L^2}(1+\cos 2\omega t)$

④ $\dfrac{1}{4}\dfrac{E_m^2}{\omega^2 L}(1-\cos 2\omega t)$

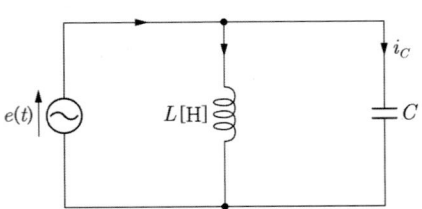

Explanation

【답】④

80 정현파 교류의 실효치를 계산하는 식은? (여기서, i는 순시값, I는 실효치, T는 주기이다)

① $I = \dfrac{1}{T}\displaystyle\int_0^T i^2 dt$

② $I^2 = \dfrac{2}{T}\displaystyle\int_0^T i\, dt$

③ $I^2 = \dfrac{1}{T}\displaystyle\int_0^T i^2 dt$

④ $I = \sqrt{\dfrac{2}{T}\displaystyle\int_0^T i^2 dt}$

Explanation

실효값 $I = \sqrt{\dfrac{1}{T}\displaystyle\int_0^T i^2 dt} = \sqrt{1주기\ 동안의\ i^2의\ 평균}$

여기서, $I^2 = \dfrac{1}{T}\displaystyle\int_0^T i^2 dt$

【답】③

5과목 전기설비기술기준

81 사용전압이 22.9[kV]인 가공전선로를 평야에 시설할 때, 전선의 지표상의 높이는 몇 [m] 이상으로 하여야 하는가?
① 5 ② 5.5
③ 6 ④ 6.5

> **Explanation**

(KEC 333.7조) 특고압 가공전선의 높이

사용 전압의 구분	지표상의 높이
35[kV] 이하	5[m] (철도 또는 궤도를 횡단하는 경우에는 6.5[m], 도로를 횡단하는 경우에는 6[m], 횡단보도교의 위에 시설하는 경우로서 전선이 특고압절연전선 또는 케이블인 경우에는 4[m])

【답】①

82 금속관공사에서 절연부싱을 사용하는 가장 주된 목적은?
① 관의 끝이 터지는 것을 방지
② 관내 해충 및 이물질 출입 방지
③ 관의 단구에서 조영재의 접촉 방지
④ 관의 단구에서 전선 피복의 손상 방지

> **Explanation**

(KEC 232.12조) 금속관공사
관의 단구에는 전선의 피복이 손상하지 아니하도록 적당한 구조의 부싱을 사용할 것

【답】④

83 가공전선로의 지지물에 취급자가 오르고 내리는 데 사용하는 발판 볼트 등은 지표상 몇 [m] 미만에 시설하여서는 아니 되는가?
① 1.2
② 1.5
③ 1.8
④ 2

> **Explanation**

(KEC 331.4조) 가공 전선로 지지물의 철탑오름 및 전주오름 방지
가공전선로의 지지물에 취급자가 오르고 내리는 데 사용하는 발판 볼트 등을 지표상 1.8[m] 미만에 시설하여서는 아니 된다.

【답】③

84 전력보안통신설비인 무선통신용 안테나 또는 반사판을 지지하는 철주 철근콘크리트주 또는 철탑의 기초의 안전율은 얼마 이상이어야 하는가?
① 1.2
② 1.3
③ 1.5
④ 2.2

> **Explanation**

(KEC 364.1조) 무선용 안테나 등을 지지하는 철탑 등의 시설
전력 보안통신 설비인 무선통신용 안테나 또는 반사판을 지지하는 목주·철근·철근 콘크리트주 또는 철탑
① 목주는 풍압 하중에 대한 안전율은 1.5 이상이어야 한다.
② 철주·철근 콘크리트주 또는 철탑의 기초 안전율은 1.5 이상이어야 한다.

【답】③

85 전력계통의 일부가 전력계통의 전원과 전기적으로 분리된 상태에서 분산형전원에 의해서만 가압되는 상태를 무엇이라 하는가?
① 계통연계
② 접속설비
③ 단독운전
④ 단순 병렬운전

> **Explanation**

단독운전 : 전력계통의 일부가 전력계통의 전원과 전기적으로 분리된 상태

【답】③

86 빙설이 많은 지방 이외의 지방에서 저온계절에는 어떤 풍압하중을 적용하는가? (단, 인가가 이웃 연결되어 있지 않다고 한다)
① 갑종풍압하중
② 을종풍압하중
③ 병종풍압하중
④ 갑종과 을종풍압하중 중 큰 것

> **Explanation**
>
> (KEC 331.6조) 풍압 하중의 종별과 적용
> 빙설이 많은 지방 이외의 지방 : 고온계절에는 갑종 풍압하중, 저온계절에 **병종 풍압하중**
>
> 【답】③

87 태양광전지의 시설기준 중 인버터, 절연변압기 및 계통연계 보호장치 등 전력변환장치의 시설 기준으로 틀린 것은?
① 옥외에 시설하는 경우 방수등급은 IPX4 이상일 것
② 옥내에 시설하는 경우 방수등급은 IPX5 이상일 것
③ 각 직렬군의 태양전지 개방전압은 인버터 입력전압 범위 이내일 것
④ 인버터는 실내 실외용을 구분할 것

> **Explanation**
>
> (KEC 522.2.2) 태양광전지 전력변환장치의 시설
> 인버터, 절연변압기 및 계통 연계 보호장치 등 전력변환장치의 시설은 다음에 따라 시설하여야 한다.
> - 인버터는 실내·실외용을 구분할 것
> - 각 직렬군의 태양전지 개방전압은 인버터 입력전압 범위 이내일 것
> - 옥외에 시설하는 경우 방수등급은 IPX4 이상일 것
>
> 【답】②

88 다음 그림의 전력선 반송 통신용 결합장치의 보안장치에 사용하는 기기의 정격에 대한 설명으로 틀린 것은?
① L_2는 동작전압이 교류 1,300[V]를 초과하고 1,600[V] 이하로 조정된 방전갭이다.
② F는 정격전류 10[A] 이하의 포장 퓨즈이다.
③ L_1는 교류 300[V] 이하에서 동작하는 피뢰기이다.
④ DR은 전류용량 5[A] 이상의 배류 선륜이다.

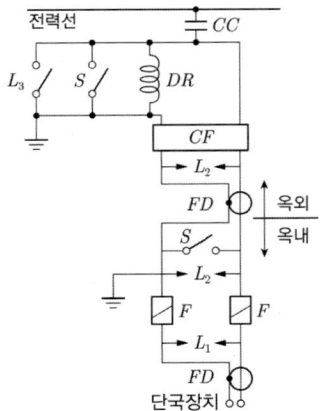

> **Explanation**
>
> (KEC 362.10조) 전력선 반송 통신용 결합장치의 보안장치
> - FD : 동축 케이블
> - F : 정격 전류 10[A] 이하의 포장 퓨즈
> - **DR : 전류 용량 2[A] 이상의 배류선륜**
> - L_1 : 교류 300[V] 이하에서 동작하는 피뢰기
> - L_2 : 동작 전압이 교류 1,300[V]를 넘고, 1,600[V] 이하로 조정된 방전갭
> - L_3 : 동작 전압이 교류 2,000[V]를 넘고, 3,000[V] 이하로 조성된 구상 방전갭
> - S : 접지용 개폐기
> - CF : 결합 필터
> - CC : 결합 콘덴서(결합 안테나를 포함)
>
> 【답】④

89 전차선과 건조물 간의 최소 절연이격거리에 대한 표이다. 다음 ( ) 안에 들어갈 내용으로 옳은 것은? (단, 제시되어 있는 동적 최소 절연이격거리 이상을 확보하여야 한다)

시스템의 종류	공칭전압[V]	동적[mm]	
		비오염	오염
단상교류	25,000	( )	220

① 150
② 170
③ 200
④ 220

Explanation

(KEC 431.2조) 전차선로의 충전부와 건조물 간의 절연 이격
전차선과 건조물 간의 최소 절연이격거리

시스템 종류	공칭전압[V]	동적[mm]		정적[mm]	
		비오염	오염	비오염	오염
단상교류	25,000	170	220	270	320

【답】 ②

90 변압기에 의하여 특고압 전로에 결합되는 고압전로에는 사용 전압의 3배 이하의 전압이 가하여진 경우에 방전하는 피뢰기를 어느 곳에 시설할 때, 방전장치를 생략할 수 있는가?
① 변압기의 단자
② 변압기 단자의 1극
③ 고압전로의 모선의 각 상
④ 특고압 전로의 1극

Explanation

(KEC 322.3조) 특고압과 고압의 혼촉 등에 의한 위험방지 시설
변압기에 의하여 특고압전로에 결합되는 고압전로에는 사용전압의 3배 이하인 전압이 가하여진 경우에 방전하는 장치를 그 변압기의 단자에 가까운 1극에 설치하여야 한다. 다만, 사용전압의 3배 이하인 전압이 가하여진 경우에 방전하는 피뢰기를 고압전로의 모선의 각 상에 시설하는 때에는 그러하지 아니하다.

【답】 ③

91 정류기에 접속하는 변압기 권선의 절연내력시험전압은 정류기 교류 측 최대 사용전압의 몇 배의 교류전압인가? (단, 정류기의 최대 사용전압은 60[kV]를 초과하는 경우이다)
① 0.64
② 0.72
③ 0.92
④ 1.1

Explanation

(KEC 132조) 전로의 절연저항 및 절연내력
최대사용전압이 60[kV]를 초과하는 정류기에 접속되고 있는 전로 : 1.1배

【답】 ④

92 저압 가공전선 상호 간을 접근 또는 교차하여 시설하는 경우 전선 상호 간 이격 거리 및 하나의 저압 가공전선과 다른 저압 가공전선로의 지지물 사이의 이격 거리는 각각 몇 [cm] 이상이어야 하는가? 단, 어느 한 쪽의 전선이 고압 절연전선, 특고압 절연전선 또는 케이블이 아닌 경우이다.
① 전선 상호 간 : 30, 전선과 지지물 간 : 30
② 전선 상호 간 : 30, 전선과 지지물 간 : 60
③ 전선 상호 간 : 30, 전선과 지지물 간 : 30
④ 전선 상호 간 : 30, 전선과 지지물 간 : 60

Explanation

(KEC 222.16조) 저압 가공전선 상호 간의 접근 또는 교차
저압 가공전선이 다른 저압 가공전선과 접근 상태로 시설되거나 교차하여 시설 : 저압 가공전선 상호 간의 이격 거리는 0.6[m] 이상, 하나의 저압 가공전선과 다른 저압 가공전선로의 지지물 사이의 이격 거리는 0.3[m] 이상이어야 한다.

【답】 ③

93 열차의 정격속도가 250<V≤300, 속도등급이 300킬로급이라면 전차선의 기울기(천분율)는?
① 0
② 1
③ 2
④ 3

> **Explanation**

(KEC 431.7조) 전차선의 기울기
전차선의 기울기는 해당 구간의 열차 통과 속도에 따라 표에 따른다. 다만 구분장치 또는 분기 구간에서는 전차선에 기울기를 주지 않아야 한다. 또한, 궤도면상으로부터 전차선 높이는 같은 높이로 가선하는 것을 원칙으로 하되 터널, 과선교 등 특정 구간에서 높이 변화가 필요한 경우에는 가능한 한 작은 기울기로 이루어져야 한다.

설계속도 V (km/시간)	속도등급	기울기(천분율)
300<V≤350	350킬로급	0
250<V≤300	300킬로급	0
200<V≤250	250킬로급	1

【답】①

94 다음 중 전력보안통신설비를 시설하여야 하는 곳에 해당하지 않는 곳은?
① 원격감시제어가 되는 발전소, 변전소, 전선로 및 이를 운용하는 급전소 간
② 동일 수계에 속하고 안전상 긴급 연락의 필요가 있는 수력발전소 상호 간
③ 2개 이상의 급전소 상호 간과 이들을 통합 운용하는 급전소 간
④ 수력설비의 안전상 필요한 양수소 및 강수량 관측소와 수력발전소 간

> **Explanation**

(KEC 362조) 전력보안통신설비의 시설
다음 각 호에 열거하는 곳에는 전력 보안통신용 전화 설비를 시설하여야 한다.
① **원격감시 제어가 되지 아니하는 발전소·원격 감시제어가 되지 아니하는 변전소**
② 2개 이상의 급전소 상호 간과 이들을 통합 운용하는 급전소 간
③ 수력설비 중 필요한 곳, 수력 설비의 안전상 필요한 양수소(量水所) 및 강수량 관측소와 수력발전소 간
④ 동일 수계에 속하고 안전상 긴급 연락의 필요가 있는 수력발전소 상호 간

【답】①

95 교통신호등 제어장치의 2차측 배선의 최대사용전압은 몇 [V] 이하이어야 하는가?
① 110
② 220
③ 300
④ 380

> **Explanation**

(KEC 234.15조) 교통신호등
교통신호등 제어장치의 2차측 배선의 **최대사용전압은 300[V] 이하**이어야 한다.

【답】③

96 발열선을 공중에 시설하는 전기온상 등에서 발열선을 애자로 지지하는 경우 발열선의 지지점 간의 거리는 몇 [m] 이하이어야 하는가? (단, 발열선 상호 간의 간격이 0.06[m] 미만인 경우이다)
① 0.6
② 1
③ 1.5
④ 3

> **Explanation**

(KEC 241.5조) 전기온상 등
발열선의 **지지점 간의 거리는 1[m] 이하**일 것. 다만, 발열선 상호 간의 간격이 0.06[m] 이상인 경우에는 2[m] 이하로 할 수 있다.

【답】②

97 "관등회로"에 대한 설명으로 옳은 것은?
① 스위치로부터 안정기까지의 전로를 말한다.
② 분기점으로부터 안정기까지의 전로를 말한다.
③ 스위치로부터 방전등까지의 전로를 말한다.
④ 방전등용 안정기 또는 방전등용 변압기로부터 방전관까지의 전로를 말한다.

Explanation

(KEC 112조) 용어 정의
관등 회로 : 방전등용 안정기 또는 방전등용 변압기로부터 방전관까지의 전로 　　　　　　【답】 ④

98 저압 가공전선로 높이는 도로를 횡단하는 경우와 철도를 횡단하는 경우에 각각 몇 [m] 이상이어야 하는가?
① 도로 지표상 5, 철도 레일면상 6
② 도로 지표상 6, 철도 레일면상 6
③ 도로 지표상 5, 철도 레일면상 6.5
④ 도로 지표상 6, 철도 레일면상 6.5

Explanation

(KEC 222.7, 332.5조) 저·고압 가공전선의 높이
저압 가공전선 또는 고압 가공전선 높이는 다음 각 호에 따라야 한다.
① 도로를 횡단하는 경우에는 지표상 6[m] 이상
② 철도 또는 궤도를 횡단하는 경우에는 레일면상 6.5[m] 이상
③ 횡단보도교의 위에 시설하는 경우에는 저압 가공전선은 그 노면상 3.5[m](전선이 저압 절연전선·다심형 전선·고압 절연전선·특고압 절연전선 또는 케이블인 경우에는 3[m]) 이상, 고압 가공전선은 그 노면상 3.5[m] 이상 　　【답】 ④

99 전기온상 등의 발열선은 온도가 몇 도를 넘지 않지 않도록 시설하여야 하는가?
① 70
② 80
③ 90
④ 100

Explanation

(KEC 241.5조) 전기온상 등
① 전기온상 등에 전기를 공급하는 전로의 대지전압은 300[V] 이하일 것
② 발열선은 그 온도가 80[℃]를 넘지 아니하도록 시설할 것
③ 발열선을 공중에 시설하는 전기온상 등은 발열선의 지지점간의 거리는 1[m] 이하일 것 　　　　　　【답】 ②

100 주택용 배선차단기 B형은 순시트립범위가 차단기 정격전류(I_n)의 몇 배인가?
① $1I_n$ 초과 ~ $3I_n$ 이하
② $3I_n$ 초과 ~ $5I_n$ 이하
③ $5I_n$ 초과 ~ $10I_n$ 이하
④ $10I_n$ 초과 ~ $20I_n$ 이하

Explanation

(KEC 212.3) 순시트립에 따른 구분(주택용 배선차단기)

형	순시트립범위
B	$3I_n$ 초과 ~ $5I_n$ 이하
C	$5I_n$ 초과 ~ $10I_n$ 이하
D	$10I_n$ 초과 ~ $20I_n$ 이하

비고 1. B, C, D : 순시트립전류에 따른 차단기 분류
　　 2. I_n : 차단기 정격전류 　　　　　　【답】 ②

MEMO

과년도 CBT 복원문제

전기공사산업기사 필기

2021

- 2021년 제01회
- 2021년 제02회
- 2021년 제04회

2021년 전기공사산업기사 필기

1과목 전기응용

01 200[W]의 전구를 우유색 구형 글로브에 넣었을 경우 우유색 유리 반사율을 30[%], 투과율을 60[%]라고 할 때 글로브의 효율은 약 몇 [%]인가?
① 75
② 85.7
③ 116.7
④ 133.3

Explanation

글로브의 효율 $\eta = \dfrac{\tau}{1-\rho} \times 100 = \dfrac{0.6}{1-0.3} \times 100 = 85.7[\%]$

【답】②

02 적외선 가열과 관계없는 것은?
① 설비비가 적다.
② 구조가 간단하다.
③ 두꺼운 목재의 건조에 적당하다.
④ 공산품(工産品)의 표면건조에 적당하다.

Explanation

적외선 가열(건조)
- 적외선 전구의 복사열에 의하여 피조물 가열하여 건조
- 특징
  - 공산품 표면건조에 적당하고 효율이 좋다.
  - 구조와 조작이 간단하다.
  - 건조 재료의 감시가 용이하고 청결, 안전
  - 유지비가 싸고 설치장소 절약
  - 주로 섬유, 도장에 많이 사용

【답】③

03 동력 전달 효율이 78.4[%]인 권상기로 30[t]의 하중을 매분 4[m]의 속력으로 끌어 올리는 데 필요한 동력은 약 몇 [kW]인가?
① 14
② 18
③ 21
④ 25

Explanation

권상기용 전동기 출력 $P = \dfrac{WV}{6.12\eta} \times C$[kW] (여기서, W : 권상 하중[ton], V : 권상 속도[m/min], C : 평형률)

$\therefore P = \dfrac{30 \times 4}{6.12 \times 0.784} = 25$[kW]

【답】④

04 음극만 발광하므로 직류 극성을 판별하는 데 이용되는 것은?
① 형광등
② 수은등
③ 네온전구
④ 나트륨등

Explanation

네온전구
① 발광 원리 : 음극 글로우(부글로우)
② 용도
- 소비 전력이 적으므로 배전반의 파이롯, 종야 등에 적합
- 음극만이 빛나므로 직류의 극성 판별용에 이용
- 일정 전압에서 점화하므로 검전기 교류 파고치의 측정에 쓰임

【답】③

05 열차 저항의 분류에 속하지 않는 것은?
① 복선 저항
② 주행 저항
③ 가속 저항
④ 곡선 저항

Explanation

열차 저항
- 출발 저항 : 열차가 출발할 때 생기는 저항
- 주행 저항 : 열차가 평탄한 직선 위를 운전할 때 생기는 저항
- 구배 저항(오르막길 오를 때 저항) : 경사 저항
- 곡선 저항 : 원심력에 의해 바퀴와 레일과의 사이에 마찰이 증가하여 회전수 차에 의한 미끄럼 현상에 따른 저항
- 가속 저항 : 가속에 필요한 힘과 반대 방향이 되는 힘을 하나의 저항으로 계산

【답】①

06 축전지를 사용할 때 극판이 휘고 내부저항이 매우 커져서 용량이 감퇴되는 원인은?
① 전지의 황산화
② 과도방전
③ 전해액의 농도
④ 감극작용

Explanation

황산화(설페이션 현상)
- 전지의 극판이 휘게 되고, 내부 저항이 증가
- 극판에 황산납이 발생

【답】①

07 서보 전동기(servo motor)는 서보 기구에서 주로 어느 부의 기능을 맡는가?
① 검출부
② 제어부
③ 비교부
④ 조작부

Explanation

서보 모터(조작기기)의 특징
직류용, 교류용
- 기동토크가 크고 효율이 우수하다.
- 기계적 시정수가 적고 응답이 빠르다.
- 맥동이 적고 안정하다.
- 관성모멘트가 적다(회전자가 가늘고 길다).

【답】④

08 100[cd]의 점광원 바로 밑 2[m] 되는 곳에 있는 반사율 80[%]인 백색판의 광속 발산도[rlx]는?
① 20
② 25
③ 40
④ 50

Explanation

조도 $E = \dfrac{I}{r^2} = \dfrac{100}{2^2} = 25[\text{lx}]$

백색판(완전 확산면) $R = \pi B = \rho E = \tau E$ 에서
광속 발산도 $R = \rho E = 0.8 \times 25 = 20[\text{rlx}]$

【답】①

09 광질과 특색이 고휘도이고 광색은 적색 부분이 많고 배광제어가 용이하며 흑화가 거의 일어나지 않는 램프는?
① 수은램프
② 형광램프
③ 크세논램프
④ 할로겐램프

> **Explanation**

할로겐전구
- 진공 상태의 유리구 안에 질소와 아르곤 가스 이외에 브롬이나 요오드 등 할로겐 원소를 첨가하여 텅스텐 필라멘트의 증발을 억제시켜 전구의 수명을 늘린 것
- 백열전구에 비해 소형이고 가벼워 자동차용이나 비행장의 활주로 매입등, 무대조명, 백화점 등에 사용
- 특징
  - 고휘도 램프
  - **광색 : 적색**
  - **발생 광속이 많다.**
  - 흑화가 거의 일어나지 않는다.

【답】④

10 직류 아크 용접에서 용접봉을 용접기의 양(+)극에, 모재를 음(-)극에 연결하는 경우의 극성은?
① 정극성
② 역극성
③ 자극성
④ 용극성

> **Explanation**

- 정극성 : (+)를 모재로 하고, 용접봉을(-)로 연결한 경우
- **역극성 : (+)를 용접봉으로 하고, 모재를(-)로 연결한 경우**

【답】②

11 200[W]는 약 몇 [cal/s]인가?
① 0.24
② 0.86
③ 47.8
④ 71.7

> **Explanation**

열량 $Q = 0.24 VIt = 0.24 Pt$ [cal]
$= 0.24 \times 200 \times 1 = 48$ [cal/s]

【답】③

12 전동기 운전 시 발생하는 진동 중 전자력의 불평형 원인에 의한 것은?
① 회전자의 정적 및 동적 불균형
② 베어링의 불균형
③ 상대 기계와의 연결 불량 및 설치 불량
④ 회전 시 공극의 변동

> **Explanation**

전동기의 기계적 진동 원인
- 회전자의 정적 및 동적 불평형
- 베어링의 불균형
- 상대 기계와의 연결 불량 및 설치 불량

【답】④

13 연축전지(납축전지)의 방전이 끝나면 그 양극(+극)은 어느 물질로 되는가?
① Pb
② PbO
③ PbO_2
④ $PbSO_4$

> **Explanation**

납(연)축전지 화학 반응식

$$PbO_2 + 2H_2SO_4 + Pb \underset{충전}{\overset{방전}{\rightleftarrows}} PbSO_4 + 2H_2O + PbSO_4$$

따라서 방전 후 양극과 음극은 $PbSO_4$이다.

【답】④

14 지표상 6[m]의 높이에 백열전등을 장치하여 가로조명을 하는 경우에 전등 바로 아래로부터 8[m] 떨어진 P점의 법선 조도[lx]는? 단, 전등의 P점을 향하는 방향의 광도는 50[cd]이다.

① 0.2
② 0.3
③ 0.4
④ 0.5

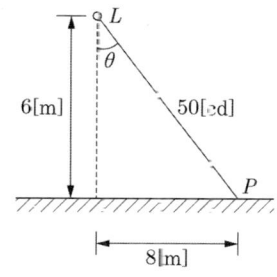

Explanation

법선조도 $E_n = \dfrac{I}{r^2}$[lx]

$E_n = \dfrac{I}{r^2} = \dfrac{50}{(\sqrt{6^2+8^2})^2} = 0.5$[lx]

【답】④

15 최고 사용 온도가 가장 낮은 열전대는?

① 철-콘스탄탄
② 구리-콘스탄탄
③ 크로멜-알루멜
④ 백금-백금로듐

Explanation

열전대의 종류와 측정 범위

열전대	사용 범위[℃]
백금-백금로듐	0 ~ 1,400
크로멜 - 알루멜	-200 ~ 1,000
철 - 콘스탄탄	-200 ~ 700
구리 - 콘스탄탄	**-200 ~ 400**

【답】②

16 유도 전동기의 속도 제어법 중에서 인버터를 사용하면 가장 효과적인 것은?

① 극수 변환법
② 슬립 변환법
③ 주파수 변환법
④ 인가 전압 변환법

Explanation

	특징
농형 유도 전동기	① 주파수 변환법 • 역률이 양호하며 연속적인 속도제어가 되지만, 전용 전원이 필요(인버터 사용) • 인견·방직 공장의 포트모터, 선박의 전기추진기 ② 극수 변환법 ③ 전압 제어법 : 전원 전압의 크기를 조절하여 속도제어

【답】③

17 알칼리 축전지의 전해액은?
① KOH
② PbO_2
③ H_2SO_4
④ NiOOH

> **Explanation**

알칼리 축전지
- 양극 : Ni(OH)3(산화니켈)
- 음극 : 에디슨 : Fe, 융그너 : Cd
- 전해핵 : 비중 1.2~1.3의 수산화칼륨(KOH)

【답】①

18 레이저 가열의 특징이 아닌 것은?
① 에너지 변환 효율이 높은 결점이 있다.
② 필요한 부분에 고속으로 가열시킬 수 있다.
③ 레이저의 파워나 조사 면적을 광범위하게 제어 할 수 있다.
④ 에너지 밀도를 높게 할 수 있다.

> **Explanation**

레이저 가열
- 필요한 부분에 고속으로 가열 가능
- 레이저의 파워나 조사 면적을 광범위하게 제어 가능
- 에너지 밀도를 높게 할 수 있다.
- 에너지 변환 효율이 **낮은 결점**

【답】①

19 GTO의 특성이 아닌 것은?
① +의 게이트 전류로 턴온 된다.
② -의 게이트 전류로 턴오프 되지 않는다.
③ 자기 소호성이 있다.
④ 과전류 내량이 크다.

> **Explanation**

GTO(Gate Turn-off Thyristor)
게이트에 흐르는 전류를 점호할 때의 전류와 반대 방향의 전류를 흐르게 함으로써 소호(자기소호 기능)

【답】②

20 직권 정류자 전동기는 다음에 분류하는 전동기 중 어디에 속하는가?
① 변속도 전동기
② 다속도 전동기
③ 가감속도 전동기
④ 정속도 전동기

> **Explanation**

직권 정류자 전동기
- 변속도 특성 : $T \propto I^2 \propto \dfrac{1}{N^2}$

【답】①

2과목 전력공학

21 코로나의 방지대책으로 적당하지 않은 것은?
① 복도체를 사용한다.
② 가선금구를 개량한다.

③ 전선의 바깥지름을 크게 한다.   ④ 선간거리를 감소시킨다.

Explanation

코로나 방지대책
- 코로나 임계 전압을 크게, 전위경도를 작게
- 전선의 지름을 크게
- 복도체(다도체) 방식(가장 효과적인 방법)
- 가선금구를 개량

【답】④

22. 제5고조파를 제거하기 위하여 전력용 콘덴서 용량의 몇 [%]에 해당하는 직렬 리액터를 설치하는가?
① 2~3
② 5~6
③ 7~8
④ 9~10

Explanation

직렬리액터 : 제5고조파를 제거. 이론적 : 4[%], 실제적 : 5~6[%]

【답】②

23. 전력 원선도에서 구할 수 없는 것은?
① 조상용량
② 송전손실
③ 정태안정 극한전력
④ 과도안정 극한전력

Explanation

전력원선도(송·수전단 전압, 일반회로 정수(A, B, C, D))
- 가로축 : 유효전력, 세로축 : 무효전력
- 구할 수 없는 것(사고값) : **과도안정 극한전력, 코로나 손실, 사고값**

【답】④

24. 직류 송전방식이 교류 송전방식에 비하여 유리한 점이 아닌 것은?
① 선로의 절연이 용이하다.
② 통신선에 대한 유도잡음이 적다.
③ 표피효과에 의한 송전손실이 적다.
④ 정류가 필요 없고 승압 및 강압이 쉽다.

Explanation

직류송전의 특징
- 선로의 리액턴스가 없으므로 안정도가 높다.
- 비동기연계가 가능하다.(주파수가 다른 선로의 연계 가능)
- 도체의 표피효과가 없다.
- 충전전류와 유전체손을 고려하지 않아도 된다.
- **변압이 어렵다.**
- 직류용 차단기가 개발되어 있지 않다.
- 고조파 억제 대책이 필요하다.

【답】④

25. 다음 중 유도장해 방지법 중 전력선측 대책으로 맞는 것은?
① 배류 코일을 설치
② 절연변압기를 사용
③ 특성이 양호한 피뢰기 시설
④ 상호인덕턴스를 작게

Explanation

유도장해 방지 대책

전력선측	통신선측
· 연가 · 소호 리액터 접지방식 → 지락 전류 소멸 · 고속도 차단기 설치	· 전력선과 교차 시 수직 교차 · 연피케이블 · 절연 강화

• 이격거리 크게 • 차폐선을 설치(30~50[%] 경감) • 지중전선로 설치 • **상호인덕턴스를 작게**	• 절연변압기 • 배류 코일(쵸크 코일) 설치 • 특성이 양호한 피뢰기 시설

【답】 ④

26 $V_a = 3[V]$, $V_b = 2 - j3[V]$, $V_c = 4 + j3[V]$를 3상 불평형 전압이라고 할 때 영상 전압[V]은?
① 3
② 9
③ 27
④ 0

Explanation

대칭좌표법에서
$$\begin{bmatrix} V_0 \\ V_1 \\ V_2 \end{bmatrix} = \frac{1}{3} \begin{bmatrix} 1 & 1 & 1 \\ 1 & a & a^2 \\ 1 & a^2 & a \end{bmatrix} \begin{bmatrix} V_a \\ V_b \\ V_c \end{bmatrix}$$

영상분 $V_0 = \frac{1}{3}(V_a + V_b + V_c) = \frac{1}{3}(3 + 2 - j3 + 4 + j3) = 3$

【답】 ①

27 전력용 퓨즈의 장점으로 틀린 것은?
① 소형으로 큰 차단용량을 갖는다.
② 밀폐형 퓨즈는 차단 시에 소음이 없다.
③ 가격이 싸고 유지보수가 간단하다.
④ 고장 제거 후 재투입이 가능하다.

Explanation

전력 퓨즈(PF : Power Fuse) : 단락전류 차단
장 점 : ① **소형, 경량**
② **차단 용량이 크다.**
③ **보수가 간단**
④ **가격이 저렴**
단 점 : ① **재투입이 불가능**
② 과도 전류에 용단되기 쉽다.
③ 한류 형은 차단 시 과전압 유기
④ 고임피던스 접지 계통은 보호할 수 없다.

【답】 ④

28 저압 뱅킹(Banking)배전방식이 적당한 곳은?
① 농촌
② 어촌
③ 화학공장
④ 부하 밀집지역

Explanation

저압 뱅킹 방식 : **부하가 밀집된 시가지**(부하증가에 대한 탄력성)
• 장점 : 전압 강하와 전력 손실이 적다.
  변압기의 동량 및 저압선 동량 감소
  플리커 현상 감소
• 단점 : 캐스케이딩 현상 발생(저압선의 일부 고장으로 건전한 변압기의 일부 또는 전부가 차단되는 현상)

【답】 ④

29 우리나라의 송전 방식으로 가장 많이 사용되고 있는 것은?
① 단상 2선식
② 3상 3선식
③ 3상 4선식
④ 2상 4선식

Explanation

우리나라 공급방식

- 송전 : 3상 3선식
- 배전 : 3상 4선식

【답】②

30 연간 최대 수용 전력이 70[kW], 75[kW], 85[kW], 100[kW]인 4개의 수용가에 부등률이 1.32이다. 이 수용가의 합성 최대전력은 얼마인가?
① 230
② 250
③ 275
④ 330

Explanation

$$부등률 = \frac{개개의\ 최대\ 전력의\ 합}{합성\ 최대\ 수용\ 전력}$$

$$합성\ 최대전력 = \frac{개개의\ 최대전력의\ 합}{부등률} = \frac{70+75+85+100}{1.32} = 250[kW]$$

【답】②

31 어떤 발전소의 유효 낙차가 40[m]이고, 이론적인 출력이 4,900[kW]일 경우 이 발전소의 사용 유량 [m³/s]은?
① 12.5
② 125
③ 1,250
④ 12,500

Explanation

수력발전 이론출력 $P = 9.8QH[kW]$

유량 $Q = \dfrac{P}{9.8H} = \dfrac{4,900}{9.8 \times 40} = 12.5[m^3/s]$

【답】①

32 화력 발전소의 재열기(reheater)의 목적은?
① 급수를 예열한다.
② 석탄을 건조한다.
③ 공기를 예열한다.
④ 증기를 가열한다.

Explanation

재열기 : 증기를 다시 가열

【답】④

33 차단기의 정격 차단 시간은?
① 고장발생부터 소호까지의 시간
② 가동접촉자 시동부터 소호까지의 시간
③ 트립 코일 여자부터 가동 접촉자 시동까지의 시간
④ 트립 코일 여자부터 소호까지의 시간

Explanation

차단기의 정격 차단 시간
- 트립코일 여자로부터 소호까지의 시간
- 개극 시간과 아크 시간의 합 (3~8 Hz)

【답】④

34 송전단에서 전류가 동일하고 배전선에 리액턴스를 무시하면, 배전선에 따라 균등한 부하가 분포되어 있는 경우의 전력손실은 배전선 말단에 단일부하가 있을 때의 전력손실에 비하여 몇 배나 되는가?
① $\dfrac{1}{2}$
② 2
③ $\dfrac{1}{3}$
④ 3

Explanation

부하에 따른 특성

	전압 강하	전력 손실
말단 집중 부하	e	P_l
균등 분산 부하	$\frac{1}{2}e$	$\frac{1}{3}P_l$

【답】③

35 가공 송전선에 사용되는 애자 1연 중 전압부담이 최대인 애자는?
① 중앙에 있는 애자
② 철탑에 제일 가까운 애자
③ 전선에 제일 가까운 애자
④ 전선으로부터 1/4 지점에 있는 애자

> **Explanation**
>
> 애자련의 전압부담
> • **전압부담이 최대인 애자 : 전선에 가장 가까운 애자**
> • 전압부담이 최소인 애자 : 철탑(접지측)에서 1/3 또는 전선에서 2/3 되는 지점의 애자

【답】③

36 직접 접지방식에 대한 설명 중 옳지 않은 것은?
① 이상 전압 발생의 우려가 거의 없다.
② 계통의 절연수준이 낮아지므로 경제적이다.
③ 변압기가 단절연이 가능하다.
④ 보호계전기가 신속히 작동하므로 과도안정도가 좋다.

> **Explanation**
>
> 직접접지방식의 특징
> • 1선 지락 시 건전상의 대지전압 상승이 가장 낮다.(절연레벨 경감)
> • 중성점을 0전위로 유지 가능(단절연 가능)
> • 보호계전기 동작이 확실하다.
> • 정격이 낮은 피뢰기 사용 가능
> • 통신선의 유도장해가 크다.
> • **과도안정도가 낮다.**

【답】④

37 송전 계통에서 이상 전압의 방지 대책으로 볼 수 없는 것은?
① 철탑 접지저항의 저감
② 가공 송전선로의 피뢰용으로서의 가공지선에 의한 뇌차폐
③ 기기 보호용으로서의 피뢰기 설치
④ 복도체 방식 채택

> **Explanation**
>
> 이상 전압 보호 장치 및 기능
> • 가공지선 : 뇌의 차폐
> • 피뢰기 : 기기(변압기) 보호
> • 매설지선, 철탑 접지저항의 저감 : 역섬락 방지
> 여기서, 복도체 방식은 코로나 대책이다.

【답】④

38 피뢰기의 제한 전압이란?
① 상용주파전압에 피뢰기의 충격 방전 개시 전압
② 충격파 침입 시 피뢰기의 충격 방전 개시 전압
③ 피뢰기가 충격 방전 종료 후 언제나 속류를 확실히 차단할 수 있는 사용주파 최대 전압

④ 충격 방전 전류가 흐르고 있는 때의 피뢰기 단자 전압

Explanation

피뢰기의 제한전압
- 피뢰기 동작 중 단자전압의 파고 값
- **충격 방전 전류가 흐르고 있는 때의 피뢰기 단자 전압**

【답】④

39 동일한 전압에서 동일한 전력을 송전할 때 역률을 0.7에서 0.95로 개선하면 전력손실은 개선 전에 비해 약 몇 [%]인가?

① 80
② 65
③ 54
④ 40

Explanation

전력용 콘덴서(Static Condenser)
부하의 역률개선을 통해 전력손실을 감소시키기 위한 목적

전력 손실 $P_l = I^2 R = \left(\frac{P}{V\cos\theta}\right)^2 \times R = \frac{P^2 R}{V^2 \cos^2\theta} \propto \frac{1}{\cos^2\theta}$

따라서 전력 손실 $P_l \propto \frac{1}{\cos^2\theta} = \frac{1}{\left(\frac{0.95}{0.7}\right)^2} \times 100 = \left(\frac{0.7}{0.95}\right)^2 \times 100 = 54[\%]$

【답】③

40 그림과 같은 전선로의 단락 용량은 약 몇 [MVA]인가? 단, 그림의 수치는 10,000[kVA]를 기준으로 한 %리액턴스를 나타낸다.

① 33.7
② 66.7
③ 99.7
④ 132.7

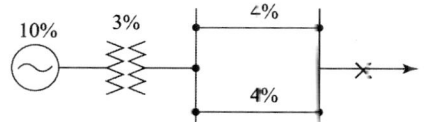

Explanation

합성 %임피던스 $\%Z = 10 + 3 + \frac{4 \times 4}{4+4} = 15[\%]$

단락용량 $P_s = \frac{100}{\%Z} P_n = \frac{100}{15} \times 10,000 \times 10^{-3}$
$= 66.7[MVA]$

【답】②

3과목 전기기기

41 다음 그림은 속도 특성 곡선 및 토크(torque) 특성 곡선을 나타낸다. 어느 전동기인가?

① 직류 분권전동기
② 직류 직권전동기
③ 직류 복권전동기
④ 유도 전동기

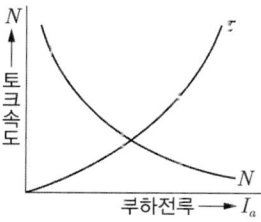

> **Explanation**

직류 직권 전동기
- 변속도 전동기(전기철도용)
- $T \propto I^2 \propto \dfrac{1}{N^2}$

【답】②

42 직류 분권전동기가 있다. 단자 전압이 215[V], 전기자 전류가 50[A], 전기자의 전저항이 0.1[Ω], 회전 속도 1,500[rpm]일 때 발생 토크[kg·m]를 구하여라.
① 6.82[kg·m]　　② 6.68[kg·m]
③ 68.2[kg·m]　　④ 66.8[kg·m]

> **Explanation**

분권전동기 발생 동력 $P = EI_a$에서
역기전력 $E = V - R_a I_a = 215 - 0.1 \times 50 = 210[V]$
따라서 발생 동력 $P = EI_a = 210 \times 50 \times 10^{-3} = 10.5[kW]$
토크 $\tau = 0.975 \times \dfrac{P}{N} = 0.975 \times \dfrac{10.5 \times 10^3}{1,500} = 6.82[kg \cdot m]$

【답】①

43 3상 동기 발전기의 매극, 매상의 슬롯수를 3이라 할 때 분포권 계수를 구하면?
① $6\sin\dfrac{\pi}{18}$　　② $3\sin\dfrac{\pi}{9}$
③ $\dfrac{1}{6\sin\dfrac{\pi}{18}}$　　④ $\dfrac{1}{3\sin\dfrac{\pi}{18}}$

> **Explanation**

분포권 계수 $K_d = \dfrac{\sin\dfrac{\pi}{2m}}{q\sin\dfrac{\pi}{2mq}} = \dfrac{\sin\dfrac{\pi}{2\times 3}}{3\sin\dfrac{\pi}{2\times 3\times 3}} = \dfrac{1}{6\sin\dfrac{\pi}{18}}$

【답】③

44 단권 변압기의 설명으로 틀린 것은?
① 분로권선과 직렬권선으로 구분된다.
② 1차 권선과 2차 권선의 일부가 공통으로 사용된다.
③ 3상에는 사용할 수 없고 단상으로만 사용한다.
④ 분로권선에서 누설자속이 없기 때문에 전압변동률이 적다.

> **Explanation**

단권 변압기의 특징
- 1, 2차 권선이 하나이므로 동량과 철량이 감소되어 손실이 적고 효율이 우수
- 누설 리액턴스가 적어 전압 변동이 적다.
- 단락 시 대전류가 흐를 수 있다.
- 자기 용량 보다 큰 부하 용량 사용 가능
- 단상 및 3상에서 사용이 가능

【답】③

45 2[kVA]의 단상변압기 3대를 △-△ 결선하여 급전 중 1대가 소손되어 2대로 V-V 결선하여 운전하였다. 각 변압기가 30[%]의 과부하에 견딜 수 있다면 공급 가능한 최대 3상 부하[kVA]는?

① 3.5   ② 4.0
③ 4.5   ④ 5.2

Explanation

변압기 1대 용량을 K라 하면
- Y, △결선 : $P = 3K$
- V 결선 : $P = \sqrt{3}K$

V결선 변압기의 용량 : $P_V = \sqrt{3}K \times$ 과부하율 $= \sqrt{3} \times 2 \times 1.3 = 4.5 [\text{kVA}]$

【답】③

46 15[kW] 3상 유도 전동기의 기계손이 350[W], 전부하 시의 슬립이 3[%]이다. 전부하 시의 2차 동손은 약 몇 [W]인가?

① 523   ② 475
③ 411   ④ 365

Explanation

$P_0 = (1-s)P_2$ 에서 $P_2 = \dfrac{1}{1-s}P_0$ 이며

2차 동손 $P_{c2} = sP_2 = \dfrac{s}{1-s}P_\bullet = \dfrac{s}{1-s}(P_k + P_m) = \dfrac{0.03}{1-0.03}(15{,}000 + 350) = 475[\text{W}]$

단, P_k : 전동기 출력, P_m : 기계손

【답】②

47 10[kVA], 2,000/100[V] 변압기에서 1차에 환산한 등가 임피던스는 $6.2 + j7[\Omega]$이다. 이 변압기의 % 리액턴스 강하는?

① 3.5   ② 0.175
③ 0.35   ④ 1.75

Explanation

변압기 1차 정격전류 $I_{1n} = \dfrac{P}{V_{1n}} = \dfrac{10 \times 10^3}{2{,}000} = 5[\text{A}]$

%리액턴스 강하 $q = \dfrac{I_{1n}x_{21}}{V_{1n}} \times 100 = \dfrac{5 \times 7}{2{,}000} \times 100 = 1.75[\%]$

【답】④

48 3상 권선형 유도전동기의 2차 회로의 한상이 단선된 경우에 부하가 약간 커지면 슬립이 50[%]인 곳에서 운전이 되는 것을 무엇이라 하는가?

① 차동기 운전   ② 자기여자
③ 게르게스 현상   ④ 난조

Explanation

게르게스 현상 : 3상 권선형 유도전동기의 2차 회로의 한상이 단선된 경우에 부하가 약간 커지면 슬립이 50[%]인 곳에서 운전이 되는 것

【답】③

49 3상 직권정류자 전동기의 특성으로 옳지 않은 것은?

① 직권특성의 변속도 전동기이다.
② 토크는 거의 전류의 제곱에 비례하고 기동토크가 크다.
③ 역률은 동기속도 이상에서 저하되며 80[%] 정도이다.
④ 효율은 고속에서의 거의 일정하며 동기속도 근처에서 가장 좋다.

Explanation

3상 직권 정류자 전동기
- $T \propto I^2 \propto \dfrac{1}{N^2}$ 로서 변속도 특성
- 토크는 거의 전류의 제곱에 비례하며 기동 토크가 크다.
- 효율은 저속에서는 나쁘나 동기속도 근처에서 가장 좋다.
- 역률은 동기속도 근처나 그 이상에서는 매우 양호하다.

【답】 ③

50 PN 접합 구조로 되어 있고 제어는 불가능하나 교류를 직류로 변환하는 반도체 정류 소자는?
① IGBT
② 다이오드
③ MOSFET
④ 사이리스터

Explanation

PN접합 다이오드 : 정류용

【답】 ②

51 트랜지스터에 비해 스위칭 속도가 매우 빠른 이점이 있는 반면에 용량이 적어서 비교적 저전력용에 주로 사용되는 전력용 반도체 소자는?
① SCR
② GTO
③ IGBT
④ MOSFET

Explanation

MOSFET(Metal Oxide Silicon Field Effect Transistor)의 특징
- 고속 스위칭 소자
- 스위칭 속도가 매우 빠르다.
- 용량이 적어 저전력 소자

【답】 ④

52 유도 전동기의 부하가 증가할 때 발생하는 현상으로 옳은 것은?
① 슬립이 감소한다.
② 회전자 전류(2차 전류)가 감소한다.
③ 회전자 전압(2차 전압)이 감소한다.
④ 회전자의 회전 속도가 감소한다.

Explanation

① 유도전동기의 부하가 증가하면 회전속도가 감소하므로
  $N = (1-s)N_s$ 에서 슬립은 증가
② 3상 유도전동기 회전 시(슬립이 증가하면 2차 유도기전력 및 2차 주파수 모두 증가)
  2차 유도기전력 $E_{2s} = sE_2$
  2차 주파수 $f_2 = sf_1$

【답】 ④

53 동기발전기에서 유기기전력의 특정 고조파분을 제거하고 또 권선을 절약하기 위하여 자주 사용되는 권선법은?
① 전절권
② 분포권
③ 집중권
④ 단절권

Explanation

동기기 전기자 권선법
① 분포권
  - 고조파를 제거하여 기전력의 파형을 개선
  - 누설 리액턴스를 감소
② 단절권
  - 고조파를 제거하여 기전력의 파형을 개선
  - 코일의 길이, 동량이 절약

【답】 ④

54 5차 고조파에 의한 기자력의 회전 방향 및 속도는 기본파 회전 자계와 비교할 때 다음 중 적당한 것은?
① 기본파의 역방향이고 5배의 속도
② 기본파와 역방향이고 1/5배의 속도
③ 기본파와 동방향이고 5배의 속도
④ 회전자계를 발생하지 않는다.

Explanation

고조파

$h = 2nm + 1$: 기본파와 동일한 방향의 회전자계 발생. 7차, 13차, ······ $\frac{1}{h}$ 의 속도

$h = 2nm - 1$: 기본파와 반대 방향의 회전자계 발생. 5, 11차, ······ $\frac{1}{h}$ 의 속도

$h = 2nm$: 회전자계 발생 하지 않는다. 3, 6차, ······

【답】②

55 직류 분권전동기의 공급전압의 극성을 반대로 하면 회전 방향은 어떻게 되는가?
① 반대로 된다.
② 변하지 않는다.
③ 발전기로 된다.
④ 회전하지 않는다.

Explanation

직류 전동기의 종류

종류	전동기의 특징
분권	· 정속도 특성의 전동기 · 위험 상태 ⇨ 정격 전압, 무여자 상태 · +, - 극성을 반대로 하면 ⇨ 회전 방향이 불변 · $T \propto I \propto \frac{1}{N}$

【답】②

56 정격출력 5,000[kVA], 정격전압 3.3[kV], 동기임피던스가 매상 1.8[Ω]인 3상 동기발전기의 단락비는 약 얼마인가?
① 1.1
② 1.2
③ 1.3
④ 1.4

Explanation

%동기임피던스

• $Z_s' = \frac{I_n Z_s}{E} \times 100 = \frac{P_n Z_s}{V^2} \times 100 = \frac{I_n}{I_s} \times 100[\%]$

• %동기임피던스[PU] $Z_s' = \frac{1}{K_s} = \frac{P_n Z_s}{V^2}$

• 단락비 $K_s = \frac{1}{Z_s'[PU]} = \frac{V^2}{P_n Z_s} = \frac{3,300^2}{5,000 \times 10^3 \times 1.8} = 1.21$

【답】②

57 8극 50[Hz]의 3상 유도전동기가 있다. 매분 600회전으로 최대 토크를 발생한다고 한다. 최대 토크로 가동시키기 위해서는 회전각 각상 저항의 몇 배의 저항을 삽입하면 좋은가? (단, 여기서 회전자는 Y결선이다)
① 2
② 3
③ 4
④ 5

Explanation

고정자 속도 $N_s = \frac{120 \times 50}{8} = 750[rpm]$

슬립 $s = \dfrac{750-600}{750} = 0.2$

$\therefore R = \dfrac{1-s}{s} r_2 = \dfrac{1-0.2}{0.2} r_2 = 4r_2$

【답】③

58 동기전동기의 위상특성곡선(V곡선)에 대한 설명으로 옳은 것은?
① 출력을 일정하게 유지할 때 부하전류와 전기자전류의 관계를 나타낸 곡선
② 역률을 일정하게 유지할 때 계자전류와 전기자전류의 관계를 나타낸 곡선
③ 계자전류를 일정하게 유지할 때 전기자전류와 출력사이의 관계를 나타낸 곡선
④ 공급전압 V와 부하가 일정할 때 계자전류의 변화에 대한 전기자전류의 변화를 나타낸 곡선

Explanation

동기 전동기의 위상 특성 곡선(V곡선)
- I_a와 I_f 관계곡선 (P는 일정)
- **계자전류의 변화에 대한 전기자 전류의 변화를 나타낸 곡선**
- 과여자 : 앞선 역률(진상)
- 부족여자 : 늦은 역률(지상)

역률 $\cos\theta = 1$ 일 때, 전기자 전류 최소

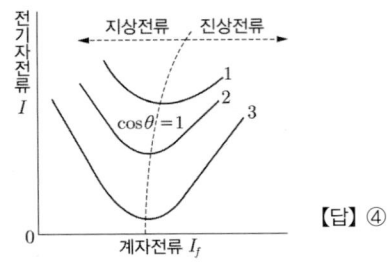

【답】④

59 변압기의 주파수를 증가시킬 경우, 변압기 철심의 와전류손 변화는? (단, 공급전압의 크기는 일정)
① 변화 없다.   ② 주파수에 비례해서 증가한다.
③ 주파수의 제곱에 비례해서 증가한다.   ④ 주파수의 세 제곱에 비례해서 증가한다.

Explanation

【답】①

60 2차 저항 0.02[Ω], $s=1$에서 2차 리액턴스 0.05[Ω]인 3상 유도전동기가 있다. 이 전동기의 슬립이 5[%]일 때 1차 부하 전류가 12[A]라면, 그 기계적 출력[kW]은? (단, 권수비 $a=10$, 상수비 $m=1$이다)
① 5.28   ② 5.47
③ 16.4   ④ 18.6

Explanation

$r_2' = a^2 m r_2 = 10^2 \times 1 \times 0.02 = 2[\Omega]$

기계적 출력을 대표하는 부하 저항 $R' = \dfrac{1-s}{s} r_2' = \dfrac{1-0.05}{0.05} \times 2 = 38[\Omega]$

기계적 출력 $P = 3(I_1')^2 R = 3 \times 12^2 \times 38 = 16,416[W] = 16.4[kW]$

【답】③

4과목 회로이론

61 $v = V_m \sin wt$ 인 정현파 교류의 실효값은 최대값의 얼마인가?

① 1
② $\dfrac{1}{\sqrt{2}}$
③ $\dfrac{1}{2}$
④ $\dfrac{1}{\sqrt{3}}$

Explanation

각 파형의 평균값 및 실효값

	파 형	실효값	평균값
정현파		$\dfrac{I_m}{\sqrt{2}}$	$\dfrac{2}{\pi}I_m$

【답】②

62 그림과 같은 회로의 공진 주파수 f [Hz]는?

① $\dfrac{1}{2\pi\sqrt{LC}}$
② $\dfrac{1}{2\pi\sqrt{LC}}\sqrt{1-\dfrac{R^2L}{C}}$
③ $\dfrac{1}{2\pi}\sqrt{\dfrac{C}{L}}$
④ $\dfrac{1}{2\pi\sqrt{LC}}\sqrt{1-\dfrac{R^2C}{L}}$

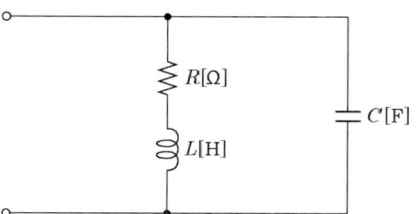

Explanation

【답】④

63 그림은 평형 3상 회로에서 운전하고 있는 유도전동기의 결선도이다. 각 계기의 지시가 $W_1 = 2.36$ [kW], $W_2 = 5.95$ [kW], $V = 200$ [V], $I = 30$ [A] 일 때, 이 유도 전동기의 역률은 약 몇 [%]인가?

① 80
② 76
③ 70
④ 66

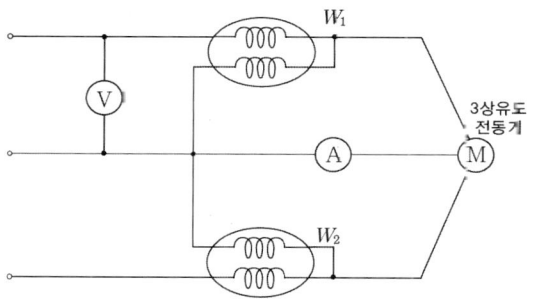

Explanation

2전력계법이므로
유효전력 $P = P_1 + P_2 = 2.36 + 5.95 = 8.31$ [kW]

피상전력 $P_a = \sqrt{3}\,VI = \sqrt{3} \times 200 \times 30 = 10,392.3 [\text{VA}]$

역률 $\cos\theta = \dfrac{P}{P_a} = \dfrac{8,310}{10,392.3} \times 100 = 79.96 [\%]$

【답】 ①

64
3상 불평형 전압을 V_a, V_b, V_c라고 할 때 역상전압은? (단, $a = -\dfrac{1}{2} + j\dfrac{\sqrt{3}}{2}$ 이다)

① $\dfrac{1}{3}(V_a + aV_b + a^2 V_c)$
② $\dfrac{1}{3}(V_a + a^2 V_b + aV_c)$
③ $\dfrac{1}{3}(V_a + a^2 V_b + V_c)$
④ $\dfrac{1}{3}(V_a + V_b + V_c)$

Explanation

- 영상분 $V_0 = \dfrac{1}{3}(V_a + V_b + V_c)$
- 정상분 $V_1 = \dfrac{1}{3}(V_a + aV_b + a^2 V_c)$
- 역상분 $V_2 = \dfrac{1}{3}(V_a + a^2 V_b + aV_c)$

【답】 ②

65
비정현파에 있어서 정현 대칭의 조건은?

① $f(t) = f(-t)$
② $f(t) = -f(t)$
③ $f(t) = -f(-t)$
④ $f(t) = -f\left(t + \dfrac{T}{2}\right)$

Explanation

- **정현대칭** : $f(t) = -f(-t)$
- 여현대칭 : $f(t) = f(-t)$
- 반파대칭 : $f(t) = -f\left(t + \dfrac{T}{2}\right)$

【답】 ③

66
그림과 같은 회로에서 S를 열었을 때 전류계의 지시는 10[A]였다. S를 닫을 때 전류계의 지시는 몇 배가 되는가?

① 0.8
② 1
③ 1.2
④ 1.5

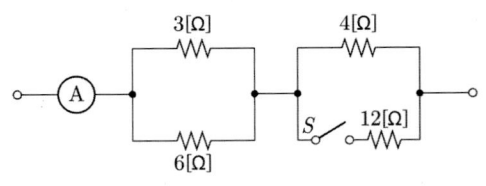

Explanation

(1) 스위치 S를 열었을 때 전체전압을 구하면

전체 저항 $R_T = \dfrac{3 \times 6}{3+6} + 4 = 6[\Omega]$

전체 전압 $V = IR = 10 \times 6 = 60\,[\text{V}]$

(2) 스위치 S를 닫으면

전체저항 $R_T' = \dfrac{3 \times 6}{3+6} + \dfrac{4 \times 12}{4+12} = 5$

전체 회로에 흐르는 전류 $I' = \dfrac{E}{R'} = \dfrac{60}{5} = 12[\text{A}]$

따라서 전류는 스위치를 닫으면 전류는 스위치를 닫기 전에 비해 $\dfrac{12}{10} = 1.2$배

【답】 ③

67 다음과 같은 회로에서 $L = 50[\text{mH}]$, $R = 20[\text{k}\Omega]$인 경우 회로의 시정수는?

① $4.0[\mu s]$
② $3.5[\mu s]$
③ $3.0[\mu s]$
④ $2.5[\mu s]$

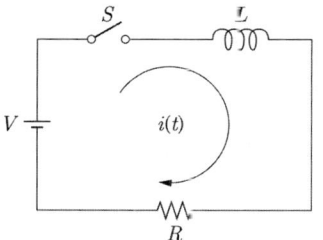

Explanation

$R-L$ 직렬 회로

시정수 $\tau = \dfrac{L}{R} = \dfrac{50 \times 10^{-3}}{20 \times 10^{3}} = 2.5 \times 10^{-6} = 2.5[\mu s]$

【답】④

68 $R-L-C$ 직렬 회로에서 회로 저항값 R이 다음의 어느 값이어야 이 회로가 임계적으로 제동되는가?

① $\sqrt{\dfrac{L}{C}}$
② $2\sqrt{\dfrac{L}{C}}$
③ $\dfrac{1}{\sqrt{LC}}$
④ $2\sqrt{\dfrac{C}{L}}$

Explanation

$R-L-C$ 직렬회로에서 직류전압 인가

- 비진동 조건 : $R > 2\sqrt{\dfrac{L}{C}}$
- 임계적 조건 : $R = 2\sqrt{\dfrac{L}{C}}$
- 진동적 조건 : $R < 2\sqrt{\dfrac{L}{C}}$

【답】②

69 $\sin t$의 라플라스 변환은?

① $\dfrac{s}{s^2+1}$
② $\dfrac{-s}{s^2+1}$
③ $\dfrac{1}{s^2+1}$
④ $\dfrac{1}{s^2-1}$

Explanation

라플라스 변환표

	$f(t)$	$F(s)$
정현(여현)파 함수	$\sin \omega t$	$\dfrac{\omega}{s^2+\omega^2}$
	$\cos \omega t$	$\dfrac{s}{s^2+\omega^2}$

【답】③

70 그림과 같은 $R-C$ 회로에서 입력을 $e_i(t)$[V], 출력을 $e_o(t)$라 할 때 전달함수는? (단, $T=RC$ 이다)

① $\dfrac{1}{Ts+1}$

② $\dfrac{1}{Ts+2}$

③ $\dfrac{2}{Ts+3}$

④ $\dfrac{1}{Ts+3}$

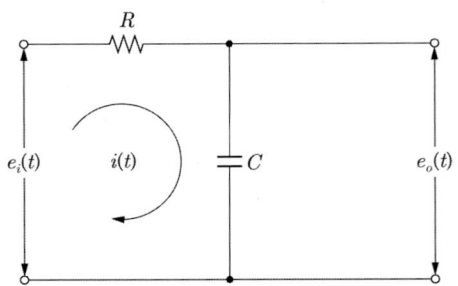

Explanation

전압비 전달함수는 임피던스 비이므로

$$G(s)=\dfrac{E_o(s)}{E_i(s)}=\dfrac{\dfrac{1}{Cs}}{R+\dfrac{1}{Cs}}=\dfrac{1}{RCs+1}=\dfrac{1}{Ts+1}$$

여기서, 시정수 $T=RC$

【답】 ①

71 다음과 같은 브리지 회로가 평형이 되기 위한 Z_4의 값은?

① $2+j4$
② $-2+j4$
③ $4+j2$
④ $4-j2$

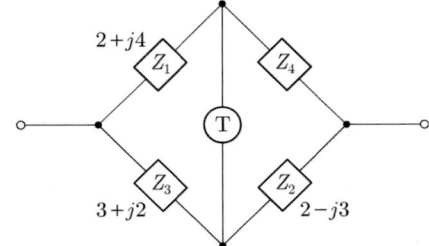

Explanation

브리지 평형 조건
$Z_4(3+j2)=(2+j4)(2-j3)$

$\therefore Z_4=\dfrac{(2+j4)(2-j3)}{3+j2}=\dfrac{(16+j2)(3-j2)}{(3+j2)(3-j2)}=4-j2$

【답】 ④

72 그림과 같은 T형 회로에서 4단자 정수 중 D는 얼마인가?

① $1+\dfrac{Z_1}{Z_3}$

② $1+\dfrac{Z_2}{Z_3}$

③ $\dfrac{Z_1Z_2}{Z_3}+Z_2+Z_1$

④ $1+\dfrac{Z_3}{Z_2}$

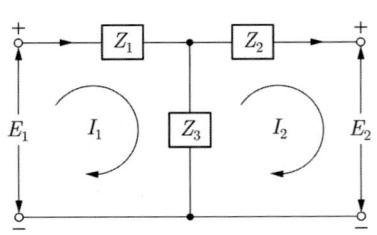

Explanation

$\begin{bmatrix}A & B \\ C & D\end{bmatrix}=\begin{bmatrix}1 & Z_1 \\ 0 & 1\end{bmatrix}\begin{bmatrix}1 & 0 \\ \dfrac{1}{Z_3} & 1\end{bmatrix}\begin{bmatrix}1 & Z_2 \\ 0 & 1\end{bmatrix}$

$$= \begin{bmatrix} 1+\dfrac{Z_1}{Z_3} & Z_1+Z_2+\dfrac{Z_1 Z_2}{Z_3} \\ \dfrac{1}{Z_3} & 1-\dfrac{Z_2}{Z_3} \end{bmatrix}$$

【답】②

73 다음 회로에서 I를 구하면 몇 [A]인가?

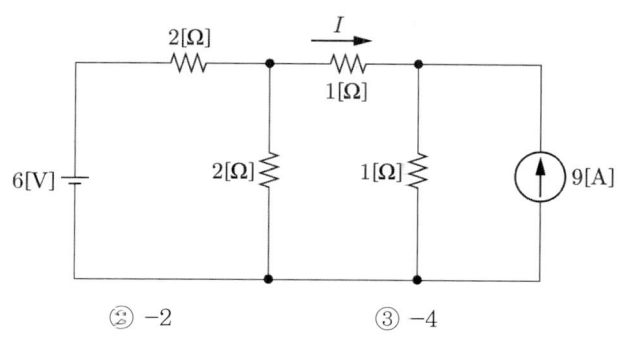

① 2　　② -2　　③ -4　　④ 4

Explanation

【답】②

74 푸리에 급수에서 직류분이 포함되는 것은?
① 우함수이다.　　② 기함수이다.
③ 우함수+기함수이다.　　④ 우함수×기함수이다.

Explanation

비정현파를 푸리에 변환하면
비정현파 교류 = 직류분 + 기본파 + 고조파로 표시되며
- 정현대칭 : sin성분
- **여현대칭 : 직류분, cos성분**
- 반파대칭 : 홀수항의 sin, cos항

따라서 우함수(여현대칭)는 직류분과 여현항(cos 성분)이 존재한다.

【답】①

75 저항과 콘덴서를 병렬로 접속한 회로에 직류를 100[V]를 가하면 5[A]가 흐르고, 교류 300[V]를 가하면 25[A]가 흐른다. 이때, 용량 리액턴스[Ω]는?
① 7　　② 14
③ 15　　④ 30

Explanation

직류를 인가하면 저항만의 회로이므로 $I=\dfrac{V}{R}$에서 저항 $R=\dfrac{V}{I}=\dfrac{100}{5}=20[\Omega]$

교류를 인가하면 전 전류
$\dot{I}=\dot{I_R}+\dot{I_C}=\sqrt{I_R^2+I_C^2}=25[A]$에서

$\dot{I}=\dot{I_R}+\dot{I_C}=\dfrac{V}{R}+j\dfrac{V}{X_C}=\dfrac{300}{20}+j\dfrac{300}{X_C}=\sqrt{15^2+\left(\dfrac{300}{X_C}\right)^2}=25[A]$에서

용량성 리액턴스 $\dfrac{300}{X_C}=20$에서 $X_C=\dfrac{300}{20}=15[\Omega]$

【답】③

76 내부 임피던스 $Z_g = 0.3 + j2[\Omega]$인 발전기에 임피던스 $Z_l = 1.7 + j3[\Omega]$인 선로를 연결하여 부하에 전력을 공급한다. 부하 임피던스 $Z_0[\Omega]$이 어떤 값을 취할 때 부하에 최대 전력이 전송되는가?

① $2 - j5$
② $2 + j5$
③ 2
④ $\sqrt{2^2 + 5^2}$

Explanation

전체 내부 임피던스
$Z_g = 0.3 + j2 + 1.7 + j3 = 2 + j5 [\Omega]$
• 최대 전력 전달조건
부하 임피던스 $Z_o = \overline{Z_g}$ 이므로 $Z_0 = 2 - j5[\Omega]$

【답】①

77 그림과 같은 회로에서 $V - i$ 관계식은?

① $V = 0.8i$
② $V = i_s R_s - 2i$
③ $V = 3 + 0.2i$
④ $V = 2i$

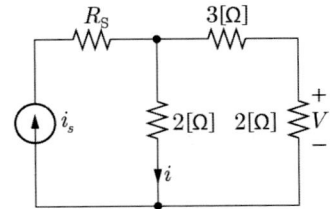

Explanation

$V = \dfrac{2}{3+2} \times 2i = \dfrac{4}{5}i = 0.8i$

【답】①

78 그림과 같이 접속한 회로에 평형 3상 전압 E를 가할 때에 상전류 $I_2[A]$는 얼마인가?

① $\dfrac{E}{4r}$
② $\dfrac{\sqrt{3}E}{4r}$
③ $\dfrac{E}{3r}$
④ $\dfrac{2E}{3r}$

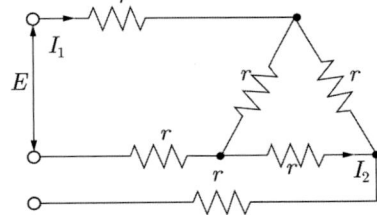

Explanation

I_2 : △결선의 상전류
따라서 우선 회로를 Y결선으로 전환하면
△→Y로 변환 : 저항은 $\dfrac{1}{3}$이 되므로 $\dfrac{r}{3}$
따라서 전체 1상의 저항은 $R = r + \dfrac{r}{3} = \dfrac{4}{3}r$

$I_p = \dfrac{V_p}{Z} = \dfrac{\dfrac{E}{\sqrt{3}}}{\dfrac{4}{3}r} = \dfrac{3E}{4\sqrt{3}r} = \dfrac{\sqrt{3}E}{4r}$ 이므로 선전류도 $I_l = \dfrac{\sqrt{3}E}{4r}$

문제에서 I_2는 △결선의 상전류이므로 선전류를 $\sqrt{3}$으로 나누어야 하며

$I_2 = \dfrac{\sqrt{3}E}{4r} \times \dfrac{1}{\sqrt{3}} = \dfrac{E}{4r}$

【답】①

79 무왜형 선로를 설명한 것 중 맞는 것은?
① 특성 임피던스가 주파수의 함수이다.
② 감쇠 정수는 0이다.
③ $LR = CG$의 관계가 있다.
④ 위상 속도 v는 주파수에 관계가 없다.

Explanation

무손실회로와 무왜형회로

	무왜형 선로
조건	$\dfrac{R}{L} = \dfrac{G}{C}$
특성 임피던스	$Z_0 = \sqrt{\dfrac{Z}{Y}} = \sqrt{\dfrac{L}{C}}$
전파정수	$\gamma = \sqrt{ZY},\ \alpha = \sqrt{RG},\ \beta = \omega\sqrt{LC}$
위상속도	$v = \dfrac{\omega}{\beta} = \dfrac{\omega}{\omega\sqrt{LC}} = \dfrac{1}{\sqrt{LC}}$

【답】 ④

80 어떤 회로의 전류에 대한 라플라스 변환이 다음과 같을 때 전류의 시간 함수는?

$$I(s) = \dfrac{1}{s^2 + 2s + 2}$$

① $5e^{-t}$
② $2\sin tu(t)$
③ $e^{-t}\sin tu(t)$
④ $e^{-t}\cos tu(t)$

Explanation

완전제곱형으로 역라플라스 변환하면
$I(s) = \dfrac{1}{s^2 + 2s + 2} = \dfrac{1}{(s+1)^2 + 1}$
$\therefore i(t) = \mathcal{L}^{-1}[I(s)] = e^{-t}\sin t\, u(t)$

【답】 ③

5과목 전기설비기술기준

81 중성점 비접지식 전선로에 접속한 66[kV] 변압기의 절연내력 시험전압[kV]은?
① 72.6　　② 75.0　　③ 82.5　　④ 99.0

Explanation

(KEC 135조) 변압기 전로의 절연내력

구분		배율	최저 전압
중성점 직접 접지식이 아닌 경우	7[kV] 이하	1.5	500[V]
	7[kV] 초과 ~ 60[kV] 이하	1.25	10.5[kV]
	60[kV] 초과(비접지식)	1.25	
	60[kV] 초과(중성점 접지식)(성형결선, 또는 스콧결선의 것에 한한다)	1.1	75[kV]

* 시험전압 : 66 × 1.25 = 82.5[kV]

【답】 ③

82 발전기의 용량에 관계없이 자동적으로 이를 전로로부터 차단하는 장치를 시설하여야 하는 경우는?
① 과전류인입
② 베어링 과열
③ 발전기 내부고장
④ 유압의 과팽창

Explanation

(KEC 351.3조) 발전기 등의 보호장치
발전기에 과전류나 과전압이 생긴 경우 : 자동적으로 이를 전로로부터 차단하는 장치를 시설 【답】①

83 가공전선로의 지지물에 하중이 가해지는 경우에 그 하중을 받는 지지물의 기초 안전율은 몇 이상이어야 하는가?
① 0.5
② 1.0
③ 1.5
④ 2.0

Explanation

(KEC 331.7조) 가공전선로 지지물의 기초의 안전율
가공 전선로의 지지물에 하중이 가하여지는 경우에 그 하중을 받는 **지지물의 기초의 안전율은 2 이상**이어야 한다. 【답】④

84 저압가공전선이 횡단보도교 위에 시설되는 경우에 그 전선의 노면상 높이는 몇 [m] 이상으로 하여야 하는가?
① 2.5
② 3.0
③ 3.5
④ 4.0

Explanation

(KEC 222.7조) 저압 가공전선의 높이
① 도로횡단 : 6[m] 이상
② 철도횡단 : 레일면상 6.5[m] 이상
③ **횡단보도교 위 : 3.5[m] 이상**
④ 기타 : 5[m] 이상 【답】③

85 고압 가공전선이 안테나와 접근상태로 시설되는 경우, 가공전선과 안테나의 이격거리는 고압 가공전선으로 사용되는 전선이 케이블이 아니라면 몇[m]이상으로 이격시켜야 하는가?
① 0.6
② 0.8
③ 1
④ 1.2

Explanation

(KEC 332.14조) 고압 가공전선과 안테나의 접근 또는 교차
저압 가공전선 또는 고압 가공전선이 안테나와 접근상태로 시설되는 경우, 안테나 사이의 이격거리(가섭선에 의하여 시설하는 안테나에 있어서는 수평 이격거리)는 저압은 0.6[m](전선이 고압 절연전선, 특고압 절연전선 또는 케이블인 경우에는 0.3[m]) 이상, **고압은 0.8[m]**(전선이 케이블인 경우에는 0.4[m]) 이상일 것. 【답】②

86 154[kV] 전선로를 경동연선을 사용하여 가공으로 시가지에 시설할 경우, 최소 단면적은 몇 [mm²] 이상이어야 하는가?
① 55
② 100
③ 150
④ 200

Explanation

(KEC 333.1조) 시가지 등에서 특고압 가공전선로의 시설
가공전선 100[kV] 미만은 55[mm²], **100[kV] 이상은 150[mm²]**이다. 【답】③

87 다음의 전차선 및 급전선의 최소 높이 중 직류 1,500[V]이고 정적인 경우 몇 [mm]의 높이를 유지해야 하는가?

① 4,400
② 4,500
③ 4,800
④ 5,000

Explanation

(KEC 431.6조) 전차선 및 급전선의 높이

시스템 종류	공칭전압[V]	동적[mm]	정적[mm]
직류	750	4,800	4,400
	1,500	4,800	4,400

【답】①

88 전기철도의 변전방식 중 변전소 용량은 급전구간별 정상적인 열차부하조건에서 몇 시간의 최대출력을 기준으로 하는가?

① 1시간
② 2시간
③ 3시간
④ 4시간

Explanation

(KEC 421.3조) 변전소의 용량
변전소의 용량 : 급전구간별 정상적인 열차부하조건에서 1시간 **최대출력** 또는 순시 최대출력을 기준으로 결정

【답】①

89 터널 내에 3.3[kV] 전선로를 케이블 배선 방법으로 하였다. 노면상의 높이[m]는?

① 1
② 1.5
③ 2
④ 3

Explanation

(KEC 335.1조) 터널 안 전선로의 시설
철도 · 궤도 또는 자동차도 전용터널 안의 전선로는 다음 각 호에 따라 시설하여야 한다.
고압 전선 : 인장강도 5.26[kN] 이상의 것 또는 지름 4[mm] 이상의 경동선의 고압 절연전선 또는 특고압 절연전선을 사용하여 애자사용공사에 의하여 시설하고 또한 **이를 레일면상 또는 노면상 3[m]** 이상의 높이로 유지할 것

【답】④

90 가공전선로의 지지물에 시설하는 통신선과 고압 가공전선사이의 이격거리는 몇 [m] 이상이어야 하는가?

① 1.2[m]
② 1[m]
③ 0.75[m]
④ 0.6[m]

Explanation

(KEC 362.2조) 전력보안통신선의 시설 높이와 이격거리
통신선과 고압 가공전선 사이의 이격거리는 0.6[m] 이상일 것. 다만, 고압 가공전선이 케이블인 경우에 통신선이 절연전선과 동등 이상의 절연효력이 있는 것인 경우에는 0.3[m] 이상으로 할 수 있다.

【답】④

91 애자 사용 공사에 의한 고압옥내배선을 할 때 전선을 조영재의 면을 따라 붙이는 경우, 전선의 지지점간의 거리는 몇 [m] 이하이어야 하는가?

① 2
② 3
③ 4
④ 5

Explanation

(KEC 342.1조) 고압 옥내배선 등의 시설

애자사용공사에 의한 고압 옥내배선은 다음에 의한다.
① 전선은 공칭단면적 6[mm²] 이상의 연동선 또는 이와 동등 이상의 세기 및 굵기의 고압 절연전선이나 특고압 절연전선 또는 인하용 고압 절연전선일 것
② 전선의 지지점 간의 거리는 6[m] 이하일 것. 다만, 전선을 조영재의 면을 따라 붙일 경우에는 2[m] 이하일 것
③ 전선 상호 간의 간격은 0.08[m] 이상, 전선과 조영재 사이의 이격거리는 0.05[m] 이상일 것

【답】①

92 교통신호등회로의 사용전압은 몇 [V] 이하이어야 하는가?
① 110
② 200
③ 220
④ 300

Explanation

(KEC 234.15조) 교통신호등
교통신호등 제어장치의 2차측 배선의 최대사용전압은 300[V] 이하이어야 한다.

【답】④

93 전로의 사용전압이 SELV 및 PELV인 경우 전로 대지 간의 절연저항은 몇 [MΩ] 이상 이어야 하는가?
① 0.1
② 0.2
③ 0.5
④ 1

Explanation

(기술기준 제52조) 저압전로의 절연저항

전로의 사용전압[V]	DC 시험전압[V]	절연저항[MΩ]
SELV 및 PELV	250	0.5
FELV, 500[V] 이하	500	1.0
500[V] 초과	1,000	1.0

【답】③

94 중성점을 다중 접지한 22.9[kV] 3상 4선식 가공 전선로를 건조물의 위쪽에서 접근 상태로 시설하는 경우 가공 전선과 건조물의 최소 이격거리는 얼마인가?
① 1.2[m]
② 2.0[m]
③ 2.5[m]
④ 3.0[m]

Explanation

(KEC 333.32조) 25[kV] 이하인 특고압 가공 전선로의 시설
① 사용전압이 15[kV]를 초과하고 25[kV] 이하인 특고압 가공 전선로(중성선 다중 접지식의 것으로서 전로에 지락이 생겼을 때에 2초 이내에 자동적으로 이를 전로로부터 차단하는 장치가 되어 있는 것에 한한다.)
② 특고압 가공 전선(다중 접지를 한 중성선을 제외한다. 이하 이 조에서 같다)이 건조물과 접근하는 경우에 특고압 가공 전선과 건조물의 조영재 사이의 이격거리는 표에서 정한 값 이상일 것

건조물의 조영재	접근 형태	전선의 종류	이격거리
상부 조영재	위쪽	나전선	3[m]
		특고압 절연전선	2.5[m]
		케이블	1.2[m]

【답】④

95 고압 보안공사에 의하여 시설하는 A종 철주나 목주의 고압 가공 전선로의 최대 경간은?
① 50
② 100
③ 150
④ 200

> **Explanation**

(KEC 332.10조) 고압 보안공사

지지물의 종류	경간
목주·A종 철주 또는 A종 철근 콘크리트주	100[m]
B종 철주 또는 B종 철근 콘크리트주	150[m]
철탑	400[m]

【답】②

96 30[kV]의 지중 전선로를 직접 매설식에 의해 중량물이 통과하는 도로 밑에 시설하는 경우 지표로부터의 최소 깊이[m]는?
① 1.5
② 1.2
③ 1.0
④ 0.6

> **Explanation**

(KEC 334.1조) 지중 전선로의 시설
직접 매설식으로 시공할 경우 매설 깊이는 중량물의 압력이 있는 곳은 1[m] 이상, 없는 곳은 0.6[m] 이상

【답】③

97 저압전로의 보호도체 및 중성선의 접속 방식에 따른 분류 중 다음의 접지 방식은 어느 것인가?

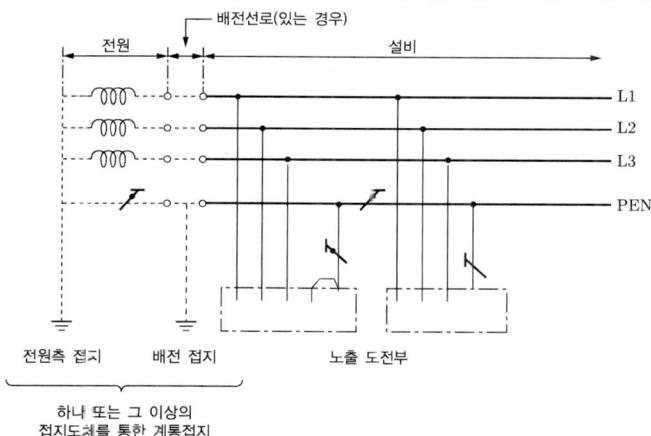

① TN 계통
② TN-C 계통
③ IT 계통
④ TT 계통

> **Explanation**

(KEC 203.2조) TN 계통
TN-C 계통 : 계통 전체에 대해 중성선과 보호도체의 기능을 동일도체로 겸용한 PEN 도체를 사용

【답】②

98 합성수지관공사에 대한 설명 중 옳은 것은?
① 합성수지관 안에 전선의 접속점이 있어야 한다.
② 전선은 반드시 옥외용 절연전선을 사용하여야 한다.
③ 합성수지관 내 6[mm²] 경동선은 넣을 수 있다.
④ 합성수지관의 지지점 간의 거리는 3[m]로 한다.

> **Explanation**

(KEC 232.11조) 합성수지관공사
① 전선은 절연전선(옥외용 비닐 절연전선을 제외)일 것
② 전선은 연선일 것 다만, 다음의 것은 적용하지 않는다.
  – 짧고 가는 합성수지관에 넣은 것
  – 단면적 10[mm²](알루미늄선은 단면적 16[mm²]) 이하의 것
③ 전선은 합성수지관 안에서 접속점이 없도록 할 것
④ 합성수지관 및 박스 기타의 부속품은 다음 각 호에 따라 시설하여야 한다.
  – 관 상호 간 및 박스와는 관을 삽입하는 깊이를 관의 바깥지름의 1.2배(접착제를 사용하는 경우에는 0.8배) 이상으로 하고 또한 꽂음 접속에 의하여 견고하게 접속할 것
  – 관의 지지점 간의 거리는 1.5[m] 이하

【답】③

99. 이차전지를 이용한 전기저장장치의 이차전지를 자동으로 전로로부터 차단하는 장치가 동작해야 하는 경우가 아닌 것은?

① 과전압 또는 과전류가 발생한 경우
② 제어 장치에 이상이 발생한 경우
③ 침수의 우려가 있는 경우
④ 이차전지 모듈의 내부 온도가 급격히 상승할 경우

Explanation

(KEC 512.2.2조) 전기저장장치의 제어 및 보호장치
전기저장장치의 이차전지는 다음에 따라 자동으로 전로로부터 차단하는 장치를 시설하여야 한다.
① 과전압 또는 과전류가 발생한 경우
② 제어장치에 이상이 발생한 경우
③ 이차전지 모듈의 내부 온도가 급격히 상승할 경우

【답】③

100. 공칭 전압 154[kV]인 특고압 가공 전선과 그 지지물, 완금류, 지지기둥 또는 지지선과의 이격거리 [m]의 최소값은?

① 0.3
② 0.4
③ 0.65
④ 0.9

Explanation

(KEC 333.5조) 특고압 가공 전선과 지지물 등의 이격거리
특고압 가공 전선과 그 지지물·완금류·지지기둥 또는 지지선 사이의 이격거리는 표에서 정한 값 이상이어야 한다. 다만, 기술상 부득이한 경우에 위험의 우려가 없도록 시설한 때에는 표에서 정한 값의 0.8배까지 감할 수 있다.

사용전압	이격거리[m]
...	...
80[kV] 이상 130[kV] 미만	0.65
130[kV] 이상 160[kV] 미만	0.9
...	...

【답】④

2021년 전기공사산업기사 필기

1과목 전기응용

01 200[W]의 전구를 우유색 구형 글로브에 넣었을 경우 우유색 유리 반사율을 30[%], 투과율을 60[%]라고 할 때 글로브의 효율은 약 몇 [%]인가?

① 75
② 85.7
③ 116.7
④ 133.3

Explanation

글로브의 효율

$\eta = \dfrac{\tau}{1-\rho} \times 100 = \dfrac{0.6}{1-0.3} \times 100 = 85.7[\%]$

【답】②

02 3상 유도전동기에서 플러깅의 설명으로 가장 옳은 것은?

① 단상 상태로 기동할 때 일어나는 현상
② 플러그를 사용하여 전원을 연결하는 방법
③ 고정자와 회전자의 상수가 일치하지 않을 때 일어나는 현상
④ 고정자측의 3단자 중 2단자를 서로 바꾸어 접속하여 제동하는 방법

Explanation

3상 유도전동기 제동법
- 발전제동
  - 운동에너지를 전기적 에너지로 변환
  - 자체 저항에서 열로 소비되면서 제동
- 회생제동
  - 유도전압을 전원전압보다 높게 하여 제동하는 방식
  - 발전 제동하여 발생된 전력을 선로로 되돌려 보냄
- **역상제동(플러깅)**
  - 3상 중 2상을 바꾸어 제동
  - 속도를 급격히 정지 또는 감속시킬 때

【답】④

03 제품제조 과정에서의 화학 반응식이 다음과 같은 전기로의 가열 방식은?

$$SiO_2 + 3C \rightarrow SiC + 2CO$$

① 유전가열
② 유도가열
③ 간접저항가열
④ 직접저항가열

Explanation

전기로의 가열방식

직접저항가열		간접저항가열	
종류	특징	종류	특징
• 흑연화로 • 카아보런덤로 • **카바이드로** • 알루미늄용해로	열효율이 가장 우수	• 염욕로 • 크립톨로 • 발열체로 • 탄화규소로	복잡한 형태의 물질을 균일하게 가열

※ 제시된 화학 반응식은 카바이드로에 해당한다.

【답】④

04 프로세스(공정) 제어에 속하지 않는 것은?
① 방위
② 유량
③ 압력
④ 온도

Explanation

제어량에 의한 분류
① 서보 기구(servo mechanism) - 위치, 방향, 자세, 거리, 각도 등
② 프로세스 제어(process control) - 밀도, 농도, **온도**, **압력**, **유량**, **습도** 등
③ 자동조정(auto regulating) - 속도, 전위, 전류, 힘, 주파수

【답】①

05 흡상 변압기의 주된 용도는?
① 전원의 불평형을 조정하는 변압기이다.
② 궤도용 신호 변압기이다.
③ 전기기관차의 보조 변압기이다.
④ 전자유도를 경감시키는 변압기이다.

Explanation

흡상 변압기(Boost Transformer, BT)
• 권수비 1 : 1의 단권변압기
• **전자유도장해 경감용**
• 교류 방식에 사용

【답】④

06 전기분해로 제조되는 것은 어느 것인가?
① 암모니아
② 카바이드
③ 알루미늄
④ 철

Explanation

전해정련
전기분해를 이용하여 순수한 금속만을 음극에서 석출, 정제하는 방법
구리(전기동)가 가장 많고 주석, 금, 은, 니켈, 안티몬, 알루미늄 등을 만드는 방법

【답】③

07 어느 쪽 게이트에서든 게이트 신호를 인가할 수 있고 역저지 4극 사이리스터로 구성된 것은?
① SCS
② GTO
③ PUT
④ DIAC

Explanation

반도체 소자(괄호 안은 극(단자) 수)
• **단방향성** : SCR(3), GTO(3), SCS(4), LASCR(3)
• **양방향성** : SSS(2), TRIAC(3), DIAC(2)

【답】①

08 플라이휠의 직경을 D[m], 중량을 G[kg]라고 할 때, 플라이휠 효과(fly-wheel effect)를 구하는 식은?

① $\frac{1}{2}GD^2$ ② $\frac{1}{4}GD^2$
③ $\frac{1}{8}GD^2$ ④ GD^2

Explanation

관성모멘트 $J = mr^2 = \frac{GD^2}{4}$ [kg·m²]

따라서 플라이휠 효과 $= GD^2$ [kg·m²]   【답】④

09 열차 저항의 분류에 속하지 않는 것은?
① 복선 저항   ② 주행 저항
③ 가속 저항   ④ 곡선 저항

Explanation

열차 저항
- 출발 저항 : 열차가 출발할 때 생기는 저항
- 주행 저항 : 열차가 평탄한 직선 위를 운전할 때 생기는 저항
- 구배 저항(오르막길 오를 때 저항) : 경사 저항
- 곡선 저항 : 원심력에 의해 바퀴와 레일과의 사이에 마찰이 증가하여 회전수 차에 의한 미끄럼 현상에 따른 저항
- 가속 저항 : 가속에 필요한 힘- 반대 방향이 되는 힘을 하나의 저항으로 계산   【답】①

10 220[V]의 교류전압을 전파 정류하여 순저항 부하에 직류전압을 공급하고 있다. 정류기의 전압강하가 10[V]로 일정할 때 부하에 걸리는 직류전압의 평균값은 약 몇 [V]인가? 단, 브리지 다이오드를 사용한 전파 정류회로이다.

① 99   ② 138
③ 198   ④ 220

Explanation

단상 전파 정류 $E_d = \frac{2\sqrt{2}E}{\pi} - e = 0.9E - e$ 에서

$E_d = 0.9 \times 220 - 10 = 188$[V]   【답】②

11 광질과 특색이 고휘도이고 광색은 적색 부분이 많고 배광제어가 용이하며 흑화가 거의 일어나지 않는 램프는?

① 수은램프   ② 형광램프
③ 크세논램프   ④ 할로겐램프

Explanation

할로겐전구
- 진공 상태의 유리구 안에 질소와 아르곤 가스 이외에 브롬이나 요오드 등 할로겐 원소를 첨가하여 텅스텐 필라멘트의 증발을 억제시켜 전구의 수명을 늘린 것
- 백열전구에 비해 소형이고 가벼워 자동차용이나 비행장의 활주로 매입등, 무대조명, 백화점 등에 사용
- 특징
  - 고휘도 램프
  - 광색 : 적색
  - 발생 광속이 많다.
  - 흑화가 거의 일어나지 않는다.   【답】④

12 전기회로의 전류는 열회로의 무엇에 대응하는가?
① 열류
② 열량
③ 열용량
④ 열저항

Explanation

전기회로와 전열회로 비교

전기			전열			열회로
명칭	기호	단위	명칭	기호	단위	단위(공업용)
전압	V	[V]	온도차	θ	[℃]	[℃]
전류	I	[A]	**열류**	I	[W]	[kcal/h]
저항	R	[Ω]	열저항	R	[℃/W]	[℃h/kcal]
전기량	Q	[C]	열량	Q	[J]	[kcal]
전도율	K	[℧/m]	열전도율	K	[W/m·deg]	[kcal/h·m·deg]
정전용량	C	[F]	열용량	C	[J/℃]	[kcal/℃]

【답】①

13 양수량 5[㎥/min], 총양정 10[m]인 양수용 펌프 전동기의 용량[kW]은 약 얼마인가? 단, 펌프효율 $\eta = 85[\%]$, 설계상 여유계수 $K = 1.1$ 이다.
① 9.01
② 10.56
③ 16.60
④ 17.66

Explanation

양수펌프용 전동기 출력 식

$P = \dfrac{KQH}{6.12\eta}$ [kW]   여기서, Q[㎥/min]

$P = \dfrac{KQH}{6.12\eta} = \dfrac{1.1 \times 5 \times 10}{6.12 \times 0.85} = 10.56$ [kW]

【답】②

14 휘도가 균일한 긴 원통 광원의 축 중앙 수직 방향의 광도가 100[cd]일 때 전광속[lm]은 약 얼마인가?
① 514[lm]
② 100[lm]
③ 986[lm]
④ 1,256[lm]

Explanation

원통 광원의 전광속 $F = \pi^2 I = 3.14^2 \times 100 = 986$ [lm]

【답】③

15 소형이고 고율방전 특성이 좋고 수명이 긴 축전지는?
① 페이스트식 연축전지
② 클래드식 연축전지
③ 포켓식 알칼리축전지
④ 소결식 알칼리축전지

Explanation

알칼리 축전지
• 특징
  – 수명이 길고 운반진동에 강하며 급격한 충·방전에 견디고
  – 고율방전 특성 우수
• 포켓트식, 소결식(소형이고 고율방전 특성이 좋다)

【답】④

16 전기철도의 경제적인 운전을 위해 전력소비량을 줄이려면 가속도와 감속도 및 표정속도를 각각 어떻게 하여야 하는가?
① 가속도는 크게, 감속도는 크게, 표정속도는 크게 하여야 한다.
② 가속도와 감속도는 크게, 표정속도는 작게 하여야 한다.
③ 가속도와 감속도는 작게, 표정속도는 작게 하여야 한다.
④ 가속도와 감속도는 작게, 표정속도는 크게 하여야 한다.

Explanation

전력소비량을 줄여 경제적인 운전을 하기 위해서는
① **가속도와 감속도를 크게 한다.**
  - 최고 속도에 빨리 도달하고 가능한 한 정속 주행 구간을 늘린다.
② **표정속도를 낮게 한다.**
  - 표정속도를 높이면 목적지에 빨리 도달할 수는 있으나
  - 전체적인 전력소비량은 증가한다.   【답】②

17 다음 중 고압 수은등의 증기압은 약 얼마인가?
① 10^{-2}[mmHg] ② 1 기압
③ 10 기압   ④ 100 기압

Explanation

• 저압 수은등 : 10^{-2}[mmHg] 정도
• 고압 수은등은 100 ~ 760[mmHg] 정도로 약 1기압
• 초고압 수은등은 10 ~ 200[mmHg] 정도   【답】②

18 전동기의 안정한 정상 운전 조건은?

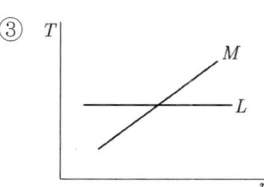
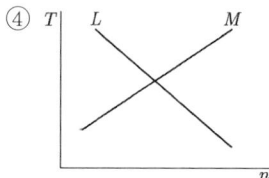

Explanation

• 안정 운전 $\left(\dfrac{dT}{d\omega}\right)_L > \left(\dfrac{dT}{d\omega}\right)_M$ 【답】②

19 단면적 0.5[m²], 길이 10[m]의 원형봉상도체의 한쪽을 400[℃]로 하고 이로부터 100[℃]의 다른 단자로 매시간 40[kcal]의 열이 전도되었다면 이 도체의 열전도율[kcal/mh℃]은?
① 267   ② 26.7
③ 2.67   ④ 0.267

Explanation

【답】③

20 다음은 사이리스터를 이용하여 얻을 수 있는 결과들이다. 적당하지 않은 것은?
① 교류전력 제어
② 주파수 변환
③ 직류 위상 변환
④ 직류 전압 변환

Explanation

SCR(사이리스터) : 위상제어
따라서 직류는 위상이 없으므로 제어 대상이 아니다.

【답】③

2과목 전력공학

21 저압뱅킹 배전방식에서 저전압 측의 고장에 의하여 건전한 변압기의 일부 또는 전부가 차단되는 현상은?
① 아킹(Arcing)
② 플리커(Flicker)
③ 밸런서(Balancer)
④ 캐스케이딩(Cascading)

Explanation

저압 뱅킹 방식 : 부하가 밀집된 시가지(부하증가에 대한 탄력성)
• 장점 : 전압 강하와 전력 손실이 적다.
　　　　변압기의 동량 및 저압선 동량 감소
　　　　플리커 현상 감소
• 단점 : 캐스케이딩 현상 발생
　　　　(저압선의 일부 고장으로 건전한 변압기의 일부 또는 전부가 차단되는 현상)

【답】④

22 전주 사이의 경간이 80[m]인 가공전선로에서 전선 1[m]당의 하중이 0.37[kg], 전선의 이도가 0.8[m]일 때 수평장력은 몇 [kg]인가?
① 330
② 350
③ 370
④ 390

Explanation

이도 $D = \dfrac{WS^2}{8T}$ 에서

수평장력 $T = \dfrac{WS^2}{8D} = \dfrac{0.37 \times 80^2}{8 \times 0.8} = \dfrac{0.37 \times 6,400}{6.4} = 370[kg]$

【답】③

23 송전선로에 충전전류가 흐르면 수전단 전압이 송전단 전압보다 높아지는 현상과 이 현상의 발생 원인으로 가장 옳은 것은?
① 페란티 효과, 선로의 인덕턴스 때문
② 페란티 효과, 선로의 정전용량 때문
③ 근접 효과, 선로의 인덕턴스 때문
④ 근접 효과, 선로의 정전용량 때문

Explanation

페란티 현상

- 무부하시 송전단 전압보다 수전단 전압이 커지는 현상
- **발생 원인** : 선로의 정전용량에 의해서
- 방지법 : 분로리액터(Sh.R)

【답】②

24 3상 변압기의 %임피던스는? 단, 임피던스는 $Z[\Omega]$, 선간 전압은 $V[kV]$, 변압기의 용량은 $P[kVA]$이다.

① $\dfrac{PZ}{V}$ ② $\dfrac{PZ}{10V}$

③ $\dfrac{PZ}{10V^2}$ ④ $\dfrac{10PZ}{V^2}$

Explanation

%임피던스 $\%Z = \dfrac{PZ}{10V^2}$ 여기서, $V[kV]$, $P[kVA]$

【답】③

25 3상 차단기의 정격차단용량을 나타낸 것은?

① $\sqrt{3}$ ×정격전압×정격전류 ② $\dfrac{1}{\sqrt{3}}$ ×정격전압×정격전류

③ $\sqrt{3}$ ×정격전압×정격차단전류 ④ $\dfrac{1}{\sqrt{3}}$ ×정격전압×정격차단전류

Explanation

3상용 차단기의 정격용량
$P_s = \sqrt{3}$ ×정격전압×정격차단전류 [MVA]

【답】③

26 송전선로에서 코로나 임계 전압이 높아지는 경우는?

① 온도가 높아지는 경우 ② 상대공기밀도가 작을 경우
③ 전선의 지름이 큰 경우 ④ 기압이 낮은 경우

Explanation

코로나 임계 전압 $E = 24.3 m_0 m_1 \delta d \log_{10} \dfrac{D}{r}$ [kV]

δ : 상대 공기 밀도 $= \dfrac{0.386b}{273+t}$ (b : 기압, t : 온도)

d : 전선의 지름
따라서 코로나 임계 전압이 높아지는 경우는 상대공기밀도가 높고, 전선의 직경이 커야 한다.
또한, 코로나 임계 전압은 맑은 날, 기압이 높고, 온도가 낮은 경우 높다.

【답】③

27 교류송전에서는 송전거리가 멀어질수록 동일 전압에서의 송전 가능 전력이 적어진다. 그 이유로 가장 알맞은 것은?

① 표피효과가 커지기 때문이다. ② 코로나 손실이 증가하기 때문이다.
③ 선로의 어드미턴스가 커지기 때문이다. ④ 선로의 유도성 리액턴스가 커지기 때문이다.

Explanation

$P_s = \dfrac{V_s V_r}{X} \sin\delta$ [MW]

송전거리가 멀어지면 선로의 유도 리액턴스가 커지기 때문에 송전 가능 전력은 적어진다.

【답】④

28 설비용량 600[kW], 부등률 1.2, 수용률 60[%]일 때의 합성 최대전력은 몇 [kW] 인가?
① 240
② 300
③ 432
④ 833

Explanation

합성최대전력 = $\dfrac{\text{설비 용량} \times \text{수용률}}{\text{부등률}} = \dfrac{600 \times 0.6}{1.2} = 300[\text{kW}]$

【답】②

29 3,000[kW], 역률 80[%](뒤짐)의 부하에 전력을 공급하고 있는 변전소에 전력용 콘덴서를 설치하여 변전소에서의 역률을 90[%]로 향상시키는 데 필요한 전력용 콘덴서의 용량은 약 몇 [kVA]인가?
① 600
② 700
③ 800
④ 900

Explanation

전력용 콘덴서의 용량 $Q_c = P(\tan\theta_1 - \tan\theta_2)[\text{kVA}]$

$Q_c = 3{,}000 \times \left(\dfrac{0.6}{0.8} - \dfrac{\sqrt{1-0.9^2}}{0.9} \right) \fallingdotseq 800[\text{kVA}]$

【답】③

30 부하에 따라 전압 변동이 심한 급전선을 가진 배전 변전소의 전압 조정 장치는?
① 단권변압기
② 전력용 콘덴서
③ 주변압기 탭
④ 유도 전압 조정기

Explanation

배전선로 전압조정장치
• 승압기
• 유도전압조정기(부하에 따라 전압 변동이 심한 경우)
• 주상변압기 탭 조정

【답】④

31 진공차단기 설치 시 개폐 서지 이상 전압 발생을 억제할 목적으로 설치하는 것은?
① 단로기
② 차단기
③ 리액터
④ 서지흡수기

Explanation

서지흡수기(SA) : 개폐서지 방지

【답】④

32 소호리액터 접지에 대한 설명으로 틀린 것은?
① 지락전류가 작다.
② 과도안정도가 높다.
③ 전자유도장해가 경감된다.
④ 선택지락계전기의 작동이 쉽다.

Explanation

소호리액터 접지
• $L-C$ 병렬공진(지락전류가 최소)
• 1선 지락 시 건전상의 전위상승 최대($\sqrt{3}$ 배 이상)
• 과도안정도 우수
• 전자유도장해 최소
여기서, 지락전류의 크기는 직접 접지＞고저항 접지＞비접지＞소호리액터 접지

【답】④

33 62,000[kW]의 전력을 60[km] 떨어진 지점에서 송전하려면 전압은 몇 [kV]로 하면 좋은가? 단, Still 식을 사용한다.

① 66
② 110
③ 140
④ 154

Explanation

Still의 식(경제적인 송전 전압 결정식)

$V_s = 5.5\sqrt{0.6l + \dfrac{P}{100}}$ [kV] 여기서, l : 송전 거리[km], P : 송전전력[kW]

$= 5.5\sqrt{0.6 \times 60 + \dfrac{62,000}{100}} = 140.86$ [kV]

【답】③

34 다음 중 핵연료의 특성으로 적합하지 않은 것은?

① 높은 융점을 가져야 한다.
② 낮은 열전도율을 가져야 한다.
③ 부식에 강해야 한다.
④ 방사선에 안정하여야 한다.

Explanation

핵연료의 구비 조건
- 높은 융점을 가져야 한다.
- **높은 열전도율을 가져야 한다.**
- 부식에 강해야 한다.
- 방사선에 안정하여야 한다.

【답】②

35 3상 송전선로에서 3상 단락이 발생하였을 때 다음 중 옳은 것은?

① 정상전류와 역상전류가 흐른다.
② 정상전류, 역상전류 및 영상전류가 흐른다.
③ 역상전류만 흐른다.
④ 정상전류만 흐른다.

Explanation

- 1선 지락 : $I_0 = I_1 = I_2$ ∴ $I_g = 3I_0 = \dfrac{3E_a}{Z_0 + Z_1 + Z_2}$
- 선간 단락 : $I_0 = 0$, $V_0 = 0$ $I_1 = -I_2$, $V_1 = V_2$
- 3상 단락 : $I_1 = \dfrac{E_a}{Z_1}$

【답】④

36 콘덴서형 계기용변압기의 특징으로 틀린 것은?

① 권선형에 비해 오차가 적고 특성이 좋다.
② 절연의 신뢰도가 권선형에 비해 크다.
③ 전력선 반송용 결합 콘덴서와 공용할 수 있다.
④ 고압 회로용의 경우는 권선형에 비해 소형 경량이다.

Explanation

계기용 변압기
① 전자형(권선형) : 오차가 적고 특성이 양호, 절연 신뢰도가 낮다.
② 콘덴서형(CPD : Capacitance Potential Device)
- 콘덴서의 분압원리 이용
- 권선형에 비해 소형 경량
- 절연의 신뢰도가 권선형에 비해 크다.
- **전자형에 비해 오차가 많고 특성이 나쁘다.**

【답】①

37 배전방식으로 저압 네트워크 방식이 적당한 경우는?

① 부하가 밀집되어 있는 시가지
② 바람이 많은 어촌지역
③ 농촌 지역
④ 화학공장

Explanation

저압 네트워크 방식 : 부하가 밀집된 시가지
• 무정전 공급 방식(공급 신뢰도가 가장 우수)
• 변전소의 수를 줄일 수 있다.
• 전압 강하, 전력손실이 적다.
• 부하 증가 대응 우수
• 설비비 고가
• 인축의 접지 사고 증가

【답】①

38 안정권선(△권선)을 가지고 있는 대용량 고전압의 변압기가 있다. 조상기, 전력용 콘덴서는 주로 어디에 접속되는가?

① 주변압기의 1차
② 주변압기의 2차
③ 주변압기의 3차(안정권선)
④ 주변압기의 1차와 2차

Explanation

안정권선(△권선)의 설치 목적
• **조상설비 설치**
• 제3고조파의 제거
• 소내 전력 공급용

【답】③

39 경간 200[m]인 가공 전선로가 있다. 사용 전선의 길이는 경간보다 몇 [m] 더 길게 하면 되는가? 단, 사용 전선의 1[m]당 무게는 2.0[kg], 인장 하중은 4,000[kg]이고 전선의 안전율을 2로 하고 풍압하중은 무시한다.

① $\dfrac{1}{2}$
② $\sqrt{2}$
③ $\dfrac{1}{3}$
④ $\sqrt{3}$

Explanation

이도 $D = \dfrac{WS^2}{8T}$ 여기서, 수평장력 $T = \dfrac{\text{인장하중}}{\text{안전율}}$

실제길이 $L = S + \dfrac{8D^2}{3S}$ [m]

이도 $D = \dfrac{WS^2}{8T} = \dfrac{2 \times 200^2}{8 \times \dfrac{4,000}{2}} = 5$

실제길이 $L = S + \dfrac{8D^2}{3S} = 200 + \dfrac{8 \times 5^2}{3 \times 200} = 200.33$ [m]

따라서 $200.33 - 200 = 0.33 = \dfrac{1}{3}$ [m]

【답】③

40 역률 개선용 콘덴서를 부하와 병렬로 연결할 때 △ 결선방법을 채택하는 이유로 가장 타당한 것은?

① 부하 저항을 일정하게 유지할 수 있기 때문이다.
② 콘덴서의 정전용량[μF]의 소요가 적기 때문이다.
③ 콘덴서의 관리가 용이하기 때문이다.

④ 부하의 안정도가 높기 때문이다.

Explanation

진상용량(콘덴서 용량)
- △결선 $C_\triangle = \dfrac{Q}{3 \times 2\pi f V^2} \times 10^3$
- Y결선 $C_Y = \dfrac{Q}{2\pi f V^2} \times 10^3$

$C_\triangle : C_Y = \dfrac{1}{3} : 1 \quad \therefore C_\triangle = \dfrac{C_Y}{3}$

따라서 Y결선에 비해 콘덴서의 정전용량[μF]의 소모가 적기 때문이다.

【답】②

3과목　전기기기

41 자기용량 3[kVA], 3,000/100[V]의 단권변압기를 승압기로 연결하고 1차 측에 3,000[V]를 가했을 때 그 부하용량[kVA]은?
① 76　② 85
③ 93　④ 94

Explanation

$V_h = V_l\left(1 + \dfrac{1}{a}\right) = 3,000\left(1 + \dfrac{100}{3,000}\right) = 3,100[\text{V}]$

$\dfrac{\text{자기용량}}{\text{부하용량}} = \dfrac{e_2 I_2}{V_h I_2} = \dfrac{e_2}{V_h} \fallingdotseq \dfrac{V_h - V_l}{V_h}$

부하용량 $= \dfrac{V_h}{e_2} \times$ 자기용량

$= \dfrac{3,100}{100} \times 3 = 93[\text{kVA}]$

【답】③

42 직류기에서 전기자 반작용을 방지하기 위한 보상권선의 전류 방향은?
① 계자 전류의 방향과 같다.　② 계자 전류의 방향과 반대이다.
③ 전기자 전류의 방향과 같다.　④ 전기자 전류의 방향과 반대이다.

Explanation

보상권선의 전류 방향 : 전기자 전류의 방향과 반대

【답】④

43 동기전동기에서 90° 앞선 전류가 흐를 때 전기자 반작용은?
① 감자작용　② 증자작용
③ 편자작용　④ 교차자화작용

Explanation

동기전동기의 전기자 반작용
- 증자작용 : 공급전압보다 $\dfrac{\pi}{2}$ 뒤진 전류가 흐를 때
- 감자작용 : 공급전압보다 $\dfrac{\pi}{2}$ 앞선 전류가 흐를 때

【답】①

44
직류 분권전동기에서 단자전압 210[V], 전기자전류 20[A], 1,500[rpm]으로 운전할 때 발생토크는 약 몇 [N·m]인가? 단, 전기자 저항은 0.15[Ω]이다.
① 13.2
② 26.4
③ 33.9
④ 66.9

Explanation

역기전력 $E_c = V - R_a I_a = 210 - 20 \times 0.15 = 207[V]$

토크 $T = \dfrac{P}{\omega} = \dfrac{E \cdot I_a}{2\pi \dfrac{N}{60}} = \dfrac{207 \times 20}{2\pi \times \dfrac{1,500}{60}} = 26.4[N \cdot m]$

【답】②

45
2대의 동기발전기를 병렬 운전할 때, 무효횡류(무효순환전류)가 흐르는 경우는?
① 부하분담의 차가 있을 때
② 기전력의 위상차가 있을 때
③ 기전력의 파형에 차가 있을 때
④ 기전력의 크기에 차가 있을 때

Explanation

동기 발전기의 병렬 운전 조건

병렬운전 조건	문제점
기전력의 크기가 같을 것	**무효순환전류(무효횡류)**
기전력의 위상이 같을 것	동기화 전류(유효횡류)
기전력의 주파수가 같을 것	난조 발생
기전력의 파형이 같을 것	고조파 무효순환전류
상회전 방향이 같을 것	

【답】④

46
동기발전기의 전기자 권선을 단절권으로 하는 가장 큰 이유는?
① 과열을 방지
② 기전력 증가
③ 기본파를 제거
④ 고조파를 제거해서 기전력 파형 개선

Explanation

- 단절권
  - 고조파를 제거하여 기전력의 파형을 개선
  - 코일의 길이, 동량이 절약
- 단절권 계수(n차 고조파에 의한)

$K_P = \sin\dfrac{\beta\pi}{2}$

【답】④

47
권선형 유도전동기에서 2차 저항을 변화시켜서 속도제어를 하는 경우 최대 토크는?
① 항상 일정하다.
② 2차 저항에만 비례한다.
③ 최대 토크가 생기는 점의 슬립에 비례한다.
④ 최대 토크가 생기는 점의 슬립에 반비례한다.

Explanation

비례 추이의 원리 : 권선형 유도전동기
- **최대 토크는 불변**, 최대 토크의 발생 슬립은 변화(2차 저항이 증가하면 토크 곡선 등이 슬립이 증가하는 방향으로 2차 저항에 비례하여 이동)
- 기동 전류는 감소하고, 기동 토크는 증가

【답】①

48 2개의 사이리스터로 단상 전파정류를 하여 90[V]의 직류전압을 얻는 데 필요한 최대 첨두역전압은 약 얼마인가?
① 141[V]
② 283[V]
③ 365[V]
④ 400[V]

> Explanation

단상 전파정류 회로
$E_d = \dfrac{2\sqrt{2}}{\pi} E$ 에서 $E = \dfrac{\pi}{2\sqrt{2}} E_d$
PIV $= 2\sqrt{2} E = \pi E_d = \pi \times 90 = 283[V]$

【답】②

49 변압기의 임피던스 전압이란?
① 정격 전류시 2차측 단자 전압
② 변압기의 1차를 단락, 1차에 1차 정격 전류와 같은 전류를 흐르게 하는 데 필요한 1차 전압
③ 변압기 누설 임피던스와 정격 전류와의 곱인 내부전압 강하이다.
④ 변압기의 2차를 단락, 2차에 2차 정격 전류와 같은 전류를 흐르게 하는 데 필요한 2차 전압

> Explanation

임피던스전압
• 변압기 2차 측을 단락한 상태에서 1차 측에 정격전류(I_{1n})가 흐르도록 1차 측에 인가하는 전압
• 정격전류가 흐를 때 변압기내의 전압강하

【답】③

50 스테핑모터에 대한 설명으로 옳지 않은 것은?
① 양방향 회전이 가능하다.
② 위치, 속도 및 방향제어에 사용될 수 있다.
③ 스텝각이 작을수록 1회전 당 스텝수는 적어진다.
④ 전기적 신호에 의해 특정 각 변위를 회전할 수 있다

> Explanation

스테핑 모터(Stepping Motor)
• 피드백 루프가 필요 없이 오픈 루프로 손쉽게 속도 및 위치제어
• 디지털 신호를 직접 제어 할 수 있으므로 컴퓨터 등 다른 디지털 기기와 인터페이스가 용이
• 가속, 감속이 용이하며 정·역전 및 변속이 쉽다.
• 위치제어를 할 때 각도오차가 적다.
• 회전각과 속도는 펄스 수에 비례(스텝각이 작을수록 1회전 당 펄스수(스텝수)는 증가)

【답】③

51 유도 발전기의 장점을 열거한 것이다. 옳지 않은 것은?
① 농형 회전자를 사용할 수 있으므로 구조가 간단하고 가격이 싸다.
② 선로에 단락이 생기면 여자가 없어지므로 동기 발전기에 비해 단락 전류가 적다.
③ 공극이 크고 역률이 동기기에 비해 좋다.
④ 유도 발전기는 여자기로서 동기 발전기가 필요하다.

> Explanation

유도발전기
• 고정자 권선을 전원에 연결하고 회전자를 원동기로 회전시키면 회전자 속도가 회전자계 속도(N_s)보다 빠르게 회전하여 발전기로 동작
• 슬립 $s = \dfrac{n_s - n}{n_s}$ 에서 $n_s < n$인 경우 $s < 0$ 여기서, n : 회전자 속도, n_s : 회전자계 속도

문제에서, 유도 발전기는 동기기(동기기는 역률 1로 운전 가능)에 비하여 효율, 역률이 나쁘다. 【답】③

52
와류손이 50[W]인 3,300/110[V], 60[Hz]용 단상변압기를 50[Hz], 3,000[V]의 전원에 사용하면 이 변압기의 와류손은 약 몇 [W]로 되는가?
① 25
② 31
③ 36
④ 41

Explanation

유기기전력 $E = 4.44 fN\phi_m = 4.44 f B_m A N \rightarrow B_m \propto \dfrac{E}{f}$

와류손 $P_e = \sigma_e (tfk_f B_m)^2$ 에서 $P_e = kf^2 \left(\dfrac{E}{f}\right)^2 = kE^2$ 이므로

$P_e' = P_e \times \left(\dfrac{V'}{V}\right)^2 = 50 \times \left(\dfrac{3,000}{3,300}\right)^2 = 41.3[\text{W}]$

【답】④

53
3상 유도전동기의 원선도를 작성하는 데 필요하지 않은 것은?
① 무부하시험
② 구속시험
③ 권선저항측정
④ 전부하시 회전수측정

Explanation

유도전동기 원선도
- 저항측정
- 무부하(개방) 시험
- 구속(단락) 시험

【답】④

54
어떤 유도전동기가 부하 시 슬립 5[%]에서 한 상당 10[A]의 전류를 흘리고 있다. 한 상에 대한 회전자 유효저항이 0.1[Ω]일 때 3상 회전자 출력은?
① 190[W]
② 570[W]
③ 620[W]
④ 780[W]

Explanation

부하저항 $R' = \dfrac{1-s}{s} r_2 = \dfrac{1-0.05}{0.05} \times 0.1 = 1.9[\Omega]$

3상 회전자 출력 $P = 3I_1^2 R = 3 \times 10^2 \times 1.9 = 570[\text{W}]$

【답】②

55
전력용 MOSFET와 전력용 BJT에 대한 설명 중 틀린 것은?
① 전력용 BJT는 전압제어소자로 온 상태를 유지하는데 거의 무시할 만큼의 전류가 필요로 된다.
② 전력용 MOSFET는 비교적 스위칭 시간이 짧아 높은 스위칭 주파수로 사용할 수 있다.
③ 전력용 BJT는 일반적으로 턴온 상태에서의 전압강하가 전력용 MOSFET보다 작아 전력손실이 적다.
④ 전력용 MOSFET는 온·오프 제어가 가능한 소자이다.

Explanation

- **전력용 BJT(Bipolar Junction Transistor)** : 전류제어소자
- MOSFET : 전압제어소자, 고속스위칭소자

【답】①

56 220[V], 60[Hz], 8극, 15[kW]의 3상 유도전동기에서 전부하 회전수가 864[rpm]이면 이 전동기의 2차 동손은 몇 [W]인가?
① 435
② 537
③ 625
④ 723

Explanation

고정자 속도 $N_s = \dfrac{120f}{p} = \dfrac{120 \times 60}{3} = 900[\text{rpm}]$

슬립 $s = \dfrac{N_s - N}{N_s} = \dfrac{900 - 864}{900} = 0.04$

$P_0 = (1-s)P_2$ 에서 $P_2 = \dfrac{P_0}{1-s}$

2차 동손 $P_{c2} = sP_2$ 이므로

따라서 2차 동손 $P_{c2} = \dfrac{s}{1-s}P_0 = \dfrac{0.04}{1-0.04} \times 15{,}000 = 625[\text{W}]$

【답】③

57 전압을 일정하게 유지하는 정전압 특성이 있는 다이오드는?
① 쇼트키 다이오드
② 바리스터 다이오드
③ 정류 다이오드
④ 제너 다이오드

Explanation

제너 다이오드(Zener Diode) : 정전압 다이오드

【답】④

58 다음은 직류 발전기의 정류 곡선이다. 이 중에서 정류말기에 정류의 상태가 좋지 않은 것은?
① 1
② 2
③ 3
④ 4

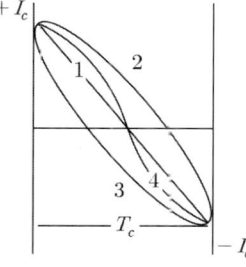

Explanation

정 류
- 전기자 코일이 브러시에 단락된 후 브러시를 지날 때 전류의 방향이 바뀌는 것
- 종 류
  - 직선정류 (이상적인 정류) : 불꽃 없는 정류(1)
  - 정현파 정류 : 불꽃 없는 정류(4)
  - **부족 정류 : 정류 말기에 브러쉬 후단부에서 불꽃 발생(2)**
  - 과정류 : 정류 초기에 브러쉬 전단부(앞쪽)에서 불꽃 발생(3)

【답】②

59 다음은 사이리스터의 래칭 전류의 관한 설명이다. 옳은 것은?
① 게이트를 개방한 상태에서 사이리스터 도통 상태를 유지하기 위한 최소 전류
② 게이트 전압을 인가한 후에 급히 제거한 상태에서 도통 상태가 유지되는 최소의 순전류
③ 사이리스터의 게이트를 개방한 상태에서 전압을 상승하면 급히 증가하게 되는 순전류
④ 사이리스터가 턴온하기 시작하는 순전류

Explanation

래칭(latching)전류 : 사이리스터가 턴온하기 시작하는 순전류.

【답】 ④

60 변압기에서 생기는 와류손은 철심 두께와 어떤 관계가 있는가?
① 철심 두께의 $\frac{1}{2}$승에 비례
② 철심 두께에 비례
③ 철심 두께에 2승에 비례
④ 철심 두께에 3승에 비례

> **Explanation**
> 와류손 $P_e = \sigma_e (t \cdot f \cdot K_f \cdot B_m)^2 \propto t^2$
> 여기서, t : 철심의 두께, K_f는 파형률

【답】 ③

4과목 회로이론

61 어떤 회로에 전압 $v(t) = 25\sin(\omega t + \theta)$ [V]을 인가하면 전류 $i(t) = 4\sin(\omega t + \theta - 60°)$ [A]가 흐른다. 이 회로에서 평균전력[W]은?
① 15
② 20
③ 25
④ 30

> **Explanation**
> 유효전력(평균전력, 소비전력) $P = VI\cos\theta = P_a\cos\theta$ [W]
> 전압 $v(t) = 25\sin(\omega t + \theta)$
> 전류 $i(t) = 4\sin(\omega t + \theta - 60°)$
> 평균전력 $P = VI\cos\theta = \frac{25}{\sqrt{2}} \times \frac{4}{\sqrt{2}} \times \cos 60° = 25$ [W]

【답】 ③

62 어떤 제어계의 출력이 $C(s) = \dfrac{5}{s(s^2+s+2)}$ 로 주어질 때 출력의 시간함수 $c(t)$의 최종값은?
① 5
② 2
③ $\dfrac{2}{5}$
④ $\dfrac{5}{2}$

> **Explanation**
> 라플라스 변환의 최종치 정리를 이용하여
> $f(\infty) = \lim\limits_{t \to \infty} f(t) = \lim\limits_{s \to 0} sF(s)$ 로부터
> $f(\infty) = \lim\limits_{s \to 0} s \dfrac{5}{s(s^2+s+2)} = \lim\limits_{s \to 0} \dfrac{5}{s^2+s+2} = \dfrac{5}{2}$

【답】 ④

63 그림의 회로가 주파수에 관계없이 일정한 임피던스를 갖도록 $C[\mu F]$의 값을 구하면?
① 20
② 10
③ 2.45
④ 0.24

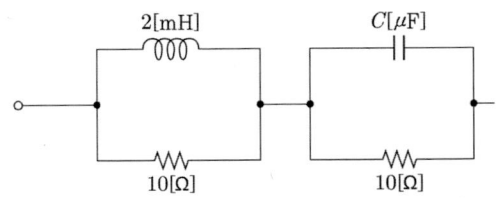

Explanation

정저항 회로 $R=\sqrt{\dfrac{L}{C}}$ 에서 $C=\dfrac{L}{R^2}=\dfrac{2\times10^{-3}}{10^2}\times10^6=20[\mu F]$

【답】①

64 비정현파의 일그러짐의 정도를 표시하는 양으로서 왜형률이란?
① $\dfrac{평균값}{실효값}$
② $\dfrac{실효값}{최댓값}$
③ $\dfrac{고조파만의 실효값}{기본파의 실효값}$
④ $\dfrac{기본파의 실효값}{고조파만의 실효값}$

Explanation

왜형률 = $\dfrac{전\ 고조파의\ 실효값}{기본파의\ 실효값}$

【답】③

65 평형 3상 부하의 결선을 Y에서 △로 하면 소비전력은 몇 배가 되는가?
① 1.5
② 1.73
③ 3
④ 3.46

Explanation

3상 소비전력
$P=3I_p^2R$에서
• △결선 시
$P_\triangle = 3I_p^2R = 3\left(\dfrac{V_p}{Z}\right)=3\left(\dfrac{V}{R}\right)^2R=\dfrac{3V^2}{R}$
• Y결선 시
$P_Y = 3I_p^2R = 3\left(\dfrac{V_p}{Z}\right)=3\left[\dfrac{\dfrac{V}{\sqrt{3}}}{R}\right]^2R=3\cdot\dfrac{V^2}{3R}=\dfrac{V^2}{R}$

따라서 $\dfrac{P_\triangle}{P_Y}=\dfrac{\dfrac{3V^2}{R}}{\dfrac{V^2}{R}}=3$배

【답】③

66 V_S의 크기를 갖는 직류 전압을 $t=0$ 시점에서 $R-L$ 직렬회로에 인가했을 때 L 양단에 나타나는 순시 전압 파형을 옳게 나타낸 것은?

①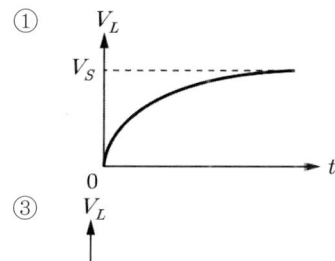
②
③
④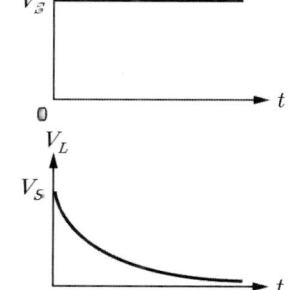

Explanation

$R-L$ 직렬회로에서 직류 기전력 인가 시와 제거 시의 특성

$R-L$ 직렬회로	직류 기전력 인가 시(S/W on)
전류 $i(t)$	$i(t) = \dfrac{E}{R}(1-e^{-\frac{R}{L}t})$
V_R	$V_R = E(1-e^{-\frac{R}{L}t})$
V_L	$V_L = Ee^{-\frac{R}{L}t}$

인덕터에서의 전압 $V_L = Ee^{-\frac{R}{L}t}$ [V]이므로

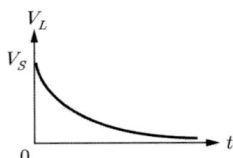

【답】④

67 저항 30[Ω], 용량성 리액턴스 40[Ω]의 병렬 회로에 120[V]의 정현파 교류전압을 가할 때 전체 전류는?

① 3[A] ② 4[A]
③ 5[A] ④ 6[A]

Explanation

$R-C$ 병렬 회로
- 전체 전류 $I = I_R + jI_c$
- 저항에 흐르는 전류 $I_R = \dfrac{V}{R} = \dfrac{120}{30} = 4[A]$
- 커패시터에 흐르는 전류 $I_c = \dfrac{120}{-jX_c} = j\dfrac{120}{40} = j3[A]$
- 전체 전류 $I = I_R + jI_c = 4 + j3$

따라서 전류의 크기 $|I| = \sqrt{4^2 + 3^2} = 5[A]$

【답】③

68 회로망의 전달 함수 $G(s) = \dfrac{V_2(s)}{V_1(s)}$ 를 구하면?

① $\dfrac{LC}{1+LCs}$ ② $\dfrac{LC}{1+LCs^2}$
③ $\dfrac{1}{1+LCs}$ ④ $\dfrac{1}{1+LCs^2}$

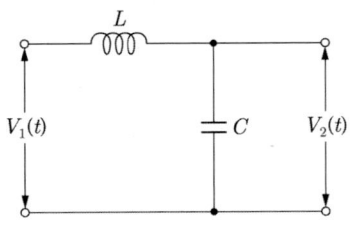

Explanation

전압비 전달 함수는 임피던스 비로 구하며

$G(s) = \dfrac{V_2(s)}{V_1(s)} = \dfrac{\dfrac{1}{Cs}}{Ls + \dfrac{1}{Cs}} = \dfrac{1}{1+LCs^2}$

【답】④

69 저항 4[Ω]과 X_L의 유도 리액턴스가 병렬로 접속된 회로에 12[V]의 교류 전압을 가하니 5[A]의 전류가 흘렀다. 이 회로의 리액턴스 X_L의 값[Ω]은?

① 8   ② 6
③ 3   ④ 1

Explanation

저항에 흐르는 전류 $I_R = \dfrac{12}{4} = 3$[A]

$\dot{I} = \dot{I_R} + \dot{I_L} = \sqrt{I_R^2 + I_L^2}$ 에서 $I_L = \sqrt{I^2 - I_R^2} = \sqrt{5^2 - 3^2} = 4$[A]

인덕터에 흐르는 전류 $\dot{I_L} = \dfrac{V}{X_L}$ 에서 $X_L = \dfrac{12}{I_L} = \dfrac{12}{4} = 3$[Ω]

【답】③

70 그림과 같은 회로에서 R_2 양단의 전압 E_2[V]는?

① $\dfrac{R_1}{R_1 + R_2}E$ ② $\dfrac{R_2}{R_1 + R_2}E$

③ $\dfrac{R_1 R_2}{R_1 + R_2}E$ ④ $\dfrac{R_1 + R_2}{R_1 + R_2}E$

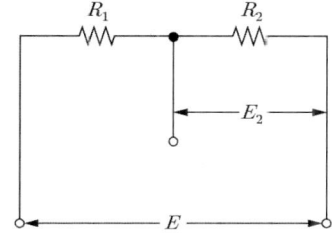

Explanation

직렬회로의 전압분배 : 저항의 크기에 비례

$E_2 = \dfrac{R_2}{R_1 + R_2}E$

【답】②

71 평형 3상 회로에 대한 설명으로 옳지 않은 것은?

① 성형 결선(Y결선)에서 선전류의 크기는 상전류의 크기와 같다.
② 성형 결선(Y결선)에서 선간전압의 크기는 상전압의 크기와 같다.
③ 부하에 공급되는 유효 전력 P는 $P = \sqrt{3} \times$ 선간전압 $\times$ 선전류 $\times$ 역률 이다.
④ 부하에 공급되는 유효 전력 P는 $P = 3 \times$ 상전압 $\times$ 상전류 $\times$ 역률 이다.

Explanation

3상 Y결선 회로의 특징

• 선간전압 $V_l = \sqrt{3} V_p \angle \dfrac{\pi}{6}$[V]   ∴ 선간전압이 상전압보다 $\sqrt{3}$ 배 크고, 위상은 30° 앞선다.
• $I_l = I_p \angle 0$[A]   ∴ 선전류는 상전류와 크기 및 위상이 같다.
• 소비전력 $P = \sqrt{3} V_l I_l \cos\theta = 3 V_p I_p \cos\theta$[W]

【답】②

72 3상 3선식 회로에서 $V_a = -j6$[V], $V_b = -8 + j6$[V], $V_c = 8$[V]일 때 정상분 전압은 몇 [V]가 되는가?

① $7.81 \angle 77°$ ② $2.37 \angle 43°$
③ $0.33 \angle 37°$ ④ 0

Explanation

대칭좌표법에서

$$\begin{bmatrix} V_0 \\ V_1 \\ V_2 \end{bmatrix} = \frac{1}{3} \begin{bmatrix} 1 & 1 & 1 \\ 1 & a & a^2 \\ 1 & a^2 & a \end{bmatrix} \begin{bmatrix} V_a \\ V_b \\ V_c \end{bmatrix}$$

정상분 $V_1 = \frac{1}{3}(V_a + aV_b + a^2 V_c)$
$= \frac{1}{3}\{-j6 + (-\frac{1}{2} + j\frac{\sqrt{3}}{2})(-8+j6) + (-\frac{1}{2} - j\frac{\sqrt{3}}{2}) \times 8\}$
$= \frac{1}{3}(-3\sqrt{3} - j22.856)$

∴ 크기 $= \frac{1}{3}\sqrt{(3\sqrt{3})^2 + (22.856)^2} = 7.81$, 위상 $\theta = \tan^{-1}\frac{-22.856}{-3\sqrt{3}} = 77°$

【답】①

73 그림과 같은 회로에서 정전용량 C[F]를 충전한 후 스위치 S를 닫아서 이것을 방전할 때 과도 전류는? 단, 회로에는 저항이 없다.
① 주파수가 다른 전류
② 크기가 일정하지 않은 전류
③ 증가 후 감쇠하는 전류
④ 불변의 진동전류

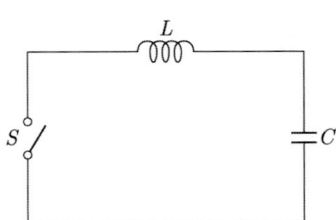

Explanation

직류인가 $L-C$ 직렬회로

전류 $i(t) = \frac{E}{\sqrt{\frac{L}{C}}} \sin\frac{1}{\sqrt{LC}}t$ [A]이므로 불변의 진동전류

【답】④

74 $\frac{B(s)}{A(s)} = \frac{2}{2s+3}$ 의 전달 함수를 미분 방정식으로 표시하면?

① $2\frac{d}{dt}b(t) + 3b(t) = a(t)$
② $\frac{d}{dt}b(t) + b(t) = a(t)$
③ $2\frac{d}{dt}b(t) + 3b(t) = 2a(t)$
④ $3\frac{d}{dt}a(t) + (t) = 2b(t)$

Explanation

$\frac{B(s)}{A(s)} = \frac{2}{2s+3}$ 에서 $2sB(s) + 3B(s) = 2A(s)$

따라서 미분방정식으로 표현하면 $2\frac{d}{dt}b(t) + 3b(t) = 2a(t)$

【답】③

75 그림과 같은 L형 회로의 4단자 정수는 어떻게 되는가?

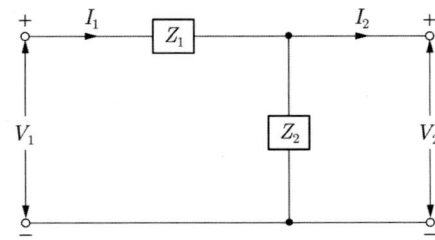

① $A = Z_1, B = 1 + \dfrac{Z_1}{Z_2}, C = \dfrac{1}{Z_2}, D = 1$ ② $A = 1, B = \dfrac{1}{Z_2}, C = 1 + \dfrac{1}{Z_2}, D = Z_1$

③ $A = 1 + \dfrac{Z_1}{Z_2}, B = Z_1, C = \dfrac{1}{Z_2}, D = 1$ ④ $A = \dfrac{1}{Z_2}, B = 1, C = Z_1, D = 1 + \dfrac{Z_1}{Z_2}$

Explanation

$\begin{bmatrix} A & B \\ C & D \end{bmatrix} = \begin{bmatrix} 1 & Z_1 \\ 0 & 1 \end{bmatrix} \begin{bmatrix} 1 & 0 \\ \dfrac{1}{Z_2} & 1 \end{bmatrix} = \begin{bmatrix} 1 + \dfrac{Z_1}{Z_2} & Z_1 \\ \dfrac{1}{Z_2} & 1 \end{bmatrix}$

【답】③

76 그림과 같은 이상적인 변압기로 구성된 4단자 회로에서 정수 A와 C는 어떻게 되는가?

① $A = 0, C = n$
② $A = 0, C = \dfrac{1}{n}$
③ $A = n, C = 0$
④ $A = \dfrac{1}{n}, C = 0$

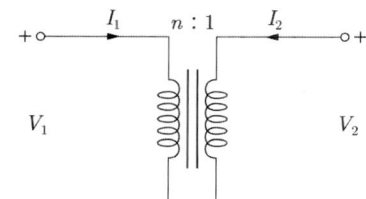

Explanation

변압기의 권수비

$a = \dfrac{N_1}{N_2} = \dfrac{V_1}{V_2} = \dfrac{I_2}{I_1}$ 에서 권수비 $a = n$ 이므로 $\begin{bmatrix} V_1 \\ I_1 \end{bmatrix} = \begin{bmatrix} A & B \\ C & D \end{bmatrix} \begin{bmatrix} V_2 \\ I_2 \end{bmatrix} = \begin{bmatrix} n & 0 \\ 0 & \dfrac{1}{n} \end{bmatrix}$

【답】③

77 그림과 같은 회로에서 인가 전압에 의한 전류 i를 입력, V_o를 출력이라 할 때 전달 함수는? 단, 초기 조건은 모두 0이다.

① $\dfrac{1}{Cs}$
② Cs
③ $\dfrac{1}{1 + Cs}$
④ $1 + Cs$

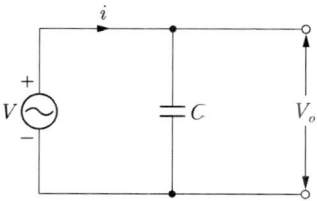

Explanation

전달 함수 $G(s) = \dfrac{V_0(s)}{I(s)} = Z(s) = \dfrac{1}{Cs}$

【답】①

78 용량 30[kVA]의 단상 변압기 2대를 V결선하여 역률 0.8, 전력 20[kW]의 평형 3상 부하에 전력을 공급할 때 변압기 1대가 분담하는 피상 전력 [kVA]은 얼마인가?

① 14.4
② 15
③ 20
④ 30

Explanation

V결선 변압기 $P_V = \sqrt{3}K$ 여기서, K는 변압기 1대 용량

여기서, 부하의 용량 $P' = \dfrac{P}{\cos\theta} = \dfrac{20}{0.8} = 25[\text{KVA}]$

따라서 V결선 용량 $P_V = \sqrt{3}\,K$에서

변압기 1대 용량 $K = \dfrac{P_V}{\sqrt{3}} = \dfrac{25}{\sqrt{3}} = 14.4[\text{kVA}]$

【답】①

79 그림과 같은 회로에서 저항 $R[\Omega]$과 정전용량 $C[\text{F}]$의 직렬 회로에서 잘못 표현된 것은?

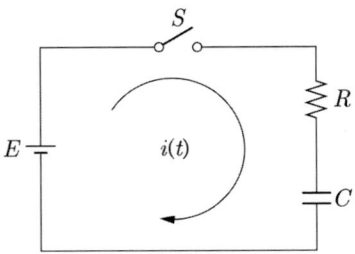

① 회로의 시정수는 $\tau = RC[\text{s}]$이다.

② $t = 0$에서 직류 전압 $E[\text{V}]$를 가했을 때 $t[\text{s}]$ 후의 전류 $i = \dfrac{E}{R}e^{-\frac{1}{RC}t}$ [A]이다.

③ $t = 0$에서 직류 전압 $E[\text{V}]$를 가했을 때 $t[\text{s}]$ 후의 전류 $i = \dfrac{E}{R}\left(1 - e^{-\frac{1}{RC}t}\right)$[A]이다.

④ $R-C$ 직렬 회로의 직류 전압 $E[\text{V}]$를 충전하는 경우 회로의 전압 방정식은 $Ri + \dfrac{1}{C}\int i\,dt = E$ 이다.

Explanation

$R-C$ 직렬회로 전압 방정식 $= Ri + \dfrac{1}{C}\int i\,dt = E$

	R-C 직렬회로	직류 기전력 인가 시(S/W on)
①	전류 $i(t)$	$i = \dfrac{E}{R}e^{-\frac{1}{RC}t}$ [A]
②	시정수	$\tau = RC$ [sec]

【답】③

80 그림에서 저항 R이 접속되고 여기에 3상 평형 전압 V가 가해져 있다. 지금 X표의 곳에서 1선이 단선 되었다고 하면 소비 전력은 처음의 몇 배로 되는가?

① 1.0
② 0.7
③ 0.5
④ 0.25

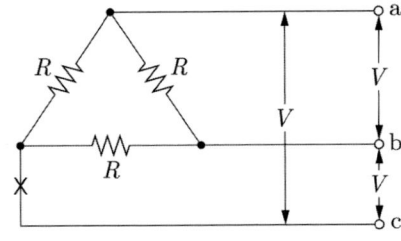

Explanation

【답】③

5과목　전기설비기술기준

81 두 개 이상의 전선을 병렬로 사용하는 경우에서 틀린 것은?
① 동선 50[㎟] 이상 또는 알루미늄 70[㎟] 이상으로 하고, 전선은 같은 도체, 같은 재료, 같은 길이 및 같은 굵기의 것을 사용할 것
② 같은 극의 각 전선은 동일한 터미널러그에 완전히 접속할 것
③ 병렬로 사용하는 전선에는 반드시 각각에 퓨즈를 설치할 것
④ 교류회로에서 병렬로 사용하는 전선은 금속관 안에 전자적 불평형이 생기지 않도록 시설할 것

Explanation

(KEC 123조) 전선의 접속
두 개 이상의 전선을 병렬로 사용하는 경우
• 동선 50[㎟] 이상 또는 알루미늄 70[㎟] 이상으로 하고, 전선은 같은 도체, 같은 재료, 같은 길이 및 같은 굵기의 것 사용
• 같은 극의 각 전선은 동일한 터미널러그에 완전히 접속할 것.
• 같은 극인 각 전선의 터미널러그는 동일한 도체에 2개 이상의 리벳 또는 2개 이상의 나사로 접속할 것.
• **병렬로 사용하는 전선에는 각각에 퓨즈를 설치하지 말 것.**
• 교류회로에서 병렬로 사용하는 전선은 금속관 안에 전자적 불평형이 생기지 않도록 시설할 것. 　**【답】③**

82 1[kV] 이하 방전등을 옥내에 시설하는 경우 점검할 수 있는 은폐장소의 배선방식으로 적당하지 않은 것은?(단, 건조한 장소임)
① 애자공사
② 합성수지몰드공사
③ 금속몰드공사
④ 금속덕트공사

Explanation

(KEC 234.11조) 1[kV] 이하 방전등 - 관등회로의 배선방식

시설장소의 구분		배선방법
전개된 장소	건조한 장소	애자공사·합성수지몰드공사 또는 금속몰드공사
	기타의 장소	애자공사
점검할 수 있는 은폐된 장소	건조한 장소	금속몰드공사

【답】④

83 저압 가공 전선과 식물이 상호 접촉되지 않도록 이격시키는 기준으로 옳은 것은?
① 이격거리는 최소 50[cm] 이상 떨어져 시설하여야 한다.
② 상시 불고 있는 바람 등에 의해 식물에 접촉하지 않도록 시설하여야 한다.
③ 저압 가공 전선은 반드시 방호구에 넣어 시설하여야 한다.
④ 트리와이어(Tree Wire)를 사용하여 시설하여야 한다.

Explanation

(KEC 222.19조) 저압 가공 전선과 식물의 이격거리

저압 가공 전선은 상시 부는 바람 등에 의하여 식물에 접촉하지 않도록 시설하여야 한다. 다만, 저압 가공 절연전선을 방호구에 넣어 시설하거나 절연내력 및 내마모성이 있는 케이블을 시설하는 경우는 그러하지 아니하다. 【답】 ②

84 비접지식 고압전로에 접속되는 변압기의 외함에 실시하는 접지공사의 접지극으로 사용할 수 있는 건물 철골의 대지 전기저항은 몇 [Ω] 이하인가?
① 2
② 3
③ 5
④ 10

Explanation

(KEC 142.2조) 접지극의 시설 및 접지저항
대지와의 사이에 전기저항 값이 2[Ω] 이하인 값을 유지하는 건물의 철골 기타의 금속제는 이를 비접지식 고압전로에 시설하는 기계기구의 철대(鐵臺) 또는 금속제 외함의 접지공사나 비접지식 고압전로와 저압전로를 결합하는 변압기의 저압전로에 시설하는 접지공사의 접지극으로 사용할 수 있다. 【답】 ①

85 옥내에 시설하는 전동기에 과부하 보호장치의 시설을 생략할 수 없는 경우는?
① 정격출력이 0.75[kW]인 전동기
② 전동기의 구조나 부하의 성질로 보아 전동기가 소손할 수 있는 과전류가 생길 우려가 없는 경우
③ 전동기가 단상의 것으로 전원측 전로에 시설하는 배선차단기의 정격전류가 20[A] 이하인 경우
④ 전동기가 단상의 것으로 전원측 전로에 시설하는 과전류 차단기의 정격전류가 16[A] 이하인 경우

Explanation

(KEC 212.6.3조) 저압전로 중의 전동기 보호용 과전류보호장치의 시설
옥내에 시설하는 전동기(정격 출력이 0.2[kW] 이하인 것을 제외한다.)에는 전동기가 소손될 우려가 있는 과전류가 생겼을 때에 자동적으로 이를 저지하거나 이를 경보하는 장치를 하여야 한다. 다만, 다음에 해당하는 경우에는 그러하지 아니하다.
① 전동기를 운전 중 상시 취급자가 감시할 수 있는 위치에 시설하는 경우
② 전동기의 구조나 부하의 성질로 보아 전동기가 소손될 수 있는 과전류가 생길 우려가 없는 경우
③ 단상전동기로서 그 전원측 전로에 시설하는 과전류 차단기의 정격전류가 16[A](배선차단기는 20[A]) 이하인 경우 【답】 ①

86 345[kV] 옥외 변전소에 울타리 높이와 울타리에서 충전 부분까지의 거리[m]의 합계는?
① 6.48
② 8.16
③ 8.40
④ 8.28

Explanation

(KEC 351.1조) 발전소 등의 울타리·담 등의 시설

사용전압의 구분	울타리·담 등의 높이와 울타리·담 등으로부터 충전 부분까지의 거리의 합계
35[kV] 이하	5[m]
35[kV] 초과 160[kV] 이하	6[m]
160[kV] 초과	6[m]에 160[kV]를 초과하는 10[kV] 또는 그 단수마다 0.12[m]를 더한 값

• 단수 : 34.5 − 16 = 18.5 → 19단
• 이격거리 : 6 + 19 × 0.12 = 8.28[m] 【답】 ④

87 특고압 가공전선로의 경간은 지지물이 철탑인 경우 몇 [m] 이하이어야 하는가? 단, 단주가 아닌 경우이다.
① 400
② 500
③ 600
④ 700

Explanation

(KEC 333.21조) 특고압 가공전선로의 경간 제한
특고압 가공전선로의 경간은 표에서 정한 값 이하이어야 한다.

지지물의 종류	경간
목주·A종 철주 또는 A종 철근 콘크리트주	150[m]
B종 철주 또는 B종 철근 콘크리트주	250[m]
철탑	600[m] (단주인 경우에는 400[m])

【답】③

88 시가지에서 저압 가공 전선로를 도로에 따라 시설할 경우 지표상의 최저 높이는 몇 [m] 이상이어야 하는가?
① 4.5[m] ② 5.0[m]
③ 5.5[m] ④ 6.0[m]

Explanation

(KEC 222.7조) 저압 가공전선의 높이
① 도로횡단 : 6[m] 이상
② 철도횡단 : 레일면상 6.5[m] 이상
③ 횡단보도교 위 : 3.5[m] 이상
④ 기타 : 5[m] 이상

【답】②

89 사용전압이 20[kV]인 변전소에 울타리·담 등을 시설하고자 할 때 울타리·담 등의 높이는 몇 [m] 이상이어야 하는가?
① 1 ② 2
③ 5 ④ 6

Explanation

(KEC 351.1조) 발전소 등의 울타리·담 등의 시설
울타리·담 등의 높이는 2[m] 이상으로 하고 지표면과 울타리·담 등의 하단 사이의 간격은 0.15[m] 이하

【답】②

90 전기철도의 안전을 위하여 레일 전위의 위험에 대한 보호 중 0.5초 이하의 순시조건에서 교류 전기 철도 급전시스템의 최대 허용 접촉전압(실효값)은 얼마인가?
① 60[V] ② 65[V]
③ 600[V] ④ 670[V]

Explanation

(KEC 461.2조) 레일 전위의 위험에 대한 보호
교류 전기철도 급전시스템에서의 레일 전위의 최대 허용 접촉전압

시간조건[초]	최대 허용 접촉전압(실효값)
순시조건($t \leq 0.5$)	670[V]
일시적 조건($0.5 < t \leq 300$)	65[V]
영구적 조건($t > 300$)	60[V]

【답】④

91 발전소에 시설하는 계측 장치 중 주요 변압기의 계측 장치로 알맞은 것은?
① 전압 및 전류 또는 전력
② 전압 및 유온 또는 주파수
③ 전압 및 전류 또는 전력 품질
④ 전압 및 전류 또는 온도

Explanation

(KEC 351.6조) 계측 장치
① 발전기의 전압 및 전류 또는 전력
② 발전기의 베어링 및 고정자의 온도
③ **주요 변압기의 전압 및 전류 또는 전력**
④ 특고압용 변압기의 온도

【답】①

92 특고압 가공전선로의 지지물에 시설하는 통신선 또는 이에 직접 접속하는 통신선이 철도의 레일과 교차할 때 경동선의 최소 굵기 [mm]는?

① 3.2
② 4.0
③ 4.5
④ 5.0

(KEC 362.2조) 전력보안통신선의 시설 높이와 이격거리
특고압 가공전선로의 지지물에 시설하는 통신선 또는 이에 직접 접속하는 통신선이 도로·횡단보도교·철도의 레일·삭도·가공전선·다른 가공약전류 전선 등 또는 교류 전차선 등과 교차하는 경우 : **통신선이 도로·횡단보도교·철도의 레일 또는 삭도와 교차하는 경우에는 통신선은 단면적 16[mm²](지름 4[mm])의 절연전선과 동등 이상의 절연 효력이 있는 것, 인장강도 8.01[kN] 이상의 것 또는 단면적 25[mm²](지름 5[mm])의 경동선일 것**

【답】④

93 철근 콘크리트주로서 전장이 15[m]이고, 설계하중이 8.2[kN]이다. 이 지지물의 논이나 기타 지반이 연약한 곳 이외에 기초 안전율의 고려 없이 시설하는 경우 그 묻히는 깊이는 기준보다 몇 [m]를 가산하여 시설하여야 하는가?

① 0.1
② 0.3
③ 0.5
④ 0.7

(KEC 331.7조) 가공 전선로 지지물의 기초의 안전율
철근 콘크리트주로서 전체의 길이가 14[m] 이상 20[m] 이하이고, 설계하중이 6.8[kN] 초과 9.8[kN] 이하의 것을 **논이나 그 밖의 지반이 연약한 곳 이외에 시설하는 경우 그 묻히는 깊이는 기준보다 0.3[m]를 가산하여 시설**

【답】②

94 고압 지중전선이 지중 약전류 전선 등과 접근하여 이격거리가 몇 [m] 이하인 때에는 양 전선 사이에 견고한 내화성의 격벽을 설치하는 경우 이외에는 지중전선을 견고한 불연성 또는 난연성의 관에 넣어 그 관이 지중 약전류선 등과 직접 접촉되지 않도록 하여야 하는가?

① 0.15
② 0.2
③ 0.25
④ 0.3

(KEC 334.6조) 지중전선과 지중약전류전선 등 또는 관과의 접근 또는 교차
지중전선이 지중 약전류 전선 등과 접근하거나 교차하는 경우에 상호 간의 이격거리가 저압 또는 **고압의 지중전선은 0.3[m] 이하**, 특고압 지중전선은 0.6[m] 이하인 때에는 지중전선과 지중 약전류 전선 등 사이에 견고한 내화성(콘크리트 등의 불연재료로 만들어진 것으로 케이블의 허용 온도 이상으로 가열시킨 상태에서도 변형 또는 파괴되지 않는 재료를 말한다.)의 격벽(隔壁)을 설치하는 경우 이외에는 지중전선을 견고한 불연성(不燃性) 또는 난연성(難燃性)의 관에 넣어 그 관이 지중 약전류 전선 등과 직접 접촉하지 아니하도록 하여야 한다.

【답】④

95 중성선 다중접지식의 것으로서 전로에 지락이 생겼을 때 2초 이내에 자동적으로 이를 전로로부터 차단하는 장치가 되어 있는 22.9[kV] 특고압 가공전선이 다른 특고압 가공전선과 접근하는 경우 이격거리는 몇 [m] 이상으로 하여야 하는가?(단, 양쪽이 나전선인 경우이다)

① 0.5
② 1.0
③ 1.5
④ 2.0

(KEC 333.32조) 25[kV] 이하인 특고압 가공 전선로의 시설
특고압 가공전선로가 상호 간 접근 또는 교차하는 경우에는 다음에 의할 것
특고압 가공전선이 다른 특고압 가공전선과 접근 또는 교차하는 경우의 이격거리는 표에서 정한 값 이상일 것

사용 전선의 종류	이격거리 [m]
어느 한쪽 또는 양쪽이 나전선인 경우	1.5
양쪽이 특고압 절연전선인 경우	1.0
한쪽이 케이블이고 다른 한쪽이 케이블이거나 특고압 절연전선인 경우	0.5

【답】③

96 금속 덕트 공사에 의한 저압 옥내배선 공사 시설 기준에 적합하지 않은 것은?
① 금속 덕트에 넣은 전선의 단면적의 합계가 덕트의 내부 단면적의 20[%] 이하가 되게 하였다.
② 덕트 상호 및 덕트와 금속관과는 전기적으로 완전하게 접속했다.
③ 덕트를 조영재에 붙이는 경우 덕트의 지지점 간의 거리를 4[m] 이하로 견고하게 붙였다.
④ 덕트에는 접지 공사를 한다.

Explanation

(KEC 232.31조) 금속덕트공사
① 전선은 절연전선(OW 제외)으로 금속 덕트의 전선의 단면적은(절연 피복 포함) 덕트 내부 단면적의 20[%](전광표시 장치 기타 이와 유사한 장치 또는 제어 회로 등의 배선만을 넣은 경우는 50[%]) 이하일 것
② 덕트 안에는 전선의 접속점이 없어야 하나 전선을 분기하는 경우에 그 접속점을 쉽게 점검할 수 있는 경우는 접속할 수 있다.
③ 덕트의 지지점 간 거리는 3[m] 이하일 것

【답】③

97 교통신호등의 시설기준에 관한 내용으로 틀린 것은?
① 제어장치의 금속제 외함에는 접지공사를 한다.
② 교통신호등 회로의 사용전압은 300[V] 이하로 한다.
③ 교통신호등 회로의 인하선은 지표상 2[m] 이상으로 시설한다.
④ LED를 광원으로 사용하는 교통신호등의 설치는 KS C 7528 "LED 교통신호등"에 적합한 것을 사용한다.

Explanation

(KEC 234.15조) 교통신호등
① 교통신호등 회로의 사용전압은 300[V] 이하이어야 한다.
② 교통신호등 회로의 배선(인하선을 제외한다.)은 케이블인 경우 이외는 공칭 단면적 2.5[mm²] 연동선과 동등 이상의 세기 및 굵기의 450/750[V] 일반용 단심 비닐절연전선 또는 450/750[V] 내열성에틸렌아세테이트 고무절연전선일 것
③ **교통신호등 회로의 인하선에 사용하는 전선의 지표상의 높이는 2.5[m] 이상일 것**
④ 교통신호등 제어장치의 전원측에는 전용 개폐기 및 과전류 차단기를 각 극에 시설하여야 하며 또한 교통신호등 회로의 사용전압이 150[V]를 초과하는 경우에는 전로에 지락이 생겼을 때에 자동적으로 전로를 차단하는 장치를 시설할 것
⑤ 교통신호등 제어장치의 금속제 외함에는 접지공사를 할 것

【답】③

98 피뢰기 설치기준으로 옳지 않은 것은?
① 발전소·변전소 또는 이에 준하는 장소의 가공 전선의 인입구 및 인출구
② 가공 전선로와 특고압 전선로가 접속되는 곳
③ 가공 전선로에 접속한 1차 측 전압이 35[kV] 이하인 배전용 변압기의 고압 측 및 특고압 측
④ 고압 및 특고압 가공 전선로로부터 공급 받는 수용 장소의 인입구

Explanation

(KEC 341.13조) 피뢰기의 시설
고압 및 특고압의 전로 중 다음 각 호에 열거하는 곳 또는 이에 근접한 곳에는 피뢰기를 시설하여야 한다.

① 발전소, 변전소 또는 이에 준하는 장소의 가공 전선 인입구 및 인출구
② 가공 전선로에 접속하는 배전용 변압기의 고압 측 및 특고압 측
③ 고압 및 특고압 가공 전선로로부터 공급을 받는 수용 장소의 인입구
④ 가공 전선로와 지중전선로가 접속되는 곳

【답】②

99 발전소에서 사용하는 차단기의 압축 공기 장치의 공기압축기는 최고 사용 압력 몇 배의 수압을 연속하여 10분간 가하였을 때 견디고 새지 않아야 하는가?

① 1.2배
② 1.25배
③ 1.5배
④ 1.55배

Explanation

(KEC 341.15조) 압축공기계통
발·변전소, 개폐소 또는 이에 준하는 곳에서 개폐기 또는 차단기에 사용하는 압축 공기 장치는 **최고 사용 압력의 1.5배의 수압**을 계속하여 10분간 가하여 시험을 한 경우에 이에 견디고 또한 새지 아니할 것

【답】③

100 폭연성 분진 또는 화약류의 분말이 존재하는 곳의 저압 옥내배선은 어느 공사에 의하는가?

① 애자공사 또는 가요전선관공사
② 캡타이어 케이블 공사
③ 합성수지관공사
④ 금속관공사 또는 케이블공사

Explanation

(KEC 242.2.1조) 폭연성 분진 위험장소
폭연성 분진 또는 화약류의 분말이 전기설비가 발화원이 되어 폭발할 우려가 있는 곳에 시설하는 저압 옥내 전기설비는 금속관 공사 또는 케이블 공사(캡타이어 케이블을 사용하는 것 제외)에 의할 것

【답】④

2021년 전기공사산업기사 필기

1과목 전기응용

01 토크가 증가할 때 가장 급격히 속도가 낮아지는 전동기는?
① 직류 분권전동기
② 직류 복권전동기
③ 직류 직권전동기
④ 3상 유도전동기

Explanation

직류 직권전동기 특성 : $\tau \propto I^2 \propto \dfrac{1}{N^2}$

토크는 부하전류의 제곱에 비례하고 회전수의 제곱에 반비례
용도 : 전기철도용

【답】③

02 곡선 도로 조명 상 조명기구의 배치 조건으로 가장 적합한 것은?
① 양측배치의 경우는 지그재그식으로 한다.
② 한쪽만 배치하는 경우는 커브 바깥쪽에 배치한다.
③ 직선도로에서 보다 등 간격을 조금 더 넓게 한다.
④ 곡선 도로의 곡률 반경이 클수록 등 간격을 짧게 한다.

Explanation

곡선 도로 조명 배치 방법
• 양측 배치의 경우는 대칭식으로 한다.
• 한쪽만 배치하는 경우는 커브 바깥쪽에 배치한다.
• 직선 도로에서보다 등 간격을 조금 더 좁게 한다.
• 곡선 도로의 곡률 반지름이 클수록 등 간격을 길게 한다.

【답】②

03 완전 확산면의 광속 발산도가 2,000[rlx]일 때 휘도는 약 몇 [cd/cm²]인가?
① 0.2
② 0.064
③ 0.682
④ 637

Explanation

완전 확산면(어느 방향에서 보아도 휘도가 같은 면) $R = \pi B = \rho E = \tau E [rlx]$

$\therefore B = \dfrac{R}{\pi} = \dfrac{2,000}{3.14} [cd/m^2][nt]$이다. 따라서, $B = \dfrac{2,000}{3.14} \times 10^{-4} = 0.064 [cd/cm^2]$

【답】②

04 자동제어에서 검출장치로 소형 직류발전기를 사용하여 무엇을 검출하는가?
① 속도
② 온도
③ 위치
④ 방향

Explanation

속도검출기 : 회전 발전기, 주파수 검출법, Speeder 등

【답】①

05 SCR의 애노드 전류가 20[A]로 흐르고 있을 때 게이트 전류를 반으로 줄이면 애노드 전류는 몇 [A]가 되는가?
① 0
② 10
③ 20
④ 40

> **Explanation**
> SCR이 도통 상태일 때 게이트 전류가 변해도 애노드 전류는 변하지 않는다.

【답】③

06 1,000[lm]인 광속을 발산하는 전등 10개를 500[m²] 방에 점등하였다. 평균 조도는 약 몇 [lx]인가? 단, 조명률은 0.5이고 감광보상률이 1.5이다.
① 1.67
② 2.52
③ 6.67
④ 60

> **Explanation**
> $FUN = ESD$ 에서
> 조도 $E = \dfrac{FUN}{SD} = \dfrac{1,000 \times 0.5 \times 10}{500 \times 1.5} = 6.67[\text{lx}]$

【답】③

07 그림과 같이 광원 L에 의한 모서리 B의 조도가 20[lx]일 때 B로 향하는 방향의 광도 [cd]는 약 얼마인가?
① 780
② 833
③ 900
④ 950

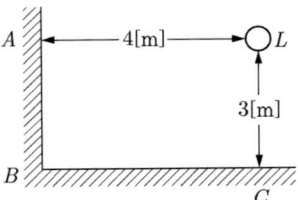

> **Explanation**
> • 수평면 조도 : $E = \dfrac{I}{r^2}\cos\theta\,[\text{lx}]$
> 광도 $I = \dfrac{Er^2}{\cos\theta} = \dfrac{20 \times 5^2}{\frac{3}{5}} = 833$ 여기서, $\cos\theta = \dfrac{3}{\sqrt{4^2 + 3^2}} = \dfrac{3}{5}$

【답】②

08 알칼리 축전지의 양극에 쓰이는 것은?
① 납
② 철
③ 카드뮴
④ 수산화니켈

> **Explanation**
> 알칼리 축전지
> • 양극 : Ni(OH)3(수산화니켈)
> • 음극 : Fe(에디슨), Cd(융그너)
> • 전해액 : 수산화칼륨(KOH)

【답】④

09 바깥쪽 레일은 원심력의 작용으로 지나친 하중이 걸려 탈선하기 쉬우므로 안쪽 레일보다 얼마간 높게 한다. 이 바깥쪽 레일과 안쪽 레일의 높이 차를 무엇이라 하는가?
① 편위
② 확도
③ 캔트
④ 궤간

> **Explanation**

고도(Cant) : 운전의 안정성 확보를 위하여 곡선 시 안쪽 레일보다 바깥쪽 레일을 조금 높게 하는 것

【답】③

10 고주파 유전가열에서 피열물의 단위 체적당 소비전력[W/cm³]은? 단, E[V/cm]는 고주파 전계, δ는 유전체 손실각, f는 주파수, ϵ_s는 비유전율이다.

① $\frac{5}{9}Ef\epsilon_s\tan\delta\times 10^{-9}$
② $\frac{5}{9}Ef\epsilon_s\tan\delta\times 10^{-10}$
③ $\frac{5}{9}E^2f\epsilon_s\tan\delta\times 10^{-8}$
④ $\frac{5}{9}E^2f\epsilon_s\tan\delta\times 10^{-12}$

> **Explanation**

유전가열 : 유전체손($P_c = \omega CE^2\tan\delta$)에 의한 가열
   목재의 접착, 비닐막 접착, 플라스틱 성형 등에 사용
여기서, 유전체손 $P_c = \omega CE^2\tan\delta = \frac{5}{9}f\epsilon_s E^2\tan\delta\times 10^{-12}$ [W/cm3]

【답】④

11 20[℃]의 물 5[ℓ]를 용기에 넣어 1[kW]의 전열기로 가열하여 90[℃]로 하는 데 40분 걸렸다. 이 전열기의 효율은 약 몇 [%]인가?

① 46
② 51
③ 56
④ 61

> **Explanation**

전열기 효율 $\eta = \frac{열}{전기}\times 100 = \frac{cm\theta}{860Pt}\times 100$에서
여기서 P[kW], t[h]
$\eta = \frac{cm\theta}{860Pt}\times 100 = \frac{1\times 5\times(90-20)}{860\times 1\times \frac{40}{60}}\times 100 = 61[\%]$

【답】④

12 전지에서 자체 방전 현상이 일어나는 것은 다음 중 어느 것과 가장 관련이 있는가?
① 전해액 고유저항
② 이온화 경향
③ 불순물 혼합
④ 전해액 농도

> **Explanation**

국부 작용
아연 음극 또는 전해액 중에 불순물이 섞이면 아연이 부분적으로 용해되어 국부 방전이 생기며 수명이 짧아진다. 국부 작용을 막기 위하여 수은도금을 한다.

【답】③

13 단위 변환이 틀리게 표현된 것은?
① 1[J]= 0.2389×10^{-3}[kcal]
② 1[kWh]= 860[kcal]
③ 1[BTU]= 0.252[kcal]
④ 1[kcal]= 3,986[J]

> **Explanation**

열량 계산
1[J] = 0.24[cal]
1[cal] = 4.2[J]
1[BTU] = 0.252[kcal]
1[kWh] = 860[kcal]

【답】④

14 SCR을 사용할 때 올바른 전압공급 방법은?
① 애노드(+), 캐소드(-), 게이트(+)
② 애노드(-), 캐소드(+), 게이트(-)
③ 애노드(+), 캐소드(-), 게이트(-)
④ 애노드(-), 캐소드(+), 게이트(+)

Explanation

오른쪽 그림은 SCR(Silicon Controlled Rectifier)의 구조
전압공급 방법 : 애노드⊕, 캐소드⊖, 게이트⊕

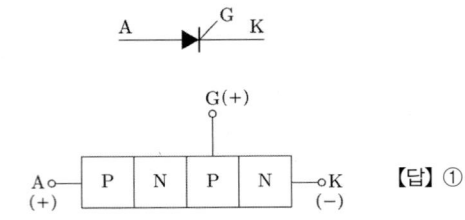

【답】①

15 전동기의 사용 장소에 따른 보호방식 중 연직면에서 15° 이내에 각도로 낙하하는 물방울이나 이 물체가 직접 내부로 침입함이 없는 구조는?
① 방수형
② 방적형
③ 방진형
④ 방식형

Explanation

- **방식형(방부형)** : 지정된 부식성의 산, 알칼리 또는 유해가스가 존재하는 장소에서 실용상 지장이 없도록 사용할 수 있는 구조
- **방적형** : 연직에서 15도 이내의 각도로 낙하하는 물방울이 기기 내부에 들어가 전기 절연물이나 전기 권선용 철심에 접촉하는 일이 없는 구조의 방식

【답】②

16 복진방지(Anti-Creeper)방법으로 적당하지 않은 것은?
① 레일에 임피던스 본드를 설치한다.
② 철도용 못을 이용하여 레일과 침목간의 체결력을 강화한다.
③ 레일에 앵커를 부설한다.
④ 침목과 침목을 연결하여 침목의 이동을 방지한다.

Explanation

복진방지(Anti-Creeper) : 열차 운전 시 궤도가 열차의 반대방향으로 진행하는 것을 방지하기 위하여 설치

【답】①

17 인가전압 100[V]인 회로에서 매초 0.12[kcal]를 발열하는 전열기가 있다. 이 전열기의 용량은 몇 [W]이며, 이 전열기가 사용되고 있을 때 저항 [Ω]은 얼마인가?
① 600, 20
② 500, 20
③ 400, 20
④ 350, 30

Explanation

전열기 $H = 0.24 I^2 R = 0.24 \dfrac{V^2}{R} = 0.24 \times \dfrac{100^2}{R} = 120 [\text{cal}]$

저항 $R = \dfrac{0.24 \times 100^2}{120} = 20 [\Omega]$, 전열기 용량 $P = \dfrac{V^2}{R} = \dfrac{100^2}{20} = 500 [\text{W}]$

【답】②

18 용접용 전원의 특성은 부하가 급히 증가할 때 전압은?
① 일정하다.
② 급히 상승한다.
③ 급히 강하한다.
④ 서서히 상승한다.

Explanation

수하특성 : 부하가 증가하면 전압이 급히 강하. 용접용에 사용

【답】③

19 플라이 휠 효과가 GD^2[kg·m²]인 전동기의 회전자가 n_2[rpm]에서 n_1[rpm]으로 감속할 때 방출한 에너지[J]는?

① $\dfrac{GD^2(n_2-n_1)^2}{730}$ ② $\dfrac{GD^2(n_2^2-n_1^2)}{730}$

③ $\dfrac{GD^2(n_2-n_1)^2}{375}$ ④ $\dfrac{GD^2(n_2^2-n_1^2)}{375}$

Explanation

에너지 $W = \dfrac{1}{2}\left(\dfrac{GD^2}{4}\right)\left(\dfrac{2\pi N}{60}\right)^2 = \dfrac{GD^2 N^2}{730}$ [J]

n_2에서 n_1으로 방출에너지 $\triangle W = W_2 - W_1 = \dfrac{GD^2(n_2^2-n_1^2)}{730}$ [J]

【답】②

20 전차선로의 철차(crossing)에 관한 설명으로 옳은 것은?
① 궤도를 분기하는 장치
② 차륜을 하나의 궤도에서 다른 궤도로 유도하는 장치
③ 열차의 진로를 완전히 전환시키기 위한 전환장치
④ 열차의 통과중 헐거움 또는 잘못된 조작이 없도록 하는 쇄정장치

Explanation

철차 : 본선과 분기선 또는 2개의 궤도가 서로 교차하는 것

【답】①

2과목　전력공학

21 직렬 콘덴서를 선로에 삽입할 때의 현상으로 옳은 것은?
① 부하의 역률을 개선한다.　　② 선로의 리액턴스가 증가된다.
③ 선로의 전압강하를 줄일 수 없다.　　④ 계통의 정태안정도를 증가시킨다.

Explanation

직렬콘덴서(직렬축전지)는 유도 리액턴스에 의한 선로의 전압 강하 보상용으로 전압변동을 줄이고 정태안정도 개선용으로 사용한다.

【답】④

22 장거리 송전선로의 특성을 표현한 회로로 옳은 것은?
① 분산부하회로　　② 분포정수회로
③ 집중정수회로　　④ 특성임피던스회로

Explanation

• 단거리송전선로(수십[km] 정도) : 집중정수회로(Z만 존재)
• 중거리송전선로(100[km] 이하 선로) : 집중정수회로(Z, Y 존재)
• **장거리송전선로(100[km] 초과 선로) : 분포정수회로(Z, Y가 무한히 존재)**

【답】②

23 배전선로의 전기방식 중 전선의 중량(전선비용)이 가장 적게 소요되는 전기방식은? (단, 배전전압, 거리, 전력 및 선로손실 등은 같다고 한다)
① 단상 2선식　　　　　　　　　　　② 단상 3선식
③ 3상 3선식　　　　　　　　　　　④ 3상 4선식

Explanation

전기 방식별 비교

	소요전선량(중량비)		소요전선량(중량비)
단상2선식	1	3상3선식	3/4=0.75
단상3선식	3/8=0.375	**3상4선식**	**1/3=0.33**

【답】④

24 다음 설명 중 옳지 않은 것은?
① 직류송전에서는 무효전력을 보낼 수 없다.
② 선로의 정상 및 역상임피던스는 같다.
③ 계통을 연계하면 통신선에 대한 유도장해가 감소된다.
④ 장간애자는 2련 3련으로 사용할 수 있다.

Explanation

• 직류송전은 주파수가 0이므로 무효분이 없다.
• 선로 $Z_0 > Z_1 = Z_2$
• 계통을 연계하면 병렬회로 수가 증가하여 임피던스가 감소하므로 단락전류가 커지게 되어 통신유도장해가 크다.　【답】③

25 전주 사이의 경간이 80[m]인 가공전선로에서 전선 1[m]당의 하중이 0.37[kg], 전선의 이도가 0.8[m]일 때 수평장력은 몇 [kg]인가?
① 330　　　　　　　　　　　② 350
③ 370　　　　　　　　　　　④ 390

Explanation

이도 $D = \dfrac{WS^2}{8T}$ 에서

수평장력 $T = \dfrac{WS^2}{8D} = \dfrac{0.37 \times 80^2}{8 \times 0.8} = \dfrac{0.37 \times 6,400}{6.4} = 370 [\text{kg}]$　【답】③

26 송전선로에서 코로나 임계 전압이 높아지는 경우는?
① 온도가 높아지는 경우　　　　　　② 상대공기밀도가 작을 경우
③ 전선의 지름이 큰 경우　　　　　　④ 기압이 낮은 경우

Explanation

코로나 임계 전압 $E = 24.3 m_0 m_1 \delta d \log_{10} \dfrac{D}{r}$ [kV]

δ : 상대 공기 밀도 $= \dfrac{0.386b}{273+t}$ (b : 기압, t : 온도)

d : 전선의 지름
따라서 코로나 임계 전압이 높아지는 경우는 상대공기밀도가 높고, 전선의 직경이 커야 한다.
또한, 코로나 임계 전압은 맑은 날, 기압이 높고, 온도가 낮은 경우 높다.　【답】③

27 설비용량 800[kW], 부등률 1.2, 수용률 60[%]일 때, 변전시설 용량은 최저 몇 [kVA] 이상이어야 하는가? 단, 역률은 90[%] 이상 유지되어야 한다고 한다.
① 450[kVA]　　　　　　　　　　② 500[kVA]
③ 550[kVA]　　　　　　　　　　④ 600[kVA]

Explanation

변압기 용량 = $\dfrac{설비용량 \times 수용률}{부등률 \times 역률}$ [kVA]

$= \dfrac{800 \times 0.6}{1.2 \times 0.9} \fallingdotseq 444$ [kVA]

【답】①

28 플리커 예방을 위한 수용가 측의 대책이 아닌 것은?
① 공급 전압을 승압한다.　　　　② 전원 계통에 리액터분을 보상한다.
③ 전압 강하를 보상한다.　　　　④ 부하의 무효전력 변동분을 흡수한다.

Explanation

플리커 경감 대책
① **전력 공급 측에서 실시**
 • 전용 계통으로 공급
 • 단락 용량이 큰 계통에서 공급
 • 전용 변압기로 공급
 • **공급 전압을 승압**
② 수용가 측에서의 대책
 • 전원 계통에 리액터분을 보상
 • 전압 강하를 보상
 • 부하의 무효전력 변동분을 흡수
 • 플리커 부하전류의 변동분을 억제

【답】①

29 교류 저압 배전방식에서 밸런서를 필요로 하는 방식은?
① 단상 2선식　　　　　　　　　② 단상 3선식
③ 3상 3선식　　　　　　　　　④ 3상 4선식

Explanation

단상 3선식의 특징
• 110/220의 두 종의 전원
• **중성선 단선 시 전압의 불평형 → 저압 밸런서의 설치**
• 단상 2선식에 비해 효율이 높고 전압강하가 적다.

【답】②

30 교류송전에서는 송전거리가 멀어질수록 동일 전압에서의 송전 가능전력이 적어진다. 다음 중 그 이유로 가장 알맞은 것은?
① 선로의 어드미턴스가 커지기 때문이다.　　② 선로의 유도성 리액턴스가 커지기 때문이다.
③ 코로나 손실이 증가하기 때문이다.　　　　④ 표피효과가 커지기 때문이다.

Explanation

선로의 길이가 길어지면 유도성 리액턴스 증가하므로
송전전력 $P = \dfrac{V_s V_r}{X} \sin\delta$ 이므로 유도성 리액턴스가 커지면 송전 가능전력은 적어진다.

【답】②

31 저수지에서 취수구에 제수문을 설치하는 목적은?
① 낙차를 높인다.　　　　　　　② 어족을 보호한다.
③ 수차를 조절한다.　　　　　　④ 유량을 조절한다.

Explanation

제수문의 설치 목적 : 취수구에 설치하여 유량을 조절하기 위함

【답】 ④

32 중성점 저항 접지방식의 병행 2회선 송전선로의 지락 사고 차단에 사용되는 계전기는?
① 선택접지계전기   ② 거리 계전기
③ 과전류계전기   ④ 역상 계전기

> **Explanation**

지락 사고 보호용 계전기
- 지락계전기(GR) : 1회선 송전선로의 지락보호
- 선택지락계전기(SGR) : 2회선 이상의 송전선로의 지락 시 선택 차단

【답】 ①

33 그림과 같은 배전선이 있다. 부하에 급전 및 정전할 때 조작 방법으로 옳은 것은?
① 급전 및 정전할 때는 DS, CB 순으로 한다.
② 급전 및 정전할 때는 CB, DS 순으로 한다.
③ 급전시는 DS, CB 순이고, 정전시는 CB, DS 순이다.
④ 급전시는 CB, DS 순이고, 정전시는 DS, CB 순이다.

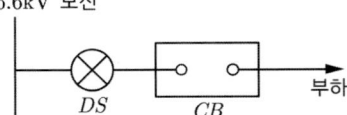

> **Explanation**

인터록(Interlock) : 차단기가 열려 있어야 단로기 조작 가능
- 투입 시 : DS → CB 순
- 차단 시 : CB → DS 순

【답】 ③

34 3,000[kW], 역률 80[%](뒤짐)의 부하에 전력을 공급하고 있는 변전소에 전력용 콘덴서를 설치하여 변전소에서의 역률을 90[%]로 향상시키는 데 필요한 전력용 콘덴서의 용량은 약 몇 [kVA]인가?
① 600   ② 700
③ 800   ④ 900

> **Explanation**

전력용 콘덴서의 용량 $Q_c = P(\tan\theta_1 - \tan\theta_2)$ [kVA]

$Q_c = 3,000 \times \left(\dfrac{0.6}{0.8} - \dfrac{\sqrt{1-0.9^2}}{0.9} \right) ≒ 800$ [kVA]

【답】 ③

35 중성점 접지방식 중 1선 지락 고장일 때 선로의 전압 상승이 최대이고, 또한 통신 장해가 최소인 것은?
① 비접지방식   ② 직접 접지방식
③ 저항 접지방식   ④ 소호리액터 접지방식

> **Explanation**

소호리액터 접지
- $L-C$ 병렬공진(지락전류가 최소)
- 1선 지락 시 건전상의 대지 전위 상승 최대($\sqrt{3}$ 배 이상)
- 과도 안정도 우수
- 통신 유도장해 최소

【답】 ④

36 등가 송전선로의 정전용량 $C = 0.008$ [μF/km], 선로 길이 $L = 100$ [km], 대지전압 $E = 37,000$ [V]이고 주파수 $f = 60$ [Hz]일 때, 충전전류는 약 몇 [A]인가?
① 11.2   ② 6.7
③ 0.635   ④ 0.426

> **Explanation**

충전전류 $I_c = \dfrac{E}{X_c} = \omega CE = 2\pi fCE$ 여기서, E는 대지전압
$= 2\pi \times 60 \times 0.008 \times 10^{-6} \times 100 \times 37,000 = 11.2[A]$

【답】①

37 그림에서 계기 Ⓜ이 지시하는 것은?

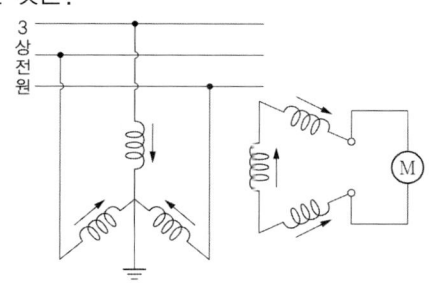

① 정상전류
② 영상전압
③ 역상전압
④ 정상 전압

> **Explanation**

GPT(Ground Potential Transformer) : 접지형 계기용 변압기, 영상전압 검출
1차측 Y결선 접지, 2차측 개방 △결선

【답】②

38 송전선에 복도체를 사용하는 주된 목적은?
① 역률 개선
② 정전용량의 감소
③ 인덕턴스의 증가
④ 코로나 발생의 방지

> **Explanation**

복도체(다도체) 방식의 주목적 : 코로나 방지
• 인덕턴스는 감소, 정전용량은 증가
• 코로나의 방지, 코로나 임계 전압의 상승
• 송전용량의 증대, 안정도 증대

【답】④

39 중성점 직접 접지 된 6,600[V], 3상 발전기의 1단자가 접지되었을 경우 예상되는 지락전류의 크기는 약 몇 [A]인가? 단, 발전기의 임피던스 $Z_0 = 0.2 + j0.6[\Omega]$, $Z_1 = 0.1 + j4.5[\Omega]$, $Z_2 = 0.5 + j1.4[\Omega]$이다.

① 1,578[A]
② 1,678[A]
③ 1,745[A]
④ 3,023[A]

> **Explanation**

1선 지락 시 지락전류 $I_g = 3I_o = \dfrac{3E_a}{Z_0 + Z_1 + Z_2}$

$\therefore I_g = \dfrac{3 \times \dfrac{6,600}{\sqrt{3}}}{0.2 + j0.6 + 0.1 + j4.5 + 0.5 + j1.4}$
$= \dfrac{6,600 \times \sqrt{3}}{0.8 + j6.5} = \dfrac{6,600 \times \sqrt{3}}{\sqrt{0.8^2 + 6.5^2}} = 1,745[A]$

【답】③

40 원자로에서 U^{235}의 핵분열시 방출되는 고속 중성자를 열중성자로 만들기 위하여 사용되는 것은?
① 냉각재
② 감속재
③ 제어재
④ 반사체

> **Explanation**
>
> 감속재 : 고속의 중성자를 열중성자로 바꾸는 재료
> - 중성자 흡수가 적고
> - 감속능(slowing down power)과 감속비(moderating ratio)가 클 것
> - 경수, 중수, 산화베릴륨, 흑연 등이 사용
>
> 【답】②

3과목 전기기기

41 어떤 변압기의 백분율 저항 강하가 2[%], 백분율 리액턴스 강하가 3[%]라 한다. 이 변압기로 역률이 80[%]인 부하에 전력을 공급하고 있다. 이 변압기의 전압변동률은 몇 [%]인가?
① 2.4
② 3.4
③ 3.8
④ 4.0

> **Explanation**
>
> 전압 변동률 $\epsilon = p\cos\theta \pm q\sin\theta$(지상 : +, 진상 : −)
> $= 2 \times 0.8 + 3 \times 0.6 = 3.4[\%]$
>
> 【답】②

42 권선형 3상 유도전동기의 2차회로는 Y로 접속되고 2차 각 상의 저항은 0.3[Ω]이며 1차, 2차 리액턴스의 합은 1.5[Ω]이다. 기동 시에 최대 토크를 발생하기 위해서 삽입하여야 할 저항[Ω]은? 단, 1차 각 상의 저항은 무시한다
① 1.2
② 1.5
③ 2
④ 2.2

> **Explanation**
>
> 기동 시에 최대 토크를 발생하기 위해서 삽입하여야 할 저항
> $R_s' = \sqrt{r_1^2 + (x_1 + x_2')^2} - r_2' = \sqrt{(x_1 + x_2')^2} - r_2'$에서
> $x_1' + x_2 = 1.5[\Omega]$, $r_2' = 0.3[\Omega]$이므로
> $R_s = \sqrt{(x_1 + x_2')^2} - r_2' = \sqrt{(1.5)^2} - 0.3 = 1.2[\Omega]$
>
> 【답】①

43 단상 반발전동기에 해당하지 않는 것은?
① 아트킨손 전동기
② 슈라게 전동기
③ 데리 전동기
④ 톰슨 전동기

> **Explanation**
>
> 반발 전동기(브러시를 단락시켜 브러시 이동으로 기동 토크, 속도 제어)
> - 종류 : 아트킨손형, 톰슨형, 데리형
>
> 【답】②

44 3상 권선형 유도전동기의 2차 회로의 한상이 단선된 경우에 부하가 약간 커지면 슬립이 50[%]인 곳에서 운전이 되는 것을 무엇이라 하는가?
① 차동기 운전
② 자기여자
③ 게르게스 현상
④ 난조

> **Explanation**

게르게스 현상 : 3상 권선형 유도전동기의 2차 회로의 한상이 단선된 경우에 부하가 약간 커지면 슬립이 50[%]인 곳에서 운전이 되는 것

【답】 ③

45 유도전동기의 회전자에 슬립 주파수의 전압을 공급하여 속도를 제어하는 방법은?
① 2차 저항법
② 2차 여자법
③ 직류 여자법
④ 주파수 변환법

> **Explanation**

2차 여자법(슬립 제어)
- 유도전동기 회전자의 외부에서 슬립링을 통하여 슬립 주파수 전압을 인가하여 회전자 슬립에 의한 속도를 제어하는 방식
- E_c(슬립 주파수 전압)를 sE_2와 같은 방향으로 인가 : 속도 증가
- E_c(슬립 주파수 전압)를 sE_2와 반대 방향으로 인가 : 속도 감소

【답】 ②

46 극수 6, 회전수 1,200[rpm]의 교류발전기와 병행 운전하는 극수 8의 교류발전기의 회전수는 몇 [rpm]이어야 하는가?
① 800
② 900
③ 1,050
④ 1,100

> **Explanation**

병행 운전 시 주파수가 일치하여야 하므로
$N_s = \dfrac{120f}{p}$ 에서 주파수를 구하면
$f = \dfrac{pN_s}{120} = \dfrac{6 \times 1,200}{120} = 60[\text{Hz}]$
따라서 극수 8의 교류발전기 회전수 $N = \dfrac{120 \times 60}{8} = 900[\text{rpm}]$

【답】 ②

47 3단자 사이리스터가 아닌 것은?
① SCR
② GTO
③ SCS
④ TRIAC

> **Explanation**

반도체 소자(괄호 안은 극(단자) 수)
- 단방향성 : SCR(3), GTO(3), LASCR(3), SCS(4)
- 양방향성 : SSS(2), DIAC(2), TRIAC(3)

【답】 ③

48 75[W] 이하의 소 출력으로 소형공구, 영사기, 치과 의료용 등에 널리 이용되는 전동기는?
① 단상 반발전동기
② 영구자석 스텝전동기
③ 3상 직권 정류자전동기
④ 단상 직권 정류자전동기

> **Explanation**

단상 직권 정류자전동기=만능 전동기(직류·교류 양용)
- 종류 : 직권형, 보상형, 유도보상형
- 특징 : 성층 철심, 역률 및 정류 개선을 위해 약계자, 강전기자형으로 함
  역률 개선을 위해 보상권선 설치
  회전속도를 증가시킬수록 역률이 개선
- 용도 : 75[W] 정도 이하의 소형 공구, 영사기, 치과 의료용으로 사용

【답】 ④

49 아래 그림은 3상 전파 정류회로이다. 부하에 약 513[V]의 평균 직류 전압을 얻기 위해 입력해야 하는 교류 입력 선간 전압[V]은?

① 220
② 330
③ 380
④ 440

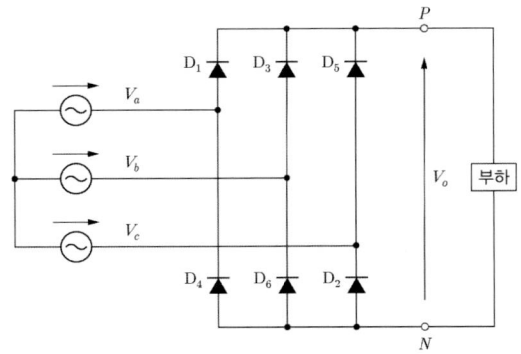

Explanation

정류회로

구분	단상반파	단상전파	3상반파	3상전파
직류전압	$E_d = 0.45E$	$E_d = 0.9E$	$E_d = 1.17E$	$E_d = 1.35E$
정류효율	40.6[%]	81.2[%]	96.5[%]	99.8[%]
맥동률	121[%]	48[%]	17[%]	4[%]

3상 전파정류 이므로 직류값 $E_d = 1.35E$

$E = \dfrac{E_d}{1.35} = \dfrac{513}{1.35} = 380\,[\text{V}]$

【답】③

50 와류손이 50[W]인 3,300/110[V], 60[Hz]용 단상변압기를 50[Hz], 3,000[V]의 전원에 사용하면 이 변압기의 와류손은 약 몇 [W]로 되는가?

① 25　　② 31
③ 36　　④ 41

Explanation

유기기전력 $E = 4.44 f N \phi_m = 4.44 f B_m A N \rightarrow B_m \propto \dfrac{E}{f}$

와류손 $P_e = \sigma_e (t f k_f B_m)^2$ 에서 $P_e = k f^2 \left(\dfrac{E}{f}\right)^2 = k E^2$ 이므로

$P_e' = P_e \times \left(\dfrac{V'}{V}\right)^2 = 50 \times \left(\dfrac{3,000}{3,300}\right)^2 = 41.3\,[\text{W}]$

【답】④

51 MOSFET에 대한 설명으로 옳은 것은?
① on상태에서는 높은 저항처럼 동작한다.
② BJT와 비교하여 게이트와 소스 간의 입력 임피던스가 매우 작다.
③ 소수캐리어 소자이므로 BJT에 비해 턴온과 턴오프가 늦게 이루어진다.
④ 게이트-소스간의 전압으로 드레인 전류를 제어하는 전압제어스위치로 동작한다.

Explanation

FET(Field-effect transistor)

FET(Field-effect transistor)는 전계효과 트랜지스터로 Gate, Drain, Source로 구성된다. FET의 특징은 다음과 같다.
- 단극성 소자
- 제조기술에 따라 MOS형과 접합형
- 게이트에 역전압을 인가하여 드레인 전류를 제어하는 전압제어 소자

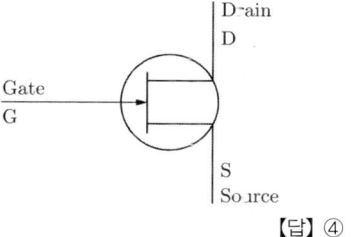

【답】 ④

52 Y결선, 선간전압 1,200[V], 주파수 50[Hz]의 6극 3상 동기발전기가 있다. 이 발전기의 주파수가 60[Hz]일 때, 선간전압[V]은? (단, 계자전류는 5[A]로 일정하다)
① 1,000　　② 1,200
③ 1,440　　④ 1,728

Explanation

동기발전기 유기기전력 $E = 4.44 f\phi\omega k_w$[V] (여기서, k_w : 권선계수, ω : 한상 당 직렬 권회수)

Y결선 발전기의 단자전압(선간전압) $V = \sqrt{3}E$[V]이므로 주파수에 비례하므로

50[Hz]에서 60[Hz]로 주파수를 높이면 유기기전력이 $\frac{6}{5}$배가 되므로

선간전압도 $\frac{6}{5}$배가 되므로

선간전압 $V' = \frac{6}{5} \times 1,200 = 1,440$[V]

【답】 ③

53 동기전동기에서 90° 앞선 전류가 흐를 때 전기자 반작용은?
① 감자작용　　② 증자작용
③ 편자작용　　④ 교차자화작용

Explanation

동기전동기의 전기자 반작용

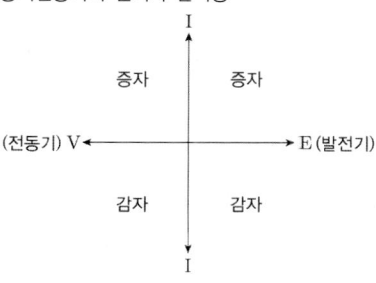

- 증자작용 : 공급전압보다 $\frac{\pi}{2}$ 뒤진 전류가 흐를 때
- 감자작용 : 공급전압보다 $\frac{\pi}{2}$ 앞선 전류가 흐를 때

【답】 ①

54 PN 접합 구조로 되어 있고 제어는 불가능하나 교류를 직류로 변환하는 반도체 정류 소자는?
① IGBT　　② 다이오드
③ MOSFET　　④ 사이리스터

Explanation

PN접합 다이오드 : 정류용

【답】 ②

55 단상 전파 제어 정류 회로에서 순저항 부하일 때의 평균 출력 전압은? 단, V_m은 인가 전압의 최댓값이고 점호각은 α이다.

① $\dfrac{V_m}{\pi}(1+\cos\alpha)$ ② $\dfrac{V_m}{\pi}(1+\tan\alpha)$

③ $\dfrac{2V_m}{\pi}(1+\cos\alpha)$ ④ $\dfrac{2V_m}{\pi}(1+\tan\alpha)$

Explanation

SCR 정류회로
- 전파정류 $E_d = \dfrac{\sqrt{2}E}{\pi}(1+\cos\alpha) = \dfrac{V_m}{\pi}(1+\cos\alpha)$

【답】①

56 3,300[V]/210[V], 5[kVA] 단상변압기의 퍼센트 저항강하 2.4[%], 퍼센트 리액턴스강하 1.8[%]이다. 임피던스 와트[W]는?

① 320 ② 240
③ 120 ④ 90

Explanation

저항강하 $p = \dfrac{I_{1n}r}{V_{1n}} \times 100 = \dfrac{I_{1n}^2 r}{V_{1n}I_{1n}} \times 100 = \dfrac{P_c}{P_n} \times 100 [\%]$

동손(임피던스 와트) $P_c = \dfrac{p \times P_n}{100} = \dfrac{2.4 \times 5 \times 10^3}{100} = 120[W]$

【답】③

57 직류기에서 전기자 반작용의 영향을 설명한 것으로 틀린 것은?
① 주자극의 자속이 감소한다.
② 정류자편 사이의 전압이 불균일하게 된다.
③ 국부적으로 전압이 높아져 섬락을 일으킨다.
④ 전기적 중성점이 전동기인 경우 회전방향으로 이동한다.

Explanation

전기자 반작용 : 전기자 전류에 의한 전기자 기자력이 계자 기자력에 영향을 미치는 현상(주자속이 감소하는 현상)
- 편자 작용
  - 감자 작용 : 전기자 기자력이 계자 기자력에 반대 방향으로 작용하여 자속이 감소
  - 교차자화 작용 : 전기자 기자력이 계자 기자력에 수직방향으로 작용하여 자속 분포가 일그러짐
- 전기적 중성축 이동 : 발전기는 회전방향, 전동기는 회전 반대방향
- 국부적으로 섬락 발생 : 공극의 자속분포 불균형으로 섬락(불꽃) 발생
- 전기자 반작용의 방지 대책 : 보상권선 및 보극(보극은 보상권선을 사용하는 경우에 효과가 있으므로 보극 단독으로는 전기자 반작용에는 효과가 적고 정류 개선용으로 효과가 있다)

【답】④

58 직류 전동기의 역기전력에 대한 설명 중 틀린 것은?
① 역기전력이 증가할수록 전기자 전류는 감소한다.
② 역기전력은 속도에 비례한다.
③ 역기전력은 회전방향에 따라 크기가 다르다.
④ 부하가 걸려 있을 때에는 역기전력은 공급전압보다 크기가 작다.

Explanation

- 역기전력 $E = \dfrac{p}{a}z\phi\dfrac{N}{60}$ 에서 $E \propto n$

- 역기전력 $E = V - I_a R_a$ 이므로 $E < V$
- 정격 전압 하에서 역기전력이 증가하면 전기자전류는 감소

【답】③

59
용량이 50[kVA] 변압기의 철손이 1[kW]이고 전부하동손이 2[kW]이다. 이 변압기를 최대 효율에서 사용하려면 부하를 약 몇 [kVA] 인가하여야 하는가?

① 25
② 35
③ 50
④ 71

Explanation

$\frac{1}{m}$ 부하의 경우 최대 효율이 된다고 하면 $\left(\frac{1}{m}\right)^2 P_c = P_i$

$\therefore \frac{1}{m} = \sqrt{\frac{P_i}{P_c}} = \sqrt{\frac{1}{2}} = 0.707$ 이므로

변압기의 최대 효율이 걸리는 부하는 $50 \times 0.707 = 35$[kVA]

【답】②

60
3상 유도전동기의 전전압 기동토크는 전부하 시의 1.8배이다. 전전압의 2/3로 기동할 때 기동토크는 전부하 시의 약 몇 [%]가 되는가?

① 80
② 70
③ 60
④ 40

Explanation

유도전동기의 토크는 전압의 제곱에 비례 : $T \propto V^2$

따라서 기동토크 $T_s = 1.8 T \times \left(\frac{2}{3}\right)^2 = 0.8 T$

【답】①

4과목 회로이론

61
어떤 제어계의 출력이 $C(s) = \dfrac{5}{s(s^2 + s + 2)}$ 로 주어질 때 출력의 시간함수 $c(t)$의 최종값은?

① 5
② 2
③ $\dfrac{2}{5}$
④ $\dfrac{5}{2}$

Explanation

라플라스 변환의 최종값 정리를 이용하여

$f(\infty) = \lim\limits_{t \to \infty} f(t) = \lim\limits_{s \to 0} s F(s)$ 로부터

$f(\infty) = \lim\limits_{s \to 0} s \dfrac{5}{s(s^2 + s + 2)}$

$= \lim\limits_{s \to 0} \dfrac{5}{s^2 + s + 2} = \dfrac{5}{2}$

【답】④

62 $R-L$ 병렬회로의 합성 임피던스$[\Omega]$는? 단, $\omega[\text{rad/s}]$는 이 회로의 각 주파수이다.

① $R(1+j\dfrac{\omega L}{R})$ ② $R(1-j\dfrac{1}{\omega L})$

③ $\dfrac{R}{(1-j\dfrac{R}{\omega L})}$ ④ $\dfrac{R}{(1+j\dfrac{R}{\omega L})}$

Explanation

$R-L$ 병렬회로의 합성 임피던스 $Z=\dfrac{R\cdot j\omega L}{R+j\omega L}$ 에서

$j\omega L$로 위아래를 나누어 주면

$Z=\dfrac{R\cdot j\omega L}{R+j\omega L}=\dfrac{R}{1+\dfrac{R}{j\omega L}}=\dfrac{R}{1-j\dfrac{R}{\omega L}}$

【답】③

63 다음과 같은 회로에서 $t=0$인 순간에 스위치 S를 닫았다. 이 순간에 인덕턴스 L에 걸리는 전압[V]은? 단, L의 초기 전류는 0이다.

① 0
② $\dfrac{\leq}{R}$
③ E
④ $\dfrac{E}{R}$

Explanation

인덕턴스의 전압 $v_L=Ee^{-\dfrac{R}{L}t}=Ee^{-\dfrac{R}{L}\times 0}=E[\text{V}]$

【답】③

64 두 코일이 있다. 한 코일의 전류가 매초 40[A]의 비율로 변할 때 다른 코일에는 20[V]의 기전력이 발생하였다면 두 코일의 상호 인덕턴스는 몇 [H]인가?

① 0.2[H] ② 0.5[H]
③ 1.0[H] ④ 2.0[H]

Explanation

유기기전력

$e=-M\dfrac{di(t)}{dt}$

$M=-\dfrac{e}{\dfrac{di(t)}{dt}}=\dfrac{20}{40}=0.5[\text{H}]$

【답】②

65 다음 회로에 대한 전송 파라미터 행렬이 아래 식으로 주어질 때, 파라미터 A와 D는?

$$\begin{bmatrix} V_1 \\ I_1 \end{bmatrix}=\begin{bmatrix} A & B \\ C & D \end{bmatrix}\begin{bmatrix} V_2 \\ -I_2 \end{bmatrix}$$

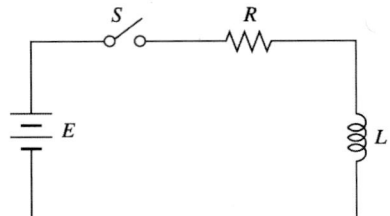

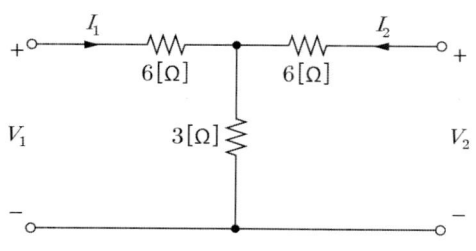

① A : 3, D : 2
② A : 3, D : 3
③ A : 4, D : 3
④ A : 4, D : 4

Explanation

T형 회로의 파라미터는
$$\begin{bmatrix} A & B \\ C & D \end{bmatrix} = \begin{bmatrix} 1 & 6 \\ 0 & 1 \end{bmatrix} \begin{bmatrix} 1 & 0 \\ \frac{1}{3} & 1 \end{bmatrix} \begin{bmatrix} 1 & 6 \\ 0 & 1 \end{bmatrix} = \begin{bmatrix} 3 & 24 \\ \frac{1}{3} & 3 \end{bmatrix} \quad A = D = 3$$

【답】②

66 전원과 부하가 다 같이 △ 결선된 3상 평형회로에서 전원 전압이 200[V], 부하 한 상의 임피던스가 $6+j8[\Omega]$인 경우 선전류는 몇 [A]인가?

① 20
② $\dfrac{20}{\sqrt{3}}$
③ $20\sqrt{3}$
④ $40\sqrt{3}$

Explanation

- △결선 $I_l = \sqrt{3}\,I_p$
- 상전류 $I_p = \dfrac{V_p}{Z} = \dfrac{200}{\sqrt{6^2+8^2}} = 20[A]$
- 선전류 $I_l = \sqrt{3}\,I_p = \sqrt{3} \times 20 = 20\sqrt{3}\ [A]$

【답】③

67 그림과 같은 $R-C$ 회로에서 입력을 $e_i(t)[V]$, 출력을 $e_o(t)$라 할 때 전달 함수는?
단, $T = RC$ 이다.

① $\dfrac{1}{Ts+1}$
② $\dfrac{1}{Ts+2}$
③ $\dfrac{2}{Ts+3}$
④ $\dfrac{1}{Ts+3}$

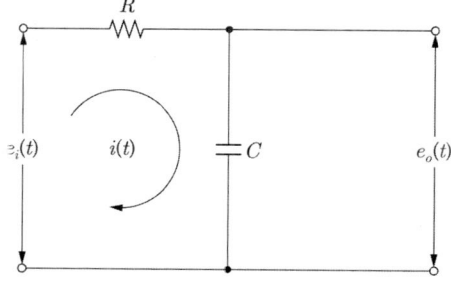

Explanation

전압비 전달 함수는 임피던스 비이므로
$$G(s) = \dfrac{E_o(s)}{E_i(s)} = \dfrac{\dfrac{1}{Cs}}{R+\dfrac{1}{Cs}} = \dfrac{1}{RCs-1} = \dfrac{1}{Ts+1} \quad \text{(여기서, 시정수 } T = RC\text{)}$$

【답】①

68 두 벡터의 값이 $A_1 = 20(\cos\frac{\pi}{3} + j\sin\frac{\pi}{3})$이고, $A_2 = 5(\cos\frac{\pi}{6} + j\sin\frac{\pi}{6})$일 때 $\frac{A_1}{A_2}$의 값은?

① $10(\cos\frac{\pi}{6} + j\sin\frac{\pi}{6})$
② $10(\cos\frac{\pi}{3} + j\sin\frac{\pi}{3})$
③ $4(\cos\frac{\pi}{6} + j\sin\frac{\pi}{6})$
④ $4(\cos\frac{\pi}{3} + j\sin\frac{\pi}{3})$

Explanation

극좌표형으로 표시하면
$A_1 = 20\left(\cos\frac{\pi}{3} + j\sin\frac{\pi}{3}\right) = 20\angle\frac{\pi}{3}$,
$A_2 = 5\left(\cos\frac{\pi}{6} + j\sin\frac{\pi}{6}\right) = 5\angle\frac{\pi}{6}$
$\therefore A_3 = \frac{A_1}{A_2} = \frac{20\angle\frac{\pi}{3}}{5\angle\frac{\pi}{6}} = 4\angle\frac{\pi}{3} - \frac{\pi}{6} = 4\angle\frac{\pi}{6} = 4(\cos\frac{\pi}{6} + j\sin\frac{\pi}{6})$

【답】 ③

69 다음과 같은 회로에서 단자 a, b 사이의 합성 저항[Ω]은?

① r
② $\frac{3}{2}r$
③ $\frac{1}{2}r$
④ $3r$

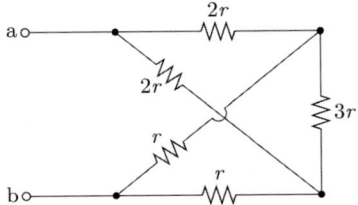

Explanation

브리지 회로의 평형 상태이므로
$R = \frac{3r \times 3r}{3r + 3r} = \frac{9r^2}{6r} = \frac{3}{2}r[\Omega]$

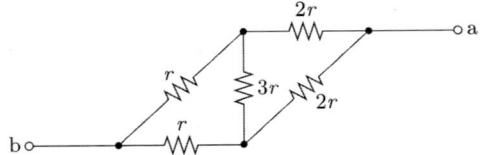

【답】 ②

70 그림과 같은 회로에서 각 계기들의 지시 값은 다음과 같다. ⓥ는 240[V], Ⓐ는 5[A], Ⓦ는 720[W]이다. 이때 인덕턴스 L[H]는? 단, 전원 주파수는 60[Hz]라 한다.

① $\frac{1}{\pi}$
② $\frac{1}{2\pi}$
③ $\frac{1}{3\pi}$
④ $\frac{1}{4\pi}$

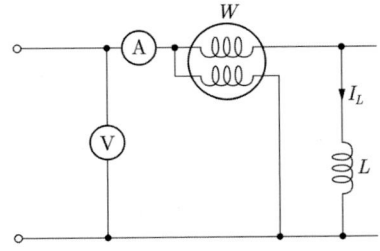

Explanation

피상전력 $P_a = VI = 240 \times 5 = 1,200[VA]$
무효전력 $P_r = \sqrt{P_a^2 - P^2} = \sqrt{1,200^2 - 720^2} = 960[Var]$
유도성 리액턴스 $X_L = \frac{V^2}{P_r} = \frac{240^2}{960} = 60[\Omega]$

따라서 인덕턴스 $L = \dfrac{X_L}{2\pi f} = \dfrac{60}{2\pi \times 60} = \dfrac{1}{2\pi}$ [H]

【답】②

71 어떤 코일의 임피던스를 측정하고자 직류 전압 100[V]를 가했더니 500[W]가 소비되고, 교류전압 150[V]를 가했더니 720[W]가 소비되었다. 이 코일의 저항[Ω]과 리액턴스[Ω]는?

① $R = 20$, $X_L = 15$
② $R = 15$, $X_L = 20$
③ $R = 25$, $X_L = 20$
④ $R = 30$, $X_L = 25$

Explanation

직류 : $R = \dfrac{V^2}{P} = \dfrac{100^2}{500} = 20$ [Ω]

교류 : $P = I^2 R = \left(\dfrac{V}{Z}\right)^2 R = \dfrac{V^2 R}{R^2 + X^2}$ 에서 $720 = \dfrac{150^2 \times 20}{20^2 + X^2}$ → $X = 15$ [Ω]

【답】①

72 $Z(s) = \dfrac{2s + 3}{s}$ 로 표시되는 2단자 회로망은?

① 2[Ω] — $\dfrac{1}{3}$[F]
② 2[H] — 3[Ω]
③ 2[Ω] — 3[H]
④ 3[F] — 2[Ω]

Explanation

구동점 임피던스

① $R \to Z_R(s) = R$
② $L \to Z(s) = j\omega L = sL$
③ $C \to Z(s) = \dfrac{1}{j\omega C} = \dfrac{1}{sC}$

$Z(s) = \dfrac{2s + 3}{s} = 2 + \dfrac{3}{s} = 2 + \dfrac{1}{\dfrac{1}{3}s}$

따라서 저항 2[Ω]과 정전용량 $\dfrac{1}{3}$[F]의 직렬회로가 된다.

【답】①

73 $V_a = 3$[V], $V_b = 2 - j3$[V], $V_c = 4 + j3$[V]를 3상 불평형 전압이라고 할 때 영상 전압[V]은?

① 0
② 3
③ 9
④ 27

Explanation

대칭좌표법에서

$\begin{bmatrix} V_0 \\ V_1 \\ V_2 \end{bmatrix} = \dfrac{1}{3} \begin{bmatrix} 1 & 1 & 1 \\ 1 & a & a^2 \\ 1 & a^2 & a \end{bmatrix} \begin{bmatrix} V_a \\ V_b \\ V_c \end{bmatrix}$

영상분 $V_0 = \dfrac{1}{3}(V_a + V_b + V_c) = \dfrac{1}{3}(3 + 2 - j3 + 4 + j3) = 3$[V]

【답】②

74 다음 회로에서 최대전력을 전달하기 위한 부하 임피던스 $Z_L[\Omega]$은?

① $0.6 - j2.6$
② $0.6 + j2.6$
③ $1 - j$
④ $1 + j$

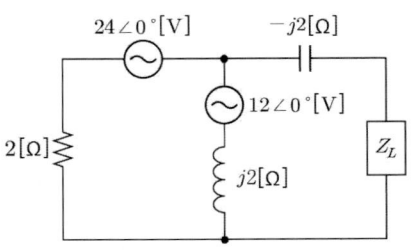

Explanation

최대전력 전송조건 $Z_L = \overline{Z_g}$
내부 임피던스

$Z_g = -j2 + \dfrac{2 \times j2}{2 + j2} = -j2 + \dfrac{j4}{2+j2}$
$= -j2 + \dfrac{j4(2-j2)}{(2+j2)(2-j2)} = -j2 + \dfrac{8+j8}{8}$
$= 1 - j$

따라서 부하임피던스 $Z_L = \overline{Z_g} = 1 + j$

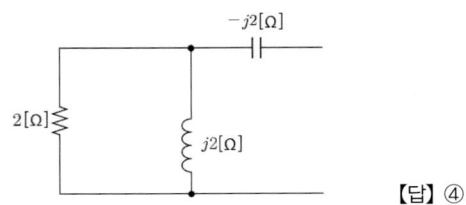

【답】 ④

75 $\dfrac{s\sin\theta + \omega\cos\theta}{s^2 + \omega^2}$ 의 역라플라스 변환을 구하면 어떻게 되는가?

① $\sin(\omega t - \theta)$
② $\sin(\omega t + \theta)$
③ $\cos(\omega t - \theta)$
④ $\cos(\omega t + \theta)$

Explanation

$F(s) = \dfrac{s\sin\theta + \omega\cos\theta}{s^2 + \omega^2} = \dfrac{\omega}{s^2+\omega^2}\cos\theta + \dfrac{s}{s^2+\omega^2}\sin\theta$

$\therefore f(t) = \mathcal{L}^{-1}[F(s)] = \sin\omega t \cdot \cos\theta + \cos\omega t \cdot \sin\theta$
여기서, 삼각함수의 공식 $\sin(\alpha+\beta) = \sin\alpha\cos\beta + \cos\alpha\sin\beta$를 적용하면
$\qquad = \sin(\omega t + \theta)$

【답】 ②

76 기본파의 60[%]인 제3고조파와 80[%]인 제5고조파를 포함하는 전압의 왜형률은?

① 0.3
② 1
③ 5
④ 10

Explanation

왜형률 $= \dfrac{\text{각 고조파의 실효값의 합}}{\text{기본파의 실효값}}$
$= \dfrac{\sqrt{V_3^2 + V_5^2}}{V_1} = \dfrac{\sqrt{0.6^2 + 0.8^2}}{1} = 1$

【답】 ②

77 평형 3상 교류회로의 △와 Y결선에서 전압과 전류의 관계에 대한 설명으로 옳지 않은 것은?
① △결선의 상전압의 위상은 Y결선의 상전압의 위상보다 30° 앞선다.
② 선전류의 크기는 Y결선에서 상전류의 크기와 같으나, △결선에서는 상전류 크기의 $\sqrt{3}$ 배이다.
③ △결선의 부하임피던스의 위상은 Y결선의 부하임피던스의 위상보다 30° 앞선다.
④ △결선의 선전류의 위상은 Y결선의 선전류의 위상과 같다.

> Explanation

3상 회로의 Y, △ 결선의 특징은 다음과 같다.(n상)
(1) Y결선 시의 전압 전류
$$V_l = 2\sin\frac{\pi}{n}V_p \angle \frac{\pi}{2}(1-\frac{2}{n})$$
$$I_l = I_p$$
(2) △결선 시의 전압 전류
$$V_l = V_p$$
$$I_l = 2\sin\frac{\pi}{n}I_p \angle \frac{\pi}{2}(1-\frac{2}{n})$$
부하의 임피던스는 위상과 관계없다.

【답】③

78 $R-L$ 직렬회로에서 시정수의 값이 클수록 과도현상은 어떻게 되는가?
① 없어진다. ② 짧아진다.
③ 길어진다. ④ 변화가 없다.

> Explanation

시정수(Time constant) : 목표 값의 63.2[%]에 도달하는 시간으로 정의
시정수가 클수록 과도현상은 오래 지속된다.

【답】③

79 3상 회로에 △결선된 평형 순저항 부하를 사용하는 경우 선간전압 220[V], 상전류가 7.33[A]라면 1상의 부하저항은 약 몇 [Ω]인가?
① 80 ② 30
③ 45 ④ 30

> Explanation

△결선 $V_l = V_p$ 에서
부하 저항 $R = \dfrac{V_p}{I_p} = \dfrac{220}{7.33} = 30[\Omega]$

【답】④

80 그림과 같은 주기 전압파에 있어서 0으로부터 0.02초의 사이에서는 $e = 5 \times 10^4(t-0.02)^2$[V]로 표시되고 0.02초에서부터 0.04초 까지는 $e=0$이다. 전압의 평균치[V]는 약 얼마인가?
① 2.2
② 3.3
③ 4
④ 5.5

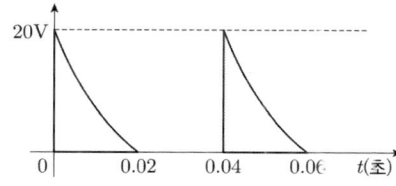

> Explanation

평균값 $V = \dfrac{1}{T}\int_0^T v\,dt = \dfrac{1}{0.04}\int_0^{0.02} 5\times 10^4(t-0.02)^2 dt = \dfrac{5\times 10^4}{0.04}\left[\dfrac{1}{3}(t-0.02)^3\right]_0^{0.02} \fallingdotseq 3.33\,[V]$

【답】②

5과목 전기설비기술기준

81. 지지선을 사용하여 그 강도를 분담시켜서는 아니 되는 가공 전선로의 지지물은?

① 목주
② 철주
③ 철근 콘크리트주
④ 철탑

Explanation

(KEC 331.11조) 지지선의 시설
가공 전선로의 지지물로 사용하는 철탑은 지지선을 사용하여 그 강도를 분담시켜서는 아니 된다.

【답】 ④

82. 전기 온상의 발열선의 온도는 몇 [°C]를 넘지 아니하도록 시설하여야 하는가?

① 70
② 80
③ 90
④ 100

Explanation

(KEC 241.5조) 전기온상 등
전기 온상 시설은 대지 전압 300[V] 이하로, 발열선은 온도가 80[°C]를 넘지 않도록 하여야 한다.

【답】 ②

83. 22.9[kV] 특고압 가공전선과 그 지지물·완금류·지지기둥 또는 지지선 사이의 이격거리는 몇 [cm] 이상이어야 하는가?

① 15
② 20
③ 25
④ 30

Explanation

(KEC 333.5조) 특고압 가공전선과 지지물 등의 이격거리

사용전압	이격거리[m]
15 [kV] 미만	0.15
15 [kV] 이상 25 [kV] 미만	**0.2**
25 [kV] 이상 35 [kV] 미만	0.25
…	…

【답】 ②

84. 전압의 종별에서 교류 1000[V]는 무엇으로 분류하는가?

① 저압
② 고압
③ 특고압
④ 초고압

Explanation

(KEC 111.1 전압의 구분)
가. 저압: 교류는 1[kV] 이하, 직류는 1.5[kV] 이하인 것
나. 고압: 교류는 1[kV]를, 직류는 1.5[kV]를 초과하고, 7[kV] 이하인 것
다. 특고압: 7[kV]를 초과하는 것

【답】 ①

85. 옥내 배선공사 중 반드시 절연전선을 사용하지 않아도 되는 공사방법은? (단, 옥외용 비닐절연 전선은 제외한다)

① 금속관공사
② 버스덕트공사
③ 합성수지관공사
④ 플로어덕트공사

Explanation

(KEC 231.4 나전선 사용제한)
옥내에 시설하는 저압전선에는 나전선 사용 가능한 경우
① 버스덕트공사에 의하여 시설하는 경우
② 라이팅덕트공사에 의하여 시설하는 경우

③ 접촉 전선을 시설하는 경우 【답】②

86 변압기 1차 측 3,300[V], 2차 측 220[V]의 변압기 전로의 절연내력 시험전압은 각각 몇 [V]에서 10분간 견디어야 하는가?
① 1차 측 4,950[V], 2차 측 500[V]
② 1차 측 4,500[V], 2차 측 400[V]
③ 1차 측 4,125[V], 2차 측 500[V]
④ 1차 측 3,300[V], 2차 측 400[V]

Explanation

(KEC 135조) 변압기 전로의 절연내력

접지방식	최대 사용전압	시험전압 (최대 사용전압 배수)	최저 시험전압
비접지	7[kV] 이하	1.5배	500[V]
	7[kV] 초과	1.25배	10,500[V]

※ 전로에 케이블을 사용하는 경우에는 직류로 시험할 수 있으며, 시험전압은 교류의 경우의 2배가 된다.
1차측 시험전압 = 3,300 × 1.5 = 4,950[V]
2차측 시험전압 = 220 × 1.5 = 330[V]에서 500[V] 미만이므로 500[V]를 시험전압으로 한다. 【답】①

87 22.9[kV] 특고압 가공전선로의 시설에 있어서 중성선을 다중 접지하는 경우에 각각 접지한 곳 상호간의 거리는 전선로에 따라 몇 [m] 이하이어야 하는가?
① 150
② 300
③ 400
④ 500

Explanation

(KEC 333.32조) 25[kV] 이하인 특고압 가공 전선로의 시설
사용전압이 15[kV]를 초과하고 25[kV] 이하인 특고압 가공전선로(중성선 다중접지식의 것으로서 전로에 지락이 생겼을 때에 2초 이내에 자동적으로 이를 전로로부터 차단하는 장치가 되어 있는 것에 한한다.)
특고압 가공전선로의 중성선의 다중 접지는 다음에 의할 것
• 접지도체는 공칭단면적 6[mm²] 이상의 연동선 또는 이와 동등이상의 세기 및 굵기의 쉽게 부식하지 않는 금속선으로서 고장시에 흐르는 전류가 안전하게 통할 수 있는 것일 것
• 접지공사는 각각 접지한 곳 상호 간의 거리는 전선로에 따라 150[m] 이하일 것 【답】①

88 특고압 가공전선로의 지지물 중 전선로의 지지물 양쪽의 경간의 차가 큰 곳에 사용하는 철탑은?
① 내장형 철탑
② 잡아당김형 철탑
③ 보강형 철탑
④ Z-도형 철탑

Explanation

(KEC 333.11조) 특고압 가공전선로의 철주·철근 콘크리트주 또는 철탑의 종류
① 직선형 : 전선로의 직선부분(3도 이하인 수평각도를 이루는 곳을 포함한다. 이하 이 조에서 같다)에 사용하는 것
② 각도형 : 전선로 중 3도를 초과하는 수평각도를 이루는 곳에 사용하는 것
③ 잡아당김형 : 전가섭선을 잡아당기는 곳에 사용하는 것
④ 내장형 : 전선로의 지지물 양쪽의 경간의 차가 큰 곳에 사용하는 것
⑤ 보강형 : 전선로의 직선부분에 그 보강을 위하여 사용하는 것 【답】①

89 사용전압이 22,900[V]인 가공전선이 건조물과 제2차 접근상태로 시설되는 경우에 이 특고압 가공전선로의 보안공사는 어떤 종류의 보안공사로 하여야 하는가?
① 고압 보안공사
② 제1종 특고압 보안공사
③ 제2종 특고압 보안공사
④ 제3종 특고압 보안공사

Explanation

(KEC 333.23조) 특고압 가공전선과 건조물의 접근
- 제1차 접근 상태 : 제3종 특고압 보안공사
- 제2차 접근 상태 : (35[kV] 이하) : 제2종 특고압 보안 공사
  (35[kV] 초과 370[kV] 미만) : 제1종 특고압 보안 공사 【답】③

90 저압 옥내배선 버스 덕트 공사에서 지지점 간의 거리[m]는? 단, 취급자만이 출입하는 곳에서 수직으로 붙이는 경우이다.
① 3
② 5
③ 6
④ 8

Explanation

(KEC 232.61조) 버스덕트공사
덕트를 조영재에 붙이는 경우에는 덕트의 지지점 간의 거리를 3[m](**취급자 이외의 자가 출입할 수 없도록 설비한 곳에서 수직으로 붙이는 경우에는 6[m]**) 이하로 하고 또한 견고하게 붙일 것 【답】③

91 접지 공사에 사용하는 접지도체를 사람이 접촉할 우려가 있는 곳에 시설하는 경우에 그 접지도체의 어느 부분까지 합성수지관 또는 이와 동등 이상의 절연 효력 및 강도를 가지는 몰드로 덮어야 하는가?
① 지하 0.3[m]로부터 지표상 1.5[m]까지의 부분
② 지하 0.5[m]로부터 지표상 1.8[m]까지의 부분
③ 지하 0.9[m]로부터 지표상 2.5[m]까지의 부분
④ 지하 0.75[m]로부터 지표상 2.0[m]까지의 부분

Explanation

(KEC 142.2조) 접지극의 시설 및 접지저항
접지 공사에 사용하는 접지도체를 사람이 접촉할 우려가 있는 경우는 다음과 같이 시설한다.
① 접지극은 지하 0.75[m] 이상의 깊이에 매설하되 동결 깊이를 감안하여 매설할 것
② **접지도체의 지하 0.75[m]부터 지표상 2[m]까지의 부분은 합성수지관 등으로 덮을 것** 【답】④

92 케이블 공사로 저압 옥내배선을 시설하려고 한다. 캡타이어 케이블을 사용하여 조영재의 아랫면에 따라 붙이고자 할 때 전선의 지지점 간의 거리는 몇 [m] 이하로 하여야 하는가?
① 1
② 2
③ 3
④ 5

Explanation

(KEC 232.51조) 케이블공사
전선을 조영재의 아랫면 또는 옆면에 따라 붙이는 경우에는 전선의 지지점 간의 거리를 케이블은 2[m](사람이 접촉할 우려가 없는 곳에서 수직으로 붙이는 경우에는 6[m]) 이하, **캡타이어 케이블은 1[m]** 이하로 하고 또한 그 피복을 손상하지 아니하도록 붙일 것 【답】①

93 전선 기타의 가섭선 주위에 두께 6[mm], 비중 0.9의 빙설이 부착된 상태에서 을종 풍압 하중은 구성재의 수직 투영 면적 1[m²]당 몇 [Pa]을 기초로 하여 계산하는가?
① 333[Pa]
② 372[Pa]
③ 588[Pa]
④ 666[Pa]

Explanation

(KEC 331.6조) 풍압 하중의 종별과 적용 : 을종 풍압 하중
전선 기타의 가섭선(架涉線) 주위에 두께 6[mm], 비중 0.9의 빙설이 부착된 상태에서 수직 투영 면적 372[Pa](다도체를 구성하는 전선은 333[Pa]), 그 이외의 것은 갑종 풍압의 2분의 1을 기초로 하여 계산한 것 【답】②

94 저압 이웃 연결 인입선은 인입선에서 분기하는 점으로부터 몇 [m]를 초과하는 지역에 미치지 아니하도록 시설하여야 하는가?
① 10[m] ② 20[m]
③ 100[m] ④ 200[m]

Explanation

(KEC 221.1.2조) 이웃 연결 인입선의 시설
① 분기하는 점으로부터 100[m]를 초과하지 않을 것
② 폭 5[m]를 넘는 도로를 횡단하지 않을 것
③ 옥내를 관통하지 않을 것

【답】③

95 태양광설비의 계측 장치로 필요치 않은 것은?
① 전압 ② 전류
③ 전력 ④ 역률

Explanation

(KEC 522.3.6조) 태양광설비의 계측장치 : 전압과 전류 또는 전압과 전력

【답】④

96 전력계통의 일부가 전력계통의 전원과 전기적으로 분리된 상태에서 분산형전원에 의해서만 가압되는 상태를 무엇이라 하는가?
① 계통연계 ② 접속설비
③ 단독운전 ④ 단순 병렬운전

Explanation

(KEC 112조) 용어 정의
단독운전 : 전력계통의 일부가 전력계통의 전원과 전기적으로 분리된 상태

【답】③

97 금속제 외함을 가진 저압의 기계 기구로서 사람이 쉽게 접촉할 우려가 있는 곳에 시설하는 경우 전로에 지락이 생겼을 때 사용전압이 최소 몇 [V]를 초과하는 경우에 자동적으로 전로를 차단하는 장치를 시설하여야 하는가?
① 40[V] ② 50[V]
③ 90[V] ④ 120[V]

Explanation

(KEC 211.2.4조) 누전차단기의 시설
금속제 외함을 가진 사용전압이 50[V]를 넘는 저압의 기계 기구로서 사람이 쉽게 접촉할 우려가 있는 곳에 시설하는 것에 전기를 공급하는 전로에는 전로에 지락이 생겼을 때에 자동적으로 전로를 차단하는 장치를 하여야 한다.

【답】②

98 수소냉각식 발전기 및 이에 부속하는 수소냉각장치에 대한 시설기준으로 틀린 것은?
① 발전기 내부의 수소의 온도를 계측하는 장치를 시설할 것
② 발전기 내부의 수소의 순도가 70[%] 이하로 저하한 경우에 경보를 하는 장치를 시설할 것
③ 발전기는 기밀구조의 것이고 또한 수소가 대기압에서 폭발하는 경우에 생기는 압력에 견디는 강도를 가지는 것일 것
④ 발전기 내부의 수소의 압력을 계측하는 장치 및 그 압력이 현저히 변동한 경우에 이를 경보하는 장치를 시설할 것

Explanation

(KEC 351.10조) 수소냉각식 발전기 등의 시설
수소냉각식의 발전기·무효전력 보상장치 또는 이에 부속하는 수소 냉각 장치는 다음 각 호에 따라 시설하여야 한다.
가. 발전기 또는 무효전력 보상장치는 기밀구조(氣密構造)의 것이고 또한 수소가 대기압에서 폭발하는 경우에 생기는 압력에 견디는 강도를 가지는 것일 것.
나. 발전기축의 밀봉부에는 질소 가스를 봉입할 수 있는 장치 또는 발전기 축의 밀봉부로부터 누설된 수소 가스를 안전하게 외부에 방출할 수 있는 장치를 시설할 것.
다. **발전기 내부 또는 무효전력 보상장치 내부의 수소의 순도가 85[%] 이하로 저하한 경우에 이를 경보하는 장치를 시설할 것.**
라. 발전기 내부 또는 무효전력 보상장치 내부의 수소의 압력을 계측하는 장치 및 그 압력이 현저히 변동한 경우에 이를 경보하는 장치를 시설할 것.
마. 발전기 내부 또는 무효전력 보상장치 내부의 수소의 온도를 계측하는 장치를 시설할 것.
【답】②

99 수상 전선로를 시설하는 경우 알맞은 것은?
① 사용전압이 고압인 경우에는 3종 캡타이어 케이블을 사용한다.
② 가공 전선로의 전선과 접속하는 경우, 접속점이 육상에 있는 경우에는 지표상 4[m] 이상의 높이로 지지물에 견고하게 붙인다.
③ 가공 전선로의 전선과 접속하는 경우, 접속점이 수면상에 있는 경우, 사용전압이 고압인 경우에는 수면상 5[m] 이상의 높이로 지지물에 견고하게 붙인다.
④ 고압 수상 전선로에 지락이 생길 때를 대비하여 전로를 수동으로 차단하는 장치를 시설한다.

Explanation

(KEC 335.3조) 수상전선로의 시설
① 전선은 전선로의 사용전압이 저압인 경우에는 클로로프렌 캡타이어 케이블이어야 하며, 고압인 경우에는 캡타이어 케이블일 것
② 수상 전선로의 전선을 가공 전선로의 전선과 접속하는 경우에는 그 부분의 전선은 접속점으로부터 전선의 절연 피복 안에 물이 스며들지 아니하도록 시설하고 또한 전선의 접속점은 다음의 높이로 지지물에 견고하게 붙일 것
  가. 접속점이 육상에 있는 경우에는 지표상 5[m] 이상. 다만, 수상 전선로의 사용전압이 저압인 경우에 도로상 이외의 곳에 있을 때에는 지표상 4[m]까지로 감할 수 있다.
  나. 접속점이 수면상에 있는 경우에는 수상 전선로의 사용전압이 저압인 경우에는 수면상 4[m] 이상, 고압인 경우에는 수면상 5[m] 이상
③ 수상 전선로에 사용하는 부대(浮臺)는 쇠사슬 등으로 견고하게 연결한 것일 것
④ 수상 전선로의 전선은 부대의 위에 지지하여 시설하고 또한 그 절연피복을 손상하지 아니하도록 시설할 것
⑤ 고압 수상 전선로에 지락이 생길 때를 대비하여 전로를 자동으로 차단하는 장치를 시설한다.
【답】③

100 345[kV] 가공 전선로를 제1종 특별 고압 보안 공사에 의하여 시설하는 경우에 사용하는 전선은 인장강도 77.47[kN] 이상의 연선 또는 단면적 몇 [mm²] 이상의 경동연선이어야 하는가?
① 100
② 125
③ 150
④ 200

Explanation

(KEC 333.22조) 특고압 보안공사

사용전압	전선
100[kV] 미만	인장강도 21.67[kN] 이상의 연선 또는 단면적 55[mm²] 이상의 경동연선
100[kV] 이상 300[kV] 미만	인장강도 58.84[kN] 이상의 연선 또는 단면적 150[mm²] 이상의 경동연선
300[kV] 이상	**인장강도 77.47[kN] 이상의 연선 또는 단면적 200[mm²] 이상의 경동연선**

【답】④

전기공사산업기사 필기

2020

과년도 기출문제

- 2020년 통합 01, 02회
- 2020년 제 03회
- 2020년 제 04회

2020년 과년도 기출문제에 대한 출제 빈도 분석 차트입니다.
회차별로 별의 개수를 확인하고 학습에 참고하기 바랍니다.

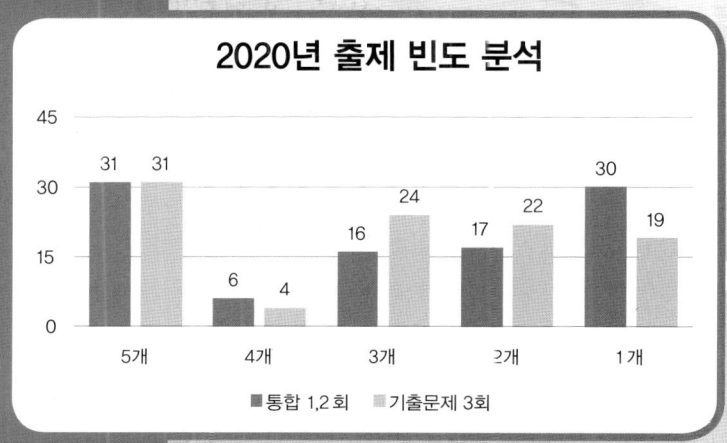

2020년 전기공사산업기사 필기

1과목 전기응용

01 회전축에 대한 관성모멘트가 150[kg·m²]인 회전체의 플라이 휠 효과(GD^2)는 몇 [kg·m²]인가?
① 450
② 600
③ 900
④ 1,000

Explanation

뉴턴의 제2법칙에 따라 에너지를 구하면 $W = \frac{1}{2}m \cdot v^2$[J] 여기서, $v = r\omega$[m/s]

$W = \frac{1}{2}m(r\omega)^2 = \frac{1}{2}mr^2\omega^2$ 여기서, 관성모멘트 $J = mr^2 = \frac{GD^2}{4}$[kg·m²]

$= \frac{1}{2}J\omega^2$[J] 여기서, 관성모멘트 $J = \frac{1}{4}GD^2 = 150$

$\therefore GD^2 = 4 \times J = 4 \times 150 = 600$[kg·m²]

【답】②

02 전기철도의 교류 급전방식 중 AT 급전방식은 어떤 변압기를 사용하여 급전하는 방식을 말하는가?
① 단권변압기
② 흡상변압기
③ 스코트변압기
④ 3권선변압기

Explanation

AT(Auto Transformer, 단권변압기)급전 방식
권선비 1:1인 **단권변압기**를 급전선과 전차선 사이에 **병렬**로 설치 접속하고 변압기 권선의 중성점을 레일에 접속하는 방식
【답】①

03 오픈루프 제어계와 비교하여 폐루프 제어계를 구성하기 위해 반드시 필요한 장치는?
① 응답 속도를 빠르게 하는 장치
② 안정도를 좋게 하는 장치
③ 입출력 비교 장치
④ 고주파 발생 장치

Explanation

피드백(폐루프) 제어계에서 반드시 필요한 장치
• **입·출력 비교 장치**
• 출력을 검출하는 장치
【답】③

04 시속 45[km/h]의 열차가 곡률 반지름 1,000[m]인 곡선궤도를 주행할 때 고도(cant)는 약 몇 [mm]인가?(단, 궤간은 1,067[mm]이다.)
① 10
② 13
③ 17
④ 20

> **Explanation**

고도(Cant) : 운전의 안정성 혹로를 위하여 곡선 시 안쪽 레일보다 바깥쪽 레일을 조금 높게 하는 것
$$h = \frac{GV^2}{127R}[\text{mm}] = \frac{1,067 \times 45^2}{127 \times 1,000} = 17.0[\text{mm}]$$
여기서, G : 궤간[mm], R : 곡선 반지름[m], V : 열차 속도[km/h]

【답】③

05 ★★★★★ 다음 중 유도가열은 어떤 것을 이용한 것인가?

① 복사열
② 아크열
③ 와전류손
④ 유전체손

> **Explanation**

유도가열 : 히스테리시스손($P_h = \eta f B_m^2$)과 와류손($P_e = \sigma_e (t f k_f B_m)^2$)에 의한 가열
반도체 정련, 금속의 표면처리, 단결정제조 등에 사용

【답】③

06 ★★☆☆☆ 전동기 운전 시 발생하는 진동 중 전자력적인 원인에 의한 것은?

① 회전자의 정적 및 동적 불균형
② 베어링의 불균형
③ 상대기계와의 연결 불량 및 설치 불량
④ 회전 시 공극의 변동

> **Explanation**

전동기의 진동 원인
• 기계적 원인
  - 회전자의 정적, 동적 불평형
  - 베어링의 불평등
  - 상대기기와의 연결불량 및 설치불량
• 전자적 불평형
  - 고정자 철심의 자기적 성질 불평등
  - 회전자 철심의 자기적 성질 불평등
  - 고조파 자계에 의한 자기력의 불평형
  - 회전자의 편심
  - **공극의 회전 시 변동**

【답】④

07 ★★★☆☆ 점광원으로부터 원뿔의 밑면까지의 거리가 4[m]이고, 밑면의 반경이 3[m]인 원형면의 평균 조도가 100[lx]라면, 이 점광원의 평균 광도[cd]는?

① 225
② 250
③ 2,250
④ 2,500

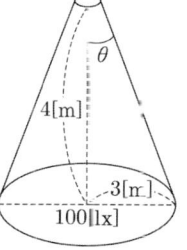

> **Explanation**

광도 : 발산 광속의 입체각 밀도[lm/sr][cd]
$$I = \frac{F}{\omega} = \frac{E \cdot S}{2\pi(1-\cos\theta)}[\text{cd}] = \frac{100 \times \pi \times 3^2}{2\pi(1-\frac{4}{5})} = 2,250[\text{cd}]$$

【답】③

08 다음 중 적외선의 기능은?

① 살균작용 ② 온열작용
③ 발광작용 ④ 표백작용

Explanation

적외선 가열(건조)
• 적외선 전구의 **복사열**에 의하여 피조물 가열하여 건조
• 특징
 - 공산품 표면건조에 적당하고 효율이 좋다.
 - 구조와 조작이 간단하다.
 - 건조 재료의 감시가 용이하고 청결, 안전
 - 유지비가 싸고 설치장소 절약
 - 주로 섬유, 도장에 많이 사용

【답】 ②

09 다음 중 전기화학당량의 단위는?

① [C/g] ② [g/C]
③ [g/k] ④ [Ω/m]

Explanation

패러데이의(Faraday)의 법칙(전기분해의 법칙)
• 석출량은 통과한 전기량에 비례
• 같은 양의 전극에서 석출된 물질의 양은 그 물질의 화학당량에 비례
• 석출량 : $W = KQ = KIt$ [g], 여기서, K [g/C]는 전기화학당량

【답】 ②

10 제너다이오드에 관한 설명 중 틀린 것은?

① 정전압 소자이다.
② 전압 조정기에 사용된다.
③ 인가되는 전압의 크기에 따라 전류 방향이 달라진다.
④ 제너 항복이 발생되면 전압은 거의 일정하게 유지되나 전류는 급격하게 증가한다.

Explanation

제너 다이오드
• 정전압용 소자
• 정(+), 부(-)의 온도 계수
• 인가전압의 크기에 따라 전류 크기는 변화하지만 **방향은 변하지 않는다.**

【답】 ③

11 반도체 소자의 종류 중에서 게이트에 의한 턴온을 이용하지 않는 소자는?

① SSS ② SCR
③ GTO ④ SCS

Explanation

SSS(Silicon Symmetrical Switch)
SSS(Silicon Symmetrical Switch)는 쌍방향 2단자 소자로서 주로 트리거 소자로 이용되며 **게이트는 사용하지 않는** 소자이다.

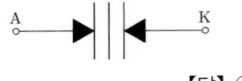

【답】 ①

12 다음 중 열전대의 조합이 아닌 것은?
① 크롬 - 콘스탄탄
② 구리 - 콘스탄탄
③ 철 - 콘스탄탄
④ 크로멜 - 알루멜

> **Explanation**

열전대의 종류와 측정 범위

열전대	사용 범위[°C]
백금-백금 로듐	0~1,400
크로멜-알루멜	-200~1,000
철-콘스탄탄	-200~700
구리-콘스탄탄	-200~400

【답】①

13 방전용접 중 불활성 가스용접에 쓰이는 불활성 가스는?
① 아르곤
② 수소
③ 산소
④ 질소

> **Explanation**

불활성 가스 용접(헬륨, 아르곤) : 알루미늄, 마그네슘의 용접

【답】①

14 금속을 양극으로 하고 음극은 불용성의 산소 전극을 사용한 다음, 전기 분해하면 금속 표면의 돌기 부분이 다른 표면 부분에 비해 선택적으로 용해되어 경활하게 되는 것은?
① 전주
② 전기도금
③ 전해 정련
④ 전해 연마

> **Explanation**

전해연마
• 금속을 양극으로 한 후 적당한 전해액 중에서 단시간 전류를 통하면 금속 표면의 돌기 부분만이 먼저 분해되어 매끈한 표면이 생성
• 식기, 장신구, 펜촉, 터빈의 날개, 화학기계 등에 적용

【답】④

15 기계적 변위를 제어량으로 하는 기기로서 추적용 레이더 등에 응용되는 것은?
① 서보기구
② 자동 조정
③ 프로세스 제어
④ 프로그램 제어

> **Explanation**

제어량에 의한 분류
① 서보 기구(servo mechanism) : 기계적인 변위량 → 추치(추종)제어. 위치, 방향, 자세, 거리, 각도 등
② 프로세스 제어(process control) : 공업공정의 상태량 → 정치제어. 밀도, 농도, 온도, 압력, 유량, 습도 등
③ 자동 조정 (auto regulating) : 전기적, 기계적 신호 → 정치제어. 속도, 전위, 전류, 힘, 주파수

【답】①

16 전기회로와 열회로의 대응관계로 틀린 것은?
① 전류 - 열류
② 전압 - 열량
③ 도전율 - 열전도율
④ 정전용량 - 열용량

> **Explanation**

전기회로와 전열회로 비교

전기			전열			열회로
명칭	기호	단위	명칭	기호	단위	단위(공업용)
전압	V	[V]	**온도차**	θ	[°K]	[℃]
전류	I	[A]	열류	I	[W]	[kcal/h]
저항	R	[Ω]	열저항	R	[℃/W]	[℃h/kcal]
전기량	Q	[C]	열량	Q	[J]	[kcal]
전도율	K	[℧/m]	열전도율	K	[W/m·℃]	[kcal/h·m·℃]
정전용량	C	[F]	열용량	C	[J/℃]	[kcal/℃]

【답】②

17 ★★☆☆☆ 가로조명, 도로조명 등에 사용되는 저압 나트륨등의 설명으로 틀린 것은?

① 효율은 높고 연색성은 나쁘다.
② 등황색의 단일 광색이다.
③ 냉음극이 설치된 발광관과 외관으로 되어 있다.
④ 나트륨의 포화 증기량은 0.004[mmHg]이다.

Explanation

나트륨등
- 투과력이 좋다(안개 낀 지역, 터널 등에서 사용).
- 단색 광원(순황색)으로 옥내 조명에 부적당(연색성 저하)
- 효율이 우수
- D 선 [5,890Å~5,896Å]을 광원으로 이용

여기서, 발광관과 외관은 수은등

【답】③

18 ★★★★☆ 광질과 특색이 고휘도이고 배광제어가 용이하며 흑화가 거의 일어나지 않는 램프는?

① 수은램프
② 형광램프
③ 크세논램프
④ 할로겐램프

Explanation

할로겐전구
- 진공 상태의 유리구 안에 질소와 아르곤 가스 이외에 브롬이나 요오드 등 할로겐 원소를 첨가하여 텅스텐 필라멘트의 증발을 억제시켜 전구의 수명을 늘린 것
- 백열전구에 비해 소형이고 가벼워 자동차용이나 비행장의 활주로 매입등, 무대조명, 백화점 등에 사용
- 특징
  - 고휘도 램프
  - 광색 : 적색
  - 발생 광속이 많다.
  - 흑화가 거의 일어나지 않는다.

【답】④

19 ★★★★★ 목재의 건조, 베니어판 등의 합판에서의 접착 건조, 약품의 건조 등에 적합한 전기 건조 방식은?

① 아크 건조
② 고주파 건조
③ 적외선 건조
④ 자외선 건조

Explanation

유도 가열과 유전 가열은 모두 고주파 가열이며 따라서 내부 가열에 적합하다.
① 유도 가열

- 히스테리시스손과 와류손에 의한 가열
- 반도체 정련, 금속의 표면처리, 단결정 제조 등에 사용
② 유전 가열
- 유전체손에 의한 가열
- 목재의 접착, 비닐막 접착 플라스틱 성형 등에 사용

【답】②

20 반사율 70[%]의 완전확산성 종이를 100[lx]의 조도로 비추었을 때 종이의 휘도[cd/m²]는 약 얼마인가?
① 50
② 45
③ 32
④ 22

Explanation

- 완전 확산면 $R = \pi B = \rho E = \tau E$ [rlx]
- 휘도 $B = \dfrac{\rho E}{\pi} = \dfrac{0.7 \times 100}{3.14} = 22.29$ [cd/m²]

【답】④

2과목 전력공학

21 전압이 일정값 이하로 되었을 때 동작하는 것으로서 단락 시 고장 검출용으로도 사용되는 계전기는?
① OVR
② OVGR
③ NSR
④ UVR

Explanation

- UVR(Under Voltage Relay) : 부족 전압 계전기, 전압이 정정값 이하 시 동작
- OVR(Over Voltage Relay) : 과전압 계전기, 전압이 정정값 초과 시 동작

【답】④

22 반동수차의 일종으로 주요부분은 러너, 안내날개, 스피드링 및 흡출관 등으로 되어 있으며 50~500[m] 정도의 중낙차 발전소에 사용되는 수차는?
① 카플란 수차
② 프란시스 수차
③ 펠턴 수차
④ 튜블러 수차

Explanation

프란시스(Francis) 수차
- 대표적인 반동수차
- 유지보수가 용이하고 공사비가 저렴
- 적용 가능한 낙차, 유량의 범위가 넓어 소형부터 대형까지 이용됨

【답】②

23 페란티 현상이 발생하는 원인은?
① 선로의 과도한 저항
② 선로의 정전용량
③ 선로의 인덕턴스
④ 선로의 급격한 전압강하

Explanation

페란티 현상
- 무부하(경부하)시 송전단 전압보다 수전단 전압이 커지는 현상

- 선로의 정전용량에 의해서
- 방지법 : 분로리액터(Sh.R)

【답】 ②

24
전력계통의 경부하시나 또는 다른 발전소의 발전전력에 여유가 있을 때, 이 잉여전력을 이용하여 전동기로 펌프를 돌려서 물을 상부의 저수지에 저장하였다가 필요에 따라 이 물을 이용해서 발전하는 발전소는?

① 조력 발전소
② 양수식 발전소
③ 유역변경식 발전소
④ 수로식 발전소

Explanation

양수식 발전소 : 전력 계통의 경부하시 또는 다른 발전소의 발전 전력에 여유가 있을 때, 이 잉여 전력을 이용해서 전동기로 펌프를 돌려 물을 상부의 저수지에 저장하였다가 필요에 따라 수압관을 통하여 이 물을 이용해서 발전

【답】 ②

25
열의 일당량에 해당되는 단위는?

① kcal/kg
② kg/cm^2
③ kcal/cm^3
④ kg · m/kcal

Explanation

열의 일당량 :
열에너지 1 [cal]로 변환되는 일의 양을 의미하며, 값은 약 4.2[J/cal]이며, 단위는 [kg · m/kcal]

【답】 ④

26
가공전선을 단도체식으로 하는 것보다 같은 단면적의 복도체식으로 하였을 경우에 대한 내용으로 틀린 것은?

① 전선의 인덕턴스가 감소된다.
② 전선의 정전용량이 감소된다.
③ 코로나 발생률이 적어진다.
④ 송전용량이 증가한다.

Explanation

복도체(다도체) 방식의 주목적 : 코로나 방지
- 인덕턴스는 감소, 정전용량은 증가
- 코로나의 방지, 코로나 임계 전압의 상승
- 송전용량의 증대, 안정도 증대

【답】 ②

27
연가의 효과로 볼 수 없는 것은?

① 선로 정수의 평형
② 대지 정전용량의 감소
③ 통신선의 유도 장해의 감소
④ 직렬 공진의 방지

Explanation

연가 : 선로정수를 평형시키기 위하여 3상 3선식 선로를 3배수 등분하여 실시
- 선로정수 평형(각 상의 전압, 전류 평형)
- 정전유도 장해 감소
- 소호리액터 접지 시의 직렬공진 방지

【답】 ②

28
발전기나 변압기의 내부고장 검출에 주로 사용되는 계전기는?

① 역상 계전기
② 과전압 계전기
③ 과전류 계전기
④ 비율차동 계전기

> **Explanation**

보호 종류에 따른 분류
- 선로 보호 : 거리 계전기(임피던스 계전기, mho 계전기)
- 기기 보호 : 비율차동 계전기(발·변압기 층간, 단락 보호(내부고장 보호))

【답】④

29 송전선로에서 역섬락을 방지하는 가장 유효한 방법은?

① 피뢰기를 설치한다.
② 가공지선을 설치한다.
③ 소호각을 설치한다.
④ 탑각 접지저항을 작게 한다.

> **Explanation**

역섬락 방지법
- 매설지선 설치
- 탑각 접지저항 적게 함

【답】④

30 교류 송전방식과 직류 송전방식을 비교할 때 교류 송전방식의 장점에 해당되는 것은?

① 전압의 승압, 강압 변경이 용이하다.
② 절연계급을 낮출 수 있다.
③ 송전효율이 좋다.
④ 안정도가 좋다.

> **Explanation**

교류 송전의 특징
- 변압이 용이
- 회전자계를 얻기 쉽다.
- 계통을 일관되게 운용 가능

【답】①

31 단상 2선식 교류 배선선로가 있다. 전선의 1가닥 저항이 0.15[Ω]이고, 리액턴스는 0.25[Ω]이다. 부하는 순저항부하이고 100[V], 3[kW]이다. 급전점의 전압[V]은 약 얼마인가?

① 105
② 109
③ 115
④ 124

> **Explanation**

송전단 전압 $V_s = V_r + 2I(R\cos\theta + X\sin\theta)$
무유도성($\cos\theta = 1$)이므로
$V_s = V_r + 2IR$
$= 100 + 2 \times \dfrac{3{,}000}{100} \times 0.15 = 109[V]$

【답】②

32 반한시성 과전류계전기의 전류-시간 특성에 대한 설명으로 옳은 것은?

① 계전기 동작시간은 전류의 크기와 비례한다.
② 계전기 동작시간은 전류의 크기와 관계없이 일정하다.
③ 계전기 동작시간은 전류의 크기와 반비례한다.
④ 계전기 동작시간은 전류의 크기의 제곱에 비례한다.

> **Explanation**

계전기의 시한특성
- 순한시 특성 : 최소 동작전류 이상의 전류가 흐르면 즉시 동작, 고속도계전기
- 정한시 특성 : 동작전류의 크기에 관계없이 일정한 시간에 동작
- 반한시 특성 : 동작전류가 커질수록 동작시간이 짧게 되는 특성

- 반한시성 정한시 특성 : 동작전류가 적은 구간에서는 반한시 특성
  동작전류가 큰 구간에서는 정한시 특성

【답】③

33 ★☆☆☆☆
지상부하를 가진 3상 3선식 배전선로 또는 단거리 송전선로에서 선간 전압강하를 나타낸 식은?(단, I, R, X, θ는 각각 수전단 전류, 선로저항, 리액턴스 및 수전단 전류의 위상각이다.)

① $I(R\cos\theta + X\sin\theta)$
② $2I(R\cos\theta + X\sin\theta)$
③ $\sqrt{3}\,I(R\cos\theta + X\sin\theta)$
④ $3I(R\cos\theta + X\sin\theta)$

Explanation

3상 전압강하 $e = V_s - V_r = \sqrt{3}\,I(R\cos\theta + X\sin\theta)$

【답】③

34 ★☆☆☆☆
다음 중 송·배전 선로의 진동 방지대책에 사용되지 않는 기구는?

① 댐퍼
② 조임쇠
③ 클램프
④ 아머 로드

Explanation

- 가볍고 긴 전선로는 풍압에 의해 진동이 발생한다.
- 댐퍼, 아마로드 : 전선의 진동 방지

【답】②

35 ★★★★☆
단락전류를 제한하기 위하여 사용되는 것은?

① 한류리액터
② 사이리스터
③ 현수애자
④ 직렬콘덴서

Explanation

한류리액터 : 단락전류 제한

【답】①

36 ★☆☆☆☆
어느 변전설비의 역률을 60[%]에서 80[%]로 개선하는 데 2,800[kVA]의 전력용 커패시터가 필요하였다. 이 변전설비의 용량은 몇 [kW]인가?

① 4,800
② 5,000
③ 5,400
④ 5,800

Explanation

전력용 콘덴서 용량 $Q_c = P(\tan\theta_1 - \tan\theta_2) = P\left(\dfrac{\sin\theta_1}{\cos\theta_1} - \dfrac{\sin\theta_2}{\cos\theta_2}\right)$ [kVA]

여기서, $P = \dfrac{Q}{\left(\dfrac{\sin\theta_1}{\cos\theta_1} - \dfrac{\sin\theta_2}{\cos\theta_2}\right)} = \dfrac{2{,}800}{\left(\dfrac{0.8}{0.6} - \dfrac{0.6}{0.8}\right)} = 4{,}800$ [kW]

【답】①

37 ★☆☆☆☆
교류 단상 3선식 배전방식을 교류 단상 2선식에 비교하면?

① 전압강하가 크고, 효율이 낮다.
② 전압강하가 작고, 효율이 낮다.
③ 전압강하가 작고, 효율이 높다.
④ 전압강하가 크고, 효율이 높다.

Explanation

단상 3선식의 특징
- 전선 소모량이 단상 2선식에 비해 37.5[%](경제적)

- 110/220의 두 종의 전원
- 중성선 단선 시 전압의 불평형 → 저압 밸런서의 설치
  - 여자 임피던스가 크고 누설 임피던스가 작다.
  - 권수비가 1:1인 단권변압기
- 단상 2선식에 비해 **효율**이 높고 전압강하가 적다.

【답】③

38 ★★★★★
배전선로의 전압을 $\sqrt{3}$ 배로 증가시키고 동일한 전력 손실률로 송전할 경우 송전전력은 몇 배로 증가되는가?

① $\sqrt{3}$
② $\dfrac{3}{2}$
③ 3
④ $2\sqrt{3}$

Explanation

공급전력 $P \propto V^2$ (전력 손실률이 일정한 경우 송전전력은 전압의 제곱에 비례)

【답】③

39 ★☆☆☆☆
주상 변압기의 2차 측 접지는 어느 것에 대한 보호를 목적으로 하는가?

① 1차 측의 단락
② 2차 측의 단락
③ 2차 측의 전압강하
④ 1차 측과 2차 측의 혼촉

Explanation

주상변압기 2차측 접지 : 접지공사(1,2차 혼촉 시의 2차측 전위 상승 억제)

【답】④

40 ★☆☆☆☆
100[MVA]의 3상 변압기 2뱅크를 가지고 있는 배전용 2차 측의 배전선에 시설할 차단기 용량[MVA]은?(단, 변압기는 병렬로 운전되며, 각각의 %Z는 20[%]이고, 전원의 임피던스는 무시한다)

① 1,000
② 2,000
③ 3,000
④ 4,000

Explanation

차단기용량(단락 용량) $P_s = \dfrac{100}{\%Z}P_n = \dfrac{100}{10}\times 100 = 1,000[\text{MVA}]$

여기서, 병렬이므로 %임피던스 $\%Z = \dfrac{20\times 20}{20+20} = 10[\%]$

【답】①

3과목 전기기기

41 ★☆☆☆☆
단상 다이오드 반파 정류회로인 경우 정류 효율은 약 몇 [%]인가?(단, 저항부하인 경우이다)

① 12.6
② 40.6
③ 60.6
④ 81.2

Explanation

구분	단상 반파	단상 전파	3상 반파	3상 전파
직류전압	$E_d = 0.45E$	$E_d = 0.9E$	$E_d = 1.17E$	$E_d = 1.35E$
정류효율	40.6[%]	81.2[%]	96.5[%]	99.8[%]

【답】②

42 직류발전기의 병렬운전에서 균압모선을 필요로 하지 않는 것은?
① 분권발전기　　② 직권발전기
③ 평복권발전기　　④ 과복권발전기

Explanation

균압선(균압모선)
- 병렬운전을 안정하게 하기 위하여 설치하는 것
- 직렬계자권선을 가지는 발전기에 필요
- **직권 및 복권 발전기**

【답】①

43 3상 유도전동기의 전원 측에서 임의의 2선을 바꾸어 접속하여 운전하면?
① 즉각 정지된다.　　② 회전방향이 반대가 된다.
③ 바꾸지 않았을 때와 동일하다.　　④ 회전방향은 불변이나 속도가 약간 떨어진다.

Explanation

3상 유도전동기의 경우
- 2선의 접속을 반대로 하면 회전계자의 회전 방향이 반대로 되어 운전
- 유도 제동기로 사용

【답】②

44 직류 분권전동기의 정격 전압 220[V], 정격 전류 105[A], 전기자 저항 및 계자 회로의 저항이 각각 0.1[Ω] 및 40[Ω]이다. 기동 전류를 정격 전류의 150[%]로 할 때의 기동 저항은 약 몇 [Ω]인가?
① 0.46　　② 0.92
③ 1.21　　④ 1.35

Explanation

【답】④

45 전기자저항과 계자저항이 각각 0.8[Ω]인 직류 직권전동기가 회전수 200[rpm], 전기자전류 30[A]일 때 역기전력은 300[V]이다. 이 전동기의 단자전압을 500[V]로 사용한다면 전기자전류가 위와 같은 30[A]로 될 때의 속도[rpm]는?(단, 전기자 반작용, 마찰손, 풍손 및 철손은 무시한다)
① 200　　② 301
③ 452　　④ 500

Explanation

직권 전동기 역기전력 $E = V - I_a(R_a + R_s) = 500 - 30 \times (0.8 + 0.8) = 452[V]$
역기전력 $E = k\phi N$ 이므로 회전속도는 역기전력에 비례하므로
$N' = N \times \dfrac{E'}{E} = 200 \times \dfrac{452}{300} = 301[rpm]$

【답】②

46 수은 정류기에 있어서 정류기의 밸브작용이 상실되는 현상을 무엇이라고 하는가?
① 통호　　② 실호
③ 역호　　④ 점호

Explanation

역호 : 수은 정류기의 밸브(정류) 작용이 상실되는 현상 　　　　　　　　　　　　　　　　　【답】③

47 3상 유도전동기의 전원주파수와 전압의 비가 일정하고 정격속도 이하로 속도를 제어하는 경우 전동기의 출력 P와 주파수 f와의 관계는?

① $P \propto f$
② $P \propto \dfrac{1}{f}$
③ $P \propto f^2$
④ P는 f에 무관

Explanation

유도전동기 토크 $T = \dfrac{P_0}{\omega} = \dfrac{P_0}{2\pi \dfrac{N}{60}} = \dfrac{P_0}{\dfrac{2\pi}{60}(1-s)N_s} = \dfrac{P_0}{(1-s)\dfrac{2\pi}{60} \times \dfrac{120}{p}f}$

$= \dfrac{P_0}{(1-s)\dfrac{4\pi f}{p}}$ [N·m] $= 0.975 \dfrac{P_0}{N}$ [kg·m]

출력 $P_0 = (1-s)\dfrac{4\pi f}{p}T$ 이므로 $P_0 \propto f$ 　　　　　　　　　　　　　　　　　【답】①

48 SCR에 대한 설명으로 옳은 것은?

① 증폭기능을 갖는 단방향성 3단자 소자이다.　② 제어기능을 갖는 양방향성 3단자 소자이다.
③ 정류기능을 갖는 단방향성 3단자 소자이다.　④ 스위칭기능을 갖는 양방향성 3단자 소자이다.

Explanation

SCR(Silicon Controlled Rectifier) : 실리콘 제어 정류기
- 실리콘 정류 소자 역저지 3단자
- 동작 최고 온도가 가장 높다(200[℃]).
- 정류 기능의 단일 방향성 3단자 소자
- 게이트의 작용 : 통과 전류 제어 작용 　　　　　　　　　　　　　　　　　　　　　　　【답】③

49 유도전동기의 주파수가 60[Hz]이고 전부하에서 회전수가 매분 1,164회이면 극수는? (단, 슬립은 3[%]이다)

① 4　② 6
③ 8　④ 10

Explanation

회전자 속도 $N = (1-s)N_s$에서 고정자 속도 $N_s = \dfrac{N}{1-s} = \dfrac{1,164}{1-0.03} = 1,200$ [rpm]

$N_s = \dfrac{120f}{p}$에서 극수 $p = \dfrac{120f}{N_s} = \dfrac{120 \times 60}{1,200} = 6$ 　　　　　　　　　　　　【답】②

50 동기기의 과도 안정도를 증가시키는 방법이 아닌 것은?

① 속응 여자방식을 채용한다.　② 동기 탈조계전기를 사용한다.
③ 동기화 리액턴스를 작게 한다.　④ 회전자의 플라이휠 효과를 작게 한다.

Explanation

동기기의 안정도 증진법
- 동기 리액턴스를 작게 할 것

- 회전자의 플라이휠 효과를 크게 할 것(관성 모멘트를 크게)
- 속응 여자방식을 채용
- 발전기의 조속기 동작을 신속히 할 것
- 동기 탈조 계전기를 사용
- 역상, 영상 임피던스를 크게 할 것

【답】 ④

51
전압비 3,300/110[V], 1차 누설 임피던스 $Z_1 = 12 + j13[\Omega]$, 2차 누설 임피던스 $Z_2 = 0.015 + j0.013[\Omega]$인 변압기가 있다. 1차로 환산된 등가 임피던스[Ω]는?

① $22.7 + j25.5$
② $24.7 + j25.5$
③ $25.5 + j22.7$
④ $25.5 + j24.7$

Explanation

권수비 $a = \dfrac{3,300}{110} = 30$

2차를 1차로 환산하면
$r_{21} = r_1 + a^2 r_2 = 12 + 30^2 \times 0.015 = 25.5[\Omega]$
$x_{21} = x_1 + a^2 x_2 = 13 + 30^2 \times 0.013 = 24.7[\Omega]$
$Z_{21} = r_{21} + j x_{21} = 25.5 + j24.7$

【답】 ④

52
동기 발전기의 단자 부근에서 단락이 발생되었을 때 단락전류에 대한 설명으로 옳은 것은?

① 서서히 증가한다.
② 발전기는 즉시 정지한다.
③ 일정한 큰 전류가 흐른다.
④ 처음은 큰 전류가 흐르나 점차 감소한다.

Explanation

단락 초기에는 전기자 반작용이 순간적으로 나타나지 않기 때문에 막대한 과도전류가 흐르고, 수 초 후에는 영구단락전류 값에 이르게 된다.
- 돌발단락전류 : 누설 리액턴스가 제한
- 지속단락전류 : 동기 리액턴스가 제한

【답】 ④

53
어떤 공장에 뒤진 역률 0.8인 부하가 있다. 이 선로에 동기 무효전력 보상장치를 병렬로 결선해서 선로의 역률을 0.95로 개선하였다. 개선 후 전력의 변화에 대한 설명으로 틀린 것은?

① 피상전력과 유효전력은 감소한다.
② 피상전력과 무효전력은 감소한다.
③ 피상전력은 감소하고 유효전력은 변화가 없다.
④ 무효전력은 감소하고 유효전력은 변화가 없다.

Explanation

부하변화가 없는 경우(유효전력이 일정)
- 피상전력 감소
- 무효전력 감소
- 유효전력 변화 없음

【답】 ①

54
기동 시 정류자의 불꽃으로 라디오의 장해를 주며 단락장치의 고장이 일어나기 쉬운 전동기는?

① 직류 직권전동기
② 단상 직권전동기
③ 반발기동형 단상유도전동기
④ 세이딩코일형 단상유도전동기

Explanation

반발 기동형
브러시를 단락하여 기동, 기동 전류가 크므로 단락장치고장 및 정류자의 불꽃이 발생할 수 있다.

【답】 ③

55
8극, 유도기전력 100[V], 전기자전류 200[A]인 직류발전기의 전기자권선을 중권에서 파권으로 변경했을 경우의 유도기전력과 전기자전류는?

① 100[V], 200[A]
② 200[V], 100[A]
③ 400[V], 50[A]
④ 800[V], 25[A]

Explanation

유기기전력 $E = \dfrac{p}{a} z \phi \dfrac{N}{60}$ 에서

중권 $a = p = 8$ 이며 $E = z\phi \dfrac{N}{60} = 100[V]$

파권은 $a = 2$ 이므로 $E' = \dfrac{8}{2} z\phi \dfrac{N}{60} = 4E = 4 \times 100 = 400[V]$

여기서, 출력의 변화가 없다면 $P = EI_a$ 이며 $100 \times 200 = 400 \times I_a'$ 에서
전기자전류는 $I_a = 50[A]$가 된다.

【답】③

56
8극, 50[kW], 3,300[V], 60[Hz]인 3상 권선형 유도전동기의 전부하 슬립이 4[%]라고 한다. 이 전동기의 슬립링 사이에 0.16[Ω]의 저항 3개를 Y로 삽입하면 전부하 토크를 발행할 때의 회전수[rpm]는?(단, 2차 각상의 저항은 0.04[Ω]이고, Y접속이다)

① 660
② 720
③ 750
④ 880

Explanation

비례추이의 원리 : 권선형 유도전동기

고정자 속도 $N_s = \dfrac{120f}{p} = \dfrac{120 \times 60}{8} = 900[rpm]$

$\dfrac{r_2}{s} = \dfrac{r_2 + R}{s'}$ 에서 $\dfrac{0.04}{0.04} = \dfrac{0.04 + 0.16}{s'}$ 이므로 $s' = 0.2$

회전속도 $N = (1-s')N_s = (1-0.2) \times 900 = 720[rpm]$

【답】②

57
임피던스 강하가 5[%]인 변압기가 운전 중 단락되었을 때 그 단락전류는 정격전류의 몇 배인가?

① 20
② 25
③ 30
④ 35

Explanation

단락 전류 $I_s = \dfrac{100}{\%Z} I_n = \dfrac{100}{5} \times I_n = 20 I_n$

【답】①

58
변압기의 임피던스 와트와 임피던스 전압을 구하는 시험은?

① 부하시험
② 단락시험
③ 무부하시험
④ 충격전압시험

Explanation

변압기의 시험
- 단락 시험 : 임피던스 전압, 임피던스 와트, 동손
- 무부하 시험 : 여자전류, 철손, 여자 어드미턴스

【답】②

59 변압기에서 1차 측의 여자 어드미턴스를 Y_0라고 한다. 2차 측으로 환산한 여자 어드미턴스 Y_0'을 옳게 표현한 식은? (단, 권수비를 a라고 한다)

① $Y_0' = a^2 Y_0$ ② $Y_0' = a Y_0$
③ $Y_0' = \dfrac{Y_0}{a^2}$ ④ $Y_0' = \dfrac{Y_0}{a}$

Explanation

1차를 2차로 환산
- 임피던스 $Z_0' = \dfrac{1}{a^2} Z_0$
- 2차측 어드미턴스 $Y_0' = a^2 Y_0$

【답】①

60 3상 동기기의 제동권선을 사용하는 주 목적은?

① 출력이 증가한다.   ② 효율이 증가한다.
③ 역률을 개선한다.   ④ 난조를 방지한다.

Explanation

제동 권선의 역할
• 난조 방지
• 기동토크 발생(동기전동기)

【답】④

4과목   회로이론

61 $Z = 5\sqrt{3} + j5\,[\Omega]$ 인 3개의 임피던스를 Y결선하여 선간전압 250[V]의 평형 3상 전원에 연결하였다. 이때 소비되는 유효전력은 약 몇 [W]인가?

① 3,125   ② 5,413
③ 6,252   ④ 7,120

Explanation

3상 유효전력은 $P = 3V_p I_p \cos\theta = 3I_p^2 R$ [W]
Y결선이므로 $I_l = I_p$

여기서, 상전류는 $I_p = \dfrac{V_p}{Z} = \dfrac{\frac{250}{\sqrt{3}}}{5\sqrt{3} + j5} = \dfrac{\frac{250}{\sqrt{3}}}{\sqrt{(5\sqrt{3})^2 + 5^2}}$ [A]

3상 유효전력은 $P = 3I_p^2 R = 3 \times \left(\dfrac{\frac{250}{\sqrt{3}}}{\sqrt{(5\sqrt{3})^2 + 5^2}}\right)^2 \times 5\sqrt{3} = 5,413$ [W]

【답】②

62 그림과 같은 회로에서 스위치 S를 t=0에서 닫았을 때 $v_{L(t)}|_{t=0} = 100[V]$, $\frac{di(t)}{dt}|_{t=0} = 400$ [A/s]이다. $L[H]$의 값은?

① 0.75
② 0.5
③ 0.25
④ 0.1

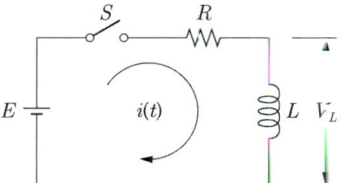

Explanation

인덕터의 단자전압 $V_L = L\frac{di}{dt}$ 에서 $100 = L \times 400$

인덕턴스 $L = \frac{100}{400} = 0.25[H]$

【답】③

63 $r_1[\Omega]$인 저항에 $r[\Omega]$인 가변저항이 연결된 그림과 같은 회로에서 전류 I를 최소로 하기 위한 저항 $r_2[\Omega]$는? (단 $r[\Omega]$은 가변저항의 최대 크기이다.)

① $\frac{r_1}{2}$
② $\frac{r}{2}$
③ r_1
④ r

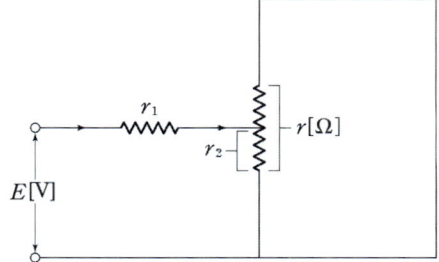

Explanation

전류를 최소로 하기 위해서는 저항이 최대이어야 하며
따라서 r_1은 일정하므로
$r - r_2$와 r_2가 같아야 하므로
$r - r_2 = r_2$에서 $r = 2r_2$
$\therefore r_2 = \frac{r}{2}[\Omega]$

【답】②

64 다음과 같은 회로에서 $E_1, E_2, E_3[V]$를 평형 3상 전압이라 할 때 전압 $E_o[V]$은?

① 0
② $\frac{E_1}{3}$
③ $\frac{2}{3}E_1$
④ E_1

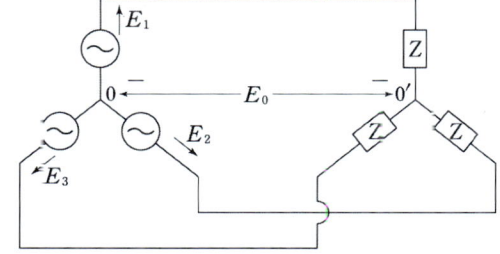

Explanation

3상 평형인 경우 $E_1 + E_2 + E_3 = 0$이므로 중성선의 전압은 0이다.

【답】①

65 9[Ω]과 3[Ω]의 저항 6개를 그림과 같이 연결하였을 때 A, B 사이의 합성저항[Ω]은?

① 9
② 4
③ 3
④ 2

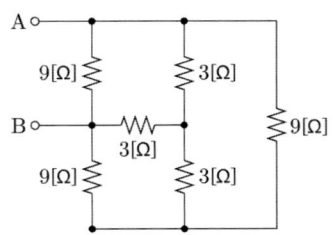

Explanation

등가회로로 전환하면 다음과 같다.

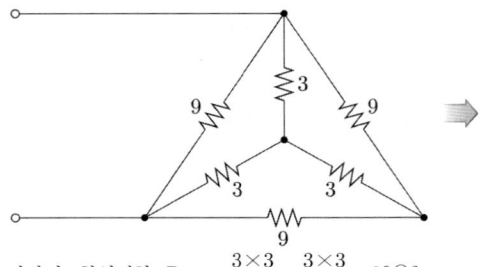

따라서, 합성저항 $R_{AB} = \dfrac{3 \times 3}{3+3} + \dfrac{3 \times 3}{3+3} = 3[\Omega]$

【답】③

66 그림과 같은 회로의 전달함수는? 단, 초기조건은 0이다.

① $\dfrac{R_2 + C_s}{R_1 + R_2 + C_s}$
② $\dfrac{R_1 + R_2 + C_s}{R_1 + C_s}$
③ $\dfrac{R_2 C_s + 1}{R_2 C_s + R_1 C_s + 1}$
④ $\dfrac{R_1 C_s + R_2 C_s + 1}{R_2 C_S + 1}$

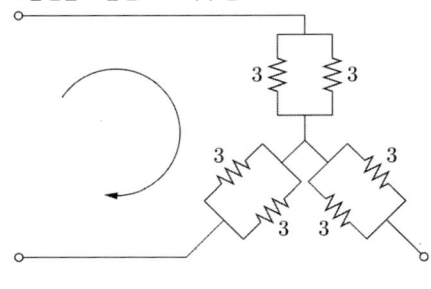

Explanation

전압비 전달함수는 임피던스비로 구하며

전달함수 $G(s) = \dfrac{V_o(s)}{V_i(s)} = \dfrac{R_2 + \dfrac{1}{Cs}}{R_1 + R_2 + \dfrac{1}{Cs}} = \dfrac{R_2 Cs + 1}{(R_1 + R_2)Cs + 1}$

여기서, $T_1 = R_2 C$, $T_2 = (R_1 + R_2)C$이므로

따라서 전달함수 $G(s) = \dfrac{R_2 Cs + 1}{(R_1 + R_2)Cs + 1}$

【답】③

67 그림과 같은 회로에서 5[Ω]에 흐르는 전류 I는 몇 [A]인가?

① $\dfrac{1}{2}$
② $\dfrac{2}{5}$
③ 1
④ $\dfrac{5}{3}$

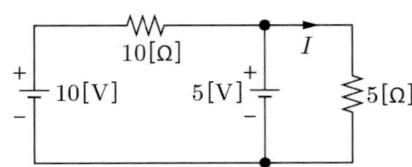

Explanation

【답】③

68 전류의 대칭분이 $I_0 = -2 + j4$[A], $I_1 = 6 - j5$[A], $I_2 = 8 + j10$[A]일 때 3상 전류 중 a상 전류 (I_a)의 크기($|I_a|$)는 몇 [A]인가? (단, I_0는 영상분이고, I_1은 정상분이고, I_2는 역상분이다.)

① 9 ② 12
③ 15 ④ 19

Explanation

대칭좌표법을 이용하면
$\begin{bmatrix} I_a \\ I_b \\ I_c \end{bmatrix} = \begin{bmatrix} 1 & 1 & 1 \\ 1 & a^2 & a \\ 1 & a & a^2 \end{bmatrix} \begin{bmatrix} I_0 \\ I_1 \\ I_2 \end{bmatrix}$ 에서

a상 전류 $I_a = I_0 + I_1 + I_2$
$= -2 + j4 + 6 - j5 + 8 + j10 = 12 + j9$

따라서 $|I_a| = \sqrt{12^2 + 9^2} = 15$[A]

【답】③

69 $V = 50\sqrt{3} - j50$[V], $I = 15\sqrt{3} + j15$[A]일 때 유효전력 P[W]와 무효전력 Q[var]는 각각 얼마인가?

① $P = 3,000$, $Q = -1,500$
② $P = 1,500$, $Q = -1,500\sqrt{3}$
③ $P = 750$, $Q = -750\sqrt{3}$
④ $P = 2,250$, $Q = -1,500\sqrt{3}$

Explanation

복소전력 $P_a = VI^* = P \pm jP_r = (50\sqrt{3} - j50) \times (15\sqrt{3} - j15) = 1,500 - j1,500\sqrt{3}$ [VA]
유효전력 $P = 1,500$[W], 무효전력 $P_r = -1,500\sqrt{3}$ [Var]

【답】②

70 푸리에 급수로 표현된 왜형파 $f(t)$가 반파대칭 및 정현대칭일 때 $f(t)$에 대한 특징으로 옳은 것은?

① a_n의 우수항만 존재한다.
② a_n의 기수항만 존재한다.
③ b_n의 우수항만 존재한다.
④ b_n의 기수항만 존재한다.

Explanation

비정현파를 푸리에 변환하면 비정현파 교류 = 직류분 + 기본파 + 고조파로 표시되며
• 정현대칭 : sin성분
• 여현 대칭 : 직류분, cos성분
• 반파대칭 : 홀수항
여기서, 정현반파 대칭이므로 홀수항의 sin항만 존재하며 $f(t) = b_1 \sin t + b_3 \sin 3t + b_5 \sin 5t + \cdots$의 형태

【답】④

71 그림과 같은 회로에서 L_2에 흐르는 전류 I_2[A]가 단자전압 V[V]보다 위상이 90° 뒤지기 위한 조건은? (단, ω는 회로의 각주파수[rad/s])이다)

① $\dfrac{R_2}{R_1} = \dfrac{L_2}{L_1}$ ② $R_1 R_2 = L_1 L_2$

③ $R_1 R_2 = \omega L_1 L_2$ ④ $R_1 R_2 = \omega^2 L_1 L_2$

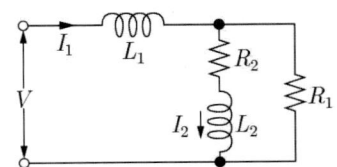

Explanation

【답】 ④

72 $R-C$ 직렬회로의 과도현상에 대한 설명으로 옳은 것은?

① $(R \times C)$의 값이 클수록 과도 전류는 빨리 사라진다.
② $(R \times C)$의 값이 클수록 과도 전류는 천천히 사라진다.
③ 과도 전류는 $(R \times C)$의 값에 관계가 없다.
④ $\dfrac{1}{R \times C}$의 값이 클수록 과도 전류는 천천히 사라진다.

Explanation

시정수(Time constant) : 목표 값에 63.2[%]에 도달하는 시간으로 정의
$$R-C \text{ 직렬회로의 시정수 } \tau = RC$$
시정수가 클수록 과도현상은 오래 지속된다.

【답】 ②

73 용량이 50[kVA]인 단상 변압기 3대를 △결선하여 3상으로 운전하는 중 1대의 변압기에 고장이 발생하였다. 나머지 2대의 변압기를 이용하여 3상 V결선으로 운전하는 경우 최대 출력은 몇 [kVA]인가?

① $30\sqrt{3}$ ② $50\sqrt{3}$
③ $100\sqrt{3}$ ④ $200\sqrt{3}$

Explanation

V결선 출력 $P_V = \sqrt{3}K = \sqrt{3} \times 50 = 50\sqrt{3}$ 여기서, K는 변압기 1대 용량

【답】 ②

74 각 상의 전류가 $i_a = 30\sin\omega t$[A], $i_b = 30\sin(\omega t - 90°)$[A], $i_c = 30\sin(\omega t + 90°)$[A]일 때 영상분 전류[A]의 순시치는?

① $10\sin\omega t$ ② $10\sin\dfrac{\omega t}{3}$

③ $30\sin\omega t$ ④ $\dfrac{30}{\sqrt{3}}\sin(\omega t + 45°)$

Explanation

각 상의 전류를 최댓값을 기준으로 페이져(Phasor)로 표시하면
$I_a = 30\angle 0 = 30$
$I_b = 30\angle -90 = -j30$
$I_c = 30\angle 90 = j30$

따라서 영상 전류 $I_0 = \frac{1}{3}(I_a - I_b + I_c) = \frac{1}{3}(30 - j30 + j30) = 10 \angle 0°$

∴ $I_0 = 10\sin\omega t$ 가 된다.

【답】①

75 ★★★★★
$f(t) = \sin t + 2\cos t$ 를 라플라스 변환하면?

① $\dfrac{2s}{s^2+1}$

② $\dfrac{2s+1}{(s+1)^2}$

③ $\dfrac{2s+1}{s^2+1}$

④ $\dfrac{2s}{(s+1)^2}$

Explanation

라플라스 변환의 선형 정리에 의해서

$F(s) = \mathcal{L}[f(t)] = \mathcal{L}[\sin t] + \mathcal{L}[2\cos t] = \dfrac{1}{s^2+1} + \dfrac{2s}{s^2+1} = \dfrac{2s-1}{s^2-1}$

【답】③

76 ★★★★★
어떤 회로에 흐르는 전류가 $i = 7 + 14.1\sin\omega t$[A]인 경우 실효값은 약 몇 [A]인가?

① 11.2

② 12.2

③ 13.2

④ 14.2

Explanation

비정현파의 실효값 $I = \sqrt{I_0^2 + I_1^2 + I_2^2 + \cdots + I_n^2} = \sqrt{7^2 + \left(\dfrac{14.1}{\sqrt{2}}\right)^2} = 12.18 ≒ 12.2$[A]

【답】②

77 ★☆☆☆☆
어떤 전지에 연결된 외부 회로의 저항은 5[Ω]이고 전류는 8[A]가 흐른다. 외부 회로에 5[Ω]대신 15[Ω]의 저항을 접속하면 전류는 4[A]로 떨어진다. 이 전지의 내부 기전력은 몇 [V]인가?

① 15

② 20

③ 50

④ 80

Explanation

전지의 경우 기전력 $E = V + rI$ 이며 $V = IR$
$E = RI + rI$ 에서
기전력과 내부저항은 같으므로
$E = 5 \times 8 + r \times 8 = 15 \times 4 + r \times 4$ 에서 $4r = 20$
내부저항 $r = 5$ [Ω]
기전력 $E = 5 \times 8 + 8r = 5 \times 8 + 5 \times 8 = 80$ [V]

【답】④

78 ★★★☆☆
파형율과 파고율이 모두 1인 파형은?

① 고조파

② 삼각파

③ 구형파

④ 사인파

Explanation

각 파형의 평균값 및 실효값

	파 형	실효값	평균값
구형파	$i(t)$, I_m, 0, π, 2π, 3π, ωt, $-I_m$	I_m	I_m

• 구형파의 파고율 $= \dfrac{\text{최댓값}}{\text{실효값}} = \dfrac{V_m}{V_m} = 1$

• 구형파의 파형률 $= \dfrac{\text{실효값}}{\text{평균값}} = \dfrac{V_m}{V_m} = 1$

【답】③

79 ★☆☆☆☆ 회로의 4단자 정수로 틀린 것은?

① $A = 2$ ② $B = 12$
③ $C = \dfrac{1}{4}$ ④ $D = 6$

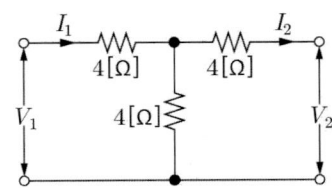

Explanation

T형 4단자 정수에서 좌우대칭인 경우 $A = D$ 이며

$\begin{bmatrix} A & B \\ C & D \end{bmatrix} = \begin{bmatrix} 1 & 4 \\ 0 & 1 \end{bmatrix} \begin{bmatrix} 1 & 0 \\ \frac{1}{4} & 1 \end{bmatrix} \begin{bmatrix} 1 & 4 \\ 0 & 1 \end{bmatrix} = \begin{bmatrix} 2 & 12 \\ \frac{1}{4} & 2 \end{bmatrix}$

【답】④

80 ★★☆☆☆ 그림과 같은 4단자 회로망에서 출력 측을 개방하니 $V_1 = 12[V]$, $I_1 = 2[A]$, $V_2 = 4[V]$이고 출력 측을 단락하니 $V_1 = 16[V]$, $I_1 = 4[A]$, $I_2 = 2[A]$이었다. 4단자 정수 A, B, C, D는 얼마인가?

① $A = 2$, $B = 3$, $C = 8$, $D = 0.5$
② $A = 0.5$, $B = 2$, $C = 3$, $D = 8$
③ $A = 8$, $B = 0.5$, $C = 2$, $D = 3$
④ $A = 3$, $B = 8$, $C = 0.5$, $D = 2$

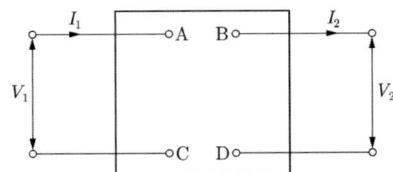

Explanation

4단자 정수

$\begin{bmatrix} V_1 \\ I_1 \end{bmatrix} = \begin{bmatrix} A & B \\ C & D \end{bmatrix} \begin{bmatrix} V_2 \\ I_2 \end{bmatrix}$

$A = \dfrac{V_1}{V_2}\bigg|_{I_2 = 0}$: 전압 이득 $B = \dfrac{V_1}{I_2}\bigg|_{V_2 = 0}$: 임피던스

$C = \dfrac{I_1}{V_2}\bigg|_{I_2 = 0}$: 어드미턴스 $D = \dfrac{I_1}{I_2}\bigg|_{V_2 = 0}$: 전류 이득

따라서 $A = \dfrac{V_1}{V_2}\big|_{I_2=0} = \dfrac{12}{4} = 3$, $B = \dfrac{V_1}{I_2}\big|_{V_2=0} = \dfrac{16}{2} = 8$

$C = \dfrac{I_1}{V_2}\big|_{I_2=0} = \dfrac{2}{4} = 0.5$, $D = \dfrac{I_1}{I_2}\big|_{V_2=0} = \dfrac{4}{2} = 2$

【답】④

5과목 전기설비기술기준

81 버스덕트 공사에 의한 저압의 옥측배선 또는 옥외배선의 사용전압이 400[V] 이상인 경우의 시설기준에 대한 설명으로 틀린 것은?
① 목조 외의 조영물(점검할 수 없는 은폐장소)에 시설할 것
② 버스덕트는 사람이 쉽게 접촉할 우려가 없도록 시설할 것
③ 버스덕트는 KS C IEC 60529(2006)에 의한 보호등급 IPX4에 적합할 것
④ 버스덕트는 옥외용 버스덕트를 사용하여 덕트 안에 물이 스며들어 고이지 아니하도록 한 것일 것

Explanation

(KEC 221.2조) 옥측전선로
① 애자공사(전개된 장소)
② 합성수지관공사
③ 금속관공사(목조 이외의 조영물)
④ 버스덕트공사[목조 이외의 조영물(점검할 수 없는 은폐된 장소 제외)]
⑤ 케이블공사(연피 케이블·알루미늄피 케이블 또는 미네랄 인슐레이션 케이블을 사용하는 경우에는 목조 이외의 조영물에 시설하는 경우만)
【답】①

82 가공전선로의 지지물에 지지선을 시설하려는 경우 이 지지선의 최저 기준으로 옳은 것은?
① 허용인장하중 : 2.11[kN], 소선지름 : 2.0[mm], 안전율 : 3.0
② 허용인장하중 : 3.21[kN], 소선지름 : 2.6[mm], 안전율 : 1.5
③ 허용인장하중 : 4.31[kN], 소선지름 : 1.6[mm], 안전율 : 2.0
④ 허용인장하중 : 4.31[kN], 소선지름 : 2.6[mm], 안전율 : 2.5

Explanation

(KEC 331.11조) 지지선의 시설
• 지지선의 안전율은 2.5 이상일 것
• 허용 인장 하중의 최저는 4.31[kN]으로 한다.
• 소선 3가닥 이상의 연선일 것
• 소선은 지름 2.6[mm] 이상의 금속선을 사용할 것
【답】④

83 KEC 적용으로 인하여 삭제되었습니다.

84 KEC 적용으로 인하여 삭제되었습니다.

85 변압기에 의하여 특고압전로에 결합되는 고압전로에는 사용전압의 몇 배 이하인 전압이 가하여진 경우에 방전하는 장치를 그 변압기의 단자에 가까운 1극에 설치하여야 하는가?
① 3
② 4
③ 5
④ 6

Explanation

(KEC 322.3조) 특고압과 고압의 혼촉 등에 의한 위험방지 시설
변압기에 의해 특고압 전로에 결합하는 고압 전로에는 사용 전압이 **3배** 이하인 전압이 가해진 경우 방전하는 장치를 변압기 단자 가까운 1극에 설치해야 한다.
【답】①

86 수상전선로의 시설기준으로 옳은 것은?
① 사용전압이 고압인 경우에는 클로로프렌 캡타이어 케이블을 사용한다.
② 수상전선로에 사용하는 부대(浮臺)는 쇠사슬 등으로 견고하게 연결한다.
③ 고압 수상전선로에 지락이 생길 때를 대비하여 전로를 수동으로 차단하는 장치를 시설한다.
④ 수상전선로의 전선을 부대의 아래에 지지하여 시설하고 또한 그 절연피복을 손상하지 아니하도록 시설한다.

Explanation

(KEC 335.3조) 수상전선로의 시설
① 전선 : 사용전압이 저압인 경우 클로로프렌 캡타이어 케이블, 고압인 경우 캡타이어 케이블
② **수상 전선로에 사용하는 부대(浮臺)는 쇠사슬 등으로 견고하게 연결한 것일 것**
③ 수상 전선로의 전선은 부대의 위에 지지하여 시설하고 또한 그 절연피복을 손상하지 아니하도록 시설할 것
④ 고압 수상 전선로에 **지락이 생길 때**를 대비하여 **전로를 자동으로 차단하는 장치**를 시설한다.

【답】②

87 특고압 가공전선이 가공약전류 전선 등 저압 또는 고압의 가공전선이나 저압 또는 고압의 전차선과 제1차 접근상태로 시설되는 경우 60[kV] 이하 가공전선과 저고압 가공전선 등 또는 이들의 지지물이나 지주 사이의 이격거리는 몇 [m] 이상인가?
① 1.2
② 2
③ 2.6
④ 3.2

Explanation

(KEC 333.28조) 특고압 가공전선과 다른 시설물의 접근 또는 교차
특고압 가공전선이 건조물·도로·횡단보도교·철도·궤도·삭도·가공약전류 전선로 등 저압 또는 고압의 가공전선로·저압 또는 고압의 전차선로 및 다른 특고압 가공전선 이외의 시설물과 제1차 접근상태로 시설되는 경우에는 특고압 가공전선과 다른 시설물 사이의 이격거리는 아래 표에 준하여 시설하여야 한다.

사용전압의 구분	이격거리
60[kV] 이하	2[m]
60[kV] 초과	2[m]에 사용전압이 60[kV]를 초과하는 10[kV] 또는 그 단수마다 0.12[m]를 더한 값

【답】②

88 가공전선로의 지지물에는 취급자가 오르고 내리는 데 사용하는 발판 볼트 등은 특별한 경우를 제외하고 지표상 몇 [m] 미만에는 시설하지 않아야 하는가?
① 1.5
② 1.8
③ 2.0
④ 2.2

Explanation

(KEC 331.4조) 가공 전선로 지지물의 철탑오름 및 전주오름 방지
가공전선로의 지지물에 취급자가 오르고 내리는 데 사용하는 발판 볼트 등을 지표상 1.8[m] 미만에 시설하여서는 안 된다.

【답】②

89 특고압 가공전선과 가공약전류 전선 사이에 보호망을 시설하는 경우 보호망을 구성하는 금속선 상호 간의 간격은 가로 및 세로를 각각 몇 [m] 이하로 시설하여야 하는가?
① 0.75
② 1.0
③ 1.25
④ 1.5

Explanation

(KEC 333.24조) 특고압 가공전선과 도로 등의 접근 또는 교차
특고압 가공전선과 약전류 전선 사이에 시설하는 보호망에서 **보호망을 구성하는 금속선의 상호 간격은 1.5[m]** 이하로 구성할 것

【답】 ④

90 옥내 고압용 이동전선의 시설기준에 적합하지 않은 것은?

① 전선은 고압용의 캡타이어케이블을 사용하였다.
② 전로에 지락이 생겼을 때에 자동적으로 전로를 차단하는 장치를 시설하였다.
③ 이동전선과 전기사용기계기구와는 볼트 조임 기타의 방법에 의하여 견고하게 접속하였다.
④ 이동전선에 전기를 공급하는 전로의 중성극에 전용 개폐기 및 과전류차단기를 시설하였다.

Explanation

(KEC 342.2조) 옥내 고압용 이동전선의 시설
① 전선은 고압용의 캡타이어 케이블일 것
② 이동 전선에 전기를 공급하는 전로에는 **전용 개폐기 및 과전류 차단기를 각극에 시설**하고, 또한 전로에 지락이 생겼을 때에 자동적으로 전로를 차단하는 장치를 시설할 것

【답】 ④

91 교통신호등의 시설기준에 관한 내용으로 틀린 것은?

① 제어장치의 금속제 외함에는 접지공사를 한다.
② 교통신호등 회로의 사용전압은 300[V] 이하로 한다.
③ 교통신호등 회로의 인하선은 지표상 2[m] 이상으로 시설한다.
④ LED를 광원으로 사용하는 교통신호등의 설치는 KS C 7528 "LED 교통신호등"에 적합한 것을 사용한다.

Explanation

(KEC 234.15조) 교통신호등
① 교통신호등 회로의 사용전압은 300[V] 이하이어야 한다.
② 교통신호등 회로의 배선(인하선을 제외)은 케이블인 경우 이외는 공칭 단면적 2.5[mm²] 연동선과 동등 이상의 세기 및 굵기의 450/750[V] 일반용 단심 비닐절연전선 또는 450/750[V] 내열성에틸렌아세테이트 고무절연전선일 것
③ 교통신호등 회로의 인하선에 사용하는 **전선의 지표상의 높이는 2.5[m] 이상**일 것
④ 교통신호등 제어장치의 금속제 외함에는 접지공사를 할 것

【답】 ③

92 KEC 적용으로 인하여 삭제되었습니다.

93 사람이 상시 통행하는 터널 안 배선의 시설기준으로 틀린 것은?

① 사용전압은 저압에 한한다.
② 전로에는 터널의 입구에 가까운 곳에 전용 개폐기를 시설한다.
③ 애자공사에 의하여 시설하고 이를 노면상 2[m] 이상의 높이에 시설한다.
④ 공칭단면적 2.5[mm²] 연동선과 동등 이상의 세기 및 굵기의 절연전선을 사용한다.

Explanation

(KEC 242.7.1조) 사람이 상시 통행하는 터널 안의 배선의 시설
사람이 상시 통행하는 터널 안의 전선로 사용전압은 저압 또는 고압에 한하며, 다음 각 호에 따라 시설하여야 한다.
① 저압 전선은 인장강도 2.30 [kN] 이상의 절연전선 또는 지름 2.6[mm] 이상의 경동선의 절연전선을 사용하여 애자공사에 의하여 시설하고 또한 **노면상 2.5[m] 이상의 높이**로 유지할 것
② 합성수지관공사 · 금속관공사 · 가요전선관공사 또는 케이블공사에 의할 것

【답】 ③

94
고압 가공전선이 교류 전차선과 교차하는 경우, 고압 가공전선으로 케이블을 사용하는 경우 이외에는 단면적 몇 [mm²] 이상의 경동연선(교류 전차선 등과 교차하는 부분을 포함하는 경간에 접속점이 없는 것에 한한다)을 사용하여야 하는가?

① 14
② 22
③ 30
④ 38

Explanation

(KEC 332.15조) 고압 가공전선과 교류전차선 등의 접근 또는 교차
고압 가공 전선이 경동연선이면 38[mm²] 이상 　　　　　　　　　【답】④

95
1차측 3,300[V], 2차측 220[V]인 변압기 전로의 절연내력 시험전압을 각각 몇 [V]에서 10분간 견디어야 하는가?

① 1차측 4,950[V], 2차측 500[V]
② 1차측 4,500[V], 2차측 400[V]
③ 1차측 4,125[V], 2차측 500[V]
④ 1차측 3,300[V], 2차측 400[V]

Explanation

(KEC 135조) 변압기 전로의 절연내력

구분		배율	최저 전압
중성점 직접 접지식이 아닌 경우	7[kV] 이하	1.5	500[V]
	7[kV] 초과 ~ 60[kV] 이하	1.25	10.5[kV]
	60[kV] 초과(비접지식)	1.25	
	60[kV] 초과(중성점 접지식) (성형결선, 또는 스콧결선의 것에 한한다)	1.1	75[kV]

1차측 시험전압=3,300×1.5=4,950[V]
2차측 시험전압=220×1.5=330[V]에서 500[V] 미만이므로 500[V]를 시험전압으로 한다. 【답】①

96
저압 가공전선과 고압 가공전선을 동일 지지물에 시설하는 경우 이격거리는 몇 [m] 이상이어야 하는가? (단, 각도주(角度主) 분기주(分岐主) 등에서 혼촉(混觸)의 우려가 없도록 시설하는 경우는 제외한다)

① 0.5
② 0.6
③ 0.7
④ 0.8

Explanation

(KEC 332.8조) 고압 가공 전선 등의 병행설치
① 저압 가공 전선을 고압 가공 전선의 아래로 하고 별개의 완금류에 시설할 것
② 저압 가공 전선과 고압 가공 전선 사이의 이격거리는 0.5[m] 이상일 것. 다만, 각도주·분기주 등에서 혼촉의 우려가 없도록 시설하는 경우에는 그러하지 아니하다. 　　　　　　　【답】①

97
중성선 다중접지식의 것으로서 전로에 지락이 생겼을 때 2초 이내에 자동적으로 이를 전로로부터 차단하는 장치가 되어 있는 22.9[kV] 특고압 가공전선이 다른 특고압 가공전선과 접근하는 경우 이격거리는 몇 [m] 이상으로 하여야 하는가?(단, 양쪽이 나전선인 경우이다)

① 0.5
② 1.0
③ 1.5
④ 2.0

Explanation

(KEC 333.32조) 25[kV] 이하인 특고압 가공 전선로의 시설

특고압 가공전선이 다른 특고압 가공전선과 접근 또는 교차하는 경우의 이격거리는 표에서 정한 값 이상일 것

사용 전선의 종류	이격거리 [m]
어느 한쪽 또는 양쪽이 나전선인 경우	1.5
양쪽이 특고압 절연전선인 경우	1.0
한쪽이 케이블이고 다른 한쪽이 케이블이거나 특고압 절연전선인 경우	0.5

【답】 ③

98
KEC 적용으로 인하여 삭제되었습니다.

99 ★★☆☆☆
의료장소 중 그룹 1 및 그룹 2의 의료 IT 계통에 시설되는 전기설비의 시설기준으로 틀린 것은?

① 의료용 절연변압기의 정격출력은 10[kVA] 이하로 한다.
② 의료용 절연변압기의 2차측 정격전압은 교류 250[V] 이하로 한다.
③ 전원측에 강화절연을 한 의료용 절연변압기를 설치하고 그 2차측 전로는 접지한다.
④ 절연감시장치를 설치하여 절연저항이 50[kΩ]까지 감소하면 표시설비 및 음향설비로 경보를 발하도록 한다.

Explanation

(KEC 242.10조) 의료장소
의료장소의 안전을 위한 보호설비는 다음과 같이 시설한다.
① 그룹 1 및 그룹 2의 의료 IT 계통은 다음과 같이 시설할 것
  • 전원 측에 KS C IEC 61558-2-15에 따라 강화절연을 하여야 하며 이를 기호로 표시한 의료용 절연변압기를 설치하고 **그 2차 측 전로는 접지하지 말 것**
  • 의료용 절연변압기는 함 속에 설치하여 충전부가 노출되지 않도록 하고 의료장소의 내부 또는 가까운 외부에 설치할 것
  • 의료용 절연변압기의 2차 측 정격전압은 교류 250[V] 이하로 하며 공급방식 및 정격출력은 단상 2선식, 10[kVA] 이하로 할 것
  • 의료 IT 계통의 절연상태를 지속적으로 계측, 감시하는 장치를 다음과 같이 설치할 것
    KSC IEC 60364-7-710에 따라 의료 IT 계통의 절연저항을 계측, 지시하는 절연감시장치를 설치하여 절연저항이 50[kΩ]까지 감소하면 표시설비 및 음향설비로 경보를 발하도록 할 것

【답】 ③

100 ★★★★★
전력 보안통신 설비인 무선통신용 안테나를 지지하는 목주의 풍압하중에 대한 안전율은 얼마 이상으로 해야 하는가?

① 0.5
② 0.9
③ 1.2
④ 1.5

Explanation

(KEC 364.1조) 무선용 안테나 등을 지지하는 철탑 등의 시설
전력 보안통신 설비인 무선통신용 안테나 또는 반사판을 지지하는 목주·철근·철근 콘크리트주 또는 철탑은 다음 각 호에 따라 시설하여야 한다.
① 목주는 풍압하중에 대한 안전율은 1.5 이상이어야 한다.
② 철주·철근 콘크리트주 또는 철탑의 기초의 안전율은 1.5 이상이어야 한다.

【답】 ④

2020년 전기공사산업기사 필기

1과목 전기응용

01 ★★☆☆☆ 다음 전기로 중 열효율이 가장 좋은 것은?
① 저주파 유도로
② 흑연화로
③ 고압아크로
④ 카보런덤로

Explanation

직접 저항가열		간접 저항가열	
종류	특징	종류	특징
흑연화로 **카보런덤로** 카바이드로 알루미늄 용해로	**열효율이 가장 우수**	염욕로 크립톨로 발열체로 탄화규소로	복잡한 형태의 물질을 균일하게 가열

【답】 ④

02 ★★★☆☆ 어떤 트랜지스터의 정합(Junction)온도 T_j의 최대 정격값이 75[℃], 주위온도 $T_a = 35$[℃]일 때의 컬렉터 손실 P_c의 최대 정격값을 10[W]라고 할 때 열저항[℃/W]은?
① 40
② 4
③ 2.5
④ 0.2

Explanation

열저항 $R = \dfrac{T_j - T_a}{P_c} = \dfrac{75-35}{10} = 4$[℃/W]

【답】 ②

03 ★★★★★ 열전도율을 표시하는 단위는?
① [J/kg·℃]
② [W/m²·℃]
③ [W/m·℃]
④ [J/m³·℃]

Explanation

전기회로와 전열회로 비교

전기			전열			열회로
명칭	기호	단위	명칭	기호	단위	단위(공업용)
전압	V	[V]	온도차	θ	[K°]	[℃]
전류	I	[A]	열류	I	[W]	[kcal/h]
저항	R	[Ω]	열저항	R	[℃/W]	[℃h/kcal]

전기량	Q	[C]	열량	Q	[J]	[kcal]
전도율	K	[℧/m]	열전도율	K	[W/m·℃]	[kcal/h·m·℃]
정전용량	C	[F]	열용량	C	[J/℃]	[kcal/℃]

【답】③

04 ★★★★★
평행평판 전극 간에 유전체의 피열물을 삽입하고 고주파 전계를 인가하면 피열물내 유전체손이 발생하여 발열하는 가열되는 방식은?

① 저항 가열　　② 유도 가열
③ 유전 가열　　④ 원자 수소 가열

Explanation

유전가열 : 유전체손에 의한 가열. 목재의 접착, 비닐막 접착, 플라스틱 성형 등에 사용

【답】③

05 ★☆☆☆☆
조도 E[lx]에 대한 설명으로 옳은 것은?

① 광도에 비례하고 거리에 반비례 한다.
② 광도에 반비례하고 거리에 비례 한다.
③ 광도에 비례하고 거리의 제곱에 반비례 한다.
④ 광도의 제곱에 반비례하고 거리에 비례 한다.

Explanation

조도 : 거리의 역제곱의 법칙
$E = \dfrac{I}{r^2}$ 에서 광도에 비례하고 거리의 제곱에 반비례 한다.

【답】③

06 ★☆☆☆☆
제어요소가 제어대상에 주는 양은?

① 제어량　　② 조작량
③ 동작신호　　④ 되먹임 신호

Explanation

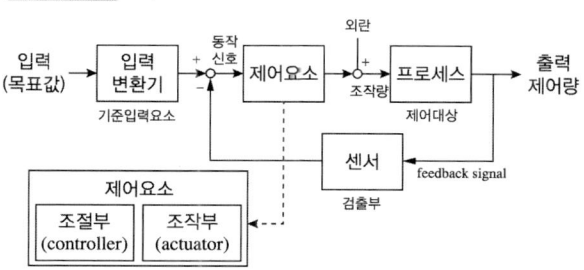

조작량 : 제어요소에서 제어 대상으로 가하는 값, 제어 대상의 입력

【답】②

07 ★★★☆☆
망간건전지에서 분극작용에 의한 전압강하를 방지하기 위하여 사용되는 감극제는?

① O_2　　② H_6O
③ MnO_2　　④ $H_2Cr_2O_7$

Explanation

망간건전지(르클랑셰 건전지, 보통건전지)

- 감극제 : 이산화망간(MnO_2)
- 음극 활성 물질 : 아연(Zn)
- 전해액 : 염화암모늄(NH_4Cl)
- 사용처 : 휴대용 라디오, 손전등, 완구, 시계 등

【답】③

08 ★★★★★ 열차의 자중이 120[t]이고 동륜상의 중량이 90[t]인 기관차가 열차를 끌 수 있는 최대 견인력은 몇 [kg]인가? 단, 궤조의 점착 계수는 0.2로 한다.

① 1,800
② 2,160
③ 18,000
④ 21,600

Explanation

최대 견인력 $F = 1,000\mu W_a$ [kg]
$= 1,000 \times 0.2 \times 90 = 18,000$ [kg]
여기서, μ는 점착 계수, W_a는 동륜상의 무게[t]

【답】③

09 ★☆☆☆☆ 루소 선도가 그림과 같이 표시되는 광원의 하반구 광속 F[lm]은 약 얼마인가?

① 314
② 628
③ 942
④ 1,256

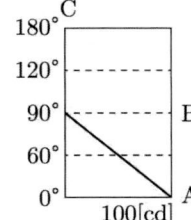

Explanation

광원의 전광속 F = 루소선도 면적 $\times \dfrac{2\pi}{r}$ [lm]

∴ $F = \dfrac{2\pi}{r} \times S$ $F = a \cdot S$ (a = 상수)

면적 $S = 100 \times 100 \times \dfrac{1}{2} = 5000$

$F = \dfrac{2\pi}{100} \times 5,000 = 314$ [lm]

【답】①

10 ★★☆☆☆ 사람이 눈부심을 느끼는 한계 휘도[cd/m²]는?

① 0.5×10^4
② 5×10^4
③ 50×10^4
④ 500×10^4

Explanation

눈부심을 느끼는 광원의 휘도 한계 : 0.5 [cd/cm²] = 0.5×10^4 [cd/m²]

【답】①

11 ★★★☆☆ 전기 도금에 의해 원형과 같은 모양의 복제품을 만드는 것은?

① 용융염 전해
② 전주
③ 전해정련
④ 전해연마

Explanation

전주

- 전기도금을 계속하여 두꺼운 금속 층을 만든 후 원형을 떼어서 그대로 복제하는 방법
- 원형과 똑같은 모양의 복제품을 만들며 공예품의 복제, 활자인쇄용 원판 등에 사용

【답】②

12 리드 스위치(reed switch)의 특성이 아닌 것은?

① 회로 구성이 복잡하다.
② 사용 온도 범위가 넓다.
③ 내전압 특성이 우수하다.
④ 소형, 경량이다.

Explanation

리드 스위치(reed switch) : 자속으로 접점을 열고 닫을 수 있게 밀폐된 유리관으로 구성한 스위치
- 회로 구성이 간단
- 사용 온도 범위가 넓다.
- 내전압 특성이 우수
- 소형, 경량

【답】①

13 적분 요소의 전달함수는?

① K
② Ts
③ $\dfrac{1}{Ts}$
④ $\dfrac{K}{1+Ts}$

Explanation

각 제어 요소의 전달함수

비례 요소	$G(s) = K$
적분 요소	$G(s) = \dfrac{K}{s}$
미분 요소	$G(s) = Ks$
1차 지연 요소	$G(s) = \dfrac{K}{1+Ts}$

【답】③

14 40[t]의 전차가 40/1,000의 구배를 올라가는 데 필요한 견인력[kg]은? 단, 열차 저항은 무시한다.

① 1,000
② 1,200
③ 1,400
④ 1,600

Explanation

구배 저항 (오르막길 오를 때 저항) : 경사저항

경사견인력 $F = W\tan\theta = 40 \times 1,000 \times \dfrac{40}{1,000} = 1,600[kg]$ 여기서, W : 하중 [ton], $\tan\theta$: 기울기 [‰]

【답】④

15 반사율 60[%], 흡수율 20[%]를 가지고 있는 물체에 1,000[lm]의 빛을 비추었을 때 투과되는 광속[lm]은?

① 100
② 200
③ 300
④ 400

Explanation

$\rho + \tau + \delta = 1$ 에서
투과율 $\tau = 1 - \rho - \delta = 1 - 0.6 - 0.2 = 0.2$
투과 광속 $F' = \tau F = 0.2 \times 1,000 = 200[lm]$

【답】②

16 권상하중 10[t], 매분 24[m/min]의 속도로 물체를 올리는 권상용 전동기의 용량[kW]은? 단, 전동기를 포함한 기중기의 효율은 65[%]라 한다.
① 41
② 73
③ 60
④ 97

Explanation

권상기용 전동기 출력
$P = \dfrac{WV}{6.12\eta}$ [kW]   여기서, W : 권상 하중[ton], V : 권상 속도[m/min]

$P = \dfrac{WV}{6.12\eta} = \dfrac{10 \times 24}{6.12 \times 0.65} = 60.33$ [kW]

【답】 ③

17 전차를 시속 100[km]로 운전하려고 할 때 전동기의 출력[kW]은 약 얼마인가? 단, 차륜상의 견인력은 400[kg]이다.
① 95
② 100
③ 109
④ 121

Explanation

전차용 전동기 출력
$P = \dfrac{FV}{367\eta} = \dfrac{400 \times 100}{367 \times 1} = 108.9$ [kW]   여기서, F : 견인력[kg], V : 전차의 속도[km/h]

【답】 ③

18 목재 건조에 적합한 가열방식은?
① 저항 가열
② 적외선 가열
③ 유전 가열
④ 유도 가열

Explanation

유전가열 : 유전체손($P_c = \omega CE^2 \tan\delta$)에 의한 가열
  목재의 접착, 비닐막 접착, 플라스틱 성형 등에 사용

【답】 ③

19 평균구면 광도가 780[cd]인 전구로부터의 발산되는 전광속[lm]은 약 얼마인가?
① 9,800
② 8,600
③ 7,000
④ 6,300

Explanation

구광원 $F = 4\pi I = 4 \times \pi \times 780 = 9,797$ [lm]

【답】 ①

20 초음파 용접의 특징으로 틀린 것은?
① 전기 저항 용접에 비해 표면의 전처리가 간단하다.
② 가열을 필요로 하지 않는다.
③ 냉간 압접 등에 접합부 표면의 변형이 적다.
④ 고체 상태에서의 용접이므로 열적 영향이 크다.

Explanation

초음파 용접
- 이종금속의 용접도 가능하다.

- 고체 상태에서 용접이므로 열적 영향이 적다.
- 가열이 필요하지 않다.
- 냉간압접 등에 비하여 가압하중이 적으므로 변형이 적다.

【답】④

2과목 전력공학

21 수전용 변전설비의 1차 측에 설치하는 차단기의 용량은 어느 것에 의하여 정하는가?
① 수전전력과 부하율
② 수전계약용량
③ 공급 측 전원의 단락용량
④ 부하설비용량

Explanation

차단기 용량 $P_s = \sqrt{3} \times$ 정격전압 $\times$ 정격차단전류[MVA]
단락용량 $P_s = \sqrt{3} \times$ 공칭전압 $\times$ 단락전류[MVA]
차단기용량 ≥ 단락용량
따라서 차단기 용량은 단락용량를 기준으로 선정한다.

【답】③

22 어떤 발전소의 유효 낙차가 100[m]이고, 사용 수량이 10[m³/s]일 경우 이 발전소의 이론적인 출력 [kW]은?
① 4,900
② 6,800
③ 10,000
④ 14,700

Explanation

수력발전 이론출력 $P = 9.8QH = 9.8 \times 10 \times 100 = 9,800[\text{kW}]$

【답】②

23 피뢰기의 제한전압이란?
① 상용주파전압에 대한 피뢰기의 충격방전 개시전압
② 충격파 침입 시 피뢰기의 충격방전 개시전압
③ 피뢰기가 충격파 방전 종료 후 언제나 속류를 확실히 차단할 수 있는 상용주파 최대전압
④ 충격파 전류가 흐르고 있을 때의 피뢰기 단자전압

Explanation

피뢰기의 제한전압
- 피뢰기 동작 중 단자전압의 파고 값
- 충격파 전류가 흐르고 있을 때의 피뢰기 단자전압

【답】④

24 발전기의 정태 안정 극한전력이란?
① 부하가 서서히 증가할 때의 극한전력
② 부하가 갑자기 크게 변동할 때의 극한전력
③ 부하가 갑자기 사고가 났을 때의 극한전력
④ 부하가 변하지 않을 때의 극한전력

Explanation

안정도의 종류
- 정태 안정도 : 송전 계통이 불변 부하 또는 극히 서서히 증가하는 부하에 대하여 계속적으로 송전할 수 있는 능력(정태안정 극한전력)

- 과도 안정도 : 부하의 급변 또는 사고가 발생해서 계통에 큰 충격을 주었을 경우에도 탈조하지 않고 새로운 평형 상태를 회복하여 송전을 계속할 수 있는 능력
- 동태 안정도 : AVR이나 조속기 등이 갖는 제어효과까지도 고려한 안정도

【답】①

25
3상으로 표준전압 3[kV], 용량 600[kW], 역률 0.85로 수전하는 공장의 수전회로에 시설할 계기용 변류기의 변류비로 적당한 것은?(단, 변류기의 2차 전류는 5[A]이며, 여유율은 1.5배로 한다.)
① 10 ② 20
③ 30 ④ 40

Explanation

$P = \sqrt{3}\, VI\cos\theta$ 에서

CT 1차 전류 $I_1 = \dfrac{600\times 10^3}{\sqrt{3}\times 3{,}000 \times 0.85} \times 1.5 = 203.77[A]$

따라서, 1차 전류는 200[A]로 정하면 CT비는 $\dfrac{200}{5} = 40$

여기서, CT의 1차 정격전류는 다음과 같다.
5, 10, 15, 20, 30, 40, 50, 75, 100, 150, **200**, 300, 400, 500[A]

【답】④

26
30,000[kW]의 전력을 50[km]로 떨어진 지점에 송전하려고 할 때 송전전압[kV]은 약 얼마인가? (단, still식에 의하여 산정한다.)
① 22 ② 33
③ 66 ④ 100

Explanation

Still의 식(경제적인 송전전압 결정 식)

$V_s = 5.5\sqrt{0.6l + \dfrac{P}{100}}\;[kV]$ 여기서, l : 송전거리[km], P : 송전전력[kW]

$= 5.5\sqrt{0.6\times 50 + \dfrac{30{,}000}{100}} = 100[kV]$

【답】④

27
다음 중 전력선에 의한 통신선의 전자유도장해의 주된 원인은?
① 전력선과 통신선 사이의 상호 정전용량
② 전력선의 불충분한 연가
③ 전력선의 1선 지락 사고 등에 의한 영상전류
④ 통신선 전압보다 높은 전력선의 전압

Explanation

- 전자유도장해의 원인 : 상호 인덕턴스, 영상전류
- 정전유도장해의 원인 : 상호 정전용량, 영상전압

【답】③

28
조상설비가 있는 발전소 측 변전소에서 주변압기로 주로 사용되는 변압기는?
① 강압용 변압기 ② 단권변압기
③ 3권선 변압기 ④ 단상 변압기

Explanation

- 조상설비는 3권선 변압기의 3차(안정권선)에 채용
- 안정권선의 역할
  - 소내 전력공급
  - 제3고조파 제거
  - **조상설비 채용**

【답】③

29
3상 1회선의 송전선로에 3상 전압을 가해 충전할 때 1선에 흐르는 충전전류는 30[A], 또 3선을 일괄하여 이것과 대지사이에 상전압을 가하여 충전시켰을 때 전 충전전류는 60[A]가 되었다. 이 선로의 대지정전용량과 선간 정전용량의 비는?(단, 대지정전용량= C_s, 선간정전용량= C_m이다)

① $\dfrac{C_m}{C_s} = \dfrac{1}{6}$ ② $\dfrac{C_m}{C_s} = \dfrac{8}{15}$

③ $\dfrac{C_m}{C_s} = \dfrac{1}{3}$ ④ $\dfrac{C_m}{C_s} = \dfrac{1}{\sqrt{3}}$

Explanation

【답】①

30
전력 사용의 변동 상태를 알아보기 위한 것으로 가장 적당한 것은?

① 수용률   ② 부등률
③ 부하율   ④ 역률

Explanation

부하율 : 전력 사용의 변동 상태를 알아보기 위한 것

부하율 = $\dfrac{평균\ 전력}{최대\ 전력} \times 100[\%] = \dfrac{사용전력량/시간}{최대전력} \times 100[\%]$

【답】③

31
단상 교류회로에 3,150/210[V]의 승압기를 80[kW], 역률 0.8인 부하에 접속하여 전압을 상승시키는 경우 약 몇 [kVA]의 승압기를 사용하여야 적당한가?(단, 전원전압은 2,900[V]이다)

① 3.6   ② 5.5
③ 6.8   ④ 10

Explanation

승압기

$E_2 = E_1\left(1 + \dfrac{1}{n}\right) = 2,900 \times \left(1 + \dfrac{210}{3,150}\right) = 3,093.33[V]$

부하전류 $I_2 = \dfrac{P}{V\cos\theta} = \dfrac{80 \times 10^3}{3,093.33 \times 0.8} = 32.33[A]$

변압기 용량(자기 용량, 승압기 용량)

$w = e_2 I_2 = 210 \times 32.33 \times 10^{-3} = 6.8[kVA]$

【답】③

32
철탑의 접지저항이 커지면 가장 크게 우려되는 문제점은?

① 정전 유도   ② 역섬락 발생
③ 코로나 증가   ④ 차폐각 증가

Explanation

역섬락 방지법
- 매설지선 설치
- 탑각 접지저항 적게

【답】②

33 역률 0.8(지상), 480[kW] 부하가 있다. 전력용 콘덴서를 설치하여 역률을 개선하고자 할 때 콘덴서 220[kVA]를 설치하면 역률은 몇 [%]로 개선되는가?
① 82
② 85
③ 90
④ 96

Explanation

유효 전력 $P = 480$ [kW]

무효 전력 $Q = P\tan\theta = 480 \times \dfrac{0.6}{0.8} = 360$ [kVar]

역률 개선 후 무효전력 $Q' = 360 - 220 = 140$ [kVA]

따라서 개선 후 역률은

$\cos\theta = \dfrac{P}{\sqrt{P^2 + Q'^2}} \times 100 = \dfrac{480}{\sqrt{480^2 + 140^2}} \times 100 = 96[\%]$

【답】 ④

34 화력발전소에서 탈기기를 사용하는 주 목적은?
① 급수 중에 함유된 산소 등의 분리 제거
② 보일러 관벽의 스케일 부착의 방지
③ 급수 중에 포함된 염류의 제거
④ 연소용 공기의 예열

Explanation

탈기기 : 급수 중의 용존 산소 및 이산화탄소 분리 제거

【답】 ①

35 변류기를 개방할 때 2차측을 단락하는 이유는?
① 1차측 과전류 보호
② 1차측 과전압 방지
③ 2차측 과전류 보호
④ 2차측 절연보호

Explanation

계기용 변성기 점검
• PT(계기용 변압기) : 2차측 개방(2차측 과전류 보호)
• CT(변류기) : 2차측 단락(2차측 과전압보호, 2차측 절연보호)

【답】 ④

36 ( )안에 들어갈 알맞은 내용은?

"화력발전소의 (㉠)은 발생 (㉡)을 열량으로 환산한 값과 이것을 발생하기 위하여 소비된 (㉢)의 보유열량 (㉣)를 말한다."

① ㉠ 손실율   ㉡ 발열량   ㉢ 물   ㉣ 차
② ㉠ 열효율   ㉡ 전력량   ㉢ 연료   ㉣ 비
③ ㉠ 발전량   ㉡ 증기량   ㉢ 연료   ㉣ 결과
④ ㉠ 연료소비율 ㉡ 증기량   ㉢ 물   ㉣ 차

Explanation

화력 발전소 열효율 $\eta = \dfrac{전기}{열} \times 100[\%]$

$\eta_G = \dfrac{860Pt}{MH} \times 100[\%]$

따라서, 화력 발전소의 열효율은 발생 전력량을 열량으로 환산한 값과 이것을 발생하기 위하여 소비된 연료의 보유열량 비를 말한다.

【답】 ②

37
다음 중 전압강하의 정도를 나타내는 식이 아닌 것은?(단, E_S는 송전단전압, E_R은 수전단전압이다)

① $\dfrac{I}{E_R}(R\cos\theta + X\sin\theta) \times 100 [\%]$
② $\dfrac{\sqrt{3}I}{E_R}(R\cos\theta + X\sin\theta) \times 100 [\%]$
③ $\dfrac{E_S - E_R}{E_R} \times 100 [\%]$
④ $\dfrac{E_S + E_R}{E_S} \times 100 [\%]$

Explanation

3상 전압 강하
$e = V_s - V_r = \sqrt{3}I(R\cos\theta + X\sin\theta)$ 여기서, 수전전력 $P = \sqrt{3}V_r I_r \cos\theta$
$= \sqrt{3}\dfrac{P}{\sqrt{3}V_r \cos\theta}(R\cos\theta + X\sin\theta)$
$= \dfrac{P}{V_r}(R + X\tan\theta)$

전압강하율 $\delta = \dfrac{E_S - E_R}{E_R} \times 100 = \dfrac{I}{E_R}(R\cos\theta + X\sin\theta) \times 100 [\%]$ (단상)
$= \dfrac{\sqrt{3}I}{E_R}(R\cos\theta + X\sin\theta) \times 100 [\%]$ (3상)

【답】④

38
수전단 전압이 송전단 전압보다 높아지는 현상과 관련된 것은?
① 페란티 효과
② 표피 효과
③ 근접 효과
④ 도플러 효과

Explanation

페란티 현상
- 무부하시 송전단 전압보다 수전단 전압이 커지는 현상
- 발생원인 : 선로의 정전용량에 의해서
- 방지법 : 분로리액터(Sh.R)

【답】①

39
송전선로의 중성점을 접지하는 목적으로 가장 알맞은 것은?
① 전선량의 절약
② 송전용량의 증가
③ 전압강하의 감소
④ 이상 전압의 경감 및 발생 방지

Explanation

송전선의 중성점 접지 목적
- 1선 지락 시 전위 상승 억제, 계통의 기계 기구의 절연 보호
- 지락 사고 시 보호 계전기 동작의 확실
- 과도안정도 증진
- 이상전압 발생 방지

【답】④

40
송전선로에서 4단자정수 A, B, C, D 사이의 관계는?
① $BC - AD = 1$
② $AC - BD = 1$
③ $AB - CD = 1$
④ $AD - BC = 1$

Explanation

송전선로 4단자 정수
$AD - BC = 1$

【답】④

3과목　전기기기

41 돌극형 동기발전기에서 직축 리액턴스 X_d와 횡축 리액턴스 X_q는 그 크기 사이에 어떤 관계가 있는가?

① $x_d = x_q$
② $x_d > x_q$
③ $x_d < x_q$
④ $2x_d = x_q$

Explanation

- 돌극형(철극기) : 직축이 횡축에 비하여 공극이 크다.($x_d > x_q$)
- 비철극기 : 공극이 일정($x_d = x_q = x_s$)

【답】②

42 어떤 정류기의 출력전압 평균값이 2,000[V]이고 맥동률이 3[%]이면 교류분은 몇 [V] 포함되어 있는가?

① 20
② 30
③ 60
④ 70

Explanation

$$맥동률 = \frac{교류분}{직류분} \times 100 = \sqrt{\frac{실효값^2 - 평균값^2}{평균값^2}} \times 100 [\%]$$

교류분 = 맥동률×직류분 = 0.03×2,000 = 60[V]

【답】③

43 직류기에서 전류용량이 크고 저전압 대전류에 가장 적합한 브러시 재료는?

① 탄소질
② 금속 탄소질
③ 금속 흑연질
④ 전기 흑연질

Explanation

브러시의 종류
- 탄소 브러시(접촉저항이 크기 때문에 직류기에 사용)
- 흑연질 브러시
- 전기 흑연질 브러시(전기 기계에 대부분 사용)
- 금속 흑연질 브러시(전기 분해 등의 저전압 대전류용기기에 사용)

【답】③

44 동기발전기 종류 중 회전계자형의 특징으로 옳은 것은?

① 고주파 발전기에 사용
② 극소용량, 특수용으로 사용
③ 소요전력이 크고 기구적으로 복잡
④ 기계적으로 튼튼하여 가장 많이 사용

Explanation

동기 발전기 : 회전 계자형
- 계자는 기계적으로 튼튼하고 구조가 간단하여 회전 유리
- 계자회로는 직류로 소요 전력이 적다.
- 절연이 용이
- 전기자는 Y결선으로 복잡하다.

【답】④

45

전압비 a인 단상변압기 3대를 1차 △결선, 2차 Y결선으로 하고 1차에 선간전압 V[V]를 가했을 때 무부하 2차 선간전압[V]은?

① $\dfrac{V}{a}$ ② $\dfrac{a}{V}$ ③ $\sqrt{3}\,\dfrac{V}{a}$ ④ $\sqrt{3}\,\dfrac{a}{V}$

Explanation

변압기의 에너지 전달
1차에서 2차로 갈 때 에너지 전달 상 : 상으로 전달되며, 전압은 권수비가 있는 경우 2차 전압은 권수비로 나누고 2차 전류는 권수비를 곱한다.
문제에서는 1차측이 △결선이므로 상전압과 선간전압이 같으므로 상전압은 V가 되며,
2차측은 Y결선이므로 상전압이 V라면 무부하 선간전압은 $\sqrt{3}\,V$가 되며,
이 때 2차 전압은 1차 전압을 권수비로 나누므로 2차 선간전압은 $V_2 = \dfrac{\sqrt{3}}{a}V$가 된다.

【답】③

46

단상 및 3상 유도전압조정기에 대한 설명으로 옳은 것은?
① 3상 유도전압조정기에는 단락권선이 필요 없다.
② 3상 유도전압조정기의 1차와 2차 전압은 동상이다.
③ 단락권선은 단상 및 3상 유도전압조정기 모두 필요하다.
④ 단상 유도전압조정기의 기전력은 회전자계에 의해서 유도된다.

Explanation

유도전압조정기

종류	단상 유도 전압 조정기	3상 유도 전압 조정기
전압조정범위	$V_2 = V_1 + E_2\cos\theta$	$V_2 = \sqrt{3}(V_1 \pm E_2)$
조정 정격 용량	$P_2 = E_2 I_2 \times 10^{-3}$[kVA]	$P_2 = \sqrt{3}\,E_2 I_2 \times 10^{-3}$[kVA]
정격 출력(부하)	$P = V_2 I_2 \times 10^{-3}$[kVA]	$P = \sqrt{3}\,V_2 I_2 \times 10^{-3}$[kVA]
특징	교번자계 이용 입력과 출력 위상차 없음 단락권선 필요	회전자계 이용 입력과 출력 위상차 있음 단락권선 필요 없음

【답】①

47

12극과 8극인 2개의 유도전동기를 종속법에 의한 직렬접속법으로 속도제어 할 때 전원주파수가 60[Hz]인 경우 무부하 속도 N_0는 몇 [rps]인가?

① 5 ② 6
③ 200 ④ 360

Explanation

권선형 유도전동기 속도제어법(종속접속법)
직렬 종속 시 $N = \dfrac{120}{P_1 + P_2}f = \dfrac{120}{12+8}\times 60 = 360$[rpm]이며,
초당 회전속도는 360/60 = 6[rps]

【답】②

48

인버터에 대한 설명으로 옳은 것은?
① 직류를 교류로 변환
② 교류를 교류로 변환
③ 직류를 직류로 변환
④ 교류를 직류로 변환

> **Explanation**
> - 사이클로 컨버터 : AC전력을 증폭(제어 정류기를 사용한 주파수 변환기)
> - AC → DC : 정류기(컨버터)
> - DC → AC : 인버터
> - DC → DC : 초퍼(직류식 전기철도(직권 전동기))

【답】①

49 ★★☆☆☆ 직류전동기의 역기전력에 대한 설명으로 틀린 것은?
① 역기전력은 속도에 비례한다.
② 역기전력은 회전방향에 따라 크기가 다르다.
③ 역기전력이 증가할수록 전기자 전류는 감소한다.
④ 부하가 걸려 있을 때에는 역기전력은 공급전압보다 크기가 작다.

> **Explanation**
> 직류전동기 역기전력 $E = K\phi N = V - I_a R_a [\text{V}]$

【답】②

50 ★★☆☆☆ 유도전동기의 실부하법에서 부하로 쓰이지 않는 것은?
① 전동발전기
② 전기동력계
③ 프로니 브레이크
④ 손실을 알고 있는 직류발전기

> **Explanation**
> 변압기 온도시험
> - 실부하법(전기동력계, 프로니 브레이크, 손실을 알고 있는 직류 발전기)
> - 반환부하법 : 일반적인 방법(효율 우수)
>   홉킨스법, 블론델법, 카프법

【답】①

51 ★☆☆☆☆ 직류기의 구조가 아닌 것은?
① 계자 권선
② 전기자 권선
③ 내철형 철심
④ 전기자 철심

> **Explanation**
> - 직류기의 구조는 전기자(철심, 권선), 계자(철심, 권선), 정류자, 브러시로 구성되며,
> - 직류기의 3요소라 하면 전기자, 계자, 정류자를 말한다.

【답】③

52 ★★☆☆☆ 30[kW]의 3상 유도전동기에 전력을 공급할 때 2대의 단상변압기를 사용하는 경우 변압기의 용량은 약 몇 [kVA]인가?(단, 전동기의 역률과 효율은 각각 84[%], 86[%]이고 전동기 손실은 무시한다)
① 17
② 24
③ 51
④ 72

> **Explanation**
> 변압기의 용량 $P = \dfrac{\text{출력[kW]}}{\text{역률} \times \text{효율}} = \dfrac{30}{0.84 \times 0.86} = 41.53[\text{kVA}]$
> 2대의 단상변압기를 사용 : V 결선이므로
> $P_V = \sqrt{3} K$에서 변압기 1대 용량 $K = \dfrac{41.53}{\sqrt{3}} = 24[\text{kVA}]$

【답】②

53 3상, 6극, 슬롯 수 54의 동기발전기가 있다. 어떤 전기자 코일의 두 변이 제 1슬롯과 제 8슬롯에 들어있다면 단절권 계수는 약 얼마인가?
① 0.9397
② 0.9567
③ 0.9837
④ 0.9117

Explanation

$$\beta = \frac{코일간격}{극간격} = \frac{7}{9}$$

단절권 계수 $K_p = \sin\frac{\beta\pi}{2} = \sin\frac{(\frac{7}{9})\times\pi}{2} = 0.9397$

【답】①

54 부흐홀츠 계전기로 보호되는 기기는?
① 변압기
② 발전기
③ 유도전동기
④ 회전변류기

Explanation

변압기 내부 고장 보호용
• 전기적인 보호 : 비율 차동 계전기(3상)
• 기계적인 보호 : 부흐홀츠 계전기, 유온계(온도 계전기), 유위계, 충격압력 계전기

【답】①

55 변압기의 효율이 가장 좋을 때의 조건은?
① 철손 = 동손
② 철손 = $\frac{1}{2}$동손
③ $\frac{1}{2}$철손 = 동손
④ 철손 = $\frac{2}{3}$동손

Explanation

전부하 시 변압기 최대효율 조건 : 철손 = 동손
$\frac{1}{m}$ 부하의 경우, 최대 효율 조건 : $P_i = (\frac{1}{m})^2 P_c$

【답】①

56 직류전동기 중 부하가 변하면 속도가 심하게 변하는 전동기는?
① 분권전동기
② 직권 전동기
③ 자동 복권전동기
④ 가동 복권전동기

Explanation

직류 직권전동기 $T \propto I^2 \propto \frac{1}{N^2}$ 이므로 부하에 따라 속도가 크게 변동한다.

【답】②

57 1차 전압 6,900[V], 1차 권선 3,000회, 권수비 20의 변압기가 60[Hz]에 사용할 때 철심의 최대 자속[Wb]은?
① 0.76×10^{-4}
② 8.63×10^{-3}
③ 80×10^{-3}
④ 90×10^{-3}

Explanation

유기기전력 $E_1 = 4.44 f \phi_m N_1$

최대 자속 $\phi_m = \dfrac{E_1}{4.44 f N_1} = \dfrac{6,900}{4.44 \times 60 \times 3,000} = 0.00863 = 8.63 \times 10^{-3}$ [Wb]

【답】②

58 표면을 절연 피막처리 한 규소강판을 성층하는 이유로 옳은 것은?
① 절연성을 높이기 위해
② 히스테리시스손을 작게 하기 위해
③ 자속을 보다 잘 통하게 하기 위해
④ 와전류에 의한 손실을 작게 하기 위해

Explanation

- 히스테리시스손 감소 : 규소강판 사용
- 와류손 감소 : 성층철심 사용

【답】④

59 단상 유도전동기 중 기동토크가 가장 작은 것은?
① 반발 기동형
② 분상 기동형
③ 쉐이딩 코일형
④ 커패시터 기동형

Explanation

단상 유도전동기 기동 토크가 큰 순서
반발 기동형 > 반발 유도형 > 콘덴서 기동형 > 분상 기동형 > 셰이딩코일형 > 모노사이클릭형

【답】③

60 동기기의 전기자 권선법으로 적합하지 않은 것은?
① 중권
② 2층권
③ 분포권
④ 환상권

Explanation

동기기 전기자 권선법
- 분포권
  - 고조파를 제거하여 기전력의 파형을 개선
  - 누설 리액턴스를 감소
- 단절권
  - 고조파를 제거하여 기전력의 파형을 개선
  - 코일의 길이, 동량이 절약

【답】④

4과목　회로이론

61 $e_i(t) = Ri(t) + L\dfrac{di(t)}{dt} + \dfrac{1}{C}\int i(t)dt$ 에서 모든 초기 값을 0으로 하고 라플라스 변환했을 때 $I(s)$는?(단, $I(s)$, $E_i(s)$는 각각 $i(t)$, $e_i(t)$를 라플라스 변환한 것이다.)

① $\dfrac{Cs}{LCs^2 + RCs + 1} E_i(s)$

② $\dfrac{1}{R + Ls + \dfrac{s}{C}} E_i(s)$

③ $\dfrac{1}{R + Ls + Cs^2} E_i(s)$

④ $\left(R + Ls + \dfrac{1}{Cs}\right) E_i(s)$

> **Explanation**

양변을 라플라스 변환하면

$E_i(s) = RI(s) + LsI(s) + \frac{1}{Cs}I(s)$

$E_i(s) = \left(R + sL + \frac{1}{sC}\right)I(s)$

$\therefore I(s) = \dfrac{1}{sL + R + \dfrac{1}{sC}} E_i(s) = \dfrac{Cs}{LCs^2 + RCs + 1} E_i(s)$

【답】①

62 ★★★★★ 기본파의 30[%]인 제3고조파와 기본파의 20[%]인 제5고조파를 포함하는 전압의 왜형률은 약 얼마인가?

① 0.21
② 0.31
③ 0.36
④ 0.42

> **Explanation**

왜형률 $= \dfrac{\text{각 고조파의 실횻값의 합}}{\text{기본파의 실횻값}}$

$= \dfrac{\sqrt{V_3^2 + V_5^2}}{V_1} = \dfrac{\sqrt{0.3^2 + 0.2^2}}{1} = 0.36$

【답】③

63 ★★★★★ 3상 회로의 대칭분 전압이 $V_0 = -8 + j3[V]$, $V_1 = 6 - j8[V]$, $V_2 = 8 + j12[V]$일 때 a상의 전압[V]은?

① $5 - j6$
② $5 + j6$
③ $6 - j7$
④ $6 + j7$

> **Explanation**

대칭좌표법을 이용하면

$\begin{bmatrix} V_a \\ V_b \\ V_c \end{bmatrix} = \begin{bmatrix} 1 & 1 & 1 \\ 1 & a^2 & a \\ 1 & a & a^2 \end{bmatrix} \begin{bmatrix} V_0 \\ V_1 \\ V_2 \end{bmatrix}$ 에서

a상 전압 $V_a = V_0 + V_1 + V_2$
$= -8 + j3 + 6 - j8 - 8 + j12 = 6 + j7[V]$

【답】④

64 ★★☆☆☆ 어느 회로에 $V = 120 + j90[V]$의 전압을 인가하면 $I = 3 + j4[A]$의 전류가 흐른다. 이 회로의 역률은?

① 0.92
② 0.94
③ 0.96
④ 0.98

> **Explanation**

$E = 120 + j90 = 150\angle 36.87°$
$I = 3 + j4 = 5\angle 53.13°$

임피던스 $Z = \dfrac{E}{I} = \dfrac{150\angle 36.87°}{5\angle 53.13°} = 30\angle -16.26°$

따라서 역률은 $\cos\theta = \cos(16.26°) = 0.96$

【답】③

65 2단자 회로망에 단상 100[V]의 전압을 가하면 30[A]의 전류가 흐르고 1.8[kW]의 전력이 소비된다. 이 회로망과 병렬로 커패시터를 접속하여 합성 역률을 100[%]로 하기 위한 용량성 리액턴스는 약 몇 [Ω]인가?

① 2.1　　② 4.2
③ 6.3　　④ 8.4

Explanation

【답】②

66 22[kVA]의 부하가 0.8의 역률로 운전될 때 이 부하의 무효전력(kVar)은?

① 11.5　　② 12.3
③ 13.2　　④ 14.5

Explanation

무효전력 $P_r = VI\sin\theta = P_a\sin\theta = 22 \times \sqrt{1-0.8^2} = 13.2[\text{kVar}]$

【답】③

67 어드미턴스 $Y[\mho]$로 표현된 4단자 회로망에서 4단자 정수 행렬 T는?

(단, $\begin{bmatrix} V_1 \\ I_1 \end{bmatrix} = T \begin{bmatrix} V_2 \\ I_2 \end{bmatrix}$, $T = \begin{bmatrix} A & B \\ C & D \end{bmatrix}$)

① $\begin{bmatrix} 1 & 0 \\ Y & 1 \end{bmatrix}$　　② $\begin{bmatrix} 1 & Y \\ 0 & 1 \end{bmatrix}$

③ $\begin{bmatrix} 1 & 0 \\ \frac{1}{Y} & 1 \end{bmatrix}$　　④ $\begin{bmatrix} Y & 1 \\ 1 & 0 \end{bmatrix}$

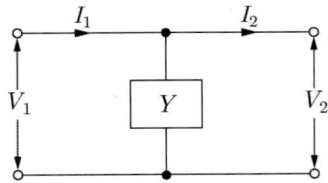

Explanation

• 직렬회로 : 임피던스 성분(matrix B 성분)　　• 병렬회로 : 어드미턴스 성분(matrix C 성분)

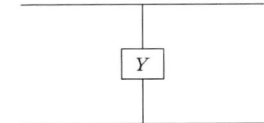

$\begin{bmatrix} 1 & Z \\ 0 & 1 \end{bmatrix}$　　　　$\begin{bmatrix} 1 & 0 \\ Y & 1 \end{bmatrix}$

【답】①

68 회로에서 10[Ω]의 저항에 흐르는 전류[A]은?

① 13
② 14
③ 15
④ 16

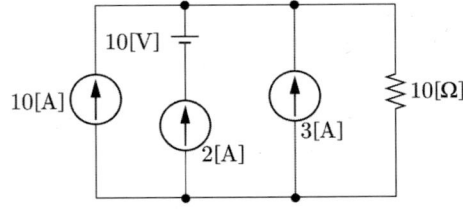

Explanation

중첩의 원리에 의해
- 전압원과 전류원이 단독 직렬 : 전압원 단락
- 전압원과 전류원이 단독 병렬 : 전류원 개방

따라서, $10[\Omega]$의 저항에 흐르는 전류 $I_R = 10 + 2 + 3 = 15[A]$

【답】③

69. $10[\Omega]$의 저항 5개를 접속하여 얻을 수 있는 합성저항 중 가장 적은 값은 몇 $[\Omega]$인가?

① 10
② 5
③ 2
④ 0.5

Explanation

- 저항 5개 직렬연결 : $R_T = nR = 5 \times 10 = 50[\Omega]$ 최대
- 저항 5개 병렬연결 : $R_T = \dfrac{R}{n} = \dfrac{10}{5} = 2[\Omega]$ 최소

【답】③

70. 동일한 용량 2대의 단상 변압기를 V 결선하여 3상으로 운전하고 있다. 단상 변압기 2대의 용량에 대한 3상 V 결선시 변압기 용량의 비인 변압기 이용률은 약 몇 [%]인가?

① 57.7
② 70.7
③ 80.1
④ 86.6

Explanation

V결선 변압기의 출력 $P_V = \sqrt{3}K$ 여기서, K는 변압기 1대 용량

V결선 이용률 $= \dfrac{\sqrt{3}K}{2K} = \dfrac{\sqrt{3}}{2} \times 100 = 86.6[\%]$

【답】④

71. 4단자 회로망에서의 영상 임피던스$[\Omega]$는?

① $j\dfrac{1}{50}$
② -1
③ 1
④ 0

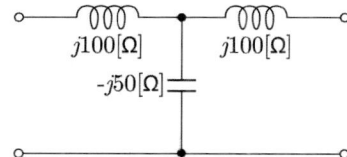

Explanation

T형 4단자 정수에서 좌우대칭인 경우 $A = D$이며

$\begin{bmatrix} A & B \\ C & D \end{bmatrix} = \begin{bmatrix} 1 & j100 \\ 0 & 1 \end{bmatrix} \begin{bmatrix} 1 & 0 \\ \dfrac{1}{-j50} & 1 \end{bmatrix} \begin{bmatrix} 1 & j100 \\ 0 & 1 \end{bmatrix} = \begin{bmatrix} -1 & 0 \\ j\dfrac{1}{50} & -1 \end{bmatrix}$

$\therefore Z_0 = Z_{01} = Z_{02} = \sqrt{\dfrac{B}{C}} = \sqrt{\dfrac{0}{j\dfrac{1}{50}}} = 0$

【답】④

72. $i(t) = 3\sqrt{2}\sin(377t - 30°)[A]$의 평균값은 약 몇 [A]인가?

① 1.35
② 2.7
③ 4.35
④ 5.4

Explanation

평균값 $I_{av} = \dfrac{2}{\pi}I_m = \dfrac{2}{\pi} \times 3\sqrt{2} = 2.7[A]$

【답】②

73 20[Ω]과 30[Ω]의 병렬회로에서 20[Ω]에 흐르는 전류가 6[A]이라면 전체 전류 I[A]는?

① 3
② 4
③ 9
④ 10

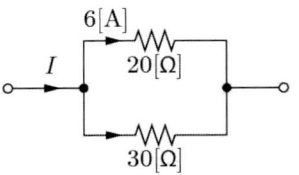

Explanation

20[Ω]에 흐르는 전류가 6[A]이므로
전압 $V = IR = 6 \times 20 = 120$[V]
병렬 시에는 전압이 같으므로 $I = \dfrac{V}{R} = \dfrac{120}{30} = 4$[A]
따라서 전체전류는 $I = 6 + 4 = 10$[A]

【답】④

74 $F(s) = \dfrac{A}{\alpha + s}$ 의 라플라스 역변환은?

① αe^{At}
② $Ae^{\alpha t}$
③ αe^{-At}
④ $Ae^{-\alpha t}$

Explanation

지수함수의 라플라스 역변환은 라플라스 변환표에서

지수 감쇠 함수	e^{-at}	$\dfrac{1}{s+a}$

따라서 $F(s) = \dfrac{A}{s+\alpha} \rightarrow f(t) = Ae^{-\alpha t}$ 가 된다.

【답】④

75 RC 직렬회로의 과도현상에 대한 설명으로 옳은 것은?

① 과도상태 전류의 크기는 $(R \times C)$의 값과 무관하다.
② $(R \times C)$의 값이 클수록 과도상태 전류의 크기는 빨리 사라진다.
③ $(R \times C)$의 값이 클수록 과도상태 전류의 크기는 천천히 사라진다.
④ $\dfrac{1}{R \times C}$ 의 값이 클수록 과도상태 전류의 크기는 천천히 사라진다.

Explanation

시정수(Time constant) : 목표 값의 63.2[%]에 도달하는 시간으로 정의
$R-C$ 직렬회로의 시정수 $\tau = RC$
시정수가 클수록 과도현상은 오래 지속된다.

【답】③

76 그림과 같은 불평형 Y형 회로에 평형 3상 전압을 가할 경우 중성점의 전위 $V_{n'n}$[V]는?(단, Y_1, Y_2, Y_3는 각 상의 어드미턴스[℧], Z_1, Z_2, Z_3는 각 어드미턴스에 대한 임피던스[Ω])

① $\dfrac{E_1 + E_2 + E_3}{Z_1 + Z_2 + Z_3}$

② $\dfrac{Z_1 E_1 + Z_2 E_2 + Z_3 E_3}{Z_1 + Z_2 + Z_3}$

③ $\dfrac{E_1 + E_2 + E_3}{Y_1 + Y_2 + Y_3}$

④ $\dfrac{Y_1 E_1 + Y_2 E_2 + Y_3 E_3}{Y_1 + Y_2 + Y_3}$

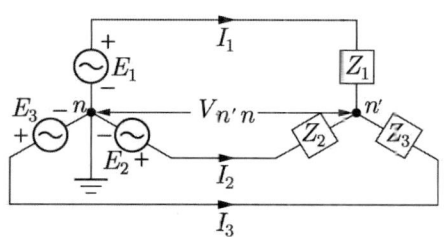

Explanation

밀만의 정리를 이용하면

중성점의 전위 $V_o = \dfrac{\dfrac{E_1 + E_2 - E_3}{Z_1 + Z_2 + Z_3}}{\dfrac{1}{Z_1} + \dfrac{1}{Z_2} + \dfrac{1}{Z_3}} = \dfrac{Y_1 E_1 + Y_2 E_2 + Y_3 E_3}{Y_1 + Y_2 + Y_3}$

【답】 ④

77 병렬회로에서 $t = 0$일 때 스위치 S를 닫는 경우 $R[\Omega]$에 흐르는 전류 $i_R(t)$[A]는?

① $I_0(1 - e^{-\frac{R}{L}t})$

② $I_0(1 + e^{-\frac{R}{L}t})$

③ I_0

④ $I_0 e^{-\frac{R}{L}t}$

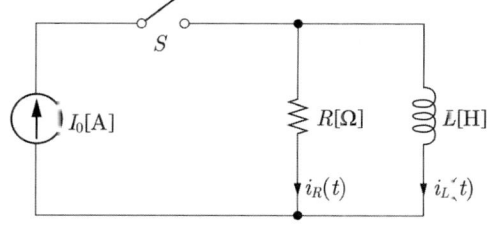

Explanation

스위치를 닫으면 초기에는 저항 R에 전류가 다 흐르게 되고
시간이 지나면(정상상태)에서는 인덕터가 단락되므로 저항 R에 전류가 흐르지 않는다.

따라서 저항에 전류는 $i_R(t) = I_0 e^{-\frac{R}{L}t}$ [A]

【답】 ④

78 1상의 임피던스가 $14 + j48$[Ω]인 평형 △부하에 선간전압이 200[V]인 평형 3상 전압이 인가될 때 이 부하의 피상전력[VA]은?

① 1,200

② 1,384

③ 2,400

④ 4,157

Explanation

3상 피상전력 $P_a = 3I_p^2 Z = 3\left(\dfrac{V_p}{\sqrt{R^2 + X^2}}\right)^2 Z = \dfrac{3V_p^2 Z}{R^2 + X^2}$

$= \dfrac{3 \times 200^2 \times \sqrt{14^2 + 48^2}}{14^2 + 48^2} = 2,400$[VA]

【답】 ③

79 $i(t) = 100 + 50\sqrt{2}\sin\omega t + 20\sqrt{2}\sin(3\omega t + \frac{\pi}{6})$[A]로 표현되는 비정현파 전류의 실효값은 약 몇 [A]인가?

① 20
② 50
③ 114
④ 150

Explanation

비정현파의 실효값 : 각파의 실효값 제곱의 합의 제곱근
$I = \sqrt{I_0^2 + I_1^2 + I_2^2 + \cdots + I_n^2}$
$= \sqrt{100^2 + 50^2 + 20^2} = 114$[A]

【답】③

80 저항만으로 구성된 그림의 회로에 평형 3상 전압을 가했을 때 각 선에 흐르는 선전류가 모두 같게 되기 위한 $R[\Omega]$의 값은?

① 2
② 4
③ 6
④ 8

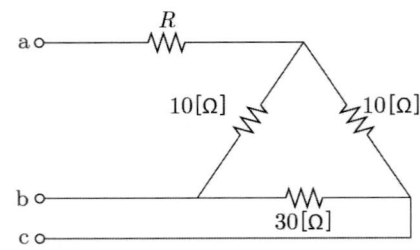

Explanation

상전압을 가하여 각 선전류를 같게 하려면 Y결선하여야 하며
△결선의 저항을 Y결선 저항으로 변환하면

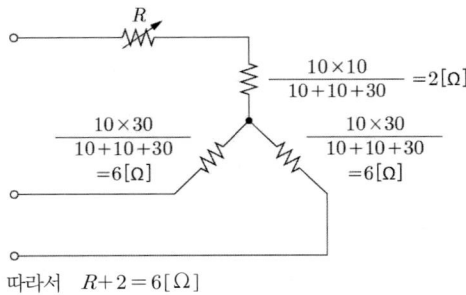

따라서 $R + 2 = 6[\Omega]$
$R = 6 - 2 = 4[\Omega]$

【답】②

5과목 전기설비기술기준

81 KEC 적용으로 인하여 삭제되었습니다.

82 154[kV] 가공송전선과 식물과의 최소 이격거리는 몇 [m]인가?

① 2.8
② 3.2
③ 3.8
④ 4.2

Explanation

(KEC 333.30조) 특고압 가공 전선과 식물의 이격거리

사용전압의 구분	이격거리
60[kV] 이하	2[m]
60[kV] 초과	2[m]에 사용전압이 60[kV]를 초과하는 10[kV] 또는 그 단수마다 0.12[m]를 더한 값

단수 $n = \dfrac{154-60}{10} = 9.4$ (절상) → 10단 ∴ 이격거리 $= 2 + 10 \times 0.12 = 3.2[m]$ 【답】②

83 다음 ( )의 ㉠, ㉡에 들어갈 내용으로 옳은 것은?

> "전기철도용 급전선"이란 전기철도용 (㉠)로부터 다른 전기철도용 (㉠) 또는 (㉡)에 이르는 전선을 말한다.

① ㉠ 급전소, ㉡ 개폐소
② ㉠ 궤전선, ㉡ 변전소
③ ㉠ 변전소, ㉡ 전차선
④ ㉠ 전차선, ㉡ 급전소

Explanation

(KEC 112조) 용어 정의
"전기철도용 급전선"이란 전기철도용 변전소로부터 다른 전기철도용 변전소 또는 전차선에 이르는 전선을 달한다. 【답】③

84 제1종 특고압 보안공사로 시설하는 전선로의 지지물로 사용할 수 없는 것은?

① 목주
② 철탑
③ B종 철주
④ E종 철근 콘크리트주

Explanation

(KEC 333.22조) 특고압 보안공사
제1종 특고압 보안공사의 지지물에는 B종 철주, B종 철근 콘크리트주 또는 철탑 사용(목주, A종 사용 금지) 【답】①

85 저압 가공인입선 시설 시 도로를 횡단하여 시설하는 경우 노면상 높이는 몇 [m] 이상으로 하여야 하는가?

① 4
② 4.5
③ 5
④ 5.5

Explanation

(KEC 221.1.1조) 저압 인입선의 시설
전선의 높이는 다음에 의할 것
• **도로를 횡단하는 경우에는 노면상 5[m]** (기술상 부득이한 경우에 교통에 지장이 없을 때에는 3[m]) 이상
• 철도 또는 궤도를 횡단하는 경우에는 레일면상 6.5[m] 이상
• 횡단보도교의 위에 시설하는 경우에는 노면상 3[m] 이상
• 위의 경우 이외에는 지표상 4[m](기술상 부득이한 경우에 교통에 지장이 없을 때에는 2.5[m]) 이상 【답】③

86 기구 등의 전로의 절연내력 시험에서 최대 사용전압이 60[kV]를 초과하는 기구 등의 전로로서 중성점 비접지식 전로에 접속하는 것은 최대 사용전압의 몇 배의 전압에 10분간 견디어야 하는가?

① 0.72
② 0.92
③ 1.25
④ 1.5

> **Explanation**

(KEC 136조) 기구 등의 전로의 절연내력

접지방식	최대 사용전압	시험 전압(최대 사용전압 배수)	최저 시험 전압
비접지	7[kV] 이하	1.5배	500[V]
	7[kV] 초과	1.25배	10,500[V]

【답】 ③

87 ★★★★★ 저압 가공전선(다중접지된 중성선은 제외한다)과 고압 가공전선을 동일 지지물에 시설하는 경우 저압 가공전선과 고압 가공전선 사이의 이격거리는 몇 [m] 이상이어야 하는가?(단, 각도주(角度柱) 분기주(分岐柱) 등에서 혼촉(混觸)의 우려가 없도록 시설하는 경우가 아니다)
① 0.5
② 0.6
③ 0.8
④ 1

> **Explanation**

(KEC 332.8조) 고압 가공 전선 등의 병행설치
① 저압 가공전선을 고압 가공전선의 아래로 하고 별개의 완금류에 시설할 것
② 저압 가공전선과 고압 가공전선 사이의 이격거리는 0.5[m] 이상일 것. 다만, 각도주·분기주 등에서 혼촉의 우려가 없도록 시설하는 경우에는 그러하지 아니하다.

【답】 ①

88 ★★★★★ 폭연성 분진이 많은 장소의 저압 옥내배선에 적합한 배선공사방법은?
① 금속관 공사
② 애자공사
③ 합성수지관 공사
④ 가요전선관 공사

> **Explanation**

(KEC 242.2.1조) 폭연성 분진 위험장소
폭연성 분진 또는 화약류의 분말이 전기설비가 발화원이 되어 폭발할 우려가 있는 곳에 시설하는 저압 옥내 전기설비는 **금속관 공사 또는 케이블 공사**에 의할 것.

【답】 ①

89 ★★★★★ 절연내력시험은 전로와 대지 사이에 연속하여 10분간 가하여 절연내력을 시험하였을 때 이에 견디어야 한다. 최대 사용전압이 22.9[kV]인 중성선 다중 접지식 가공전선로의 전로와 대지 사이의 절연내력 시험전압은 몇 [kV]인가?
① 16.488
② 21.068
③ 22.900
④ 28.625

> **Explanation**

(KEC 132조) 고압·특고압의 전로의 절연내력

접지방식	최대 사용전압	시험 전압(최대 사용전압 배수)	최저 시험 전압
중성점 다중 접지	25[kV] 이하	0.92배	

절연내력시험전압 = 22,900 × 0.92 = 21,068[V]

【답】 ②

90 ★★☆☆☆ 특고압 가공전선로의 지지물에 시설하는 통신선 또는 이에 직접 접속하는 통신선이 도로 횡단보도교 철도의 레일 등 또는 교류 전차선 등과 교차하는 경우의 시설기준으로 옳은 것은?
① 인장강도 4.0[kN] 이상의 것 또는 지름 3.5[mm] 경동선일 것
② 통신선이 케이블 또는 광섬유 케이블일 때는 이격거리의 제한이 없다.

③ 통신선과 삭도 또는 다른 가공약전류 전선 등 사이의 이격거리는 20[cm] 이상으로 할 것
④ 통신선이 도로 횡단보도교 철도의 레일과 교차하는 경우에는 통신선을 지름 4[mm]의 절연전선과 동등 이상의 절연 효력이 있을 것

Explanation

(KEC 362.2조) 전력보안통신선의 시설 높이와 이격거리
특고압 가공전선로의 지지물에 시설하는 통신선 또는 이에 직접 접속하는 통신선이 도로·횡단보도교·철도의 레일·삭도·가공전선·다른 가공약전류 전선 등) 또는 교류 전차선 등과 교차하는 경우에는 다음 각 호에 따라 시설하여야 한다.
① 통신선이 도로·횡단보도교·철도의 레일 또는 삭도와 교차하는 경우에는 통신선은 지름 4[mm]의 절연전선과 동등 이상의 절연 효력이 있는 것, 인장강도 8.01 kN 이상의 것 또는 지름 5[mm]의 경동선일 것.
② 통신선과 삭도 또는 다른 가공약전류 전선 등 사이의 이격거리는 0.8[m](통신선이 케이블 또는 광섬유 케이블일 때는 0.4[m]) 이상으로 할 것.
【답】④

91 시가지 또는 그 밖에 인가가 밀집한 지역에 154[kV] 가공 전선로의 전선을 케이블로 시설하고자 한다. 이때 가공전선을 지지하는 애자장치의 50[%] 충격섬락전압 값이 그 전선의 근접한 다른 부분을 지지하는 애자장치 값의 몇 [%] 이상이어야 하는가?
① 75
② 100
③ 105
④ 110

Explanation

(KEC 333.1조) 시가지 등에서 특고압 가공 전선로의 시설
특고압 가공전선을 지지하는 애자장치는 다음에 의할 것.
① 50[%] 충격섬락전압 값이 그 전선의 근접한 다른 부분을 지지하는 애자장치 값의 110[%](사용전압이 130[kV]를 초과하는 경우는 105 [%]) 이상인 것
【답】③

92 변압기에 의하여 154[kV]에 결합되는 3,300[V] 전로에는 몇 배 이하의 사용전압이 가하여진 경우에 방전하는 장치를 그 변압기의 단자에 가까운 1극에 시설하여야 하는가?
① 2
② 3
③ 4
④ 5

Explanation

(KEC 322.3조) 특고압과 고압의 혼촉 등에 의한 위험방지 시설
변압기에 의해 특고압 전로에 결합하는 고압 전로에는 사용 전압이 3배 이하인 전압이 가해진 경우 방전하는 장치를 변압기 단자 가까운 1극에 설치해야 한다.
【답】②

93 고압 가공전선으로 ACSR(강심알루미늄연선)을 사용할 때의 안전율은 얼마 이상이 되는 처짐정도(이도)로 시설하여야 하는가?
① 1.38
② 2.1
③ 2.5
④ 4.01

Explanation

(KEC 332.4조) 고압 가공 전선의 안전율
고압 가공 전선은 케이블인 경우 이외에는 다음 각 호에 규정하는 경우에 그 안전율이 경동선 또는 내열 동합금선은 2.2 이상, 그 밖의 전선은 2.5 이상이 되는 처짐정도(이도)로 시설하여야 한다.
【답】③

94 발전기를 구동하는 풍차의 압유장치의 유압, 압축공기장치의 공기압 또는 전동식 브레이드 제어장치의 전원전압이 현저히 저하한 경우 발전기를 자동적으로 전로로부터 차단하는 장치를 시설하여야 하는 발전기 용량은 몇 [kVA] 이상인가?
① 100
② 300
③ 500
④ 1,000

Explanation

(KEC 351.3조) 발전기 등의 보호 장치
용량 100 [kVA]이상의 발전기를 구동하는 풍차(風車)의 압유장치의 유압, 압축 공기장치의 공기압 또는 전동식 브레이드 제어장치의 전원전압이 현저히 저하한 경우
【답】①

95 욕조나 샤워시설이 있는 욕실 또는 화장실 등 인체가 물에 젖어있는 상태에서 전기를 사용하는 장소에 콘센트를 시설하는 경우에 적합한 누전차단기는?
① 정격감도전류 15[mA] 이하, 동작시간 0.03초 이하의 전류동작형 누전차단기
② 정격감도전류 15[mA] 이하, 동작시간 0.03초 이하의 전압동작형 누전차단기
③ 정격감도전류 20[mA] 이하, 동작시간 0.3초 이하의 전류동작형 누전차단기
④ 정격감도전류 20[mA] 이하, 동작시간 0.3초 이하의 전압동작형 누전차단기

Explanation

(KEC 234.5조) 콘센트의 시설
「전기용품 및 생활용품 안전관리법」의 적용을 받는 인체감전보호용 누전차단기(**정격감도전류 15[mA] 이하, 동작시간 0.03초 이하의 전류동작형**) 또는 절연변압기(정격용량 3 [kVA] 이하)로 보호된 전로에 접속하거나, 인체감전보호용 누전차단기가 부착된 콘센트를 시설
【답】①

96 수영장용 수중조명등에 전기를 공급하기 위하여 사용되는 절연변압기에 대한 설명으로 틀린 것은?
① 절연변압기 2차측 전로의 사용전압은 150[V] 이하이어야 한다.
② 절연변압기의 2차측 전로에는 반드시 접지공사를 하며, 그 저항 값은 5[Ω] 이하가 되도록 하여야 한다.
③ 절연변압기 2차측 전로의 사용전압이 30[V] 이하인 경우에는 1차 권선과 2차 권선 사이에 금속제의 혼촉방지판이 있어야 한다.
④ 절연변압기의 2차측 전로의 사용전압이 30[V]를 초과하는 경우에는 그 전로에 지락이 생겼을 때에 자동적으로 전로를 차단하는 장치가 있어야 한다.

Explanation

(KEC 234.14조) 수중조명등
① 절연 변압기는 그 2차측 전로의 사용전압이 30[V] 이하인 경우에는 1차 권선과 2차권선 사이에 금속제의 혼촉방지판을 설치하여야 하며 또한 이를 접지공사 할 것
② **절연변압기의 2차 측 전로는 접지하지 말 것**
【답】②

97 건조한 곳에 시설하고 또한 내부를 건조한 상태로 사용하는 진열장 안의 사용전압이 400[V] 이하인 저압 옥내배선은 외부에서 보기 쉬운 곳에 한하여 코드 또는 캡타이어 케이블을 조영재에 접촉하여 시설할 수 있다. 이때 전선의 붙임점 간의 거리는 몇 [m] 이하로 시설하여야 하는가?
① 0.5
② 1.0
③ 1.5
④ 2.0

Explanation

(KEC 234.8조) 진열장 또는 이와 유사한 것의 내부 배선
건조한 곳에 시설하고 내부를 건조한 상태로 사용하는 진열장 또는 진열장 안의 사용전압이 400[V] 이하인 저압 옥내 배선은 외부에서 보기 쉬운 곳에 한하여 단면적 0.75[㎟] 이상의 코드 또는 **캡타이어 케이블 1[m]** 이하마다 지지하여 시설 할 수 있다.

【답】②

98 ★★★★★ 가공전선로의 지지물에 사용하는 지지선의 시설기준과 관련된 내용으로 틀린 것은?

① 지지선에 연선을 사용하는 경우 소선 3가닥 이상의 연선일 것
② 지지선의 안전율은 2.5 이상, 허용 인장하중의 최저는 3.31[kN]으로 할 것
③ 지지선에 연선을 사용하는 경우 소선의 지름이 2.6[㎜] 이상의 금속선을 사용한 것일 것
④ 가공전선로의 지지물로 사용하는 철탑은 지지선을 사용하여 그 강도를 분담시키지 않을 것

Explanation

(KEC 331.11조) 지지선의 시설
가공전선로의 지지물로 사용하는 철탑은 지지선을 사용하여 그 강도를 분담시켜서는 아니 된다.
- 지지선의 안전율은 2.5 이상일 것
- **허용 인장 하중의 최저는 4.31[kN]**으로 한다.
- 지지선은 소선 3가닥 이상의 연선일 것
- 소선은 지름 2.6[㎜] 이상의 금속선을 사용할 것
- 지중 부분 및 지표상 0.3[m]까지는 내식성이 있는 것 또는 아연도금 철봉을 사용

【답】②

99 ★★★★★ 뱅크용량 15,000[kVA] 이상인 분로리액터에서 자동적으로 전로로부터 차단하는 장치가 동작하는 경우가 아닌 것은?

① 내부 고장 시
② 과전류 발생 시
③ 과전압 발생 시
④ 온도가 현저히 상승한 경우

Explanation

(KEC 351.5조) 조상설비의 보호장치

설비종별	뱅크용량의 구분	자동적으로 전로로부터 차단하는 장치
전력용 커패시터 및 분로리액터	500[kVA] 초과 15,000[kVA] 미만	내부에 고장이 생긴 경우에 동작하는 장치 또는 과전류가 생긴 경우에 동작하는 장치
	15,000[kVA] 이상	내부에 고장이 생긴 경우에 동작하는 장치 및 과전류가 생긴 경우에 동작하는 장치 또는 과전압이 생긴 경우에 동작하는 장치

【답】④

100 ★★☆☆☆ 발열선을 도로, 주차장 또는 조영물의 조영재에 고정시켜 시설하는 경우, 발열선에 전기를 공급하는 전로의 대지전압은 몇 [V] 이하이어야 하는가?

① 220
② 300
③ 380
④ 600

Explanation

(KEC 241.12조) 도로 등의 전열 장치
발열선에 전기를 공급하는 전로의 **대지전압은 300[V]** 이하일 것

【답】②

2020년 전기공사산업기사 필기

1과목 전기응용

01 열차의 무인운전과 같이 미리 정해진 시간적 변화에 따라 정해진 순서대로 제어하는 방식은?

① 추종제어
② 비율제어
③ 정치제어
④ 프로그램제어

Explanation

추치 제어 : 시간에 따라 값이 변화하는 제어
- 추종 제어 : 목표값이 임의의 시간적 변화(대공포, 레이더)
- **프로그램 제어(시퀀스 제어) : 미리 정해진 신호에 따라 동작(무인제어)**
  (무인열차, 무인엘리베이터, 무인자판기)
- 비율 제어 : 시간에 비례하여 변화(배터리, 공기량)

【답】④

02 열차의 다음은 IGBT에 관한 설명이다. 잘못된 것은?

① Insulated Gate Bipolar Thyristor의 약자이다.
② 트랜지스터와 MOSFET를 조합한 것이다.
③ 고속 스위칭이 가능하다.
④ 전력용 반도체 소자이다.

Explanation

IGBT(Insulated gate bipolar transistor)
- 트랜지스터와 MOSFET를 조합한 것
- 고속 스위칭 소자(MOSFET보다 항복전압이 높고 전류를 크게 흘릴 수 있다.)
- 전력용 반도체 소자(전압 소자 : 게이트 전압을 통해 컬렉터 전류를 제어)

【답】①

03 평균 구면 광도가 90[cd]인 전구로부터의 총 발산 광속[lm]은?

① 1,130
② 1,230
③ 1,330
④ 1,440

Explanation

구광원
$F = 4\pi I = 4 \times \pi \times 90 \fallingdotseq 1,130 \text{[lm]}$

【답】①

04 완전 확산면의 광속 발산도가 2,000[rlx]일 때 휘도는 약 몇 [cd/cm²]인가?

① 0.2
② 0.064
③ 0.682
④ 637

Explanation

완전 확산면(어느 방향에서 보아도 휘도가 같은 면) $R = \pi B = \rho E = \tau E \text{[rlx]}$

$$\therefore B = \frac{R}{\pi} = \frac{2{,}000}{3.14} \, [\text{cd/m}^2][\text{nt}]$$이며 따라서 $B = \frac{2{,}000}{3.14} \times 10^{-4} = 0.064 \, [\text{cd/cm}^2]$

【답】②

05 전자 빔 가열의 특징이 아닌 것은?
① 에너지의 밀도나 분포를 자유로이 조절할 수 없다
② 고융점 재료 및 금속박 재료의 용접이 쉽다.
③ 진공 중에서 가열이 가능하다.
④ 가열범위가 극히 국한될 부분에 집중시킬 수 있어서 열에 의한 변질이 될 부분을 적게 할 수 있다.

Explanation

전자빔가열 : 진공 중에서 고속으로 가열한 전자를 접속하여 그 전자의 충돌에 의한 에너지로 가열하는 방식
- 에너지의 밀도나 분포를 자유로이 조절할 수 있다.
- 고융점 재료 및 금속박 재료의 용접이 쉽다.
- 진공 중에서 가열이 가능하다.
- 가열 범위가 극히 국한될 부분에 집중시킬 수 있어서 열에 의한 변질이 될 부분을 적게 할 수 있다.

【답】①

06 1,000[lm]인 광속을 발산하는 전등 10개를 500[m²] 당에 점등하였다. 평균 조도는 약 몇 [lx]인가? 단, 조명률은 0.5이고 감광보상률이 1.5이다.
① 1.67
② 2.52
③ 6.67
④ 60

Explanation

$FUN = ESD$에서

조도 $E = \dfrac{FUN}{SD} = \dfrac{1{,}000 \times 0.5 \times 10}{500 \times 1.5} = 6.67[\text{lx}]$

【답】③

07 음극만 발광하므로 직류 극성을 판별하는 데 이용되는 것은?
① 형광등
② 수은등
③ 네온전구
④ 나트륨등

Explanation

네온전구
① 발광 원리 : 음극 글로우(부글로우)
② 용도
- 소비 전력이 적으므로 배전반의 파일럿, 종야 등에 적합
- 음극만이 빛나므로 직류의 극성 판별용에 이용
- 일정 전압에서 점화하므로 검전기 교류 파고치의 측정에 쓰임

【답】③

08 플라이휠의 직경을 $D[\text{m}]$, 중량을 $G[\text{kg}]$라고 할 때, 플라이휠 효과(fly-wheel effect)를 구하는 식은?
① $\dfrac{1}{2}GD^2$
② $\dfrac{1}{4}GD^2$
③ $\dfrac{1}{8}GD^2$
④ GD^2

Explanation

플라이휠 효과 = $GD^2 [\text{kg} \cdot \text{m}^2]$

【답】④

09 점광원 150[cd]에서 5[m] 떨어진 곳의 그 방향과 직각인 면과 기울기 60°로 설치된 간판의 조도는 몇 [lx]인가?

① 1
② 2
③ 3
④ 4

Explanation

입사각 코사인의 법칙
$E = \dfrac{I}{r^2}\cos\theta = \dfrac{150}{5^2} \times \cos 60° = 3[\text{lx}]$

【답】 ③

10 알칼리 축전지의 양극에 쓰이는 것은?

① 납
② 철
③ 카드뮴
④ 산화니켈

Explanation

알칼리 축전지
- 양극 : $Ni(OH)_3$ (산화니켈)
- 음극 : Fe(에디슨), Cd(융그너)

【답】 ④

11 교류식 전기철도에서 전압 불평형을 경감시키기 위해 사용되는 급전용 변압기는?

① 흡상 변압기
② 단권변압기
③ 크로스 결선 변압기
④ 스코트 결선 변압기

Explanation

전기철도에 사용
- 전압 불평형 방지 : 스코트 결선(T결선)
- 통신 유도장해 방지법 : 흡상 변압기(BT : Booster Transformer)

【답】 ④

12 용해, 용접, 담금질, 가열 등에 가장 적합한 가열방식은?

① 복사가열
② 유도가열
③ 저항가열
④ 유전가열

Explanation

- 유도가열 : 히스테리시스손과 와류손에 의한 가열
  반도체 정련, 금속의 표면처리, 단결정제조 등에 사용
- 유전가열 : 유전체손에 의한 가열
  목재의 접착, 비닐막 접착, 플라스틱 성형 등에 사용

【답】 ②

13 양수량 $Q = 6 \,[\text{m}^3/\text{min}]$, 총양정 $H = 7.5[\text{m}]$를 양수하는 데 필요한 구동용 전동기의 출력 $P[\text{kW}]$는 대략 얼마인가? 단, 펌프 효율 $\eta = 75[\%]$, 여유 계수 $\alpha = 1.1$이다.

① 8
② 11
③ 6
④ 13

Explanation

양수펌프용 전동기 출력 식
$P = \dfrac{KQH}{6.12\eta} = \dfrac{1.1 \times 6 \times 7.5}{6.12 \times 0.75} = 10.78[\text{kW}]$

【답】 ②

14 저항 용접에 속하지 않는 것은?

① 맞대기용접　　② 이음매용접
③ 점용접　　　　④ 아크용접

Explanation

저항용접 : 용접 모재(용접 또는 절단되는 금속) 간의 접촉저항에 의해 발생하는 열을 이용하는 용접방법
종류 : 점용접, 돌기용접, 심용접, 맞대기용접

【답】 ④

15 아크용접에 주로 사용되는 가스는?

① 산소　　② 헬륨
③ 질소　　④ 오존

Explanation

아크용접 : 수하특성 이용(부하가 증가하면 전압이 급히 강하)
　　　　　용접용에 사용
불활성 가스 용접(헬륨, 아르곤) 알루미늄, 마그네슘의 용접

【답】 ②

16 발열량 5,700[kcal/kg]의 석탄을 150[t] 소비하여 200,000[kWh]를 발전하였을 때의 발전소의 효율은 약 몇 [%]인가?

① 10　　② 20
③ 30　　④ 40

Explanation

발전소 효율

$\eta = \dfrac{전기}{열} = \dfrac{860\,Pt}{mH} \times 100$　여기서, m[kg] : 연료량, H[kcal/kg] : 발열량

$= \dfrac{860 \times 200,000}{150 \times 10^3 \times 5,700} \times 100 = 20\,[\%]$

【답】 ②

17 궤간이 1[m]이고 반경이 1,270[m]인 곡선 궤도를 64[km/h]로 주행하는 데 적당한 고도는 약 몇 [mm]인가?

① 13.4　　② 15.8　　③ 18.6　　④ 25.4

Explanation

고도(Cant) : 운전의 안정성 확보를 위하여 곡선 시 안쪽 레일보다 바깥쪽 레일을 조금 높게 하는 것

$h = \dfrac{GV^2}{127R}[\mathrm{mm}] = \dfrac{1,000 \times 64^2}{127 \times 1,270} = 25.4\,[\mathrm{mm}]$

여기서, G : 궤간[mm], R : 곡선 반지름[m], V : 열차 속도[km/h]

【답】 ④

18 플랑크의 방사 법칙을 이용하여 온도를 측정하는 것은?

① 광고온계　　② 방사 온도계
③ 열전 온도계　④ 저항 온도계

Explanation

• **광고온계 : 플랑크의 방사 법칙**
• 방사(복사) 온도계 : 스테판·볼츠만 법칙
• 열전 온도계 : 제벡 효과
• 저항 온도계 : 측온체의 저항 값 변화

【답】 ①

19 다음 전동기 중 역률이 가장 좋은 전동기는?
  ① 3상 동기전동기
  ② 농형 유도전동기
  ③ 권선형 유도전동기
  ④ 반발 기동 단상 유도전동기

Explanation

동기전동기의 특징
- 정속도 전동기($N_s = \dfrac{120f}{p}$)(속도 조정이 어렵다)
- 기동이 어렵다(설비비가 고가).
- **역률 1.0로 조정 가능 : 진상과 지상전류를 연속 공급 가능(동기 조상기)**
- 저속도 대용량의 전동기 ⇨ 대형 송풍기, 압축기, 압연기, 분쇄기
- 유도기에 비해 전 부하 효율이 양호

【답】①

20 플라이휠을 이용한 전동기의 운전 방식은?
  ① 크래머 방식
  ② 세르비어스 방식
  ③ 부스터 방식
  ④ 일그너 방식

Explanation

직류전동기 속도제어 중 전압제어 방식
- 워드 레오너드 방식 : 관성모멘트가 적은 부하에 사용(엘리베이터 등)
- 일그너 방식 : 플라이 휘일을 사용하여 관성모멘트를 크게 한 것으로 대형부하나 부하가 급변하는 장소에 사용(제철, 제관공장 등에 사용)

【답】④

2과목　전력공학

21 3상 3선식 1선 1[km]의 임피던스가 $Z[\Omega]$이고, 어드미턴스가 $Y[℧]$일 때 특성 임피던스는?
  ① $\sqrt{\dfrac{Z}{Y}}$
  ② $\sqrt{\dfrac{Y}{Z}}$
  ③ $\sqrt{ZY}$
  ④ $\sqrt{Z+Y}$

Explanation

특성 임피던스 $Z_0 = \sqrt{\dfrac{Z}{Y}} = \sqrt{\dfrac{R+j\omega L}{G+j\omega C}} ≒ \sqrt{\dfrac{L}{C}}$

【답】①

22 배전선로의 역률개선에 따른 효과로 적합하지 않은 것은?
  ① 전원측 설비의 이용률 향상
  ② 선로절연에 요하는 비용 절감
  ③ 전압강하 감소
  ④ 선로의 전력손실 경감

Explanation

역률 개선의 효과
- 전력 손실 경감
- 전압강하 경감
- 설비 용량의 여유분 증가
- 전력 요금의 절약

【답】②

23 과전류계전기(OCR)의 탭(tap) 값을 옳게 설명한 것은?

① 계전기의 최소 동작전류
② 계전기의 최대 부하전류
③ 계전기의 동작 시한
④ 변류기의 권수비

Explanation

과전류계전기(O.C.R)의 탭 값 : 계전기의 최소 동작전류

【답】①

24 송전선로에 충전전류가 흐르면 수전단 전압이 송전단 전압보다 높아지는 현상과 이 현상의 발생 원인으로 가장 옳은 것은?

① 페란티 효과, 선로의 인덕턴스 때문
② 페란티 효과, 선로의 정전용량 때문
③ 근접 효과, 선로의 인덕턴스 때문
④ 근접 효과, 선로의 정전용량 때문

Explanation

페란티 현상
- 무부하시 송전단 전압보다 수전단 전압이 커지는 현상
- 발생 원인 : 선로의 정전용량
- 방지법 : 분로리액터(Sh.R)

【답】②

25 3상 차단기의 정격차단용량을 나타낸 것은?

① $\sqrt{3} \times 정격전압 \times 정격전류$
② $\frac{1}{\sqrt{3}} \times 정격전압 \times 정격전류$
③ $\sqrt{3} \times 정격전압 \times 정격차단전류$
④ $\frac{1}{\sqrt{3}} \times 정격전압 \times 정격차단전류$

Explanation

3상용 차단기의 정격용량
$P_s = \sqrt{3} \times 정격전압 \times 정격차단전류 [MVA]$

【답】③

26 100[kVA] 단상변압기 3대를 △-△ 결선으로 사용하다가 1대의 고장으로 V-V결선으로 사용하면 약 몇 [kVA] 부하까지 사용할 수 있는가?

① 150
② 173
③ 225
④ 300

Explanation

V결선 출력
$P_V = \sqrt{3} K = \sqrt{3} \times 100 = 173 [kVA]$ 여기서, K는 변압기 1대 용량

【답】②

27 가공 송전선에 사용되는 애자 1연 중 전압부담이 최대인 애자는?

① 중앙에 있는 애자
② 철탑에 제일 가까운 애자
③ 전선에 제일 가까운 애자
④ 전선으로부터 1/4 지점에 있는 애자

Explanation

애자련의 전압부담
- 전압부담이 최대인 애자 : 전선에 가장 가까운 애자
- 전압부담이 최소인 애자 : 철탑(접지측)에서 1/3 또는 전선에서 2/3 되는 지점의 애자

【답】③

28 지락보호계전기의 동작이 가장 확실한 송전 계통 방식은?
① 고저항 접지식
② 비접지식
③ 소호리액터 접지식
④ 직접 접지식

> **Explanation**
>
> 직접 접지방식의 특징
> - 1선 지락 시 건전상의 대지 전압 상승이 가장 낮다(1.3배 이하로 한다)(절연레벨 경감).
> - 중성점을 0전위로 유지 가능(단절연 가능)
> - **보호계전기 동작이 확실하다.**
> - 정격이 낮은 피뢰기 사용 가능
> - 통신선의 유도장해가 크다.
> - 과도 안정도가 낮다.

【답】④

29 송전선에 복도체를 사용하는 주된 목적은?
① 역률 개선
② 정전용량의 감소
③ 인덕턴스의 증가
④ 코로나 발생의 방지

> **Explanation**
>
> 복도체(다도체) 방식의 주목적 : 코로나 방지
> - 인덕턴스는 감소, 정전용량은 증가
> - 코로나의 방지, 코로나 임계 전압의 상승
> - 송전용량의 증대, 안정도 증대

【답】④

30 선간거리를 D, 전선의 반지름을 r이라 할 때 송전선의 정전용량은?
① $\log_{10} \dfrac{D}{r}$ 에 비례한다.
② $\log_{10} \dfrac{R}{D}$ 에 비례한다.
③ $\log_{10} \dfrac{D}{r}$ 에 반비례한다.
④ $\log_{10} \dfrac{r}{D}$ 에 반비례한다.

> **Explanation**
>
> 작용정전용량 $C = \dfrac{0.02413}{\log_{10} \dfrac{D}{r}} [\mu F/Km]$ 이므로
>
> 작용정전용량은 $\log_{10} \dfrac{D}{r}$ 에 반비례한다.

【답】③

31 다음 중 부하 전류 차단능력이 없는 것은?
① 부하개폐기(LBS)
② 유입차단기(OCB)
③ 진공차단기(VCB)
④ 단로기(DS)

> **Explanation**
>
> 단로기(DS) : 무부하 회로 개폐

【답】④

32 22.9[kV-Y] 배전 선로의 보호 협조기기가 아닌 것은?
① 컷아웃 스위치
② 인터럽터 스위치
③ 리클로저
④ 섹셔널라이저

> **Explanation**

배전 선로의 보호협조
- Recloser(R) : 리클로저. 배전선로에 사용되는 자동재폐로 차단기
- Sectionalizer(S) : 섹쇼널라이저. 구분개폐기로서 사고 차단 능력이 없어서 후비보호장치인 리클로저와 함께 사용
- Fuse(F) : 퓨즈. 부하의 전단이 사용(컷 아웃 스위치)

【답】②

33 다음 중 원자로에서 독작용이란 것을 설명한 것으로 가장 알맞은 것은?

① 열중성자가 독성을 받는 것을 말한다.
② $_{54}Xe^{135}$와 $_{62}Sn^{149}$가 인체에 독성을 주는 작용이다.
③ 열중성자 이용률이 저하되고 반응도가 감소되는 작용을 말한다.
④ 방사성 물질이 생체에 유해 작용을 하는 것을 말한다.

Explanation

독작용 : 열중성자 이용률이 저하되고 반응도가 감소되는 작용

【답】③

34 설비용량 800[kW], 부등률 1.2, 수용률 60[%]일 때, 변전시설 용량은 최저 몇 [kVA] 이상이어야 하는가? 단, 역률은 90[%] 이상 유지되어야 한다고 한다.

① 450[kVA]
② 500[kVA]
③ 550[kVA]
④ 600[kVA]

Explanation

변압기 용량 = $\frac{\text{설비용량} \times \text{수용률}}{\text{부등률} \times \text{역률}}$ [kVA] = $\frac{800 \times 0.6}{1.2 \times 0.9}$ ≒ 444[kVA]

【답】①

35 어떤 발전소의 발전기가 13.2[kV], 용량 9.3[MVA], 동기임피던스 94[%]일 때, 임피던스는 몇 [Ω]인가?

① 9.8[Ω]
② 12.8[Ω]
③ 17.6[Ω]
④ 22.4[Ω]

Explanation

%동기 임피던스

$\%Z_s = \frac{Z_s I}{E} \times 100 = \frac{PZ_s}{10V^2}$ 여기서, 정격전압 V[kV], 정격용량 P[kVA]

$Z_s = \frac{\%Z_s \times 10V^2}{P} = \frac{94 \times 10 \times 13.2^2}{9.3 \times 10^3} = 17.6[\Omega]$

【답】③

36 피뢰기의 구비조건이 아닌 것은?

① 속류의 차단 능력이 충분할 것
② 충격방전 개시전압이 높을 것
③ 상용 주파 방전 개시 전압이 높을 것
④ 방전 내량이 크고, 제한전압이 낮을 것

Explanation

피뢰기의 구비조건
- 상용 주파 방전 개시 전압이 높을 것
- **충격방전 개시전압이 낮을 것**
- 제한전압이 낮을 것
- 속류 차단 능력이 우수할 것

【답】②

37 다음 그림에서 송전선의 1선 지락 시 선로에 흐르는 전류를 바르게 나타낸 것은?

① 영상전류만 흐른다.
② 영상전류 및 정상전류만 흐른다.
③ 영상전류 및 역상전류만 흐른다.
④ 영상전류, 정상전류 및 역상전류가 흐른다.

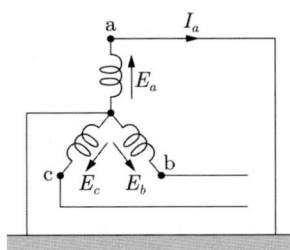

Explanation

- 1선 지락 : $I_0 = I_1 = I_2$ ∴ $I_g = 3I_0 = \dfrac{3E_a}{Z_0 + Z_1 + Z_2}$
- 선간 단락 : $I_0 = 0$, $V_0 = 0$ $I_1 = -I_2$, $V_1 = V_2$
- 3상 단락 : $I_1 = \dfrac{E_a}{Z_1}$

【답】④

38 3상의 같은 전원에 접속하는 경우, △결선의 콘덴서는 Y결선에 비해 진상 용량은 얼마가 되는가?

① $\sqrt{3}$ 배의 진상 용량이 된다.
② 3배의 진상 용량이 된다.
③ $\dfrac{1}{\sqrt{3}}$ 의 진상 용량이 된다.
④ $\dfrac{1}{3}$ 의 진상 용량이 된다.

Explanation

진상 용량(콘덴서 용량)

△결선 $C_\triangle = \dfrac{Q}{3 \times 2\pi f V^2} \times 10^3$, Y결선 $C_Y = \dfrac{Q}{2\pi f V^2} \times 10^3$

$C_\triangle : C_Y = \dfrac{1}{3} : 1$ ∴ $C_\triangle = \dfrac{C_Y}{3}$

【답】④

39 수전단 전압 60,000[V], 전류 100[A], 선로 저항 8[Ω], 리액턴스 12[Ω]일 때 송전단 전압 및 전압 강하율[%]은? 단, 수전단 역률은 0.80이다.

① 약 62,000, 3.92
② 약 63,000, 4.1
③ 약 62,300, 3.92
④ 약 63,200, 4.1

Explanation

전압 강하 $e = V_s - V_r = \sqrt{3} I (R\cos\theta + X\sin\theta) = \sqrt{3} \times 100 \times (8 \times 0.8 + 12 \times 0.6) = 2,356[V]$
송전단 전압 $V_s = V_r + e = 60,000 + 2,356 = 62,356[V]$

전압 강하율 $\delta = \dfrac{V_s - V_r}{V_r} \times 100 = \dfrac{e}{V_r} \times 100 = \dfrac{2,356}{60,000} \times 100 ≒ 3.93[\%]$

【답】③

40 기력발전소에서 과잉공기가 많아질 때의 현상으로 적당하지 않은 것은?

① 노 내의 온도가 저하된다.
② 배기가스가 증가된다.
③ 연도손실이 커진다.
④ 완전 연소되어 매연이 발생하지 않는다.

Explanation

- 공기과잉률 = $\dfrac{\text{실제소요공기량}}{\text{이론공기량}}$

- 미분탄 연소 1.2~1.4
- 중유 연소 1.05
- 과잉공기가 많아질 때의 현상은 불완전 연소로 매연이 발생한다.

【답】 ④

3과목 전기기기

41 직류전동기의 속도제어 방법에서 광범위한 속도제어가 가능하며, 운전효율이 가장 좋은 방법은?
① 계자제어
② 전압제어
③ 직렬 저항제어
④ 병렬 저항제어

Explanation

직류 전동기 속도 제어 $n = K' \dfrac{V - I_a R_a}{\phi}$ (K' : 기계정수)

종류	특징
전압 제어	• **광범위 속도제어 운전효율 우수** • 워드 레오너드 방식 : 소형부하(엘리베이터에 사용) • 일그너 방식(부하가 급변, 대용량 부하-제철, 제강, 압연) : 플라이 휠 효과(관성 모멘트 증가) • 정토크 제어
계자 제어	• 세밀하고 안정된 속도 제어 • 정출력 제어
저항 제어	• 속도 조정 범위 좁다. • 효율이 저하

【답】 ②

42 직류 분권 발전기를 서서히 단락 상태로 하면 다음 중 어떠한 상태로 되는가?
① 과전류로 소손된다.
② 과전압이 된다.
③ 소전류가 흐른다.
④ 운전이 정지된다.

Explanation

분권 발전기의 특성
• 잔류 자기가 없으면 발전 불가능
• 운전 중 회전 방향 반대 → 잔류자기가 소멸 ⇨ 발전 불가능
• **운전 중 서서히 단락하면 → 소전류 발생**

【답】 ③

43 A, B 2대의 동기 발전기를 병렬 운전 중 계통 주파수를 바꾸지 않고 B기의 역률을 좋게 하는 것은?
① A기의 여자전류를 증대
② A기의 원동기 출력을 증대
③ B기의 여자전류를 증대
④ B기의 원동기 출력을 증대

Explanation

병렬 운전 시
① A발전기 여자전류 증가
　A발전기에는 지상전류가 흘러 A발전기의 역률이 저하되며
　B발전기에는 진상전류가 흘러 B발전기의 역률은 좋아지게 된다.
② B발전기 여자전류 증가
　B발전기에는 지상전류가 흘러 B발전기의 역률이 저하되며
　A발전기에는 진상전류가 흘러 A발전기의 역률은 좋아지게 된다.

【답】 ①

44 권선형 유도전동기에서 2차 저항을 변화시켜서 속도제어를 하는 경우 최대 토크는?
① 항상 일정하다.   ② 2차 저항에만 비례한다.
③ 최대 토크가 생기는 점의 슬립에 비례한다.   ④ 최대 토크가 생기는 점의 슬립에 반비례한다.

> **Explanation**
> 비례 추이의 원리 : 권선형 유도전동기
> • **최대 토크는 불변**, 최대 토크의 발생 슬립은 변화
> • 기동 전류는 감소하고, 기동 토크는 증가

【답】①

45 토크가 증가할 때 가장 급격히 속도가 낮아지는 전동기는?
① 직류 분권전동기   ② 직류 복권전동기
③ 직류 직권전동기   ④ 3상 유도전동기

> **Explanation**
> 직류 직권전동기 : $\tau \propto I^2 \propto \dfrac{1}{N^2}$
> 토크가 증가할 때 가장 급격히 속도가 낮아진다.

【답】③

46 3상 동기 발전기에서 그림과 같이 1상의 권선을 서로 똑같은 2조로 나누어서 그 1조의 권선전압을 E[V], 각 권선의 전류는 I[A]라 하고 2중 △ 형(double delta)으로 결선하는 경우 선간전압과 선전류 및 피상 전력은?

① $3E$, I, $5.19EI$
② $\sqrt{3}\,E$, $2I$, $6EI$
③ E, $2\sqrt{3}\,I$, $6EI$
④ $\sqrt{3}\,E$, $\sqrt{3}\,I$, $5.19EI$

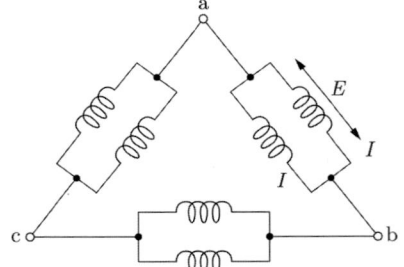

> **Explanation**
>
> | 접속 | 선간전압 | 선전류 | 피상전력 |
> |---|---|---|---|
> | (e) 2중 △형 | E | $2\sqrt{3}\,I$ | $\sqrt{3} \times E \times 2\sqrt{3}\,I = 6EI$ |

【답】③

47 단자전압 220[V], 부하전류 48[A], 계자전류 2[A], 전기자 저항 0.2[Ω]인 직류 분권발전기의 유도 기전력[V]은?(단, 전기자 반작용은 무시한다)
① 210   ② 220
③ 230   ④ 240

> **Explanation**

분권발전기 $I_a = I + I_f = 48 + 2 = 50$
유기기전력 $E = V + I_a R_a = 220 + 50 \times 0.2 = 230[V]$

【답】③

48 100[V], 10[kW], 1,000[rpm]의 분권전동기를 부하 전류 102[A]의 정격 속도로 운전하고 있다. 지금 전기자에 직렬 저항 0.4[Ω]을 접속하고 전과 동일한 토크로 운전하려면 몇 [rpm]으로 회전하겠는가? 단, 전기자 및 분권 계자 회로의 저항은 각각 0.05[Ω]과 50[Ω]이다.
  ① 560
  ② 570
  ③ 580
  ④ 590

> **Explanation**

분권전동기 전기자전류 $I_a = I - I_f = I - \dfrac{V}{R_f} = 102 - \dfrac{100}{50} = 100[A]$

역기전력 $E_1 = V - I_a R_a = 100 - 100 \times 0.05 = 95[V]$

분권전동기를 동일한 토크로 운전하려면 $T \propto I_a \propto \dfrac{1}{N}$ 이므로 토크는 전기자전류에 비례한다.

전기자에 직렬저항을 접속하면 역기전력 $E_2 = V - I_a R_a = 100 - 100 \times (0.05 + 0.4) = 55[V]$
따라서 역기전력 $E = K\phi N$에서 $E \propto N$이므로

$N_2 = N_1 \times \dfrac{E_2}{E_1} = 1,000 \times \dfrac{55}{95} = 578.95[rpm] ≒ 580$

【답】③

49 동기발전기의 단락시험, 무부하시험에서 구할 수 없는 것은?
  ① 철손
  ② 단락비
  ③ 동기리액턴스
  ④ 전기자 반작용

> **Explanation**

발전기의 시험
• 단락 시험 : 동기 임피던스(동기 리액턴스), 단락비 측정
• 무부하 시험 : 여자전류, 철손, 단락비 측정

【답】④

50 동기 발전기의 단락비는 기계의 특성을 단적으로 잘 나타내는 수치로서, 동일 정격에 다하여 단락비가 큰 기계는 다음과 같은 특성을 가진다. 옳지 않은 것은?
  ① 과부하 내량이 크고, 안정도가 좋다.
  ② 동기 임피던스가 작아져 전압 변동률이 좋으며, 송전선 충전 용량이 크다.
  ③ 기계의 형태, 중량이 커지며, 철손, 기계 철손이 증가하고 가격도 비싸다.
  ④ 극수가 적은 고속기가 된다.

> **Explanation**

단락비가 큰 동기기
• 전기자 반작용이 작다(동기 임피던스가 작다).
• 과부하 내량이 크다.
• 기계의 중량이 무겁고 고가이다.
• 전압 변동률이 양호하다.
• 송전 선로의 충전 용량이 크다.
• 안정도가 우수하다.
• 저속기(수차형)

【답】④

51 3,300/200[V], 50[kVA]인 단상 변압기의 퍼센트(%) 저항, 퍼센트(%) 리액턴스를 각각 2.4[%], 1.6[%]라 하면, 이때의 임피던스 전압은 몇 [V]인가?

① 95　　　　　　　　　　　② 100
③ 105　　　　　　　　　　　④ 110

Explanation

$\%Z = \sqrt{p^2 + q^2} = \sqrt{2.4^2 + 1.6^2} = 2.88[\%]$

$\%Z = \dfrac{V_s}{V_{1n}} \times 100[\%]$ 에서

임피던스 전압 $V_s = \dfrac{\%Z \times V_{1n}}{100} = \dfrac{2.88 \times 3,300}{100} = 95[V]$　　　　【답】①

52 단상 유도 전압 조정기와 3상 유도전압 조정기의 비교 설명으로 옳지 않은 것은?
① 모두 회전자와 고정자가 있으며 한편에 1차 권선을, 다른 편에 2차 권선을 둔다.
② 모두 입력 전압과 이에 대응한 출력 전압 사이에 위상차가 있다.
③ 단상 유도 전압조정기에는 단락 코일이 필요하나 3상에서는 필요 없다.
④ 모두 회전자의 회전각에 따라 조정된다.

Explanation

유도 전압 조정기(유도 전동기와 변압기 원리를 이용한 전압조정기)

종류	단상 유도 전압 조정기	3상 유도 전압 조정기
전압조정 범위	$V_2 = V_1 + E_2 \cos\theta$	$V_2 = \sqrt{3}(V_1 \pm E_2)$
특징	교번자계 이용 **입력과 출력 위상차 없음** 단락권선 필요	회전자계 이용 **입력과 출력 위상차 있음** 단락권선 필요 없음

따라서 단상 유도전압 조정기는 위상차가 없다.　　　　【답】②

53 2개의 사이리스터로 단상 전파정류를 하여 90[V]의 직류전압을 얻는 데 필요한 최대 첨두역전압은 약 얼마인가?

① 141[V]　　② 283[V]　　③ 365[V]　　④ 400[V]

Explanation

단상 전파정류 회로

$E_d = \dfrac{2\sqrt{2}}{\pi} E$ 에서　$E = \dfrac{\pi}{2\sqrt{2}} E_d$

$\text{PIV} = 2\sqrt{2} E = \pi E_d = \pi \times 90 = 282.74[V]$　　　　【답】②

54 용량 10[kVA]의 단권변압기를 그림과 같이 접속하면 역률 80[%]의 부하에 몇 [kW]의 전력을 공급할 수 있는가?

① 55
② 66
③ 77
④ 88

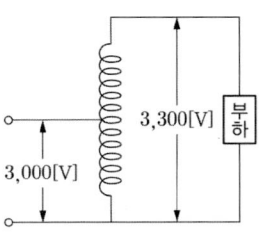

> **Explanation**
>
> $$\frac{\text{자기 용량}}{\text{부하 용량}} = \frac{V_h - V_l}{V_h}$$
>
> 부하 용량 = 자기 용량 $\times \frac{V_h}{V_h - V_l} = 10 \times \frac{3,300}{3,300 - 3,000} = 110$ kVA
>
> 부하 전력 P는 $\therefore P = P_a \cos\theta = 110 \times 0.8 = 88$[kW]
>
> 【답】 ④

55 전원 전압 100[V]인 단상 전파 제어 정류에서 점호각이 30°일 때 직류 평균 전압[V]은?

① 84　　　　　　　　　　　　② 87
③ 92　　　　　　　　　　　　④ 98

> **Explanation**
>
> 사이리스터를 이용한 전파 정류회로
>
> 직류값 $E_{d\alpha} = \frac{\sqrt{2}E}{\pi}(1+\cos\alpha)$
>
> $= \frac{\sqrt{2} \times 100}{\pi}\left(1 + \frac{\sqrt{3}}{2}\right) = 84$[V]
>
> 【답】 ①

56 용량이 50[kVA] 변압기의 철손이 1[kW]이고 전부하동손이 2[kW]이다. 이 변압기를 최대 효율에서 사용하려면 부하를 약 몇 [kVA] 인가하여야 하는가?

① 25　　　　　　　　　　　　② 35
③ 50　　　　　　　　　　　　④ 71

> **Explanation**
>
> $\frac{1}{m}$ 부하의 경우 최대 효율이 된다고 하면
>
> $\left(\frac{1}{m}\right)^2 P_c = P_i$
>
> $\therefore \frac{1}{m} = \sqrt{\frac{P_i}{P_c}} = \sqrt{\frac{1}{2}} = 0.707$ 이므로
>
> 변압기의 최대 효율이 걸리는 부하는 $50 \times 0.707 = 35$[kVA]
>
> 【답】 ②

57 220[V] 3상 유도전동기의 전부하 슬립이 4[%]이다. 공급 전압이 10[%] 저하된 경우의 전부하 슬립은?

① 4[%]　　　　　　　　　　　② 5[%]
③ 6[%]　　　　　　　　　　　④ 7[%]

> **Explanation**
>
> 슬립과 전압과의 관계 $s \propto \frac{1}{V^2}$
>
> $s' = s \times \left(\frac{V}{V'}\right)^2 = s \times \left(\frac{V}{V \times 0.9}\right)^2 = 0.04 \times \left(\frac{220}{220 \times 0.9}\right)^2 = 0.05 = 5$[%]
>
> 【답】 ②

58 변압기의 기름 중 아크 방전에 의하여 생기는 가스 중 가장 많이 발생하는 가스는?

① 수소　　　　　　　　　　　② 일산화탄소
③ 아세틸렌　　　　　　　　　④ 산소

> **Explanation**

변압기의 기름 중 아크 방전에 의하여 생기는 가스 중 가장 많이 발생하는 가스는 수소(H_2)이며, 이를 검출하여 변압기를 보호하는 것이 부흐홀츠 계전기이다.

【답】①

59 변압기에 사용하는 절연유의 성질이 아닌 것은?
① 절연 내력이 클 것
② 인화점이 낮을 것
③ 비열이 커서 냉각 효과가 클 것
④ 절연 재료와 접촉해도 화학작용을 미치지 않을 것

> **Explanation**
>
> 절연유의 구비조건(절연+냉각)
> • 절연내력이 클 것
> • 점도가 적고 비열이 커서 냉각 효과가 클 것
> • **인화점은 높고**, 응고점은 낮을 것
> • 고온에서 산화하지 않고, 침전물이 생기지 않을 것

【답】②

60 어느 3상 유도 전동기의 전 전압 기동 토크는 전부하시의 1.8배이다. 전 전압의 2/3로 기동할 때 기동 토크는 전부하시의 몇 배인가?
① 0.8배   ② 0.7배   ③ 0.6배   ④ 0.4배

> **Explanation**
>
> 유도전동기의 토크는 단자전압의 제곱에 비례 : $T \propto V^2$
> $$T' \propto T \times \left(\frac{V_1'}{V_1}\right)^2 \quad \therefore T' = 1.8T \times \left(\frac{2}{3}\right)^2 = 0.8T$$

【답】①

4과목 회로이론

61 어느 2전력계법으로 평형 3상 전력을 측정하였더니 각각의 전력계가 500[W], 300[W]를 지시하였다면 전 전력[W]은?
① 200   ② 300   ③ 500   ④ 800

> **Explanation**
>
> 2전력계법 유효전력 $P = P_1 + P_2 = 300 + 500 = 800[W]$

【답】④

62 $t=0$에서 스위치 S를 닫았을 때 정상 전류값[A]은?
① 1
② 2.5
③ 3.5
④ 7

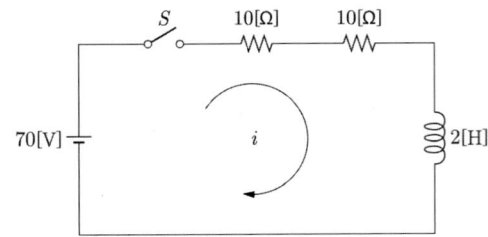

> **Explanation**

$R-L$ 직렬 회로

• 정상전류 $I_{ss} = \dfrac{E}{R} = \dfrac{70}{10+10} = 3.5[A]$

【답】 ③

63 비접지 3상 Y부하의 각 선에 흐르는 비대칭 각 선전류를 I_a, I_b, I_c라 할 때 선전류의 영상분 I_0는?

① $I_a + I_b$
② $I_a + I_b + I_c$
③ $\dfrac{1}{3}(I_a - I_b - I_c)$
④ 0

> **Explanation**

영상분은 접지식 회로에서만 발생하므로 비접지식에서는 영상분 $I_0 = \dfrac{1}{3}(I_a + I_b + I_c) = 0$

【답】 ④

64 $e = 100\sqrt{2}\sin\omega t + 75\sqrt{2}\sin 3\omega t + 20\sqrt{2}\sin 5\omega t [V]$인 전압을 $R-L$ 직렬회로에 가할 때 제3고조파 전류의 실효치는? 단, $R = 4[\Omega]$, $\omega L = 1[\Omega]$이다.

① 15[A]
② $15\sqrt{2}$ [A]
③ 20[A]
④ $20\sqrt{2}$ [A]

> **Explanation**

제3고조파에 대한 임피던스는 $Z_3 = R + j3\omega L = 4 + j3 = 5[\Omega]$이므로

제3고조파에 의하여 흐르는 전류의 실효값 $I_3 = \dfrac{V_3}{Z_3} = \dfrac{75}{5} = 15[A]$

【답】 ①

65 다음과 같은 회로에서 $t = 0$인 순간에 스위치 S를 닫았다. 이 순간에 인덕턴스 L에 걸리는 전압[V]은? 단, L의 초기 전류는 0이다.

① 0
②
③ E
④ $\dfrac{E}{R}$

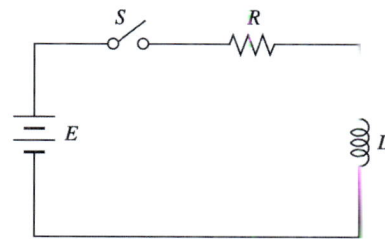

> **Explanation**

인덕턴스의 전압 $v_L = Ee^{-\frac{R}{L}t} = Ee^{-\frac{R}{L}\times 0} = E[V]$

【답】 ③

66 다음과 같은 회로에서 단자 a, b 사이의 합성 저항[Ω]은?

① r
② $\dfrac{3}{2}r$
③ $\dfrac{1}{2}r$
④ $3r$

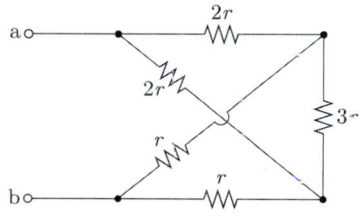

Explanation

브리지 회로의 평형 상태이므로
$R = \dfrac{3r \times 3r}{3r + 3r} = \dfrac{9r^2}{6r} = \dfrac{3}{2}r [\Omega]$

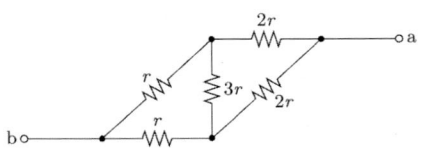

【답】 ②

67 그림에서 10[Ω]의 저항에 흐르는 전류는 몇 [A]인가?

① 13
② 14
③ 15
④ 16

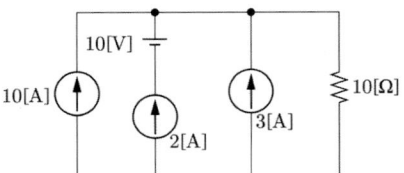

Explanation

중첩의 원리에 의해
• 전압원과 전류원이 단독 직렬 : 전압원 단락
• 전압원과 전류원이 단독 병렬 : 전류원 개방
따라서 10[Ω]의 저항에 흐르는 전류 $I_R = 10 + 2 + 3 = 15$[A]

【답】 ③

68 불평형 3상 전류가 $I_a = 15 + j2$[A], $I_b = -20 - j14$[A], $I_c = -3 + j10$[A]일 때 정상분 전류 I[A]는?

① $1.91 + j6.24$
② $-2.67 - j0.67$
③ $15.7 - j3.57$
④ $18.4 + j12.3$

Explanation

영상분 $I_0 = \dfrac{1}{3}(I_a + I_b + I_c)$

정상분 $I_1 = \dfrac{1}{3}(I_a + aI_b + a^2 I_c)$

역상분 $I_2 = \dfrac{1}{3}(I_a + a^2 I_b + aI_c)$

따라서 정상분 $I_1 = \dfrac{1}{3}(I_a + aI_b + a^2 I_c)$

$= \dfrac{1}{3}\left\{15 + j2 + \left(-\dfrac{1}{2} + j\dfrac{\sqrt{3}}{2}\right)(-20 - j14) + \left(-\dfrac{1}{2} - j\dfrac{\sqrt{3}}{2}\right)(-3 + j10)\right\}$

$= \dfrac{1}{3}(15 + j2 + 22.12 - j10.32 + 10.16 - j2.4) = 15.7 - j3.57$[A]

【답】 ③

69 $e^{-2t}\cos 3t$의 라플라스 변환은?

① $\dfrac{s+2}{(s+2)^2 + 3^2}$
② $\dfrac{s-2}{(s-2)^2 + 3^2}$
③ $\dfrac{s}{(s+2)^2 + 3^2}$
④ $\dfrac{s}{(s-2)^2 + 3^2}$

Explanation

라플라스 변환의 복소 추이 정리에 의해서

$$\mathcal{L}[e^{-2t}\cos 3t] = \mathcal{L}[\cos 3t]_{s=s+2} = \left[\frac{s}{s^2+3^2}\right]_{s=s+2} = \frac{s+2}{(s+2)^2+3^2}$$

【답】①

70 3상 유도전동기의 출력이 3.7[kW], 선간전압 200[V], 효율 90[%], 역률 80[%]일 때, 이 전동기에 유입되는 선전류는 약 몇 [A]인가?

① 8[A] ② 10[A]
③ 12[A] ④ 15[A]

Explanation

유도전동기의 효율 $\eta = \dfrac{P_0}{P_i} \times 100[\%]$

여기서, 입력은 $P_i = \dfrac{P_0}{\eta} = \sqrt{3}\,VI\cos\theta$

따라서 선전류 $I = \dfrac{P_0}{\eta\sqrt{3}\,V\cos\theta} = \dfrac{3.7\times 10^3}{0.9\times\sqrt{3}\times 200\times 0.8} = 15\,[\mathrm{A}]$

【답】④

71 $R-C$ 저역 필터 회로의 전달 함수 $G(j\omega)$는 $\omega=0$에서 얼마인가?

① 0
② 0.5
③ 1
④ 0.707

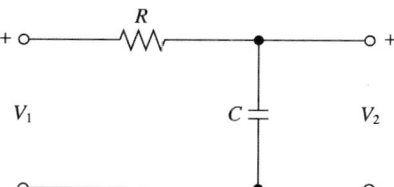

Explanation

전압비 전달함수는 임피던스 비이므로

전달함수 $G(s) = \dfrac{V_o(s)}{V_i(s)} = \dfrac{\frac{1}{Cs}}{R+\frac{1}{Cs}} = \dfrac{1}{RCs+1}$

따라서 주파수 전달함수로 바꾸면

$G(j\omega) = \dfrac{1}{1+j\omega RC}$, 여기서 $\omega=0$이므로

∴ $G(j\omega) = 1$

【답】③

72 그림과 같은 회로가 정저항 회로가 되기 위한 $R[\Omega]$의 값은 얼마인가?

① $200[\Omega]$
② $2[\Omega]$
③ $2\times 10^{-2}[\Omega]$
④ $2\times 10^{-4}[\Omega]$

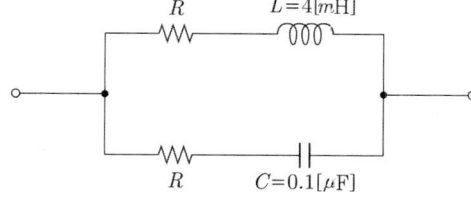

Explanation

정저항 회로 조건
$R = \sqrt{\dfrac{L}{C}} = \sqrt{\dfrac{4\times 10^{-3}}{0.1\times 10^{-6}}} = 200[\Omega]$

【답】①

73 $i_1 = I_{m1}\sin\omega t$ 와 $i_2 = I_{m2}\sin(\omega t + \alpha)$의 두 전류를 합성할 때 다음 중 잘못된 것은?

① 최대값은 $\sqrt{I_{m1}^2 + I_{m2}^2}$ 이다.
② 초기 위상은 $\tan^{-1}\dfrac{I_{m2}\sin\alpha}{I_{m1} + I_{m2}\cos\alpha}$ 이다.
③ 주파수는 $\dfrac{\omega}{2\pi}$ 이다.
④ 파형은 정현파이다.

Explanation

전류를 최대값을 기준으로 페이저로 나타내면
$I_1 = I_{m1}\angle 0° = I_{m1}(\cos 0° + j\sin 0°) = I_{m1}$
$I_2 = I_{m2}\angle \alpha = I_{m2}(\cos\alpha + j\sin\alpha) = I_{m2}\cos\alpha + jI_{m2}\sin\alpha$
전류의 최대값 $I_m = \sqrt{(I_{m1} + I_{m2}\cos\alpha)^2 + I_{m2}\sin\alpha^2}$

【답】①

74 단상 변압기 3대(50[kVA]×3)를 △결선으로 운전 중 한 대가 고장이 생겨 V결선으로 한 경우 출력은 몇 [kVA]인가?

① $30\sqrt{3}$
② $50\sqrt{3}$
③ $100\sqrt{3}$
④ $200\sqrt{3}$

Explanation

V결선 변압기의 출력 $P_V = \sqrt{3}K$ 여기서, K는 변압기 1대 용량
따라서 출력은 $P_V = \sqrt{3} \times 50 = 50\sqrt{3}$ [kVA]

【답】②

75 그림과 같은 이상 변압기의 4단자 정수 $A,\ B,\ C,\ D$는 어떻게 표시되는가?

① $n,\ 0,\ 0,\ \dfrac{1}{n}$
② $\dfrac{1}{n},\ 0,\ 0,\ \dfrac{1}{n}$
③ $\dfrac{1}{n},\ 0,\ 0,\ n$
④ $n,\ 0,\ 1,\ \dfrac{1}{n}$

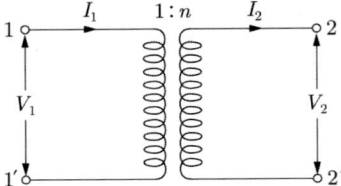

Explanation

변압기의 권수비
$a = \dfrac{1}{n} = \dfrac{N_1}{N_2} = \dfrac{V_1}{V_2} = \dfrac{I_2}{I_1}$ 에서
$V_1 = \dfrac{1}{n}V_2$
$I_1 = nI_2$ 이므로 $\begin{bmatrix} V_1 \\ I_1 \end{bmatrix} = \begin{bmatrix} A & B \\ C & D \end{bmatrix}\begin{bmatrix} V_2 \\ I_2 \end{bmatrix} = \begin{bmatrix} \dfrac{1}{n} & 0 \\ 0 & n \end{bmatrix}$

【답】③

76 $F(s) = \dfrac{2s+3}{s^2+3s+2}$ 의 시간 함수는?

① $e^{-t} - e^{-2t}$
② $e^{-t} + e^{-2t}$
③ $e^{-t} + 2e^{-2t}$
④ $e^{-t} - 2e^{-2t}$

Explanation

부분분수 전개로 역라플라스 변환하면

$$F(s) = \frac{2s+3}{s^2+3s+2} = \frac{2s-3}{(s+2)(s+1)} = \frac{k_1}{s+2} + \frac{k_2}{s+1}$$

여기서, $k_1 = \lim_{s \to -2} \frac{(2s+3)}{(s+1)} = 1$, $k_2 = \lim_{s \to -1} \frac{(2s+3)}{(s+2)} = 1$

따라서 $\mathcal{L}^{-1}\left[\frac{1}{s+2} + \frac{1}{s+1}\right] = e^{-t} + e^{-2t}$

【답】②

77 최대 눈금이 50[V]인 직류 전압계가 있다. 이 전압계를 사용하여 150[V]의 전압을 측정하려면 배율기의 저항은 몇 [Ω]을 사용하여야 하는가? 단, 전압계의 내부 저항은 5,000[Ω]이다.

① 1,000
② 2,500
③ 5,000
④ 10,000

Explanation

배율기의 배율 $m = 1 + \frac{R_m}{R_a}$ 여기서, R_m : 배율기 저항, R_a : 전압계 내부 저항

$R_m = R_a(m-1) = 5,000 \times \left(\frac{150}{50} - 1\right) = 10,000\,[\Omega]$

【답】④

78 어떤 회로에 $V = 100 + j20$[V]인 전압을 가할 때 $4 + j3$[A]인 전류가 흘렀다. 이 회로의 임피던스는?

① $18.4 - j8.8\,[\Omega]$
② $28.4 + j15.2\,[\Omega]$
③ $45.8 + j31.4\,[\Omega]$
④ $65.7 - j54.3\,[\Omega]$

Explanation

임피던스 $Z = \frac{V}{I} = \frac{100+j20}{4+j3} = \frac{(100+j20)(4-j3)}{(4+j3)(4-j3)} = \frac{460-j220}{25} = 18.4 - j8.8\,[\Omega]$

【답】①

79 한 상의 임피던스 $Z = 6 + j8\,[\Omega]$인 평형 Y 부하에 평형 3상 전압 200[V]를 인가할 때 무효전력 [Var]은?

① 1,330
② 1,848
③ 2,381
④ 3,200

Explanation

3상 무효전력은 $P = 3V_pI_p\sin\theta = 3I_p^2 X\,[\text{Var}]$

Y결선이므로 $I_l = I_p$

여기서, 상전류는 $I_p = \frac{V_p}{Z} = \frac{\frac{200}{\sqrt{3}}}{6+j8} = \frac{\frac{200}{\sqrt{3}}}{\sqrt{6^2+8^2}} = \frac{20}{\sqrt{3}}\,[\text{A}]$

3상 무효전력은 $P = 3I_p^2 X = 3 \times \left(\frac{20}{\sqrt{3}}\right)^2 \times 8 = 3,200\,[\text{Var}]$

【답】④

80 무손실 분포 정수 선로에 대한 설명 중 옳지 않은 것은?

① 전파 정수 γ는 $j\omega\sqrt{LC}$이다.
② 진행파의 전파 속도는 $\sqrt{LC}$이다.
③ 특성 임피던스는 $\sqrt{\frac{L}{C}}$이다.
④ 파장은 $\frac{1}{f\sqrt{LC}}$이다.

Explanation

무손실 선로 조건 $R=G=0$

- 특성임피던스 $Z_0 = \sqrt{\dfrac{Z}{Y}} = \sqrt{\dfrac{R+j\omega L}{G+j\omega C}} = \sqrt{\dfrac{L}{C}}$
- 전파정수 $\gamma = \sqrt{ZY} = \sqrt{(R+j\omega L)(G+j\omega C)} = j\omega\sqrt{LC} = \alpha + j\beta$ 여기서, α는 감쇠정수, β는 위상정수
  $\alpha = 0,\quad \beta = \omega\sqrt{LC}$
- 파장 $\lambda = \dfrac{2\pi}{\beta} = \dfrac{2\pi}{\omega\sqrt{LC}} = \dfrac{1}{f\sqrt{LC}}$
- 전파속도 $v = f\lambda = \dfrac{2\pi f}{\beta} = \dfrac{\omega}{\beta} = \dfrac{1}{\sqrt{LC}}$ (일정)

【답】②

5과목 전기설비기술기준

81 가공전선로의 지지물에 취급자가 오르고 내리는 데 사용하는 발판 볼트 등은 지표상 몇 [m] 미만에 시설하여서는 아니되는가?

① 1.2
② 1.5
③ 1.8
④ 2.0

Explanation

(KEC 331.4조) 가공 전선로 지지물의 철탑오름 및 전주오름 방지
지지물에 취급자가 오르고 내리는 데 사용하는 발판 볼트 등의 지표상 1.8[m] 미만에 시설하여서는 아니된다.

【답】③

82 가공 전선로에 사용하는 지지물의 강도 계산에 적용하는 갑종 풍압 하중을 계산할 때 구성재의 수직 투영면적 1[m²]에 대한 풍압의 기준이 잘못된 것은?

① 목주 : 588[Pa]
② 원형 철주 : 588[Pa]
③ 원형 철근 콘크리트주 : 882[Pa]
④ 강관으로 구성(단주는 제외)된 철탑 : 1,255[Pa]

Explanation

(KEC 331.6조) 풍압 하중의 종별과 적용

풍압을 받는 구분				구성재의 수직 투영면적 1[m²]에 대한 풍압
목주				588[Pa]
지지물	철주	원형의 것		588[Pa]
		삼각형 또는 마름모형의 것		1,412[Pa]
	철근 콘크리트주	원형의 것		588[Pa]
		기타의 것		882[Pa]
	철탑	단주(완철류는 제외함)	원형의 것	588[Pa]
			기타의 것	1,117[Pa]
		강관으로 구성되는 것(단주는 제외함)		1,255[Pa]

【답】③

83 특고압 가공전선로의 3도를 초과하는 수평각도를 이루는 곳에 사용되는 철탑은?
① 내장형철탑
② 잡아당김형철탑
③ 각도형철탑
④ 보강형철탑

Explanation

(KEC 333.11조) 특고압 가공전선로의 철주·철근 콘크리트주 또는 철탑의 종류
① 직선형 : 전선로의 직선부분(3도 이하인 수평각도를 이루는 곳을 포함한다. 이하 이 조에서 같다)에 사용하는 것
② **각도형 : 전선로중 3도를 초과하는 수평각도를 이루는 곳에 사용하는 것**
③ 잡아당김형 : 전가섭선을 잡아당기는 곳에 사용하는 것
④ 내장형 : 전선로의 지지물 양쪽의 경간의 차가 큰 곳에 사용하는 것
⑤ 보강형 : 전선로의 직선부분이 그 보강을 위하여 사용하는 것

【답】③

84 케이블을 사용하지 않은 154[kV] 가공송전선과 식물과의 최소 이격거리는 몇 [m]인가?
① 2.8
② 3.2
③ 3.8
④ 4.2

Explanation

(KEC 333.30조) 특고압 가공 전선과 식물의 이격거리

사용전압의 구분	이격거리
60[kV] 이하	2[m]
60[kV] 초과	2[m]에 사용전압이 60[kV]를 초과하는 10[kV] 또는 그 단수마다 0.12[m]를 더한 값

단수 $n = \frac{154-60}{10} ≒ 9.4 (절상) \rightarrow 10단$ ∴ 이격거리 = 2 + 10 × 0.12 = 3.2[m]

【답】②

85 과전압이 생긴 경우 자동적으로 전로로부터 차단하는 장치를 하여야 하는 전력용 콘덴서의 최소 뱅크용량 [kVA]은?
① 500
② 5,000
③ 10,000
④ 15,000

Explanation

(KEC 351.5조) 조상설비의 보호장치

설비종별	뱅크용량의 구분	자동적으로 전로로부터 차단하는 장치
전력용 커패시터 및 분로리액터	500[kVA] 초과 15,000[kVA] 미만	내부에 고장이 생긴 경우에 동작하는 장치 또는 과전류가 생긴 경우에 동작하는 장치
	15,000[kVA] 이상	내부에 고장이 생긴 경우에 동작하는 장치 및 과전류가 생긴 경우에 동작하는 장치 또는 **과전압이 생긴 경우에 동작하는 장치**

【답】④

86 시가지 외에 시설하는 고압 가공 전선로에 사용하는 경동선의 최소 굵기는?
① 2.6[mm]
② 3.2[mm]
③ 4.0[mm]
④ 5.0[mm]

Explanation

(KEC 332.3조) 고압 가공 전선의 굵기 및 종류
인장강도 8.01[kN] 이상의 고압 절연전선, 특고압 절연전선 또는 지름 5[mm] 이상의 경동선의 고압 절연전선, 특고압 절연전선

【답】④

87 수상 전선로를 시설하는 경우에 대한 설명으로 알맞은 것은?
① 사용전압이 고압인 경우에는 클로로프렌 캡타이어 케이블을 사용한다.
② 가공 전선로의 전선과 접속하는 경우, 접속점이 육상에 있는 경우에는 지표상 4[m] 이상의 높이로 지지물에 견고하게 붙인다.
③ 가공 전선로의 전선과 접속하는 경우, 접속점이 수면상에 있는 경우, 사용전압이 고압인 경우에는 수면상 5[m] 이상의 높이로 지지물에 견고하게 붙인다.
④ 고압 수상 전선로에 지락이 생길 때를 대비하여 전로를 수동으로 차단하는 장치를 시설한다.

> **Explanation**
>
> (KEC 335.3조) 수상 전선로의 시설
> ① 전선은 전선로의 사용전압이 저압인 경우에는 클로로프렌 캡타이어 케이블, **고압인 경우에는 캡타이어 케이블**
> ② 수상 전선로의 전선을 가공 전선로의 전선과 접속하는 경우에는 그 부분의 전선은 접속점으로부터 전선의 절연 피복 안에 물이 스며들지 아니하도록 시설하고 또한 전선의 접속점은 다음의 높이로 지지물에 견고하게 붙일 것
> 가. 접속점이 육상에 있는 경우에는 지표상 5[m] 이상. 다만, 수상전선로의 사용전압이 저압인 경우에 도로상 이외의 곳에 있을 때에는 지표상 4[m] 까지로 감할 수 있다.
> 나. 접속점이 수면상에 있는 경우에는 수상 전선로의 사용전압이 저압인 경우에는 수면상 4[m] 이상, 고압인 경우에는 수면상 5[m] 이상
> ③ 수상 전선로에 사용하는 부대(浮臺)는 쇠사슬 등으로 견고하게 연결한 것일 것
> ④ 수상 전선로의 전선은 부대의 위에 지지하여 시설하고 또한 그 절연 피복을 손상하지 아니하도록 시설할 것
> ⑤ 사용전압이 **고압인 경우에는 전로에 지락이 생겼을 때에 자동적으로 전로를 차단하기 위한 장치를 시설** 【답】③

88 KEC 적용으로 인하여 삭제되었습니다.

89 금속관 공사에 의한 저압 옥내배선 시설에 대한 설명으로 틀린 것은?
① 인입용 비닐절연전선을 사용했다.
② 옥외용 비닐절연전선을 사용했다.
③ 짧고 가는 금속관에 연선을 사용했다.
④ 단면적 10[㎟] 이하의 전선을 사용했다.

> **Explanation**
>
> (KEC 232.12조) 금속관공사
> 금속관공사에 의한 저압 옥내배선은 다음 각 호에 따라 시설하여야 한다.
> (1) **전선은 절연전선(옥외용 비닐절연전선을 제외한다)일 것**
> (2) **전선은 연선일 것**. 다만, 다음의 것은 적용하지 않는다.
> ① 짧고 가는 금속관에 넣은 것
> ② **단면적 10[㎟](알루미늄선은 단면적 16[㎟]) 이하의 것**
> (3) 전선은 금속관 안에서 접속점이 없도록 할 것
> (4) 관의 두께는 다음에 의할 것
> ① 콘크리트에 매설하는 것은 1.2[mm] 이상
> ② 콘크리트에 매설하는 것 이외의 것은 1[mm] 이상 【답】②

90 사용전압이 20[kV]인 변전소에 울타리·담 등을 시설하고자 할 때 울타리·담 등의 높이는 몇 [m] 이상이어야 하는가?
① 1
② 2
③ 5
④ 6

> **Explanation**
>
> (KEC 351.1조) 발전소 등의 울타리·담등의 시설
> 울타리·담 등의 높이는 2[m] 이상으로 하고 지표면과 울타리·담 등의 하단 사이의 간격은 0.15[m] 이하로 할 것 【답】②

91 목주, A종 철주 및 A종 철근 콘크리트주를 사용할 수 없는 보안공사는?

① 고압 보안공사
② 제1종 특고압 보안공사
③ 제2종 특고압 보안공사
④ 제3종 특고압 보안공사

Explanation

(KEC 333.22조) 특고압 보안공사
제1종 특고압 보안공사의 지지물 : B종 철주, B종 철근 콘크리트주 또는 철탑 사용(목주, A종은 사용금지)

【답】②

92 저압 가공 전선이 상부 조영재의 위쪽에서 접근하는 경우 전선과 상부 조영재 간의 이격거리[m]는 얼마 이상이어야 하는가? 단, 특고압 절연전선 또는 케이블인 경우이다.

① 0.8
② 1.0
③ 1.2
④ 2.0

Explanation

(KEC 222.11조) 저압 가공 전선과 건조물의 접근
저압 가공 전선과 건조물의 조영재 사이의 이격거리는 다음 표에서 정한 값 이상일 것

접근 형태	이격거리
위쪽	2[m](전선이 고압 절연전선, **특고압 절연전선** 또는 케이블인 경우는 1[m])

【답】②

93 고압 가공 전선로의 지지물이 B종 철주인 경우, 경간은 몇 [m] 이하이어야 하는가?

① 150
② 200
③ 250
④ 300

Explanation

(KEC 332.9조) 고압 가공 전선로 경간의 제한
• 목주 또는 A종 지지물 : 150[m]
• **B종 지지물 : 250[m]**
• 철탑 : 600[m]

【답】③

94 KEC 적용으로 인하여 삭제되었습니다.

95 고압 가공전선로에 사용하는 가공지선은 인장강도 5.26[kN] 이상의 것 또는 지름이 몇 [mm] 이상의 나경동선을 사용하여야 하는가?

① 2.6
② 3.2
③ 4.0
④ 5.0

Explanation

(KEC 332.6조) 고압 가공전선로의 가공지선
• 고압 가공전선로 : 인장강도 5.26[kN] 이상의 것 또는 4[mm] 이상의 나경동선
• 특고압 가공전선로 : 인장강도 8.01[kN] 이상의 나선 또는 5[mm] 이상의 나경동선

【답】③

96 동일 지지물에 저압 가공전선(다중접지된 중성선은 제외)과 고압 가공전선을 시설하는 경우 저압 가공전선은?

① 고압 가공전선의 위로 하고 동일 완금류에 시설
② 고압 가공전선과 나란하게 하고 동일 완금류에 시설
③ 고압 가공전선의 아래로 하고 별개의 완금류에 시설
④ 고압 가공전선과 나란하게 하고 별개의 완금류에 시설

> Explanation
>
> (KEC 332.8조) 고압 가공 전선 등의 병행설치
> ① **저압 가공전선을 고압 가공전선의 아래로** 하고 별개의 완금류에 시설할 것
> ② 저압 가공전선과 고압 가공전선 사이의 이격거리는 0.5[m] 이상일 것. 다만, 각도주·분기주 등에서 혼촉의 우려가 없도록 시설하는 경우에는 그러하지 아니하다.
>
> 【답】③

97 KEC 적용으로 인하여 삭제되었습니다.

98 방전등용 안정기로부터 방전관까지의 전로를 무엇이라 하는가?

① 가섭선 ② 가공인입선 ③ 관등회로 ④ 지중관로

> Explanation
>
> (KEC 112조) 용어 정의
> "관등회로"란 방전등용 안정기 또는 방전등용 변압기로부터 방전관까지의 전로를 말한다.
>
> 【답】③

99 사용전압이 저압인 전로에서 전선과 대지 간의 전압이 100[V]인 경우, 전로의 절연저항은 몇 [MΩ] 이상이어야 하는가?

① 0.1 ② 0.2 ③ 0.4 ④ 1.0

> Explanation
>
> (기술기준 제52조) 저압의 전로의 절연저항 하한값
>
> | 전로의 사용전압[V] | DC 시험전압[V] | 절연저항[MΩ] |
> |---|---|---|
> | SELV 및 PELV | 250 | 0.5 |
> | **FELV, 500[V] 이하** | 500 | 1.0 |
> | 500[V] 초과 | 1,000 | 1.0 |
>
> 【답】④

100 345[kV] 가공 전선로를 제1종 특고압 보안 공사에 의하여 시설하는 경우에 사용하는 전선은 인장 강도 77.47[kN] 이상의 연선 또는 단면적 몇 [mm²] 이상의 경동연선이어야 하는가?

① 100 ② 125 ③ 150 ④ 200

> Explanation
>
> (KEC 333.22조) 특고압 보안공사
>
> | 사용전압 | 전선 |
> |---|---|
> | 100[kV] 미만 | 인장강도 21.67[kN] 이상의 연선 또는 단면적 55[mm²] 이상의 경동연선 |
> | 100[kV] 이상 300[kV] 미만 | 인장강도 58.84[kN] 이상의 연선 또는 단면적 150[mm²] 이상의 경동연선 |
> | **300[kV] 이상** | **인장강도 77.47[kN] 이상의 연선 또는 단면적 200[mm²] 이상의 경동연선** |
>
> 【답】④

전기공사산업기사 필기

과년도 기출문제
2019

- 2019년 제 01회
- 2019년 제 02회
- 2019년 제 04회

2019년 과년도 기출문제에 대한 출제 빈도 분석 차트입니다.
각 회차별로 별의 개수를 확인하고 학습에 참고하기 바랍니다.

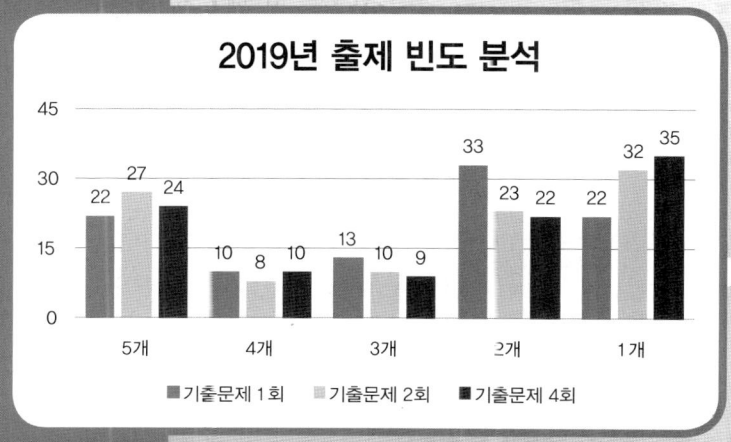

2019년 전기공사산업기사 필기

1과목 전기응용

01 ★★★☆☆ 루소선도가 아래 그림과 같을 때, 배광곡선의 식은?

① $I_\theta = 100\cos\theta$
② $I_\theta = 50(1+\cos\theta)$
③ $I_\theta = \dfrac{2\theta}{\pi}100$
④ $I_\theta = \dfrac{\pi-2\theta}{\pi}100$

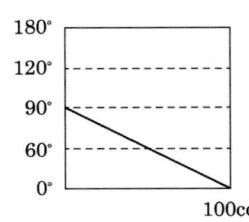

Explanation

배광곡선의 식
① 0° → 100[cd]
② 60° → 50[cd]
③ 90° → 0[cd]
이므로 배광곡선의 식은 $I_\theta = 100\cos\theta$가 된다.

【답】①

02 ★★★☆☆ 형광등은 주위 온도가 몇 [℃]일 때 가장 효율이 높은가?

① 5~10[℃]
② 10~15[℃]
③ 20~25[℃]
④ 35~40[℃]

Explanation

형광등의 효율이 좋은 경우
• 주위 온도 : 25[℃]
• 관벽 온도 : 40~45[℃]

【답】③

03 ★☆☆☆☆ 전기가열 방식에 대한 설명으로 틀린 것은?

① 저항가열은 줄열을 이용한 가열방식이다.
② 유도가열은 표면 담금질 등의 열처리에 이용되는 방식이다.
③ 유전가열은 와전류손과 히스테리시스손에 의한 가열방식이다.
④ 아크가열은 전극사이에 발생하는 아크열을 이용한 가열방식이다.

Explanation

• 저항가열 : 줄열(I^2R)에 의한 가열
• 아크가열 : 전극 사이에 발생하는 고온의 아크열을 이용
• 유도가열 : 히스테리시스손과 와류손에 의한 가열
　　　　　 반도체 정련, 금속의 표면처리, 단결정 제조 등에 사용
• 유전가열 : 유전체손에 의한 가열
　　　　　 목재의 접착, 비닐막 접착, 플라스틱 성형 등에 사용

【답】③

04. 엘리베이터용 전동기에 대한 설명으로 틀린 것은?

① 관성모멘트가 작아야 한다.
② 기동토크가 큰 것이 요구된다.
③ 플라이휠 효과(GD^2)가 커야 한다.
④ 가속도의 변화율이 적어야 한다.

Explanation

엘리베이터용 전동기
- 기동토크가 클 것
- 관성모멘트가 적을 것(회전자가 가늘고 길 것) 플라이휠효과가 적을 것
- 소음이 적을 것
- 시정수가 적고 응답속도가 빠를 것

【답】③

05. 열차의 무인운전과 같이 미리 정해진 시간적 변화에 따라 정해진 순서대로 제어하는 방식은?

① 추종제어
② 비율제어
③ 정치제어
④ 프로그램제어

Explanation

목표 값에 의한 분류 : 입력에 의한 분류
① 정치 제어 : 시간에 관계없이 값이 일정한 제어(연속식의 압연기)
② 추치 제어 : 시간에 따라 값이 변화하는 제어
  - 추종 제어 : 목표값이 임의의 시간적 변화(대공포, 레이더)
  - **프로그램 제어(시퀀스 제어)** : 미리 정해진 신호에 따라 동작(무인제어)
    (무인열차, 무인엘리베이터, 무인자판기)
  - 비율 제어 : 시간에 비례하여 변화(배터리, 공기량)

【답】④

06. 전기철도의 전기차량용으로 교류전동기를 사용할 때 장점으로 틀린 것은?

① 제한된 공간에서 소형·경량으로 할 수 있고, 대출력화가 가능하다.
② 브러시 및 정류자가 있어서, 구조가 간단하고 제작 및 유지보수가 간단하다.
③ 속도제어 범위가 넓기 때문에 고속운전에 적합하다.
④ 인버터 제어방식으로 주 회로를 무접점화 할 수 있다.

Explanation

- 제한된 공간에서 소형·경량으로 할 수 있고, 대출력화가 가능하다.
- 속도제어 범위가 넓기 때문에 고속운전에 적합하다.
- 인버터 제어방식으로 주 회로를 무접점화 할 수 있다.
- 브러시 및 정류자가 있어서, 구조가 복잡하고 제작 및 유지보수가 어렵게 된다.

【답】②

07. 축전지의 용량을 표시하는 단위는?

① J
② W
③ Ah
④ VA

Explanation

축전지 용량 $C = \dfrac{1}{L}KI\,[Ah]$

여기서, L : 보수율, K : 용량환산시간, I : 방전전류

【답】③

08 유도가열과 유전가열의 공통된 특성은?

① 도체만을 가열한다.
② 선택가열이 가능하다.
③ 절연체만을 가열한다.
④ 직류를 사용할 수 없다.

Explanation

- 유도가열 : 히스테리시스손과 와류손에 의한 가열
  반도체 정련, 금속의 표면처리, 단결정 제조 등에 사용
- 유전가열 : 유전체손에 의한 가열
  목재의 접착, 비닐막 접착, 플라스틱 성형 등에 사용

따라서 유도가열과 유전가열은 주파수와 관련 있으므로 직류를 사용할 수 없다. 【답】④

09 궤간의 확도(slack)[mm]를 표시하는 식은? (단, ℓ은 차축거리[m], R[m]는 곡선의 반지름이다.)

① $\dfrac{\ell^2}{8R}$
② $\dfrac{8\ell^2}{R}$
③ $\dfrac{\ell^2}{R}$
④ $\dfrac{\ell^2}{5R}$

Explanation

확도(slack) : 곡선 궤도에서 열차의 원활한 통과를 위해 궤간을 넓혀준 정도

$$S = \dfrac{l^2}{8R} \text{[mm]}$$

여기서, l : 고정 차축간 거리[m], R : 곡선 반지름[m] 【답】①

10 다음 ( )에 들어갈 도금의 종류로 옳은 것은?

( )도금은 철, 구리, 아연 등의 장식용과 내식용으로 사용되며, 크롬도금의 전 단계 공정으로 이용되고 있다.

① 동
② 은
③ 니켈
④ 카드뮴

Explanation

니켈도금 : 철, 구리, 아연 등의 장식용과 내식용으로 사용
크롬도금의 전 단계 공정으로 이용 【답】③

11 고주파 유전가열을 응용한 사항으로 틀린 것은?

① 고무의 가황
② 합판의 건조, 접착
③ 플라스틱의 성형과 비닐막 접착
④ 강재의 표면 담금질

Explanation

- 유도가열 : 히스테리시스손과 와류손에 의한 가열
  반도체 정련, 금속의 표면처리, 단결정제조 등에 사용
- 유전가열 : 유전체손에 의한 가열
  목재의 접착, 비닐막 접착, 플라스틱 성형 등에 사용

【답】④

12 ★★★☆☆ 토크가 증가할 때 가장 급격히 속도가 낮아지는 전동기는?

① 직류 분권전동기 ② 직류 복권전동기
③ 직류 직권전동기 ④ 3상 유도전동기

Explanation

직류 직권전동기 : $\tau \propto I^2 \propto \dfrac{1}{N^2}$

토크는 부하전류의 제곱에 비례하고 회전수의 제곱에 반비례
속도는 부하전류에 반비례
용도 : 전기철도용

【답】③

13 ★★☆☆☆ 그림과 같이 광원 L에서 P점 방향의 광도가 50[cd]일 때 P점의 수평면 조도는 약 몇 [lx]인가?

① 0.6
② 0.8
③ 1.2
④ 1.6

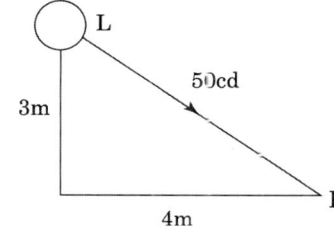

Explanation

• 법선조도 $E_n = \dfrac{I}{r^2}$ [lx]

• **수평면 조도** : $E = \dfrac{I}{r^2} \cos\theta$ [lx]

• 수직면 조도 : $E = \dfrac{I}{r^2} \sin\theta$ [lx]

여기서, 수평면 조도는 $E = \dfrac{I}{r^2}\cos\theta = \dfrac{50}{(\sqrt{4^2+3^2})^2} \times \dfrac{3}{\sqrt{4^2+3^2}}$

$= \dfrac{50}{25} \times \dfrac{3}{5} = 1.2$ [lx]

【답】③

14 ★☆☆☆☆ 양방향 전압저지 소자가 아닌 것은?

① MOSFET ② SCR 사이리스터
③ GTO 사이리스터 ④ IGBT

Explanation

역저지 소자 : SCR, GTO, LASCR, IGBT

【답】①

15 ★★☆☆☆ 두 도체로 이루어진 폐회로에서 두 접점에 온도차를 주었을 때 전류가 흐르는 현상은?

① 홀 효과 ② 광전 효과
③ 제벡 효과 ④ 펠티에 효과

Explanation

제벡 효과
두 종류의 금속을 접합하여 폐회로를 만들고 두 접합점 사이에 온도차를 주면 열기전력이 생겨서 전류가 흐르는 현상.
열전온도계의 원리

【답】③

16 단면적 0.5[m²], 길이 10[m]인 원형 봉상도체의 한쪽을 400[℃]로 하고 이로부터 100[℃]의 다른 단자로 매시간 40[kcal]의 열이 전도되었다면 이 도체의 열전도율은 약 몇 [kcal/m·h·℃]인가?
① 267　　② 26.7
③ 2.67　　④ 0.267

Explanation

열류 = $\dfrac{온도차}{열저항} = \dfrac{kS\theta}{l} = \dfrac{k \times 0.5 \times (400-100)}{10} = 40[\text{kcal/h}]$

여기서, 열전도율 $k = \dfrac{10 \times 40}{0.5 \times (400-100)} = 2.67[\text{kcal/m·h·℃}]$

【답】 ③

17 전구에 게터(getter)를 사용하는 목적은?
① 광속을 많게 한다.　　② 전력을 적게 한다.
③ 진공도를 10^{-2}[mmHg]로 낮춘다.　　④ 수명을 길게 한다.

Explanation

게터(getter) 삽입 이유
- 수명을 길게 하기 위해
- 흑화를 방지하기 위해
  ① 적린 : 40[W] 미만 전구
     　　　진공 전구
  ② 질화 바륨 : 40[W] 이상

【답】 ④

18 제어기의 요소 중 기계적 요소에 포함되지 않는 것은?
① 스프링　　② 벨로즈
③ 래더 다이어그램부　　④ 노즐 플래퍼

Explanation

- 기계적 요소 : 스프링, 노즐 플래퍼, 벨로즈
- 전기적 : 래더 다이어그램부(제어회로 조작)

【답】 ③

19 두 개의 사이리스터를 역병렬로 접속한 것과 같은 특성을 나타내는 소자는?
① TRIAC　　② GTO
③ SCS　　④ SSS

Explanation

트라이액(TRIAC : Triode Switch for AC)

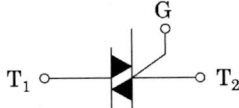

- 쌍방향 3단자 소자
- **SCR 역병렬 구조**
- 교류 전력을 양극성 제어
- 과전압에 의한 파괴 안됨

【답】 ①

20 가시광선 파장[nm]의 범위는?

① 280~310
② 380~760
③ 400~430
④ 555~580

Explanation

가시광선 : 사람의 눈으로 감광할 수 있는 파장대의 빛
파장은 380~760[nm]정도

【답】②

2과목 전력공학

21 단거리 송전선로에서 정상상태 유효전력의 크기는?

① 선로리액턴스 및 전압위상차에 비례한다.
② 선로리액턴스 및 전압위상차에 반비례한다.
③ 선로리액턴스에 반비례하고 상차각에 비례한다.
④ 선로리액턴스에 반비례하고 상차각에 반비례한다.

Explanation

송전전력 $P_s = \dfrac{V_s V_r}{X} \sin\delta$[MW]이므로
선로의 리액턴스에 반비례하고 송·수전단전압의 상차각에 비례한다.

【답】③

22 일반회로정수가 A, B, C, D이고 송전단 상전압이 E_s인 경우, 무부하 시의 충전전류(송전단 전류)는?

① CE_s
② ACE_s
③ $\dfrac{C}{A} E_s$
④ $\dfrac{A}{C} E_s$

Explanation

무부하 시($I_r = 0$)
$E_s = AE_r + BI_r$에서 $E_s = AE_r$
$\therefore E_r = \dfrac{1}{A} E_s$
$I_s = CE_r + DI_r$
따라서 무부하시의 충전 전류(송전단 전류) $I_s = CE_r = \dfrac{C}{A} E_s$

【답】③

23 배전선에 부하가 균등하게 분포되었을 때 배전선 말단에서의 전압강하는 전 부하가 집중적으로 배전선 말단에 연결되어 있을 때의 몇 [%] 인가?

① 25
② 50
③ 75
④ 100

Explanation

부하에 따른 특성

	전압 강하	전력 손실
말단 집중 부하	e	P_l
균등 분산 부하	$\frac{1}{2}e$	$\frac{1}{3}P_l$

【답】②

24 ★★★★★ 송전선로의 중성점을 접지하는 목적으로 가장 옳은 것은?

① 전압강하의 감소
② 유도장해의 감소
③ 전선 동량의 절약
④ 이상전압의 발생 방지

Explanation

송전선의 중성점 접지 목적
- 1선 지락 시 전위 상승 억제, 계통의 기계 기구의 절연 보호
- 지락 사고 시 보호 계전기 동작의 확실
- 과도안정도 증진
- **이상전압 발생 방지**

【답】④

25 ★★★★★ 직렬 콘덴서를 선로에 삽입할 때의 현상으로 옳은 것은?

① 부하의 역률을 개선한다.
② 선로의 리액턴스가 증가된다.
③ 선로의 전압강하를 줄일 수 없다.
④ 계통의 정태안정도를 증가시킨다.

Explanation

직렬콘덴서(직렬축전지)는 유도 리액턴스에 의한 선로의 전압 강하 보상용으로 전압변동을 줄이고 정태안정도 개선용으로 사용한다.

【답】④

26 ★★☆☆☆ 전선로의 지지물 양쪽의 경간의 차가 큰 장소에 사용되며, 일명 E형 철탑이라고도 하는 표준 철탑의 일종은?

① 직선형 철탑
② 내장형 철탑
③ 각도형 철탑
④ 잡아당김형 철탑

Explanation

표준철탑
- 직선철탑(A형) : 수평 각도 3° 이내의 장소에 사용
- 각도철탑(B, C형) : 수평 각도 3° 이상 30° 이내에 사용
- 잡아당김형 철탑(D형) : 가공 전선로의 전체 가섭선을 잡아당기는 개소(주로 변전소)
- **내장철탑(E형)** : 전선로의 지지물 양쪽의 경간의 차가 큰 곳에 사용

【답】②

27 ★★★★★ 전력계통의 전력용 콘덴서와 직렬로 연결하는 리액터로 제거되는 고조파는?

① 제2고조파
② 제3고조파
③ 제4고조파
④ 제5고조파

Explanation

- 직렬 리액터 : 제5고조파를 제거
- 직렬 리액터의 용량은 $5\omega L = \frac{1}{5\omega C}$, 이론적 : 4[%], 실제적 : 5~6[%]

【답】④

28
다음 ( )에 알맞은 내용으로 옳은 것은? (단, 공급 전력과 선로 손실률은 동일하다.)

> 선로의 전압을 2배로 승압할 경우, 공급전력은 승압 전의 (㉮)로 되고, 선로 손실은 승압 전의 (㉯)로 된다.

① ㉮ $\frac{1}{4}$, ㉯ 2배
② ㉮ $\frac{1}{4}$, ㉯ 4배
③ ㉮ 2배, ㉯ $\frac{1}{4}$
④ ㉮ 4배, ㉯ $\frac{1}{4}$

Explanation

전압과의 관계

전압강하	$e = \frac{P}{V_r}(R + X\tan\theta)$	$e \propto \frac{1}{V}$
전압 강하율	$\delta = \frac{P}{V_r^2}(R + X\tan\theta)$	$\delta \propto \frac{1}{V^2}$
전력 손실	$P_l = \frac{P^2 R}{V^2 \cos^2\theta}$	$P_l \propto \frac{1}{V^2}$
공급 전력		$P_l \propto V^2$

• 공급전력 $P \propto V^2 = 2^2 = 4$ - 선로손실 $P_l \propto \frac{1}{V^2} = \frac{1}{2^2} = \frac{1}{4}$

【답】④

29
수차발전기가 난조를 일으키는 원인은?

① 수차의 조속기가 예민하다.
② 수차의 속도 변동률이 적다.
③ 발전기의 관성 모멘트가 크다.
④ 발전기의 자극에 제동권선이 있다.

Explanation

수차의 조속기가 예민하면 난조가 발생되며 난조가 심한 경우 탈조(Step Out)에 이를 수 있다.

【답】①

30
주상변압기의 고장이 배전선로에 파급되는 것을 방지하고 변압기의 과부하 소손을 예방하기 위하여 사용되는 개폐기는?

① 리클로저
② 부하개폐기
③ 컷아웃스위치
④ 섹셔널라이저

Explanation

주상 변압기의 보호 장치
• 1차측 : 컷아웃 스위치(COS)
• 2차측 : Catch Holder(캐치홀더)

【답】③

31
배전선로에서 사용하는 전압 조정방법이 아닌 것은?

① 승압기 사용
② 병렬콘덴서 사용
③ 저전압계전기 사용
④ 주상변압기 탭 전환

Explanation

배전선로 전압조정장치

- 승압기
- 유도전압조정기(부하에 따라 전압 변동이 심한 경우)
- 주상변압기 탭 조정

【답】③

32 다음 보호계전기 회로에서 박스 (A) 부분의 명칭은?

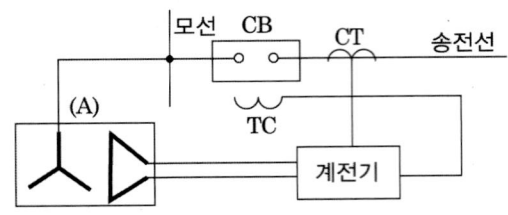

① 차단코일
② 영상변류기
③ 계기용변류기
④ 계기용변압기

Explanation

보호계전 시스템

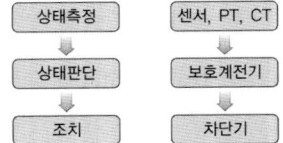

따라서 계전기로 보내주는 신호는 PT, CT이다.

【답】④

33 차단기가 전류를 차단할 때, 재점호가 일어나기 쉬운 차단 전류는?

① 동상전류
② 지상전류
③ 진상전류
④ 단락전류

Explanation

재점호는 콘덴서에 의한 진상전류(충전전류) 차단 시 발생하기 쉽다.

【답】③

34 설비용량 600[kW], 부등률 1.2, 수용률 60[%]일 때의 합성 최대전력은 몇 [kW] 인가?

① 240
② 300
③ 432
④ 833

Explanation

합성 최대 전력 $= \dfrac{설비\ 용량 \times 수용률}{부등률} = \dfrac{600 \times 0.6}{1.2} = 300[\text{kW}]$

【답】②

35 송전선의 특성임피던스를 Z_0, 전파속도를 V라 할 때, 이 송전선의 단위길이에 대한 인덕턴스 L은?

① $L = \dfrac{V}{Z_0}$
② $L = \dfrac{Z_0}{V}$
③ $L = \dfrac{Z_0^2}{V}$
④ $L = \sqrt{Z_0 V}$

Explanation

파동 임피던스 $Z_0 = \sqrt{\dfrac{L}{C}}$, 전파속도 $v = \dfrac{1}{\sqrt{LC}}$

$\therefore L = \dfrac{Z_0}{v} = \sqrt{\dfrac{\dfrac{L}{C}}{\dfrac{1}{LC}}}$

【답】②

36 ★★☆☆☆
그림과 같은 3상 송전계통의 송전전압은 22[kV]이다. 한 점 P에서 3상 단락했을 때 발전기에 흐르는 단락전류는 약 몇 [A] 인가?

① 725 ② 1,150
③ 1,990 ④ 3,725

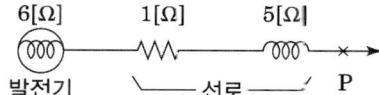

Explanation

임피던스 $Z = R + jX = 1 + j(6+5) = 1 + j11\,[\Omega]$

단락전류 $I_s = \dfrac{E}{Z} = \dfrac{\dfrac{22,000}{\sqrt{3}}}{\sqrt{1^2 + 11^2}} = 1,150\,[A]$

【답】②

37 ★★★★★
변전소에서 수용가로 공급되는 전력을 차단하고 소내 기기를 점검할 경우, 차단기와 단로기의 개폐조작 방법으로 옳은 것은?

① 점검 시에는 차단기로 부하회로를 끊고 난 다음에 단로기를 열어야 하며, 점검 후에는 단로기를 넣은 후 차단기를 넣어야 한다.
② 점검 시에는 단로기를 열고 난 후 차단기를 열어야 하며, 점검 후에는 단로기를 넣고 난 다음에 차단기로 부하회로를 연결하여야 한다.
③ 점검 시에는 차단기로 부하회로를 끊고 단로기를 열어야 하며, 점검 후에는 차단기로 부하회로를 연결한 후 단로기를 넣어야 한다.
④ 점검 시에는 단로기를 열고 난 후 차단기를 열어야 하며, 점검이 끝난 경우에는 차단기를 부하에 연결한 다음에 단로기를 넣어야 한다.

Explanation

인터록(Interlock) : 차단기가 열려 있어야 단로기 조작 가능
• 투입 시 : DS → CB 순
• 차단 시 : CB → DS 순

【답】①

38 ★★★★☆
다음 중 뇌해방지와 관계가 없는 것은?

① 댐퍼 ② 소호환
③ 가공지선 ④ 탑각접지

Explanation

• 가공지선 : 직격뢰, 유도뢰 차폐
• 소호각, 소호환 : 섬락 시 애자련 보호
• 매설지선, 탑각 접지저항 작게 : 역섬락 방지
여기서, 댐퍼는 선로의 진동 방지에 쓰인다.

【답】①

39 중성점 저항접지방식에서 1선 지락 시의 영상전류를 I_0라고 할 때, 접지저항으로 흐르는 전류는?

① $\frac{1}{3}I_0$
② $\sqrt{3}\,I_0$
③ $3I_0$
④ $6I_0$

Explanation

1선 지락 전류 $I_g = 3I_0 = \dfrac{3E_a}{Z_0 + Z_1 + Z_2}$

【답】③

40 전력 원선도의 실수축과 허수축은 각각 어느 것을 나타내는가?
① 실수축은 전압이고, 허수축은 전류이다.
② 실수축은 전압이고, 허수축은 역률이다.
③ 실수축은 전류이고, 허수축은 유효전력이다.
④ 실수축은 유효전력이고, 허수축은 무효전력이다.

Explanation

전력원선도(송·수전단 전압, 일반회로 정수(A, B, C, D))
가로축(실수축) : 유효전력, 세로축(허수축) : 무효전력

【답】④

3과목　전기기기

41 전기자 총 도체수 500, 6극, 중권의 직류전동기가 있다. 전기자 전 전류가 100[A]일 때의 발생 토크는 약 몇 [kg·m] 인가? (단, 1극당 자속수는 0.01[Wb]이다)
① 8.12
② 9.54
③ 10.25
④ 11.58

Explanation

토크 $\tau = \dfrac{pZ}{2\pi a}\phi I_a = \dfrac{6 \times 500}{2 \times \pi \times 6} \times 0.01 \times 100 = 79.58[\text{N} \cdot \text{m}]$

따라서 토크를 [kg·m]로 나타내기 위하여 9.8로 나누면

$\tau = \dfrac{79.58}{9.8} = 8.12[\text{kg} \cdot \text{m}]$

【답】①

42 단상 유도전동기와 3상 유도전동기를 비교했을 때 단상 유도전동기의 특징에 해당되는 것은?
① 대용량이다.
② 중량이 작다.
③ 역률, 효율이 좋다.
④ 기동장치가 필요하다.

Explanation

단상 유도 전동기의 특성
• 기동 시 기동 토크가 존재하지 않으므로 기동 장치가 필요하다.
• 슬립이 0이 되기 전에 토크는 미리 0이 된다.
• 2차 저항이 증가되면 최대토크는 감소한다.(비례추이 할 수 없다.)
• 2차 저항 값이 어느 일정 값 이상이 되면 토크는 부(-)가 된다.

【답】④

43
정격 150[kVA], 철손 1[kW], 전부하 동손이 4[kW]인 단상변압기의 최대 효율[%]과 최대 효율 시의 부하[kVA]는? (단, 부하 역률은 1이다)
① 96.8[%], 125[kVA]
② 97[%], 50[kVA]
③ 97.2[%], 100[kVA]
④ 97.4[%], 75[kVA]

Explanation

$\frac{1}{m}$ 부하의 경우, 최대 효율이 된다고 하면

$P_i = \left(\frac{1}{m}\right)^2 P_c$ ∴ $\frac{1}{m} = \sqrt{\frac{P_i}{P_c}} = \sqrt{\frac{1}{4}} = \frac{1}{2}$

따라서 효율이 최대가 되는 부하는 전부하 용량의 $\frac{1}{2}$이므로 $150 \times \frac{1}{2} = 75[KVA]$

역률 $\cos\theta = 1$이므로

∴ $\eta_m = \dfrac{\frac{1}{m}P_n \times \cos\theta}{\frac{1}{m}P_n \times \cos\theta + 2P_i} \times 100[\%] = \dfrac{150 \times \frac{1}{2} \times 1}{150 \times \frac{1}{2} \times 1 + 1 \times 2} \times 100 = 97.4[\%]$

【답】④

44
3상 동기발전기 각 상의 유기기전력 중 제3고조파를 제거하려면 코일간격/극간격을 어떻게 하면 되는가?
① 0.11
② 0.33
③ 0.67
④ 1.34

Explanation

제n고조파에 대한 단절권 계수 $K_P = \sin\frac{n\beta\pi}{2}$

제3고조파를 제거하려면 $K_P = \sin\frac{3\beta\pi}{2} = 0$이 되도록 하기 위하여

$\beta = 0, 0.67\left(\frac{2}{3}\right), 1.33\left(\frac{4}{3}\right)\cdots$ 이 가능하나 이 중에서 1보다 작고 1에 가장 가까운 값인 0.67이 된다.

【답】③

45
동기전동기에서 90° 앞선 전류가 흐를 때 전기자 반작용은?
① 감자작용
② 증자작용
③ 편자작용
④ 고차자화작용

Explanation

동기전동기의 전기자 반작용

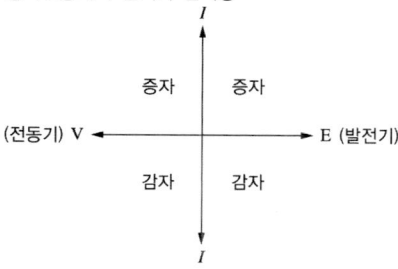

- 증자작용 : 공급전압보다 $\frac{\pi}{2}$ 뒤진 전류가 흐를 때
- 감자작용 : 공급전압보다 $\frac{\pi}{2}$ 앞선 전류가 흐를 때

【답】①

46 어떤 변압기의 백분율 저항 강하가 2[%], 백분율 리액턴스 강하가 3[%]라 한다. 이 변압기로 역률이 80[%]인 부하에 전력을 공급하고 있다. 이 변압기의 전압변동률은 몇 [%]인가?
① 2.4
② 3.4
③ 3.8
④ 4.0

Explanation

$$\epsilon = \frac{V_{20} - V_{2n}}{V_{2n}} \times 100 = p\cos\theta \pm q\sin\theta (\text{지상} : +, \text{진상} : -)$$
$$= 2 \times 0.8 + 3 \times 0.6 = 3.4[\%]$$

【답】②

47 단자전압 220[V], 부하전류 48[A], 계자전류 2[A], 전기자 저항 0.2[Ω]인 직류 분권발전기의 유도기전력[V]은?(단, 전기자 반작용은 무시한다)
① 210
② 220
③ 230
④ 240

Explanation

분권발전기 전기자전류 $I_a = I + I_f = 48 + 2 = 50[A]$
유기기전력 $E = V + I_a R_a = 220 + 50 \times 0.2 = 230[V]$

【답】③

48 전동력 응용기기에서 GD^2의 값이 적은 것이 바람직한 기기는?
① 압연기
② 송풍기
③ 냉동기
④ 엘리베이터

Explanation

GD^2는 플라이휠 효과로서, 엘리베이터는 관성모멘트가 적어야 하므로 플라이휠 효과가 적은 것을 사용한다.

【답】④

49 유도전동기 슬립 s의 범위는?
① $1 < s$
② $s < -1$
③ $-1 < s < 0$
④ $0 < s < 1$

Explanation

슬립 $s = \dfrac{N_s - N}{N_s}$

• $0 < s < 1$: 유도 전동기
• $1 < s < 2$: 유도 제동기
• $s < 0$: 유도 발전기(비동기 발전기)

【답】④

50 권수비 30인 단상변압기의 1차에 6,600[V]를 공급하고, 2차에 40[kW], 뒤진 역률 80[%]의 부하를 걸 때 2차 전류 I_2 및 1차 전류 I_1은 약 몇 [A]인가? (단, 변압기의 손실은 무시한다)
① $I_2 = 145.5$, $I_1 = 4.85$
② $I_2 = 181.8$, $I_1 = 6.06$
③ $I_2 = 227.3$, $I_1 = 7.58$
④ $I_2 = 321.3$, $I_1 = 10.28$

Explanation

권수비 $a = \dfrac{V_1}{V_2} = \dfrac{I_2}{I_1} = 30$ 에서

2차 전압 $V_2 = \dfrac{V_1}{a} = \dfrac{6{,}600}{30} = 220[\text{V}]$

부하 $P = V_2 I_2 \cos\theta$ 에서

2차 전류 $I_2 = \dfrac{P}{V_2 \cos\theta} = \dfrac{40 \times 10^3}{220 \times 0.8} = 227.27$

1차 전류 $I_1 = \dfrac{I_2}{a} = \dfrac{227.27}{30} = 7.58[\text{A}]$

【답】③

51 ★★☆☆☆
동기발전기에서 전기자 전류를 I, 역률을 $\cos\theta$라 하면 횡축 반작용을 하는 성분은?

① $I\cos\theta$ ② $I\cot\theta$
③ $I\sin\theta$ ④ $I\tan\theta$

Explanation

동기기의 전기자 반작용
- **횡축 반작용 (교차자화작용)** : 전기자 전류가 유기기전력과 동위상. 크기는 $I\cos\theta$
- 직축 반작용
  - 감자작용 : 전기자 전류가 유기기전력보다 위상이 $\pi/2$ 뒤질 때
  - 증자작용 : 전기자 전류가 유기기전력보다 위상이 $\pi/2$ 앞설 때

【답】①

52 ★★★☆☆
200[kW], 200[V]의 직류 분권 발전기가 있다. 전기자 권선의 저항이 0.025[Ω]일 때 전압 변동률은 몇 [%]인가?

① 6.0 ② 12.5
③ 20.5 ④ 25.0

Explanation

분권발전기 $I_a = I + I_f = \dfrac{P}{V} + \dfrac{V}{R_f}$ 에서

계자전류가 주어지지 않았으므로 $I_a = I = \dfrac{P}{V} = \dfrac{200 \times 10^3}{200} = 1{,}000[\text{A}]$

무부하 단자 전압(유기기전력) $E = V_0 = V + I_a R_a = 200 + 1{,}000 \times 0.025 = 225[\text{V}]$

전압 변동률 $\epsilon = \dfrac{V_0 - V_n}{V_n} \times 100 = \dfrac{225 - 200}{200} \times 100 = 12.5[\%]$

【답】②

53 ★★☆☆☆
직류전동기의 속도제어법 중 정지 워드 레오나드 방식에 관한 설명으로 틀린 것은?

① 광범위한 속도제어가 가능하다. ② 정토크 가변속도의 용도에 적합하다.
③ 제철용 압연기, 엘리베이터 등에 사용된다. ④ 직권전동기의 저항제어와 조합하여 사용한다.

Explanation

직류 전동기 속도 제어 $n = K' \dfrac{V - I_a R_a}{\phi}$ (K' : 기계정수)

종 류	특 징
전압 제어	• 광범위 속도제어 가능 • 워드 레오너드 방식(광범위한 속도 조정, 효율 양호, 엘리베이터)) • 일그너 방식(부하가 급변하는 곳, 플라이휠 효과 이용, 제철, 제관 공장) • 정토크 제어

【답】④

54 온도 측정 장치 중 변압기의 권선온도 측정에 가장 적당한 것은?
① 탐지코일 ② dial온도계
③ 권선온도계 ④ 봉상온도계

Explanation
온도 측정 장치 중 변압기의 권선온도 측정 : 권선 온도계

【답】③

55 직류 및 교류 양용에 사용되는 만능 전동기는?
① 복권전동기 ② 유도전동기
③ 동기전동기 ④ 직권 정류자전동기

Explanation
단상 직권 정류자 전동기=만능 전동기(직·교류 양용)
• 사용 : 75[W]이하의 소형공구, 치과 의료용

【답】④

56 어떤 IGBT의 열용량은 0.02[J/℃], 열저항은 0.625[℃/W]이다. 이 소자에 직류 25[A]가 흐를 때 전압강하는 3[V]이다. 몇 [℃]의 온도상승이 발생하는가?
① 1.5 ② 1.7
③ 47 ④ 52

Explanation

【답】③

57 3상 유도전동기의 토크와 출력에 대한 설명으로 옳은 것은?
① 속도에 관계가 없다.
② 동일 속도에서 발생한다.
③ 최대 출력은 최대 토크보다 고속도에서 발생한다.
④ 최대 토크가 최대 출력보다 고속도에서 발생한다.

Explanation
토크 $T = 0.975 \times \dfrac{P_0}{N}$ [kg·m]
출력 $P_0 = 1.026\,NT$ 이므로 최대 출력은 최대 토크보다 고속도에서 발생한다.

【답】③

58 일정 전압으로 운전하는 직류전동기의 손실이 $x + yI^2$으로 될 때 어떤 전류에서 효율이 최대가 되는가? (단, x, y는 정수이다.)
① $I = \sqrt{\dfrac{x}{y}}$ ② $I = \sqrt{\dfrac{y}{x}}$
③ $I = \dfrac{x}{y}$ ④ $I = \dfrac{y}{x}$

Explanation

손실 $P_l = x + yI^2$
여기서, x(무부하손), yI^2(동손)
발전기의 효율 최대 조건
무부하손(고정손)=부하손(가변손) $x = yI^2$ 이므로
따라서 부하 전류 $I = \sqrt{\dfrac{x}{y}}$ 에서 최대 효율이 된다.

【답】①

59 ★★☆☆☆
T-결선에 의하여 3,300[V]의 3상으로부터 200[V], 40[kVA]의 전력을 얻는 경우 T좌변압기의 권수비는 약 얼마인가?
① 10.2
② 11.7
③ 14.3
④ 16.5

Explanation

스코트결선(T결선)
T좌 변압기의 권선비 : $a_T = \dfrac{\sqrt{3}}{2} a$

$a_T = \dfrac{\sqrt{3}}{2} \times \dfrac{3,300}{200} = 14.3$

【답】③

60 ★★★★★
사이리스터에 의한 제어는 무엇을 제어하여 출력전압을 변환시키는가?
① 토크
② 위상각
③ 회전수
④ 주파수

Explanation

사이리스터(SCR)에 의한 제어 : 위상제어, 인버터제어, 정지형 레오너드 제어

【답】②

4과목   회로이론

61 ★★★☆☆
$\dfrac{E_o(s)}{E_i(s)} = \dfrac{1}{s^2 + 3s + 1}$ 의 전달함수를 미분방정식으로 표시하면? (단, $\mathcal{L}^{-1}[E_o(s)] = e_o(t)$, $\mathcal{L}^{-1}[E_i(s)] = e_i(t)$ 이다.)

① $\dfrac{d^2}{dt^2} e_i(t) + 3 \dfrac{d}{dt} e_i(t) - e_i(t) = e_o(t)$

② $\dfrac{d^2}{dt^2} e_o(t) + 3 \dfrac{d}{dt} e_o(t) + e_o(t) = e_i(t)$

③ $\dfrac{d^2}{dt^2} e_i(t) + 3 \dfrac{d}{dt} e_i(t) + \int e_i(t) dt = e_o(t)$

④ $\dfrac{d^2}{dt^2} e_o(t) + 3 \dfrac{d}{dt} e_o(t) - \int e_o(t) dt = e_i(t)$

Explanation

$G(s) = \dfrac{E_o(s)}{E_i(s)} = \dfrac{1}{s^2+3s+1}$ 에서

$E_i(s) = s^2 E_o(s) + 3s E_o + E_o(s)$

미분방정식으로 표현하면

$e_i(t) = \dfrac{d^2}{dt^2}e_o(t) + 3\dfrac{d}{dt}e_o(t) + e_o(t)$

【답】②

62 ★★★☆☆
대칭 n상 환상결선에서 선전류와 환상전류 사이의 위상차는 어떻게 되는가?

① $2\left(1-\dfrac{2}{n}\right)$
② $\dfrac{\pi}{2}\left(1-\dfrac{\pi}{2}\right)$
③ $\dfrac{\pi}{2}\left(1-\dfrac{n}{2}\right)$
④ $\dfrac{\pi}{2}\left(1-\dfrac{2}{n}\right)$

Explanation

환상 결선(△결선)에서

$I_l = 2\sin\dfrac{\pi}{n}I_P \angle -\dfrac{\pi}{2}\left(1-\dfrac{2}{n}\right)$ 여기서, n은 상수

$V_l = V_p$

【답】④

63 ★★★☆☆
저항 $R=6[\Omega]$과 유도 리액턴스 $X_L=8[\Omega]$이 직렬로 접속된 회로에서 $v=200\sqrt{2}\sin\omega t[\text{V}]$인 전압을 인가하였다. 이 회로의 소비되는 전력[kW]은?

① 1.2
② 2.2
③ 2.4
④ 3.2

Explanation

소비전력(유효전력)

$P = I^2 R = \left(\dfrac{V}{\sqrt{R^2+X^2}}\right)^2 R = \dfrac{V^2}{R^2+X^2}R$

$= \dfrac{200^2}{6^2+8^2} \times 6 \times 10^{-3} = 2.4[\text{kW}]$

【답】③

64 ★★★☆☆
$F(s) = \dfrac{s}{s^2+\pi^2} \cdot e^{-2s}$ 함수를 시간추이정리에 의해서 역변환하면?

① $\sin\pi(t-2) \cdot u(t-2)$
② $\sin\pi(t+a) \cdot u(t+a)$
③ $\cos\pi(t-2) \cdot u(t-2)$
④ $\cos\pi(t+a) \cdot u(t+a)$

Explanation

$\mathcal{L}^{-1}\left[\dfrac{s}{s^2+\pi^2}\right] = \cos\pi t$

시간 추이 정리에 의해서 역변환하면

$t \to t-2$를 대입하면

$\mathcal{L}^{-1}[F(s)] = f(t) = \cos\pi(t-2) \cdot u(t-2)$

【답】③

65 ★★★☆☆
비정현파의 성분을 가장 옳게 나타낸 것은?

① 직류분 + 고조파
② 교류분 + 고조파
③ 교류분 + 기본파 + 고조파
④ 직류분 + 기본파 + 고조파

> **Explanation**

푸리에 급수 : 비정현파를 여러 가의 정현파의 합으로 표시
비정현파 = 직류분 + 기본파 + 고조파

【답】 ④

66 ★★★★☆ V_a, V_b, V_c를 3상 불평형 전압이라 하면 정상(正相) 전압[V]은? (단, $a=-\frac{1}{2}+j\frac{\sqrt{3}}{2}$ 이다)

① $3(V_a+V_b+V_c)$
② $\frac{1}{3}(V_a+V_b+V_c)$
③ $\frac{1}{3}(V_a+a^2V_b+aV_c)$
④ $\frac{1}{3}(V_a+aV_b+a^2V_c)$

> **Explanation**

대칭좌표법

영상분 $V_0=\frac{1}{3}(V_a+V_b+V_c)$

정상분 $V_1=\frac{1}{3}(V_a+aV_b+a^2V_c)$

역상분 $V_2=\frac{1}{3}(V_a+a^2V_b+aV_c)$

【답】 ④

67 ★★☆☆☆ 다음과 같은 회로에서 a, b 양단의 전압은 몇 [V]인가?

① 1
② 2
③ 2.5
④ 3.5

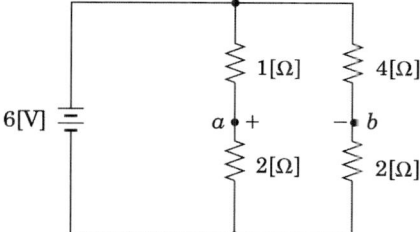

> **Explanation**

a, b 양단의 전압

$V_{ab}=\frac{4}{4+2}\times 6-\frac{1}{1+2}\times 6=4-2=2[V]$

【답】 ②

68 ★★★☆☆ 3상 회로에 △결선된 평형 순저항 부하를 사용하는 경우 선간전압 220[V], 상전류가 7.33[A]라면 1상의 부하저항은 약 몇 [Ω]인가?

① 80
② 60
③ 45
④ 30

> **Explanation**

△결선 $V_l=V_p$에서

임피던스 $Z=\frac{V_p}{I_p}=\frac{220}{7.33}=30[\Omega]$

【답】 ④

69 L형 4단자 회로망에서 4단자 정수가 $B=\dfrac{5}{3}$, $C=1$이고 영상 임피던스 $Z_{01}=\dfrac{20}{3}[\Omega]$일 때 영상 임피던스 $Z_{02}[\Omega]$의 값은?

① 4
② $\dfrac{1}{4}$
③ $\dfrac{100}{9}$
④ $\dfrac{9}{100}$

Explanation

영상 임피던스와 4단자 정수와의 관계

$$Z_{01} \cdot Z_{02} = \dfrac{B}{C}, \quad \dfrac{Z_{01}}{Z_{02}} = \dfrac{A}{D}$$

$Z_{01} \cdot Z_{02} = \dfrac{B}{C}$ 에서 $Z_{02} = \dfrac{B}{Z_{01} \cdot C}$

따라서 $Z_{02} = \dfrac{\frac{5}{3}}{\frac{20}{3} \times 1} = \dfrac{1}{4}[\Omega]$

【답】②

70 두 대의 전력계를 사용하여 3상 평형 부하의 역률을 측정하려고 한다. 전력계의 지시가 각각 P_1[W], P_2[W]할 때 이 회로의 역률은?

① $\dfrac{\sqrt{P_1+P_2}}{P_1+P_2}$
② $\dfrac{P_1+P_2}{P_1^2+P_2^2-2P_1P_2}$
③ $\dfrac{2(P_1+P_2)}{\sqrt{P_1^2+P_2^2-P_1P_2}}$
④ $\dfrac{P_1+P_2}{2\sqrt{P_1^2+P_2^2-P_1P_2}}$

Explanation

2전력계법
유효전력 $P = P_1 + P_2$
무효전력 $P_r = \sqrt{3}(P_1 - P_2)$
피상전력 $P_a = 2\sqrt{P_1^2+P_2^2-P_1P_2}$
역률 $\cos\theta = \dfrac{P}{P_a} = \dfrac{P_1+P_2}{2\sqrt{P_1^2+P_2^2-P_1P_2}}$

【답】④

71 어느 소자에 전압 $e=125\sin 377t$[V]를 가했을 때 전류 $i=50\cos 377t$[A]가 흘렀다. 이 회로의 소자는 어떤 종류인가?

① 순저항
② 용량 리액턴스
③ 유도 리액턴스
④ 저항과 유도 리액턴스

Explanation

- 저항 : 전압과 전류가 동위상
- 인덕턴스 : 전압이 전류보다 위상이 90° 앞선다. (지상, 유도성 리액턴스)
- 커패시턴스 : 전압이 전류보다 위상이 90° 느리다. (진상, 용량성 리액턴스)

전압 $e=125\sin 377t$[V]
전류 $i=50\cos 377t = 50\sin(377t+90°)$[A]

【답】②

72 기전력 3[V], 내부 저항 0.5[Ω]의 전지 9개가 있다. 이것은 3개씩 직렬로 하여 3조 병렬 접속한 것에 부하 저항 1.5[Ω]을 접속하면 부하 전류[A]는?

① 2.5　　　② 3.5　　　③ 4.5　　　④ 5.5

Explanation

우선 전지를 3개 직렬연결 하면
- 기전력 : $nE = 3 \times 3 = 9[V]$
- 내부저항 : $nR = 0.5 \times 3 = 1.5[\Omega]$이며

그 다음에 전지를 3조씩 병렬연결 하면
- 기전력(변함없다) : $nE = 3 \times 3 = 9[V]$
- 내부저항 : $\dfrac{nR}{m} = \dfrac{0.5 \times 3}{3} = 0.5[\Omega]$이므로

전체 전지의 기전력은 9[V], 내부저항은 0.5[Ω]이므로
$I = \dfrac{V}{r+R} = \dfrac{9}{0.5+1.5} = 4.5[A]$

【답】③

73 대칭 3상 Y결선에서 선간 전압이 $200\sqrt{3}[V]$이고 각 상의 임피던스 $Z = 30 + j40[\Omega]$의 평형 부하일 때 선전류[A]는?

① 2　　　② $2\sqrt{3}$　　　③ 4　　　④ $4\sqrt{3}$

Explanation

Y결선에서 $V_l = \sqrt{3} V_p$, $I_l = I_p$ 이므로

상전류 $I_p = \dfrac{V_p}{Z} = \dfrac{\frac{200\sqrt{3}}{\sqrt{3}}}{\sqrt{30^2+40^2}} = 4$

따라서 $I_l = I_p = 4[A]$

【답】③

74 $t=0$에서 스위치 S를 닫았을 때 정상 전류값[A]은?

① 1
② 2.5
③ 3.5
④ 7

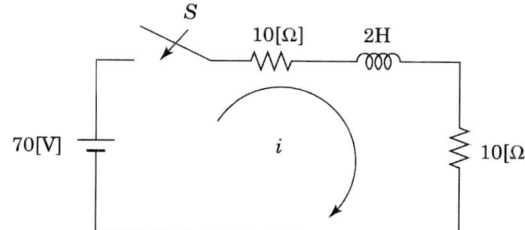

Explanation

$R-L$ 직렬회로

정상전류 $I_{ss} = \dfrac{E}{R_1+R_2} = \dfrac{70}{10+10} = 3.5[A]$

【답】③

75 저항 $R_1[\Omega]$, $R_2[\Omega]$ 및 인덕턴스 $L(H)$이 직렬로 연결되어 있는 회로의 시정수[s]는?

① $\dfrac{R_1+R_2}{L}$　　　② $\dfrac{L}{R_1+R_2}$

③ $-\dfrac{R_1+R_2}{L}$　　　④ $-\dfrac{L}{R_1+R_2}$

Explanation

$R-L$ 직렬회로

시정수 $\tau = \dfrac{L}{R} = \dfrac{L}{R_1+R_2}$ [s]

【답】②

76 그림에서 4단자 회로 정수 A, B, C, D 중 출력 단자 3, 4가 개방되었을 때의 $\dfrac{V_1}{V_2}$ 인 A의 값은?

① $1+\dfrac{Z_2}{Z_1}$ ② $1+\dfrac{Z_3}{Z_2}$

③ $1+\dfrac{Z_2}{Z_3}$ ④ $\dfrac{Z_1+Z_2+Z_3}{Z_1 Z_3}$

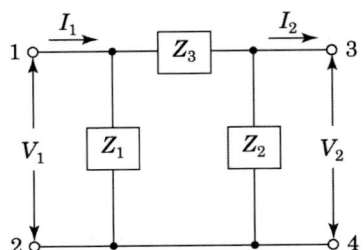

Explanation

$$\begin{bmatrix} A & B \\ C & D \end{bmatrix} = \begin{bmatrix} 1 & 0 \\ \dfrac{1}{Z_1} & 1 \end{bmatrix} \begin{bmatrix} 1 & Z_3 \\ 0 & 1 \end{bmatrix} \begin{bmatrix} 1 & 0 \\ \dfrac{1}{Z_2} & 1 \end{bmatrix} = \begin{bmatrix} 1+\dfrac{Z_2}{Z_3} & Z_2 \\ \dfrac{1}{Z_1}+\dfrac{Z_2}{Z_1 Z_3}+\dfrac{1}{Z_3} & \dfrac{Z_2}{Z_1}+1 \end{bmatrix}$$

$$= \begin{bmatrix} 1+\dfrac{Z_3}{Z_2} & Z_3 \\ \dfrac{Z_1+Z_2+Z_3}{Z_1 Z_2} & 1+\dfrac{Z_3}{Z_1} \end{bmatrix}$$

【답】②

77 $e = 200\sqrt{2}\sin\omega t + 150\sqrt{2}\sin 3\omega t + 100\sqrt{2}\sin 5\omega t$ [V]인 전압을 R-L 직렬회로에 가할 때에 제3고조파 전류의 실효값은 몇 [A]인가? (단, $R=8[\Omega]$, $\omega L=2[\Omega]$이다.)

① 5 ② 8
③ 10 ④ 15

Explanation

제3고조파 전류

$I_3 = \dfrac{V_3}{Z_3} = \dfrac{V_3}{R+j3\omega L} = \dfrac{V_3}{\sqrt{R^2+(3\omega L)^2}} = \dfrac{150}{\sqrt{8^2+(3\times 2)^2}} = 15$[A]

【답】④

78 $R=1[\text{k}\Omega]$, $C=1[\mu\text{F}]$가 직렬 접속된 회로에 스텝(구형파)전압 10[V]를 인가하는 순간에 커패시터 C에 걸리는 최대전압[V]은?

① 0 ② 3.72
③ 6.32 ④ 10

Explanation

$R-C$ 직렬회로 직류(구형파)인가

커패시터 양단의 전압 $V_c = E\left(1-e^{-\frac{1}{RC}t}\right)$[V]에서

초기에는 $t=0$을 대입하면 전압은 0이다.

【답】①

79 다음과 같은 전류의 초기값 $i(0^+)$를 구하면?

$$I(s) = \frac{12(s+8)}{4s(s+6)}$$

① 1   ② 2
③ 3   ④ 4

Explanation

초기값 정리에 의해
$$i(0^+) = \lim_{t \to 0} i(t) = \lim_{s \to \infty} sI(s) = \lim_{s \to \infty} s \cdot \frac{12(s+8)}{4s(s+6)} = 3$$

【답】 ③

80 정격전압에서 1[kW]의 전력을 소비하는 저항에 정격의 80[%]의 전압을 가할 때의 전력[W]은?

① 340   ② 540
③ 640   ④ 740

Explanation

소비전력 $P = \dfrac{V^2}{R}$ [W]에서 $P \propto V^2$

따라서 소비전력 $P' = 1{,}000 \times (0.8)^2 = 640$ [W]

【답】 ③

5과목 전기설비기술기준

81 과전류차단기로 시설하는 퓨즈 중 고압전로에 사용하는 비포장 퓨즈는 정격전류의 몇 배의 전류에 견디어야 하는가?

① 1.1   ② 1.25
③ 1.5   ④ 2

Explanation

(KEC 341.10조) 고압 및 특고압 전로 중의 과전류 차단기의 시설
① 포장 퓨즈 : 1.3배의 전류에 견디고 또한 2배의 전류로 120분 안에 용단
② 비포장 퓨즈 : 1.25배의 전류에 견디고 또한 2배의 전류로 2분 안에 용단

【답】 ②

82 22.9[kV] 특고압 가공전선로의 중성선은 다중접지를 하여야 한다. 각 접지도체를 중성선으로부터 분리하였을 경우 1[km]마다 중성선과 대지 사이의 합성전기저항 값은 몇 [Ω] 이하인가?(단, 전로에 지락이 생겼을 때에 2초 이내에 자동적으로 이를 전로로부터 차단하는 장치가 되어 있다.)

① 5   ② 10
③ 15   ④ 20

Explanation

(KEC 333.32조) 25[kV] 이하인 특고압 가공 전선로의 시설
각 접지도체를 중성선으로부터 분리하였을 경우의 각 접지점의 대지 전기 저항치와 1[km] 마다의 중성선과 대지 사이의 합성

전기저항치

사용 전압	각 접지점의 대지 전기저항치	1[km]마다의 합성 전기저항치
15[kV]이하	300[Ω]	30[Ω]
15[kV]초과 25[kV] 이하	300[Ω]	15[Ω]

【답】③

83 ★★☆☆☆
고압 가공전선으로 경동선을 사용하려면 그 지름은 최소 몇 [mm]이어야 하는가?

① 2.6
② 3.2
③ 4.0
④ 5.0

Explanation

(KEC 332.3조) 고압 가공전선의 굵기 및 종류
인장강도 8.01[kN] 이상의 고압 절연전선, 특고압 절연전선 또는 지름 5[mm] 이상의 경동선의 고압 절연전선, 특고압 절연전선

【답】④

84 ★★★★★
고압 가공전선이 가공약전류전선 등과 접근하는 경우에 고압 가공전선과 가공약전류전선 사이의 이격거리는 몇 [m] 이상이어야 하는가? (단, 전선이 케이블인 경우)

① 0.2
② 0.3
③ 0.4
④ 0.5

Explanation

(KEC 332.13조) 고압 가공전선과 가공약전류전선 등의 접근 또는 교차
고압 가공 전선과 가공 약전류 전선이 접근하는 경우의 수평 거리는 0.8[m] 이상으로 되어 있다. 다만, 전화선이 절연 전선 이상인 것이나 **통신용 케이블인 경우는 0.4[m] 이상**으로 할 수 있다.

【답】③

85 ★★★★★
가공전선로의 지지물에 지지선을 시설하는 기준으로 옳은 것은?

① 소선 지름 : 1.6[mm], 안전율 : 2.0, 허용인장하중 : 4.31[kN]
② 소선 지름 : 2.0[mm], 안전율 : 2.5, 허용인장하중 : 2.11[kN]
③ 소선 지름 : 2.6[mm], 안전율 : 1.5, 허용인장하중 : 3.21[kN]
④ 소선 지름 : 2.6[mm], 안전율 : 2.5, 허용인장하중 : 4.31[kN]

Explanation

(KEC 331.11조) 지지선의 시설
• 지지선의 안전율은 2.5 이상일 것
• 허용 인장 하중의 최저는 4.31[kN]으로 한다.
• 소선 3가닥 이상의 연선일 것
• 소선은 지름 2.6[mm]이상의 금속선을 사용할 것
• 지중 부분 및 지표상 0.3[m]까지는 내식성이 있는 것 또는 아연도금 철봉을 사용

【답】④

86 ★★★★☆
중성선 다중접지식의 것으로 전로에 지락이 생겼을 때에 2초 이내에 자동적으로 이를 전로로부터 차단하는 장치가 되어있는 22.9[kV] 가공전선로를 상부 조영재의 위쪽에서 접근상태로 시설하는 경우, 가공전선과 건조물과의 이격거리는 몇 [m] 이상이어야 하는가? (단, 전선으로는 나전선을 사용한다고 한다)

① 1.2
② 1.5
③ 2.5
④ 3.0

Explanation

(KEC 333.32조) 25[kV] 이하인 특고압 가공 전선로의 시설
특고압 가공전선(다중접지를 한 중성선을 제외한다. 이하 이 조에서 같다)이 건조물과 접근하는 경우에 특고압 가공전선과 건조물의 조영재 사이의 이격거리는 표에서 정한 값 이상일 것.

건조물의 조영재	접근형태	전선의 종류	이격거리
상부 조영재	위쪽	나전선	3[m]
		특고압 절연전선	2.5[m]
		케이블	1.2[m]

【답】④

87 ★★★★★ 전력 보안 통신용 전화설비를 시설하여야 하는 곳은?

① 2 이상의 발전소 상호 간
② 원격 감시 제어가 되는 변전소
③ 원격 감시 제어가 되는 급전소
④ 원격 감시 제어가 되지 않는 발전소

Explanation

(KEC 362조) 전력보안통신설비의 시설
다음 각 호에 열거하는 곳에는 전력 보안통신용 전화 설비를 시설하여야 한다.
① 원격감시 제어가 되지 아니하는 발전소·원격 감시제어가 되지 아니하는 변전소·발전제어소·변전제어소·개폐소 및 전선로의 기술원 주재소와 이를 운용하는 급전소간
② 2 이상의 급전소 상호 간과 이들을 총합 운용하는 급전소 간
③ 수력설비 중 필요한 곳, 수력 설비의 안전상 필요한 양수소(量水所) 및 강수량 관측소와 수력발전소 간
④ 동일 수계에 속하고 안전상 긴급 연락의 필요가 있는 수력발전소 상호 간
⑤ 동일 전력계통에 속하고 또한 안전상 긴급연락의 필요가 있는 발전소·변전소·발전제어소·변전제어소 및 개폐소 상호 간
⑥ 발전소·변전소·발전제어소·변전제어소 및 개폐소와 기술원 주재소간
⑦ 발전소·변전소·발전제어소·변전제어소·개폐소·급전소 및 기술원 주재소와 전기설비의 안전상 긴급 연락의 필요가 있는 기상대·측후소·소방서 및 방사선 감시계측 시설물 등의 사이

【답】④

88 KEC 적용으로 인하여 삭제되었습니다.

89 ★★★★★ 시가지 등에서 특고압 가공전선로를 시설하는 경우 특고압 가공전선로용 지지물로 사용할 수 없는 것은?(단, 사용전압이 170[kV] 이하인 경우이다.)

① 철탑
② 목주
③ 철주
④ 철근 콘크리트주

Explanation

(KEC 333.1조) 시가지 등에서 특고압 가공 전선로의 시설
시가지에 시설하는 특고압 가공전선로용 지지물의 종류로는 A·B종 철주, A·B종 철근 콘크리트주, 또는 철탑을 사용한다(목주는 사용할 수 없다).

【답】②

90 ★★★★★ 건조한 장소로서 전개된 장소에 한하여 시설할 수 있는 고압 옥내배선의 방법은?

① 금속관 공사
② 애자공사
③ 가요전선관 공사
④ 합성수지관 공사

Explanation

(KEC 342.1조) 고압 옥내배선 등의 시설
고압 옥내배선은 다음 중 1에 의하여 시설할 것.
① 애자사용공사(건조한 장소로서 전개된 장소에 한한다)
② 케이블 공사
③ 케이블 트레이 공사

【답】②

91 전기부식방지 시설은 지표 또는 수중에서 1[m] 간격의 임의의 2점(양극의 주위 1[m] 이내의 거리에 있는 점 및 울타리의 내부점을 제외한다)간의 전위차가 몇 [V]를 넘으면 안되는가?
① 5
② 10
③ 25
④ 30

Explanation

(KEC 241.16조) 전기부식방지 시설
지표 또는 수중에서 1[m] 간격의 임의의 2점(제4의 양극의 주위 1[m] 이내의 거리에 있는 점 및 울타리의 내부점을 제외)간의 전위차가 5[V]를 넘지 아니할 것   【답】①

92 KEC 적용으로 인하여 삭제되었습니다.

93 KEC 적용으로 인하여 삭제되었습니다.

94 고압 가공전선 상호 간의 접근 또는 교차하여 시설되는 경우, 고압 가공전선 상호 간의 이격거리는 몇 [m] 이상이어야 하는가? (단, 고압 가공전선은 모두 케이블이 아니라고 한다)
① 0.5
② 0.6
③ 0.7
④ 0.8

Explanation

(KEC 332.17조) 고압 가공전선 상호 간의 접근 또는 교차
① 위쪽 또는 옆쪽에 시설되는 고압 가공전선로는 고압 보안공사에 의할 것
② **고압 가공전선 상호 간의 이격거리는 0.8[m]**(어느 한쪽의 전선이 케이블인 경우에는 0.4[m])이상, 하나의 고압 가공전선과 다른 고압 가공전선로의 지지물 사이의 이격거리는 0.6[m](전선이 케이블인 경우에는 0.3[m]) 이상일 것   【답】④

95 KEC 적용으로 인하여 삭제되었습니다.

96 154/22.9 [kV]용 변전소의 변압기에 반드시 시설하지 않아도 되는 계측장치는?
① 전압계
② 전류계
③ 역률계
④ 온도계

Explanation

(KEC 351.6조) 계측 장치
변전소 또는 이에 준하는 곳에는 다음 각 호의 사항을 계측하는 장치를 시설하여야 한다.
① 주요 변압기의 전압 및 전류 또는 전력
② 특고압용 변압기의 온도   【답】③

97 전기부식방지 시설을 시설할 때 전기부식방지용 전원 장치로부터 양극 및 피방식체까지의 전로의 사용전압은 직류 몇 [V] 이하이어야 하는가?
① 20
② 40
③ 60
④ 80

Explanation

(KEC 241.16조) 전기부식방지 시설
전기 부식 방지 회로의 사용전압은 직류 60[V] 이하일 것 　　　　　　　　　　　　　　　　　【답】 ③

98. 케이블을 지지하기 위하여 사용하는 금속제 케이블 트레이의 종류가 아닌 것은?
① 사다리형　　　　　　　　　　　② 통풍 밀폐형
③ 펀칭형　　　　　　　　　　　　④ 바닥 밀폐형

Explanation

(KEC 232.41조) 케이블트레이공사
케이블 트레이 : 사다리형, 펀칭형, 그물망형, 바닥밀폐형 　　　　　　　　　　　　　　　　　【답】 ②

99. 발전소·변전소 또는 이에 준하는 곳의 특고압 전로에는 그의 보기 쉬운 곳에 어떤 표시를 반드시 하여야 하는가?
① 모선(母線) 표시　　　　　　　② 상별(相別) 표시
③ 차단(遮斷) 위험표시　　　　　④ 수전(受電) 위험표시

Explanation

(KEC 351.2조) 특고압전로의 상 및 접속 상태의 표시
(1) 발전소·변전소 또는 이에 준하는 곳의 특고압전로에는 그의 보기 쉬운 곳에 상별(相別) 표시를 하여야 한다.
(2) 발전소·변전소 또는 이에 준하는 곳의 특고압전로에 대하여는 그 접속 상태를 모의모선(模擬母線)의 사용 기타의 방법에 의하여 표시하여야 한다. 다만, 이러한 전로에 접속하는 특고압전선로의 회선수가 2 이하이고 또한 특고압의 모선이 단일 모선인 경우에는 그러하지 아니하다. 　　　　　　　　　　　　　　　　　　　　　　　　　　【답】 ②

100. 6.6[kV] 지중전선로의 케이블을 직류전원으로 절연 내력시험을 하자면 시험전압은 직류 몇 [V]인가?
① 9,900　　　　　　　　　　　　② 14,420
③ 16,500　　　　　　　　　　　　④ 19,800

Explanation

(KEC 132조) 고압·특고압의 전로의 절연내력

접지방식	최대사용전압	시험전압 (최대사용 전압 배수)	최저 시험 전압
비접지	7[kV]이하	1.5배	
	7[kV]초과	1.25배	10,500[V]

※ 전로에 케이블을 사용하는 경우에는 **직류로 시험할 수 있으며**, 시험전압은 교류인 경우의 2배가 된다.
시험전압=6,600×1.5×2=19,800[V] 　　　　　　　　　　　　　　　　　　　　　　　　　　【답】 ④

2회 2019년 전기공사산업기사 필기

1과목 전기응용

01 ★★☆☆☆
목표값이 시간에 따라 변화하지 않는 제어는?
① 정치제어
② 비율제어
③ 추종제어
④ 프로그램제어

Explanation

목표 값에 의한 분류 : 입력에 의한 분류
① 정치 제어 : 시간에 관계없이 값이 일정한 제어
② 추치 제어 : 시간에 따라 값이 변화하는 제어
  • 추종 제어 : 목표값이 임의의 시간적 변화 (대공포, 레이더)
  • 프로그램제어(시퀀스 제어) : 미리 정해진 신호에 따라 동작(무인제어)
      (무인열차, 무인엘리베이터, 무인자판기)
  • 비율 제어 : 시간에 비례하여 변화 (배터리, 공기량)

【답】①

02 ★☆☆☆☆
전력용 반도체 소자의 종류 중 스위칭 소자가 아닌 것은?
① GTO
② Diode
③ TRIAC
④ SSS

Explanation

• 스위칭 소자 : 전력용반도체(SCR, TRIAC, SCS, SSS, GTO.....)
• 다이오드 : 정류용

【답】②

03 ★☆☆☆☆
20[cm²]의 면적에 0.5[lm]의 광속이 입사할 때 그 면의 조도[lx]는?
① 200
② 250
③ 300
④ 350

Explanation

조도 $E = \dfrac{F}{S} = \dfrac{0.5}{20 \times 10^{-4}} = 250[\text{lx}]$

【답】②

04 ★☆☆☆☆
전기철도에 적용하는 직류 직권전동기의 속도제어 방법이 아닌 것은?
① 저항제어
② 초퍼제어
③ VVVF 인버터 제어
④ 사이리스터 위상제어

Explanation

전기철도용 전동기

- 직류 직권 전동기 : $\tau \propto I^2 \propto \dfrac{1}{N^2}$

  　　　　　토크는 부하전류의 제곱에 비례하고 회전수의 제곱에 반비례, 속도는 부하전류에 반비례
- 3상 유도전동기 : 속도제어 및 기동 특성 개선을 위하여 인버터(VVVF : Variable Voltage Variable Frequency)가 필요

【답】③

05 ★★☆☆☆
최고 사용온도가 1,100[℃]이고 고온강도가 크며 냉간가공이 용이한 고온용 발열체는?

① 니크롬 제1종　　　　　　　　② 니크롬 제2종
③ 철크롬 제1종　　　　　　　　④ 철크롬 제2종

Explanation

발열체의 종류 및 온도
- 니크롬선 1종 : 1,100[℃] : 고온 강도가 크고 냉간 가공이 용이
- 니크롬선 2종 : 900[℃]
- 철크롬선 1종 : 1,200[℃]
- 철크롬선 2종 : 1,100[℃]
- 비금속 발열체(탄화규소 발열체) : 1,400[℃]

【답】①

06 ★☆☆☆☆
동의 원자량은 63.54이고 원자가가 2라면 전기 화학당량은 약 몇 [mg/C]인가?

① 0.229　　　　　　　　② 0.329
③ 0.429　　　　　　　　④ 0.529

Explanation

화학당량 $= \dfrac{원자량}{원자가} = \dfrac{63.54}{2} = 31.77$

전기화학당량 $= \dfrac{화학당량}{96,500} = \dfrac{31.77}{96,500} \times 10^3 = 0.329$ [mg/C]

【답】②

07 ★★☆☆☆
광속의 정의에 대한 설명으로 옳은 것은?

① 광원의 면 또는 발광면에서의 빛나는 정도
② 단위시간에 복사되는 에너지 양
③ 복사 에너지를 눈으로 보아 빛으로 느끼는 크기로 나타낸 것
④ 임의의 장소에서의 밝기를 나타내고, 밝음의 기준이 되는 것

Explanation

광속 : 복사에너지를 눈으로 보아 빛으로 느끼는 정도
　　　가시범위의 방사속을 눈의 감도를 기준으로 측정한 것
기호 : F, 단위 : 루멘[lm]

【답】③

08 ★★☆☆☆
기전반응을 하는 화학 에너지를 전지 밖에서 연속적으로 공급하면 연속방전을 계속할 수 있는 전지는?

① 2차전지　　　　　　　　② 돌리전지
③ 연료전지　　　　　　　　④ 산물전지

Explanation

연료 전지(fuel cell)
- 연료의 산화에 의해서 생기는 화학 에너지를 직접 전기 에너지로 변환시키는 전지
- 친환경적인 에너지
- 반응물이 외부에서 연속적으로 공급되어 반응 생성물이 연속적으로 계의 바깥으로 제거

【답】③

09 ★★☆☆☆
반도체 소자 중 게이트-소스 간 전압으로 드레인 전류를 제어하는 전압제어 스위치로 스위칭속도가 빠른 소자는?

① GTO
② SCR
③ IGBT
④ MOSFET

Explanation

MOSFET(metal-oxide semiconductor field effect transistor)
FET(Field-effect transistor)는 전계효과 트랜지스터로 Gate, Drain, Source로 구성된다.
FET의 특징은 다음과 같다.
- 금속막, 산화막, 반도체영역으로 구성된 트랜지스터의 일종
- 이미터 : 소스(source)
  베이스 : 게이트(gate)
  컬렉터 : 드레인(drain)
- 전압제어 스위치 : 게이트-소스 간 전압으로 드레인 전류를 제어
- 고속스위칭 소자

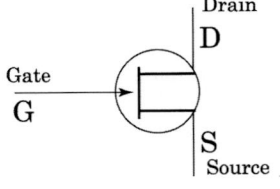

【답】 ④

10 ★★★★★
교번 자계 중에서 도전성 물질 내에 생기는 와류손과 히스테리시스손에 의한 가열 방식은?

① 저항가열
② 유도가열
③ 유전가열
④ 아크가열

Explanation

- 유도가열 : 히스테리시스손과 와류손에 의한 가열
  반도체 정련, 금속의 표면처리, 단결정제조 등에 사용
- 유전가열 : 유전체손에 의한 가열
  목재의 접착, 비닐막 접착, 플라스틱 성형 등에 사용

【답】 ②

11 ★★★★★
절대온도 T[K]인 흑체의 복사발산도(전방사에너지)는? (단, σ는 스테판-볼츠만의 상수이다)

① σT
② $\sigma T^{1.6}$
③ σT^2
④ σT^4

Explanation

스테판 볼츠만의 법칙 : 복사에너지는 절대 온도의 4승에 비례
$$W = \sigma T^4 [W/cm^2]$$

【답】 ④

12 ★★★★★
물체의 위치, 방위, 자세 등의 기계적 변위를 제어량으로 하는 것은?

① 서보기구
② 자동조정
③ 프로그램 제어
④ 프로세스 제어

Explanation

제어량에 의한 분류
① 서보 기구(servo mechanism) : 기계적인 변위량 → 추치(추종)제어
　　　　　위치, 방향, 자세, 거리, 각도 등
② 프로세스 제어(process control) : 공업공정의 상태량 → 정치제어
　　　　　밀도, 농도, 온도, 압력, 유량, 습도 등
③ 자동 조정 (auto regulating) : 전기적, 기계적 신호 → 정치제어
　　　　　속도, 전위, 전류, 힘, 주파수

【답】 ①

13
500[W]의 전열기를 정격상태에서 1시간 사용할 때 발생하는 열량은 약 몇 [kcal]인가?

① 430　　　② 520
③ 610　　　④ 860

Explanation

전열기의 열량 $Q = 860Pt = 860 \times 500 \times 10^{-3} \times 1 = 430[\text{kcal}]$

【답】①

14
동력 전달 효율이 78.4[%]인 권상기로 30[t]의 하중을 매분 4[m]의 속력으로 끌어 올리는 데 필요한 동력은 약 몇 [kW]인가?

① 14　　　② 18
③ 21　　　④ 25

Explanation

권상기용 전동기 출력

$P = \dfrac{WV}{6.12\eta} \times C[\text{kW}]$ 여기서, W : 권상 하중[ton], V : 권상 속도[m/min], C : 평형률

$\therefore P = \dfrac{30 \times 4}{6.12 \times 0.784} \fallingdotseq 25[\text{kW}]$

【답】④

15
그림과 같은 배광곡선과 루소선도에서 반사갓이 없는 형광등의 루소선도는 어느 것인가?

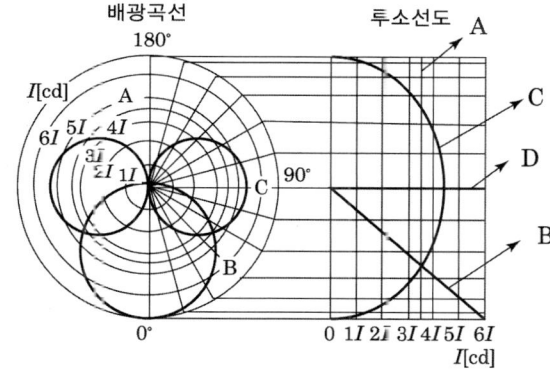

① A　　　② B
③ C　　　④ D

Explanation

A : 구형광원($F = 4\pi I$)
C : 원통광원($F = \pi^2 I$)
B : 평판광원($F = \pi I$)

【답】③

16
3상 유도전동기의 기동방식이 아닌 것은?

① 직입기동　　　② Y-△ 기동
③ 콘덴서기동　　　④ 리액터기동

Explanation

3상 유도전동기 기동법

농형 유도전동기	• 전전압 기동(직입기동) : 5[HP] 이하(3.7[kW]) • Y-△ 기동(5~15[kW]) 급: 전류 1/3배, 전압 $1/\sqrt{3}$ 배 • 기동 보상법 : 단권 변압기 사용 감전압기동 • 리액터 기동
권선형 유도전동기	• 2차 저항 기동법 ⇨ 비례 추이 이용

여기서, 콘덴서 기동은 단상 유도전동기의 기동법이다. 【답】③

17 백색 LED의 발광 원리가 아닌 것은?

① GaN계 적색 LED와 청색 발광형광체를 조합한 형태
② GaN계 청색 LED와 황색 발광형광체를 조합한 형태
③ GaN계 자외선 LED와 적·녹·청색 발광의 혼합형광체를 조합한 형태
④ 3색(적·녹·청)의 개별 LED 칩을 1개의 패키지 안에 조합한 멀티칩 형태

Explanation

백색 LED의 발광 원리
• GaN(질화갈륨)계 청색 LED와 황색 발광형광체를 조합한 형태
• GaN계 자외선 LED와 적·녹·청색 발광의 혼합형광체를 조합한 형태
• 3색(적·녹·청)의 개별 LED 칩을 1개의 패키지 안에 조합한 멀티칩 형태

【답】①

18 2개의 곡선반경 중심이 선로에 대해 서로 반대 측에 위치하는 선로 곡선은?

① 단심곡선
② 복심곡선
③ 반향곡선
④ 완화곡선

Explanation

• 단심곡선(단곡선) : 1개의 원으로 이루어지는 곡선
• 복심곡선(복곡선) : 반경이 다른 2개의 단곡선이 그 접속점에서 공통접선을 갖고 중심이 공통접선과 같은 방향에 있을 때
• **반향곡선 : 반경이 똑같지 않은 두 개의 원곡선이 그 접속점에서 공통접선을 갖고 이들의 중심이 공통접선의 반대쪽에 있을 때**
• 완화곡선 : 원심력에 의한 영향을 감소시키기 위해 직선부와 곡선부 사이에 설치하는 완만한 곡선

【답】③

19 광속 5,500[lm]인 광원에서 4[m²]의 투명 유리를 일정 방향으로 조사(照射)하는 경우 그 유리 뒷면의 광속발산도 R[rlx] 및 휘도 B[nt]는 약 얼마인가? (단, 투명 유리의 투과율은 80[%]이다.)

① $R=550$, $B=175$
② $R=1,100$, $B=350$
③ $R=2,200$, $B=700$
④ $R=4,400$, $B=1,400$

Explanation

광속 발산도 $R=\dfrac{\tau F}{S}\times \eta$ 여기서, η는 기구효율

$\therefore R=\dfrac{\tau F}{S}\times \eta = \dfrac{0.8\times 5,500}{4}=1,100[\text{rlx}]$

완전 확산면(어느 방향에서 보아도 휘도가 같은 면)
$R=\pi B=\rho E=\tau E$

휘도 $B=\dfrac{R}{\pi}=\dfrac{1,100}{\pi}=350[\text{cd/m}^2]$

【답】②

20 전기로에 사용되는 전극재료의 구비조건이 아닌 것은?
① 열전도율이 클 것
② 전기전도율이 클 것
③ 고온에 견디며 기계적 강도가 클 것
④ 피열물과 화학작용을 일으키지 않을 것

Explanation

전극의 구비 조건
- 전기의 전도율이 클 것
- 열의 전도율이 적을 것
- 고온에 견디고 고온에서의 기계적 강도가 클 것
- 피열물과 화학 작용을 일으키지 않을 것

【답】①

2과목 전력공학

21 차단기의 정격차단시간을 설명한 것으로 옳은 것은?
① 계기용변성기로부터 고장전류를 감지한 후 계전기가 동작할 때까지의 시간
② 차단기가 트립 지령을 받고 트립 장치가 동작하여 전류 차단을 완료할 때까지의 시간
③ 차단기의 개극(발호)부터 이동행정 종료 시까지의 시간
④ 차단기 가동접촉자 시동부터 아크 소호가 완료될 때까지의 시간

Explanation

차단기의 정격 차단 시간
- 트립코일 여자로부터 소호까지의 시간(차단기가 트립 지령을 받고 트립 장치가 동작하여 전류 차단을 완료할 때까지의 시간)
- 개극 시간과 아크 시간의 합(3~8[Hz])

【답】②

22 송전계통의 안정도를 증진시키는 방법은?
① 중간 조상설비를 설치한다.
② 조속기의 동작을 느리게 한다.
③ 계통의 연계는 하지 않도록 한다.
④ 발전기나 변압기의 직렬 리액턴스를 가능한 크게 한다.

Explanation

안정도 향상 대책
- 직렬 리액턴스(X)를 작게 한다.
  ① 발전기나 변압기의 리액턴스를 작게 한다.
  ② 선로의 병행 회선수를 늘리거나 복도체 또는 다도체 방식을 사용한다.
  ③ 직렬 콘덴서를 삽입하여 선로의 리액턴스를 보상한다.
- 전압 변동을 작게 한다.
- **중간 조상 방식을 채용한다.**
- 고장 전류를 줄이고 고장 구간을 신속하게 차단한다.

【답】①

23 보일러 절탄기(economizer)의 용도는?
① 증기를 과열한다.
② 공기를 예열한다.
③ 석탄을 건조한다.
④ 보일러 급수를 예열한다.

> **Explanation**
>
> 절탄기 : 배기가스의 여열을 이용하여 보일러 급수를 예열하는 여열회수장치(연료 절약)

【답】④

24 보호 계전 방식의 구비 조건이 아닌 것은?

① 여자돌입전류에 동작할 것
② 고장 구간의 선택 차단을 신속 정확하게 할 수 있을 것
③ 과도 안정도를 유지하는 데 필요한 한도 내의 동작 시한을 가질 것
④ 적절한 후비 보호 능력이 있을 것

> **Explanation**
>
> 보호계전기의 구비조건
> - 정확성, 신뢰성 우수
> - 감도가 예민(과도전류에 동작하지 말 것)
> - 속응성
> - 후비보호능력

【답】①

25 가공지선을 설치하는 주된 목적은?

① 뇌해 방지
② 전선의 진동 방지
③ 철탑의 강도 보강
④ 코로나의 발생 방지

> **Explanation**
>
> 가공 지선의 설치 목적(뇌해 방지)
> - 직격뢰 차폐
> - 유도뢰에 대한 정전 차폐
> - 통신선에 대한 전자유도장해 경감(지락전류의 일부가 가공지선에 흐르므로)

【답】①

26 변압기의 보호방식에서 차동계전기는 무엇에 의하여 동작하는가?

① 1, 2차 전류의 차로 동작한다.
② 전압과 전류의 배수 차로 동작한다.
③ 정상전류와 역상전류의 차로 동작한다.
④ 정상전류와 영상전류의 차로 동작한다.

> **Explanation**
>
> 차동 계전기
> 보호 구간에 유입하는 전류와 유출하는 전류의 차를 검출해서 동작하는 계전기
> 변압기의 경우 1차 전류와 2차 전류의 차에 의해 동작

【답】①

27 저압뱅킹 배전방식에서 저전압 측의 고장에 의하여 건전한 변압기의 일부 또는 전부가 차단되는 현상은?

① 아킹(Arcing)
② 플리커(Flicker)
③ 밸런서(Balancer)
④ 캐스케이딩(Cascading)

> **Explanation**
>
> 저압 뱅킹 방식 : 부하가 밀집된 시가지(부하증가에 대한 탄력성)
> - 장점 : 전압 강하와 전력 손실이 적다.
>   변압기의 용량 및 저압선 용량 감소
>   플리커 현상 감소
> - 단점 : 캐스케이딩 현상 발생
>   (저압선의 일부 고장으로 건전한 변압기의 일부 또는 전부가 차단되는 현상)

【답】④

28 직류송전방식의 장점은?
① 역률이 항상 1이다.
② 회전자계를 얻을 수 있다.
③ 전력변환장치가 필요하다.
④ 전압의 승압, 강압이 용이하다.

Explanation

직류 송전의 장점
• 절연레벨을 낮출 수 있다.
• 선로의 리액턴스가 없어서 안정도가 우수하다.(역률이 언제나 1이 된다.)
• 무효전력이 없고 유전체 손실이 없다.
• 표피효과에 의한 실효저항 증대가 없다.
• 주파수가 다른 계통과 연계가 가능하다.(비동기연계)

【답】①

29 주파수 60[Hz], 정전용량 $\dfrac{1}{6\pi}[\mu F]$의 콘덴서를 △ 결선해서 3상 전압 20,000[V]를 가했을 때의 충전용량은 몇 [kVA]인가?
① 12
② 24
③ 48
④ 50

Explanation

3상 충전용량 : $Q_\Delta = 3\omega CE^2$ [kVA]
△결선 시에는 $E = V$ 이므로
$Q_\Delta = 3 \times 2\pi f CE^2 = 3 \times 2\pi f CV^2 = 3 \times 2\pi \times 60 \times \dfrac{1}{6\pi} \times 10^{-6} \times (20,000)^2 \times 10^{-3} = 24$ [kVA]

【답】②

30 전선에서 전류의 밀도가 도선의 중심으로 들어갈수록 작아지는 현상은?
① 표피효과
② 근접효과
③ 접지효과
④ 페란티효과

Explanation

표피효과 : 도선의 중심부로 갈수록 전류밀도가 적어지는 현상

따라서 전선이 굵을수록, 주파수가 높을수록, 도전율이 높을수록, 투자율이 클수록, 표피 효과는 증대된다.

【답】①

31 그림에서 X부분에 흐르는 전류는 어떤 전류인가?
① b상 전류
② 정상전류
③ 역상전류
④ 영상전류

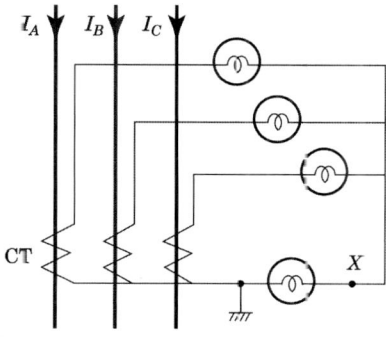

Explanation

영상전류 $I_o = \dfrac{1}{3}(I_a + I_b + I_c)$

【답】④

32 화력발전소의 기본 사이클이다. 그 순서로 옳은 것은?

① 급수펌프 → 과열기 → 터빈 → 보일러 → 복수기 → 급수펌프
② 급수펌프 → 보일러 → 과열기 → 터빈 → 복수기 → 급수펌프
③ 보일러 → 급수펌프 → 과열기 → 복수기 → 급수펌프 → 보일러
④ 보일러 → 과열기 → 복수기 → 터빈 → 급수펌프 → 축열기 → 과열기

Explanation

기력발전소 열 사이클 중 기본 사이클은 랭킨사이클이다.

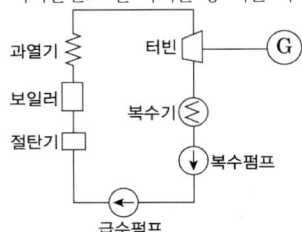

【답】②

33 345[kV] 송전계통의 절연협조에서 충격절연내력의 크기순으로 나열한 것은?

① 선로애자 > 차단기 > 변압기 > 피뢰기
② 선로애자 > 변압기 > 차단기 > 피뢰기
③ 변압기 > 차단기 > 선로애자 > 피뢰기
④ 변압기 > 선로애자 > 차단기 > 피뢰기

Explanation

절연협조 : 계통 내의 각 기기, 기구 및 애자 등의 상호 간에 적정한 절연 강도를 지니게 함으로써 계통 설계를 합리적, 경제적으로 할 수 있게 한 것
피뢰기의 제한전압 < 변압기의 기준충격절연강도(BIL) < 부싱, 차단기 < 선로애자

【답】①

34 증기의 엔탈피(Enthalpy)란?

① 증기 1[kg]의 잠열
② 증기 1[kg]의 기화 열량
③ 증기 1[kg]의 보유 열량
④ 증기 1[kg]의 증발열을 그 온도로 나눈 것

Explanation

엔탈피 : 증기 1[kg]이 보유한 열량[kcal/kg](액체열과 증발열의 합)
여기서, 엔탈피=액체열(현열)+증발열(잠열)+과열증기 비열×과열도

【답】③

35 최대 수용전력의 합계와 합성 최대 수용전력의 비를 나타내는 계수는?

① 부하율 ② 수용률 ③ 부등률 ④ 보상률

Explanation

• 부등률 = $\dfrac{\text{각 개별 최대 수용 전력의 합}}{\text{합성 최대 전력}} \geq 1$

최대전력이 발생하는 시간이 부하마다 다르다.(최대 전력의 발생시각 또는 발생시기의 분산을 나타내는 지표)

【답】③

36 연가를 하는 주된 목적은?

① 미관상 필요
② 전압강하 방지
③ 선로정수의 평형
④ 전선로의 비틀림 방지

> **Explanation**
>
> 연가 : 선로정수를 평형시키기 위하여 3상 3선식 선로를 3배수 등분하여 실시
> - 각 상의 전압, 전류 평형
> - 정전유도장해 감소
> - 소호리액터 접지 시의 직렬공진 방지
>
> 【답】③

37
지름 5[mm]의 경동선을 간격 1[m]로 정삼각형 배치를 한 가공전선 1선의 작용 인덕턴스는 약 몇 [mH/km]인가? (단, 송전선은 평형 3상 회로)
① 1.13
② 1.25
③ 1.42
④ 1.55

> **Explanation**
>
> 작용 인덕턴스 $L = 0.05 + 0.4605 \log_{10} \dfrac{D}{r}$ [mH/km]
>
> $= 0.05 + 0.4605 \log_{10} \dfrac{1,000}{2.5} = 1.25$ [mH/km]
>
> 【답】②

38
송전선로의 후비 보호 계전 방식의 설명으로 틀린 것은?
① 주 보호 계전기가 그 어떤 이유로 정지해 있는 구간의 사고를 보호한다.
② 주 보호 계전기에 결함이 있어 정상 동작을 할 수 없는 상태에 있는 구간 사고를 보호한다.
③ 차단기 사고 등 주 보호 계전기로 보호할 수 없는 장소의 사고를 보호한다.
④ 후비 보호 계전기의 정정값은 주 보호 계전기와 동일하다.

> **Explanation**
>
> 후비보호 계전 방식
> - 주 보호 계전기가 그 어떤 이유로 정지해 있는 구간의 사고를 보호
> - 주 보호 계전기에 결함이 있어 정상 동작을 할 수 없는 상태에 있는 구간 사고를 보호
> - 차단기 사고 등 주 보호 계전기로 보호할 수 없는 장소의 사고를 보호
>
> 【답】④

39
지상 역률 80[%], 10,000[kVA]의 부하를 가진 변전소에 6,000[kVA]의 콘덴서를 설치하여 역률을 개선하면 변압기에 걸리는 부하[kVA]는 콘덴서 설치 전의 몇 [%]로 되는가?
① 60
② 75
③ 80
④ 85

> **Explanation**
>
> 개선 후 역률 $\cos\theta_2 = \dfrac{8,000}{\sqrt{8,000^2 + (6,000-6,000)^2}} = 1$
>
> 역률 개선 후의 유효 전력 $P = P_a \cos\theta_2 = 10,000 \times 1 = 10,000$ [kW]
> 역률 개선 전 유효 전력 $P = P_a \cos\theta_2 = 10,000 \times 0.8 = 8,000$ [kW]
> 따라서, 역률 개선 후에는 10,000[kVA] 변압기의 80(%)만 사용하게 된다.
>
> 【답】③

40
3상 3선식 3각형 배치의 송전선로에 있어서 각 선의 대지 정전용량이 0.5038[μF]이고, 선간 정전용량이 0.1237[μF]일 때 1선의 작용 정전용량은 약 몇 [μF]인가?
① 0.6275
② 0.8749
③ 0.9164
④ 0.9755

> **Explanation**

3상 3선식 1선당 작용정전용량
$C = C_s + 3C_m = 0.5038 + 3 \times 0.1237 = 0.8749[\mu F]$

【답】②

3과목　전기기기

41 단상변압기 3대를 이용하여 △－△ 결선하는 경우에 대한 설명으로 틀린 것은?
① 중성점을 접지할 수 없다.
② Y－Y결선에 비해 상전압이 선간전압의 $\frac{1}{\sqrt{3}}$ 배이므로 절연이 용이하다.
③ 3대 중 1대에서 고장이 발생하여도 나머지 2대로 V결선하여 운전을 계속할 수 있다.
④ 결선 내에 순환전류가 흐르나 외부에는 나타나지 않으므로 통신장해에 대한 염려가 없다.

> **Explanation**

△-△결선의 특징
- 선전류가 상전류의 $\sqrt{3}$ 배이므로 대전류 부하에 적합하다.
- 1대 고장 시 V-V 결선으로 3상 전력 공급이 가능하다
- 제3고조파 전류가 △결선 내를 순환하므로 정현파 교류전압을 유기하여 기전력의 파형이 왜곡되지 않는다.
- 중성점을 접지할 수 없으므로 이상전압에 의한 전압 상승이 크며 지락사고 검출이 곤란하다.

【답】②

42 누설 변압기에 필요한 특성은 무엇인가?
① 수하특성　　　　　　　　② 정전압특성
③ 고저항특성　　　　　　　④ 고임피던스특성

> **Explanation**

누설 변압기
- 2차 전류가 증가하면 1, 2차 누설 자속이 증가하게 되어 2차 유기기전력이 감소되어 2차 전류도 감소
- **수하 특성 : 부하가 증가되면 단자전압이 급격히 떨어지는 특성**
- 용접용 변압기에 사용

【답】①

43 권선형 유도전동기의 저항제어법의 장점은?
① 부하에 대한 속도변동이 크다.　　　② 역률이 좋고, 운전효율이 양호하다.
③ 구조가 간단하며, 제어조작이 용이하다.　④ 전부하로 장시간 운전하여도 온도 상승이 적다.

> **Explanation**

저항제어법 : 구조간단, 제어조작 편리. 손실(I^2R)이 발생하여 효율 저하.

【답】③

44 권선형 유도전동기에서 비례추이를 할 수 없는 것은?
① 토크　　　　　　　　　　② 출력
③ 1차 전류　　　　　　　　④ 2차 전류

> **Explanation**

- 비례 추이할 수 있는 특성 : 1차 전류, 2차 전류, 역률, 동기 와트 등
- 비례 추이할 수 없는 특성 : 출력, 2차 동손, 효율 등

【답】②

45
직류발전기에서 기하학적 중성축과 각도 θ만큼 브러시의 위치가 이동되었을 때 감자기자력[AT/극]은? (단, $K = \dfrac{I_a Z}{2Pa}$)

① $K\dfrac{\theta}{\pi}$
② $K\dfrac{2\theta}{\pi}$
③ $K\dfrac{3\theta}{\pi}$
④ $K\dfrac{4\theta}{\pi}$

Explanation

감자 작용 : 전기자 기자력이 계자 기자력에 반대 방향으로 작용하여 주자속이 감소하는 현상

감자 기자력 $AT_d = \dfrac{2\delta}{\pi} \cdot \dfrac{Z}{P} \cdot \dfrac{I_a}{2a}$ [AT/극]

$= K\dfrac{2\theta}{\pi}$ (여기서 $K = \dfrac{I_a Z}{2Pa}$)

【답】②

46
동기발전기의 단락시험, 무부하시험에서 구할 수 없는 것은?

① 철손
② 단락비
③ 동기리액턴스
④ 전기자 반작용

Explanation

발전기의 시험
- 단락 시험 : 동기 임피던스(동기 리액턴스), 단락비 측정
- 무부하 시험 : 여자전류, 철손, 단락비 측정

【답】④

47
자극수 4, 전기자 도체수 50, 전기자저항 0.1[Ω]의 중권 타여자전동기가 있다. 정격전압 105[V], 정격전류 50[A]로 운전하던 것을 전압 106[V] 및 계자회로를 일정히 하고 무부하로 운전했을 때 전기자전류가 10[A]이라면 속도변동률[%]은? (단, 매극의 자속은 0.05[Wb]라 한다)

① 3
② 5
③ 6
④ 8

Explanation

역기전력 $E = \dfrac{p}{a} Z \Phi \dfrac{N}{60} = V - I_a R_a = 105 - 50 \times 0.1 = 100[V]$

회전속도 $N = \dfrac{aE \times 60}{pZ\Phi} = \dfrac{100 \times 4 \times 60}{4 \times 50 \times 0.05} = 2,400[\text{rpm}]$

무부하 시 역기전력 $E = V - I_a R_a = 106 - 10 \times 0.1 = 105[V]$

역기전력 $E = \dfrac{p}{a} Z \Phi \dfrac{N}{60}$ [V]에서 역기전력은 속도에 비례하므로

무부하 시 속도 $N_0 = \dfrac{105}{100} \times 2,400 = 2,520[\text{rpm}]$

속도 변동률 $\delta = \dfrac{N_0 - N}{N} \times 100[\%] = \dfrac{2,520 - 2,400}{2,400} \times 100 = 5[\%]$

【답】②

48 직류 직권전동기의 속도제어에 사용되는 기기는?
① 초퍼
② 인버터
③ 듀얼 컨버터
④ 사이클로 컨버터

Explanation

- 사이클로 컨버터 : AC전력을 증폭(제어 정류기를 사용한 주파수 변환기)
- AC → DC : 정류기(컨버터)
- DC → AC : 인버터
- DC → DC : 초퍼(직류식 전기철도(직권 전동기))

【답】①

49 6극 유도전동기의 고정자 슬롯(slot)홈 수가 36이라면 인접한 슬롯 사이의 전기각은?
① 30°
② 60°
③ 120°
④ 180°

Explanation

- 극당 슬롯 수 $= \dfrac{36}{6} = 6$
- 전기각 $\theta = \dfrac{180}{6} = 30°$

【답】①

50 다음은 직류 발전기의 정류곡선이다. 이 중에서 정류 말기에 정류의 상태가 좋지 않은 것은?
① ⓐ
② ⓑ
③ ⓒ
④ ⓓ

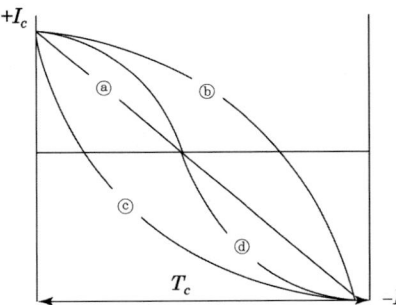

Explanation

정류
- 전기자 코일이 브러시에 단락된 후 브러시를 지날 때 전류의 방향이 바뀌는 것
- 리액턴스 전압 : $e_L = L\dfrac{di}{dt} = L\dfrac{I_c-(-I_c)}{T_c} = L\dfrac{2I_c}{T_c}$ [V]
- 종류
  - 직선정류(이상적인 정류) : 불꽃 없는 정류(ⓐ)
  - 정현파 정류 : 불꽃 없는 정류(ⓓ)
  - **부족 정류 : 정류 말기에 브러쉬 후단부에서 불꽃 발생(ⓑ)**
  - 과정류 : 정류 초기에 브러쉬 전단부(앞쪽)에서 불꽃 발생(ⓒ)

【답】②

51 직류전압의 맥동률이 가장 작은 정류회로는? (단, 저항부하를 사용한 경우이다)
① 단상전파
② 단상반파
③ 3상반파
④ 3상전파

Explanation

정류회로 비교

구분	단상 반파	단상 전파	3상 반파	3상 전파
직류전압	$E_c = 0.45E$	$E_d = 0.9E$	$E_d = 1.17E$	$E_d = 1.35E$
맥동률	121[%]	48[%]	17[%]	4[%]

$$맥동률 = \frac{교류분}{직류분} \times 100 = \sqrt{\frac{실효값^2 - 평균값^2}{평균값^2}} \times 100[\%]$$

【답】 ④

52 ★★★★☆
동기 주파수변환기의 주파수 f_1 및 f_2 계통에 접속되는 양극을 P_1, P_2라 하면 다음 어떤 관계가 성립되는가?

① $\dfrac{f_1}{f_2} = P_2$ ② $\dfrac{f_1}{f_2} = \dfrac{P_2}{P_1}$

③ $\dfrac{f_1}{f_2} = \dfrac{P_1}{P_2}$ ④ $\dfrac{f_2}{f_1} = P_1 \cdot P_2$

Explanation

동기속도 $N_s = \dfrac{120f}{p}$ 에서

주파수 $f = \dfrac{p \, N_s}{120}$ 이므로 주파수는 극수에 비례한다.

따라서 $\dfrac{f_1}{f_2} = \dfrac{P_1}{P_2}$

【답】 ③

53 ★★★★★
단락비가 큰 동기발전기에 대한 설명 중 틀린 것은?

① 효율이 나쁘다.   ② 전자전류가 크다.
③ 전압변동률이 크다.   ④ 안정도와 선로 충전용량이 크다.

Explanation

단락비가 큰 동기기
- 과부하 내량이 크다.
- 기계의 중량이 무겁고 고가이다.
- 전압 변동률이 작다.
- 송전 선로의 충전 용량이 크다.
- 안정도가 우수하다.
- 전기자 반작용이 작다.(동기 임피던스가 작다)
- 극수가 적은 저속기(수차형)

【답】 ③

54 ★☆☆☆☆
직류 분권발전기가 운전 중 단락이 발생하면 나타나는 현상으로 옳은 것은?

① 과전압이 발생한다.   ② 계자저항선이 확립된다.
③ 큰 단락전류로 소손된다.   ④ 작은 단락전류가 흐른다.

Explanation

분권 발전기의 특성
- 잔류 자기가 없으면 발전 불가능
- 운전 중 회전 방향 반대 ⇨ 잔류자기가 소멸 ⇨ 발전 불가능
- 운전 중 서서히 단락하면 ⇨ 소전류 발생

【답】 ④

55 직류전동기의 속도제어 방법에서 광범위한 속도제어가 가능하며, 운전효율이 가장 좋은 방법은?

① 계자제어
② 전압제어
③ 직렬 저항제어
④ 병렬 저항제어

Explanation

직류 전동기 속도 제어 $n = K' \dfrac{V - I_a R_a}{\phi}$ (K' : 기계정수)

종 류	특 징
전압 제어	• **광범위 속도제어 가능** • 워드 레오너드 방식 : 소형부하(엘리베이터에 사용) • 일그너 방식(부하가 급변, 대용량 부하-제철, 제강, 압연) : 플라이 휠 효과(관성 모멘트 증가) • 정토크 제어
계자 제어	• 세밀하고 안정된 속도 제어 • 정출력 제어
저항 제어	• 속도 조정 범위 좁다. • 효율이 저하

【답】②

56 동기발전기의 권선을 분포권으로 하면?

① 난조를 방지한다.
② 파형이 좋아진다.
③ 권선의 리액턴스가 커진다.
④ 집중권에 비하여 합성 유도 기전력이 높아진다.

Explanation

분포권
• 고조파 제거에 의한 기전력의 파형을 개선
• 누설 리액턴스를 감소
• 집중권에 비해 유기기전력이 K_d배로 감소

【답】②

57 어떤 변압기의 부하역률이 60[%]일 때 전압변동률이 최대라고 한다. 지금 이 변압기의 부하역률이 100[%]일 때 전압변동률을 측정했더니 3[%]였다. 이 변압기의 부하역률이 80[%]일 때 전압변동률은 몇 [%]인가?

① 2.4
② 3.6
③ 4.8
④ 5.0

Explanation

• 부하 역률 $\cos\theta = 100[\%]$일 때 $\epsilon = p = 3[\%]$
• 부하 역률 $\cos\theta = 80[\%]$일 때, $\epsilon = p\cos\theta + q\sin\theta$에서
* 전압 변동률이 최대로 되는 부하 역률

$$\cos\phi_m = \frac{p}{\sqrt{p^2+q^2}} = \frac{p}{\sqrt{p^2+q^2}} = 0.6$$

$$\frac{3}{\sqrt{3^2+q^2}} = 0.6$$

∴ $q = 4[\%]$
부하 역률이 80[%]일 때
∴ $\epsilon_{80} = p\cos\phi + q\sin\phi = 3 \times 0.8 + 4 \times 0.6 = 4.8[\%]$

【답】③

58 그림은 복권발전기의 외부특성곡선이다. 이 중 과복권을 나타내는 곡선은?

① A
② B
③ C
④ D

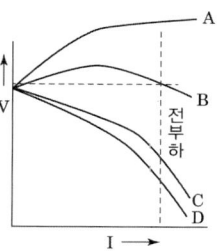

Explanation

가동복권발전기 : 분권발전기에서는 부하가 증가하면 전압강하가 커져서 단자전압이 낮아지는데, 가동복권발전기는 전기자와 직렬로 있는 직권계자권선에 의한 기자력이 분권계자와 합해져서 유도기전력이 증가되어 전압강하를 보충하는 발전기
① 평복권 발전기 : 무부하전압과 전부하전압을 같게 하는 특성(B그림)
② 과복권 발전기 : 직권계자의 기자력을 크게 하여 유도기전력이 전기자 내부의 전압강하보다 크게 설계하여 전부하전압이 무부하전압보다 크게 하는 특성(A그림)

【답】①

59 200[V]의 배전선 전압을 220[V]로 승압하여 30[kVA]의 부하에 전력을 공급하는 단권변압기가 있다. 이 단권변압기의 자기용량은 약 몇 [kVA]인가?

① 2.73
② 3.55
③ 4.26
④ 5.25

Explanation

$$\frac{\text{자기용량}}{\text{부하용량}} = \frac{e_2 I_2}{V_h I_2} = \frac{e_2}{V_h} ≒ \frac{V_h - V_l}{V_h}$$

자기용량 $= \frac{V_h - V_l}{V_h} \times$ 부하용량 $= \frac{220 - 200}{220} \times 30 = 2.73 [kVA]$

【답】①

60 유도전동기에서 공간적으로 본 고정자에 의한 회전자계와 회전자에 의한 회전자계는?

① 항상 동상으로 회전한다.
② 슬립만큼의 위상각을 가지고 회전한다.
③ 역률각만큼의 위상각을 가지고 회전한다.
④ 항상 180° 만큼의 위상각을 가지고 회전한다.

Explanation

유도전동기에서 공간적으로 본 고정자에 의한 회전자계와 회전자에 의한 회전자계는 항상 동상으로 회전한다

【답】①

4과목 회로이론

61 $f(t) = e^{-t} + 3t^2 + 3\cos 2t + 5$ 의 라플라스 변환식은?

① $\frac{1}{s+1} + \frac{6}{s^2} + \frac{3s}{s^2+5} + \frac{5}{s}$

② $\frac{1}{s+1} + \frac{6}{s^3} + \frac{3s}{s^2+4} + \frac{5}{s}$

③ $\frac{1}{s+1} + \frac{5}{s^2} + \frac{3s}{s^2+5} + \frac{4}{s}$

④ $\frac{1}{s+1} + \frac{5}{s^3} + \frac{2s}{s^2+4} + \frac{4}{s}$

> **Explanation**

라플라스 변환의 선형 정리를 이용하면
$$\mathcal{L}[e^{-t}+3t^2+3\cos 2t+5] = \frac{1}{s+1}+3\frac{2!}{s^{2+1}}+3\frac{s}{s^2+2^2}+\frac{5}{s} = \frac{1}{s+1}+\frac{6}{s^3}+\frac{3s}{s^2+4}+\frac{5}{s}$$

【답】②

62 ★★☆☆☆
$R-L-C$ 직렬회로에서 $R=100[\Omega]$, $L=5[\mathrm{mH}]$, $C=2[\mu\mathrm{F}]$일 때 이 회로는?

① 과제동이다.
② 무제동이다.
③ 임계제동이다.
④ 부족제동이다.

> **Explanation**

$R-L-C$ 직렬회로에서 직류전압 인가
- 비진동 조건 : $R^2 > \dfrac{4L}{C}$
- 임계적 조건 : $R^2 = \dfrac{4L}{C}$
- 진동적 조건 : $R^2 < \dfrac{4L}{C}$

여기서, $R^2 - \dfrac{4L}{C} = 100^2 - 4\times\dfrac{5\times 10^{-3}}{2\times 10^{-6}} = 0$이므로 임계제동

【답】③

63 ★★★★★
구형파의 파형률(㉠)과 파고율(㉡)은?

① ㉠ 1, ㉡ 0
② ㉠ 1.11, ㉡ 1.414
③ ㉠ 1, ㉡ 1
④ ㉠ 1.57, ㉡ 2

> **Explanation**

각 파형의 평균값 및 실횻값

	파 형	실효값	평균값
구형파	$i(t)$, I_m, π, 2π, 3π, ωt, $-I_m$	I_m	I_m

구형파의 파고율 $= \dfrac{\text{최대값}}{\text{실효값}} = \dfrac{V_m}{V_m} = 1$

구형파의 파형률 $= \dfrac{\text{실효값}}{\text{평균값}} = \dfrac{V_m}{V_m} = 1$

【답】③

64 ★★★★★
그림과 같은 회로의 전압 전달함수 $G(s)$는?

① $\dfrac{RC}{s+\dfrac{1}{RC}}$
② $\dfrac{RC}{s+RC}$
③ $\dfrac{RC}{RCs+1}$
④ $\dfrac{1}{RCs+1}$

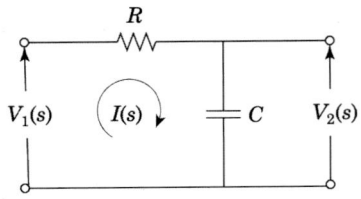

> **Explanation**

전압비 전달함수는 임피던스 비이므로

$$G(s) = \frac{E_o(s)}{E_i(s)} = \frac{\frac{1}{Cs}}{R+\frac{1}{Cs}} = \frac{1}{RCs+1}$$

【답】④

65 평형 3상 부하에 전력을 공급할 때 선전류가 20[A]이고 부하의 소비전력이 4[kW]이다. 이 부하의 등가 Y회로에 대한 각 상의 저항은 약 몇 [Ω]인가?

① 3.3
② 5.7
③ 7.2
④ 10

Explanation

3상 소비전력(유효전력) $P = 3I_p^2 R$에서
Y결선에서 $I_p = I_l$이므로
$$R = \frac{P}{3I_p^2} = \frac{P}{3I_l^2} = \frac{4,000}{3 \times 20^2} = 3.33[\Omega]$$

【답】①

66 그림과 같은 회로의 영상 임피던스 Z_{01}, $Z_{02}[\Omega]$는 각각 얼마인가?

① 9, 5
② 6, $\frac{10}{3}$
③ 4, 5
④ 4, $\frac{20}{9}$

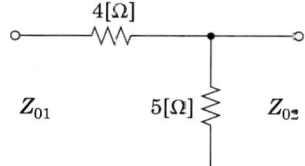

Explanation

$$\begin{bmatrix} A & B \\ C & D \end{bmatrix} = \begin{bmatrix} 1+\frac{4}{5} & 4 \\ \frac{1}{5} & 1 \end{bmatrix} = \begin{bmatrix} \frac{9}{5} & 4 \\ \frac{1}{5} & 1 \end{bmatrix}$$

$$Z_{01} = \sqrt{\frac{AB}{CD}} = \sqrt{\frac{\frac{9}{5} \times 4}{\frac{1}{5} \times 1}} = 6, \quad Z_{02} = \sqrt{\frac{BD}{AC}} = \sqrt{\frac{4 \times 1}{\frac{9}{5} \times \frac{1}{5}}} = \frac{10}{3}$$

【답】②

67 기본파의 60[%]인 제3고조파와 80[%]인 제5고조파를 포함하는 전압의 왜형률은?

① 0.3
② 1
③ 5
④ 10

Explanation

왜형률 = $\frac{\text{각 고조파의 실효값의 합}}{\text{기본파의 실효값}}$
$= \frac{\sqrt{V_3^2 + V_5^2}}{V_1} = \frac{\sqrt{0.6^2 + 0.8^2}}{1} = 1$

【답】②

68 $R-L$ 직렬회로에서 시정수의 값이 클수록 과도현상은 어떻게 되는가?

① 없어진다.
② 짧아진다.
③ 길어진다.
④ 변화가 없다.

Explanation

시정수(Time constant) : 목표 값의 63.2[%]에 도달하는 시간으로 정의
시정수가 클수록 과도현상은 오래 지속된다.

【답】③

69 ★☆☆☆☆
$e_1 = 6\sqrt{2}\sin\omega t[V]$, $e_2 = 4\sqrt{2}\sin(\omega t - 60°)[V]$일 때, $e_1 - e_2$의 실효값[V]은?

① 4
② $2\sqrt{2}$
③ $2\sqrt{7}$
④ $2\sqrt{13}$

Explanation

페이저로 나타내면
$E_1 = 6\angle 0° = 6(\cos 0° + j\sin 0°) = 6$
$E_2 = 4\angle -60° = 4(\cos 60° - j\sin 60°) = 2 - j2\sqrt{3}$
$E_1 - E_2 = 6 - (2 - j2\sqrt{3}) = 4 + j2\sqrt{3} = \sqrt{4^2 + (2\sqrt{3})^2} = \sqrt{28} = 2\sqrt{7}[V]$

【답】③

70 ★★★★★
3상 평형회로에서 선간전압이 200[V]이고 각 상의 임피던스가 $24 + j7[\Omega]$인 Y결선 3상 부하의 유효전력은 약 몇 [W]인가?

① 192
② 512
③ 1,536
④ 4,608

Explanation

3상 유효전력은 $P = 3V_p I_p \cos\theta = 3I_p^2 R$ [Var]
Y결선이므로 $I_l = I_p$

여기서, 상전류는 $I_p = \dfrac{V_p}{Z} = \dfrac{\frac{200}{\sqrt{3}}}{24 + j7} = \dfrac{\frac{200}{\sqrt{3}}}{\sqrt{24^2 + 7^2}}$ [A]

3상 유효전력은 $P = 3I_p^2 R = 3 \times \left(\dfrac{\frac{200}{\sqrt{3}}}{\sqrt{24^2 + 7^2}}\right)^2 \times 24 = 1,536[W]$

【답】③

71 ★★☆☆☆
대칭 6상 전원이 있다. 환상결선으로 각 전원이 150[A]의 전류를 흘린다고 하면 선전류는 몇 [A]인가?

① 50
② 75
③ $\dfrac{150}{\sqrt{3}}$
④ 150

Explanation

환상결선(△결선)
$V_l = V_p$, $I_l = 2\sin\dfrac{\pi}{n}I_p = 2 \times 150 \times \sin\dfrac{\pi}{6} = 150[A]$

【답】④

72 ★★☆☆☆
$f(t) = e^{at}$의 라플라스 변환은?

① $\dfrac{1}{s-a}$
② $\dfrac{1}{s+a}$
③ $\dfrac{1}{s^2-a^2}$
④ $\dfrac{1}{s^2+a^2}$

Explanation

라플라스 변환

$f(t)$		$F(s)$
지수함수	$e^{\pm at}$	$\dfrac{1}{s \mp a}$

$\mathcal{L}[e^{at}] = \dfrac{1}{s-a}$

【답】①

73 ★★★★★ 1상의 직렬 임피던스가 $R=6[\Omega]$, $X_L=8[\Omega]$인 △ 결선의 평형부하가 있다. 여기에 선간전압 100[V]인 대칭 3상 교류전압을 가하면 선전류는 몇 [A]인가?

① $3\sqrt{3}$ ② $\dfrac{10\sqrt{3}}{3}$

③ 10   ④ $10\sqrt{3}$

Explanation

△결선 $I_l = \sqrt{3}\,I_p$

상전류 $I_p = \dfrac{V_p}{Z} = \dfrac{100}{\sqrt{6^2+8^2}} = 10[A]$

선전류 $I_l = \sqrt{3}\,I_p = \sqrt{3}\times 10 = 10\sqrt{3}[A]$

【답】④

74 ★☆☆☆☆ 그림의 회로에서 전류 I는 약 몇 [A]인가? (단, 저항의 단위는 [Ω]이다.)

① 1.125   ② 1.29
③ 6   ④ 7

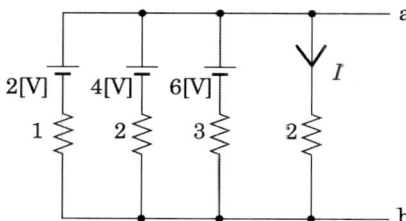

Explanation

밀만의 정리를 이용하여 $I = 6 \times \dfrac{0.55}{2+0.55} = 1.29[A]$

【답】②

75 ★★★★☆ $i = 20\sqrt{2}\sin\left(377t - \dfrac{\pi}{6}\right)$의 주파수는 약 몇 [Hz]인가?

① 50   ② 60
③ 70   ④ 80

Explanation

순시값 $v = V_m \sin\omega t$

여기서, $\omega t = 377t$ 이므로 각주파수 $\omega = 2\pi f = 377$

∴ $f = \dfrac{377}{2\pi} = 60[\text{Hz}]$

【답】②

76. $Z(s) = \dfrac{2s+3}{s}$ 로 표시되는 2단자 회로망은?

① ─/\/\/─││─ 2[Ω] $\dfrac{1}{3}$[F]
② ─⌒⌒⌒─/\/\/─ 2[H] 3[Ω]
③ ─/\/\/─⌒⌒⌒─ 2[Ω] 3[H]
④ ─││─/\/\/─ 3[F] 2[Ω]

Explanation

구동점 임피던스

① $R \to Z_R(s) = R$
② $L \to Z(s) = j\omega L = sL$
③ $C \to Z(s) = \dfrac{1}{j\omega C} = \dfrac{1}{sC}$

$Z(s) = \dfrac{2s+3}{s} = 2 + \dfrac{3}{s} = 2 + \dfrac{1}{\frac{1}{3}s}$

따라서 저항 2[Ω]과 정전용량 $\dfrac{1}{3}$[F]의 직렬회로가 된다.

【답】 ①

77. a-b 단자의 전압이 $50\angle 0°$[V], a-b 단자에서 본 능동 회로망[N]의 임피던스가 $Z = 6 + j8$[Ω]일 때, a-b 단자에 임피던스 $Z' = 2 - j2$[Ω]를 접속하면 이 임피던스에 흐르는 전류[A]는?

① $3 - j4$
② $3 + j4$
③ $4 - j3$
④ $4 - j3$

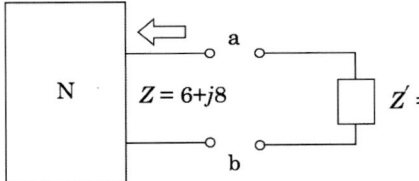

Explanation

개방 단 전압 : 테브난 전압 $V_{Th} = 50\angle 0°$[V]
개방 단에서 본 임피던스 : 테브난 임피던스 $Z_{Th} = 6 + j8$[Ω]
회로의 전체 임피던스 : $Z_T = 6 + j8 + 2 - j2 = 8 + j6$[Ω]

전류 $I = \dfrac{V_{Th}}{Z_T} = \dfrac{50}{8+j6} = \dfrac{50(8-j6)}{(8+j6)(8-j6)} = 4 - j3$[A]

【답】 ③

78. $F(s) = \dfrac{2}{(s+1)(s+3)}$ 의 역라플라스 변환은?

① $e^{-t} - e^{-3t}$
② $e^{-t} - e^{3t}$
③ $e^{t} - e^{3t}$
④ $e^{t} - e^{-3t}$

Explanation

부분분수로 라플라스 역변환하면 $F(s) = \dfrac{2}{(s+1)(s+3)} = \dfrac{K_1}{s+1} + \dfrac{K_2}{s+3}$

$K_1 = \lim_{s \to -1}(s+1) \cdot F(s) = \left[\dfrac{2}{s+3}\right]_{s=-1} = 1$

$K_2 = \lim_{s \to -3}(s+3)F(s) = \left[\dfrac{2}{s+1}\right]_{s=-3} = -1$

$$F(s) = \frac{1}{s+1} - \frac{1}{s+3}$$
$$\therefore f(t) = \mathcal{L}^{-1}\left[\frac{1}{s+1} - \frac{1}{s+3}\right] = e^{-t} - e^{-3t}$$

【답】①

79 ★★★★★ 그림과 같은 평형 3상 Y 결선에서 각 상이 8[Ω]의 저항과 6[Ω]의 리액턴스가 직렬로 연결된 부하에 선간전압 $100\sqrt{3}$ [V]가 공급되었다. 이때 선전류는 몇 [A]인가?

① 5
② 10
③ 15
④ 20

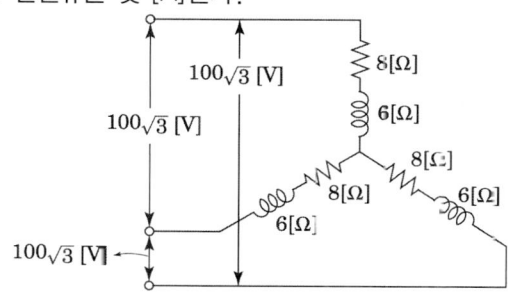

Explanation

Y결선 $V_l = \sqrt{3} V_p$, $I_l = I_p$ 에서

상전류 $I_p = \dfrac{V_p}{Z} = \dfrac{\frac{100\sqrt{3}}{\sqrt{3}}}{\sqrt{8^2 + 6^2}} = 10$

선전류 $I_l = I_p = 10[A]$

【답】②

80 ★☆☆☆☆ 인덕턴스가 각각 5[H], 3[H]인 두 코일을 모두 dot 방향으로 전류가 흐르게 직렬로 연결하고 긴덕턴스를 측정하였더니 15[H]이었다. 두 코일 간의 상호 인덕턴스[H]는?

① 3.5
② 4.5
③ 7
④ 9

Explanation

L_1과 L_2의 결합이 가동 결합
$L = L_1 + L_2 + 2M[H]$

상호인덕턴스 $M = \dfrac{1}{2}[L - L_1 - L_2] = \dfrac{1}{2}[15 - 5 - 3] = 3.5[H]$

【답】①

5과목 전기설비기술기준

81 KEC 적용으로 인하여 삭제되었습니다.

82 ★★★★★ 특고압 가공전선로의 지지물 양쪽의 경간의 차가 큰 곳에 사용되는 철탑은?

① 내장형철탑
② 잡아당김형철탑
③ 각도형철탑
④ 보강형철탑

Explanation

(KEC 333.11조) 특고압 가공전선로의 철주·철근 콘크리트주 또는 철탑의 종류
① **직선형** : 전선로의 직선부분(3도 이하인 수평각도를 이루는 곳을 포함한다. 이하 이 조에서 같다)에 사용하는 것
② **각도형** : 전선로중 3도를 초과하는 수평각도를 이루는 곳에 사용하는 것
③ **잡아당김형** : 전가섭선을 잡아당기는 곳에 사용하는 것
④ **내장형** : 전선로의 지지물 양쪽의 경간의 차가 큰 곳에 사용하는 것
⑤ **보강형** : 전선로의 직선부분에 그 보강을 위하여 사용하는 것

【답】①

83 ★★★☆☆
고압 가공 전선이 경동선 또는 내열 동합금선인 경우 안전율의 최소값은?

① 2.0
② 2.2
③ 2.5
④ 4.0

Explanation

(KEC 332.4조) 고압 가공 전선의 안전율
고압 가공전선은 케이블인 경우 이외에는 다음 각 호에 규정하는 경우에 그 안전율이 경동선 또는 **내열 동합금선은 2.2 이상**, 그 밖의 전선은 2.5 이상이 되는 처짐정도(이도)로 시설하여야 한다.

【답】②

84
KEC 적용으로 인하여 삭제되었습니다.

85 ★☆☆☆☆
사용전압 60,000[V]인 특고압 가공전선과 그 지지물·지지기둥·완금류 또는 지지선 사이의 이격거리는 몇 [m] 이상이어야 하는가?

① 0.35
② 0.4
③ 0.45
④ 0.65

Explanation

(KEC 333.5조) 특고압 가공전선과 지지물 등의 이격거리

사용전압	이격거리(m)
⋯	⋯
50[kV] 이상 60[kV] 미만	0.35
60[kV] 이상 70[kV] 미만	**0.4**
⋯	⋯

【답】②

86 ★☆☆☆☆
특고압 가공전선로의 지지물에 시설하는 통신선 또는 이것에 직접 접속하는 통신선일 경우에 설치하여야 할 보안장치로서 모두 옳은 것은?

① 특고압용 제2종 보안장치, 고압용 제2종 보안장치
② 특고압용 제1종 보안장치, 특고압용 제3종 보안장치
③ 특고압용 제2종 보안장치, 특고압용 제3종 보안장치
④ 특고압용 제1종 보안장치, 특고압용 제2종 보안장치

Explanation

(KEC 362.5조) 특고압 가공전선로 첨가설치 통신선의 시가지 인입 제한
특고압 가공 전선로의 지지물에 첨가하는 통신선 또는 이에 직접 접속하는 통신선은 시가지에 시설하는 통신선에 접속하여서는 아니 된다. 다만 다음 각 호 어느 하나에 해당하는 경우에는 그러하지 아니하다.
① 특고압 가공전선로의 지지물에 첨가하는 통신선 또는 이에 직접 접속하는 통신선과 시가지의 통신선과의 접속점에 제3항에서 정하는 표준에 적합한 **특고압용 제1종 보안장치, 특고압용 제2종 보안장치** 또는 이에 준하는 보안장치를 시설하고 또한 그 중계선륜(中繼線輪) 또는 배류 중계선륜(排流中繼線輪)의 2차측에 시가지의 통신선을 접속하는 경우
② 시가지의 통신선이 절연전선과 동등 이상의 절연효력이 있는 것

【답】④

87 특고압 가공전선로에서 발생하는 극저주파 전자계는 지표상 1[m]에서 전계가 몇 [kV/m] 이하가 되도록 시설하여야 하는가?

① 3.5
② 2.5
③ 1.5
④ 0.5

Explanation

(기술기준 제17조) 유도장해 방지
특고압 가공전선로에서 발생하는 극저주파 전자계는 지표상 1[m]에서 전계가 3.5[kV/m] 이하, 자계가 83.3[μT] 이하가 되도록 시설하는 등 상시 정전유도(靜電 誘導) 및 전자유도(電磁誘導) 작용에 의하여 사람에게 위험을 줄 우려가 없도록 시설하여야 한다. 【답】 ①

88 철탑의 강도 계산에 사용하는 이상 시 상정하중의 종류가 아닌 것은?

① 좌굴하중
② 수직하중
③ 수평 횡하중
④ 수평 종하중

Explanation

(KEC 333.14조) 이상 시 상정하중
철탑의 강도계산에 사용하는 이상 시 상정하중은 풍압이 전선로에 직각방향으로 가하여지는 경우의 하중(**수직하중**)과 전선로의 방향으로 가하여지는 경우의 하중(**수평 횡하중, 수평 종하중**)을 각각 다음 각 호에 따라 계산하여 각 부재에 대한 이들의 하중 중 그 부재에 큰 응력이 생기는 쪽의 하중을 채택한다. 【답】 ①

89 KEC 적용으로 인하여 삭제되었습니다.

90 고압 옥내배선을 애자공사로 하는 경우, 전선의 지지점간의 거리는 전선을 조영재의 면을 따라 붙이는 경우 몇 [m] 이하이어야 하는가?

① 1
② 2
③ 3
④ 5

Explanation

(KEC 342.1조) 고압 옥내배선 등의 시설
① 전선의 지지점 간의 거리는 6[m] 이하일 것. 다만, **전선을 조영재의 면을 따라 붙이는 경우에는** 2[m] 이하이어야 한다.
② 전선 상호 간의 간격은 0.08[m] 이상, 전선과 조영재 사이의 이격거리는 0.05[m] 이상일 것 【답】 ②

91 수소냉각식의 발전기·무효전력 보상장치에 부속하는 수소 냉각 장치에서 필요 없는 장치는?

① 수소의 압력을 계측하는 장치
② 수소의 온도를 계측하는 장치
③ 수소의 유량을 계측하는 장치
④ 수소의 순도 저하를 경보하는 장치

Explanation

(KEC 351.10조) 수소냉각식 발전기 등의 시설
① 발전기안 또는 무효전력 보상장치 안의 **수소의 순도**가 85[%]이하로 저하한 경우에 이를 경보장치를 시설할 것
② 발전기안 또는 무효전력 보상장치 안의 **수소의 압력(온도)**을 계측하는 장치 및 그 압력(온도)이 현저히 변동할 경우에 이를 경보하는 장치를 시설할 것 【답】 ③

92 동일 지지물에 저압 가공전선(다중접지된 중성선은 제외)과 고압 가공전선을 시설하는 경우 저압 가공전선은?
① 고압 가공전선의 위로 하고 동일 완금류에 시설
② 고압 가공전선과 나란하게 하고 동일 완금류에 시설
③ 고압 가공전선의 아래로 하고 별개의 완금류에 시설
④ 고압 가공전선과 나란하게 하고 별개의 완금류에 시설

Explanation

(KEC 332.8조) 고압 가공 전선 등의 병행설치
① 저압 가공전선을 **고압 가공전선의 아래로 하고 별개의 완금류에** 시설할 것
② 저압 가공전선과 고압 가공전선 사이의 이격거리는 0.5[m] 이상일 것. 다만, 각도주·분기주 등에서 혼촉의 우려가 없도록 시설하는 경우에는 그러하지 아니하다.

【답】③

93 사용전압 15[kV] 이하인 특고압 가공전선로의 중성선 다중 접지시설은 각 접지도체를 중성선으로부터 분리하였을 경우 1[km] 마다의 중성선과 대지사이의 합성 전기저항 값은 몇 [Ω] 이하이어야 하는가?
① 30　　　　　　　　　　　　　② 50
③ 400　　　　　　　　　　　　　④ 500

Explanation

(KEC 333.32조) 25[kV] 이하인 특고압 가공 전선로의 시설
각 접지도체를 중성선으로부터 분리하였을 경우의 각 접지점의 대지 전기 저항치와 1[km] 마다의 중성선과 대지사이의 합성 전기 저항치

사용 전압	각 접지점의 대지 전기 저항치	1[km]마다의 합성 전기 저항치
15[kV] 이하	300[Ω]	30[Ω]
15[kV] 초과 25[kV] 이하	300[Ω]	15[Ω]

【답】①

94 저압 옥내배선과 옥내 저압용의 전구선의 시설방법으로 틀린 것은?
① 쇼케이스 내의 배선에 0.75[mm²]의 캡타이어케이블을 사용하였다.
② 제어회로용 전선으로 1.0[mm²]의 연동선을 사용하여 금속관에 넣어 시설하였다.
③ 전광표시장치의 배선으로 1.5[mm²]의 연동선을 사용하고 합성수지관에 넣어 시설하였다.
④ 조영물에 고정시키지 아니하고 백열전등에 이르는 전구선으로 0.55[mm²]의 케이블을 사용하였다.

Explanation

(KEC 231.3조) 저압 옥내배선의 사용전선
저압 옥내배선의 전선은 다음 각 호 어느 하나에 적합한 것을 사용하여야 한다.
• 단면적이 2.5[mm²] 이상의 연동선 또는 이와 동등 이상의 강도 및 굵기의 것
옥내배선의 사용 전압이 400[V] 이하인 경우로 다음 각 호 어느 하나에 해당하는 경우에는 다음과 같다.
(1) **전광표시 장치 기타 이와 유사한 장치 또는 제어 회로 등에 사용하는 배선에 단면적 1.5[mm²] 이상의 연동선**을 사용하고 이를 합성수지관 공사·금속관 공사·금속 몰드 공사·금속 덕트 공사·플로어 덕트 공사 또는 셀룰러 덕트 공사에 의하여 시설하는 경우
(2) 전광표시 장치 기타 이와 유사한 장치 또는 제어회로 등의 배선에 단면적 0.75[mm²] 이상인 다심케이블 또는 다심 캡타이어 케이블을 사용하고 또한 과전류가 생겼을 때에 자동적으로 전로에서 차단하는 장치를 시설하는 경우
(3) 진열장 안의 배선 공사에는 단면적 0.75[mm²] 이상인 코드 또는 캡타이어 케이블을 사용하는 경우
(KEC 234.3조) 코드 및 이동전선
① **조명용 전원선 또는 이동전선은 단면적 0.75[mm²] 이상의 코드 또는 캡타이어케이블**

【답】②, ④

95 KEC 적용으로 인하여 삭제되었습니다.

96 저압 및 고압 가공전선의 높이에 대한 기준으로 틀린 것은?
① 철도를 횡단하는 경우는 레일면상 6.5[m] 이상이다.
② 횡단 보도교 위에 시설하는 경우 저압 가공전선은 노면 상에서 3[m] 이상이다.
③ 횡단 보도교 위에 시설하는 경우 고압 가공전선은 그 노면 상에서 3.5[m] 이상이다.
④ 다리의 하부 기타 이와 유사한 장소에 시설하는 저압의 전기철도용 급전선은 지표상 3.5[m] 까지로 감할 수 있다.

Explanation

(KEC 222.7, 332.5조) 저·고압 가공전선의 높이
저압 가공전선 또는 고압 가공전선 높이는 다음 각 호에 따라야 한다.
① 도로를 횡단하는 경우에는 지표상 6[m] 이상
② 철도 또는 궤도를 횡단하는 경우에는 레일면상 6.5[m] 이상
③ **횡단보도교의 위에 시설하는 경우에는 저압 가공전선은 그 노면상 3.5[m]** (전선이 저압 절연전선·다심형 전선·고압 절연전선·특고압 절연전선 또는 케이블인 경우에는 3[m]) 이상, 고압 가공전선은 그 노면상 3.5[m] 이상
④ 제1호부터 제3호까지 이외의 경우에는 지표상 5[m] 이상. 다만, 저압 가공전선을 도로 이외의 곳에 시설하는 경우 또는 절연전선이나 케이블을 사용한 저압 가공전선으로서 옥외 조명용에 공급하는 것으로 교통에 지장이 없도록 시설하는 경우에는 지표상 4[m]까지로 감할 수 있다.
【답】②

97 "지중 관로"에 포함되지 않는 것은?
① 지중 전선로
② 지중 레일 선로
③ 지중 약전류 전선로
④ 지중 광섬유 케이블 선로

Explanation

(KEC 112조) 용어 정의
"지중 관로"란 지중 전선로, 지중 약전류 전선로, 지중에 시설하는 수관 및 가스관과 이와 유사한 것 및 이들에 부속하는 지중함 등을 말한다.
【답】②

98 전체의 길이가 16[m]이고 설계하중이 6.8[kN] 초과 9.8[kN] 이하인 철근 콘크리트주를 논, 기타 지반이 연약한 곳 이외의 곳에 시설할 때, 묻히는 깊이를 2.5[m] 보다 몇 [m] 가산하여 시설하는 경우에는 기초의 안전율에 대한 고려 없이 시설하여도 되는가?
① 0.1
② 0.2
③ 0.3
④ 0.4

Explanation

(KEC 331.7조) 가공 전선로 지지물의 기초의 안전율
철근 콘크리트주로서 전체의 길이가 14[m] 이상 20[m] 이하이고, 설계하중이 6.8[kN] 초과 9.8[kN] 이하의 것을 논이나 그 밖의 지반이 연약한 곳 이외에 시설하는 경우 그 묻히는 깊이는 기준보다 0.3[m]를 가산하여 시설
【답】③

99 사용전압이 20[kV]인 변전소에 울타리·담 등을 시설하고자 할 때 울타리·담 등의 높이는 몇 [m] 이상이어야 하는가?
① 1
② 2
③ 5
④ 6

Explanation

(KEC 351.1조) 발전소 등의 울타리·담 등의 시설
울타리·담 등의 높이는 2[m] 이상으로 하고 지표면과 울타리·담 등의 하단 사이의 간격은 0.15[m] 이하로 할 것 【답】 ②

100 ★★★★★ 최대사용전압 440[V]인 전동기의 절연내력 시험전압은 몇 [V]인가?

① 330
② 440
③ 500
④ 660

Explanation

(KEC 133조) 회전기 및 정류기의 절연내력

종류			시험전압	시험방법
회전기	발전기·전동기·무효 전력 보상 장치·기타회전기(회전변류기 제외)	최대사용전압 7[kV] 이하	최대사용전압의 **1.5배의 전압**(500[V] 미만으로 되는 경우에는 500[V])	권선과 대지 사이에 연속하여 10분간 가한다.
		최대사용전압 7[kV] 초과	최대사용전압의 1.25배의 전압(10,500[V] 미만으로 되는 경우에는 10,500[V])	

절연내력 시험전압은 440×1.5=660[V]가 된다.   【답】 ④

2019년 전기공사산업기사 필기

1과목 전기응용

01 ★★★★☆
루소선도에서 광원의 전광속 F의 식은? (단, F : 전광속, R : 반지름, S : 루소선도의 면적)

① $F = \dfrac{\pi}{R} \times S$
② $F = \dfrac{2\pi}{R} \times S$
③ $F = \dfrac{\pi}{R^2} \times S$
④ $F = \dfrac{2\pi}{R} \times S^2$

Explanation

루소선도에서

광원의 전광속 F = 루소선도 면적 × $\dfrac{2\pi}{r}$

$F = \dfrac{2\pi}{r} \times S$ $F = a \cdot S$ (a = 상수)

【답】②

02 ★☆☆☆☆
직류전동기의 속도제어법 중 가장 효율이 낮은 것은?

① 전압제어
② 저항제어
③ 계자제어
④ 워드 레오너드 제어

Explanation

직류 전동기 속도제어

$n = K' \dfrac{V - I_a R_a}{\phi}$ (K' : 기계정수)

종류	특징
전압 제어	• 광범위 속도제어 가능, 운전효율 우수 • 워드 레오너드 방식(광범위한 속도 조정(1 : 2), 효율 양호) • 일그너 방식(부하가 급변하는 곳, 플라이휠 효과 이용, 제철용 압연기) • 정토크 제어
계자 제어	• 정출력 제어
저항 제어	• 효율이 가장 낮다

【답】②

03 ★☆☆☆☆
흑체 복사의 최대 에너지의 파장 λ_m은 절대온도 T와 어떤 관계인가?

① T^4에 비례
② $\dfrac{1}{T}$에 비례
③ $\dfrac{1}{T^2}$에 비례
④ $\dfrac{1}{T^4}$에 비례

Explanation

비인의 변위법칙
- 파장은 절대온도에 반비례한다.
- $\lambda_m \propto \dfrac{1}{T}$ 여기서, λ : 파장, T : 절대온도

【답】②

04 ★☆☆☆☆
노 바닥의 하부전극은 탄소덩어리로 되어있으며 세로형이고, 선철, 페로알로이, 카바이트 등의 제조에 사용되는 전기로는?
① 제선로 ② 아크로
③ 유도로 ④ 지로식전기로

Explanation

아크 저항로 : 지로식전기로
- 이동시킬 수 있는 상부 전극이 1개 설치되어 있으며 하부에 전극이 설치된 구조
- 선철, 페로알로이, 카바이트 등의 제조에 사용

【답】④

05 ★☆☆☆☆
다음 회로에서 입력전압 e_i[V]와 출력전압 e_o[V] 사이의 전달함수 $G(s)$는?

① $1 + \dfrac{R}{Cs}$ ② $1 + \dfrac{1}{Rs}$
③ $\dfrac{1}{RCs+1}$ ④ $\dfrac{1}{RCs^2+1}$

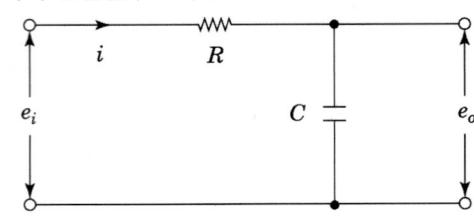

Explanation

전압비 전달함수는 임피던스의 비로 계산하므로

$$G(s) = \dfrac{E_o(s)}{E_i(s)} = \dfrac{\dfrac{1}{Cs}}{R + \dfrac{1}{Cs}} = \dfrac{1}{RCs+1}$$

【답】③

06 ★☆☆☆☆
조절부의 전달특성이 비례적인 특성을 가진 제어시스템으로서 조절부의 입력이 주어지고 그 결과로 조절부의 출력을 만들어 내는 동작은?
① 비례동작 ② 적분동작
③ 미분동작 ④ 불연속동작

Explanation

연속제어
- **비례제어(P 제어) : 잔류 편차(off set) 발생, 비례 특성**
- 비례·적분제어(PI 제어) : 잔류 편차 제거, 시간지연(정상상태 개선)
- 비례·미분제어(PD 제어) : 속응성 향상, 진동억제(과도상태 개선)
- 비례·미분·적분제어(PID 제어) : 속응성 향상, 잔류편차 제거

【답】①

07 ★☆☆☆☆
200[V]의 단상 교류 전압을 반파 정류하였을 경우, 직류 출력전압의 평균값[V]은?
① 90 ② 110
③ 180 ④ 200

Explanation

단상 반파 정류

$$E_d = \frac{\sqrt{2}\,V}{\pi} = 0.45\,V = 0.45 \times 200 = 90\,[V]$$

【답】 ①

08 ★★★☆☆
200[W]는 약 몇 [cal/s]인가?

① 0.24
② 0.86
③ 47.8
④ 71.7

Explanation

열량 $Q = 0.24\,VIt = 0.24\,Pt$ [cal]
$= 0.24 \times 200 \times 1 = 48$ [cal/s]

【답】 ③

09 ★★★☆☆
PN 접합 다이오드에서 Cut-in Voltage란?

① 순방향에서 전류가 현저히 증가하기 시작하는 전압
② 순방향에서 전류가 현저히 감소하기 시작하는 전압
③ 역방향에서 전류가 현저히 감소하기 시작하는 전압
④ 역방향에서 전류가 현저히 증가하기 시작하는 전압

Explanation

• PN 접합 다이오드 : 정류 작용
• cut-in voltage : 순방향에서 전류가 현저히 증가하기 시작하는 전압

【답】 ①

10 ★★★★★
열차의 차체 중량이 75[ton]이고 동륜상의 중량이 50[ton]인 기관차의 최대 견인력은 몇 [kg]인가? (단, 궤조의 점착계수는 0.3으로 한다)

① 10,000
② 15,000
③ 22,500
④ 1,125,000

Explanation

최대 견인력 $F = 1,000\,\mu W$ [kg] $= 1,000 \times 0.3 \times 50 = 15,000$ [kg]
여기서, μ는 점착 계수, W는 동륜상의 무게[t]

【답】 ②

11 ★★★★★
평등전계에서 기체의 온도가 일정한 경우, 방전개시전압은 기체의 압력과 전극간격의 곱의 함수로 결정된다. 이것을 표현한 법칙은?

① 파셴의 법칙
② 스토크의 법칙
③ 플랑크의 법칙
④ 스테판 볼츠만의 법칙

Explanation

파셴의 법칙
• 평등 전계 하에서 방전 개시 전압은 기체의 압력과 전극 거리와의 곱에 비례
• 방전 개시 전압에 관한 법칙

【답】 ①

12 ★☆☆☆☆
교류 3상 직권 정류자 전동기는 다음에 분류하는 전동기 중 어디에 속하는가?

① 정속도 전동기
② 다속도 전동기
③ 변속도 전동기
④ 가감속도 전동기

Explanation

3상 직권 정류자 전동기
직권특성의 변속도 전동기
- 전원 전압의 크기에 관계없이 정류자 전압 조정
- 중간 변압기의 권수비를 조정하여 전동기 특성을 조정
- 경부하시 직권 특성 $\left(T \propto I^2 \propto \dfrac{1}{N^2}\right)$ 이므로 속도가 크게 상승할 수 있으므로 중간변압기를 사용하여 속도 상승을 억제

【답】③

13 ★☆☆☆☆ 열 절연재료로 사용되는 내화물의 구비조건이 아닌 것은?

① 사용 온도에 견딜 것
② 열간 하중에 견딜 것
③ 급열, 급랭에 견딜 것
④ 내식성이 적을 것

> **Explanation**

내화물 : 고온에 잘 견디는 물질로서 보통 1,000 [℃] 이상에서도 강도를 충분히 유지하며 화학적 작용 등에도 견딜 수 있는 재료
내화물의 구비조건
- 사용 온도에 견딜 것
- 열간 하중에 견딜 것
- 급열, 급랭에 견딜 것
- 내식성이 클 것

【답】④

14 ★★☆☆☆ 열전온도계에 사용되는 열전대의 조합은?

① 백금-철
② 아연-백금
③ 구리-콘스탄탄
④ 아연-콘스탄탄

> **Explanation**

열전대의 종류와 측정 범위

열전대	사용 범위[℃]
백금-백금 로듐	0~1,400
크로멜-알루멜	-200~1,000
철-콘스탄탄	-200~700
구리-콘스탄탄	-200~400

【답】③

15 ★☆☆☆☆ 전기화학 공업에서 직류전원으로 요구되는 사항이 아닌 것은?

① 일정한 전류로서 연속운전에 견딜 것
② 효율이 높을 것
③ 고전압 저전류일 것
④ 전압조정이 가능할 것

> **Explanation**

일반적인 직류전원은 교류전원에 비해 전압은 낮으나 전류가 큰 형태이며, 특히 전기화학 공업에서 직류전원은 대전류를 공급하여야 한다.

【답】③

16 ★☆☆☆☆ 전철의 급전선의 구간은?

① 전동기에서 레일까지
② 변전소에서 트롤리선까지
③ 트롤리선에서 집전장치까지
④ 집전장치에서 주전동기까지

> **Explanation**

급전선 : 전철용 변전소에서 트롤리선(전차선)까지의 선로

【답】②

17 ★☆☆☆☆
모든 방향으로 360[cd]의 광도를 갖는 전등을 직경 2[m]의 원형 탁자의 중심에서 수직으로 3[m] 위에 점등하였다. 이 원형 탁자의 평균 조도는 약 몇 [lx]인가?

① 37
② 126
③ 144
④ 180

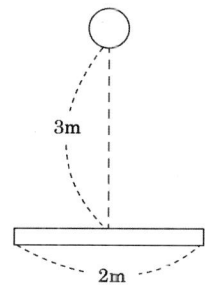

Explanation

광도 $I = \dfrac{F}{\omega} = \dfrac{E \cdot S}{2\pi(1-\cos\theta)} = \dfrac{E \cdot S}{2\pi\left(1 - \dfrac{h}{\sqrt{r^2+h^2}}\right)}$

$E = \dfrac{F \times 2\pi(1-\cos\theta)}{S} = \dfrac{2\pi(1-\cos\theta)I}{\pi r^2} = \dfrac{2}{1^2}\left(1 - \dfrac{3}{\sqrt{1^2+3^2}}\right) \times 360 = 37[\text{lx}]$

【답】①

18 ★★★★★
고주파 유전가열의 용도로 적합하지 않은 것은?

① 목재의 접착
② 플라스틱 성형
③ 비닐의 접착
④ 금속의 열처리

Explanation

• 유전가열 : 유전체손에 의한 가열
 목재의 접착, 비닐막 접착, 플라스틱 성형 등에 사용
• 유도가열 : 히스테리시스손과 와류손에 의한 가열
 반도체 정련, 금속의 표면처리, 강결정제조 등에 사용

【답】④

19 ★★☆☆☆
음극에 아연, 양극에 탄소봉, 전해액은 염화암모늄을 사용하는 1차 전지는?

① 수은전지
② 리튬전지
③ 망간건전지
④ 알칼리건전지

Explanation

망간건전지(르클랑셰 건전지, 보통건전지)
• 양극 : 이산화망간이 흑연가루 혼합
• 감극제 : 이산화망간(MnO$_2$)
• 음극 활성 물질 : 아연(Zn)
• 전해액 : 염화암모늄(NH4Cl)

【답】③

20 ★★☆☆☆
기체 또는 금속 증기 내의 광전에 따른 발광현상을 이용한 것으로 수은등, 네온관등에 이용된 루미네선스는?

① 열 루미네선스
② 결정 루미네선스
③ 화학 루미네선스
④ 전기 루미네선스

> **Explanation**

루미네선스(온도 복사를 제외한 모든 발광현상)
- **전기 루미네선스 : 네온관등, 수은등**
- 복사 루미네선스 : 형광등, 형광판
- 파이로 루미네선스 : 발염 아크등, 화학 분석
- 열 루미네선스 : 금강석, 대리석
- 생물 루미네선스 : 반딧불, 야광벌레

【답】④

2과목 전력공학

21 ★★☆☆☆ 송전선로의 4단자 정수가 A, B, C, D이고 송전단 상전압이 E_s인 경우 무부하 시의 충전전류(송전단전류)는?

① $\dfrac{C}{A}E_s$
② $\dfrac{A}{C}E_s$
③ ACE_s
④ CE_s

> **Explanation**

전송파라미터의 4단자 정수
$$\begin{bmatrix} E_s \\ I_s \end{bmatrix} = \begin{bmatrix} A & B \\ C & D \end{bmatrix} \begin{bmatrix} E_r \\ I_r \end{bmatrix}$$
여기서, 무부하 시 이므로 $I_r = 0$
$E_s = AE_r + BI_r$ 에서 $E_r = \dfrac{1}{A}E_s$
$I_s = CE_r + DI_r$ 에서 $I_s = CE_r$
$\therefore I_s = \dfrac{C}{A}E_s$

【답】①

22 ★★★☆☆ 3상 1회선 송전선로의 소호 리액터의 용량[kVA]은?

① 선로 충전 용량과 같다.
② 선간 충전 용량의 1/2이다.
③ 3선 일괄의 대지 충전 용량과 같다.
④ 1선과 중성점 사이의 충전 용량과 같다.

> **Explanation**

소호리액터의 용량(3선 일괄의 대지 충전용량)
$$Q_L = EI_L = E \times \dfrac{E}{\omega L} = \dfrac{E^2}{\dfrac{1}{3\omega C_s}} = 3 \times 2\pi f C_s E^2 \times 10^{-3} \text{[kVA]}$$

【답】③

23 ★★★★★ 전력 퓨즈(power Fuse)는 주로 어떤 전류의 차단을 목적으로 사용하는가?

① 충전전류
② 과부하전류
③ 단락전류
④ 과도전류

> **Explanation**

전력 퓨즈(PF : Power Fuse) : 단락전류 차단

【답】③

24
출력 20[kW]의 전동기로서 총 양정 10[m], 펌프 효율 0.75일 때 양수량은 약 몇 [m³/min]인가?

① 9.18
② 9.85
③ 10.31
④ 11.02

Explanation

양수 펌프의 출력
$P = \dfrac{KQH}{6.12\eta}$ 여기서, $Q[\text{m}^3/\text{min}]$는 양수량

따라서 양수량 $Q = \dfrac{6.12 P \eta}{H} = \dfrac{6.12 \times 20 \times 0.75}{10} = 9.18 [\text{m}^3/\text{min}]$

【답】①

25
Y결선으로 접속된 커패시터를 △결선으로 변경하여 견결하였을 때 진상용량의 변화로 옳은 것은? (단, 3상의 동일한 전원에 접속하는 경우이고, Q_Y는 Y결선한 커패시터의 진상용량이고, $Q_\triangle$는 △결선한 커패시터의 진상용량이다.)

① $Q_\triangle = \sqrt{3}\, Q_Y$
② $Q_\triangle = 3 Q_Y$
③ $Q_\triangle = \dfrac{1}{\sqrt{3}} Q_Y$
④ $Q_\triangle = \dfrac{1}{3} Q_Y$

Explanation

진상용 콘덴서 용량 : $Q_\triangle = 3 Q_Y$
역률 개선용 콘덴서를 부하와 병렬로 연결할 때 △결선방법을 채택하는 이유는 △결선이 Y결선보다 진상용량이 3배 크기 때문이다.

【답】②

26
수용가 측에서 부하의 무효전력 변동분을 흡수하여 플리커의 발생을 방지하는 대책이 아닌 것은?

① 부스터 방식
② 동기 조상기와 리액터 방식
③ 사이리스터 이용 콘덴서 개폐 방식
④ 사이리스터용 리액터 방식

Explanation

수용가 측에서 실시하는 플리커 발생 방지 대책
① 전원 계통에 리액터분을 보상하는 방법
  • 직렬 콘덴서 방식
  • 3권선 보상변압기 방식
② 전압 강하를 보상하는 방법
  • 부스터 방식
  • 상호 보상 리액터 방식
③ 부하의 무효전력 변동분을 흡수하는 방법
  • 동기 조상기와 리액터 방식
  • 사이리스터 이용 콘덴서 개폐 방식
  • 사이리스터용 리액터
④ 플리커 부하전류의 변동분을 억제하는 방식
  • 직렬 리액터 방식
  • 직렬 리액터 가포화 방식

【답】①

27
과전류 차단기의 설치 장소로 적합하지 않은 곳은?

① 수용가의 인입선 부분
② 고압배전 선로의 인출장소
③ 직접접지 계통에 설치한 변압기의 접지도체
④ 역률조정용 고압 병렬 커패시터 뱅크의 분기선

Explanation

(KEC 341.11조) 과전류차단기의 시설 제한
① 접지공사의 접지도체
② 다선식 전로의 중성선
③ 전로의 일부에 접지공사를 한 저압 가공전선로의 접지측 전선 【답】③

28 ★★☆☆☆
계통 내의 각 기기, 기구 및 애자 등의 상호간에 적정한 절연강도를 지니게 함으로써 계통 설계를 합리적, 경제적으로 할 수 있게 하는 것은?

① 기준충격절연강도 ② 절연협조
③ 절연계급 선정 ④ 보호계전 방식

Explanation

절연협조 : 계통 내의 각 기기, 기구 및 애자 등의 상호간에 적정한 절연 강도를 지니게 함으로써 계통 설계를 합리적, 경제적으로 할 수 있게 한 것
피뢰기의 제한전압 < 변압기의 기준충격절연강도(BIL) < 부싱, 차단기 < 선로애자 【답】②

29 ★★☆☆☆
감전방지 대책으로 적합하지 않은 것은?

① 외함접지 ② 아크혼 설치
③ 2중 절연기기 ④ 누전 차단기 설치

Explanation

감전방지 대책
• 외함접지
• 누전차단기 설치
• 2중 절연 기기 【답】②

30 ★★★★★
전력원선도에서 구할 수 없는 것은?

① 조상용량 ② 송전손실
③ 정태안정 극한전력 ④ 과도안정 극한전력

Explanation

전력원선도(송·수전단 전압, 일반회로 정수(A, B, C, D))
• 가로축 : 유효전력, 세로축 : 무효전력
• 구할 수 없는 것 : 과도안정 극한전력, 코로나 손실, 사고값 【답】④

31 ★★★★☆
복도체를 사용하면 송전용량이 증가하는 주된 이유로 옳은 것은?

① 코로나가 발생하지 않는다.
② 전압강하가 적어진다.
③ 선로의 작용 인덕턴스가 감소하고 작용 정전용량이 증가한다.
④ 무효전력이 적어진다.

Explanation

복도체 : 인덕턴스가 감소, 정전용량은 증가
송전용량 $P_s = \dfrac{V_r^2}{Z_0} = \dfrac{V_r^2}{\sqrt{\dfrac{L}{C}}}$ 에서 인덕턴스가 감소하고 정전용량이 증가하면 송전용량은 증가한다. 【답】③

32. 수차 발전기의 출력 P, 수두 H, 수량 Q 및 회전수 N 사이에 성립하는 관계는?

① $P \propto QN$
② $P \propto QH$
③ $P \propto QH^2$
④ $P \propto QHN$

Explanation

- 수력발전소 이론 출력 $P = 9.8QH$[kW]
- 수차 발전기의 출력 $P = 9.8QH\eta$[kW]
  따라서, 수차 발전기의 출력 $P \propto QH$

【답】②

33. 전력계통에서 전력용 커패시터와 직렬로 연결하는 직렬리액터는 계통 내 어떤 고조파를 제거하기 위해서 설치하는가?

① 제5고조파
② 제4고조파
③ 제3고조파
④ 제2고조파

Explanation

직렬리액터 : 제5고조파를 제거

직렬 리액터의 용량은 $5\omega L = \dfrac{1}{5\omega C}$, 이론적 : 4[%], 실제적 : 5~6[%]

【답】①

34. 수지식 배전방식과 비교한 저압 뱅킹 방식에 대한 설명으로 틀린 것은?

① 전압 변동이 적다.
② 캐스케이딩 현상에 의해 고장확대가 축소된다.
③ 부하증가에 대해 탄력성이 향상된다.
④ 고장 보호 방식이 적당할 때 공급 신뢰도는 향상된다.

Explanation

저압 뱅킹 방식 : 부하가 밀집된 시가지(부하증가에 대한 탄력성)
- 장점
  - 전압 강하와 전력 손실이 적다
  - 변압기의 동량 및 저압선 동량 감소
  - 플리커 현상 감소
- 단점
  캐스케이딩 현상 발생(저압선의 일부 고장으로 건전한 변압기의 일부 또는 전부가 차단되는 현상)

【답】②

35. 서울과 같이 부하밀도가 큰 지역에서는 일반적으로 변전소의 수와 배전거리를 어떻게 결정하는 것이 좋은가?

① 변전소의 수를 줄이고 배전거리를 증가시킨다.
② 변전소의 수를 늘리고 배전거리를 감소시킨다.
③ 변전소의 수를 줄이고 배전거리를 감소시킨다.
④ 변전소의 수를 늘리고 배전거리를 증가시킨다.

Explanation

서울과 같이 부하밀도가 큰 지역에서는 변전소의 수를 증가해서 배전거리를 작게 해야 전압강하 및 전력손실이 줄어든다.

【답】②

36 ★★★☆☆ 다음 중 부하 전류의 차단능력이 없는 것은?
① 기중차단기(ACB)
② 유입차단기(OCB)
③ 진공차단기(VCB)
④ 단로기(DS)

Explanation

전력용 개폐 장치
- **단로기 : 무부하 회로 개폐**
- 개폐기 : 부하전류 개폐
- 차단기 : 부하전류 개폐 및 고장전류 차단

따라서, 단로기는 부하전류의 차단 능력을 가지지 못한다.

【답】 ④

37 ★☆☆☆☆ 풍력발전에 대한 설명으로 적합하지 않은 것은?
① 자연에너지 이용의 신시스템으로 각광을 받고 있다.
② 풍력발전은 풍향, 풍속과 관계없이 설치가 가능하다.
③ 풍차는 수평축과 수직축 풍차로 분류할 수 있다.
④ 대용량발전에는 프로펠러와 다리우스 풍차가 있다.

Explanation

풍력발전
- 신재생 에너지의 일종
- 풍향 및 풍속에 따라 출력이 결정
- 풍차는 수평축과 수직축 풍차로 분류

【답】 ②

38 ★☆☆☆☆ 파동 임피던스 $Z_1 = 600[\Omega]$인 선로 종단에 파동 임피던스 $Z_2 = 1,300[\Omega]$의 변압기가 접속되어 있다. 지금 선로에서 파고 $e_1 = 900[kV]$의 전압이 진입하였다면 접속점에서의 전압의 반사파는 약 몇 [kV]인가?
① 530
② 430
③ 330
④ 230

Explanation

반사계수 $\rho = \dfrac{Z_2 - Z_1}{Z_2 + Z_1} = \dfrac{1,300 - 600}{1,300 + 600} = 0.368$

반사파 $= 0.368 \times 900 = 331[kV]$

【답】 ③

39 ★★★★★ 페란티 현상이 발생하는 주된 원인은?
① 선로의 저항
② 선로의 인덕턴스
③ 선로의 정전용량
④ 선로의 누설컨덕턴스

Explanation

페란티 현상
- 무부하(경부하)시 송전단 전압보다 수전단 전압이 커지는 현상
- **선로의 정전용량에 의해서 발생**
- 방지법 : 분로리액터(Sh.R)

【답】 ③

40. 다음 중 전력계통의 안정도 향상대책으로 옳은 것은?

① 송전계통의 전달 리액턴스를 증가시킨다.
② 고속 재폐로 방식을 채용한다.
③ 전원측 원동기용 조속기의 작동을 느리게 한다.
④ 고장을 줄이기 위하여 각 계통을 분리시킨다.

Explanation

안정도 향상 대책
- **직렬 리액턴스(X)를 작게 한다.**
  ① 발전기나 변압기의 리액턴스를 작게 한다.
  ② 선로의 병행 회선수를 늘리거나 복도체 또는 다도체 방식을 사용한다.
  ③ 직렬 콘덴서를 삽입하여 선로의 리액턴스를 보상한다.
- 전압 변동을 작게 한다.
  ① 속응 여자 방식의 채용
  ② **계통 연계를 한다.**
- 중간 조상 방식을 채용한다.
- 고장 전류를 줄이고 고장 구간을 신속하게 차단한다.
  ① 적당한 중성점 접지 방식을 채용하여 지락 전류를 줄인다.
  ② 고속도 계전기, 고속도 차단기를 채용한다.
  ③ **고속도 재폐로 방식을 채용한다.**
- 고장 시 발전기 입·출력의 불평형을 작게 한다.
  ① **조속기의 동작을 빠르게 한다.**
  ② 고장 발생과 동시에 발전기 회로의 저항을 직렬 또는 병렬로 삽입하여 발전기 입·출력의 불평형을 작게 한다.

【답】②

3과목 전기기기

41. 전기자권선과 계자권선이 병렬로만 연결된 직류기는?

① 직권
② 분권
③ 복권
④ 타여자

Explanation

- **타여자 발전기** : 계자를 외부에 독립적으로 설계
- **분권발전기** : 전기자와 계자가 **병렬**로 있는 구조
- 직권발전기 : 전기자와 계자가 직렬로 있는 구조

【답】②

42. 1,732/200[V] 단상변압기의 고압 측에서 여자전류는 $i_o = 3\sin\omega t + 0.8\sin(3\omega t + a)$[A]로 표시된다. 이 변압기 3대를 Y-△ 결선하여 고압 측에 $\sqrt{3} \times 1,732 ≒ 3,000$[V]를 가할 때 저압 측 무부하 △ 결선 내 순환전류의 실효값은 약 몇 [A]인가?

① 2.85
② 3.44
③ 4.89
④ 6.93

Explanation

여자전류 중 제3고조파는 △회로 권선 내를 순환하게 된다.
여기서, 1차에서 2차로 전달될 때 1차의 상전류의 변압비를 곱하여 전달되므로

순환전류의 실효값 $I_c = 0.8 \times \dfrac{1{,}732}{200} \times \dfrac{1}{\sqrt{2}} = 4.89[A]$

【답】③

43 ★☆☆☆☆
1차 전압과 2차 전압 사이의 위상이 같도록 설계된 유도전압조정기는?
① 회전변류기
② 3상 유도전압조정기
③ 대각 유도전압조정기
④ 단상 유도전압조정기

Explanation

대각 유도 전압 조정기 : 3상에서 6상으로 변환하면 Y결선 시에도 전압의 위상차가 없으므로 이를 위하여 대각결선을 이용한 유도전압조정기

【답】③

44 ★★☆☆☆
변압기의 철손이 P_i[kW], 전부하동손이 P_c[kW]일 때, 정격출력의 $\dfrac{1}{m}$ 인 부하를 걸었을 때 전손실 [kW]은?

① $P_i + P_c\left(\dfrac{1}{m}\right)$
② $P_i + \left(\dfrac{1}{m}\right)^2 P_c$
③ $(P_i + P_c)\left(\dfrac{1}{m}\right)^2$
④ $P_i\left(\dfrac{1}{m}\right) + P_c$

Explanation

변압기의 $\dfrac{1}{m}$ 부하 시 효율 $\eta_{\frac{1}{m}} = \dfrac{\dfrac{1}{m} P\cos\theta}{\dfrac{1}{m} P\cos\theta + P_i + \left(\dfrac{1}{m}\right)^2 P_c} \times 100[\%]$

전손실 : $P_i + \left(\dfrac{1}{m}\right)^2 P_c$

【답】②

45 ★★☆☆☆
3상 유도전동기의 기계적 출력 P[kW], 슬립 s[%]로 운전할 때 2차 동손[kW]은?

① $\left(\dfrac{1-s}{s}\right)P$
② $\left(\dfrac{s}{1-s}\right)P$
③ $\left(\dfrac{1+s}{s}\right)P$
④ $\left(\dfrac{s}{1+s}\right)P$

Explanation

출력 $P = (1-s)P_2$
2차 동손 $P_{c2} = sP_2$
$P_{c2} = \dfrac{s}{1-s}P$

【답】②

46 ★☆☆☆☆
교류기에서 분포권이란 매극 매상의 홈(slot)수가 몇 개인 것을 말하는가?
① 1개 이상
② 2개 이상
③ 3개 이상
④ 4개 이상

Explanation

• 집중권 : 매극 매상의 홈(슬롯)이 1개
• 분포권 : 매극 매상의 홈(슬롯)이 2개 이상

【답】②

47 ★★★★☆ 비례추이와 관계가 있는 전동기는?
① 동기전동기
② 정류자 전동기
③ 3상 농형 유도전동기
④ 3상 권선형 유도전동기

> **Explanation**

비례추이의 원리 : 3상 권선형 유도전동기
- **최대 토크는 불변, 최대 토크의 발생 슬립은 변화**(2차 저항이 증가하면 토크 곡선 등이 슬립이 증가하는 방향으로 2차 저항에 비례하여 이동)
- 기동 전류는 감소하고, 기동 토크는 증가

【답】④

48 ★★★★★ 병렬운전을 하고 있는 두 대의 3상 동기발전기 사이어 무효순환전류가 흐르는 것은 두 발전기의 기전력이 어떠할 때인가?
① 기전력의 위상이 다를 때
② 기전력의 파형이 다를 때
③ 기전력의 크기가 다를 때
④ 기전력의 주파수가 다를 때

> **Explanation**

동기발전기의 병렬운전 조건

기전력의 크기가 같을 것	무효순환전류(무효횡류)
기전력의 위상이 같을 것	동기화 전류(유효횡류)
기전력의 주파수가 같을 것	난조 발생
기전력의 파형이 같을 것	고조파 무효순환전류
상회전 방향이 같을 것(3상)	

【답】③

49 ★★★☆☆ 단상 전파정류회로에서 출력전압의 맥동률은 약 얼마인가? (단, 저항부하일 경우이다)
① 0.17
② 0.34
③ 0.48
④ 0.90

> **Explanation**

정류회로 비교

구분	단상반파	단상전파	3상반파	3상전파
맥동률	121[%]	48[%]	17[%]	4[%]

【답】③

50 ★☆☆☆☆ 동기전동기의 기동법으로 옳은 것은?
① 자기기동법, 직류초퍼법
② 계자제어법, 저항제어법
③ 자기기동법, 기동전동기법
④ 직류초퍼법, 기동전동기법

> **Explanation**

동기전동기의 기동법
- 자기 기동법 : 제동권선에서 기동 토크를 얻는 방법
- 기동전동기법 : 유도 전동기를 기동 전동기로 사용

【답】③

51 ★☆☆☆☆ 2중 농형 유도전동기에서 외측(회전자 표면에 가까운 쪽) 슬롯에 사용되는 전선에 대한 설명으로 적합한 것은?

① 누설 리액턴스가 작고 저항이 커야 한다.
② 누설 리액턴스가 크고 저항이 커야 한다.
③ 누설 리액턴스가 작고 저항이 작아야 한다.
④ 누설 리액턴스가 크고 저항이 작아야 한다.

> **Explanation**
>
> 2중 농형전동기
> • 기동토크가 크고, 기동전류가 작다. 열이 많이 발생하여 효율은 낮다.
> • 기동용 권선 : 저항이 크고 리액턴스가 적다.(외측 권선)
> • 운전용 권선 : 저항이 적고 리액턴스가 크다.(내측 권선)
>
> 【답】 ①

52 ★★★☆☆ 단상 직권 정류자 전동기의 원리와 같은 전동기는?

① 직류 직권전동기
② 직류 분권전동기
③ 직류 가동복권전동기
④ 직류 차동복권전동기

> **Explanation**
>
> **단상 직권 정류자 전동기 = 만능 전동기(직 · 교류 양용)**
> • 용도 : 75[W] 정도 이하의 소형 공구, 영사기, 치과 의료용으로 사용
> • 직류 직권 전동기와 같은 원리
>
> 【답】 ①

53 ★★☆☆☆ 직류전동기의 부하가 증가할 때 나타나는 현상으로 틀린 것은?

① 역기전력이 감소한다.
② 전동기의 속도가 떨어진다.
③ 전동기의 단자전압이 증가한다.
④ 전동기의 부하전류가 증가한다.

> **Explanation**
>
> 직류 전동기의 부하가 증가하면 전동기의 속도가 감소, 부하전류가 증가, 단자전압은 감소한다.
>
> 【답】 ③

54 ★★☆☆☆ 단권변압기의 고압측 전압을 V_1[V], 저압측 전압을 V_2[V], 단권변압기의 자기용량을 P_n[kVA]이라 하면 부하용량[kVA]은?

① $\dfrac{V_2 - V_1}{V_1} P_n$
② $\dfrac{V_2 - V_1}{V_2} P_n$
③ $\dfrac{V_1}{V_1 - V_2} P_n$
④ $\dfrac{V_2}{V_1 - V_2} P_n$

> **Explanation**
>
> $\dfrac{\text{자기용량}}{\text{부하용량}} = \dfrac{e_2 I_2}{V_h I_2} = \dfrac{e_2}{V_h} \fallingdotseq \dfrac{V_h - V_l}{V_h}$ 에서
>
> 부하용량 $= \dfrac{V_h}{V_h - V_l} \times$ 자기용량 $= \dfrac{V_1}{V_1 - V_2} P_n$
>
> 【답】 ③

55 ★★★★★ 3상 권선형 유도전동기의 속도제어를 위해서 2차 여자법을 사용하고자 할 때 그 방법은?

① 직류 전압을 3상 일괄해서 회전자에 가한다.
② 회전자에 저항을 넣어 그 값을 변화시킨다.
③ 회전자 기전력과 같은 주파수의 전압을 회전자에 가한다.

④ 1차 권선에 가해주는 전압과 동일한 전압을 회전자에 가한다.

Explanation

2차 여자법(슬립 제어)
- 유도전동기 회전자의 외부에서 슬립링을 통하여 슬립 주파수 전압을 인가하여 회전자 슬립에 의한 속도를 제어하는 방식
- E_c(슬립 주파수 전압)를 sE_2와 같은 방향으로 인가 : 속도 증가
- E_c(슬립 주파수 전압)를 sE_2와 반대 방향으로 인가 : 속도 감소

【답】 ③

56 ★★★☆☆ 3상 동기발전기의 여자전류 5[A]에 대한 1상의 유기기전력이 600[V]이고 3상 단락전류는 30[A]이다. 이 발전기의 동기임피던스[Ω]는 얼마인가?

① 2
② 3
③ 20
④ 30

Explanation

동기발전기 단락전류 $I_s = \dfrac{E}{Z_s}$

동기임피던스 $Z_s = \dfrac{E}{I_s} = \dfrac{600}{30} = 20[\Omega]$

【답】 ③

57 ★★☆☆☆ 동기발전기의 부하에 커패시터를 설치하여 앞서는 전류가 흐르고 있을 때 발생하는 현상으로 옳은 것은?

① 편자 작용
② 속도 상승
③ 단자전압 강하
④ 단자전압 상승

Explanation

동기발전기의 전기자 반작용
- 횡축 반작용(교차자화작용) : 전기 자전류가 유기기전력과 동위상, 크기는 $I\cos\theta$
- 직축 반작용(발전기 : 전동기는 반대)
  - 감자작용 : 전기자전류가 유기 기전력보다 위상이 $\pi/2$ 뒤질 때
  - 증자작용 : 전기자전류가 유기 기전력보다 위상이 $\pi/2$ 앞설 때(단자전압 상승)

【답】 ④

58 ★★★★★ %임피던스 강하가 4[%]인 변압기가 운전 중 단락되었을 때 단락전류는 정격전류의 몇 배가 흐르는가?

① 15
② 20
③ 25
④ 30

Explanation

단락전류 $I_s = \dfrac{100}{\%Z}I_n = \dfrac{100}{4} \times I_n = 25 I_n$

【답】 ③

59 ★★★★☆ 유도전동기의 회전력에 대하여 옳게 설명한 것은?

① 단자전압에 비례
② 단자전압과 관계없음
③ 단자전압 2승에 비례
④ 단자전압 3승에 비례

Explanation

유도전동기의 특성
토크(회전력) $\tau \propto V^2$ (단자전압의 제곱에 비례)

【답】 ③

60 전력변환기 중 정류기, 위상제어정류기, 초퍼로 구동할 수 있는 회전기기는?

① 유도전동기
② 동기전동기
③ 직류전동기
④ 리니어전동기

Explanation

전력변환장치
- AC → DC : 정류기(컨버터)
- DC → DC : 초퍼

따라서, 초퍼나 정류기로 구동 가능한 전동기는 직류전동기이다.

【답】 ③

4과목 회로이론

61 3상 회로에서 각 상전압이 $V_a = 60[\text{V}]$, $V_b = 0[\text{V}]$, $V_c = -10 + j120[\text{V}]$일 때, a상의 정상분 전압은 약 몇 [V]인가?

① $-13 - j24$
② $16 + j40$
③ $56 - j17$
④ $60 + j0$

Explanation

대칭좌표법에서

$$\begin{bmatrix} V_0 \\ V_1 \\ V_2 \end{bmatrix} = \frac{1}{3} \begin{bmatrix} 1 & 1 & 1 \\ 1 & a & a^2 \\ 1 & a^2 & a \end{bmatrix} \begin{bmatrix} V_a \\ V_b \\ V_c \end{bmatrix}$$

정상분 $V_1 = \frac{1}{3}(V_a + aV_b + a^2 V_c)$

$= \frac{1}{3}\left\{60 + 0 + (-10 + j120)\left(-\frac{1}{2} - j\frac{\sqrt{3}}{2}\right)\right\}$

$= 56 - j17[\text{V}]$

【답】 ③

62 $30[\Omega]$의 저항과 $40[\Omega]$의 유도성 리액턴스가 병렬로 연결되어 있다. 이 $R-L$ 병렬회로에 $v(t) = 220\sqrt{2}\sin 377t[\text{V}]$의 전압을 인가할 때 흐르는 전류는 약 몇 [A]인가?

① $12.96\sin(377t - 36.87°)$
② $9.17\sin(377t - 36.87°)$
③ $12.96\angle -36.87°$
④ $10.37 + j7.78$

Explanation

병렬회로이므로

저항에 흐르는 전류 $I_R = \frac{V}{R} = \frac{220}{30} = 7.33[\text{A}]$

인덕터에 흐르는 전류 $I_L = \frac{V}{j\omega L} = \frac{220}{j40} = -j5.5[\text{A}]$

전체전류 $I = I_R + I_L = 7.33 - j5.5$

$= \sqrt{7.33^2 + 5.5^2} \angle \tan^{-1}\frac{-5.5}{7.33} = 9.16\angle -36.87°$

순시치로 나타내면 $i = 9.16 \times \sqrt{2}\sin(377t - 36.87°) = 12.96\sin(377t - 36.87°)$

【답】 ①

63 600[kVA], 역률 0.6(지상)의 부하 A와 800[kVA], 역률 0.8(진상)의 부하 B가 함께 접속되어 있을 때 전체 피상전력[kVA]은?

① 0
② 960
③ 1,000
④ 1,400

Explanation

부하A : 유효전력 $P = P_a \cos\theta = 600 \times 0.6 = 360[\text{kW}]$
　　　　무효전력 $P_r = P_a \sin\theta = 600 \times 0.8 = 480[\text{kVar}]$: 지상
부하B : 유효전력 $P = P_a \cos\theta = 800 \times 0.8 = 640[\text{kW}]$
　　　　무효전력 $P_r = P_a \sin\theta = 800 \times 0.6 = 480[\text{kVar}]$: 진상
전체피상전력 $P_a = P \pm jP_r = (360 + 640) + j(480 - 480) = 1,000[\text{kVA}]$

【답】 ③

64 불평형 3상 회로 조건에서 영상분 회로(경로)가 존재하는 3상 변압기의 구성은?

① △ - △ 결선의 3상 3선식
② △ - Y 결선의 3상 3선식
③ Y - △ 결선의 3상 3선식
④ Y - Y 결선의 3상 4선식

Explanation

대칭좌표법
• 비대칭 n상 회로 계산(불평형 호로 계산)
• 대칭 3상의 경우 영상분과 역상분은 0이고 정상분만 존재
• 접지식회로에만 영상분이 존재
따라서 영상분이 존재하는 결선은 Y - Y 결선의 3상 4선식이 된다.

【답】 ④

65 커패시터 C를 100[V]로 충전하고 10[Ω]의 저항으로 1초 동안 방전하였더니 C의 단자전압이 90[V]로 감소하였다. 이때 C는 약 몇 [F]인가?

① 1.05
② 0.95
③ 0.75
④ 0.55

Explanation

【답】 ②

66 대칭 3상 Y결선 부하에서 1상당의 부하 임피던스가 $Z = 16 + j12[\Omega]$이고 부하전류의 크기가 10[A]일 때, 이 부하의 선간전압의 크기는 약 몇 [V]인가?

① 200
② 245
③ 346
④ 375

Explanation

상전류 $I_p = \dfrac{V_p}{Z}$ 에서
상전압 $V_p = ZI_p = \sqrt{16^2 + 12^2} \times 10 = 200[\text{V}]$
선간전압 $V_l = \sqrt{3}\, V_p = 200 \times \sqrt{3} = 346.4[\text{V}]$

【답】 ③

67 다음 회로에서 4단자 정수 A, B, C, D 중 C의 값은?

① 1
② $j\omega L$
③ $j\omega C$
④ $1 + j\omega(L+C)$

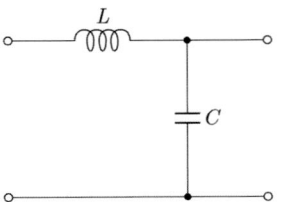

> **Explanation**
> $\begin{bmatrix} A & B \\ C & D \end{bmatrix} = \begin{bmatrix} 1 & j\omega L \\ 0 & 1 \end{bmatrix} \begin{bmatrix} 1 & 0 \\ j\omega C & 1 \end{bmatrix} = \begin{bmatrix} 1 & j\omega L \\ j\omega C & 1 \end{bmatrix}$
>
> 【답】③

68 그림과 같이 높이가 1인 펄스의 라플라스 변환은?

① $\dfrac{1}{s}(e^{-as} + e^{-bs})$
② $\dfrac{1}{a-b}\left(\dfrac{e^{-as} + e^{-bs}}{1}\right)$
③ $\dfrac{1}{s}(e^{-as} - e^{-bs})$
④ $\dfrac{1}{a-b}\left(\dfrac{e^{-as} - e^{-bs}}{s}\right)$

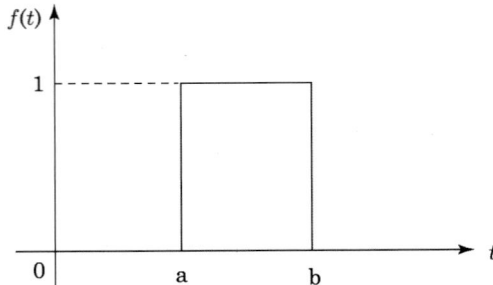

> **Explanation**
> 함수 $f(t) = u(t-a) - u(t-b)$ 이므로
> $\mathcal{L}[f(t)] = \mathcal{L}[u(t-a) - u(t-b)] = \left\{\dfrac{e^{-as}}{s} - \dfrac{e^{-bs}}{s}\right\} = \dfrac{1}{s}(e^{-as} - e^{-bs})$
>
> 【답】③

69 전압이 $v(t) = 20\sin\omega t + 30\sin 3\omega t$ [V]이고, 전류가 $i(t) = 30\sin\omega t + 20\sin 3\omega t$ [A]인 왜형파 교류 전압과 전류에 대한 역률은 약 얼마인가?

① 0.43
② 0.57
③ 0.86
④ 0.92

> **Explanation**
> 유효전력 $P = \dfrac{20}{\sqrt{2}}\dfrac{30}{\sqrt{2}}\cos 0° + \dfrac{30}{\sqrt{2}}\dfrac{20}{\sqrt{2}}\cos 0° = 600$ [W]
>
> 피상전력 $P_a = VI = \sqrt{\left(\dfrac{20}{\sqrt{2}}\right)^2 + \left(\dfrac{30}{\sqrt{2}}\right)^2} \times \sqrt{\left(\dfrac{30}{\sqrt{2}}\right)^2 + \left(\dfrac{20}{\sqrt{2}}\right)^2} = 650$ [VA]
>
> 역률 $\cos\theta = \dfrac{P}{P_a} = \dfrac{600}{650} = 0.92$
>
> 【답】④

70 극좌표 형식으로 표현된 전류의 페이저가 각각 $I_1 = 10\angle\tan^{-1}\dfrac{4}{3}$ [A], $I_2 = 10\angle\tan^{-1}\dfrac{3}{4}$ [A] 이고, $I = I_1 + I_2$ 일 때, I[A]는?

① $-2 + j2$
② $14 + j14$
③ $14 + j4$
④ $14 + j3$

Explanation

$I_1 = 10 \angle \tan^{-1} \dfrac{4}{3} = 10 \angle 53.13°$
$= 10(\cos 53.13° + j\sin 53.13°) = 6 + j8$
$I_2 = 10 \angle \tan^{-1} \dfrac{3}{4} = 10 \angle 36.87°$
$= 10(\cos 36.87° + j\sin 36.87°) = 8 + j6$
따라서 $I_1 + I_2 = 6 + j8 + 8 + j6 = 14 + j14$

【답】②

71 ★☆☆☆☆ 그림의 T형 회로에 대한 4단자 정수 A, B, C, D로 틀린 것은?

① $A = 1 + \dfrac{Z_1}{Z_3}$

② $B = \dfrac{Z_1 Z_2}{Z_3} + Z_1 + Z_2$

③ $C = 1 + \dfrac{Z_3}{Z_2}$

④ $D = 1 + \dfrac{Z_2}{Z_3}$

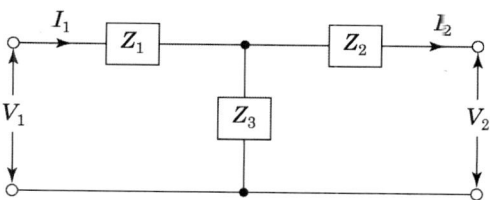

Explanation

$\begin{bmatrix} A & B \\ C & D \end{bmatrix} = \begin{bmatrix} 1 & Z_1 \\ 0 & 1 \end{bmatrix} \begin{bmatrix} 1 & 0 \\ \frac{1}{Z_3} & 1 \end{bmatrix} \begin{bmatrix} 1 & Z_1 \\ 0 & 1 \end{bmatrix} = \begin{bmatrix} 1 + \dfrac{Z_1}{Z_3} & Z_1 + Z_2 + \dfrac{Z_1 Z_2}{Z_3} \\ \dfrac{1}{Z_3} & 1 + \dfrac{Z_2}{Z_3} \end{bmatrix}$

【답】③

72 ★☆☆☆☆ 정현파 교류의 평균치에 어떠한 수를 곱하여 실효치를 얻을 수 있는가?

① $\dfrac{\pi}{2\sqrt{2}}$

② $\dfrac{2}{\sqrt{3}}$

③ $\dfrac{\sqrt{3}}{2}$

④ $\dfrac{2\sqrt{2}}{\pi}$

Explanation

정현파의 실효값 $V = \dfrac{V_m}{\sqrt{2}}$, 평균값 $V_{av} = \dfrac{2}{\pi} V_m$

여기서, $V_m = \dfrac{\pi}{2} V_{av}$

따라서 실효값 $V = \dfrac{V_m}{\sqrt{2}} = \dfrac{1}{\sqrt{2}} \times \dfrac{\pi}{2} V_{av} = \dfrac{\pi}{2\sqrt{2}} V_{av}$

【답】①

73 ★★★★★ $R-L$ 직렬회로에 $v(t)$ 전압을 인가하였을 때 제3고조파 성분의 실효치 전류는 약 몇 [A]인가?
(단, $v(t) = 150\sqrt{2}\cos\omega t + 100\sqrt{2}\sin 3\omega t + 25\sqrt{2}\sin 5\omega t$[V], $R = 5[\Omega]$, $\omega L = 4[\Omega]$)

① 7.69
② 10.88
③ 15.62
④ 22.08

Explanation

제3고조파에 대한 임피던스
$Z_3 = R + j3\omega L = 5 + j3 \times 4 = 5 + j12 = \sqrt{5^2 + 12^2} = 13[\Omega]$ 이므로
제3고조파에 의하여 흐르는 전류의 실효값
$I_3 = \dfrac{V_3}{Z_3} = \dfrac{100}{13} = 7.69[A]$

【답】①

74 ★☆☆☆☆
회로에서 단자 $a-b$사이의 합성저항 R_{ab}는 몇 $[\Omega]$인가?

① $\dfrac{1}{3}r$

② $\dfrac{1}{2}r$

③ r

④ $2r$

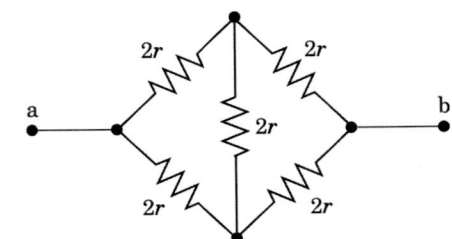

Explanation

브리지 회로의 평형상태이므로
$R = \dfrac{4r \times 4r}{4r + 4r} = \dfrac{16r^2}{8r} = 2r[\Omega]$

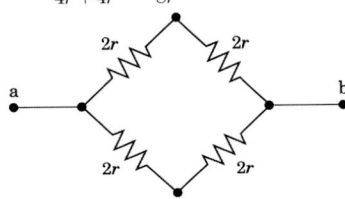

【답】④

75 ★★★★☆
3상 Y결선의 전원에서 각 상전압의 크기가 220[V]일 때 선간전압의 크기는 약 몇 [V]인가?

① 127
② 220
③ 311
④ 381

Explanation

3상 Y결선
선간전압 $V_l = \sqrt{3}\, V_p = \sqrt{3} \times 220 = 381[V]$

【답】④

76 ★★★★☆
전압 V가 200[V]인 3상 회로에 그림과 같은 평형 부하를 접속했을 때 선전류의 크기는 약 몇 [A]인가? (단, $R = 9[\Omega], \dfrac{1}{\omega C} = 4[\Omega]$)

① 28.9
② 38.5
③ 48.1
④ 115.5

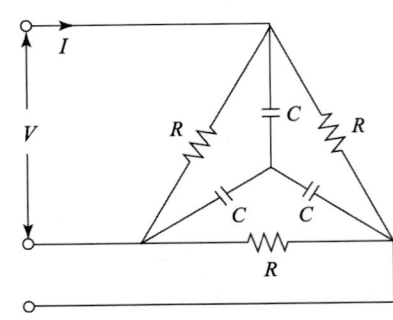

Explanation

△결선과 Y결선이 병렬로 연결된 경우는
△결선의 저항 R을 Y결선으로 바꾸어서 등가회로를 구한다.

병렬 회로의 어드미턴스는 $Y = \dfrac{1}{3} + j\dfrac{1}{4}[\mho]$ 이므로

병렬 회로의 상전류 $I_p = YV_p = \sqrt{\left(\dfrac{1}{3}\right)^2 + \left(\dfrac{1}{4}\right)^2} \times \dfrac{200}{\sqrt{3}} = 48.1[A]$

따라서 선전류 $I_p = I_l = 48.1[A]$

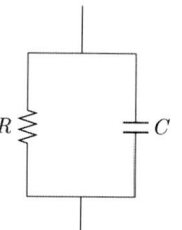

【답】③

77 ★★☆☆☆
그림에서 전류 $I_5[A]$의 크기는? (단, $I_1 = 5[A]$, $I_2 = 3[A]$, $I_3 = 2[A]$, $I_4 = 2[A]$)

① 3
② 5
③ 8
④ 12

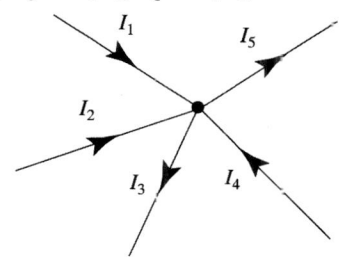

Explanation

키르히호프의 전류법칙
$I_1 + I_2 - I_3 + I_4 - I_5 = 0$
$I_5 = I_1 + I_2 - I_3 + I_4 = 5 + 3 - 2 + 2 = 8$

【답】③

78 ★★☆☆☆
저항 $R = 5,000[\Omega]$과, 커패시터 $C = 20[\mu F]$이 직렬로 접속된 회로에 일정전압 $V = 100[V]$를 연결하고 $t = 0$에서 스위치(S)를 넣을 때 커패시터 단자전압[V]은? (단, $t = 0$에서의 커패시터 전압은 0[V]이다.)

① $100(1 - e^{10t})$
② $100e^{10t}$
③ $100(1 - e^{-10t})$
④ $100e^{-10t}$

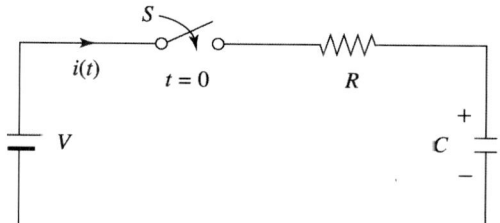

Explanation

$R - C$ 직렬회로

	$R - C$ 직렬회로	직류 기전력 인가 시(S/W on)
①	전류 $i(t)$	$i = \dfrac{E}{R} e^{-\frac{1}{RC}t}$ [A]
②	시정수	$\tau = RC$ [sec]
③	V_c	$V_c = E\left(1 - e^{-\frac{1}{RC}t}\right)$ [V]

$V_c = E\left(1 - e^{-\frac{1}{RC}t}\right) = 100\left(1 - e^{-\frac{1}{5,000 \times 20 \times 10^{-6}}t}\right) = 100(1 - e^{-10t})$

【답】③

79 그림과 같은 커패시터 C의 초기전압이 $V(0)$일 때 라플라스 변환에 의하여 s함수로 표현된 등가 회로로 옳은 것은?

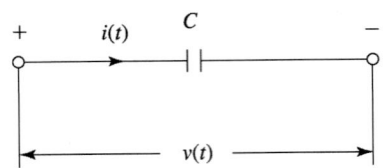

① $\frac{1}{Cs}$ $V(0)$

② $\frac{1}{Cs}$ $\frac{V(0)}{s}$

③ $V(0)$ $\frac{1}{Cs}$

④ $\frac{V(0)}{s}$ $\frac{1}{Cs}$

Explanation

콘덴서에서의 전압 $v(t) = \frac{1}{C}\int i(t)\,dt$ 이므로

라플라스 변환하면 $V(s) = \frac{1}{Cs}I(s) + \frac{1}{s}V(0)$

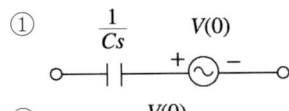

【답】②

80 그림에서 저항 20[Ω]에 흐르는 전류[A]는?

① 0.5
② 1.0
③ 1.5
④ 2.0

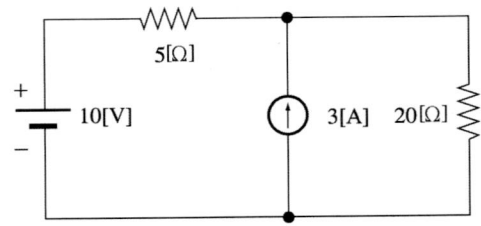

Explanation

중첩의 원리

10[V]에 의한 전류(전류원은 개방) : $I_1 = \frac{10}{5+20} = 0.4[A]$

3[A]에 의한 전류(전압원은 단락) : $I_2 = \frac{5}{5+20} \times 3 = 0.6[A]$

∴ $I = I_1 + I_2 = 0.4 + 0.6 = 1.0[A]$

【답】②

5과목 전기설비기술기준

81
특고압 가공전선로의 지지물로 사용되는 B종 철근·B종 콘크리트주의 각도형은 전선로 중 최소 몇 도를 초과하는 수평각도를 이루는 곳에 사용하는가?

① 3
② 5
③ 8
④ 10

Explanation

(KEC 333.11조) 특고압 가공전선로의 철주·철근 콘크리트주 또는 철탑의 종류
① 직선형 : 전선로의 직선부분(3도 이하인 수평각도를 이루는 곳을 포함)에 사용하는 것
② **각도형 : 전선로 중 3도를 초과하는 수평각도를 이루는 곳에 사용하는 것**
③ 잡아당김형 : 전가섭선을 잡아당기는 곳에 사용하는 것
④ 내장형 : 전선로의 지지물 양쪽의 경간의 차가 큰 곳에 사용하는 것
⑤ 보강형 : 전선로의 직선부분에 그 보강을 위하여 사용하는 것

【답】①

82
특고압 가공전선로의 지지물로 사용하는 B종 철근·B종 콘크리트주 또는 철탑의 종류 중 전선로의 지지물 양쪽의 경간의 차가 큰 곳에 사용하는 것은?

① 내장형
② 직선형
③ 잡아당김형
④ 보강형

Explanation

(KEC 333.11조) 특고압 가공전선로의 철주·철근 콘크리트주 또는 철탑의 종류
① 직선형 : 전선로의 직선부분(3도 이하인 수평각도를 이루는 곳을 포함한다. 이하 이 조에서 같다.)에 사용하는 것
② 각도형 : 전선로 중 3도를 초과하는 수평각도를 이루는 곳에 사용하는 것
③ 잡아당김형 : 전가섭선을 잡아당기는 곳에 사용하는 것
④ **내장형 : 전선로의 지지물 양쪽의 경간의 차가 큰 곳에 사용하는 것**
⑤ 보강형 : 전선로의 직선부분에 그 보강을 위하여 사용하는 것

【답】①

83
KEC 적용으로 인하여 삭제되었습니다.

84
66[kV] 가공전선이 건조물과 제1차 접근상태로 시설되는 경우 가공전선과 건조물 사이의 이격거리는 최소 몇 [m] 이상이어야 하는가?

① 3.0
② 3.2
③ 3.4
④ 3.6

Explanation

(KEC 333.23조) 특고압 가공전선과 건조물의 접근
• 35[kV] 이하는 3[m] 이상
• 35[kV]가 넘는 경우는 10[kV]마다 0.15[m]를 가산 이격할 것
  단수 $6.6 - 3.5 = 3.1 ≒ 4$단
  이격거리 $3 + 4 \times 0.15 = 3.6[m]$

【답】④

85
KEC 적용으로 인하여 삭제되었습니다.

86
KEC 적용으로 인하여 삭제되었습니다.

87 고압 가공전선이 사람이 거주 또는 근무하거나 빈번히 출입하거나 모이는 조영물과 접근 상태로 시설되는 경우 고압 가공전선과 상부 조영재의 옆쪽에서의 이격거리는 몇 [m] 이상이어야 하는가? (단, 전선은 경동연선이라고 한다)

① 0.4
② 1.0
③ 1.2
④ 2.0

Explanation

(KEC 332.11조) 고압 가공 전선과 건조물의 접근
고압 가공 전선과 건조물의 조영재 사이의 이격거리는 다음 표에서 정한 값 이상일 것

건조물 조영재의 구분	접근 형태	이격거리
상부 조영재[지붕·챙(차양: 遮陽)·옷말리는 곳 기타 사람이 올라갈 우려가 있는 조영재를 말한다. 이하 같다.]	위쪽	2[m](전선이 고압 절연전선, 특고압 절연전선 또는 케이블인 경우는 1[m])
	옆쪽 또는 아래쪽	1.2[m](전선에 사람이 쉽게 접촉할 우려가 없도록 시설한 경우에는 0.8[m], 고압 절연전선, 특고압 절연전선 또는 케이블인 경우에는 0.4[m])

【답】③

88 사람이 접촉할 우려가 없도록 시설된 백열전등 또는 방전등 및 이에 부속하는 전선에 전기를 공급하는 옥내 전로의 대지 전압은 최대 몇 [V]인가? (단, 주택의 옥내 전로를 제외한다)

① 100
② 150
③ 300
④ 450

Explanation

(KEC 231.6조) 옥내전로의 대지 전압의 제한
백열전등 또는 방전등에 전기를 공급하는 옥내의 전로(주택의 옥내 전로 제외)의 대지전압은 300[V] 이하 【답】③

89 KEC 적용으로 인하여 삭제되었습니다.

90 고압 가공전선로에 사용하는 가공지선은 인장강도 5.26[kN] 이상의 것 또는 지름 몇 [mm] 이상의 나경동선이어야 하는가?

① 2
② 3
③ 4
④ 5

Explanation

(KEC 332.6조) 고압 가공 전선로의 가공지선
• 고압 가공전선로 : 인장강도 5.26[kN] 이상의 것 또는 4[mm] 이상의 나경동선
• 특고압 가공전선로 : 인장강도 8.01[kN] 이상의 나선 또는 5[mm] 이상의 나경동선 【답】③

91 가공전선로의 지지물에 하중이 가하여지는 경우에 그 하중을 받는 지지물의 기초의 안전율은 얼마 이상이어야 하는가?

① 0.5
② 1
③ 1.5
④ 2

Explanation

(KEC 331.7조) 가공 전선로 지지물의 기초의 안전율
가공전선로의 지지물에 하중이 가하여지는 경우에 그 하중을 받는 지지물의 기초의 안전율은 2 이상 【답】④

92 한 수용장소의 인입선에서 분기하여 지지물을 거치지 않고 다른 수용 장소의 인입구에 이르는 부분의 전선을 무엇이라 하는가?
① 옥상배선
② 옥외배선
③ 이웃 연결 인입선
④ 가공인입선

Explanation

(KEC 112조) 용어 정의
"이웃 연결 인입선"이란 한 수용 장소의 인입선에서 분기하여 지지물을 거치지 아니하고 다른 수용 장소의 인입구에 이르는 부분의 전선을 말한다. 【답】③

93 다도체를 구성하는 전선이 2가닥마다 수평으로 배열되고 또한 그 전선 상호 간의 거리가 전선의 바깥지름의 20배 이하인 경우 구성재의 수직 투영면적 1[m²]에 대한 풍압하중은 몇 [Pa]인가?
① 444
② 455
③ 666
④ 677

Explanation

(KEC 331.6조) 풍압 하중의 종별과 적용

풍압을 받는 구분		구성재의 수직 투영면적 1[m²]에 대한 풍압
전선 기타 가섭선	다도체(구성하는 전선이 2가닥마다 수평으로 배열되고 또한 그 전선 상호 간의 거리가 전선의 바깥지름의 20배 이하인 것에 한한다. 이하 같다)를 구성하는 전선	666[Pa]
	기타의 것	745[Pa]

【답】③

94 KEC 적용으로 인하여 삭제되었습니다.

95 지중 전선로의 시설방식이 아닌 것은?
① 관로식
② 압착식
③ 암거식
④ 직접매설식

Explanation

(KEC 334.1조) 지중 전선로의 시설
지중 전선로는 전선에 케이블을 사용하고 또한 관로식·암거식(暗渠式) 또는 직접매설식에 의하여 시설 【답】②

96 지중에 매설된 금속제 수도관로를 접지공사의 접지극으로 사용하려고 할 경우로 틀린 것은?
① 대지와의 전기저항 값이 3[Ω] 이하로 유지되는 금속제 수도관로는 접지공사의 접지극으로 사용할 수 있다.
② 접지도체와 금속제 수도관로의 접속부를 사람이 접촉할 우려가 있는 곳에 설치하는 경우에는 손상을 방지하도록 방호장치를 설치하여야 한다.
③ 대지와의 사이에 전기저항 값이 3[Ω] 이하를 유지하는 건물의 철골은 경우에 따라 접지공사의 접지극으로 사용할 수 있다.
④ 접지도체와 금속제 수도관로의 접속부를 수도계량기로부터 수도 수용가측에 설치하는 경우에는 수도계량기를 사이에 두고 양측 수도관로를 전기적으로 확실하게 연결해야 한다.

Explanation

(KEC 142.2조) 접지극의 시설 및 접지저항
대지와의 전기 저항값이 3[Ω] 이하의 값을 유지하고 있는 금속제 수도관로는 접지공사의 접지극으로 사용할 수 있다. 이 때 접지도체와 금속제 수도관로의 접속은 안지름 75[mm] 이상인 금속제 수도관의 부분 또는 이로부터 분기한 안지름 75[mm] 미만인 금속제 수도관의 분기점으로부터 5[m] 이내의 부분에서 할 것.
대지와의 사이에 전기저항 값이 2[Ω] 이하인 값을 유지하는 건물의 철골 기타의 금속제는 이를 비접지식 고압전로에 시설하는 기계기구의 철대(鐵臺) 또는 금속제 외함의 접지공사나 비접지식 고압전로와 저압전로를 결합하는 변압기의 저압전로의 접지공사의 접지극으로 사용할 수 있다.
【답】③

97 아래 그림은 전력보안통신설비의 보안장치이다. RP_1에 대한 설명으로 틀린 것은?

① 전류용량은 50[A]이다.
② 자복성(自復性)이 없는 릴레이 보안기이다.
③ 최소 감도전류 때의 응동시간이 1사이클 이하이다.
④ 교류 300[V] 이하에서 동작하고, 최소 감도전류가 3[A] 이하이다.

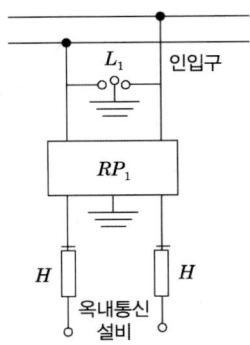

Explanation

(KEC 362.5조) 특고압 가공전선로 첨가설치 통신선의 시가지 인입 제한
1. 특고압 가공전선로의 지지물에 첨가하는 통신선 또는 이에 직접 접속하는 통신선과 시가지의 통신선과의 접속점에 제3항에서 정하는 표준에 적합한 특고압용 제1종 보안장치, 특고압용 제2종 보안장치 또는 이에 준하는 보안장치를 시설하고 또한 그 중계선륜(中繼線輪) 또는 배류 중계선륜(排流中繼線輪)의 2차측에 시가지의 통신선을 접속하는 경우
2. 시가지의 통신선이 절연전선과 동등 이상의 절연효력이 있는 것
  ② 시가지에 시설하는 통신선은 특고압 가공전선로의 지지물에 시설하여서는 아니 된다. 다만, 통신선이 절연전선과 동등 이상의 절연효력이 있고 인장강도 5.26[kN] 이상의 것 또는 지름 4[mm] 이상의 절연전선 또는 광섬유 케이블인 경우에는 그러하지 아니하다.
  ③ 규정에 의한 보안장치의 표준은 다음과 같다.
    1. 급전전용통신선용 보안장치일 것.
      - RP_1 : 교류 300[V] 이하에서 동작하고, 최소 감도 전류가 3[A] 이하로서 최소 감도전류 때의 응동시간이 1사이클 이하이고 또한 전류 용량이 50[A], 20초 이상인 자복성(自復性)이 있는 릴레이 보안기
      - L_1 : 교류 1[kV] 이하에서 동작하는 피뢰기

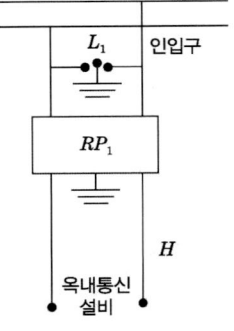

【답】②

98 KEC 적용으로 인하여 삭제되었습니다.

99 ★☆☆☆☆ 최대 사용전압이 161[kV], 중성점 직접접지식 전로에 접속되는 변압기 전로의 절연 내력 시험전압은 몇 [kV]인가?(단, 성형결선의 것에 한하며, 정류기에 접속하는 권선은 제외한다)
① 115.92
② 147.12
③ 187.10
④ 201.25

Explanation

(KEC 135조) 변압기 전로의 절연내력

구분		배율	최저 전압
중성점 직접 접지식	7[kV] 초과 ~ 25[kV] 이하(중성점 다중 접지식)	0.92	
	60[kV] 초과 ~ 170[kV]까지	0.72	
	170[kV] 초과	0.64	

∴ 시험전압 = 161×0.72 = 115.92[kV]

【답】①

100 ★★★★★ 옥내에 시설하는 저압전선으로 나전선을 사용하고 공사방법으로 애자사용공사에 의하여 전개된 곳에 시설하는 방법이 아닌 것은?
① 전기로용 전선
② 금속덕트용 전선
③ 전선의 피복 절연물이 부식하는 장소에 시설하는 전선
④ 취급자 이외의 자가 출입할 수 없도록 설비한 장소에 시설하는 전선

Explanation

(KEC 231.4조) 나전선의 사용 제한
다음의 경우 이외에는 나전선을 사용할 수 없다.
① 애자 사용 배선에 의하여 전개된 곳에 다음의 전선을 시설하는 경우
 - 전기로용 전선
 - 전선의 피복 절연물이 부식하는 장소에 시설하는 전선
 - 취급자 이외의 자가 출입할 수 없도록 설비한 장소에 시설하는 전선
② 버스 덕트 배선에 의하여 시설하는 경우
③ 라이팅 덕트 배선에 의하여 시설하는 경우
④ 접촉 전선을 시설하는 경우

【답】②

MEMO

전기공사산업기사 필기

과년도 기출문제
2018

- 2018년 제 01회
- 2018년 제 02회
- 2018년 제 04회

2018년 과년도 기출문제에 대한 출저 빈도 분석 차트입니다. 각 회차별로 별의 개수를 확인하고 학습에 참고하기 바랍니다.

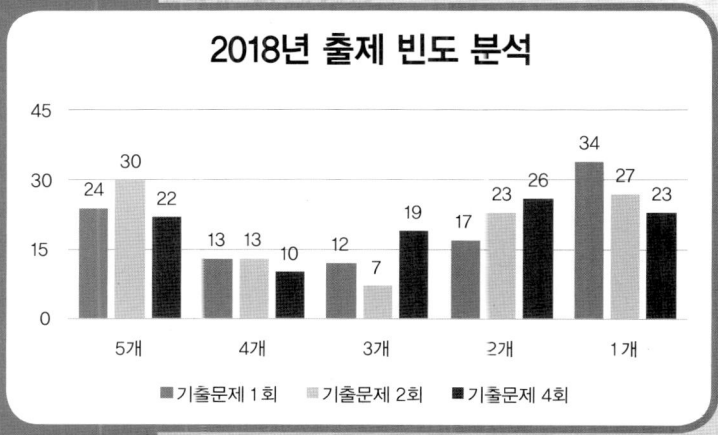

1회 2018년 전기공사산업기사 필기

1과목 전기응용

01 ★★★★★ 적외선 가열과 관계없는 것은?

① 설비비가 적다.
② 구조가 간단하다.
③ 두꺼운 목재의 건조에 적당하다.
④ 공산품(工産品)의 표면건조에 적당하다.

Explanation

적외선 가열(건조)
- 적외선 전구의 복사열에 의하여 피조물 가열하여 건조
- 특징
  - 공산품 표면건조에 적당하고 효율이 좋다.
  - 구조와 조작이 간단하다.
  - 건조 재료의 감시가 용이하고 청결, 안전
  - 유지비가 싸고 설치장소 절약
  - 주로 섬유, 도장에 많이 사용

【답】③

02 ★★★★★ 600[W]의 전열기로서 3[ℓ]의 물을 15[℃]로부터 100[℃]까지 가열하는 데 필요한 시간은 약 몇 분인가? 단, 전열기의 발생 열은 모두 물의 온도 상승에 사용되고 물의 증발은 없다.

① 30
② 35
③ 40
④ 45

Explanation

전열기 효율 $\eta = \dfrac{열}{전기} \times 100 = \dfrac{cm\theta}{860Pt} \times 100$ 에서

여기서, $P[\text{kW}]$, $t[\text{h}]$

$t = \dfrac{cm\theta}{860P\eta} \times 100 = \dfrac{1 \times 3 \times (100-15)}{860 \times 0.6} \times 60 = 29.64[\text{min}]$

【답】①

03 ★★☆☆☆ 플라이 휠 효과가 $GD^2[\text{kg}\cdot\text{m}^2]$인 전동기의 회전자가 $n_2[\text{rpm}]$에서 $n_1[\text{rpm}]$으로 감속할 때 방출한 에너지[J]는?

① $\dfrac{GD^2(n_2-n_1)^2}{730}$
② $\dfrac{GD^2(n_2^2-n_1^2)}{730}$
③ $\dfrac{GD^2(n_2-n_1)^2}{375}$
④ $\dfrac{GD^2(n_2^2-n_1^2)}{375}$

Explanation

에너지 $W = \dfrac{1}{2}\left(\dfrac{GD^2}{4}\right)\left(\dfrac{2\pi N}{60}\right)^2 = \dfrac{GD^2 N^2}{730}$ [J]

방출 에너지 $\triangle W = W_2 - W_1 = \dfrac{GD^2(n_2^2 - n_1^2)}{730}$ [J]

【답】②

04 ★☆☆☆☆ 전기철도의 전기차에 대한 직류방식의 특징이 아닌 것은?

① 직류변환장치가 필요하다.
② 교류에 비해 전압강하가 크다.
③ 사고 시 선택 차단이 용이하다.
④ 교류에 비해 절연계급을 낮출 수 있다.

Explanation

전기철도의 전기차에 대한 직류방식의 특징
- 직류변환장치가 필요
- 교류식에 비해 전압이 낮으며 전류가 크다(저전압, 대전류).
  - 교류에 비해 전압강하가 크다($e = IR$).
  - 절연계급이 낮다(저전압).
  - 사고 시 차단이 어렵다(대전류).

【답】③

05 ★☆☆☆☆ 반도체 소자의 동작방향성에 따른 분류 중 단방향 전압저지 소자가 아닌 것은?

① BJT
② IGBT
③ 다이오드
④ MOSFET

Explanation

IGBT(insulated gate bipolar transistor)
- 트랜지스터의 구조를 가지는 스위칭 소자
- 구동전력이 적고 고속 스위칭 가능

【답】②

06 ★★★★★ 2차 전지에 속하는 것은?

① 공기전지
② 망간전지
③ 수은전지
④ 연축전지

Explanation

- 1차 전지 : 건전지(1회 사용 전지)
- **2차 전지 : 축전지**(사용 후 충전하여 재사용 가능)

【답】④

07 ★★★★☆ 반사율 10[%], 흡수율 20[%]인 5.6[m²]의 유리면에 광속 1,000[lm]인 광원을 균일하게 비추었을 때 그 이면의 광속발산도[rlx]는? 단, 전등기구 효율은 80[%]이다.

① 25
② 50
③ 100
④ 125

Explanation

$\rho + \tau + \alpha = 1$에서

투과율 $\tau = 1 - \rho - \alpha = 1 - 0.1 - 0.2 = 0.7$

광속 발산도 $R = \dfrac{F'}{S} \times \eta$에서

투과광속 $F' = \tau F = 0.7 \times 1,000 = 700$

광속 발산도 R는

$\therefore R = \dfrac{F'}{S} \times \eta = \dfrac{700}{5.6} \times 0.8 = 100$ [rlx]

【답】③

08
그림과 같이 광원 L에 의한 모서리 B의 조도가 20[lx]일 때, B로 향하는 방향의 광도는 약 몇 [cd]인가?

① 780
② 833
③ 900
④ 950

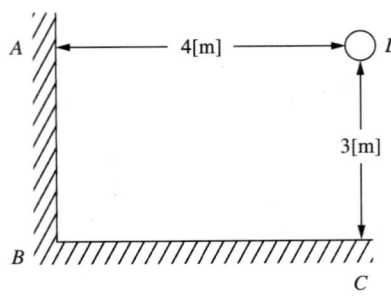

Explanation

- 법선조도 : $E_n = \dfrac{I}{r^2}$ [lx]
- **수평면 조도** : $\boldsymbol{E = \dfrac{I}{r^2}\cos\theta}$ [lx]
- 수직면 조도 : $E = \dfrac{I}{r^2}\sin\theta$ [lx]

광도 $I = \dfrac{Er^2}{\cos\theta} = \dfrac{20 \times 5^2}{\dfrac{3}{5}} = 833$ [cd]

여기서, $\cos\theta = \dfrac{3}{\sqrt{4^2 + 3^2}} = \dfrac{3}{5}$

【답】②

09
전압과 전류의 관계에서 수하특성을 이용한 가열방식은?

① 저항가열　　　　② 유도가열
③ 유전가열　　　　④ 아크가열

Explanation

아크가열
- 전극 간의 아크열에 의한 가열
- 수하특성 이용(부하가 증가하면 전압이 급히 강하)

【답】④

10
전기철도에서 궤도(track)의 3요소가 아닌 것은?

① 레일　　　　　　② 침목
③ 도상　　　　　　④ 구배

Explanation

궤도 구성의 3요소
- 레일 : 차량을 지탱
- 침목 : 차량 하중을 분산
- 도상 : 소음 경감, 배수를 원활

【답】④

11
연축전지(납축전지)의 방전이 끝나면 그 양극(+극)은 어느 물질로 되는가?

① Pb　　　　　　② PbO
③ PbO_2　　　　 ④ $PbSO_4$

> **Explanation**

납(연)축전지 화학 반응식

$$PbO_2 + 2H_2SO_4 + Pb \underset{충전}{\overset{방전}{\rightleftarrows}} PtSO_4 + 2H_2O + PbSO_4$$

따라서 방전 후 양극과 음극은 $PbSO_4$이다.

【답】④

12 ★★★★★
5층 빌딩에 설치된 적재중량 1,000[kg]의 엘리베이터를 승강 속도 50[m/min]로 운전하기 위한 전동기의 출력은 약 몇 [kW]인가? 단, 권상기의 기계효율은 0.9이고 균형추의 불평형률은 1이다.
① 4 ② 6
③ 7 ④ 9

> **Explanation**

권상기용 전동기 출력

$P = \dfrac{WV}{6.12\eta}$ [kW]

여기서, W : 권상 하중[ton], V : 권상 속도[m/min], C : 평형률

$\therefore P = \dfrac{WV}{6.12\eta} \times C = \dfrac{1 \times 50}{6.12 \times 0.9} ≒ 9$[kW]

【답】④

13 ★☆☆☆☆
잔류 편차가 발생하는 제어 방식은?
① 비례제어 ② 조분제어
③ 비례적분제어 ④ 비례적분미분제어

> **Explanation**

연속제어
- 비례제어(P 제어) : 잔류 편차(off set) 발생, 비교적 간단한 시스템
- 비례·적분제어(PI 제어) : 잔류 편차 제거, 시간지연(정상상태 개선)
- 비례·미분제어(PD 제어) : 속응성 향상, 진동억제(과도상태 개선)
- 비례·미분·적분제어(PID 제어) : 속응성 향상, 잔류편차 제거

【답】①

14 ★★★★★
프로세서(공정) 제어에 속하지 않는 것은?
① 방위 ② 유량
③ 압력 ④ 온도

> **Explanation**

제어량에 의한 분류
① 서보 기구(servo mechanism) – 위치, 방향, 자세, 거리, 각도 등
② 프로세스 제어(process control) – 밀도, 농도, 온도, 압력, 유량, 습도 등
③ 자동조정(auto regulating) – 속도, 전위, 전류, 힘, 주파수

【답】①

15 ★★★☆☆
정류방식 중 맥동률이 가장 적은 것은? 단, 저항부하인 경우이다.
① 3상 반파방식 ② 3상 전파방식
③ 단상 반파방식 ④ 단상 전파방식

> **Explanation**

반도체 정류기

구분	단상 반파	단상 전파	3상 반파	3상 전파
직류전압	$E_d = 0.45E$	$E_d = 0.9E$	$E_d = 1.17E$	$E_d = 1.35E$
정류 효율	40.6[%]	81.2[%]	96.5[%]	99.8[%]
맥동률	121[%]	48[%]	17[%]	4[%]

【답】②

16. 광원 중 루미네선스(luminescence)에 의한 발광현상을 이용하지 않는 것은?

① 형광램프
② 수은램프
③ 네온램프
④ 할로겐램프

Explanation

발광의 원리
- 온도복사(백열전구, 할로겐램프 등)
- 루미네선스 : 온도복사를 제외한 발광현상

【답】④

17. 파이로 루미네선스(Pyro-luminescence)를 이용한 것은?

① 형광등
② 수은등
③ 화학 분석
④ 텔레비전 영상

Explanation

루미네선스(온도 복사를 제외한 모든 발광현상)
- 전기 루미네선스 : 네온관등, 수은등
- 복사 루미네선스 : 형광등, 형광판
- 파이로 루미네선스 : 발염 아크등, 화학 분석

【답】③

18. 열전 온도계의 원리는?

① 홀 효과
② 펀치 효과
③ 톰슨 효과
④ 제벡 효과

Explanation

온도계의 동작 원리

온도계의 종류	동작 원리
저항 온도계	측온체의 저항값 변화
열전 온도계	**제벡 효과**
방사 온도계	스테판-볼츠만의 법칙
광고온계	플랑크의 방사 법칙

【답】④

19. 가시광선 중에서 시감도가 가장 좋은 광색과 그때의 시감도[nm]는 얼마인가?

① 황적색, 680[nm]
② 황록색, 680[nm]
③ 황적색, 555[nm]
④ 황록색, 555[nm]

Explanation

시감도(Visibility)
- 어떤 파장의 에너지가 빛으로써 느껴지는 정도
- **최대 시감도** : 황록색 680[lm/W], 파장이 555[nm]

【답】④

20 저항용접의 특징으로 틀린 것은?
① 잔류응력이 작다.
② 용접부의 온도가 높다.
③ 전원에는 상용주파수를 사용한다.
④ 대전류가 필요하기 때문에 설비비가 높다.

Explanation

저항용접
접합하는 모재의 접촉부를 통해 통전하여 발생하는 저항열을 이용해서 가열한 다음 압력을 가해서 용접하는 방법

【답】②

2과목 전력공학

21 수차의 특유속도 N_s를 나타내는 계산식으로 옳은 것은? 단, 유효낙차 : H[m], 수차의 출력 : P [kW], 수차의 정격 회전수 : N[rpm]이라 한다.

① $N_s = \dfrac{NP^{\frac{1}{2}}}{H^{\frac{5}{4}}}$

② $N_s = \dfrac{H^{\frac{5}{4}}}{NP}$

③ $N_s = \dfrac{HP^{\frac{1}{4}}}{N^{\frac{5}{4}}}$

④ $N_s = \dfrac{NP^2}{H^{\frac{5}{4}}}$

Explanation

특유속도(비속도)
기하학적으로 같은 러너를 가정하여 이것을 단위낙차 1[m]에서 단위출력 1[kW]를 발생하였을 때의 회전수[n · kW]

$N_s = N\dfrac{P^{\frac{1}{2}}}{H^{\frac{5}{4}}}$ [rpm]

【답】①

22 화력 발전소에서 가장 큰 손실은?
① 소내용 동력
② 복수기의 방열손
③ 연돌 배출가스 손실
④ 터빈 및 발전기의 손실

Explanation

복수기
• 터빈에서 배기되는 증기를 용기 내로 도입하여 물로 냉각
• 열 강하를 크게 함으로써 증기의 보유 열량을 가능한 많이 이용하려고 하는 장치(열손실이 가장 크다.)
• 복수기에서의 열손실은 기력발전소 손실의 약 47[%]에 이른다.

【답】②

23 전력계통에서의 단락용량 증대가 문제가 되고 있다. 이러한 단락용량을 경감하는 대책이 아닌 것은?
① 사고 시 모선을 통합한다.
② 상위전압 계통을 구성한다.
③ 모선 간에 한류 리액터를 삽입한다.
④ 발전기와 변압기의 임피던스를 크게 한다.

Explanation

단락용량 저감 대책 $P_s = \dfrac{100}{\%Z}P_n$
- 임피던스를 크게
- 한류리액터 설치
- 계통 분리

【답】①

24 ★★★★☆ 피뢰기의 구비조건이 아닌 것은?

① 속류의 차단 능력이 충분할 것
② 충격방전 개시전압이 높을 것
③ 상용 주파 방전 개시 전압이 높을 것
④ 방전 내량이 크고, 제한전압이 낮을 것

Explanation

피뢰기의 구비조건
- 상용 주파 방전 개시 전압이 높을 것
- **충격방전 개시전압이 낮을 것**
- 제한전압이 낮을 것
- 속류 차단 능력이 우수할 것

【답】②

25 ★★☆☆☆ 150[kVA] 전력용 콘덴서에 제5고조파를 억제시키기 위해 필요한 직렬 리액터의 최소 용량은 몇 [kVA]인가?

① 1.5
② 3
③ 4.5
④ 6

Explanation

- 직렬리액터 : 제5고조파 제거
- 직렬 리액터의 용량은 $5\omega L = \dfrac{1}{5\omega C}$

  이론적 : 4[%], 실제적 : 5~6[%]
- 직렬 리액터의 용량 $\omega L = \dfrac{1}{25\omega C} = 0.04\dfrac{1}{\omega C}$

$\therefore \omega L = \dfrac{1}{\omega C} \times 0.04 = 150 \times 0.04 = 6[\text{kVA}]$

【답】④

26 ★★★★☆ 영상변류기와 관계가 가장 깊은 계전기는?

① 차동계전기
② 과전류계전기
③ 과전압계전기
④ 선택접지계전기

Explanation

영상변류기(ZCT) : 영상(지락)전류 검출. 지락(접지)계전기와 연결

【답】④

27 ★★★★★ 3상 계통에서 수전단전압 60[kV], 전류 250[A], 선로의 저항 및 리액턴스가 각각 7.61[Ω], 11.85[Ω]일 때 전압강하율[%]은? 단, 부하역률은 0.8(늦음)이다.

① 약 5.50
② 약 7.34
③ 약 8.69
④ 약 9.52

Explanation

전압강하율 $\epsilon = \dfrac{V_s - V_r}{V_r} \times 100 = \dfrac{\sqrt{3}\,I(R\cos\theta + X\sin\theta)}{V_r} \times 100$

$= \dfrac{\sqrt{3} \times 250(7.61 \times 0.8 + 11.85 \times 0.6)}{60,000} \times 100 = 9.52[\%]$

【답】④

28
선간전압, 부하역률, 선로손실, 전선중량 및 배전거리가 같다고 할 경우 단상 2선식과 3상 3선식의 공급전력의 비(단상/3상)는?

① $\dfrac{3}{2}$ ② $\dfrac{1}{\sqrt{3}}$ ③ $\sqrt{3}$ ④ $\dfrac{\sqrt{3}}{2}$

Explanation

【답】 ④

29
배전선로의 용어 중 틀린 것은?

① 궤전점 : 간선과 분기선의 접속점
② 분기선 : 간선으로 분기되는 변압기에 이르는 선로
③ 간선 : 급전선에 접속되어 부하로 전력을 공급하거나 분기선을 통하여 배전하는 선로
④ 급전선 : 배전용 변전소에서 인출되는 배전선로에서 최초의 분기점까지의 전선으로 도중에 부하가 접속되어 있지 않은 선로

Explanation

궤전점 : 전차선 등에 대해 전력을 공급하기 위하여 궤전 분기선을 접속

【답】 ①

30
송전계통에서 발생한 고장 때문에 일부 계통의 위상각이 커져서 동기를 벗어나려고 할 경우 이것을 검출하고 계통을 분리하기 위해서 차단하지 않으면 안 될 경우에 사용되는 계전기는?

① 한시계전기
② 선택단락계전기
③ 탈조보호계전기
④ 방향거리계전기

Explanation

탈조보호계전기
송전계통에서 발생한 고장 때문에 일부 계통의 위상각이 커져서 동기를 벗어나려고 할 경우 이것을 검출하고 계통을 분리하기 위해서 차단하지 않으면 안 될 경우에 사용되는 계전기

【답】 ③

31
보일러 급수 중에 포함되어 있는 산소 등에 의한 보일러배관의 부식을 방지할 목적으로 사용되는 장치는?

① 탈기기
② 공기 예열기
③ 급수 가열기
④ 수위 경보기

Explanation

탈기기 : 급수 중의 용존 산소 및 이산화탄소 분리

【답】 ①

32
선간거리를 D, 전선의 반지름을 r이라 할 때 송전선의 정전용량은?

① $\log_{10} \dfrac{D}{r}$ 에 비례한다.
② $\log_{10} \dfrac{r}{D}$ 에 비례한다.
③ $\log_{10} \dfrac{D}{r}$ 에 반비례한다.
④ $\log_{10} \dfrac{r}{D}$ 에 반비례한다.

Explanation

작용정전용량 $C = \dfrac{0.02413}{\log_{10}\dfrac{D}{r}}[\mu F/Km]$ 이므로

작용정전용량은 $\log_{10}\dfrac{D}{r}$ 에 반비례한다.

【답】③

33 ★★★☆☆
전주 사이의 경간이 80[m]인 가공전선로에서 전선 1[m]당의 하중이 0.37[kg], 전선의 이도가 0.8[m]일 때 수평장력은 몇 [kg]인가?

① 330
② 350
③ 370
④ 390

Explanation

이도 $D = \dfrac{WS^2}{8T}$ 에서

수평장력 $T = \dfrac{WS^2}{8D} = \dfrac{0.37 \times 80^2}{8 \times 0.8} = \dfrac{0.37 \times 6,400}{6.4} = 370[kg]$

【답】③

34 ★★★★☆
차단기의 정격 투입전류란 투입되는 전류의 최초 주파수의 어느 값을 말하는가?

① 평균값
② 최대값
③ 실효값
④ 직류값

Explanation

차단기의 정격 투입전류
- 성능에 지장 없이 투입할 수 있는 전류의 한도
- **투입전류의 최초 주파수에서의 최대값으로 표기**
- 차단기의 정격 투입전류는 정격 차단전류(실효값)의 2.5배를 표준

【답】②

35 ★★★★☆
가공 송전선에 사용되는 애자 1연 중 전압부담이 최대인 애자는?

① 중앙에 있는 애자
② 철탑에 제일 가까운 애자
③ 전선에 제일 가까운 애자
④ 전선으로부터 1/4 지점에 있는 애자

Explanation

애자련의 전압부담
- **전압부담이 최대인 애자 : 전선에 가장 가까운 애자**
- 전압부담이 최소인 애자 : 철탑(접지측)에서 1/3 또는 전선에서 2/3 되는 지점의 애자

【답】③

36 ★★★★★
송전선에 복도체를 사용하는 주된 목적은?

① 역률 개선
② 정전용량의 감소
③ 인덕턴스의 증가
④ 코로나 발생의 방지

Explanation

복도체(다도체) 방식의 주목적 : 코로나 방지
- 인덕턴스는 감소, 정전용량은 증가
- 코로나의 방지, 코로나 임계 전압의 상승
- 송전용량의 증대, 안정도 증대

【답】④

37. 송전선로의 중성점 접지의 주된 목적은?

① 단락전류 제한
② 송전용량의 극대화
③ 전압강하의 극소화
④ 이상전압의 발생 방지

Explanation

송전선의 중성점 접지 목적
- 1선 지락 시 전위 상승 억제, 계통의 기계기구의 절연 보호
- 지락 사고 시 보호 계전기 동작의 확실
- 과도안정도 증진
- **이상전압 발생 방지**

【답】④

38. 다음 중 그 값이 1 이상인 것은?

① 부등률
② 부하율
③ 수용률
④ 전압강하율

Explanation

$$부등률 = \frac{각\ 개별\ 최대\ 수용\ 전력의\ 합}{합성\ 최대\ 전력} \geq 1$$

최대 전력이 발생하는 시간이 부하마다 다르다(최대 전력의 발생시각 또는 발생시기의 분산을 나타내는 지표).

【답】①

39. 송전계통의 안정도 증진 방법에 대한 설명이 아닌 것은?

① 전압변동을 작게 한다.
② 직렬 리액턴스를 크게 한다.
③ 고장 시 발전기 입·출력의 불평형을 작게 한다.
④ 고장전류를 줄이고 고장 구간을 신속하게 차단한다.

Explanation

안정도 향상 대책
① **직렬 리액턴스(X)를 작게 한다.**
② 전압변동을 작게 한다.
③ 중간 조상 방식을 채용한다.
④ 고장전류를 줄이고 고장 구간을 신속하게 차단한다.

【답】②

40. 고장점에서 전원 측을 본 계통 임피던스를 $Z[\Omega]$, 고장점의 상전압을 E[V]라 하면 3상 단락전류 [A]는?

① $\dfrac{E}{Z}$
② $\dfrac{ZE}{\sqrt{3}}$
③ $\dfrac{\sqrt{3}\,E}{Z}$
④ $\dfrac{3E}{Z}$

Explanation

단락전류 $I_s = \dfrac{E}{Z}$

【답】①

3과목 전기기기

41 전압이나 전류의 제어가 불가능한 소자는?
① SCR
② GTO
③ IGBT
④ Diode

Explanation

다이오드(Diode) : 정류용으로 전압이나 전류의 제어는 불가능하다.

【답】④

42 2대의 동기발전기가 병렬운전하고 있을 때 동기화 전류가 흐르는 경우는?
① 부하분담에 차가 있을 때
② 기전력의 크기에 차가 있을 때
③ 기전력의 위상에 차가 있을 때
④ 기전력의 파형에 차가 있을 때

Explanation

동기발전기의 병렬운전 조건

기전력의 크기가 같을 것	무효순환전류(무효횡류)
기전력의 위상이 같을 것	동기화 전류(유효횡류)
기전력의 주파수가 같을 것	난조 발생
기전력의 파형이 같을 것	고조파 무효순환전류
상회전 방향이 같을 것(3상)	

【답】③

43 전기자저항이 각각 $R_A = 0.1[\Omega]$과 $R_B = 0.2[\Omega]$인 100[V], 10[kW]의 두 분권발전기의 유기기전력을 같게 해서 병렬운전 하여 정격전압으로 135[A]의 부하전류를 공급할 때 각 기기의 분담전류는 몇 [A]인가?
① $I_A = 80, I_B = 55$
② $I_A = 90, I_B = 45$
③ $I_A = 100, I_B = 35$
④ $I_A = 110, I_B = 25$

Explanation

직류발전기 병렬운전 시의 부하분담
• 유기기전력(계자전류)이 큰 쪽이 부하분담을 많이 한다.
• 전기자 저항이 작은 쪽이 부하분담을 많이 한다.
• 속도변동률이 적은 쪽이 부하분담을 많이 한다.
문제에서는 유기기전력은 같으며 전기자 저항이 1 : 2이므로 부하분담은 전기자 저항에 반비례하여 2 : 1이 되어 90 : 45가 된다.

【답】②

44 직류 타여자발전기의 부하전류와 전기자전류의 크기는?
① 전기자전류와 부하전류가 같다.
② 부하전류가 전기자전류보다 크다.
③ 전기자전류가 부하전류보다 크다.
④ 전기자전류와 부하전류는 항상 0이다.

Explanation

타여자 발전기 : 외부에서 자속을 공급
$I_a = I$

【답】①

45 직류 분권전동기에서 단자전압 210[V], 전기자전류 20[A], 1,500[rpm]으로 운전할 때 발생토크는 약 몇 [N·m]인가? 단, 전기자 저항은 0.15[Ω]이다.
① 13.2
② 26.4
③ 33.9
④ 66.9

Explanation

역기전력 $E_c = V - R_a I_a = 210 - 20 \times 0.15 = 207[V]$

토크 $T = \dfrac{P}{\omega} = \dfrac{E \cdot I_a}{2\pi \dfrac{N}{60}} = \dfrac{207 \times 20}{2\pi \times \dfrac{1,500}{30}} = 26.4[N \cdot m]$

【답】②

46 60[Hz], 12극, 회전자의 외경 2[m]인 동기발전기에 있어서 회전자의 주변속도는 약 몇 [m/s]인가?
① 43
② 62.8
③ 120
④ 132

Explanation

$N_s = \dfrac{120f}{p} = \dfrac{120 \times 60}{12} = 600[rpm]$

전기자 주변속도 $v = \pi D \dfrac{N_s}{60} = \pi \times 2 \times \dfrac{600}{60} = 62.8[m/s]$

【답】②

47 220[V], 60[Hz], 8극, 15[kW]의 3상 유도전동기에서 전부하 회전수가 864[rpm]이면 이 전동기의 2차 동손은 몇 [W]인가?
① 435
② 537
③ 625
④ 723

Explanation

고정자 속도 $N_s = \dfrac{120f}{p} = \dfrac{120 \times 60}{8} = 900[rpm]$

슬립 $s = \dfrac{N_s - N}{N_s} = \dfrac{900 - 864}{900} = 0.04$

$P_0 = (1-s)P_2$에서 $P_2 = \dfrac{P_0}{1-s}$

2차 동손 $P_{c2} = sP_2$이므로

따라서 2차 동손 $P_{c2} = \dfrac{s}{1-s}P_0 = \dfrac{0.04}{1-0.04} \times 15,000 = 625[W]$

【답】③

48 병렬운전하고 있는 2대의 3상 동기발전기 사이에 무효순환전류가 흐르는 경우는?
① 부하의 증가
② 부하의 감소
③ 여자전류의 변화
④ 원동기의 출력 변화

Explanation

동기발전기의 병렬운전 조건

기전력의 크기가 같을 것	무효순환전류(무효횡류)
기전력의 위상이 같을 것	동기화 전류(유효횡류)
기전력의 주파수가 같을 것	난조 발생

기전력의 파형이 같을 것	고조파 무효순환전류
상회전 방향이 같을 것(3상)	

【답】③

49 ★★☆☆☆ 유도전동기의 특성에서 토크와 2차 입력 및 동기속도의 관계는?

① 토크는 2차 입력과 동기속도의 곱에 비례한다.
② 토크는 2차 입력에 반비례하고, 동기속도에 비례한다.
③ 토크는 2차 입력에 비례하고, 동기속도에 반비례한다.
④ 토크는 2차 입력의 자승에 비례하고, 동기속도의 자승에 반비례한다.

Explanation

토크 $\tau = \dfrac{P_2}{\omega_s} = \dfrac{P_2}{2\pi\dfrac{N_s}{60}}$ [N·m]

$= 0.975 \times \dfrac{P_2}{N_s}$ [kg·m]

따라서 토크는 2차 입력 P_2에 비례하고 동기속도 N_s에 반비례한다.

【답】③

50 ★☆☆☆☆ 직류발전기를 병렬운전할 때 균압선이 필요한 직류발전기는?

① 분권발전기, 직권발전기
② 분권발전기, 복권발전기
③ 직권발전기, 복권발전기
④ 분권발전기, 단극발전기

Explanation

균압선(균압모선)
- 병렬운전을 안정하게 하기 위하여 설치하는 것
- 직렬계자권선을 가지는 발전기에 필요
- **직권 및 복권 발전기**

【답】③

51 ★★★☆☆ △결선 변압기의 한 대가 고장으로 제거되어 V결선으로 공급할 때 공급할 수 있는 전력은 고장 전 전력에 대하여 몇 [%]인가?

① 57.7
② 66.7
③ 75.0
④ 86.3

Explanation

출력비 $= \dfrac{V결선의 출력}{\triangle결선의 출력} = \dfrac{\sqrt{3}K}{3K} \times 100 = 57.7[\%]$

【답】①

52 ★☆☆☆☆ 유도전동기의 출력과 같은 것은?

① 출력=입력전압-철손
② 출력=2차입력-철손
③ 출력=2차 입력-2차 저항손
④ 출력=입력전압-1차 저항손

Explanation

- 출력=2차 입력-2차 저항손
- 출력 $P_0 = P_2 - P_{c2}$

【답】③

53 220[V], 50[kW]인 직류 전동기를 운전하는 데 전기자 저항(브러시의 접촉저항 포함)이 0.05[Ω]이고 기계적 손실이 1.7[kW], 표유손이 출력의 1[%]이다. 부하전류가 100[A]일 때의 출력은 약 몇 [kW]인가?

① 14.5
② 137.7
③ 18.2
④ 19.6

Explanation

직류 직권 전동기 역기전력 $E_c = V - (R_a + R_s)I = 220 - 0.05 \times 100 = 215[V]$

기계적 출력 $P = E_c I = 215 \times 100 \times 10^{-3} = 21.5[kW]$

실제 출력 $P' = 21.5 - 1.7 - (21.5 \times 0.01) = 19.6[kW]$

【답】 ④

54 변압기의 2차를 단락한 경우 1차 단락전류 I_{s1}은? 단, V_1 : 1차 단자전압, Z_1 : 1차 권선의 임피던스, Z_2 : 2차 권선의 임피던스, a : 권수비, Z : 부하의 임피던스

① $I_{s1} = \dfrac{V_1}{Z_1 + a^2 Z_2}$
② $I_{s1} = \dfrac{V_1}{Z_1 + a Z_2}$
③ $I_{s1} = \dfrac{V_1}{Z_1 - a Z_2}$
④ $I_{s1} = \dfrac{V_1}{Z_1 + Z_2 + Z}$

Explanation

1차 단락전류 $I_{s1} = \dfrac{V_1}{Z_{21}} = \dfrac{V_1}{Z_1 + Z_2'} = \dfrac{V_1}{Z_1 + a^2 Z_2} = \dfrac{V_1}{\sqrt{(r_1 + a^2 r_2)^2 + (x_1 + a^2 x_2)^2}}$

【답】 ①

55 농형 유도전동기의 속도제어법이 아닌 것은?

① 극수 변환
② 1차 저항 변환
③ 전원전압 변환
④ 전원주파수 변환

Explanation

농형 유도전동기 속도제어법
• 주파수 변환법
• 극수 변환법
• 전압 제어법

【답】 ②

56 선박추진용 및 전기자동차용 구동전동기의 속도제어로 가장 적합한 것은?

① 저항에 의한 제어
② 전압에 의한 제어
③ 극수 변환에 의한 제어
④ 전원주파수에 의한 제어

Explanation

	특징
농형 유도 전동기	① 주파수 변환법 • 역률이 양호하며 연속적인 속도제어가 되지만, 전용 전원이 필요 • 인견·방직 공장의 포트모터, 선박의 전기추진기 ② 극수 변환법 ③ 전압 제어법 • 전원전압의 크기를 조절하여 속도제어

【답】 ④

57 75[W] 이하의 소 출력으로 소형공구, 영사기, 치과 의료용 등에 널리 이용되는 전동기는?
① 단상 반발전동기
② 영구자석 스텝전동기
③ 3상 직권 정류자전동기
④ 단상 직권 정류자전동기

> **Explanation**

단상 직권 정류자전동기 = 만능 전동기(직류·교류 양용)
- 종류 : 직권형, 보상형, 유도보상형
- 특징 : 성층 철심, 역률 및 정류 개선을 위해 약계자, 강전기자형으로 함
  역률 개선을 위해 보상권선 설치
  회전속도를 증가시킬수록 역률이 개선
- 용도 : 75[W] 정도 이하의 소형 공구, 영사기, 치과 의료용으로 사용

【답】 ④

58 변압기의 등가회로를 작성하기 위하여 필요한 시험은?
① 권선저항측정, 무부하시험, 단락시험
② 상회전시험, 절연내력시험, 권선저항측정
③ 온도상승시험, 절연내력시험, 무부하시험
④ 온도상승시험, 절연내력시험, 권선저항측정

> **Explanation**

변압기의 등가회로를 그리기 위한 시험
- 단락시험 : 임피던스 전압, 임피던스 와트, 동손
- 무부하시험 : 여자전류, 철손, 여자 어드미턴스
- 각 권선의 저항측정

【답】 ①

59 변압기에서 권수가 2배가 되면 유기기전력은 몇 배가 되는가?
① 1
② 2
③ 4
④ 8

> **Explanation**

변압기 유기기전력 $E_1 = 4.44 f \phi_m N_1$에서 기전력과 권수는 비례
따라서 $E \propto N \propto 2$배

【답】 ②

60 다이오드를 사용한 정류회로에서 여러 개를 병렬로 연결하여 사용할 경우 얻는 효과는?
① 인가전압 증가
② 다이오드의 효율 증가
③ 부하 출력의 맥동률 감소
④ 다이오드의 허용전류 증가

> **Explanation**

- **다이오드 직렬연결** : 과전압으로부터 보호
- **다이오드 병렬연결** : 과전류로부터 보호

【답】 ④

4과목　회로이론

61 $R = 50[\Omega]$, $L = 200[mH]$의 직렬회로에서 주파수 $f = 50[Hz]$의 교류에 대한 역률[%]은?
① 82.3
② 72.3
③ 62.3
④ 52.3

> **Explanation**

$R-L$ 직렬회로의 역률
$$\cos\theta = \frac{V_R}{V} = \frac{R}{Z} = \frac{R}{\sqrt{R^2+X_L^2}} \times 100$$
$$= \frac{50}{\sqrt{50^2+(2\times\pi\times 50\times 200\times 10^{-3})^2}} \times 100 = 62.3[\%]$$

【답】③

62 ★★★★★
그림과 같은 회로에서 스위치 S를 닫았을 때 시정수[sec]의 값은? 단, $L=10$[mH], $R=20[\Omega]$이다.

① 200
② 2,000
③ 5×10^{-3}
④ 5×10^{-4}

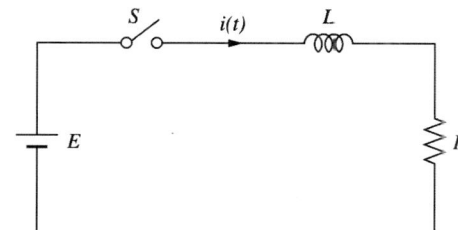

> **Explanation**

$R-L$ 직렬회로의 시정수
$\tau = \frac{L}{R} = \frac{10\times 10^{-3}}{20} = 5\times 10^{-4}$[sec]

【답】④

63 ★★★★★
다음과 같은 회로에서 $t=0$인 순간에 스위치 S를 닫았다. 이 순간에 인덕턴스 L에 걸리는 전압[V]은? 단, L의 초기 전류는 0이다.

① 0
② $\frac{E}{R}$
③ E
④ $\frac{E}{R}$

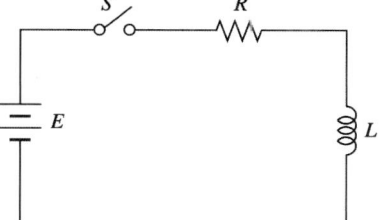

> **Explanation**

인덕턴스의 전압 $v_L = Ee^{-\frac{R}{L}t} = Ee^{-\frac{R}{L}\times 0} = E$[V]

【답】③

64 ★★☆☆☆
$R-L-C$ 직렬회로에서 공진 시의 전류는 공급전압에 대하여 어떤 위상차를 갖는가?

① $0°$
② $90°$
③ $180°$
④ $270°$

> **Explanation**

직렬공진 $Z=R$이므로 전압과 전류의 위상차는 0도이다.

【답】①

65 회로의 전압비 전달함수 $G(s) = \dfrac{V_2(s)}{V_1(s)}$ 는?

① RC
② $\dfrac{1}{RC}$
③ $RCs+1$
④ $\dfrac{1}{RCs+1}$

Explanation

전압비 전달함수는 임피던스 비이므로

전달함수 $G(s) = \dfrac{V_2(s)}{V_1(s)} = \dfrac{\dfrac{1}{Cs}}{R+\dfrac{1}{Cs}} = \dfrac{1}{RCs+1}$

【답】④

66 대칭 3상 교류전원에서 각 상의 전압이 v_a, v_b, v_c일 때 3상 전압[V]의 합은?

① 0
② $0.3v_a$
③ $0.5v_a$
④ $3v_a$

Explanation

a상을 기준으로 하면
$v_a + v_b + v_c = v_a + a^2 v_a + a v_a = v(1 + a^2 + a) = 0$ 여기서, $1 + a^2 + a = 0$

【답】①

67 측정하고자 하는 전압이 전압계의 최대 눈금보다 클 때에 전압계에 직렬로 저항을 접속하여 측정 범위를 넓히는 것은?

① 분류기
② 분광기
③ 배율기
④ 감쇠기

Explanation

배율기
전압계의 측정 범위를 확대하기 위해 내부저항 $R_a[\Omega]$의 전압계에 직렬로 연결하는 저항 $R_m[\Omega]$

【답】③

68 $F(s) = \dfrac{2(s+1)}{s^2 + 2s + 5}$ 의 시간함수 $f(t)$는 어느 것인가?

① $2e^t \cos 2t$
② $2e^t \sin 2t$
③ $2e^{-t} \cos 2t$
④ $2e^{-t} \sin 2t$

Explanation

완전제곱형으로 역라플라스 변환하면
$F(s) = \dfrac{2(s+1)}{s^2 + 2s + 5} = 2 \dfrac{s+1}{(s+1)^2 + 4} = 2 \dfrac{s+1}{(s+1)^2 + 2^2}$
$\therefore f(t) = \mathcal{L}^{-1}[F(s)] = 2e^{-t} \cos 2t$

【답】③

69 어느 회로망의 응답 $h(t) = (e^{-t} + 2e^{-2t})u(t)$의 라플라스 변환은?

① $\dfrac{3s+4}{(s+1)(s+2)}$
② $\dfrac{3s}{(s-1)(s-2)}$
③ $\dfrac{3s+2}{(s+1)(s+2)}$
④ $\dfrac{-s-4}{(s-1)(s-2)}$

Explanation

$H(s) = \mathcal{L}[h(t)] = \dfrac{1}{s+1} + \dfrac{2}{s+2} = \dfrac{s+2+2s+2}{(s+1)(s+2)} = \dfrac{3s+4}{(s+1)(s+2)}$

【답】①

70 그림과 같은 $e = E_m \sin\omega t$인 정현파 교류의 반파정류파형의 실효값은?

① E_m
② $\dfrac{E_m}{\sqrt{2}}$
③ $\dfrac{E_m}{2}$
④ $\dfrac{E_m}{\sqrt{3}}$

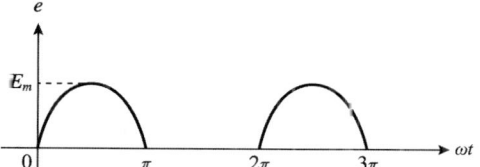

Explanation

정현파를 반파정류한 것을 '정현반파'라고 하고, 실효값과 평균값은 다음과 같다.

실효값 : $\dfrac{I_m}{2}$, 평균값 : $\dfrac{I_m}{\pi}$

【답】③

71 전압 $e = 100\sin 10t + 20\sin 20t$[V]이고, 전류 $i = 20\sin(10t - 60°) + 10\sin 20t$[A]일 때 소비전력은 몇 [W]인가?

① 500
② 550
③ 600
④ 650

Explanation

유효전력(평균전력)은 주파수가 같을 때만 발생되므로
$P = V_1 I_1 \cos\theta_1 + V_2 I_2 \cos\theta_2$에서
$P = \dfrac{100}{\sqrt{2}} \times \dfrac{20}{\sqrt{2}} \cos 60° + \dfrac{20}{\sqrt{2}} \times \dfrac{10}{\sqrt{2}} \cos 0° = 600$[W]

【답】③

72 $r[\Omega]$인 6개의 저항을 그림과 같이 접속하고 평형 3상 전압 E를 가했을 때 전류 I는 몇 [A]인가? 단, $R = 3[\Omega]$, $E = 60$[V]이다.

① 8.66
② 9.56
③ 10.8
④ 12.6

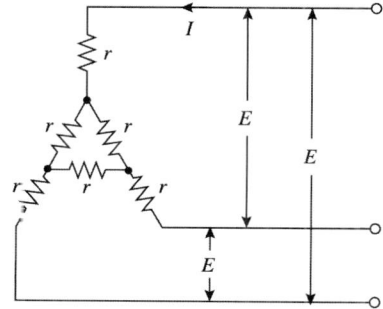

Explanation

우선 회로를 Y결선으로 전환하면 △→Y로 변환 : 저항은 $\frac{1}{3}$이 되므로 $\frac{r}{3}$

따라서 전체 1상의 저항은 $R = r + \frac{r}{3} = \frac{4}{3}r$, $I_p = \frac{V_p}{Z} = \frac{\frac{E}{\sqrt{3}}}{\frac{4}{3}r} = \frac{3E}{4\sqrt{3}r} = \frac{\sqrt{3}E}{4r}$ 이므로

선전류 $I_l = \frac{\sqrt{3}E}{4r} = \frac{60\sqrt{3}}{4 \times 3} = 8.66[A]$

【답】①

73 ★★☆☆☆ 다음과 같은 Y결선 회로와 등가인 △ 결선 회로의 A, B, C 값은 몇 [Ω]인가?

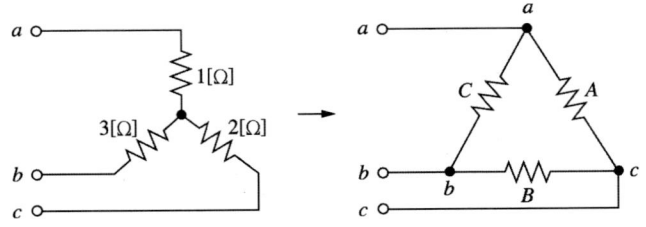

① $A = \frac{7}{3}$, $B = 7$, $C = \frac{7}{2}$
② $A = 7$, $B = \frac{7}{2}$, $C = \frac{7}{3}$
③ $A = 11$, $B = \frac{11}{2}$, $C = \frac{11}{3}$
④ $A = \frac{11}{3}$, $B = 11$, $C = \frac{11}{2}$

Explanation

Y ↔ △ 회로의 상호 변환

Y → △ 변환	
$Z_{ab} = \frac{Z_aZ_b + Z_bZ_c + Z_cZ_a}{Z_c}[\Omega]$	$A = \frac{1 \times 2 + 2 \times 3 + 3 \times 1}{3} = \frac{11}{3}$
$Z_{bc} = \frac{Z_aZ_b + Z_bZ_c + Z_cZ_a}{Z_a}[\Omega]$	$B = \frac{1 \times 2 + 2 \times 3 + 3 \times 1}{1} = 11$
$Z_{ca} = \frac{Z_aZ_b + Z_bZ_c + Z_cZ_a}{Z_b}[\Omega]$	$C = \frac{1 \times 2 + 2 \times 3 + 3 \times 1}{2} = \frac{11}{2}$
※ 3상 평형 시 임피던스 3배 어드미턴스 1/3배	

【답】④

74 ★☆☆☆☆ 그림과 같이 주기가 3s인 전압파형의 실효값은 약 몇 [V]인가?

① 5.67
② 6.67
③ 7.57
④ 8.57

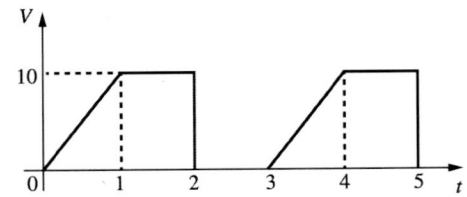

Explanation

【답】②

75 다음 중 정전용량의 단위 F(패럿)과 같은 것은? 단, [C]는 쿨롱, [N]은 뉴턴, [V]는 볼트, [m]은 미터이다.

① $\dfrac{V}{C}$
② $\dfrac{N}{C}$
③ $\dfrac{C}{m}$
④ $\dfrac{C}{V}$

Explanation

정전용량 $C=\dfrac{Q}{V}$ [C/V], [F]

【답】 ④

76 비정현파 $f(x)$가 반파대칭 및 정현대칭일 때 옳은 식은? 단, 주기는 2π이다.

① $f(-x)=f(x),\ f(x+\pi)=f(x)$
② $f(-x)=f(x),\ f(x+2\pi)=f(x)$
③ $f(-x)=-f(x),\ -f(x+\pi)=f(x)$
④ $f(-x)=-f(x),\ -f(x+2\pi)=f(x)$

Explanation

- 정현대칭(기함수) : $f(t)=-f(-t)$, sin성분
- 여현대칭(우함수) : $f(t)=f(-t)$, 직류분, cos성분
- 반파대칭 : $f(t)=-f\left(t+\dfrac{T}{2}\right)$, 홀수항

【답】 ③

77 회로에서 단자 1-1′에서 본 구동점 임피던스 Z_{11}은 몇 [Ω]인가?

① 5
② 8
③ 10
④ 15

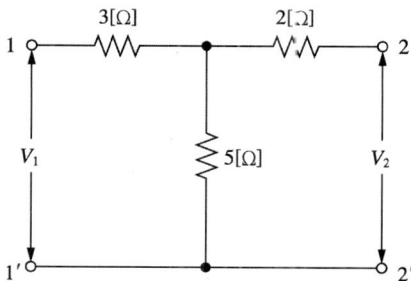

Explanation

임피던스 파라미터(T형 회로망)

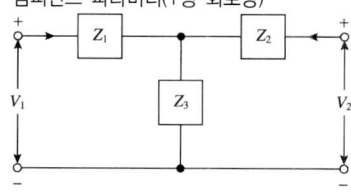

$Z_{11}=Z_1+Z_3,\ Z_{12}=Z_{21}=Z_3,\ Z_{22}=Z_2+Z_3$
따라서 $Z_{11}=3+5=8$ [Ω]

【답】 ②

78 대칭 10상회로의 선간전압이 100[V]일 때 상전압은 약 몇 [V]인가? 단, $\sin 18°=0.309$이다.

① 161.8
② 172
③ 183.1
④ 193

> **Explanation**

대칭 n상 Y결선 전압전류

$V_l = 2\sin\dfrac{\pi}{n} V_p \angle \dfrac{\pi}{2}\left(1-\dfrac{2}{n}\right)$

$I_l = I_p$

따라서 10상인 경우

$V_l = 2\sin\dfrac{\pi}{n} V_p = 2\sin\dfrac{\pi}{10} V_p = 2\times 0.309 V_p = 100$

상전압 $V_p = \dfrac{100}{2\times 0.309} = 161.8[\text{V}]$

【답】①

79 ★★☆☆☆ $f(t) = 3u(t) + 2e^{-t}$인 시간함수를 라플라스 변환한 것은?

① $\dfrac{3s}{s^2+1}$
② $\dfrac{s+3}{s(s+1)}$
③ $\dfrac{5s+3}{s(s+1)}$
④ $\dfrac{5s+1}{(s+1)s^2}$

> **Explanation**

라플라스변환의 선형 정리에 의해서

$\mathcal{L}[3u(t)] + \mathcal{L}[2e^{-t}] = \dfrac{3}{s} + \dfrac{2}{s+1} = \dfrac{3(s+1)+2s}{s(s+1)}$

$= \dfrac{5s+3}{s(s+1)}$

【답】③

80 ★☆☆☆☆ 1[mV]의 입력을 가했을 때 100[mV]의 출력이 나오는 4단자 회로의 이득[dB]은?

① 40
② 30
③ 20
④ 10

> **Explanation**

이득 $g = 20\log_{10}\left|\dfrac{V_o}{V_i}\right| = 20\log_{10}\left|\dfrac{100}{1}\right| = 40[\text{dB}]$

【답】①

5과목 전기설비기술기준

81 ★★☆☆☆ 케이블 트레이공사에 사용되는 케이블 트레이가 수용된 모든 전선을 지지할 수 있는 적합한 강도의 것일 경우 케이블 트레이의 안전율은 얼마 이상으로 하여야 하는가?

① 1.1
② 1.2
③ 1.3
④ 1.5

> **Explanation**

(KEC 232.41조) 케이블트레이공사
수용된 모든 전선을 지지할 수 있는 적합한 강도의 것이어야 한다. 이 경우 케이블 트레이의 안전율은 1.5 이상으로 하여야 한다.

【답】④

82 KEC 적용으로 인하여 삭제되었습니다.

83 전가섭선에 관하여 각 가섭선의 상정 최대 장력의 33[%]와 같은 불평균 장력의 수평 종분력에 의한 하중을 더 고려하여야 할 철탑의 유형은?
① 직선형
② 각도형
③ 내장형
④ 잡아당김형

> **Explanation**
>
> (KEC 333.13조) 상시 상정하중
> ① 잡아당김형의 경우에는 전가섭선에 관하여 각 가섭선의 상정 최대 장력과 같은 불평균 장력의 수평 종분력에 의한 하중
> ② 내장형·보강형의 경우에는 전가섭선에 관하여 각 가섭선의 상정 최대 장력의 33[%]와 같은 불평균 장력의 수평 종분력에 의한 하중
> 【답】③

84 전력보안 통신용 전화설비를 시설하지 않아도 되는 것은?
① 원격감시제어가 되지 아니하는 발전소
② 원격감시제어가 되지 아니하는 변전소
③ 2 이상의 급전소 상호간과 이들을 총합 운용하는 급전소 간
④ 발전소로서 전기공급에 지장을 미치지 않고, 휴대용 전력보안통신 전화설비에 의하여 연락이 확보된 경우

> **Explanation**
>
> (KEC 362조) 전력보안통신설비의 시설
> 다음 각 호에 열거하는 곳에는 전력보안 통신용 전화설비를 시설하여야 한다.
> ① 원격감시 제어가 되지 아니하는 발전소·원격감시제어가 되지 아니하는 변전소·발전제어소·변전제어소·개폐소 및 전선로의 기술원 주재소와 이를 운용하는 급전소 간
> ② 2 이상의 급전소 상호 간과 이들을 총합 운용하는 급전소 간
> 【답】④

85 태양전지 발전소에 태양전지 모듈 등을 시설할 경우 사용전선(연동선)의 공칭 단면적은 몇 [mm²] 이상인가?
① 1.6
② 2.5
③ 5
④ 10

> **Explanation**
>
> (KEC 522조) 태양광설비의 시설
> ① 충전부분은 노출되지 아니하도록 시설할 것
> ② 전선은 공칭 단면적 2.5[mm²] 이상의 연동선 또는 이와 동등 이상의 세기 및 굵기의 것일 것
> ③ 태양전지 모듈 및 개폐기 그 밖의 기구에 전선을 접속하는 경우에는 나사 조임 그밖에 이와 동등 이상의 효력이 있는 방법에 의하여 견고하고 또한 전기적으로 완전하게 접속함과 동시에 접속점에 장력이 가해지지 아니하도록 할 것
> 【답】②

86 금속관 공사에 의한 저압 옥내배선 시설에 대한 설명으로 틀린 것은?
① 인입용 비닐절연전선을 사용했다.
② 옥외용 비닐절연전선을 사용했다.
③ 짧고 가는 금속관에 연선을 사용했다.
④ 단면적 10[mm²] 이하의 단선을 사용했다.

> **Explanation**
>
> (KEC 232.12조) 금속관공사
> (1) 전선은 절연전선(옥외용 비닐절연전선을 제외한다)일 것

(2) 전선은 연선일 것. 다만, 다음의 것은 적용하지 않는다.
   ① 짧고 가는 금속관에 넣은 것
   ② 단면적 10[mm²](알루미늄선은 단면적 16[mm²]) 이하의 것
(3) 전선은 금속관 안에서 접속점이 없도록 할 것
(4) 관의 두께는 다음에 의할 것
   ① 콘크리트에 매설하는 것은 1.2[mm] 이상
   ② 콘크리트에 매설하는 것 이외의 것은 1[mm] 이상

【답】②

87 케이블 공사에 의한 저압 옥내배선의 시설방법에 대한 설명으로 틀린 것은?

① 전선은 케이블 및 캡타이어 케이블로 한다.
② 콘크리트 안에는 전선에 접속점을 만들지 아니한다.
③ 400[V] 이하인 경우 전선을 넣는 방호장치의 금속제 부분에는 접지공사를 한다.
④ 전선을 조영재의 옆면에 따라 붙이는 경우 전선의 지지점 간의 거리를 케이블은 3[m] 이하로 한다.

Explanation

(KEC 232.51조) 케이블공사
케이블공사에 의한 저압 옥내배선은 다음 각 호에 따라 시설하여야 한다.
① 전선은 케이블 및 캡타이어 케이블일 것
② 중량물의 압력 또는 현저한 기계적 충격을 받을 우려가 있는 곳에 시설하는 케이블에는 적당한 방호 장치를 할 것
③ 전선을 조영재의 아랫면 또는 옆면에 따라 붙이는 경우에는 전선의 지지점 간의 거리를 케이블은 2[m](사람이 접촉할 우려가 없는 곳에서 수직으로 붙이는 경우에는 6[m]) 이하 캡타이어 케이블은 1[m] 이하로 하고 또한 그 피복을 손상하지 아니하도록 붙일 것
④ 저압 옥내배선은 관 기타의 전선을 넣는 방호 장치의 금속제 부분·금속제의 전선 접속함 및 전선의 피복에 사용하는 금속체에는 접지공사를 할 것

【답】④

88 고압 가공전선로에 사용하는 가공지선은 인장강도 5.26[kN] 이상의 것 또는 지름이 몇 [mm] 이상의 나경동선을 사용하여야 하는가?

① 2.6
② 3.2
③ 4.0
④ 5.0

Explanation

(KEC 332.6조) 고압 가공 전선로의 가공지선
• 고압 가공 전선로 : 인장강도 5.26[kN] 이상의 것 또는 4[mm] 이상의 나경동선
• 특고압 가공 전선로 : 인장강도 8.01[kN] 이상의 나선 또는 5[mm] 이상의 나경동선

【답】③

89 고압 가공전선로에 케이블을 조가용선에 행거로 시설할 경우 그 행거의 간격은 몇 [m] 이하로 하여야 하는가?

① 0.5
② 0.6
③ 0.7
④ 0.8

Explanation

(KEC 332.2조) 가공케이블의 시설
케이블은 조가용선에 행거로 시설할 것. 이 경우에는 사용전압이 고압인 때에는 그 행거의 간격을 0.5[m] 이하로 시설하여야 한다.

【답】①

90 지중 전선로의 시설방식이 아닌 것은?

① 관로식
② 압착식
③ 암거식
④ 직접매설식

Explanation

(KEC 334.1조) 지중 전선로의 시설
지중 전선로는 전선에 케이블을 사용하고 또한 관로식·암거식(暗渠式) 또는 직접매설식에 의하여 시설 【답】②

91 ★★☆☆☆
최대 사용전압이 23,000[V]인 중성점 비접지식 전로의 절연내력 시험전압은 몇 [V]인가?
① 16,560
② 21,160
③ 25,300
④ 28,750

Explanation

(KEC 132조) 고압·특고압의 전로의 절연내력

접지방식	최대 사용전압	시험전압 (최대 사용 전압 배수)	최저 시험전압
비접지	7[kV] 이하	1.5배	
	7[kV] 초과	1.25배	10,500[V]

따라서 절연내력 시험전압 23,000×1.25=28,750[V] 【답】④

92 ★☆☆☆☆
특고압 가공전선은 케이블인 경우 이외에는 단면적이 몇 [mm²] 이상의 경동연선이어야 하는가?
① 8
② 14
③ 22
④ 30

Explanation

(KEC 333.4조) 특고압 가공전선의 굵기 및 종류
특고압 가공전선은 케이블인 경우 이외에는 인장강도 8.71[kN] 이상의 연선 또는 **단면적이 22[mm²] 이상의 경동연선**이어야 한다. 【답】③

93 ★★★☆☆
전광표시 장치에 사용하는 저압 옥내배선을 금속관공사로 시설할 경우 연동선의 단면적은 몇 [mm²] 이상 사용하여야 하는가?
① 0.75
② 1.25
③ 1.5
④ 2.5

Explanation

(KEC 231.3조) 저압 옥내배선의 사용전선
400[V] 이하 : 전광표시장치 기타 이와 유사한 장치 또는 제어회로 등에 사용하는 배선에는 단면적 1.5[mm²] 이상 연동선 사용 【답】③

94 ★★★★★
철근 콘크리트주로서 전장이 15[m]이고, 설계하중이 8.2[kN]이다. 이 지지물의 논이나 기타 지반이 연약한 곳 이외에 기초 안전율의 고려 없이 시설하는 경우 그 묻히는 깊이는 기준보다 몇 [m]를 가산하여 시설하여야 하는가?
① 0.1
② 0.3
③ 0.5
④ 0.7

Explanation

(KEC 331.7조) 가공 전선로 지지물의 기초의 안전율
철근 콘크리트주로서 전체의 길이가 14[m] 이상 20[m] 이하이고, 설계하중이 6.8[kN] 초과 9.8[kN] 이하의 것을 논이나 그 밖의 지반이 연약한 곳 이외에 시설하는 경우 그 묻히는 깊이는 기준보다 0.3[m]를 가산하여 시설 【답】②

95. 지중 전선로에 사용하는 지중함의 시설기준으로 틀린 것은?

① 조명 및 세척이 가능한 장치를 하도록 할 것
② 그 안의 고인 물을 제거할 수 있는 구조일 것
③ 견고하고 차량 기타 중량물의 압력에 견딜 수 있을 것
④ 뚜껑은 시설자 이외의 자가 쉽게 열 수 없도록 할 것

Explanation

(KEC 334.2조) 지중함의 시설
① 지중함은 견고하고 차량 기타 중량물의 압력에 견디는 구조일 것
② 지중함은 그 안의 고인 물을 제거할 수 있는 구조로 되어 있을 것
③ 폭발성 또는 연소성의 가스가 침입할 우려가 있는 곳에 시설하는 지중함으로서 그 크기가 1[m³] 이상인 것에는 통풍장치 기타 가스를 방산시키기 위한 적당한 장치를 시설할 것
④ 지중함의 뚜껑은 시설자 이외의 자가 쉽게 열 수 없도록 시설할 것

【답】①

96. 변압기의 고압측 1선 지락전류가 30[A]인 경우에 접지공사의 최대 접지저항 값은 몇 [Ω]인가? 단, 고압측 전로가 저압측 전로와 혼촉하는 경우 1초 이내에 자동적으로 차단하는 장치가 설치되어 있다.

① 5
② 10
③ 15
④ 20

Explanation

(KEC 142.5.1조) 변압기 중성점 접지
접지 저항의 최대 값

접지 저항값

- $\frac{150}{I_g}$ [Ω] 이하(여기서, I_g는 1선 지락전류. 이하 같음)
- $\frac{600}{I_g}$ [Ω] 자동 차단 설비가 1초 이내 동작시
- $\frac{300}{I_g}$ [Ω] 자동 차단 설비가 1초 초과 2초 이내 동작시
- 1초 이내에 자동적으로 차단하는 장치를 설치

$R_2 = \frac{600}{I_1} = \frac{600}{30} = 20[\Omega]$

【답】④

97. KEC 적용으로 인하여 삭제되었습니다.

98. 35[kV] 초과의 특고압 가공전선과 저압 가공전선을 동일 지지물에 병행설치하는 경우 이격거리는 몇 [m] 이상이어야 하는가?

① 1
② 2
③ 3
④ 4

Explanation

(KEC 333.17조) 특고압 가공전선과 저고압 가공전선 등의 병행설치
사용전압이 35[kV]를 초과하고 100[kV] 미만인 특고압 가공전선과 저압 또는 고압 가공전선을 동일 지지물에 시설하는 경우
① 특고압 가공전선로는 제2종 특고압 보안공사에 의할 것
② **특고압 가공전선과 저압 또는 고압 가공전선 사이의 이격거리는 2[m] 이상일 것**. 다만, 특고압 가공전선이 케이블인 경우에 저압 가공전선이 절연전선 혹은 케이블인 때 또는 고압 가공전선이 절연전선 혹은 케이블인 때에는 1[m]까지 감할 수 있다.

【답】②

99 ★★★★★ 345[kV] 변전소의 충전부분에서 6[m]의 거리에 울타리를 설치하려고 한다. 울타리의 최소 높이는 약 몇 [m]인가?

① 2
② 2.28
③ 2.57
④ 3

Explanation

(KEC 351.1조) 발전소 등의 울타리·담 등의 시설

사용전압의 구분	울타리·담 등의 높이와 울타리·담 등으로부터 충전부분까지의 거리의 합계
35[kV] 이하	5[m]
35[kV] 초과 160[kV] 이하	3[m]
160[kV] 초과	• 거리 = 6 − 단수 × 0.12[m] • 단수 = $\dfrac{\text{사용전압[kV]} - 160}{10}$ 단수 계산에서 소수점 이하는 절상

단수 34.5 − 16 = 18.5 → 19단
울타리·담 등의 높이와 울타리·담 등으로부터 충전부분까지의 거리의 합계
6 + (19 × 0.12) = 8.28[m]
여기서, 울타리에서 충전부분까지 거리는 6[m]이므로
따라서 울타리의 최소 높이 = `8.28 − 6` = `2.28[m]`

답 ②

100 KEC 적용으로 인하여 삭제되었습니다.

2회 2018년 전기공사산업기사 필기

1과목 전기응용

01 열차저항이 커지고 속도가 떨어져 표정속도가 낮아지는 원인은?
① 건축 한계를 초과한 경우
② 차량 한계를 초과한 경우
③ 곡선이 있고 구배가 심한 경우
④ 표준 궤간을 채택하지 않은 경우

Explanation

- 표정 속도 = $\dfrac{\text{출발역과 종착역의 거리}}{\text{주행시간 + 정차시간}}$
- 표정속도를 크게 하기 위하여
  - 주행 시간 또는 정차 시간을 짧게
  - 가속도, 감속도 크게
- 표정속도가 낮아지는 이유 : 곡선과 구배가 심한 경우

【답】③

02 전기가열 방식 중 전기적 절연물에 교번전계를 가할 때 물체 내부의 전기 쌍극자의 회전에 의해 발열하는 가열 방식은?
① 저항 가열
② 유도 가열
③ 유전 가열
④ 전자빔 가열

Explanation

유전가열
- 유전체손($P_c = \omega CE^2 \tan\delta$)에 의한 가열(물체 내부의 전기쌍극자 회전에 의해)
- 목재의 접착, 비닐막 접착, 플라스틱 성형 등에 사용

【답】③

03 제어 대상을 제어하기 위하여 입력에 가하는 양을 무엇이라 하는가?
① 외란
② 변환부
③ 목표값
④ 조작량

Explanation

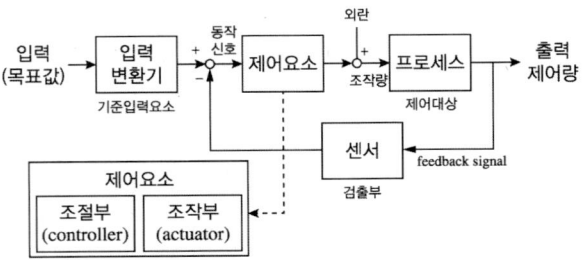

조작량 : 제어요소에서 제어 대상으로 가하는 값, 제어 대상의 입력

【답】④

04 ★★★★☆
전해정제법이 이용되고 있는 금속 중 최대 규모로 행하여지는 대표 금속은?
① 철
② 납
③ 구리
④ 당간

Explanation

전해정제
- 전기분해를 이용하여 순수한 금속만을 음극에서 석출하여 정제하는 방법
- 구리가 가장 많고 주석, 금, 은, 니켈, 안티몬 등

【답】③

05 ★★★★☆
휘도가 낮고 효율이 좋으며 투과성이 양호하여 터널 조경, 도로 조명, 광장 조명 등에 주로 사용되는 것은?
① 형광등
② 벽열전구
③ 나트륨등
④ 할로겐등

Explanation

나트륨등
- 투과력이 좋다(안개 긴 지역, 터널 등에서 사용).
- 단색 광원(순황색)으로 옥내 조명에 부적당
- 효율이 우수(80~150[lm/W])
- D선 [5,890Å ~ 5,896Å]을 광원으로 이용

【답】③

06 ★★★★★
저항 용접에 속하지 않는 것은?
① 심 용접
② 아크 용접
③ 스폿 용접
④ 프로젝션 용접

Explanation

저항 용접
- 점 용접(spot welding) : 필라멘트, 열전대용접 이용
- 돌기용접(projection welding, 프로젝션)
- 이음매 용접(심 용접)(seam welding)
- 맞대기 용접
- 충격 용접 : 고유저항이 적도 열전도율이 큰 것에 사용(경금속 용접)

【답】②

07 ★★★☆☆
발광에 양광주를 이용하는 조명등은?
① 네온전구
② 네온관등
③ 탄소아크등
④ 텅스텐아크등

Explanation

발광원리
- 양광주 : 네온관등, 수은등 및 형광등
- 음극 글로우 : 네온전구

【답】②

08 ★☆☆☆☆
어떤 정류회로에서 부하 양단의 평균 전압이 2,000[V]이고 맥동률은 2[%]라 한다. 출력에 포함된 교류분 전압의 크기 [V]는?
① 60
② 50
③ 40
④ 30

> **Explanation**

맥동률 = $\frac{교류분}{직류분} \times 100[\%]$에서 교류분 = 직류분 × 맥동률 = 2,000 × 0.02 = 40[V]

【답】③

09 ★★★★★
200[W]의 전구를 우유색 구형 글로브에 넣었을 경우 우유색 유리 반사율을 30[%], 투과율을 60[%]라고 할 때 글로브의 효율은 약 몇 [%]인가?
① 75
② 85.7
③ 116.7
④ 133.3

> **Explanation**

글로브의 효율 $\eta = \frac{\tau}{1-\rho} \times 100 = \frac{0.6}{1-0.3} \times 100 = 85.7[\%]$

【답】②

10 ★☆☆☆☆
물을 전기분해할 때 음극에서 발생하는 가스는?
① 황산
② 산소
③ 염산
④ 수소

> **Explanation**

물의 전기 분해
- 양극 : 산소
- 음극 : 수소

【답】④

11 ★★☆☆☆
피열물에 직접 통전하여 발열시키는 직접식 저항로가 아닌 것은?
① 염욕로
② 흑연화로
③ 카바이드로
④ 카보런덤로

> **Explanation**

직접 저항가열		간접 저항가열	
종류	특징	종류	특징
흑연화로 카보런덤로 카바이드로 알루미늄용해로	열효율이 가장 우수	**염욕로** 크립톨로 발열체로 탄화규소로	복잡한 형태의 물질을 균일하게 가열

【답】①

12 ★★★★★
적외선 건조에 대한 설명으로 틀린 것은?
① 효율이 좋다.
② 온도 조절이 쉽다.
③ 대류열을 이용한다.
④ 소요되는 면적이 작다.

> **Explanation**

적외선 가열(건조)
- 적외선전구의 복사열에 의하여 피조물 가열하여 건조
- 특징
  - 공산품 표면건조에 적당하고 효율이 좋다.
  - 구조와 조작이 간단하다.
  - 건조 재료의 감시가 용이하고 청결, 안전
  - 유지비 싸고 설치장소 절약
  - 방직, 염색, 도장 등에 사용

【답】③

13 20[Ω]의 전열선 1개를 100[V]에 사용할 때 몇 [W]의 전력이 소비되는가?

① 400 ② 500
③ 650 ④ 750

Explanation

소비전력 $P = VI = I^2R = \dfrac{V^2}{R} = \dfrac{100^2}{20} = 500[\text{W}]$

【답】②

14 60[cd]의 점광원으로부터 2[m]의 거리에서 그 방향이 직각 되는 면과 30° 기울어진 평면상의 조도는 약 몇 [lx]인가?

① 11 ② 13
③ 20 ④ 26

Explanation

입사각 코사인의 법칙
$E = \dfrac{I}{r^2}\cos\theta = \dfrac{60}{2^2} \times \cos 30° = 13[\text{lx}]$

【답】②

15 지름 1[m]인 원형 탁자의 중심에서 조도가 500[lx]이고 중심에서 멀어짐에 따라 조도는 직선으로 감소하여 주변에서의 조도가 100[lx]로 되었다면 평균 조도는 약 몇 [lx]인가?

① 123 ② 233
③ 283 ④ 332

Explanation

평균 조도 $E_{av} = \dfrac{100 + 500 + 100}{3} = 233[\text{lx}]$

【답】②

16 전동기의 손실 중 직접 부하손에 해당하는 것은?

① 풍손 ② 베어링 마찰손
③ 브러시 마찰손 ④ 전기자 권선의 저항손

Explanation

- 부하손 : 동손(저항손), 표유부하손
- 무부하손 : 철손, 기계손(베어링 마찰손, 브러시 마찰손, 풍손)

【답】④

17 물체의 위치, 방위, 자세 등의 기계적 변위를 제어량으로 하는 것은?

① 자동 조정 ② 서보 기구
③ 시퀀스 제어 ④ 프로세스 제어

Explanation

제어량에 의한 분류
① 서보 기구(servo mechanism)
 • 기계적인 변위량 → 추치(추종)제어
 • 위치, 방향, 자세, 거리, 각도 등
② 프로세스 제어(process control)
 • 공업공정의 상태량 → 정치제어

- 밀도, 농도, 온도, 압력, 유량, 습도 등
③ 자동 조정(auto regulating)
- 전기적, 기계적 신호 → 정치제어
- 속도, 전위, 전류, 힘, 주파수

【답】②

18
★★★★☆

양수량 5[m³/min], 총양정 10[m]인 양수용 펌프 전동기의 용량은 약 몇 [kW]인가? 단, 펌프 효율 85[%], 여유계수 $K = 1.1$ 이다.

① 9.01
② 10.56
③ 16.60
④ 17.66

Explanation

양수펌프용 전동기 출력식

$P = \dfrac{KQH}{6.12\eta}[\text{kW}]$ 여기서, $Q[\text{m}^3/\text{min}]$

$P = \dfrac{KQH}{6.12\eta} = \dfrac{1.1 \times 5 \times 10}{6.12 \times 0.85} = 10.56[\text{kW}]$

【답】②

19
★★☆☆☆

FET에 관한 설명 중 틀린 것은?

① 제조기술에 따라 MOS형과 접합형이 있다.
② 극성이 2개 존재하는 쌍극성 접합 트랜지스터이다.
③ 다수 캐리어인 자유전자나 정공 중 어느 하나에 의해서 전류의 흐름이 제어된다.
④ 게이트에 역전압을 인가하여 드레인 전류를 제어하는 전압제어 소자이다.

Explanation

전계효과 트랜지스터(FET)

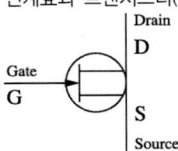

- Gate, Drain, Source로 구성
- FET(Field-effect transistor)의 특징
  - 단극성 소자
  - 다수 캐리어인 자유전자나 정공 중 어느 하나에 의해서 전류의 흐름이 제어
  - 게이트에 역전압을 인가하여 드레인 전류를 제어하는 전압제어 소자
  - 제조기술에 따라 MOS형과 접합형

【답】②

20
★★★★★

궤간이 1[m]이고 반경이 1,270[m]인 곡선 궤도를 64[km/h]로 주행하는 데 적당한 고도는 약 몇 [mm]인가?

① 13.4
② 15.8
③ 18.6
④ 25.4

Explanation

고도(Cant) : 운전의 안정성 확보를 위하여 곡선 시 안쪽 레일보다 바깥쪽 레일을 조금 높게 하는 것

$h = \dfrac{GV^2}{127R}[\text{mm}] = \dfrac{1,000 \times 64^2}{127 \times 1,270} = 25.4[\text{mm}]$

여기서, G : 궤간[mm], R : 곡선 반지름[m], V : 열차 속도[km/h]

【답】④

2과목 전력공학

21 ★★★★☆
송전선로의 뇌해 방지와 관계없는 것은?
① 댐퍼
② 디뢰기
③ 매설지선
④ 가공지선

Explanation

- 가공지선 : 직격뢰, 유도뢰 차폐
- 매설지선 : 역섬락 방지
- 소호각(소호환) : 섬락 시 애자련 보호

여기서, 댐퍼는 선로의 진동 방지에 쓴다.

【답】①

22 ★★☆☆☆
제5고조파를 제거하기 위하여 전력용 콘덴서 용량의 몇 [%]에 해당하는 직렬 리액터를 설치하는가?
① 2~3
② 5~6
③ 7~8
④ 9~10

Explanation

직렬 리액터 : 제5고조파 제거
이론적 : 4[%], 실제적 : 5~6[%]

【답】②

23 ★☆☆☆☆
분기회로용으로 개폐기 및 자동차단기의 2가지 역할을 수행하는 것은?
① 기중차단기
② 조공차단기
③ 전력용 퓨즈
④ 배선차단기

Explanation

배선차단기(MCCB, NFB)
- 분기회로 개폐
- 자동차단

【답】④

24 ★★★★★
전력용 퓨즈는 주로 어떤 전류의 차단을 목적으로 사용하는가?
① 지락전류
② 단락전류
③ 과도전류
④ 과부하전류

Explanation

전력 퓨즈(PF : Power Fuse) : 단락전류 차단

【답】②

25 ★★★★★
변류기 개방 시 2차측을 단락하는 이유는?
① 측정 오차 방지
② 2차측 절연보호
③ 1차측 과전류 방지
④ 2차측 과전류 보호

Explanation

계기용 변성기 점검
- PT(계기용 변압기) : 2차측 개방(2차측 과전류 보호)
- CT(변류기) : 2차측 단락(2차측 과전압보호, 2차측 절연보호)

【답】②

26 단상 승압기 1대를 사용하여 승압할 경우 승압기의 전압을 E_1이라 하면, 승압 후의 전압 E_2는 어떻게 되는가? 단, 승압기의 변압비는 $\dfrac{\text{전원측전압}}{\text{부하측전압}} = \dfrac{e_1}{e_2}$ 이다.

① $E_2 = E_1 + e_1$
② $E_2 = E_1 + e_2$
③ $E_2 = E_1 + \dfrac{e_2}{e_1}E_1$
④ $E_2 = E_1 + \dfrac{e_1}{e_2}E_1$

Explanation

단권변압기
$$\frac{V_h}{V_l} = \frac{n_1 + n_2}{n_1} = \left(1 + \frac{n_2}{n_1}\right) \text{에서}$$
$$\frac{E_2}{E_1} = \frac{n_1 + n_2}{n_1} = \left(\frac{e_1 + e_2}{e_1}\right) = \left(1 + \frac{e_2}{e_1}\right)$$

따라서 $E_2 = E_1 + \dfrac{e_2}{e_1}E_1$

【답】 ③

27 보호계전기 동작이 가장 확실한 중성점 접지방식은?

① 비접지방식
② 저항접지방식
③ 직접접지방식
④ 소호리액터 접지방식

Explanation

직접접지방식의 특징
- 1선 지락 시 건전상의 대지전압 상승이 가장 낮다(절연레벨 경감).
- 중성점을 0전위로 유지 가능(단절연 가능)
- **보호계전기 동작이 확실하다.**
- 정격이 낮은 피뢰기 사용 가능
- 통신선의 유도장해가 크다.
- 과도안정도가 낮다.

【답】 ③

28 단상 2선식의 교류 배전선이 있다. 전선 한 줄의 저항은 0.15[Ω], 리액턴스는 0.25[Ω]이다. 부하는 무유도성으로 100[V], 3[kW]일 때 급전점의 전압은 약 몇 [V]인가?

① 100
② 109
③ 120
④ 130

Explanation

송전단 전압 $V_s = V_r + 2I(R\cos\theta + X\sin\theta)$
무유도성($\cos\theta = 1$)이므로
$V_s = V_r + 2I(R\cos\theta + X\sin\theta)$
$= 100 + 2 \times \dfrac{3{,}000}{100} \times 0.15 = 109[\text{V}]$

【답】 ②

29 변전소에서 사용되는 조상설비 중 지상용으로만 사용되는 조상설비는?

① 분로 리액터
② 동기 조상기
③ 전력용 콘덴서
④ 정지형 무효전력 보상장치

Explanation

조상설비 비교

	진상	지상	시충전(시승전)	조정	전력손실	증설
전력용 콘덴서	○	×	×	단계적	적다	가능
분로 리액터	×	○	×	단계적	적다	가능
동기 조상기	○	○	○	연속적	크다	불가능

따라서 지상용으로만 사용되는 조상설비는 분로 리액터이다. 【답】①

30 ★★★★★
3상 차단기의 정격차단용량을 나타낸 것은?

① $\sqrt{3}$ ×정격전압×정격전류
② $\frac{1}{\sqrt{3}}$ ×정격전압×정격전류
③ $\sqrt{3}$ ×정격전압×정격차단전류
④ $\frac{1}{\sqrt{3}}$ ×정격전압×정격차단전류

Explanation

3상용 차단기의 정격용량
$P_s = \sqrt{3}$ ×정격전압×정격차단전류 [MVA] 【답】③

31 ★★☆☆☆
3상 3선식 배전선로에 역률이 0.8(지상)인 3상 평형 부하 40[kW]를 연결했을 때 전압강하는 약 몇 [V]인가? 단, 부하의 전압은 200[V], 전선 1조의 저항은 0.02[Ω]이고, 리액턴스는 무시한다.

① 2
② 3
③ 4
④ 5

Explanation

3상 전압강하
$e = V_s - V_r = \sqrt{3} I(R\cos\theta + X\sin\theta)$ 여기서, 수전전력 $P = \sqrt{3} V_r I_r \cos\theta$
$= \sqrt{3} \frac{P}{\sqrt{3} V_r \cos\theta}(R\cos\theta + X\sin\theta)$
$= \frac{P}{V_r}(R + X\tan\theta)$ 이며 선로의 리액턴스를 무시하면
$= \frac{P}{V_r}R = \frac{40 \times 10^3 \times 0.02}{200} = 4[V]$ 【답】③

32 ★☆☆☆☆
우리나라에서 현재 사용되고 있는 송전전압에 해당되는 것은?

① 150[kV]
② 220[kV]
③ 345[kV]
④ 700[kV]

Explanation

현재 사용되는 송전전압
154[kV], 345[kV], 765[kV] 【답】③

33 ★★☆☆☆
정정된 값 이상의 전류가 흘렀을 때 동작전류의 크기와 상관없이 항상 정해진 시간이 경과한 후에 동작하는 보호계전기는?

① 순시계전기
② 정한시계전기
③ 반한시계전기
④ 반한시성 정한시계전기

Explanation

계전기의 시한특성
- 순한시 특성 : 최소 동작전류 이상의 전류가 흐르면 즉시 동작, 고속도계전기
- **정한시 특성 : 동작전류의 크기에 관계없이 일정한 시간에 동작**
- 반한시 특성 : 동작전류가 커질수록 동작시간이 짧게 되는 특성
- 반한시성 정한시 특성 : 동작전류가 적은 구간에서는 반한시 특성
  　　　　　　　　　　　동작전류가 큰 구간에서는 정한시 특성

【답】②

34 ★★★★★
3상 1회선 전선로에서 대지정전용량은 C_s이고 선간정전용량을 C_m이라 할 때, 작용정전용량 C_n은?

① $C_s + C_m$
② $C_s + 2C_m$
③ $C_s + 3C_m$
④ $2C_s + C_m$

Explanation

3상 3선식 1선당 작용 정전용량
- 3상 3선식 : $C = C_s + 3C_m$

【답】③

35 ★☆☆☆☆
장거리 송전선로의 4단자 정수(A, B, C, D) 중 일반식을 잘못 표기한 것은?

① $A = \cosh\sqrt{ZY}$
② $B = \sqrt{\dfrac{Z}{Y}}\sinh\sqrt{ZY}$
③ $C = \sqrt{\dfrac{Z}{Y}}\sinh\sqrt{ZY}$
④ $D = \cosh\sqrt{ZY}$

Explanation

분포정수 회로 4단자정수

$A = \cosh\gamma l = \cosh\sqrt{ZY}$ 　　$B = Z_0 \sinh\gamma l = \sqrt{\dfrac{Z}{Y}}\sinh\sqrt{ZY}$

$C = \dfrac{1}{Z_o}\sinh\gamma l = \sqrt{\dfrac{Y}{Z}}\sinh\sqrt{ZY}$ 　　$D = \cosh\gamma l = \cosh\sqrt{ZY}$

【답】③

36 ★★☆☆☆
저압 뱅킹(Banking) 배전방식이 적당한 곳은?

① 농촌
② 어촌
③ 화학공장
④ 부하 밀집지역

Explanation

저압 뱅킹 방식 : 부하가 밀집된 시가지(부하증가에 대한 탄력성)
- 장점
  - 전압 강하와 전력 손실이 적다.
  - 변압기의 용량 및 저압선 용량 감소
  - 플리커 현상 감소
- 단점
  - 캐스케이딩 현상 발생(저압선의 일부 고장으로 건전한 변압기의 일부 또는 전부가 차단되는 현상)

【답】④

37 ★★☆☆☆
보일러에서 흡수 열량이 가장 큰 것은?

① 수냉벽
② 과열기
③ 절탄기
④ 공기예열기

Explanation

수냉벽
- 노벽을 보호
- 흡수 열량이 가장 크다.

【답】①

38 ★★★★☆
소호리액터 접지에 대한 설명으로 틀린 것은?

① 지락전류가 작다.
② 과도안정도가 높다.
③ 전자유도장애가 경감된다.
④ 선택지락계전기의 작동이 쉽다.

Explanation

소호리액터 접지
- $L-C$ 병렬공진(지락전류가 최소)
- 1선 지락 시 건전상의 전위상승 최대($\sqrt{3}$ 배 이상)
- 과도안정도 우수
- 전자유도장해 최소

【답】④

39 ★★★★☆
교류 저압 배전방식에서 밸런서를 필요로 하는 방식은?

① 단상 2선식
② 단상 3선식
③ 3상 3선식
④ 3상 4선식

Explanation

단상 3선식의 특징
- 전선 소모량이 단상 2선식에 비해 37.5[%](경제적)
- 110/220의 두 종의 전원
- **중성선 단선 시 전압의 불평형 → 저압 밸런서의 설치**

【답】②

40 ★★☆☆☆
유효낙차가 40[%] 저하되면 수차의 효율이 20[%] 저하된다고 할 경우 이때의 출력은 원래의 약 몇 [%]인가? 단, 안내 날개의 열림은 불변인 것으로 한다

① 37.2
② 48.0
③ 52.7
④ 63.7

Explanation

속도 $v=\sqrt{2gH}$
유량 $Q[\text{m}^3/\text{sec}]=A[\text{m}^2]\times v[\text{m/sec}] \propto \sqrt{H}$
출력 $P=9.8QH\eta$에서
$P \propto H^{\frac{3}{2}}\eta \propto (0.6)^{\frac{3}{2}}\times 0.8 = 0.3718$　　∴　$P=0.3718\times 100 = 37.18[\%]$

【답】①

3과목　전기기기

41 ★☆☆☆☆
직류 직권전동기의 운전상 위험속도를 방지하는 방법 중 가장 적합한 것은?

① 무부하 운전한다.
② 경부하 운전한다.
③ 무여자 운전한다.
④ 부하와 기어를 연결한다.

Explanation

직류 직권전동기 위험운전
- 무부하(경부하) 운전
- 벨트 운전

【답】④

42. 단상변압기를 병렬운전하는 경우 부하전류의 분담에 관한 설명 중 옳은 것은?

① 누설리액턴스에 비례한다.
② 누설임피던스에 비례한다.
③ 누설임피던스에 반비례한다.
④ 누설리액턴스의 제곱에 반비례한다.

Explanation

변압기의 병렬운전 시 부하분담
- $\dfrac{I_a}{I_b} = \dfrac{I_A}{I_B} \times \dfrac{\%Z_b}{\%Z_a}$: 분담전류는 정격전류에 비례하고 누설임피던스에 반비례

여기서, I_a : A기 분담전류, I_A : A기 정격전류
　　　　I_b : B기 분담전류, I_B : B기 정격전류

【답】③

43. 동기기의 단락전류를 제한하는 요소는?

① 단락비
② 정격전류
③ 동기임피던스
④ 자기여자 작용

Explanation

단락 초기에는 전기자 반작용이 순간적으로 나타나지 않기 때문에 막대한 과도전류 즉, 큰 단락전류가 흐르고, 수 초 후에는 영구단락 전류 값에 이르게 된다.
- 돌발단락전류 : 누설리액턴스가 제한
- 지속단락전류 : 동기리액턴스(동기임피던스)가 제한

【답】③

44. 직류전동기의 속도제어법 중 광범위한 속도제어가 가능하며 운전효율이 좋은 방법은?

① 병렬 제어법
② 전압 제어법
③ 계자 제어법
④ 저항 제어법

Explanation

직류 전동기 속도제어

종류	특징
전압 제어	• 광범위 속도제어 가능, 운전효율 우수 • 워드 레오너드 방식(광범위한 속도 조정(1 : 20), 효율 양호) • 일그너 방식(부하가 급변하는 곳, 플라이휠 효과 이용, 제철용 압연기) • 정토크 제어
계자 제어	• 세밀하고 안정된 속도 제어
저항 제어	• 속도 조정 범위 좁다.

【답】②

45. 정격전압에서 전 부하로 운전하는 직류 직권전동기의 부하전류가 50[A]이다. 부하 토크가 반으로 감소하면 부하전류는 약 몇 [A]인가? 단, 자기포화는 무시한다.

① 25
② 35
③ 45
④ 50

Explanation

직류 직권전동기 토크 $\tau \propto I^2 \propto \dfrac{1}{N^2}$ 이므로

$T : \dfrac{1}{2}T = 50^2 : I^2$

$I = \sqrt{\dfrac{\frac{1}{2}T}{T}} \times 50 = \dfrac{50}{\sqrt{2}} = 35.36\,[\text{A}]$

【답】②

46 ★☆☆☆☆
3상 동기발전기가 그림과 같이 1선 지락이 발생하였을 경우 지락전류 I_o를 구하는 식은? 단, E_a는 무부하 유기기전력의 상전압, Z_o, Z_1, Z_2는 영상, 정상, 역상 임피던스이다.

① $\dot{I}_o = \dfrac{3\dot{E}_a}{\dot{Z}_o \times \dot{Z}_1 \times \dot{Z}_2}$

② $\dot{I}_o = \dfrac{\dot{E}_a}{\dot{Z}_o + \dot{Z}_1 + \dot{Z}_2}$

③ $\dot{I}_o = \dfrac{3\dot{E}_a}{\dot{Z}_o + \dot{Z}_1 + \dot{Z}_2}$

④ $\dot{I}_o = \dfrac{3\dot{E}_a}{\dot{Z}_o + \dot{Z}_1^{\,2} + \dot{Z}_2^{\,3}}$

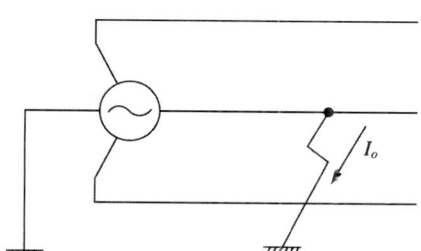

Explanation

1선 지락 시 $I_o = I_1 = I_2$

지락전류 $I_g = 3I_o = \dfrac{3E_a}{Z_o + Z_1 + Z_2}$

【답】③

47 ★★★★★
전기자 저항이 0.3[Ω]인 분권발전기가 단자전압 550[V]에서 부하전류가 100[A]일 때 발생하는 유도기전력[V]은? 단, 계자전류는 무시한다.

① 260
② 420
③ 580
④ 750

Explanation

분권발전기 $I_a = I + I_f = 100 + 0 = 100$ (계자 전류를 무시하면)

유기기전력 $E = V + I_a R_a = 550 + 100 \times 0.3 = 580\,[\text{V}]$

【답】③

48 ★★★☆☆
유도전동기의 동기와트에 대한 설명으로 옳은 것은?

① 동기속도에서 1차 입력
② 동기속도에서 2차 입력
③ 동기속도에서 2차 출력
④ 동기속도에서 2차 동손

Explanation

유도전동기 토크 $\tau = \dfrac{P_2}{\omega_s}\,[\text{N}\cdot\text{m}]$

$\tau = 0.975 \times \dfrac{P_2}{N_s}\,[\text{kg}\cdot\text{m}]$

동기와트 $P_2 = 1.026 N_s T\,[\text{W}]$

따라서 동기와트는 동기속도 하에서 2차 입력을 말한다.

【답】②

49
4극, 60[Hz]의 정류자 주파수 변환기가 회전자계 방향과 반대방향으로 1,440[rpm]으로 회전할 때의 주파수는 몇 [Hz]인가?

① 8   ② 10   ③ 12   ④ 15

Explanation

정류자 주파수 변환기

고정자 속도 $N_s = \dfrac{120f}{P} = \dfrac{120 \times 60}{4} = 1,800 [\text{rpm}]$

역회전시의 슬립 $s = \dfrac{N_s - N}{N_s} = \dfrac{1,800 - 1,440}{1,800} = 0.2$

회전 시 2차 주파수 $f_{2s} = sf_1 = 0.2 \times 60 = 12 [\text{Hz}]$

【답】③

50
유도전동기의 속도제어 방식으로 틀린 것은?

① 크레머 방식   ② 일그너 방식
③ 2차 저항제어 방식   ④ 1차 주파수제어 방식

Explanation

유도 전동기의 속도제어

	특징
농형 유도 전동기	① 주파수 변환법 ② 극수 변환법 ③ 전압 제어법 : 전원 전압의 크기를 조절하여 속도제어
권선형 유도 전동기	① 2차 저항법 ② 2차 여자법(크레머 방식, 셀비우스 방식) ③ 종속접속법

여기서, 일그너 방식은 직류전동기의 속도제어 중 전압제어에 해당한다.

【답】②

51
병렬운전 중인 A, B 두 동기발전기 중 A발전기의 여자를 B발전기보다 증가시키면 A발전기는?

① 동기화 전류가 흐른다.   ② 부하전류가 증가한다.
③ 90° 진상전류가 흐른다.   ④ 90° 지상전류가 흐른다.

Explanation

동기발전기 병렬운전 시
• A발전기 여자전류 증가
   A발전기에는 지상전류가 흘러 A발전기의 역률이 저하되며 B발전기에는 진상전류가 흘러 B발전기의 역률은 좋아지게 된다.
• B발전기 여자전류 증가
   B발전기에는 지상전류가 흘러 B발전기의 역률이 저하되며 A발전기에는 진상전류가 흘러 A발전기의 역률은 좋아지게 된다.

【답】④

52
3상 동기기에서 제동권선의 주 목적은?

① 출력 개선   ② 효율 개선
③ 역률 개선   ④ 난조 방지

Explanation

제동 권선의 역할
• 난조 방지
• 기동토크 발생(동기전동기)

【답】④

53. 유도전동기의 슬립 s의 범위는?

① $1 < s < 0$
② $0 < s < 1$
③ $-1 < s < 1$
④ $-1 < s < 0$

Explanation

슬립 $s = \dfrac{N_s - N}{N_s}$

- $0 < s < 1$: 유도전동기
- $1 < s < 2$: 유도제동기
- $s < 0$: 유도발전기(비동기 발전기)

【답】 ②

54. 단상 반파정류회로에서 평균 직류전압 200[V]를 얻는 데 필요한 변압기 2차 전압은 약 몇 [V]인가? 단, 부하는 순저항이고 직류기의 전압강하는 15[V]로 한다.

① 400
② 478
③ 512
④ 642

Explanation

단상 반파정류회로

직류측 전압 $E_d = \left(\dfrac{\sqrt{2}E}{\pi} - e\right) = 0.45E - e$ 에서

$E = \dfrac{E_d + e}{0.45} = \dfrac{200 + 15}{0.45} = 478[V]$

【답】 ②

55. 3상 전원에서 2상 전원을 얻기 위한 변압기의 결선방법은?

① △
② T
③ Y
④ V

Explanation

변압기 상수 변환법
- 3상에서 2상변환 : scott 결선(=T결선), Meyer 결선, wood bridge 결선
- 3상에서 6상변환 : Fork 결선, 2중 성형 결선, 환상 결선, 대각 결선, 2중△결선

【답】 ②

56. 교류 단상 직권전동기의 구조를 설명한 것 중 옳은 것은?

① 역률 및 정류 개선을 위해 약계자 강전기자형으로 한다.
② 전기자 반작용을 줄이기 위해 약계자 강전기자형으로 한다.
③ 정류 개선을 위해 강계자 약전기자형으로 한다.
④ 역률 개선을 위해 고정자와 회전자의 자로를 성층철심으로 한다.

Explanation

단상 직권 정류자 전동기=만능 전동기(직류·교류 양용)
- 종류 : 직권형, 보상형, 유도보상형
- 특징
  - 성층 철심, **역률 및 정류 개선을 위해 약계자, 강전기자형으로 함**
  - 역률 개선을 위해 보상권선 설치
  - 회전속도를 증가시킬수록 역률이 개선
- 용도 : 75[W] 정도 이하의 소형 공구, 영사기, 치과 의료용으로 사용

【답】 ①

57. 임피던스 전압강하 4[%]의 변압기가 운전 중 단락되었을 때 단락전류는 정격전류의 몇 배가 흐르는가?

① 15
② 20
③ 25
④ 30

Explanation

단락전류 $I_s = \dfrac{100}{\%Z}I_n = \dfrac{100}{4} \times I_n = 25I_n$

【답】③

58. 단상 유도전압조정기의 원리는 다음 중 어느 것을 응용한 것인가?

① 3권선 변압기
② V결선 변압기
③ 단상 단권변압기
④ 스콧트결선(T결선) 변압기

Explanation

유도전압조정기의 원리
- **단상 : 단권변압기의 원리**
- 3상 : 3상 유도전동기의 원리(회전자계)

【답】③

59. 권선형 유도전동기의 설명으로 틀린 것은?

① 회전자의 3개의 단자는 슬립링과 연결되어 있다.
② 기동할 때에 회전자는 슬립링을 통하여 외부에 가감저항기를 접속한다.
③ 기동할 때에 회전자에 적당한 저항을 갖게 하여 필요한 기동토크를 갖게 한다.
④ 전동기 속도가 상승함에 따라 외부저항을 점점 감소시키고 최후에는 슬립링을 개방한다.

Explanation

권선형 유도전동기(비례추이)
- 2차 저항을 감소하면 슬립이 적어져 속도가 상승한다.
- 2차 저항을 증가하면 슬립이 커져서 속도가 감소한다.

【답】④

60. 변압기 단락시험과 관계없는 것은?

① 전압 변동률
② 임피던스 와트
③ 임피던스 전압
④ 여자 어드미턴스

Explanation

변압기의 시험
- 단락시험 : 임피던스 전압, 임피던스 와트, 동손
- **무부하 시험 : 여자 전류, 철손, 여자 어드미턴스**

【답】④

4과목　회로이론

61. 부하에 $100\angle 30°$[V]의 전압을 가하였을 때 $10\angle 60°$[A]의 전류가 흘렀다면 부하에서 소비되는 유효전력은 약 몇 [W]인가?

① 400
② 500
③ 682
④ 866

Explanation

유효전력
$P = VI\cos\theta = 100 \times 10 \times \cos(60° - 30°) = 100 \times 10 \times \cos 30°$
$= 866[W]$

【답】 ④

62 ★★☆☆☆ 그림과 같은 회로에서 $G_2[\mho]$ 양단의 전압강하 $E_2[V]$는?

① $\dfrac{G_2}{G_1 + G_2} E$ ② $\dfrac{G_1}{G_1 + G_2} E$

③ $\dfrac{G_1 G_2}{G_1 + G_2} E$ ④ $\dfrac{G_1 + G_2}{G1 + G_2} E$

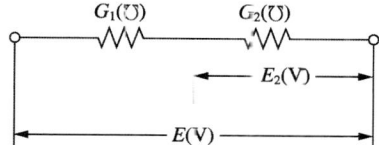

Explanation

컨덕턴스의 전압분배(컨덕턴스의 크기에 반비례)

$E_1 = \dfrac{G_2}{G_1 + G_2} E$

$E_2 = \dfrac{G_1}{G_1 + G_2} E$

【답】 ②

63 ★★☆☆☆ $\mathcal{L}[u(t-a)]$는 어느 것인가?

① $\dfrac{e^{as}}{s^2}$ ② $\dfrac{e^{-as}}{s^2}$

③ $\dfrac{e^{as}}{s}$ ④ $\dfrac{e^{-as}}{s}$

Explanation

시간이동정리를 적용하면
$\mathcal{L}[u(t-a)] = \dfrac{1}{s} e^{-as}$

【답】 ④

64 ★★★★★ 그림과 같은 회로에서 $0.2[\Omega]$의 저항에 흐르는 전류는 몇 [A]인가?

① 0.1
② 0.2
③ 0.3
④ 0.4

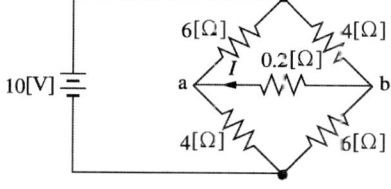

Explanation

테브난 회로를 이용하면

• 테브난 저항 $R_{Th} = \dfrac{6 \times 4}{6+4} + \dfrac{4 \times 6}{4+6} = 4.8[\Omega]$

• 테브난 전압 $V_{Th} = V_T = 10 \times \dfrac{6}{6+4} - 10 \times \dfrac{4}{6+4} = 2[V]$

따라서 저항 $0.2[\Omega]$에 흐르는 전류 $I = \dfrac{V_{Th}}{R_{Th} + R} = \dfrac{2}{4.8 + 0.2} = 0.4[A]$

【답】 ④

65 정현파의 파고율은?

① 1.111
② 1.414
③ 1.732
④ 2.356

Explanation

각 파형의 평균값 및 실효값

	파형	실효값	평균값
정현파	$i(t)$ 그래프	$\dfrac{I_m}{\sqrt{2}}$	$\dfrac{2}{\pi}I_m$

정현파의 파고율 = $\dfrac{최대값}{실효값} = \dfrac{V_m}{\dfrac{V_m}{\sqrt{2}}} = \sqrt{2} = 1.414$

【답】 ②

66 3상 불평형 전압에서 역상전압이 50[V], 정상전압이 200[V], 영상전압이 10[V]라고 할 때 전압의 불평형률[%]은?

① 1
② 5
③ 25
④ 50

Explanation

불평형률 = $\dfrac{역상분}{정상분} \times 100 = \dfrac{50}{200} \times 100 = 25[\%]$

【답】 ③

67 대칭 3상 Y결선 부하에서 각 상의 임피던스가 $Z = 16 + j12[\Omega]$이고 부하전류가 5[A]일 때, 이 부하의 선간전압[V]은?

① $100\sqrt{2}$
② $100\sqrt{3}$
③ $200\sqrt{2}$
④ $200\sqrt{3}$

Explanation

상전류 $I_p = \dfrac{V_p}{Z}$ 에서

상전압 $V_p = ZI_p = \sqrt{16^2 + 12^2} \times 5 = 100[V]$

선간전압 $V_l = \sqrt{3}\,V_p = 100 \times \sqrt{3} = 100\sqrt{3}[V]$

【답】 ②

68 부동작 시간(dead time) 요소의 전달함수는?

① Ks
② $\dfrac{K}{s}$
③ Ke^{-Ls}
④ $\dfrac{K}{Ts+1}$

Explanation

제어요소의 전달함수

비례 요소	$G(s) = K$
적분 요소	$G(s) = \dfrac{K}{s}$
미분 요소	$G(s) = Ks$
1차 지연 요소	$G(s) = \dfrac{K}{1+Ts}$
부동작 시간 요소	$G(s) = e^{-Ts}$

【답】③

69 ★★☆☆☆
그림과 같은 T형 회로의 영상 전달정수 θ는?

① 0
② 1
③ -3
④ -1

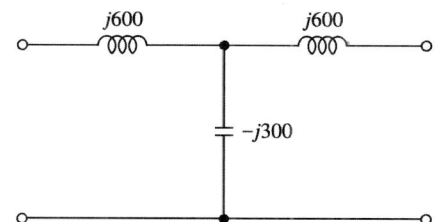

Explanation

$\begin{bmatrix} A & B \\ C & D \end{bmatrix} = \begin{bmatrix} 1 & j600 \\ 0 & 1 \end{bmatrix} \begin{bmatrix} 1 & 0 \\ \dfrac{1}{-j300} & 1 \end{bmatrix} \begin{bmatrix} 1 & j600 \\ 0 & 1 \end{bmatrix} = \begin{bmatrix} -1 & 0 \\ j\dfrac{1}{300} & -1 \end{bmatrix}$

$\therefore \theta = \cosh^{-1}\sqrt{AD} = \cosh^{-1}1 = 0$

【답】①

70 ★★★☆☆
$R-L-C$ 직렬회로에서 시정수의 값이 작을수록 과도현상이 소멸되는 시간은 어떻게 되는가?

① 짧아진다.　　② 관계없다.
③ 길어진다.　　④ 일정하다.

Explanation

- 시정수(Time constant) : 목표 값에 63.2[%]에 도달하는 시간으로 정의
- 시정수가 클수록 과도현상은 오래 지속된다.
따라서 시정수가 작으면 과도현상은 짧아지게 된다.

【답】①

71 ★☆☆☆☆
$i(t) = I_o e^{st}$[A]로 주어지는 전류가 콘덴서 C[F]에 흐르는 경우의 임피던스 [Ω]는?

① C 　　② εC
③ $\dfrac{C}{s}$ 　　④ $\dfrac{1}{sC}$

Explanation

콘덴서에서의 전압

$v(t) = \dfrac{1}{C}\int i(t)dt = \dfrac{1}{C}\int I_0 e^{st} dt = \dfrac{I_0}{sC}e^{st}$

임피던스 $Z = \dfrac{v(t)}{i(t)} = \dfrac{\dfrac{I_0 e^{st}}{sC}}{I_0 e^{st}} = \dfrac{1}{sC}$

【답】④

72 대칭좌표법에서 사용되는 용어 중 3상에 공통된 성분을 표시하는 것은?

① 공통분　　　　　　　　　　② 정상분
③ 역상분　　　　　　　　　　④ 영상분

> **Explanation**

대칭좌표법
- **영상분 : 불평형에서 각 상의 공통성분**
- 정상분 : 불평형에서 상회전 방향이 같은 성분
- 역상분 : 불평형에서 상회전 방향이 다른 성분

【답】④

73 전기회로의 입력을 V_1, 출력을 V_2라고 할 때 전달함수는? 단, $s = j\omega$ 이다.

① $\dfrac{1}{R+\dfrac{1}{j\omega C}}$　　② $\dfrac{1}{j\omega + \dfrac{1}{RC}}$

③ $\dfrac{j\omega}{j\omega + \dfrac{1}{RC}}$　　④ $\dfrac{j\omega}{R + \dfrac{1}{j\omega C}}$

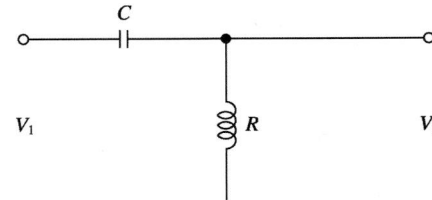

> **Explanation**

전압비 전달함수는 임피던스비로 구하며
$$G(s) = \dfrac{V_2(s)}{V_1(s)} = \dfrac{R}{R+\dfrac{1}{sC}} = \dfrac{RCs}{RCs+1}$$

$$G(j\omega) = \dfrac{j\omega RC}{1+j\omega RC} = \dfrac{j\omega}{j\omega + \dfrac{1}{RC}}$$

【답】③

74 저항 $\dfrac{1}{3}[\Omega]$, 유도리액턴스 $\dfrac{1}{4}[\Omega]$인 $R-L$ 병렬회로의 합성 어드미턴스 $[℧]$는?

① $3+j4$　　　　　　　　　　② $3-j4$
③ $\dfrac{1}{3}+j\dfrac{1}{4}$　　　　　　　　　　④ $\dfrac{1}{3}-j\dfrac{1}{4}$

> **Explanation**

어드미턴스 $Y = \dfrac{1}{R}+j\dfrac{1}{X}$ 이며

여기서, 저항 $R=\dfrac{1}{3}$ 이므로 $\dfrac{1}{R}=3$

유도리액턴스 $X_L=\dfrac{1}{4}$ 이므로 $\dfrac{1}{X_L}=\dfrac{1}{jX_L}=-j\dfrac{1}{X_L}=-j4$

따라서 어드미턴스는 $Y = 3-j4[℧]$

【답】②

75 비정현파 전압 $v = 100\sqrt{2}\sin\omega t + 50\sqrt{2}\sin 2\omega t + 30\sqrt{2}\sin 3\omega t[V]$의 왜형률은 약 얼마인가?

① 0.36　　　　　　　　　　② 0.58
③ 0.87　　　　　　　　　　④ 1.41

> **Explanation**

왜형률 = $\dfrac{\text{각 고조파의 실효값의 합}}{\text{기본파의 실효값}}$

$= \dfrac{\sqrt{V_2^2 + V_3^2}}{V_1} = \dfrac{\sqrt{50^2 + 30^2}}{100} = 0.58$

【답】②

76 ★★★★★ 어떤 회로의 단자전압이 $V = 100\sin\omega t + 40\sin 2\omega t + 30\sin(3\omega t + 60°)$[V]이고 전압강하의 방향으로 흐르는 전류가 $I = 10\sin(\omega t - 60°) + 2\sin(3\omega t + 105°)$[A]일 때 회로에 공급되는 평균전력 [W]은?

① 271.2　　　　　　　　　　② 371.2
③ 530.2　　　　　　　　　　④ 630.2

Explanation

유효전력은 주파수가 같을 때만 만들어지며
$P = V_1 I_1 \cos\theta_1 + V_3 I_3 \cos\theta_3$
$= \dfrac{100}{\sqrt{2}} \dfrac{10}{\sqrt{2}} \cos 60° + \dfrac{30}{\sqrt{2}} \dfrac{2}{\sqrt{2}} \cos 45° = 271.21$ [W]

【답】①

77 ★☆☆☆☆ 2단자 임피던스 함수 $Z(s) = \dfrac{(s+2)(s+3)}{(s+4)(s+5)}$ 일 때 극점(pole)은?

① $-2, -3$　　　　　　　　② $-3, -4$
③ $-2, -4$　　　　　　　　④ $-4, -5$

Explanation

구동점 임피던스 $Z(s) = \dfrac{Q(s)}{P(s)} = \dfrac{(s+Z_1)(s+Z_2)(s+Z_3)\cdots}{(s+P_1)(s+P_2)(s+P_3)\cdots}$
영점($Z(s) = 0$) : $Q(s) = 0$, $s = -Z_1, -Z_2, -Z_3, \cdots$, 회로 단락
극점($Z(s) = \infty$) : $P(s) = 0$, $s = -P_1, -P_2, -P_3, \cdots$, 회로 개방
따라서 회로의 개방상태는 극점이며
극점은 $(s+4)(s+5) = 0$에서 $s = -4, -5$

【답】④

78 ★★★★★ 3상 대칭분 전류를 I_0, I_1, I_2라 하고 선전류를 I_a, I_b, I_c라고 할 때 I_b는 어떻게 되는가?

① $I_0 + I_1 + I_2$　　　　　　② $I_0 + a^2 I_1 + a I_2$
③ $I_0 + a I_1 + a^2 I_2$　　　　④ $\dfrac{1}{3}(I_0 + I_1 + I_2)$

Explanation

대칭좌표법을 이용하면
$\begin{bmatrix} I_a \\ I_b \\ I_c \end{bmatrix} = \begin{bmatrix} 1 & 1 & 1 \\ 1 & a^2 & a \\ 1 & a & a^2 \end{bmatrix} \begin{bmatrix} I_0 \\ I_1 \\ I_2 \end{bmatrix}$ 에서

b상 전류 $I_b = I_0 + a^2 I_1 + a I_2$

【답】②

79 다음과 같은 회로의 a-b간 합성 인덕턴스는 몇 [H]인가? 단, $L_1 = 4[H]$, $L_2 = 4[H]$, $L_3 = 2[H]$, $L_4 = 2[H]$이다.

① $\frac{8}{9}$
② 6
③ 9
④ 12

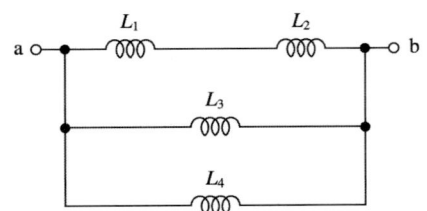

Explanation

합성 인덕턴스 $L_o = \dfrac{1}{\dfrac{1}{L_1+L_2}+\dfrac{1}{L_3}+\dfrac{1}{L_4}} = \dfrac{1}{\dfrac{1}{4+4}+\dfrac{1}{2}+\dfrac{1}{2}} = \dfrac{8}{9}$

【답】①

80 $\dfrac{1}{s^2+2s+5}$ 의 라플라스 역변환 값은?

① $e^{-2t}\cos 2t$
② $\dfrac{1}{2}e^{-t}\sin t$
③ $\dfrac{1}{2}e^{-t}\sin 2t$
④ $\dfrac{1}{2}e^{-t}\cos 2t$

Explanation

라플라스 역변환을 하면 분모가 인수분해 되지 않으므로 완전제곱식을 이용한다.

$I(s) = \dfrac{1}{s^2+2s+5} = \dfrac{1}{2} \cdot \dfrac{2}{(s+1)^2+2^2}$

역라플라스 변환하면 $i(t) = \mathcal{L}^{-1}[I(s)] = \dfrac{1}{2}e^{-t}\sin 2t$ 가 된다.

【답】③

5과목 전기설비기술기준

81 "조상설비"에 대한 용어의 정의로 옳은 것은?
① 전압을 조정하는 설비를 말한다.
② 전류를 조정하는 설비를 말한다.
③ 유효전력을 조정하는 전기기계기구를 말한다.
④ 무효전력을 조정하는 전기기계기구를 말한다.

Explanation

(KEC 112조) 용어 정의
"조상설비"란 무효전력을 조정하는 전기기계기구를 말한다.

【답】④

82 345[kV] 가공 송전선로를 평야에 시설할 때, 전선의 지표상의 높이는 몇 [m] 이상으로 하여야 하는가?
① 6.12
② 7.36
③ 8.28
④ 9.48

> **Explanation**

(KEC 333.7조) 특고압 가공전선의 높이

전압의 범위	일반 장소	도로횡단	철도 또는 궤도 횡단	횡단보도교
160[kV] 초과	일반 장소		가공전선의 높이=6+단수×0.12[m]	
	철도 또는 궤도횡단		가공전선의 높이=6.5+단수×0.12[m]	
	산지		가공전선의 높이=5+단수×0.12[m]	

단수 = $\frac{345-160}{10}$ = 18.5 → 19단   ∴ 전선의 지표상 높이 = 6 + 19 × 0.12 = 8.28[m]   【답】③

83
KEC 적용으로 인하여 삭제 되었습니다.

84 ★★★★★
최대 사용전압이 23[kV]인 권선으로서 중성선 다중접지방식의 전로에 접속되는 변압기 권선의 절연내력 시험전압은 약 몇 [kV]인가?
① 21.16
② 25.3
③ 28.75
④ 34.5

> **Explanation**

(KEC 135조) 변압기 전로의 절연내력

접지방식	최대 사용전압	시험전압 (최대 사용전압 배수)	최저 시험전압
중성점 다중접지	25[kV] 이하	0.92배	

절연내력 시험전압 : 23×0.92 = 21.16[kV]   【답】①

85 ★★☆☆☆
전력보안 통신설비인 무선통신용 안테나를 지지하는 목주는 풍압하중에 대한 안전율이 얼마 이상이어야 하는가?
① 1.0
② 1.2
③ 1.5
④ 2.0

> **Explanation**

(KEC 364.1조) 무선용 안테나 등을 지지하는 철탑 등의 시설
① 목주는 풍압하중에 대한 안전율은 1.5 이상이어야 한다.
② 철주・철근 콘크리트주 또는 철탑의 기초 안전율은 1.5 이상이어야 한다.   【답】③

86 ★★★★☆
목주, A종 철주 및 A종 철근 콘크리트주를 사용할 수 없는 보안공사는?
① 고압 보안공사
② 제1종 특고압 보안공사
③ 제2종 특고압 보안공사
④ 제3종 특고압 보안공사

> **Explanation**

(KEC 333.22조) 특고압 보안공사
제1종 특고압 보안공사의 지지물에는 B종 철주, B종 철근 콘크리트주 또는 철탑을 사용할 것(목주, A종은 사용할 수 없다)   【답】②

87 저압 옥내배선의 사용전선으로 틀린 것은?

① 단면적 2.5[mm²] 이상의 연동선
② 사용전압 400[V] 이하의 전광표시장치 배선 시 단면적 0.75[mm²] 이상의 코드
③ 사용전압 400[V] 이하의 전광표시장치 배선 시 단면적 1.5[mm²] 이상의 연동선
④ 사용전압 400[V] 이하의 전광표시장치 배선 시 단면적 0.5[mm²] 이상의 다심케이블

> **Explanation**
>
> (KEC 231.3조) 저압 옥내배선의 사용전선
> 저압 옥내배선의 전선은 다음 각 호 어느 하나에 적합한 것을 사용하여야 한다.
> ① 단면적이 2.5[mm²] 이상의 연동선
> ② 사용전압 400[V] 이하의 경우에 전광표시장치 기타 유사한 제어회로 등에 사용하는 배선에는 단면적 1.5[mm²] 이상의 연동선을 사용할 것
> ③ 전광표시장치 기타 이와 유사한 장치 또는 제어회로 등의 배선에 단면적 0.75[mm²] 이상인 다심케이블 또는 다심 캡타이어 케이블
> 【답】④

88 고압 가공전선로의 경간은 B종 철근 콘크리트주로 시설하는 경우 몇 [m] 이하로 하여야 하는가?

① 100 ② 150
③ 200 ④ 250

> **Explanation**
>
> (KEC 332.9조) 고압 가공전선로 경간의 제한
>
> | 지지물의 종류 | 경간 |
> |---|---|
> | 목주·A종 철주 또는 A종 철근 콘크리트주 | 150[m] |
> | B종 철주 또는 B종 철근 콘크리트주 | **250[m]** |
> | 철탑 | 600[m] |
>
> 【답】④

89 KEC 적용으로 인하여 삭제되었습니다.

90 사용전압이 380[V]인 옥내배선을 애자공사로 시설할 때 전선과 조영재 사이의 이격거리는 몇 [mm] 이상이어야 하는가?

① 20 ② 25
③ 45 ④ 60

> **Explanation**
>
> (KEC 232.56조) 애자공사
> ① 전선은 절연전선(옥외용 비닐 절연전선 및 인입용 비닐 절연전선을 제외한다)일 것
> ② 전선 상호간의 간격은 0.06[m] 이상일 것
> ③ 전선과 조영재 사이의 이격거리는 사용전압이 400[V] 이하인 경우에는 25[mm] 이상, 400[V] 초과인 경우에는 45[mm](건조한 장소에 시설하는 경우에는 25[mm]) 이상일 것
> 【답】②

91 저압 가공전선이 가공약전류 전선과 접근하여 시설될 때 저압 가공전선과 가공약전류 전선 사이의 이격거리는 몇 [m] 이상이어야 하는가?

① 0.4 ② 0.5
③ 0.6 ④ 0.8

> Explanation

(KEC 332.13조) 고압 가공전선과 가공약전류전선 등의 접근 또는 교차
저압 가공전선과 가공약전류 전선이 접근하는 경우의 수평 거리는 0.6[m] 이상으로 되어 있다. 다만, 전화선이 절연전선 이상인 것이나 통신용 케이블인 경우는 0.3[m] 이상으로 할 수 있다. 【답】③

92 KEC 적용으로 인하여 삭제되었습니다.

93 KEC 적용으로 인하여 삭제되었습니다.

94 KEC 적용으로 인하여 삭제되었습니다.

95 ★★☆☆☆
특고압 가공전선로의 경간은 지지물이 철탑인 경우 몇 [m] 이하이어야 하는가? 단, 단주가 아닌 경우이다.
① 400 ② 500
③ 600 ④ 700

> Explanation

(KEC 333.21조) 특고압 가공전선로의 경간 제한
특고압 가공전선로의 경간은 표에서 정한 값 이하이어야 한다.

지지물의 종류	경간
목주·A종 철주 또는 A종 철근 콘크리트주	150[m]
B종 철주 또는 B종 철근 콘크리트주	250[m]
철탑	600[m] (단주인 경우에는 400[m])

【답】③

96 KEC 적용으로 인하여 삭제되었습니다.

97 ★★★★☆
가공전선로의 지지물 중 지지선을 사용하여 그 강도를 분담시켜서는 안 되는 것은?
① 철탑 ② 목주
③ 철주 ④ 철근 콘크리트주

> Explanation

(KEC 331.11조) 지지선의 시설
가공전선로의 지지물로 사용하는 철탑은 지지선을 사용하여 그 강도를 분담시켜서는 아니 된다. 【답】①

98 ★★★★★
특고압 가공전선로에 사용하는 철탑 중에서 전선로의 지지물 양쪽의 경간의 차가 큰 곳에 사용하는 철탑의 종류는?
① 각도형 ② 잡아당김형
③ 보강형 ④ 내장형

> Explanation

(KEC 333.11조) 특고압 가공전선로의 철주·철근 콘크리트주 또는 철탑의 종류
① 직선형 : 전선로의 직선부분(3도 이하인 수평각도를 이루는 곳을 포함한다. 이하 이 조에서 같다.)에 사용하는 것
② 각도형 : 전선로 중 3도를 초과하는 수평각도를 이루는 곳에 사용하는 것
③ 잡아당김형 : 전가섭선을 잡아당기는 곳에 사용하는 것
④ **내장형 : 전선로의 지지물 양쪽의 경간의 차가 큰 곳에 사용하는 것**
⑤ 보강형 : 전선로의 직선부분에 그 보강을 위하여 사용하는 것

【답】④

99 백열전등 또는 방전등에 전기를 공급하는 옥내전로의 대지전압은 몇 [V] 이하이어야 하는가?

① 150
② 220
③ 300
④ 600

Explanation

(KEC 231.6조) 옥내전로의 대지 전압의 제한
백열전등 또는 방전등에 전기를 공급하는 대지전압은 300[V] 이하이어야 한다.

【답】③

100 KEC 적용으로 인하여 삭제되었습니다.

2018년 전기공사산업기사 필기

1과목 전기응용

01 ★★★☆☆
온도의 변화로 인한 궤조의 신축에 대응하기 위한 것은?
① 궤간 ② 곡선
③ 유간 ④ 확도

Explanation

유간 : 온도 변화에 따른 레일의 신축성 때문에 이음 장소에 간격을 둔 것

【답】③

02 ★☆☆☆☆
우리나라 전기철도에 주로 사용하는 집전장치는?
① 뷔겔 ② 집전슈
③ 트롤리 봉 ④ 팬터그래프

Explanation

집전장치 : 전기차량이 전기를 얻기 위한 장치
• 팬터그래프(pantograph collector) : 우리나라에서 사용

【답】④

03 ★★★★★
용해, 용접, 담금질, 가열 등에 가장 적합한 가열방식은?
① 복사가열 ② 유도가열
③ 저항가열 ④ 유전가열

Explanation

• 유도가열 : 히스테리시스손과 와류손에 의한 가열
   반도체 정련, 금속의 표면처리, 단결정제조 등에 사용
• 유전가열 : 유전체손에 의한 가열
   목재의 접착, 비닐막 접착, 플라스틱 성형 등에 사용

【답】②

04 ★★☆☆☆
서로 관계 깊은 것들끼리 짝지은 것이다. 틀린 것은?
① 유도가열 : 와전류손 ② 표면가열 : 표피효과
③ 형광등 : 스토크스 정리 ④ 열전온도계 : 톰슨효과

Explanation

제벡 효과
• 두 종류의 금속을 접합하여 폐회로를 만들고 두 접합점 사이어 온도차를 주면 열기전력이 생겨서 전류가 흐르는 현상
• 열전온도계의 원리

【답】④

05 ★☆☆☆☆ 평균 수평광도는 200[cd], 구면 확산률이 0.8일 때 구광원의 전광속은 약 몇 [lm]인가?

① 2,009
② 2,060
③ 2,260
④ 3,060

> **Explanation**

광속
- 구광원 : $F = 4\pi I$
- 원통광원 : $F = \pi^2 I$
- 평판광원 : $F = \pi I$

구광원 $F = 4\pi I = 4\pi \times 200 \times 0.8 = 2,009$ [lm]

【답】①

06 ★★★☆☆ 복사속의 단위로 옳은 것은?

① [sr]
② [W]
③ [lm]
④ [cd]

> **Explanation**

복사속 : 단위시간에 어느 면을 통과하는 복사 에너지의 양으로, 단위는 와트[W]

【답】②

07 ★★★☆☆ 고주파 유전가열에서 피열물의 단위 체적당 소비전력[W/cm³]은? 단, E[V/cm]는 고주파 전계, δ는 유전체 손실각, f는 주파수, ϵ_s는 비유전율이다.

① $\dfrac{5}{9} Ef\epsilon_s \tan\delta \times 10^{-9}$
② $\dfrac{5}{9} Ef\epsilon_s \tan\delta \times 10^{-10}$
③ $\dfrac{5}{9} E^2 f\epsilon_s \tan\delta \times 10^{-8}$
④ $\dfrac{5}{9} E^2 f\epsilon_s \tan\delta \times 10^{-12}$

> **Explanation**

유전가열 : 유전체손($P_c = \omega C E^2 \tan\delta$)에 의한 가열
　　　　　목재의 접착, 비닐막 접착, 플라스틱 성형 등에 사용

여기서, 유전체손 $P_c = \omega C E^2 \tan\delta = \dfrac{5}{9} f\epsilon_s E^2 \tan\delta \times 10^{-12}$ [W/cm3]

【답】④

08 ★★★★★ 1,000[lm]인 광속을 발산하는 전등 10개를 500[m²] 방에 점등하였다. 평균 조도는 약 몇 [lx]인가? 단, 조명률은 0.5이고 감광보상률이 1.5이다.

① 1.67
② 2.52
③ 6.67
④ 60

> **Explanation**

$FUN = ESD$에서

조도 $E = \dfrac{FUN}{SD} = \dfrac{1,000 \times 0.5 \times 10}{500 \times 1.5} = 6.67$ [lx]

【답】③

09 SCR 각 단자에 접속되는 전압극성이 옳게 표기된 것은?

① A⊕ ─▷│─ K⊖ G⊕
② A⊖ ─▷│─ K⊕ G⊕
③ A⊕ ─▷│─ K⊖ G⊖
④ A⊖ ─▷│─ K⊕ G⊕

Explanation

SCR(Silicon Controlled Rectifier) : P 게이트 사이리스터
전원공급 방법 : 애노드⊕, 캐소드⊖, 게이트⊕

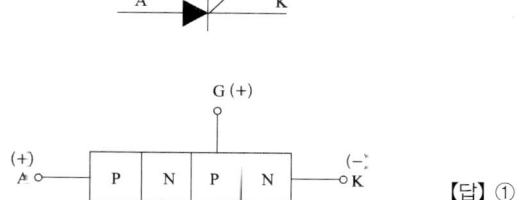

【답】①

10 직접조명의 장점이 아닌 것은?

① 설비비가 저렴하며 설계가 단순하다.
② 그늘이 생기므로 물체의 식별이 입체적이다.
③ 조명률이 크므로 소비전력은 간접조명의 1/2~1/3이다.
④ 등기구의 사용을 최소화하여 조명효과를 얻을 수 있다.

Explanation

직접 조명
• 하향 광속 : 90~100[%]
• 조명률이 크므로 소비전력은 간접조명의 1/2~1/3이다.
• 설비비가 저렴하며 설계가 단순하다.
• 그늘이 생기므로 물체의 식별이 입체적이다.

【답】④

11 생산 공정이나 기계장치 등에 이용하는 자동제어의 필요성이 아닌 것은?

① 노동 조건의 향상
② 제품의 생산속도를 증가
③ 제품의 품질향상, 균일화, 불량품 감소
④ 생산설비에 일정한 힘을 가하므로 수명 감소

Explanation

자동제어의 필요성
• 제품의 생산속도를 증가
• 제품의 품질향상, 균일화, 불량품 감소
• 노동 조건의 향상

【답】④

12 아래에서 금속의 이온화 경향이 가장 큰 것은?

① Ag ② Pb ③ Na ④ Sn

Explanation

이온화(수소보다 반응성이 큰 원소들은 산성과 반응해 수소 기체를 발생) 경향
이온화 경향이 가장 큰 물질
칼륨 > 칼슘 > 나트륨 > 마그네슘 > 알루미늄 > 아연 > 철 > 니켈 > 주석 > 납

【답】③

13 20[℃]의 물 5[ℓ]를 용기에 넣어 1[kW]의 전열기로 가열하여 90[℃]로 하는 데 40분 걸렸다. 이 전열기의 효율은 약 몇 [%]인가?

① 46
② 51
③ 56
④ 61

> **Explanation**

전열기 효율 $\eta = \dfrac{\text{열}}{\text{전기}} \times 100 = \dfrac{cm\theta}{860Pt} \times 100$ 에서

여기서 P[kW], t[h]

$\eta = \dfrac{cm\theta}{860Pt} \times 100 = \dfrac{1 \times 5 \times (90-20)}{860 \times 1 \times \dfrac{40}{60}} \times 100 = 61[\%]$

【답】 ④

14 유도전동기를 기동하여 각속도 ω_s에 이르기까지 회전자에서의 발열손실 Q[J]를 나타낸 식은? 단, J는 관성모멘트이다.

① $Q = \dfrac{1}{2}J\omega_s$
② $Q = \dfrac{1}{2}J\omega_s^2$
③ $Q = \dfrac{1}{2}J^2\omega_s$
④ $Q = \dfrac{1}{2}J^2\omega_s^2$

> **Explanation**

뉴턴의 제2법칙에 따라 에너지를 구하면

$W = \dfrac{1}{2}m \cdot v^2$[J] 여기서, $v = r\omega$[m/s]

$W = \dfrac{1}{2}m(r\omega)^2 = \dfrac{1}{2}mr^2\omega^2 = \dfrac{1}{2}J\omega^2$[J] 여기서, 관성모멘트 $J = mr^2$[kg·m²]

【답】 ②

15 플라즈마 용접의 특징이 아닌 것은?

① 비드(bead) 폭이 좁고 용입이 깊다.
② 용접속도가 빠르고 균일한 용접이 된다.
③ 가스의 보호가 충분하며, 토치의 구조가 간단하다.
④ 플라즈마 아크의 에너지 밀도가 커서 안정도가 높다.

> **Explanation**

플라즈마 제트(Plasma jet) 용접의 특징
• 용접 속도가 빠르다.
• 비이드(bead) 폭이 좁고 용입이 깊다.
• 에너지 밀도가 커서 안정도가 높고 보유 열량이 크다.
• 용접 속도가 빠르고 균일한 용접이 된다.

【답】 ③

16 광속 계산의 일반식 중에서 직선 광원(원통)에서의 광속을 구하는 식은 어느 것인가? 단, I_0는 최대 광도, I_{90}은 $\theta = 90°$ 방향의 광도이다.

① πI_0
② $\pi^2 I_{90}$
③ $4\pi I_0$
④ $4\pi I_{90}$

> **Explanation**

광속

- 구광원 : $F = 4\pi I$
- 원통광원 : $F = \pi^2 I$
- 평판광원 : $F = \pi I$

【답】②

17 망간건전지에 대한 설명으로 틀린 것은?
① 1차 전지이다.
② 공칭전압이 1.5[V]이다.
③ 음극으로 아연이 사용된다.
④ 양극으로 이산화망간이 사용된다.

Explanation

망간건전지(르클랑세 건전지, 보통건전지)
- 양극 : 이산화망간에 흑연가루 혼합
- 감극제 : 이산화망간(MnO_2)
- 음극 활성 물질 : 아연(Zn)
- 전해액 : 염화암모늄(NH_4Cl)
- 사용처 : 휴대용 라디오, 손전등, 완구, 시계 등

【답】 전항정답

18 3상 반파 정류 회로에서 변압기의 2차 상전압 220[V]를 SCR로써 제어각 $\alpha = 60°$로 위상제어 할 때 약 몇 [V]의 직류전압을 얻을 수 있는가?
① 108.7
② 118.7
③ 128.7
④ 138.7

Explanation

SCR의 위상 제어
- 3상 반파 정류 회로 $E_d = \dfrac{3\sqrt{6}}{2\pi} E\cos\alpha = 1.17 E\cos\alpha = 1.17 \times 220 \times \cos 60° = 128.7[V]$

【답】③

19 기동토크가 가장 큰 단상 유도전동기는?
① 반발 기동전동기
② 분상 기동전동기
③ 콘덴서 기동전동기
④ 셰이딩코일형 전동기

Explanation

단상유도전동기(기동토크가 큰 순서)
반발 기동형 > 반발 유도형 > 콘덴서 기동형 > 분상 기동형 > 셰이딩코일형 > 모노사이클릭형

【답】①

20 물체의 위치, 방향 및 자세 등의 기계적 변위를 제어량으로 해서 목표 값의 임의의 변화에 추종하도록 구성된 제어계는?
① 자동 조정
② 서보 기구
③ 프로세스 제어
④ 프로그램 제어

Explanation

제어량에 의한 분류
① 서보 기구(servo mechanism) : 위치, 방향, 자세, 거리, 각도 등
② 프로세스 제어(process control) : 밀도, 농도, 온도, 압력, 유량, 습도 등
③ 자동 조정(auto regulating) : 속도, 전위, 전류, 힘, 주파수

【답】②

2과목　전력공학

21 ★★★★★
전력계통에서 인터록(interlock)의 설명으로 적합한 것은?
① 차단기와 단로기는 각각 열리고 닫힌다.
② 차단기가 열려 있어야만 단로기를 닫을 수 있다.
③ 차단기가 닫혀 있어야만 단로기를 닫을 수 있다.
④ 차단기의 접점과 단로기의 접점이 동시에 투입될 수 있다.

Explanation

인터록(Interlock) : 차단기가 열려 있어야 단로기 조작 가능
- 투입 시 : DS – CB 순
- 차단 시 : CB – DS 순

【답】②

22 ★★★★☆
전력용 조상설비 중 무효전력 흡수를 진상과 지상 양용으로 할 수 있는 것은?
① 동기 조상기　　　② 분로리액터
③ 직렬리액터　　　④ 전력용콘덴서

Explanation

조상설비 비교

	진상	지상	시충전(시송전)	조정	전력손실	증설
전력용 콘덴서	O	×	×	단계적	적다	가능
분로 리액터	×	O	×	단계적	적다	가능
동기 조상기	O	O	O	연속적	크다	불가능

【답】①

23 ★★★★☆
지중선로는 가공선로와 비교하여 인덕턴스와 정전용량이 어떠한가?
① 인덕턴스, 정전용량이 모두 크다.　　② 인덕턴스, 정전용량이 모두 작다.
③ 인덕턴스는 크고, 정전용량은 작다.　　④ 인덕턴스는 작고, 정전용량은 크다.

Explanation

지중선 계통은 가공선 계통에 비해서 선간거리가 훨씬 적다. 그러므로

인덕턴스 $L = 0.05 + 0.4605 \log_{10} \dfrac{D}{r}$ [mH/km]

정전용량 $C = \dfrac{0.02413}{\log_{10} \dfrac{D}{r}}$ [μF/km]이므로

지중선의 선간거리 D가 가공선보다 적으므로 인덕턴스는 작고 정전용량은 크다.

【답】④

24 ★★★☆☆
수력발전소의 저수지 용량 등을 결정하는 데 사용되는 것으로 가장 적합한 것은?
① 유량도　　　② 유황곡선
③ 수위 유량곡선　　　④ 적산 유량곡선

Explanation

적산 유량곡선
- 매일의 수량을 차례로 적산해서 가로축에 일수를, 세로축에 적산 수량을 그린 그림
- 수력 발전소의 댐(Dam)의 설계 및 저수지의 용량 등을 결정하는 데 사용

【답】④

25 옥내 저압배선에서 전선의 굵기를 결정하는 주요 요인이 아닌 것은?

① 허용전류
② 단락전류
③ 전압강하
④ 기계적 강도

Explanation

켈빈의 법칙 : 경제적인 전선의 굵기 선정
- 허용전류(가장 중요)
- 기계적 강도
- 전압강하

【답】②

26 가공전선로의 전선 진동을 방지하기 위한 방법으로 틀린 것은?

① 경동선을 ACSR로 교환
② 아마로드(Armour Rod)로 전선 보강
③ 토쇼널 댐퍼(Torsional Damper)의 설치
④ 스톡 브리지 댐퍼(Stock Bridge Damper)의 설치

Explanation

- 가볍고 긴 전선로는 풍압에 의해 진동이 발생한다.
- 댐퍼, 아마로드 : 전선의 진동 방지

【답】①

27 그림과 같이 지선을 설치하여 전주에 가해지는 수평장력 600[kg]을 지지하고 있다. 지선으로 4[mm]의 철선을 사용하면 철선은 최소 몇 가닥이 필요한가? 단, 이 철선의 허용하중은 440[kg], 안전율은 2.5이다.

① 6
② 7
③ 8
④ 9

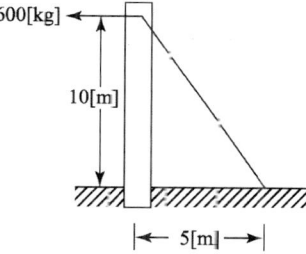

Explanation

【답】③

28 3상 3선식 1회선의 가공 송전선로에서 D를 등가 선간거리, r을 전선의 반지름이라고 하면 1선당 작용정전용량은?

① $\dfrac{D}{r}$에 비례한다.
② $\dfrac{D}{r}$에 반비례한다.
③ $\log_{10}\dfrac{D}{r}$에 비례한다.
④ $\log_{10}\dfrac{D}{r}$에 반비례한다.

Explanation

작용정전용량 $C = \dfrac{0.02413}{\log_{10} \dfrac{D}{r}} [\mu F/Km]$ 이므로

작용정전용량은 $\log_{10} \dfrac{D}{r}$ 에 반비례한다.

【답】④

29. 전력케이블의 고장점 탐색방법 중 휘스톤 브리지의 평형상태를 이용하여 고장점을 측정하는 방법은?

① 수색 코일법
② 펄스 측정법
③ 머레이 루프법
④ 정전용량 측정법

Explanation

지중 케이블 고장점 탐색
- 머레이 루프법(휘스톤 브리지의 원리 이용)
- 정전용량법
- 수색 코일법
- 펄스법
- 음향법

【답】③

30. 페란티 효과의 발생 원인은?

① 선로의 저항
② 선로의 정전용량
③ 선로의 인덕턴스
④ 선로의 누설컨덕턴스

Explanation

페란티 현상
- 무부하(경부하)시 송전단 전압보다 수전단 전압이 커지는 현상
- **선로의 정전용량에 의해서 발생**
- 방지법 : 분로리액터(Sh.R)

【답】②

31. 소호리액터를 송전계통에 사용하면 리액터의 인덕턴스와 선로의 정전용량이 어떤 상태가 되어 지락전류를 소멸시키는가?

① 병렬공진
② 직렬공진
③ 고 임피던스
④ 저 임피던스

Explanation

소호리액터접지
- $L-C$ **병렬공진**(지락전류가 최소)
- 1선 지락 시 건전상의 전위 상승 최대($\sqrt{3}$ 배 이상)
- 과도안정도 우수
- 전자유도장해 최소

【답】①

32. 중성점 직접접지 방식의 특징 중 틀린 것은?

① 과도안정도가 좋다.
② 변압기의 단절연이 가능하다.
③ 절연레벨을 저하시킬 수 있다.
④ 정격전압이 낮은 피뢰기를 사용할 수 있다.

Explanation

직접접지 방식의 특징
- 1선 지락 시 건전상의 대지전압 상승이 가장 낮다(절연레벨 경감).
- 중성점을 0전위로 유지 가능(단절연 가능)

- 보호계전기 동작이 확실하다.
- 정격이 낮은 피뢰기 사용 가능
- 통신선의 유도장해가 크다.
- **과도안정도가 낮다**(최저).

【답】①

33. 단상 2선식 배전선의 전선 총량을 100[%]라 할 때 3상 3선식과 단상 3선식의 전선의 총량은 각각 몇 [%]인가? 단, 선간전압, 공급전력, 전력손실 및 배전거리는 같으며, 중성선의 굵기는 외선과 같다고 한다.

① 3상 3선식 : 37.5[%], 단상 3선식 : 75[%]
② 3상 3선식 : 50[%], 단상 3선식 : 75[%]
③ 3상 3선식 : 75[%], 단상 3선식 : 37.5[%]
④ 3상 3선식 : 100[%], 단상 3선식 : 37.5[%]

Explanation

전기 방식별 비교

	소요전선량(중량비)		소요전선량(중량비)
단상 2선식	1	3상 3선식	3/4=0.75
단상 3선식	3/8=0.375	3상 4선식	1/3=0.33

【답】③

34. 루프(환상) 배전방식의 장점은?

① 농촌에 적당하다.
② 전압변동이 적다.
③ 증설이 용이하다.
④ 전선비가 적게 든다.

Explanation

루프(loop) 배전
- 선로의 도중에 고장 발생 시, 고장 개소의 분리 조작이 용이
- 전력 손실과 전압강하가 적다.

【답】②

35. 유효낙차 400[m]의 수력발전소에서 펠턴수차의 노즐에서 분출하는 물의 속도를 이론값의 0.95배로 한다면 물의 분출속도는 약 몇 [m/s]인가?

① 42.3
② 59.5
③ 62.6
④ 34.1

Explanation

물의 분출속도(토리첼리의 법칙)
$v = C_v \sqrt{2gH}$
$= 0.95 \times \sqrt{2 \times 9.8 \times 400} = 84.1 [m/s]$

【답】④

36. 송배전 선로에 사용하는 직렬 콘덴서에 대한 설명으로 옳은 것은?

① 최대 송전전력이 감소하고 정태 안정도가 감소된다.
② 부하의 변동에 따른 수전단의 전압변동률은 증대된다.
③ 선로의 유도 리액턴스를 보상하고 전압강하를 감소시킨다.
④ 송·수 양단의 전달 임피던스가 증가하고 안정극한전력이 감소한다.

Explanation

직렬콘덴서(직렬축전지)는 유도 리액턴스에 의한 선로의 전압강하 보상용으로 전압변동을 줄이고 정태안정도 개선용으로 사용한다. 따라서 역률 개선에는 큰 영향이 되지 않는다.

【답】③

37 단상 2선식 110[V] 저압배전선로를 단상 3선식 110/220[V]로 변경할 때 부하의 크기 및 공급전압을 일정하게 하고 또 부하를 평형시켰을 때 전선로의 전압강하율은 변경 전에 비하여 어떻게 되는가?

① $\dfrac{1}{2}$ ② $\dfrac{1}{3}$
③ $\dfrac{1}{4}$ ④ $\dfrac{1}{5}$

Explanation

단상 3선식의 특징(110/220의 두 종의 전원으로 전압이 2배 상승)
- 전압강하 $e \propto \dfrac{1}{V} = \dfrac{1}{2}$
- 전압강하율 $\delta \propto \dfrac{1}{V^2} = \dfrac{1}{4}$

【답】③

38 154[kV] 송전선로의 철탑에 90[kA]의 직격전류가 흐를 때 역섬락을 일으키지 않을 탑각 접지저항으로 적합한 것은? 단, 154[kV]의 송전선에서 1련의 애자수는 9개를 사용하였고, 이 때 애자의 섬락전압은 860[kV]이다.

① 9 ② 14
③ 17 ④ 21

Explanation

탑각 접지저항 = $\dfrac{\text{애자의 섬락 전압}}{\text{뇌전류}} = \dfrac{860}{90} ≒ 9.6[\Omega]$

이 저항보다 커지면 역섬락이 발생하게 된다.

【답】①

39 200[V], 10[kVA]인 3상 유도전동기가 있다. 어느 날의 부하 실적은 1일의 사용전력량이 72[kWh], 1일의 최대 전력이 9[kW], 최대 부하일 때의 전류가 35[A]이었다. 1일의 부하율과 최대 공급전력일 때의 역률은 약 몇 [%]인가?

① 부하율 : 31.3, 역률 : 74.2 ② 부하율 : 31.3, 역률 : 82.5
③ 부하율 : 33.3, 역률 : 74.2 ④ 부하율 : 33.3, 역률 : 82.5

Explanation

부하율 = $\dfrac{\text{평균 전력}}{\text{최대 수용 전력}} \times 100 = \dfrac{\text{사용전력량/시간}}{\text{최대 수용 전력}} \times 100[\%]$

$= \dfrac{\frac{72}{24}}{90} \times 100 = 33.33[\%]$

최대 전력 $P = \sqrt{3}\,VI\cos\theta = \sqrt{3} \times 200 \times 35 \times \cos\theta = 9{,}000[W]$

따라서 역률 $\cos\theta = \dfrac{9{,}000}{\sqrt{3} \times 200 \times 35} \times 100 = 74.23[\%]$

【답】③

40 전력선과 통신선과의 상호 인덕턴스에 의하여 발생되는 유도장해는?

① 정전유도장해 ② 전자유도장해
③ 고조파 유도장해 ④ 전자파 유도장해

Explanation

- 전자유도장해의 원인 : 상호 인덕턴스, 영상전류
- 정전유도장해의 원인 : 상호 정전용량, 영상전압

【답】②

3과목 전기기기

41 용량 P[kVA]인 동일 정격의 단상변압기 4대로 낼 수 있는 3상 최대 출력용량은?

① $3P$
② $\sqrt{3}P$
③ $2\sqrt{3}P$
④ $3\sqrt{3}P$

Explanation

단상 변압기 2대로 3상을 공급하려면 V결선하여야 하며
4대의 경우 V결선 2-Bank로 구성하면
V결선 변압기의 출력 $P_V = \sqrt{3}K$ 여기서, K는 변압기 1대 용량
따라서 $P = \sqrt{3}K \times 2 = 2\sqrt{3}K$

【답】③

42 직류기의 효율이 최대가 되는 경우는?

① 고정손 = 부하손
② 전부하동손 = 철손
③ 기계손 = 전기자동손
④ 와류손 = 히스테리시스손

Explanation

직류기의 최대 효율 조건
고정손(무부하손) = 가변손(부하손)

【답】①

43 변압기 여자전류에 가장 많이 포함되어 있으며, 3상 결선에서 계통의 과전압과 통신선로에 간섭을 일으키는 고조파는?

① 제2고조파
② 제3고조파
③ 제4고조파
④ 제5고조파

Explanation

변압기 여자전류에 가장 많이 포함된 파형은 제3고조파이므로 기본파를 포함한 왜형파이다.

【답】②

44 직류기의 전기자 반작용에 대한 설명이 옳은 것은?

① 전기자 반작용을 방지하기 위해 보상권선의 전류 방향을 전기자 전류의 방향과 동일하게 한다.
② 전기자 반작용이란 전기자 전류에 의한 자속이 계자자속에 영향을 미쳐 공극에서의 자속분포가 변하는 현상을 말한다.
③ 전기자 반작용을 방지하기 위해 전동기의 경우 브러시를 새로운 중성점으로 회전방향과 같은 방향으로 이동시켜야 한다.
④ 전기자 반작용을 방지하기 위해 발전기의 경우 브러시를 새로운 중성점으로 회전방향과 반대 방향으로 이동시켜야 한다.

Explanation

전기자 반작용
• 전기자 전류에 의한 전기자 기자력이 계자 기자력에 영향을 미치는 현상(주자속이 감소하는 현상)
 - 편자 작용
  감자 작용 : 전기자 기자력이 계자 기자력에 반대 방향으로 작용하여 자속이 감소
  교차자화 작용 : 전기자 기자력이 계자 기자력에 수직방향으로 작용하여 자속분포가 일그러짐
 - 전기적중성축 이동 : 보극이 없는 직류기는 브러시를 이동
 - 국부적으로 섬락 발생 : 공극의 자속분포 불균형으로 섬락(불꽃) 발생

• 전기자 반작용의 방지 대책 : 보상권선 및 보극(보극은 보상권선을 사용하는 경우에 효과가 있으므로 보극 단독으로는 전기자 반작용에는 효과가 적고 종류 개선용으로 효과가 있다.)

【답】②

45 ★★★☆☆
단상 직권 정류자전동기에 전기자 권선의 권수를 계자 권수에 비해 많게 하는 이유가 아닌 것은?

① 역률 저하를 방지하기 위하여
② 속도 기전력을 크게 하기 위하여
③ 변압기 기전력을 크게 하기 위하여
④ 주자속을 작게 하고 토크를 증가시키기 위하여

Explanation

단상 직권 정류자 전동기=만능 전동기(직·교류 양용)
• 종류 : 직권형, 보상형, 유도보상형
• 특징
  – 성층 철심, **역률 및 정류 개선을 위해 약계자, 강전기자형으로 함**
  – 역률 개선을 위해 보상권선 설치
  – 회전속도를 증가시킬수록 역률이 개선
• 용도 : 75[W] 정도 이하의 소형 공구, 영사기, 치과 의료용으로 사용

【답】③

46 ★★★★★
병렬운전을 하고 있는 두 대의 3상 동기 발전기 사이에 무효 순환전류가 흐르는 경우는?

① 부하의 증가
② 부하의 감소
③ 원동기 출력의 감소
④ 기전력 크기의 변화

Explanation

동기 발전기의 병렬운전 조건

기전력의 크기가 같을 것	무효 순환전류(무효횡류)
기전력의 위상이 같을 것	동기화 전류(유효횡류)
기전력의 주파수가 같을 것	난조 발생
기전력의 파형이 같을 것	고조파 무효순환전류
상회전 방향이 같을 것(3상)	

【답】④

47 ★★☆☆☆
실리콘 제어정류기의 게이트 전류에 관한 설명으로 옳은 것은?

① 게이트 전류를 증가시키면 순방향 차단 전압은 감소한다.
② 게이트 전류를 증가시키면 순방향 차단 전압은 변함없다.
③ 게이트 전류를 감소시키면 브레이크 오버 전압은 감소한다.
④ 게이트 전류를 감소시키면 브레이크 오버 전압은 변함없다.

Explanation

게이트 전류를 증가시키면 순방향 차단 전압은 감소한다.

【답】①

48 ★☆☆☆☆
유도전동기로 직류발전기를 회전시킬 때, 직류발전기의 부하를 증가시키면 유도전동기의 속도는?

① 증가한다.
② 감소한다.
③ 변함없다.
④ 동기속도 이상으로 회전한다.

Explanation

부하가 증가되면 직류발전기의 회전속도가 감소하며 직류발전기를 회전시키는 유도전동기의 회전속도도 감소하게 된다.

【답】②

49. 3상 유도전동기의 2차 저항을 m배로 하면 동일하게 n배로 되는 것은?

① 역률
② 전류
③ 슬립
④ 토크

Explanation

비례추이의 원리 : 권선형 유도전동기
- 최대 토크는 불변, 최대 토크의 발생 슬립은 변화
  (2차 저항이 증가하면 토크 곡선 등이 슬립이 증가하는 방향으로 2차 저항에 비례하여 이동)
- 기동전류는 감소하고 기동토크는 증가

【답】③

50. 동기발전기의 부하 포화곡선에 대한 설명 중 옳은 것은?

① 무부하시의 유기기전력과 계자전류의 관계를 나타낸 곡선
② 발전기를 정격속도로 운전하여 일정 역률, 일정 부하를 인가할 때 단자전압과 계자전류의 관계를 나타낸 곡선
③ 중성점을 제외한 전 단자를 단락하고 정격속도로 운전하여 계저잔류를 0에서부터 서서히 증가시키는 경우 단락전류와 계자전류의 관계를 나타낸 곡선
④ 발전기를 정격속도로 운전하고 지정된 정격전류에서 정격전압이 되도록 계자전류를 조정한 후 계자전류를 그대로 유지하면서 단자전압과 부하전류의 관계를 나타낸 곡선

Explanation

동기발전기의 특성
- 무부하 포화곡선 : $E-I_f$ (유기기전력과 계자전류) 관계 곡선
- **부하포화곡선** : $V-I_f$ (단자전압과 계자전류) 관계 곡선

【답】②

51. 3상 동기발전기에 평형 3상 전류가 흐를 때 전기자 반작용은 이 전류가 기전력에 대하여 (A) 때 감자작용이 되고 (B) 때 증자작용이 된다. A, B에 적당한 것은?

① A : 90° 뒤질, B : 동상일
② A : 90° 뒤질, B : 90° 앞설
③ A : 90° 앞설, B : 90° 뒤질
④ A : 동상일, B : 90° 뒤질

Explanation

동기기의 전기자 반작용
- 횡축 반작용(교차자화작용) : 전기자 전류가 유기기전력과 동위상. 크기는 $I\cos\theta$
- 직축 반작용(발전기 : 전동기는 반대)
  - 감자작용 : 전기자 전류가 유기기전력보다 위상이 $\pi/2$ 뒤질 때
  - 증자작용 : 전기자 전류가 유기기전력보다 위상이 $\pi/2$ 앞설 때

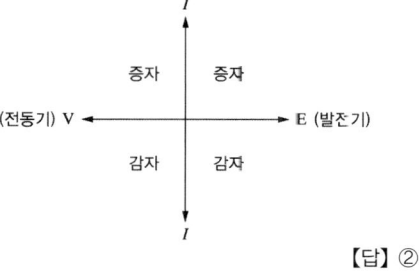

【답】②

52. 직류에서 교류로 변환하는 기기는?

① 초퍼
② 인버터
③ 회전 변류기
④ 사이클로 컨버터

Explanation

전력변환장치

- 사이클로 컨버터 : AC전력을 증폭(제어 정류기를 사용한 주파수 변환기)
- AC → DC : 정류기(컨버터)
- **DC → AC : 인버터**
- DC → DC : 초퍼

【답】②

53
★☆☆☆☆ 자기용량 10[kVA]의 단권변압기를 그림과 같이 접속하였을 때 부하역률이 80[%]라면 부하에 몇 [kW]의 전력을 공급할 수 있는가?

① 55
② 66
③ 77
④ 88

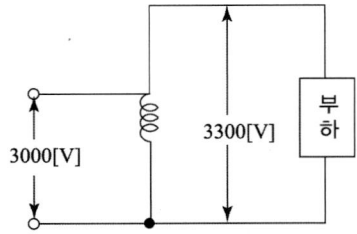

Explanation

$$\frac{\text{자기용량}}{\text{부하용량}} = \frac{e_2 I_2}{V_h I_2} = \frac{e_2}{V_h} = \frac{V_h - V_l}{V_h}$$

부하용량 $= \frac{V_h}{e_2} \times \text{자기용량} = \frac{V_h}{V_h - V_l} \times \text{자기용량}$

$= \frac{3,300}{3,300 - 3,000} \times 10 = 110 [\text{kVA}]$

부하전력 $P = P_a \times \cos\theta = 110 \times 0.8 = 88 [\text{kW}]$

【답】④

54
★★☆☆☆ 무부하 전동기는 역률이 낮지만 부하가 증가하면 역률이 커지는 이유는?

① 전류 증가
② 효율 증가
③ 전압 감소
④ 2차 저항 증가

Explanation

유도전동기의 무부하 전류는 대부분의 자화전류이므로 $I_\phi = \frac{V}{\omega L}$ 에서
따라서 무부하 시 역률이 저하된다.

【답】①

55
★★☆☆☆ 4극 3상 유도전동기를 60[Hz]의 전원에 접속하여 운전하고 있다. 회전자의 주파수가 3[Hz]일 때의 회전자 속도 [rpm]는?

① 1,700
② 1,710
③ 1,720
④ 1,730

Explanation

회전 시 주파수 $f_{2s} = sf_1$ 에서

슬립 $s = \frac{f_{2s}}{f_1} = \frac{3}{60} = 0.05$

$N = (1-s)N_s = (1-s)\frac{120f}{p} = (1-0.05) \times \frac{120 \times 60}{4} = 1,710[\text{rpm}]$

【답】②

56 변압기 절연물의 열화 정도를 파악하는 방법이 아닌 것은?

① 유전정접시험 ② 절연내력시험
③ 절연저항 측정시험 ④ 권선저항 측정시험

Explanation

절연물의 열화 판정법
- 유전정접시험
- 절연저항 측정시험
- 절연내력시험

여기서, 권선저항 측정은 등가회로 구성 시 측정하는 것

【답】④

57 동기발전기의 돌발단락전류를 제한하는 것은?

① 권선저항 ② 누설리액턴스
③ 역상리액턴스 ④ 동기리액턴스

Explanation

단락 초기에는 전기자 반작용이 순간적으로 나타나지 않기 때문에 막대한 과도전류가 흐르고, 수 초 후에는 영구단락 전류 값에 이르게 된다.
- 돌발단락전류 : 누설리액턴스가 제한
- 지속단락전류 : 동기리액턴스가 제한

【답】②

58 직류전동기 중 부하가 변하면 속도가 심하게 변하는 전동기는?

① 직류 분권전동기 ② 직류 직권전동기
③ 차동 복권전동기 ④ 가동 복권전동기

Explanation

직류전동기의 종류

직권	▶ 변속도 전동기(전기철도용 전동차에 적합) ▶ 부하에 따라 속도가 심하게 변한다. ▶ +, - 극성을 반대로 하면 ⇨ 회전 방향이 불변 ▶ 위험 상태 ⇨ 정격 전압, 무부하 상태 ▶ $T \propto I^2 \propto \dfrac{1}{N^2}$

【답】②

59 △결선 변압기의 1대가 고장으로 제거되어 V결선으로 할 때 공급할 수 있는 전력은 고장 전 전력의 몇 [%]인가?

① 57.7 ② 66.7
③ 75.0 ④ 81.6

Explanation

V결선 변압기의 출력 $P_V = \sqrt{3}\,K$ 여기서, K는 변압기 1대 용량

V 결선 출력비 $= \dfrac{V결선의 출력}{\triangle결선의 출력} = \dfrac{\sqrt{3}\,K}{3K} \times 100 = 57.7[\%]$

【답】①

60. 4극 60[Hz]의 정류자 주파수 변환기가 1,440[rpm]으로 회전할 때의 주파수는 몇 [Hz]인가?

① 8
② 10
③ 12
④ 15

Explanation

$$N_s = \frac{120f}{p} = \frac{120 \times 60}{4} = 1,800[\text{rpm}]$$

슬립 $s = \dfrac{N_s - N}{N_s} = \dfrac{1,800 - 1,440}{1,800} = 0.2$

회전 시 주파수 $f_{2s} = sf_1 = 0.2 \times 60 = 12[\text{Hz}]$

【답】③

4과목 회로이론

61. 전달함수에 대한 설명으로 틀린 것은?

① 전달함수가 s가 될 때 적분요소라 한다.
② 전달함수는 $\dfrac{\text{출력 라플라스 변환}}{\text{입력 라플라스 변환}}$ 으로 정의된다.
③ 어떤 계의 전달함수의 분모를 0으로 놓으면 이것이 곧 특성방정식이 된다.
④ 어떤 계의 전달함수는 그 계에 대한 임펄스 응답의 라플라스 변환과 같다.

Explanation

제어요소의 전달함수

비례 요소	$G(s) = K$
적분 요소	$G(s) = \dfrac{K}{s}$
미분 요소	$G(s) = Ks$

【답】①

62. 다음과 같은 전기회로의 입력을 e_i, 출력을 e_o라고 할 때 전달함수는? 단, $T = \dfrac{L}{R}$ 이다.

① $Ts + 1$
② $Ts^2 + 1$
③ $\dfrac{1}{Ts + 1}$
④ $\dfrac{Ts}{Ts + 1}$

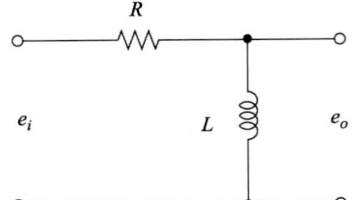

Explanation

전압비 전달함수는 임피던스비이므로

$$G(s) = \frac{V_o(s)}{V_i(s)} = \frac{Ls}{R + Ls} = \frac{\frac{L}{R}s}{1 + \frac{L}{R}s} = \frac{Ts}{1 + Ts}$$

【답】④

63

$R-L$ 직렬회로에 직류전압을 가했을 때 흐르는 전류가 정상전류 $I = \dfrac{E}{R}$의 70[%]에 도달하는 데 걸리는 시간은? 단, τ은 시정수이다.

① $t = 0.7\tau$
② $t = 1.1\tau$
③ $t = 1.2\tau$
④ $t = 1.4\tau$

Explanation

$R-L$ 직렬회로에서 직류 기전력 인가 시의 전류

$i(t) = \dfrac{E}{R}(1 - e^{-\frac{R}{L}t})$ [A]

직류 기전력 인가 시 흐르는 전류
$t = \tau \rightarrow i(t) = 0.632\dfrac{E}{R}$
$t = 1.2\tau \rightarrow i(t) = 0.7\dfrac{E}{R}$
$t = 3\tau \rightarrow i(t) = 0.95\dfrac{E}{R}$

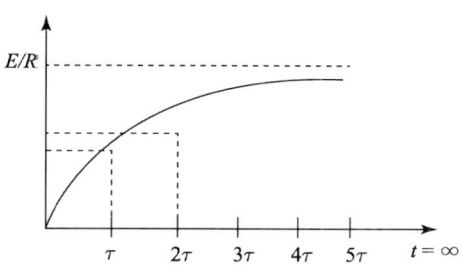

【답】③

64

$f(t) = 10[u(t-3) - u(t-5)]$를 라플라스 변환하면 어떻게 되는가?

① $\dfrac{10}{s}(e^{3s} + e^{-5s})$
② $\dfrac{10}{s}(e^{-3s} - e^{-5s})$
③ $\dfrac{10}{s}(e^{-3s} + e^{-5s})$
④ $\dfrac{10}{s}(e^{-3s} - e^{5s})$

Explanation

라플라스 변환의 시간이동정리를 적용하여
$f(t) = 10[u(t-3) - u(t-5)]$
$\mathcal{L}[f(t)] = \mathcal{L}[10[u(t-a) - u(t-b)]] = \dfrac{10}{s}e^{-3s} - \dfrac{10}{s}e^{-5s} = \dfrac{10}{s}(e^{-3s} - e^{-5s})$

【답】②

65

$V_a = 3$[V], $V_b = 2 - j3$[V], $V_c = 4 + j3$[V]를 3상 불평형 전압이라고 할 때 영상전압 [V]은?

① 0
② 3
③ 9
④ 2^7

Explanation

대칭좌표법에서
$\begin{bmatrix} V_0 \\ V_1 \\ V_2 \end{bmatrix} = \dfrac{1}{3} \begin{bmatrix} 1 & 1 & 1 \\ 1 & a & a^2 \\ 1 & a^2 & a \end{bmatrix} \begin{bmatrix} V_a \\ V_b \\ V_c \end{bmatrix}$

영상분 $V_0 = \dfrac{1}{3}(V_a + V_b + V_c) = \dfrac{1}{3}(3 + 2 - j3 + 4 + j3) = 3$

【답】②

66 ★★☆☆☆ $5\dfrac{d^2q(t)}{dt^2} + \dfrac{dq(t)}{dt} = 10\sin t$ 에서 모든 초기 조건을 0으로 하고 라플라스 변환하면 어떻게 되는가? 단, $Q(s)$는 $q(t)$의 라플라스 변환이다.

① $Q(s) = \dfrac{10}{2(s^2+1)}$ ② $Q(s) = \dfrac{10}{(s^2+5)(s^2+1)}$

③ $Q(s) = \dfrac{10}{(5s+1)(s^2+1)}$ ④ $Q(s) = \dfrac{10}{(5s^2+s)(s^2+1)}$

Explanation

모든 초기 조건을 0으로 하고 라플라스 변환하면

$5s^2Q(s) + sQ(s) = \dfrac{10}{s^2+1}$

$(5s^2+s)Q(s) = \dfrac{10}{s^2+1}$

$\therefore Q(s) = \dfrac{10}{(s^2+1)(5s^2+s)}$

【답】 ④

67 ★★★★★ 어떤 회로의 단자전압이 $v(t) = 100\sin\omega t + 40\sin 2\omega t + 30\sin(3\omega t + 60°)$[V]이고 전압강하의 방향으로 흐르는 전류가 $i(t) = 10\sin(\omega t - 60°) + 2\sin(3\omega t + 105°)$[A]일 때 회로에 공급되는 평균 전력 [W]는?

① 271.2 ② 371.2
③ 530.2 ④ 630.2

Explanation

유효전력(평균전력)은 주파수가 같을 때만 발생되므로
따라서 $P = V_1I_1\cos\theta_1 + V_3I_3\cos\theta_3$

$\therefore P = \dfrac{100}{\sqrt{2}} \times \dfrac{10}{\sqrt{2}}\cos 60° + \dfrac{30}{\sqrt{2}} \times \dfrac{2}{\sqrt{2}}\cos 45° = 271.2$[W]

【답】 ①

68 ★★☆☆☆ 그림과 같은 회로망에서 전류를 산출하는 데 옳게 표시한 식은?

① $I_1 + I_2 - I_4 - I_3 = 0$
② $I_1 + I_4 - I_2 - I_3 = 0$
③ $I_1 + I_2 + I_3 + I_4 = 0$
④ $I_1 + I_2 - I_3 + I_4 = 0$

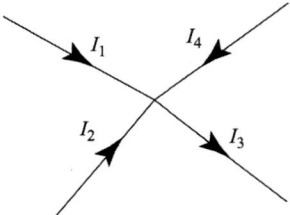

Explanation

키르히호프의 전류 법칙 : 한 점에 흘러 들어오고 흘러 나간 전류의 대수합은 영이다. $\Sigma I = 0$
따라서 $I_1 + I_2 - I_3 + I_4 = 0$

【답】 ④

69 ★★★☆☆ 정현파 사이클의 수학적인 평균값은?

① 0 ② 0.637 × 최대값
③ 0.707 × 최대값 ④ 1.414 × 실효값

Explanation

정현파 교류는 정(+), 부(-)가 대칭이므로 수학적으로 한 주기를 평균하면 0이 된다.
따라서 전기공학에서는 반주기만을 구하여 평균으로 적용하게 된다.

【답】①

70 ★★★★★
대칭 3상 Y부하에서 각 상의 임피던스가 $3+j4[\Omega]$이고 부하전류가 20[A]일 때 이 부하에서 소비되는 유효전력[W]은?

① 1,400
② 2,600
③ 1,800
④ 3,600

Explanation

3상 소비전력 $P=3I_p^2 R$에서
$P=3I_p^2 R = 3 \times 20^2 \times 3 = 3,600[W]$

【답】④

71 ★★☆☆☆
직류 과도현상의 저항 $R[\Omega]$과 인덕턴스 $L[H]$의 직렬회로에 대한 설명으로 틀린 것은?

① 회로의 시정수는 $\tau = \dfrac{L}{R}$ [s]이다.

② 과도 기간에 있어서의 인덕턴스 L의 단자전압은 $V_L(t) = Ee^{-\frac{L}{R}t}$ 이다.

③ 과도 기간에 있어서의 저항 R의 단자전압 $V_R(t) = E(1-e^{-\frac{R}{L}t})$ 이다.

④ $t=0$에서 직류전압 E[V]를 가했을 때 t[s] 후의 전류는 $i(t) = \dfrac{E}{R}(1-e^{-\frac{R}{L}t})$[A]이다.

Explanation

$R-L$ 직렬회로

	$R-L$ 직렬회로	직류 기전력 인가 시 (S/W on)
①	전류 $i(t)$	$i(t) = \dfrac{E}{R}(1-e^{-\frac{R}{L}t})$
②	시정수	$\tau = \dfrac{L}{R}$ [sec]
③	V_R	$V_R = E(1-e^{-\frac{R}{L}t})$
④	V_L	$V_L = Ee^{-\frac{R}{L}t}$

【답】②

72 ★★☆☆☆
대칭 3상 전압을 그림과 같은 평형 부하에 가할 때 부하의 역률은 약 얼마인가? 단, $R = 12[\Omega]$, $\dfrac{1}{\omega C} = 4[\Omega]$이다.

① 0.6
② 0.7
③ 0.8
④ 0.9

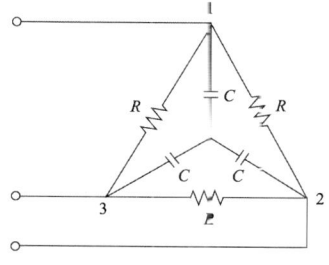

Explanation

△결선과 Y결선이 병렬로 연결된 경우는
△결선의 저항 R을 Y결선으로 바꿔서 등가회로를 구한다.

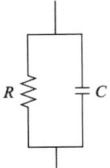

병렬회로의 어드미턴스는 $Y = \frac{1}{4} + j\frac{1}{4}[\mho]$이므로

역률 $\cos\theta = \dfrac{\frac{1}{R}}{\sqrt{\left(\frac{1}{R}\right)^2 + \left(\frac{1}{X}\right)^2}} = \dfrac{R}{\sqrt{R^2 + X^2}} = \dfrac{4}{\sqrt{4^2 + 4^2}} = 0.7$

【답】②

73 ★★☆☆☆ 어떤 회로에서 $i = 10\sin\left(314t - \dfrac{\pi}{6}\right)$[A]의 전류가 흐른다. 이를 복소수로 표시하면?

① $3.54 - j6.12$[A]
② $5 - j17.32$[A]
③ $6.12 - j3.54$[A]
④ $17.32 - j5$[A]

Explanation

교류의 페이저 표시
- 정현파 교류를 크기와 위상으로 표시 $v = v_m \sin(\omega t + \theta)$
- 크기 : 실효값, 위상

따라서 $I = \dfrac{10}{\sqrt{2}} \angle -\dfrac{\pi}{6} = \dfrac{10}{\sqrt{2}}\left(\cos\dfrac{\pi}{6} - j\sin\dfrac{\pi}{6}\right) = 6.12 - j3.54$

【답】③

74 ★★☆☆☆ 다음의 회로에서 입력 임피던스의 Z의 실수부가 $\dfrac{R}{2}$이 되려면 $\dfrac{1}{\omega C}$은? 단, 각주파수는 ω[rad/s] 이다.

① R
② $R\omega$
③ $\dfrac{1}{R}$
④ $\dfrac{\omega}{R}$

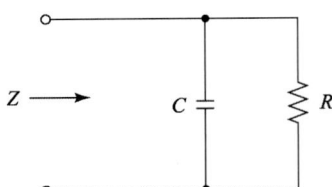

Explanation

【답】①

75 ★★★☆☆ 그림과 같이 주파수 f[Hz]인 교류회로에서 전류 I와 I_R이 같은 값으로 되는 조건은? 단, R은 저항 [Ω], C는 정전용량[F], L은 인덕턴스[H]이다.

① $f = \dfrac{1}{\sqrt{LC}}$ ② $f = \dfrac{2\pi}{\sqrt{LC}}$

③ $f = \dfrac{1}{2\pi\sqrt{LC}}$ ④ $f = 2\pi(LC)^2$

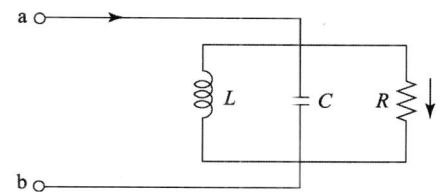

Explanation

병렬 공진 조건

$Y_0 = \dfrac{1}{R} + j\left(\dfrac{1}{X_C} - \dfrac{1}{X_L}\right)$

어드미턴스의 허수부=0이어야 하므로

$\omega C = \dfrac{1}{\omega L}$ $\omega^2 LC = 1$

따라서 공진주파수 $f_r = \dfrac{1}{2\pi\sqrt{LC}}$

【답】③

76 ★★★☆☆ 그림과 같은 이상적인 변압기로 구성된 4단자 회로에서 4단자 정수 A와 C는 어떻게 되는가?

① $A = n,\ C = 0$
② $A = 0,\ C = n$
③ $A = 0,\ C = 1/n$
④ $A = 1/n,\ C = 0$

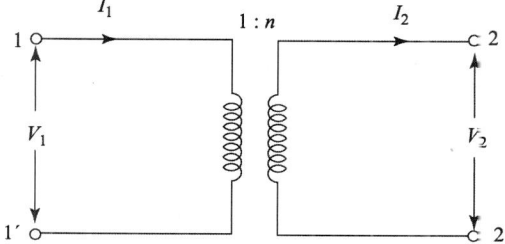

Explanation

변압기의 권수비

$\dfrac{1}{n} = \dfrac{N_1}{N_2} = \dfrac{V_1}{V_2} = \dfrac{I_2}{I_1}$ 에서

$V_1 = \dfrac{1}{n}V_2$

$I_1 = nI_2$ 이므로

$\begin{bmatrix} V_1 \\ I_1 \end{bmatrix} = \begin{bmatrix} A & B \\ C & D \end{bmatrix}\begin{bmatrix} V_2 \\ I_2 \end{bmatrix} = \begin{bmatrix} \dfrac{1}{n} & 0 \\ 0 & n \end{bmatrix}$

【답】④

77 ★★★☆☆ $i = 2 + 5\sin(100t + 30°) + 10\sin(200t - 10°)$[A]와 파형은 동일하나 기본파의 위상이 20° 늦은 비정현파 전류[A]의 순시값을 나타내는 식은?

① $2 + 5\sin(100t + 10°) + 10\sin(200t - 30°)$
② $2 + 5\sin(100t + 10°) + 10\sin(200t + 30°)$
③ $2 + 5\sin(100t + 10°) + 10\sin(200t + 50°)$
④ $2 + 5\sin(100t + 10°) + 10\sin(200t - 50°)$

Explanation

$i = 2 + 5\sin(100t + 30°) + 10\sin(200t - 10°)$에서 기본파의 위상이 20°늦으므로
각 파에서 위상을 20°씩 감한다. 이때 기본파는 1배, 2고조파는 2배, 4고조파는 4배를 하여야 한다.
따라서 $i = 2 + 5\sin(100t + 10°) + 10\sin(200t - 50°)$

【답】④

78 2개의 전력계로 평형 3상 부하의 전력을 측정하였더니 한쪽의 지시치가 다른 쪽 전력계의 지시치보다 3배이었다면 부하역률은 약 얼마인가?

① 0.37
② 0.57
③ 0.76
④ 0.86

Explanation

2전력계법
유효전력 $P = P_1 + P_2$
무효전력 $P_r = \sqrt{3}(P_1 - P_2)$
피상전력 $P_a = 2\sqrt{P_1^2 + P_2^2 - P_1 P_2}$
역률 $\cos\theta = \dfrac{P}{P_a} = \dfrac{P_1 + P_2}{2\sqrt{P_1^2 + P_2^2 - P_1 P_2}}$
여기서, $P_1 = 3P_2$
$\cos\theta = \dfrac{3P_2 + P_2}{2\sqrt{(3P_2)^2 + P_2^2 - (3P_2) \times P_2}} = 0.76$

【답】③

79 다음의 회로가 정저항 회로가 되기 위한 $L[\text{H}]$의 값은?

① 1
② 0.1
③ 0.01
④ 0.001

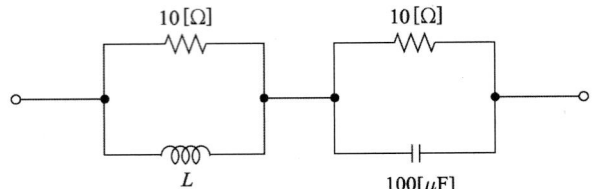

Explanation

정저항 회로조건 $R = \sqrt{\dfrac{L}{C}}$ 에서
인덕턴스 $L = R^2 C = 10^2 \times 100 \times 10^{-6} = 0.01[\text{H}]$

【답】③

80 비접지 3상 Y부하의 각 선에 흐르는 비대칭 각 선전류를 I_a, I_b, I_c라 할 때 선전류의 영상분 I_0는?

① 0
② $I_a + I_b$
③ $I_a + I_b + I_c$
④ $\dfrac{1}{3}(I_a - I_b - I_c)$

Explanation

영상분은 접지식 회로에서만 발생하므로
비접지식에서는 영상분 $I_o = \dfrac{1}{3}(I_a + I_b + I_c) = 0$

【답】①

5과목 전기설비기술기준

81 KEC 적용으로 인하여 삭제되었습니다.

82 KEC 적용으로 인하여 삭제되었습니다.

83 22.9[kV] 특고압 가공전선과 그 지지물·완금류·지지기둥 또는 지지선 사이의 이격거리는 몇 [cm] 이상이어야 하는가?

① 15
② 20
③ 25
④ 30

Explanation

(KEC 333.5조) 특고압 가공전선과 지지물 등의 이격거리

사용전압	이격거리[m]
15 [kV] 미만	0.15
15 [kV] 이상 25 [kV] 미만	0.2
…	…

【답】②

84 유희용 전차의 시설방법으로 틀린 것은?

① 유희용 전차에 전기를 공급하는 전로에는 전용 개폐기를 시설할 것
② 유희용 전차에 전기를 공급하기 위하여 사용하는 접촉전선은 제3레일 방식에 의하여 시설할 것
③ 유희용 전차에 전기를 공급하는 전로의 사용전압은 직류의 경우는 60[V] 이하, 교류의 경우는 40[V] 이하일 것
④ 유희용 전차 안에 승압용 변압기를 시설하는 경우 그 변압기의 2차 전압은 300[V] 이하일 것

Explanation

(KEC 241.8조) 유희용 전차
① 유희용 전차에 전기를 공급하는 전로의 사용전압은 직류의 경우는 60[V] 이하, 교류의 경우는 40[V] 이하일 것
② 유희용 전차에 전기를 공급하기 위하여 사용하는 접촉전선은 제3레일 방식에 의하여 시설할 것
③ 유희용 전차에 전기를 공급하는 전로의 사용전압으로 전기를 변성하기 위하여 사용하는 변압기의 1차 전압은 400[V] 이하일 것
④ 유희용 전차 안에 승압용 변압기를 시설하는 경우에는 그 변압기의 2차 전압은 150[V] 이하일 것
⑤ 유희용 전차에 전기를 공급하는 전로에는 전용 개폐기를 시설할 것

【답】④

85 최대 사용전압이 154[kV]인 중성점 직접 접지식 전로의 절연내력 시험전압은 약 몇 [kV]인가?

① 110.88
② 141.68
③ 169.40
④ 192.50

Explanation

(KEC 132조) 고압·특고압의 전로의 절연내력

구분		배율	최저 전압
중성점 직접 접지식	7[kV] 초과 ~ 25[kV] 이하 (중성점 다중 접지식)	0.92	
	60[kV] 초과 ~ 170[kV]까지	0.72	
	170[kV] 초과	0.64	

※ 전로에 케이블을 사용하는 경우에는 직류로 시험할 수 있으며, 시험전압은 교류의 경우의 2배가 된다.
∴ 시험전압 = 154 × 0.72 = 110.88[kV]

【답】①

86 고압 옥상전선로의 전선이 다른 시설물과 접근하거나 교차하는 경우에는 고압 옥상 전선로의 전선과 이들 사이의 이격거리는 몇 [cm] 이상이어야 하는가?
① 30　　　　　　　　　　　② 40
③ 50　　　　　　　　　　　④ 60

Explanation

(KEC 331.14.1조) 고압 옥상전선로의 시설
고압 옥상전선로의 전선이 다른 시설물과 접근하거나 교차하는 경우에는 고압 옥상전선로의 전선과 이들 사이의 이격거리는 0.6[m] 이상이어야 한다.　　【답】④

87 발전소에서 계측장치를 시설하지 않아도 되는 것은?
① 특고압용 변압기의 온도　　　② 특고압용 변압기유 절연내력
③ 발전기의 베어링 및 고정자 온도　　④ 발전기의 전압 및 전류 또는 전력

Explanation

(KEC 351.6조) 계측 장치
① 발전기의 전압 및 전류 또는 전력
② 발전기의 베어링 및 고정자의 온도
③ 주요 변압기의 전압 및 전류 또는 전력
④ 특고압용 변압기의 온도　　【답】②

88 KEC 적용으로 인하여 삭제되었습니다.

89 고압용의 개폐기·차단기·피뢰기 기타 이와 유사한 기구로서 동작 시에 아크가 생기는 것은 가연성 물체로부터 몇 [m] 이상 이격하여야 하는가?
① 0.5　　　　　　　　　　② 1
③ 1.5　　　　　　　　　　④ 2

Explanation

(KEC 341.7조) 아크를 발생하는 기구의 시설
• 고압용 - 1[m] 이상
• 특고용 - 2[m] 이상　　【답】②

90 중앙급전 전원과 구분되는 것으로서 전력소비지역 부근에 분산하여 배치 가능한 전원을 무엇이라 하는가?
① 임시전력원　　　　　　② 분산형 전원
③ 분전반전원　　　　　　④ 계통연계전원

Explanation

(KEC 112조) 용어 정의 - 분산형 전원
중앙급전 전원과 구분되는 것으로서 전력소비지역 부근에 분산하여 배치 가능한 전원　　【답】②

91 고압 가공전선이 철도를 횡단하는 경우 레일면상 높이는 몇 [m] 이상이어야 하는가?
① 4　　　　　　　　　　　② 5
③ 5.5　　　　　　　　　　④ 6.5

> **Explanation**

(KEC 332.5조) 고압 가공전선의 높이
① 도로횡단 : 6[m] 이상
② **철도횡단 : 레일면상 6.5[m] 이상**
③ 횡단보도교 위 : 3.5[m] 이상
④ 기타 : 5[m] 이상

【답】④

92. 급경사지에 시설하는 전선로의 시설에 대한 설명으로 틀린 것은?

① 전선의 지지점간 거리는 15[m] 이하로 한다.
② 전선에 사람이 접촉할 우려가 있는 곳에 시설하는 경우에는 적당한 방호장치를 시설한다.
③ 저압과 고압 전선로를 같은 벼랑에 시설하는 경우에는 저압 전선로를 고압 전선로 위에 시설한다.
④ 전선은 케이블인 경우 이외에는 벼랑에 견고하게 붙인 금속제 완금류에 절연성·난연성 및 내수성의 애자로 지지한다.

> **Explanation**

(KEC 335.8조) 급경사지에 시설하는 전선로의 시설
급경사지에 시설하는 저압 또는 고압의 전선로는 그 전선이 건조물의 위에 시설되는 경우로서 기술상 부득이한 경우 이외에는 시설하여서는 아니 된다.
① 전선의 지지점 간의 거리는 15[m] 이하일 것
② 전선은 케이블인 경우 이외에는 벼랑에 견고하게 붙인 금속제 완금류에 절연성·난연성 및 내수성의 애자로 지지할 것
③ 전선에 사람이 접촉할 우려가 있는 곳 또는 손상을 받을 우려가 있는 곳에 시설하는 경우에는 적당한 방호장치를 시설할 것
④ 저압 전선로와 고압 전선로를 같은 벼랑에 시설하는 경우에는 고압 전선로를 저압 전선로 위로 하고 또한 고압전선과 저압전선 사이의 이격거리는 0.5[m] 이상일 것

【답】③

93. 진열장 내의 배선으로 사용전압 400[V] 이하에 사용하는 코드 또는 캡타이어 케이블의 최소 단면적은 몇 [mm²]인가?

① 1.25
② 1.0
③ 0.75
④ 0.5

> **Explanation**

(KEC 234.8조) 진열장 또는 이와 유사한 것의 내부 배선
400[V] 이하인 저압 옥내 배선은 외부에서 보기 쉬운 곳에 한하여 단면적이 0.75[mm²] 이상의 코드 또는 캡타이어 케이블을 1[m] 이하마다 시설할 수 있다.

【답】③

94. 22.9[kV]의 전압을 변압하는 변전소가 있다. 이 변전소에 울타리를 시설하고자 하는 경우, 울타리의 높이와 울타리로부터 충전 부분까지의 거리의 합계는 몇 [m] 이상으로 하여야 하는가?

① 4
② 5
③ 6
④ 8

> **Explanation**

(KEC 351.1조) 발전소 등의 울타리·담 등의 시설
울타리·담 등과 고압 및 특고압의 충전 부분이 접근하는 경우에는 울타리·담 등의 높이와 울타리·담 등으로부터 충전 부분까지 거리의 합계는 아래 표에서 정한 값 이상으로 할 것

사용전압의 구분	울타리·담 등의 높이와 울타리·담 등으로부터 충전 부분까지의 거리의 합계
35[kV] 이하	5[m]
35[kV] 초과 160[kV] 이하	6[m]
160[kV] 초과	6[m]에 160[kV]를 초과하는 10[kV] 또는 그 단수마다 0.12[m]를 더한 값

【답】②

95 KEC 적용으로 인하여 삭제되었습니다.

96 기계기구 및 전선을 보호하기 위하여 과전류 차단기를 전로 중에 시설할 수 있는 곳은?
① 접지공사의 접지도체
② 다선식 전로의 중성선
③ 저압 옥내배선의 전원선
④ 전로의 일부에 접지공사를 한 저압 가공전선로의 접지측 전선

Explanation

(KEC 341.11조) 과전류차단기의 시설 제한
① 각종 접지공사의 접지도체
② 다선식 전로의 중성선
③ 전로의 일부에 접지공사를 한 저압 가공전선로의 접지측 전선 【답】③

97 전격살충기는 전격격자가 지표상 또는 마루 위 몇 [m] 이상 되도록 설치하여야 하는가?
① 1.5　② 2.5　③ 3.5　④ 4.5

Explanation

(KEC 241.7조) 전격살충기
전격살충기는 전격격자가 지표상 또는 마루 위 3.5[m] 이상의 높이가 되도록 시설할 것 【답】③

98 154[kV] 가공전선로를 시가지에 시설하는 경우 특고압 가공전선에 지락 또는 단락이 생기면 몇 초 이내에 자동적으로 이를 전로로부터 차단하는 장치를 시설하는가?
① 1　② 2　③ 3　④ 4

Explanation

(KEC 333.1조) 시가지 등에서 특고압 가공 전선로의 시설
사용전압이 100[kV]를 초과하는 특고압 가공전선에 지락 또는 단락이 생겼을 때에는 1초 이내에 자동적으로 이를 전로로부터 차단하는 장치를 시설할 것 【답】①

99 저압 가공인입선에 사용할 수 없는 전선은?
① 나전선
② 케이블
③ 절연전선
④ 다심형 전선

Explanation

(KEC 221.1.1조) 저압 인입선의 시설
저압 가공인입전선은 절연전선, 다심형 전선 또는 케이블일 것 【답】①

100 전력보안 통신설비인 무선통신용 안테나 또는 반사판을 지지하는 철주·철근 콘크리트주 또는 철탑의 기초의 안전율은 얼마 이상이어야 하는가?
① 1.2　② 1.3　③ 1.5　④ 2.2

Explanation

(KEC 364.1조) 무선용 안테나 등을 지지하는 철탑 등의 시설
무선통신용 안테나 또는 반사판을 지지하는 **철주·철근 콘크리트주 또는 철탑의 기초의 안전율은 1.5 이상** 【답】③